U0416327

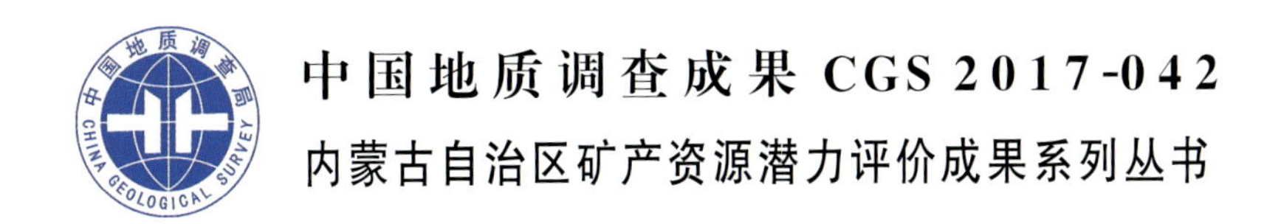

内蒙古自治区
铁矿资源潜力评价

NEIMENGGU ZIZHIQU TIEKUANG ZIYUAN QIANLI PINGJIA

许立权 陈志勇 张 彤 张玉清 张永清 鞠文信 等著

图书在版编目(CIP)数据

内蒙古自治区铁矿资源潜力评价/许立权等著.—武汉:中国地质大学出版社,2019.9
(内蒙古自治区矿产资源潜力评价成果系列丛书)
ISBN 978-7-5625-4647-4

Ⅰ.①内…
Ⅱ.①许…
Ⅲ.①铁矿床-资源潜力-资源评价-内蒙古
Ⅳ.①P618.310.622.6

中国版本图书馆 CIP 数据核字(2019)第 206172 号

内蒙古自治区铁矿资源潜力评价 许立权 陈志勇 张 彤 张玉清 张永清 鞠文信 **等著**

责任编辑:舒立霞 选题策划:毕克成 刘桂涛 责任校对:周旭

出版发行:中国地质大学出版社(武汉市洪山区鲁磨路 388 号) 邮编:430074
电 话:(027)67883511 传 真:(027)67883580 E-mail:cbb@cug.edu.cn
经 销:全国新华书店 http://cugp.cug.edu.cn

开本:880 毫米×1 230 毫米 1/16 字数:713 千字 印张:22.5
版次:2019 年 9 月第 1 版 印次:2019 年 9 月第 1 次印刷
印刷:武汉中远印务有限公司 印数:1—900 册

ISBN 978-7-5625-4647-4 定价:268.00 元

《内蒙古自治区矿产资源潜力评价成果》

出版编撰委员会

《内蒙古自治区铁矿资源潜力评价》

编委会

序

2006年，国土资源部为贯彻落实《国务院关于加强地质工作决定》中提出的“积极开展矿产远景调查评价和综合研究，科学评估区域矿产资源潜力，为科学部署矿产资源勘查提供依据”的精神要求，在全国统一部署了“全国矿产资源潜力评价”项目，“内蒙古自治区矿产资源潜力评价”项目是其子项目之一。

“内蒙古自治区矿产资源潜力评价”项目于2006年启动，2013年结束，历时8年，由中国地质调查局和内蒙古自治区人民政府共同出资完成。为此，内蒙古自治区国土资源厅专门成立了以厅长为组长的项目领导小组和技术委员会，指导监督内蒙古自治区地质调查院、内蒙古自治区地质矿产勘查开发局、内蒙古自治区煤田地质局以及中化地质矿山总局内蒙古自治区地质勘查院等7家地勘单位的各项工作。我作为自治区聘请的国土资源顾问，全程参与了该项目的实施，亲历了内蒙古自治区新老地质工作者对内蒙古自治区地质工作的认真与执着。他们对内蒙古自治区地质的那种探索和不懈追求的精神，给我留下了深刻的印象。

为了完成“内蒙古自治区矿产资源潜力评价”项目，先后有270多名地质工作者参与了这项工作，这是继20世纪80年代完成的《内蒙古自治区地质志》《内蒙古自治区矿产总结》之后集区域地质背景、区域成矿规律研究，物探、化探、自然重砂、遥感综合信息研究以及全区矿产预测、数据库建设之大成的又一巨型重大成果。这是内蒙古自治区国土资源厅高度重视、完整的组织保障和坚实的资金支撑的结果，更是内蒙古自治区地质工作者8年辛勤汗水的结晶。

“内蒙古自治区矿产资源潜力评价”项目共完成各类图件万余幅，建立成果数据库数千个，提交结题报告百余份。以板块构造和大陆动力学理论为指导，建立了内蒙古自治区大地构造构架，研究和探讨了内蒙古自治区大地构造演化及其特征，为全区成矿规律的总结和矿产预测奠定了坚实的地质基础。其中提出了“阿拉善地块”归属华北陆块，乌拉山岩群、集宁岩群的时代以及对孔兹岩系归属的认识、索伦山-西拉木伦河断裂厘定为华北板块与西伯利亚板块的界线等，体现了内蒙古自治区地质工作者对内蒙古自治区大地构造演化和地质背景的新认识。项目对内蒙古自治区煤、铁、铝土矿、铜、铅锌、金、钨、锑、稀土、钼、银、锰、镍、磷、硫、萤石、重晶石、菱镁矿等矿种，划分了矿产预测类型；结合全区重力、磁测、化探、遥感、自然重砂资料的研究应用，分别对其资源潜力进行了科学的潜力评价，预测的资源潜力可信度高。这些数据有力地说明了内蒙古自治区地质找矿潜力巨大，寻找国家急需矿产资源，内蒙古自治区大有可为，成为国家矿产资源的后备基地已具备了坚实的地质基础。同时，也极大地增强了内蒙古自治区地质找矿的信心。

"内蒙古自治区矿产资源潜力评价"是内蒙古自治区第一次大规模对全区重要矿产资源现状及潜力进行摸底评价，不仅汇总整理了原1∶20万相关地质资料，还系统整理补充了近年来1∶5万区域地质调查资料和最新获得的矿产、物探、化探、遥感等资料。期待着"内蒙古自治区矿产资源潜力评价"项目形成的系统成果资料在今后的基础地质研究、找矿预测研究、矿产勘查部署、农业土壤污染治理、地质环境治理等诸多方面得到广泛应用。

2017年3月

前 言

为了贯彻落实《国务院关于加强地质工作的决定》中提出的“积极开展矿产远景调查和综合研究，科学评估区域矿产资源潜力，为科学部署矿产资源勘查提供依据”的要求和精神，国土资源部(现自然资源部)部署了全国矿产资源潜力评价工作，内蒙古自治区矿产资源潜力评价是其下的工作项目，工作起止年限为2006—2013年，本书是该项目的系列成果之一。

根据全国任务书的要求，结合内蒙古自治区的具体情况，确定煤炭、铀、铁、铜、铅、锌、锰、镍、钨、锡、金、铬、钼、铝、锑、稀土、银、磷、硫、萤石、菱镁矿、重晶石为本次工作的矿种。铁矿作为第一批开展的矿种之一，于2010年底完成资源潜力评价工作。

内蒙古跨华北陆块区和兴蒙造山系两大构造单元，中生代受古太平洋板块俯冲的影响，形成了北北东向展布的大兴安岭火山岩带。本区经历了太古宙初始陆核的形成，中新元古代裂陷槽，古生代古亚洲洋盆的生成、发展、消亡，中生代陆内造山运动的影响，地质构造复杂多样。铁矿床从太古宙到中新生代，均有不同程度的发育，铁矿床形成的地质构造背景及成因类型也是复杂多样的。

通过对全区(截至2010年底)435个铁矿床(点)的综合研究，将铁矿的矿床类型归纳为沉积变质型、矽卡岩型、海相火山岩型、热液型、沉积型等，其中以沉积变质型和沉积型为主。在此基础上划分出25个铁矿的矿产预测类型和30个预测工作区，归并为5种预测方法类型；编制了铁矿矿产预测类型及预测工作区分布图。

对白云鄂博铁矿等26个典型矿床(其中温都尔庙式铁矿选取了两个典型矿床)进行了地质、物探及遥感等的详细研究，总结了成矿要素及预测要素，编制了典型矿床成矿要素图、预测要素图、成矿模式图及预测模型图。通过对白云鄂博式沉积型铁矿预测工作区等30个预测工作区地质矿产、航磁、重力、遥感等方面的详细研究，总结了各预测工作区预测要素，编制了预测工作区成矿要素图、预测要素图、成矿模式图及预测模型图。

运用综合地质信息法开展各预测工作区最小预测区的圈定与优选，共圈定最小预测区1 328个，其中A级最小预测区226个，B级最小预测区385个，C级最小预测区717个，总面积约为19 052km^2。编制最小预测区分布图。

运用地质体积法和磁性体积法开展典型矿床深部及外围资源量预测、模型区资源量估算、最小预测区资源量估算；本次共预测资源量556 737.59×10^{4}t，与已探明资源储量比值为2.26∶1。按精度此次预测工作共获得334-1级资源量122 806.76×10^{4}t，334-2级资源量172 792.65×10^{4}t，334-3级资源量261 138.18×10^{4}t。按预测工作区不同深度进行统计，500m以浅各精度预测资源量468 498.057×10^{4}t，1 000m以浅预测资源量546 934.873×10^{4}t，2 000m以浅预测资源量556 737.59×10^{4}t；铁矿预测资源量中可利用约366 576.85×10^{4}t，不可利用约190 160.74×10^{4}t，334-1级预测资源量全部可利用；对内蒙古自治区各铁矿预测工作区进行统计分析，可信度≥0.75的各级别预测资源量为242 308.1×10^{8}t，可信度在0.5～0.75之间的为116 651.38×10^4t，可信度≤0.5的为197 778.11×10^4t，精度为334-1级中可信度≥0.75的预测资源量最高。

在铁矿成矿规律及预测成果的基础上，开展了铁矿单矿种成矿远景区划，共划分出22个找矿远景区，对每个远景区地质矿产及预测资源量远景进行了总结；编制了铁矿单矿种成矿规律图及预测成果图。

本项目是在国土资源部、中国地质调查局、天津地调中心、全国矿产资源潜力评价项目办公室、全国成矿规律汇总组等各级主管部门领导下完成的，内蒙古自治区财政厅、内蒙古自治区国土资源厅（现内蒙古自治区自然资源厅）对项目资金、管理、协调等方面均给予了大力支持和帮助，对各级领导的关心与帮助表示衷心感谢！

在项目实施过程中，得到项目负责单位、参加单位各位领导的大力支持，在此一并表示感谢！

著者

2018年10月

目　录

第一章　铁矿资源概况

第一节　铁矿床数量、规模、保有储量

截至2006年底，内蒙古自治区共有铁矿、矿（化）点435处，列入“内蒙古自治区矿产资源储量表”（以下简称“上表”）矿区215处。累计查明铁矿石资源储量29.86×10^8t，其中基础储量16.65×10^8t、资源量13.21×10^8t，基础储量、资源量分别占查明资源储量的55.76%和44.24%。全区保有铁矿石资源储量26.09×10^8t，其中基础储量12.96×10^8t，资源量13.13×10^8t，基础储量、资源量分别占保有资源储量的49.67%和50.33%。

大型铁矿床（区）3处，保有储量16.28×10^8t，占全区的55%；中型铁矿床（区）20处，保有储量9.71×10^8t，占全区保有储量的33%；小型铁矿床（区）192处，保有储量3.87×10^8t，占全区的12%（图1-1）。

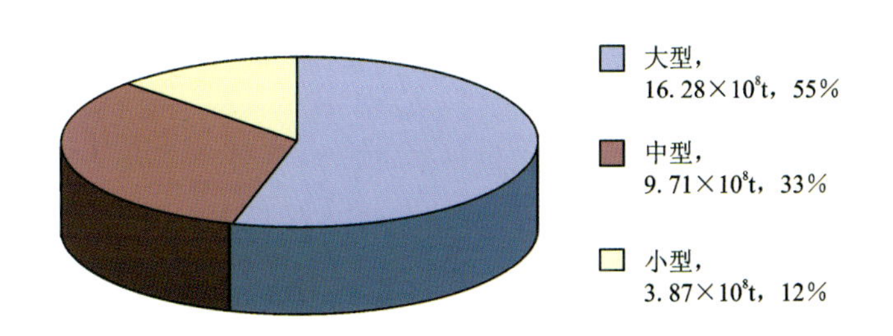

图1-1　不同规模铁矿床（区）的铁矿石资源储量及所占比例

铁矿床类型多样，数量上以沉积变质型为主，占67%，其次为矽卡岩型、沉积型和海相火山岩型，分别占13%、6%、5%，其他类型少量（图1-2）；储量上则以沉积型（包括海底喷流沉积型）为主，占全区储量的57%，沉积变质型、矽卡岩型和海相火山岩型次之，占比分别为18%、9%、8%（图1-3）。

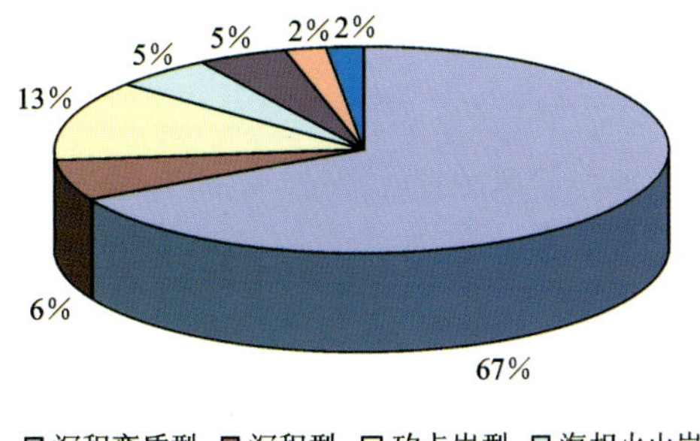

图1-2　不同类型铁矿床数量所占比例

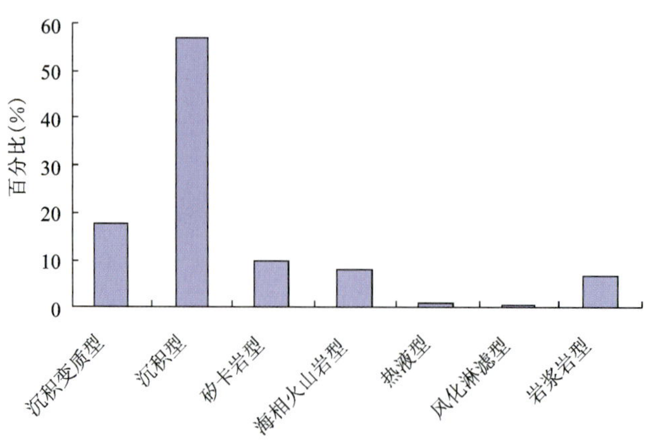

图 1-3　不同类型铁矿床储量所占比例

第二节　铁矿床时空分布特点

由于地质构造活动强烈，成矿作用复杂，铁矿在不同的构造单元和各地质历史时期均有不同程度的分布（图 1-4）。

一、空间分布

在空间位置上，自治区铁矿主要集中分布在包头—集宁、二道井—红格尔、罕达盖—梨子山、黄岗梁—神山和黑鹰山—索索井等 5 个地区，每个地区铁矿的成因类型、形成时代等都各有特点。

包头—集宁地区：出露有太古宇变质表壳岩，变质程度从麻粒岩相—绿片岩相。古太古界兴和岩群构成本区的古老陆核，中太古界乌拉山岩群和新太古界色尔腾山岩群形成绿岩带。在上述地层沉积过程中均伴随有铁矿的成矿作用，经变质作用形成硅铁建造，成矿作用以新太古代最强。在中新元古代，本区形成白云鄂博和渣尔泰山两个裂陷槽，在海底火山喷发及接受沉积的过程中，伴随有铁多金属的成矿作用，形成海底喷流沉积型（sedex 型）铁多金属矿，该时期铁矿成矿作用强烈，但空间上分布局限。

二道井—红格尔地区：以中元古界温都尔庙群为赋矿围岩的海相火山岩型铁矿为主，发生了高绿片岩-低角闪岩相变质作用。区域上覆盖比较严重，铁矿潜力非常大。

罕达盖—梨子山地区：以矽卡岩型铁铜多金属矿为主，成矿时代为海西中期（石炭纪）。近年矿产勘查有较大突破。

黄岗梁—神山地区：以矽卡岩型和热液型铁锡铅锌铜多金属矿为主，成矿时代为燕山晚期，是区内重要的有色金属及贵金属基地。

黑鹰山—索索井地区：以海相火山岩型和矽卡岩型铁矿为主，成矿时代为海西期。

二、时间分布

区内铁矿的形成时代跨越比较大，从太古宙至新生代均有不同程度的分布。其中以太古宙、元古宙为主，古生代、中生代次之。太古宙以鞍山式沉积变质型铁矿为主，矿床主要产出在太古宙变质含铁建造中，由于地层大部分以后期侵入岩的捕虏体存在，以及变质变形都很强，所以矿床规模以中小型为主。

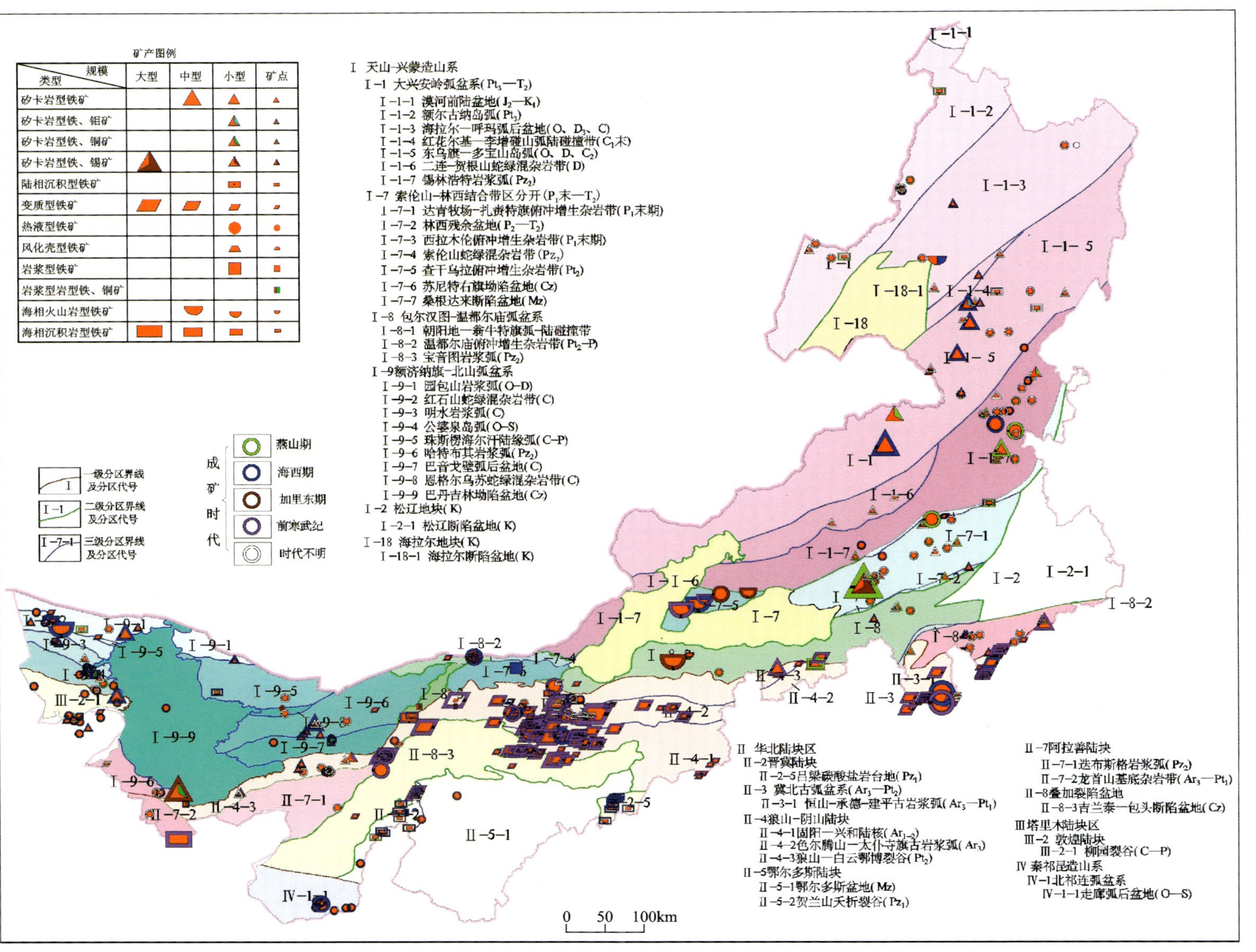

图1-4　内蒙古自治区铁矿分布简图

元古宙时期矿床数量虽然少，但是大型矿床主要形成于这个时期，如白云鄂博铁矿、霍各乞铁铜多金属矿等，仅白云鄂博一个铁矿就占内蒙古铁矿总资源量的50%以上。古生代时期在不同的构造部位形成不同类型的铁矿，以海相火山岩型和矽卡岩型为主。中生代则以热液型和矽卡岩型为主（表1-1）。

表1-1　内蒙古自治区主要铁矿类型成矿时代演化简表

成矿时代＼矿床类型			沉积变质型	沉积型	矽卡岩型	海相火山岩型	热液型	岩浆岩型	风化淋滤型
新生代	第四纪	喜马拉雅期		+					+
	第三纪（古近纪＋新近纪）			+					
中生代	白垩纪	燕山期			++		+		
	侏罗纪				+		+		
	三叠纪	印支期			+				
古生代	二叠纪	海西期			+			+	
	石炭纪			+	++	++	+		
	泥盆纪								
	志留纪	加里东期							
	奥陶纪								
	寒武纪								
元古宙	新元古代					++			
	中元古代			+++					
	古元古代								
太古宙	新太古代		+++						
	中太古代		++						
	古太古代		++						

注：+++为重要成矿时代，++为较重要成矿时代，+为次要成矿时代。

第二章　主要矿床类型及矿产预测类型

内蒙古自治区跨华北陆块区和天山-兴蒙造山系两大构造单元，中生代受古太平洋板块俯冲的影响，形成了北北东向展布的大兴安岭火山岩带。本区经历了太古宙初始陆核的形成，中新元古代裂陷槽，古生代古亚洲洋盆的生成、发展、消亡，中生代陆内造山运动的影响，地质构造复杂多样。铁矿床从太古宙到中新生代，均有不同程度的发育，铁矿床形成的地质构造背景及成因类型也是复杂多样的。

第一节　主要矿床类型及特征

铁矿床成因类型主要有沉积变质型、矽卡岩型、海相火山岩型、热液型、沉积型(包括陆相沉积型、海底喷流沉积型)等，以沉积变质型和沉积型为主。

一、沉积变质型铁矿床

沉积变质型铁矿是区内重要的铁矿床类型，主要分布在华北陆块北缘的包头—集宁地区和赤峰地区，在乌海市及阿拉善盟也有少量分布，赋存于新太古界色尔腾山岩群(三合明式)、中太古界乌拉山岩群(贾格尔其庙式)及古太古界兴和岩群(壕赖沟式)中。中、大型矿床主要产于色尔腾山岩群中。

铁矿的赋矿围岩主要为麻粒岩类(兴和岩群)、片麻岩类(乌拉山岩群和色尔腾山岩群)。矿体受褶皱控制明显，后期断裂破坏严重。矿体多呈层状、似层状、透镜状及马鞍状等。延深及延长一般不稳定，几十米至几百米不等，厚度变化大，在褶皱轴部变厚，向两翼逐渐变薄，甚至拉断，一般几米到几十米。

矿石构造大多为条带状或条纹状，表现为以石英为主的条带(纹)和以磁铁矿为主的条带(纹)相间产出。由于变质程度的不同，矿石的粒度有一定差异，变质程度深，矿石粒度较粗(壕赖沟铁矿)，反之粒度较细(三合明铁矿)。金属矿物主要为磁铁矿，次为假象赤铁矿，可含少量黄铁矿和磁黄铁矿。

二、海相火山岩型铁矿床

按形成时代划分为中元古代温都尔庙式和晚古生代黑鹰山式海相火山岩型铁矿，二者均分布在天山-兴蒙造山系中，集中分布在内蒙古自治区中部苏尼特右旗和阿盟额济纳旗北山地区，目前发现有矿床10余处，规模均为中小型。主要为与海相中偏基性(或偏酸性)火山活动有关的铁矿床。其中温都尔庙式铁矿含矿岩系为中元古代温都尔庙群，铁矿主要赋存在桑达来音呼都格组海相火山岩建造上部和哈尔哈达组碎屑岩-火山岩建造下部，黑鹰山式铁矿产于下石炭统白山组凝灰岩和碧玉岩中，局部铁矿体产于石英斜长斑岩及石英正长斑岩脉中。矿体呈层状、似层状和透镜状及不规则状，与围岩产状一致或呈渐变关系。主要铁矿物为假象半假象赤铁矿、磁铁矿、褐铁矿,少量针铁矿、纤铁矿、镜铁矿。

三、接触交代—热液型铁矿床

该类型包括接触交代(矽卡岩)型铁矿床和热液型铁矿床,在内蒙古自治区分布最为广泛。成矿时代以古生代和中生代为主。

1. 接触交代(矽卡岩)型铁矿床

接触交代(矽卡岩)型铁矿床主要分布在大兴安岭、华北地台北缘和阿拉善盟地区。成矿与海西期中性—中偏基性(或偏碱性)侵入体(卡休他他式铁钴矿、沙拉西别式铁铜矿)、中酸性侵入体(梨子山式铁钼矿、索索井式铁铜矿)及燕山期中酸性侵入体(黄岗式铁锡矿、朝不楞式铁锌矿)等有关。矿体呈似层状、透镜状、马鞍状及楔状。金属矿物主要有磁铁矿,其他矿石矿物有闪锌矿或锡石或辉钼矿等。

2. 热液型铁矿床

热液型铁矿床主要受不同时代侵入岩(花岗岩)(主要是晚古生代和燕山期)及断裂构造控制。有分布在额尔古纳岛弧的地营子式中低温热液铁矿床,锡林浩特岩浆弧的马鞍山式中高温热液铁矿床,走廊弧后盆地的阎地拉图式低温热液铁矿床。矿体呈不规则脉状、透镜状。矿石矿物以赤铁矿、褐铁矿、磁铁矿为主。

四、沉积型铁矿床

1. 陆相沉积型铁矿床

陆相沉积型铁矿床主要分布在华北陆块上,矿床规模多为小型,成矿时代为石炭纪—二叠纪。有分布在乌海地区的雀儿沟铁矿床、呼和浩特市清水河地区的西磁窑沟铁矿床等。赋矿围岩为太原组碎屑岩-泥岩-煤建造。矿体呈似层状、透镜状,与围岩产状一致,多数近水平。有用金属矿物主要为褐铁矿。

2. 海底喷流沉积型铁矿床

海底喷流沉积型铁矿床分布在狼山—渣尔泰山及白云鄂博中元古代裂谷内,赋矿地层为渣尔泰山群阿古鲁沟组碳质板岩(霍各乞式)和白云鄂博群哈拉霍格特组白云岩(亦称H8段)(白云鄂博式)。矿体与围岩产状一致,呈层状产出。有用矿物主要为磁铁矿,霍各乞式共伴生有铜、铅、锌、硫等,白云鄂博式共伴生有铌矿物和稀土矿物等。

第二节 矿产预测类型及预测工作区

矿产预测类型是开展矿产预测工作的基本单元,凡是由同一地质作用下形成的,成矿要素和预测要素基本一致,可以在同一张预测底图上完成预测工作的矿床、矿点和矿化线索可以归为同一矿产预测类型。同一矿种存在多种矿产预测类型,不同矿种组合可能为同一类型,同一成因类型可能有多种类型,不同成因类型组合可能为同一类型(陈毓川等,2010)。

根据自治区的铁矿床分布情况和特征，共划分出25个矿产预测类型和30个预测工作区（表2-1，图2-1）。

表2-1　内蒙古自治区铁矿矿产预测类型及预测工作区一览表

序号	矿产预测类型	成矿时代	矿种	典型矿床	构造分区名称	研究范围	预测方法类型	预测工作区名称	全国预测类型
1	白云鄂博式喷流沉积型铁矿	Pt_2	Fe、Nb、REE	白云鄂博铁铌稀土矿	狼山-白云鄂博裂谷（Pt_2）	白云鄂博地区	沉积型	白云鄂博预测工作区	白云鄂博式
2	百灵庙式风化淋滤型铁矿	P	Fe	百灵庙铁矿	狼山-白云鄂博裂谷（Pt_2）	百灵庙	复合内生型	百灵庙预测工作区	朱崖式
3	壕赖沟式沉积变质型铁矿	Ar_1	Fe	壕赖沟铁矿	华北陆块区	包头—集宁地区	变质型	包头—集宁地区（古太古代）预测工作区	鞍山式
4	三合明式沉积变质型铁矿	Ar_3	Fe	三合明铁矿	华北陆块区	包头—集宁地区	变质型	包头—集宁地区（新太古代）预测工作区	鞍山式
5	王成沟式沉积型铁矿	Pt_2	Fe	王成沟铁矿	色尔腾山-太仆寺旗古岩浆弧（Ar）	王成沟和西德令山地区	沉积型	乌拉特后旗预测工作区	宣龙式
6	雀儿沟式沉积型铁矿	C_2	Fe	雀儿沟铁矿	贺兰山夭折裂谷（Pz_1）	雀儿沟地区	沉积型	偏关县地区预测工作区	山西式
					吕梁碳酸盐岩台地	清水河地区	沉积型	雀儿沟预测工作区	山西式
7	额里图式矽卡岩型铁矿	J	Fe	额里图铁矿	狼山-白云鄂博裂谷（Pt_2）	额里图	侵入岩体型	正镶白旗—多伦县预测工作区	黄岗式
8	朝不楞式矽卡岩型铁矿	K_1	Fe、Zn、Cu	朝不楞铁锌矿	东乌旗-多宝山岛弧（O、D、C）	朝不楞—苏呼河地区	侵入岩体型	朝不楞—苏呼河预测工作区	黄岗式
9	黄岗式矽卡岩型铁矿	K_1	Fe、Sn	黄岗铁锡矿	锡林浩特岩浆弧	黄岗、神山地区	侵入岩体型	克旗—西乌旗预测工作区	黄岗式
10	宽湾井式沉积型铁矿	Nh—Z	Fe	宽湾井铁矿	龙首山基底杂岩带（Ar）	宽湾井地区	沉积型	宽湾井预测工作区	宽湾井式
11	卡休他他式矽卡岩型铁矿	Pz_1	Fe、Co	卡休他他铁矿	哈特布其岩浆弧	卡休他他地区	侵入岩体型	卡休他他预测工作区	野马泉式
12	阎地拉图式热液型铁矿	C_1	Fe	阎地拉图铁矿	走廊弧后盆地（O—S）	阎地拉图地区	复合内生型	阎地拉图预测工作区	野马泉式

续表 2-1

序号	矿产预测类型	成矿时代	矿种	典型矿床	构造分区名称	研究范围	预测方法类型	预测工作区名称	全国预测类型
13	克布勒式矽卡岩型铁矿	C_2	Fe、Cu、S	沙拉西别铁铜矿	迭布斯格岩浆弧	沙拉西别地区	侵入岩体型	克布勒预测工作区	野马泉式
14	乌珠尔嘎顺式矽卡岩型铁矿	C	Fe	乌珠尔嘎顺铁矿	额济纳旗-北山弧盆系	乌珠尔嘎顺地区	侵入岩体型	乌珠尔嘎顺预测工作区	黄岗式
15	黑鹰山式海相火山岩型铁矿	C_1	Fe	黑鹰山铁矿	额济纳旗-北山弧盆系	黑鹰山地区	火山岩型	黑鹰山预测工作区	黑鹰山式
16	索索井式矽卡岩型铁矿	T	Fe、Cu、Zn、Pb	索索井铁铜矿	额济纳旗-北山弧盆系	索索井地区	侵入岩体型	索索井预测工作区	野马泉式
17	哈拉火烧式矽卡岩型铁矿	P	Fe	哈拉火烧铁矿	恒山-承德-建平古岩浆弧(Ar)	哈拉火烧地区	侵入岩体型	哈拉火烧预测工作区	黄岗式
18	谢尔塔拉式海相火山岩型铁矿	C	Fe	谢尔塔拉铁锌矿	海拉尔-呼玛弧后盆地(Pz)	谢尔塔拉地区	火山岩型	谢尔塔拉预测工作区	谢尔塔拉式
19	马鞍山式热液型铁矿	J	Fe、Cu	马鞍山铁矿	锡林浩特岩浆弧	马鞍山地区	复合内生型	马鞍山-神山预测工作区	黄岗式
20	温都尔庙式海相火山岩型铁矿	Pt_2	Fe	白云敖包铁矿	锡林浩特岩浆弧(Pz)包尔汉图-温都尔庙弧盆系	温都尔庙地区	火山岩型	脑木根预测工作区	温都尔庙式
								苏尼特左旗预测工作区	温都尔庙式
								二道井预测工作区	温都尔庙式
21	地营子式热液型铁床	J	Fe	地营子铁矿	额尔古纳岛弧(Pt_3)	地营子地区	复合内生型	满洲里—地营子预测工作区	黄岗式
22	神山式矽卡岩型铁矿	J—K	Fe、Cu	神山铁铜矿	锡林浩特岩浆弧	马鞍山—神山地区	侵入岩体型	马鞍山—神山预测工作区	黄岗式
23	梨子山式矽卡岩型铁矿	D_3—C	Fe、Mo	梨子山铁钼矿	东乌旗-多宝山岛弧(Pz)	梨子山地区	侵入岩型	罕达盖—梨子山预测工作区	黄岗式
24	贾格尔其庙式沉积变质型铁矿	Ar_2	Fe	贾格尔其庙铁矿	华北陆块区	包头—集宁地区	变质岩型	包头—集宁(中太古代)预测工作区	鞍山式
						图克木—吉兰泰地区	变质岩型	图克木—吉兰泰(中太古代)预测工作区	鞍山式
						赤峰地区	变质岩型	赤峰地区(中太古代)预测工作区	鞍山式
25	霍各乞式海底喷流沉积型铁矿	Pt_2	Cu、Pb、Zn、Fe	霍各乞铜铅锌铁矿	狼山-白云鄂博裂谷	霍各乞地区	沉积型	霍各乞预测工作区	霍各乞式

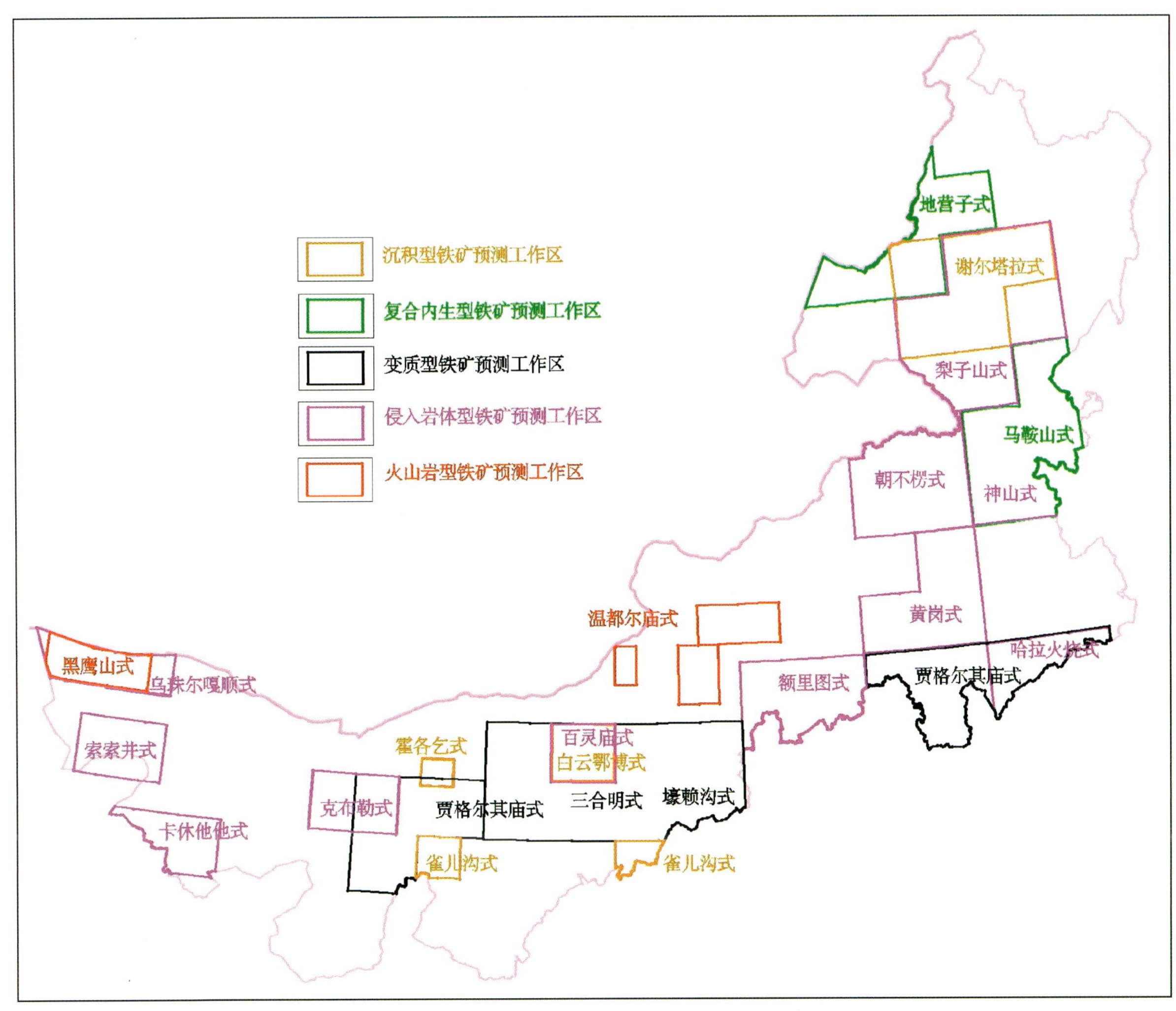

图 2-1　铁矿预测类型及预测工作区分布示意图

第三章　白云鄂博式沉积型铁矿预测成果

第一节　典型矿床特征

一、典型矿床地质特征

白云鄂博铁铌稀土矿位于包头市白云鄂博区，大地构造位置处于狼山-白云鄂博裂谷。

1. 矿区地质

地层主要出露白云鄂博群都拉哈拉组碎屑岩夹泥质岩建造，尖山组砂板岩建造，哈拉霍疙特组碎屑岩-碳酸盐岩建造和比鲁特组板岩及碳酸盐岩、砂岩建造。其中哈拉霍疙特组(J*xh*)为主要赋矿层位(图3-1)。

矿区内的主要褶皱构造为白云向斜，其北与宽沟背斜相邻，二者之间为高位同生断裂构造相隔。区内铁矿、稀土矿、铌矿体较严格受褶皱构造控制。东介勒格勒矿段位于白云向斜的南翼，菠萝头矿段、东部接触带矿段位于白云向斜的北翼。高磁异常区矿段位于白云向斜南翼次级小背斜构造的南翼，倾向南西，倾角70°～85°。

区内断裂比较发育，主要有同生沉积断裂、韧性剪切带及节理等，前者是主要的控矿构造。白云鄂博同生沉积断裂主要有高位同生断裂和东介勒格勒同生断裂。高位同生断裂为白云鄂博矿区及外围规模最大、切割较深、活动时间较长的断裂构造，分布于宽沟背斜和白云向斜之间，断层产状165°～195°∠45°～60°，该断裂严格控制着矿区内白云鄂博群哈拉霍疙特组三段白云岩地层的展布，断裂带中分布有大量的同生角砾岩。

侵入岩集中分布于矿区东部乌日图一带，岩浆活动时间较长，由元古宙至中生代，岩石类型从中酸性—酸性均有分布。矿区内脉岩比较发育。

2. 矿床地质

该矿分布在东西长16km，南北宽1～2km的范围内，主要矿体及矿化体均受矿区向斜构造的控制。可分为西矿、主矿(含高磁区)、东矿(含东介勒格勒)及菠萝头和东部接触带(为铌、稀土矿床)4个区。下面主要介绍主矿、东矿和西矿。

1)主矿、东矿和西矿

(1)东矿：主要矿体产于向斜北翼白云岩中，共有19个矿体，矿体产状与围岩一致，分3层平行排列，中上部规模较大。矿体地表形态东宽西窄，整体如帚状，其西部呈棒状，东部为锯齿状，矿体长1 300m，最宽处340m，平均宽179m，已控制斜深870m。矿体地表厚20.4m，钻孔中平均厚40.55m，向北倾，倾角70°～75°，或近于直立。全铁平均含量为33.85%。白云岩蚀变强烈，分带明显，以钠、氟交代为主，铌、稀土矿化很强烈。

图3-1 白云鄂博铁铌稀土矿区地质图

1.人工堆积；2.冲积砂砾石；3.洪冲积砂砾石；4.残积钙质胶结角砾岩；5.杂色砾质泥岩、砂岩、砂砾岩；6.宝力格庙组英安岩、安山岩夹火山角砾岩凝灰岩；7.打花单元中粒似斑状黑云母花岗岩；8.小白石山单元中细粒英云闪长岩；9.乌日图单元中细粒正长花岗岩；10.哈达呼绍单元中细粒二长花岗岩；11.五花邦单元中细粒英云闪长岩；12.北五花邦单元花岗闪长斑岩；13.毕力克单元细粒闪长岩（闪长玢岩）；14.宽沟侵入体片麻状英云闪长岩；15.砾岩；16.砂岩；17.灰岩；18.玄武岩；19.铁矿体；20.花岗岩脉；21.花岗斑岩脉；22.流纹斑岩脉；23.花岗闪长斑岩脉；24.花岗闪长岩脉；25.闪长岩脉；26.辉绿玢岩脉；27.碳酸岩脉；28.石英脉；29.实测地质界线；30.实测平行不整合（角度不整合）界线；31.脉动侵入界线/ 超动侵入界线；32.背斜轴/ 向斜轴；33.实测正断层；34.实测逆断层；35.实测平推断层、性质不明断层；36.糜棱岩带；37.构造破碎带；38.剖面位置编号；39.勘探线位置编号；40.已往施工见矿钻孔及编号；41.2011年设计钻孔及编号/ 设计孔深矿石类型复杂，分带性明显，块状铌稀土铁矿石分布于矿体中部，萤石型铌稀土铁矿石夹钠辉石型铌稀土铁矿分布于矿体下盘。钠辉石型铁矿分布于矿体上盘或近矿上盘部位，钠闪石型铁矿石分布于铁矿体最上盘。铁矿体的下盘及上盘均为白云质大理岩铌稀土矿石。

(2)主矿：主要矿体产于向斜北翼白云岩内，向斜南翼有两层向北陡倾的铁矿。矿体产状与围岩产状相一致，矿体下盘为白云岩，上盘为长石板岩、黑云母化板岩。矿体最长 1 250m，最宽处 415m，平均宽 245m，总体呈一个南平北凸的透镜体，控制最大延深 1 030m。全铁平均含量为 35.97%。

矿石类型分带状况：块状铌稀土铁矿分布于矿体中部，下盘为厚大的萤石型铌稀土铁矿石，深部夹有霓石型铌稀土铁矿透镜体。上盘为霓石型铌稀土铁矿石，最上部为钠闪石型铌稀土铁矿石，铁矿体的上盘依次为黑云母岩型、白云母碳酸盐岩型及长石板岩型等铌稀土矿石。主矿东端矿石类型为白云岩型铌稀土铁矿石。

主矿、东矿矿体中均伴生有丰富的稀土矿物，在矿体的上下盘及距矿体稍远的白云岩围岩中，稀土矿物含量亦富。主矿、东矿矿体上下盘围岩包括白云岩、白云质石灰岩、钠辉石岩、云母岩及硅质板岩等，在白云岩、白云质石灰岩及钠辉石岩中稀土品位较高，品位变化亦小；在云母岩及硅质板岩中稀土品位很低。矿体的形态沿走向为透镜状，沿倾斜方向为层状、似层状，和铁矿产状一致。

主矿共分出单独的 8 个铌矿体，平均品位为 0.238%，东矿共分出单独的 6 个铌矿体，平均品位为 0.20%，主要含铌矿物为铌铁矿、黄绿石、易解石。

(3)西矿：东距主矿 1km，延伸长 9km，共有 16 个矿体，赋存在向斜两翼的白云岩中。北翼矿体与围岩产状南倾，倾角 50°～60°，南翼北倾，倾角 70°～80°，局部直立倒转。含矿带厚 40～130m，集中于上、中、下 3 个层位，每层含铁矿 2～6 层，上层厚度薄，品位低，中、下两层厚度大，品位高。铁矿体为层状、似层状或透镜状，规模大小不一，呈东西向分布。16 个矿体中最大矿体为 9 号、10 号，长 1 300～1 500m，一般厚 50～100m，延深 700～750m；次大矿体为 8 号及 12 号矿体，长 800～950m，一般厚 25～50m，延深 360～400m；矿带东端的 13～16 号矿体最小，一般长 125～170m，最长 350m，一般厚 10 余米，最厚仅 40m。产于向斜两翼的矿体在向斜轴部相联成一体(图 3-2)。

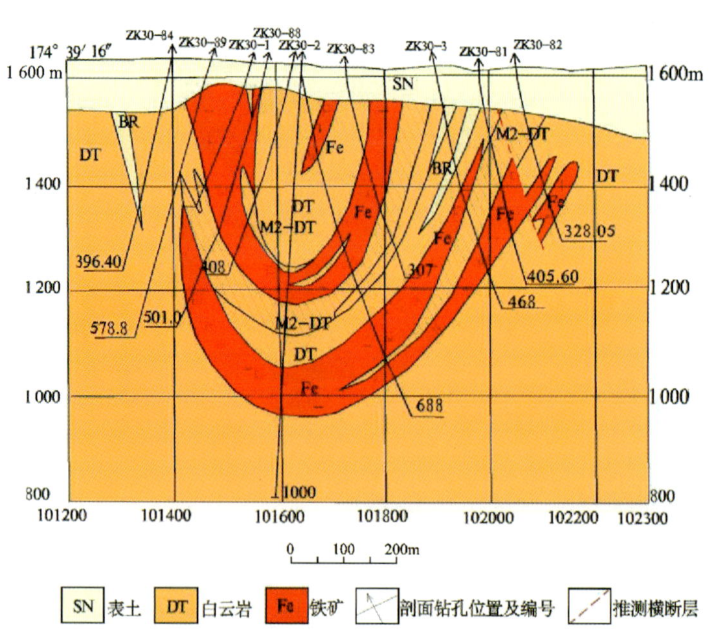

图 3-2　白云鄂博西矿区 30 线剖面图

矿体主要产于白云岩内，白云石型矿石占西矿总量的 79%，集中分布于矿体的中部，次要的矿石类型为闪石白云母型铁矿石，占总量的 20%～25%，且集中分布在矿体的上部。矿体中、下部的白云石型铁矿体中还有独立的含锰菱铁矿层出现，一般为 2～3 层，最多为 5～7 层，单层厚由几米至十余米不等。

沿走向最长为850m，沿倾向斜深250～400m。

全铁平均含量为33.57%，Nb_2O_5为0.064%～0.080%。

2)矿石的物质组成及结构构造

已发现73种元素，除Fe、Nb、REE外，还有多种分散元素和放射性元素。稀土元素主要为铈族元素，占稀土总量的97%。分散元素有Ga、In、Sc、Rb、Cs及Zr、Hf，但含量都较低。

已知有161种矿物。含铁矿物：磁铁矿、赤铁矿、镜铁矿、磁赤铁矿、假象赤铁矿、褐铁矿、针铁矿、纤铁矿、水赤铁矿、菱铁矿、菱镁铁矿、菱铁镁矿、铁白云石等14种。稀土矿物：独居石、氟碳铈矿、氟碳铈钡矿等18种。铌矿物：铌铁金红石、铌铁矿、烧绿石、易解石等19种。

矿石结构有粒状变晶、粉尘状、交代及固溶分离结构等。矿石具块状构造、浸染状构造、条带状构造、层纹状构造、斑杂状构造、角砾状构造等。

3. 矿床成因

对白云鄂博铁铌稀土矿床成因有多种认识，主要有特种高温热液型、沉积变质型、热液交代型、沉积变质-热液交代型、喷流沉积型、碳酸岩岩浆型以及多成因型等，各种成因学说都有成矿事实可以佐证。

基于以下认识，该矿床成因应为海底喷流沉积-热液改造型。①铁矿产于白云岩与板岩接触带，与围岩产状一致，总体受白云向斜控制；②矿床主要成矿时代与围岩一致，为中元古代；③同位素研究表明，成矿物质主要来源于地幔(袁忠信，2012)；④铁矿石的条带状、纹层状构造显示其具沉积成因；⑤铌及稀土矿除与铁矿共伴生之外，在铁矿的顶底板一定的范围内均富集成矿，可能主要为后期热液交代形成。

4. 成矿时代

白云鄂博矿床的同位素年龄列于表3-1，共46个数据。从表列数据可以看出，白云鄂博矿床的同位素年龄大体可分为4组，相应地分为4个成矿时段：①中元古代早期，同位素年龄集中在1 700～1 500Ma，这是与海底喷流有关的热水成矿时代。②中、新元古代，主东矿同位素年龄1 300～1 000Ma，西矿为800Ma，为与火成碳酸岩有关的富稀土的流体交代了先期沉积的稀土铁矿，使稀土进一步富集。这一年龄反映了稀土矿物的形成与火成碳酸岩活动直接有关。③加里东期，同位素年龄集中在420Ma，矿石受到明显改造，并有新的稀土矿物形成。④海西期，在270Ma，形成矽卡岩化，并有稀土矿化形成。

中、新元古代的年龄多由Sm-Nd法测得，Sm-Nd属稀土族元素，用Sm-Nd法测稀土矿的成矿年龄，二者能更好地结合。加里东期及海西期年龄样品，不是取自晚期矿脉，就是取自蚀变岩石，或取自晚期矿物，如黄河矿、易解石，代表了后期叠加成矿作用。

表3-1　白云鄂博铁、铌、稀土矿成矿年龄数据表

序号	采样地点	测试对象	年龄(Ma)	测试方法	资料来源
1	主东矿	矿石	1 592±530	Sm-Nd	Yuan et al，1992
2	主矿	矿石	1 580±360	Sm-Nd	Yuan et al，1992
3	主矿北、东矿	独居石-氟碳铈矿	1 313±41	Sm-Nd	任英忱等，1994
4	主矿北、东矿	浸染状独居石	1 700±480	Sm-Nd	曹荣龙等，1994
5	主东矿	白云石全岩	1 273±100	Sm-Nd	张宗清等，2001
6	主东矿	白云岩中稀土矿物	1 250±210	Sm-Nd	张宗清等，2001
7	主东矿	矿石	1 286±91	Sm-Nd	张宗清等，1994
8	主东矿	矿石	1 305±78	Sm-Nd	张宗清等，2003

续表 3-1

序号	采样地点	测试对象	年龄(Ma)	测试方法	资料来源
9	东矿	矿石	1 013±69	Sm-Nd	张宗清等,2003
10	西矿	矿石	809±80	Sm-Nd	刘玉龙等,2005
11	矿体	独居石	1 700±480	Sm-Nd	曹荣龙等,1994
12		氟碳铈矿、黄河矿、易解石	402±18	Sm-Nd	曹荣龙等,1994
13		褐帘石、钠闪石等	422±91	Sm-Nd	张宗清等,2003
14	主东矿	矿石	523±23	U-Pb	裘愉卓,1997
15	主矿体及接触带	独居石	1 000～800	U-Pb	任英忱等,1994
16	主矿北	独居石	445±11	Th-Pb	任英忱等,1994
17	主矿北	独居石	461±62	Th-Pb	任英忱等,1994
18	主东矿	独居石	555～400	Th-Pb	Wang et al,1994
19	西矿	独居石	532±31	Th-Pb	Wang et al,1994
20	主矿	独居石	404±14	Th-Pb	Chao et al,1997
21	白云石型矿石	独居石	419±37	Th-Pb	Chao et al,1998
22	白云石型矿石	氟碳铈矿	555±11	Th-Pb	刘玉龙等,2005
23	矿体	单颗粒独居石	1 231±200	Th-Pb	刘玉龙等,2005
24	矿体	黄铁矿	439±86	Re-Os	张宗清等,2003
25	西矿	矿石	391±97	Rb-Sr	张宗清等,2003
26	东矿	黄河矿、钠长石、钠闪石	422±18	Sm-Nd	张宗清等,1994
27	东矿	独居石	1 008±320	Sm-Nd	刘玉龙等,2005
28	主矿	白云岩、板岩及矿石	485	Rb-Sr	白鸽等,1985
29	主矿	矿石中后期细脉中易解石	273	U-Th-Pb	中国科学院地球化学研究所,1988
30	主东矿	云母岩中的金云母、铁镁云母	269.29	K-Ar	中国科学院地球化学研究所,1988
31	东矿	黑云母岩,黑云母	277.4	K-Ar	中国科学院地球化学研究所,1988
32	东矿	霓石脉中的易解石、黄河矿	438.2±25.1	U-Th-Pb	赵景德等,1991
33	东矿	矿石中的独居石	423±13	U-Th-Pb	赵景德等,1991
34	西矿	矿化白云岩的钠闪石	789±5	K-Ar	张宗清等,2003
35	主东矿	碱性岩-碳酸盐矿石	1 378±88	Sm-Nd	张宗清等,2003
36	主矿	后期矿脉中钠闪石	427.5±4.0	K-Ar	裘愉卓等,2009
37	主矿	后期矿脉中硅镁钡石	398±5	Ar-Ar	裘愉卓等,2009
38	西矿	矿石中钠闪石	465±14	Sm-Nd	裘愉卓等,2009
39	东矿	钠闪石白云岩全岩	385.7±3.9	K-Ar	裘愉卓等,2009
40	都拉哈拉	钠闪石岩全岩	436.4±3.6	K-Ar	裘愉卓等,2009
41	西矿	黑云母岩全岩	271.4±1.7	K-Ar	裘愉卓等,2009
42	主矿	浅色板岩全岩	255.3±1.7	K-Ar	裘愉卓等,2009
43	东矿	暗色板岩全岩	255.7±2.6	K-Ar	裘愉卓等,2009
44	主东矿	白云岩中浸染状独居石	1 500±100	Th-Pb	曹荣龙等,1994
45	主东矿	白云岩中浸染状独居石	1 685	Th-Pb	邵和明等,2002
46	主东矿	白云岩中浸染状磷灰石	1 693	U-Th-Pb	邵和明等,2002

5. 矿床成矿模式

中元古代早期，在华北陆块北缘形成了近东西向的白云鄂博裂陷槽，沉积了一套巨厚的碎屑岩、黏土岩和碳酸盐岩等类复理石建造。同生深断裂带同时是幔源含矿热液活动的通道，大量的成矿组分（Fe、REE、Nb）、挥发组分（H_2O、CO_2、F、P、S）以及碱金属组分（K、Na）等，通过喷气带入盆地。在适当的物理化学条件下，Fe、REE、Nb 大量沉积富集。中元古代中晚期，与火成碳酸岩有关的富稀土流体交代了先期沉积的稀土铁矿，使稀土进一步富集（图 3-3A）。

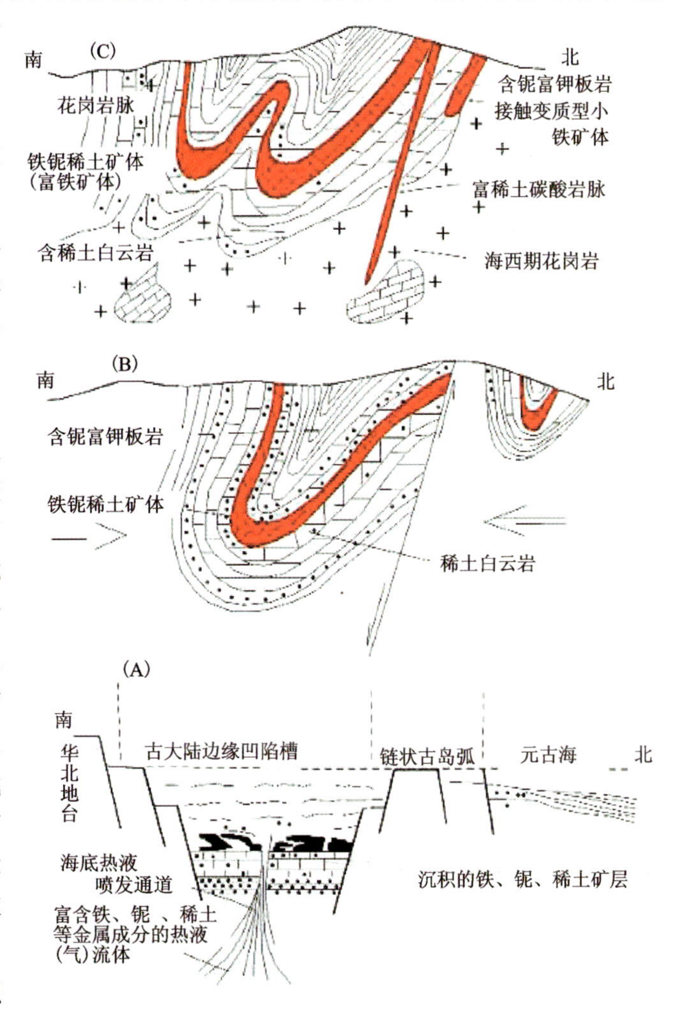

图 3-3 白云鄂博式铁铌稀土矿床成矿模式图

（据侯宗林，修改，1989）

原始沉积作用形成了矿床的基本形态。经过漫长的固结成岩过程，元古宙末期—加里东期区域褶皱隆起，产生了广泛的区域变质变形作用（图 3-3B）。在一定的温度和压力作用下，碳酸铁，相当部分赤铁矿转化为磁铁矿，部分硅酸铁转化为磁铁矿和云母、钠闪石等矿物。稀土元素具有很强的活泼性，在 H_2O、CO_2、F、P 等作用下，除部分组合成新的矿物外，在局部构造发育地段充填富集。H_2O、CO_2、F、Na、K 等可在围岩中引起广泛的交代作用，如钾长石化、钠长石化、萤石化、磷灰石化、霓石化、云母化、方解石化等。由于褶皱作用，使矿体发生形变，最主要的是使矿体加厚和普遍透镜体化。

在海西期，由于区域性花岗岩体的大面积侵入，带来大量的热和气液，导致矿区内成矿元素的再度活动，广泛的钠、氟交代和稀土元素的局部富集，主要发育在这一阶段。同时，在热力作用下，铁矿物颗粒进一步变粗，赤铁矿、碳酸铁转变为磁铁矿。在构造活动部位，铁质有进一步富集的趋势，如块状磁铁富矿的形成并有富稀土碳酸盐岩脉沿裂隙充填（图 3-3C）。同时，在含铁的白云质灰岩同花岗岩接触部位形成小的接触交代型铁矿体。

总之，由于多期地质作用，诱发成矿元素和各种活动组分的多期活动。因此，白云鄂博铁铌稀土矿显示以海底喷流沉积作用为基础，具有多种地质作用叠加特征的复杂矿床。

二、典型矿床地球物理特征

1. 矿床所在区域重磁场特征

1∶50 万布格重力图显示白云鄂博铁铌稀土矿床处在东西向的重力高异常上，航磁异常显示为东西两个圆团状正磁异常，重磁场特征显示白云鄂博铁铌稀土矿床受两条平行的东西向断裂控制，有北西向断裂通过该区域（图 3-4）。

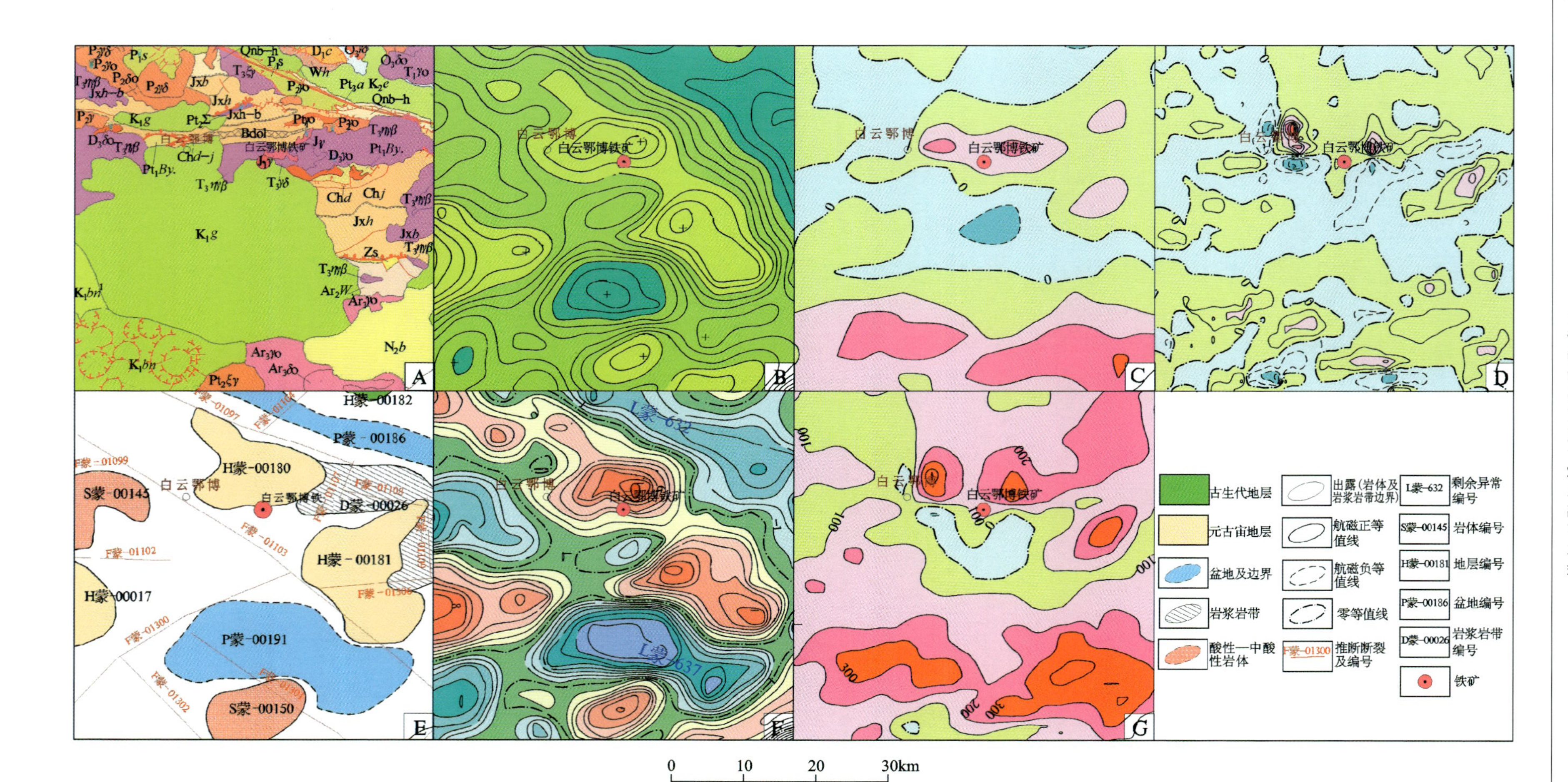

图3-4　白云鄂博铁稀土矿床所在区域地质、重磁剖析图

A.地质矿产图；B.布格重力异常图；C.航磁ΔT等值线平面图；D.航磁ΔT化极垂向一阶导数等值线平面图；E.重力推断地质构造图；F.剩余重力异常图；G.航磁ΔT化极等值线平面图

1∶5 万航磁 ΔT 等值线平面图显示磁异常呈东西走向，北侧伴有明显的负磁场，极大值高达 5 400nT，最低－2 880nT。经化极后北侧负值明显减弱，南侧出现明显负值(图 3-5)。

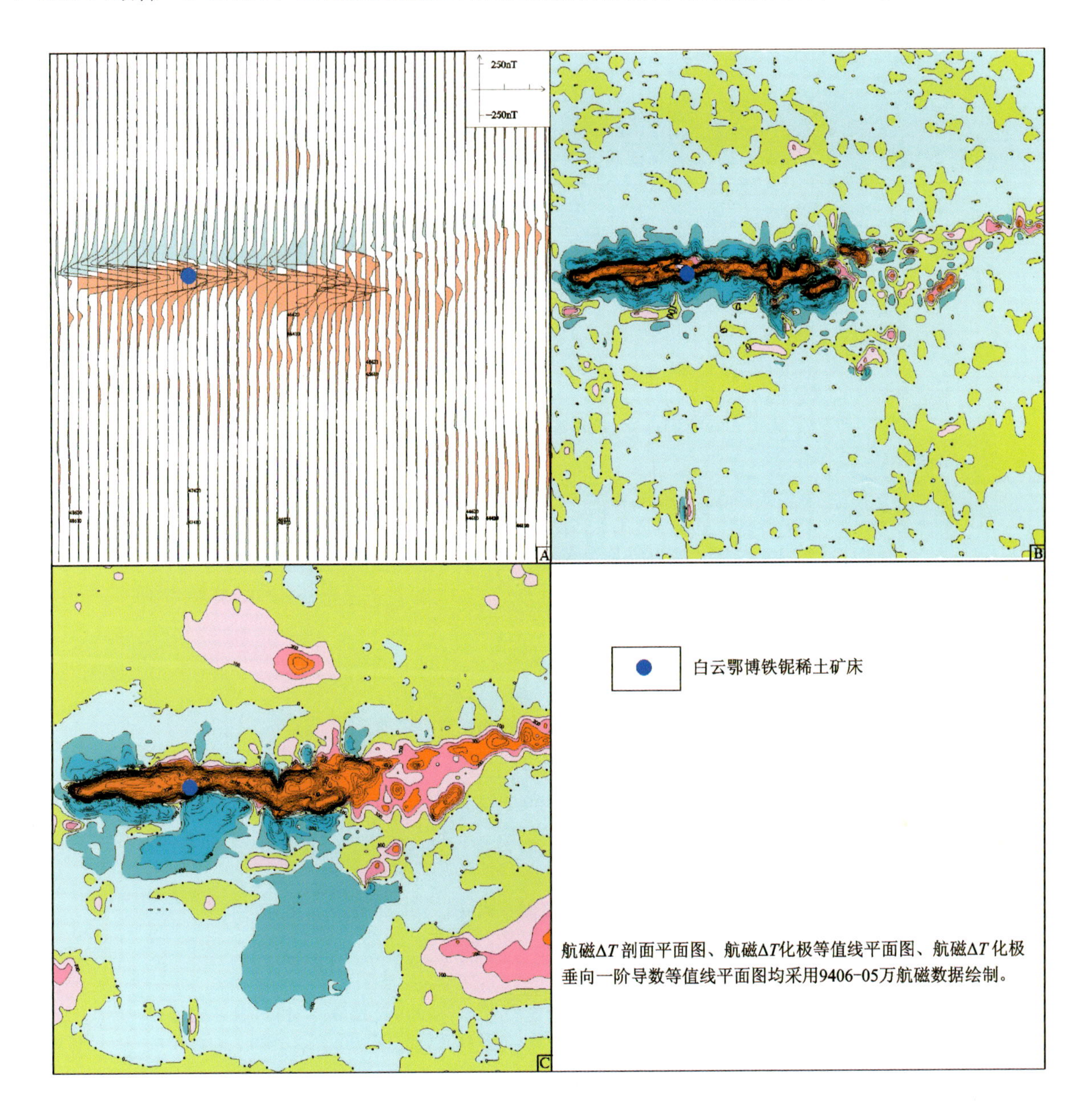

图 3-5　白云鄂博铁铌稀土矿所在地 1∶5 万物探剖析图

A. 航磁 ΔT 剖面平面图；B. 航磁 ΔT 化极垂向一阶导数等值线平面图；C. 航磁 ΔT 化极等值线平面图

2. 矿区的磁场特征

矿区 1∶1 万地磁显示，该异常规模巨大，磁性很强，走向呈东西向，长 15km，宽 1～3km。主要由 4 个极强的局部异常组成，其峰值均大于 5 000nT，两翼不对称，南翼较缓，并与二级异常相连过渡到正常负磁场，北翼甚陡，伴有两个 2 000～3 000nT 的负异常，用 1 000nT 的等值线可自行封闭。从 ΔZ 异常特征、形态分析，磁性体向南倾斜，倾角 60°～80°，下延深度较大，异常至少由 4 个矿体引起。根据矿体与 ΔZ 异常的对应关系，认为Ⅰ、Ⅱ号异常为西矿引起，Ⅲ号异常为主矿和东矿引起，Ⅳ号异常为东介勒格勒铁矿引起。

三、典型矿床预测要素

综合研究白云鄂博铁铌稀土矿的地质矿产、重力、航磁等致矿信息，总结了典型矿床预测要素(表3-2)。

表3-2　白云鄂博式沉积型铁矿典型矿床预测要素表

预测要素		描述内容			要素类别
储量		$162\ 842.3\times10^4$ t	平均品位	TFe 33.19%～35.57%	
特征描述		海底喷流沉积-热液改造型铁矿床			
地质环境	构造背景	华北陆块区，狼山阴山陆块，狼山-白云鄂博裂谷(Pt_2)			必要
	成矿环境	滨太平洋成矿域(叠加在古亚洲成矿域之上)，华北成矿省，华北陆块北缘西段Au-Fe-Nb-REE-Cu-Pb-Zn-Ag-Ni-Pt-W-石墨-白云母成矿带，白云鄂博-商都Au-Fe-Nb-REE-Cu-Ni成矿亚带			必要
	成矿时代	中元古代			必要
矿床特征	矿体形态	东矿矿体地表形态东宽西窄，整体如帚状，其西部呈棒状，东部为锯齿状；主矿矿体总体呈一个南平北凸的透镜体；西矿铁矿体为层状、似层状或透镜状，规模大小不一，呈东西向分布			重要
	岩石类型	哈拉霍疙特组含磁铁石英岩，含磁铁细晶白云岩夹含磁铁矿粉晶灰岩、中晶灰岩，萤石化细晶白云岩，中元古代白云质碳酸岩			必要
	岩石结构	中粗粒结构、中细粒结构、等粒结构			次要
	矿石矿物	含铁矿物：磁铁矿、赤铁矿、镜铁矿、磁赤铁矿等； 稀土矿物：氟碳铈矿、独居石、氟碳钙铈矿等； 铌矿物：铌铁金红石、铌铁矿、烧绿石、易解石等； 共生矿物：萤石、磷灰石、重晶石、白云石等			重要
	矿石结构构造	结构：粒状变晶结构、粉尘状结构、交代结构、固溶分离结构等； 构造：块状构造、浸染状构造、条带状构造、层纹状构造、斑杂状构造、角砾状构造等			次要
	围岩蚀变	长石化、萤石化、霓石化、碱性角闪石化、黑云母化、金云母化、磷灰石化、矽卡岩化等			次要
	主要控矿因素	褶皱控矿，向斜，断层			重要
物探特征	地磁特征	4个极强的局部异常组成，其峰值均大于5 000nT，两翼不对称，南翼较缓；与二级异常相连过渡到正常负磁场，北翼甚陡，伴有2 000～3 000nT的负异常，用1 000nT的等值线可自行封闭			重要
	重力特征	重力梯度带			次要

第二节　预测工作区特征

预测工作区位于内蒙古自治区中部白云鄂博地区，东经109°30′～111°00′，北纬41°00′～42°00′。

一、区域地质矿产特征

预测工作区大地构造位置位于华北陆块北缘狼山-白云鄂博裂谷。成矿区带属滨太平洋成矿域，华北成矿省，华北地台北缘西段 Au-Fe-Nb-REE-Cu-Pb-Zn-Ag-Ni-Pt-W-石墨-白云母成矿带(Ⅲ-11)，白云鄂博-商都 Au-Fe-Nb-REE-Cu-Ni 成矿亚带(Ⅲ-11-①)。

地层出露有中太古界乌拉山岩群、新太古界色尔腾山岩群、中新元古界白云鄂博群以及志留系、石炭系、侏罗系、第四系等。中新元古界白云鄂博群自下而上出露有都拉哈拉组、尖山组、哈拉霍疙特组、比鲁特组、白音宝拉格组和呼吉尔图组，各组地层普遍经受了低绿片岩相变质作用改造。哈拉霍疙特组为碳酸盐岩-泥晶灰岩建造，主要岩性为泥晶灰岩、钙质泥岩、钙质白云岩，与白云鄂博式沉积型铁矿关系密切。

侵入岩较为发育，主要为元古宙—中生代的中酸性侵入岩，其中与成矿关系密切的是中元古代灰白色中细粒白云质碳酸岩，为大陆边缘裂谷环境下幔源型侵入体。在海西期，侵入岩与白云鄂博群接触带附近形成矽卡岩型铁矿体。

预测工作区构造表现为复式背斜的褶皱形态，轴向近东西，次一级褶皱也极为发育。断裂以近东西向和北东向两组为主，东西向断裂形成较早，为一组断层面北倾的逆断层，具有叠瓦式构造和多期活动的特点，与成矿有关的断裂为东西向的高位同生断裂。

区内相同类型的矿床只有白云鄂博铁铌稀土矿床。

二、区域地球物理特征

1. 磁场特征

预测区磁场大致可划分为3个磁场区，北侧以0～100nT的正磁场为背景磁场区，南侧可划分两个磁场区，南西侧以100～200nT的正磁场为背景磁场区，南东侧以－400～－200nT的负磁场为背景磁场区(图3-6)。

预测区内共有甲类航磁异常22个，乙类航磁异常31个，丙类航磁异常54个，丁类航磁异常136个。

甲类已知矿航磁异常走向15个为东西向、3个为北西西向、2个为北东向、1个为北西向，异常多数处在较低磁异常背景上，相对异常形态较为规则，多数为尖峰状，多数北侧伴有微弱负值。异常多处在磁测推断的北西向和东西向断裂上或其两侧，且多分布在侵入岩体上或其与地层的接触带上。

2. 重力场特征

在区域布格重力异常图上，预测工作区位于白云鄂博-三合明重力高异常带上，布格重力异常整体呈现北低南高的趋势。百灵庙北侧存在由北西向转为近东西向的带状相对较低的布格重力异常区，是对断陷盆地和酸性岩浆岩的反映。

预测区内剩余重力异常总体呈条带状展布，单个异常部分呈椭圆状，以近东西向为主，其次为北西向和北东向。异常连续性较好，规模较大。正负剩余重力异常相间分布。正异常与前寒武纪基底隆起有关，负异常对应于酸性岩体与盆地的分布区。推断断裂构造近东西向、北东向、北西向均有分布。

三、遥感解译特征

预测工作区内解译出1条巨型断裂带即华北陆块北缘断裂带，在工作区北部边缘近东西向展布，两侧地层体较复杂并经过多套地质体。

北东向及北北东向构造与东西向构造组成本地区的菱形块状构造格架。在两组构造之中形成了次级公里级的小构造，而且多数为张或张扭性小构造，这种构造多数为储矿构造。

区内的环形构造比较发育，共圈出15个环形构造，主要分布在不同方向断裂交汇部位。

图 3-6　白云鄂博式沉积型铁矿预测工作区航磁 ΔT 等值线平面图示意图

区内共解译出色调异常14处，其中1处为绢云母化、硅化引起，6处为青磐岩化引起，在遥感图像上均显示为深色色调异常，呈细条带状分布；7处为角岩化引起，在遥感图像上均显示为亮色色调异常。从空间分布上来看，区内的色调异常明显与断裂构造及环形构造有关，在北东向断裂带上及北东向断裂带与其他方向断裂交汇部位以及环形构造集中区，色调异常呈不规则状分布。

白云鄂博铁铌稀土矿与预测工作区中的羟基及铁染异常吻合。

四、区域预测要素

白云鄂博式沉积型铁矿的区域预测要素见表3-3。

表3-3　白云鄂博式沉积型铁矿预测工作区预测要素表

区域预测要素		描述内容	要素分类
地质环境	大地构造位置	华北陆块区，狼山阴山陆块，狼山-白云鄂博裂谷(Pt_2)	必要
	成矿区(带)	华北成矿省，华北陆块北缘西段Au-Fe-Nb-REE-Cu-Pb-Zn-Ag-Ni-Pt-W-石墨-白云母成矿带，白云鄂博-商都Au-Fe-Nb-REE-Cu-Ni成矿亚带	必要
	区域成矿类型及成矿期	沉积型，中元古代	必要
控矿地质条件	赋矿地质体	白云鄂博群都拉哈拉组、尖山组、哈拉霍疙特组	必要
	控矿侵入岩	方解石碳酸岩及白云石碳酸岩侵入体	重要
	主要控矿构造	东西向的褶皱和同生沉积断裂构造，深断裂活动为成矿物质从深部向浅部运移提供了可能的通道	重要
区内相同类型矿产		区内有1个铁矿床	重要
航磁		航磁异常范围，在碳酸岩地区及已知铁矿附近较为明显	必要
		航磁起始值大于100nT	重要
重力		剩余重力起始值大于$3\times10^{-5}m/s^2$	次要
遥感		羟基及铁染异常	次要

第三节　矿产预测

一、综合地质信息定位预测

由于预测区内只有一个已知矿床，运用MRAS软件中的少预测模型工程进行定位预测及分级(肖克炎等，2000)。采用聚类分析法和神经网络分析法进行评价，人工圈定最小预测区，并依据预测要素是否齐全及重要性进行优选。最小预测区分级原则：A级，碳酸岩+褶皱(东西向断裂)+航磁异常分布范围+剩余重力值>$7\times10^{-5}m/s^2$；B级，哈拉霍疙特组+航磁异常分布范围+东西向断裂(褶皱)；C级，哈拉霍疙特组+航磁异常分布范围或哈拉霍疙特组+东西向断裂(褶皱)。

本次共圈定最小预测区27个，其中A级2个(含已知矿体)，总面积10.91km^2；B级8个，总面积17.08km^2；C级17个，总面积40.30km^2(图3-7)，综合信息见表3-4。

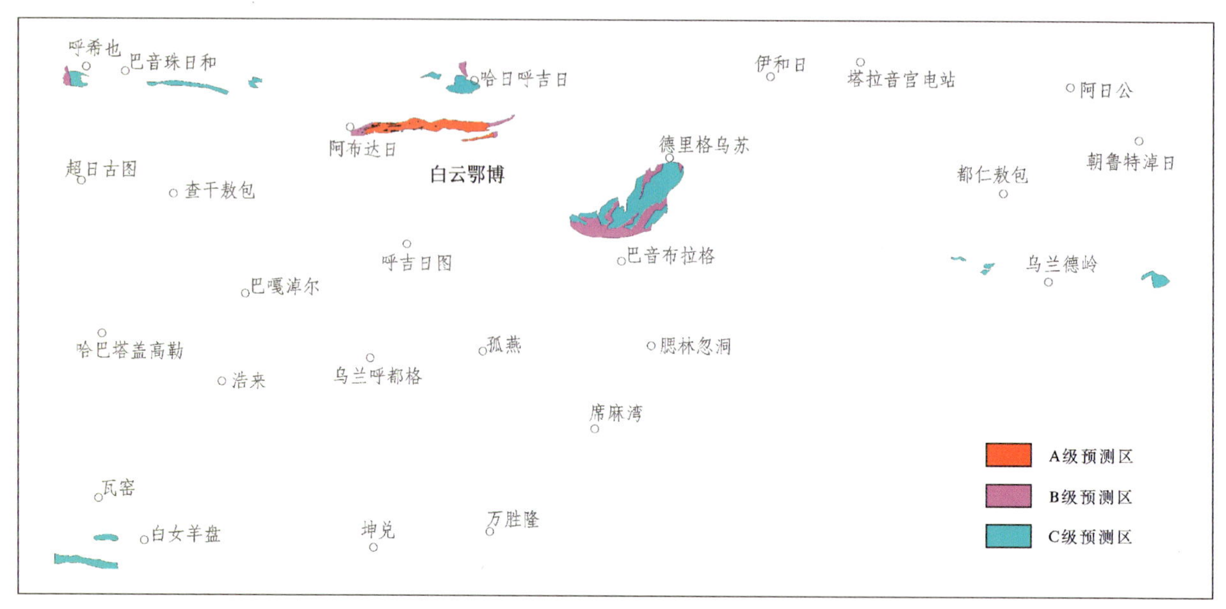

图 3-7 白云鄂博式沉积型铁矿预测工作区最小预测区优选分布示意图

表 3-4 白云鄂博式沉积型铁矿预测工作区最小预测区综合信息表

最小预测区编号	最小预测区名称	综合信息
A1501101001	白云鄂博（西矿、主矿、东矿）	为白云鄂博西矿体出露区，矿体赋存在向斜两翼的白云岩中，向斜轴部为黑云母板岩。航磁化极值与区域对比极高，布格重力场与剩余重力场相对较高，物探异常与矿体套合好
		为白云鄂博主矿体出露区，矿体产于向斜北翼中细粒白云岩内，而向斜南翼有两层向北陡倾的铁矿。航磁化极值与区域对比极高，布格重力场与剩余重力场相对较高，物探异常与矿体套合好
		为白云鄂博东矿体出露区，矿体产于向斜北翼中细粒白云岩中，白云岩蚀变强烈，分带明显，以钠、氟交代为主，铌、稀土矿化很强烈。航磁化极值与区域对比极高，布格重力场与剩余重力场相对较高，物探异常与矿体套合好
A1501101002	白云鄂博北	主要分布于灰白色中细粒白云岩中，区内有航磁异常1处，航磁推断断裂4处，剩余重力场特征与已知矿床有很大的相似性，航磁化极值高达4 400nT，具有极大的找矿潜力
B1501101001	高位西	主要分布于灰白色中细粒白云岩中，区内有航磁异常1处，重砂异常1处，剩余重力场值相对较高，航磁化极值高达4 400nT，具有找矿潜力
B1501101002	打花儿	主要分布于灰白色中细粒白云岩中，区内有航磁异常1处，同生断裂1条，剩余重力场值相对较高，航磁化极异常较高
B1501101003	哈日呼吉日西	主要分布于哈拉霍疙特组二段中，为一套石英砂岩-泥晶碳酸盐岩建造，区内有航磁异常1处，同生断裂2条，剩余重力场值相对较低
B1501101004	都日勃力金西	主要分布于尖山组三段中，该区内地层发生了倒转，推测哈拉霍疙特组碳酸盐岩建造倒转至下部，区内有航磁异常1处，同生断裂1处，剩余重力场值相对较低
B1501101005	必流图	主要分布于哈拉霍疙特组一段和尖山组三段中，该区内地层发生了倒转，推测哈拉霍疙特组碳酸盐岩建造倒转至下部；区内有航磁异常1处，同生断裂3条，航磁推断断裂1条，剩余重力场值相对较低
B1501101006	白彦花	主要分布于哈拉霍疙特组一段中，为一套石英砂岩建造区，内有航磁异常1处，重砂异常1处，断层1条，剩余重力场值相对较低

续表 3-4

最小预测区编号	最小预测区名称	综合信息
C1501101001	希日哈达	主要分布于哈拉霍疙特组一段中，为一套石英砂岩建造，区内有航磁异常 1 处，剩余重力场值相对较低
C1501101002	白彦花南	主要分布于哈拉霍疙特组二段中，为灰色变质中细粒钙质石英砂岩与灰色粉砂岩、泥晶灰岩互层。区内有航磁异常 1 处，重砂异常 1 处，剩余重力场值相对较低
C1501101003	哈日呼吉日	主要分布于哈拉霍疙特组一段和三段中，为碳酸盐岩-泥晶灰岩建造和石英砂岩建造，区内有断层 1 条，剩余重力场值相对较高，航磁化极异常值较低
C1501101004	小红海西	主要分布于哈拉霍疙特组三段中，为碳酸盐岩-泥晶灰岩建造，区内有断层 1 条，剩余重力场值相对较高，航磁化极异常值较低
C1501101005	查汉浩饶图南	主要分布于尖山组二段中，为石英砂岩-泥晶碳酸盐岩建造，区内有航磁异常 1 处，断层 1 条，航磁推断断裂 1 条，剩余重力场值相对较高
C1501101006	必流图西	主要分布于尖山组二段中，为石英砂岩-泥晶碳酸盐岩建造，区内有航磁异常 1 处，航磁推断断裂 1 条，剩余重力场值相对较高
C15011010013	格凑西	主要分布于尖山组三段中，为碳酸盐岩-泥晶灰岩建造，区内有航磁异常 1 处，断层 2 条，剩余重力异常较弱
C1501101007	都日勃力金	主要分布于白云鄂博群尖山组一段和二段中，为石英砂岩-泥晶碳酸盐岩建造，区内有航磁异常 1 处，断层 1 条，剩余重力异常较高
C1501101008	高位北	主要分布于白云鄂博群哈拉霍疙特组一段中，为石英砂岩-石英砂砾岩建造，区内有航磁异常 1 处，剩余重力异常偏高
C1501101009	查汗朝鲁	主要分布于哈拉霍疙特组一段中，为石英砂岩-砂砾岩建造，区内有航磁异常 1 处
C1501101010	南黑山子	主要分布于白云鄂博群哈拉霍疙特组三段中，为碳酸盐岩-泥晶灰岩建造，区内有航磁异常 1 处，剩余重力异常值较低
C1501101011	双盛美乡	主要分布于哈拉霍疙特组三段中，为碳酸盐岩-泥晶灰岩建造，区内有同生断裂 2 条，剩余重力异常值、航磁化极异常值均较低
C1501101012	乌拉敖包	主要分布于白云鄂博群哈拉霍疙特组一段中，为石英砂岩-砂砾岩建造，区内有航磁异常 1 处
C1501101013	格凑西	主要分布于白云鄂博群尖山组三段中，为碳酸盐岩-泥晶灰岩建造，区内有航磁异常 1 处，断层 2 条，剩余重力异常较弱

二、综合信息地质体积法估算资源量

1. 典型矿床深部及外围资源量估算

白云鄂博铁矿典型矿床储量来源于《内蒙古自治区铁矿资源储量核实表》中的白云鄂博西矿勘查报告；典型矿床面积根据矿体聚集区边界范围圈定；典型矿床深度根据矿区钻孔 ZK21-062 资料，钻孔深度为 1 190m，矿体底板为 1 119m，则矿体深部推深采用 $H_{推}=1\ 120-600=520$(m)；依据白云鄂博式沉积型铁矿特有的成矿专属性，即铁矿产于方解石白云岩及白云石碳酸岩之中，同时赋存于哈拉霍疙特组中，加之相似类比典型矿床航磁化极、剩余重力异常，综合分析以上诸要素，圈定典型矿床外围预测范围。白云鄂博铁矿典型矿床深部及外围资源量估算结果见表 3-5。

表 3-5　白云鄂博式沉积型铁矿典型矿床(西矿)深部及外围资源量估算一览表

典型矿床(西矿)		深部及外围		
已查明资源量(矿石量)($\times10^4$t)	91 189.30	深部	面积(km^2)	2.035
面积(km^2)	3.535		深度(m)	520
深度(m)	600	外围	面积(km^2)	0.518
品位(%)	33		深度(m)	1 120
密度(t/m^3)	3.5	预测资源量($\times10^4$t)		40 467.49
体积含矿率(t/m^3)	0.247	典型矿床资源总量($\times10^4$t)		131 656.79

2. 模型区的确定、资源量及相关参数

模型区为典型矿床所在的最小预测区。白云鄂博西铁矿查明资源量 91 189.30$\times10^4$t,深部及外围预测资源量为 40 467.49$\times10^4$t,主矿查明资源量 42 831.9$\times10^4$t,东矿查明资源量 28 821.1$\times10^4$t,所以模型区资源总量为 203 309.79$\times10^4$t。延深根据典型矿床最大预测深度确定。模型区圈定时参照了含矿建造地质体,因此含矿地质体面积参数为 1。由此计算含矿地质体含矿系数为 0.111(表 3-6)。

表 3-6　白云鄂博式沉积型铁矿模型区预测资源量及其估算参数表

编号	名称	模型区总资源量($\times10^4$t)	模型区面积(km^2)	延深(m)	含矿地质体面积(km^2)	含矿地质体面积参数 K_S	含矿地质体含矿系数 K
A1501101001	白云鄂博	203 309.79	12.20	1 500	12.20	1	0.111

3. 最小预测区预测资源量

最小预测区资源量定量估算采用地质体积法进行估算(肖克炎等,2010)。

最小预测区面积($S_{预}$)是依据综合地质信息定位优选的结果;延深(H)的确定是在研究最小预测区含矿地质体地质特征、含矿地质体的形成深度、断裂特征、矿化类型的基础上,并对比典型矿床特征的基础上综合确定的;相似系数(α)的确定,主要依据 MRAS 生成的成矿概率及与模型区的比值,参照最小预测区地质体出露情况、重砂异常规模及分布、物探解译隐伏岩体分布信息等进行修正。

本次预测资源总量为 82 507.96$\times10^4$t,详见表 3-7。

表 3-7　白云鄂博式沉积型铁矿预测工作区最小预测区预测资源量一览表

最小预测区编号	最小预测区名称	$S_{预}$(km^2)	$H_{预}$(m)	K_S	K(t/m^3)	α	$Z_{总}$($\times10^4$t)	已查明资源量($\times10^4$t)	$Z_{预}$($\times10^4$t)	资源量级别
A1501101001	白云鄂博	12.20	1 500	1	0.111	1	203 309.79	162 842.3	40 467.49	334-1
A1501101002	白云鄂博北	0.90	500	1	0.111	0.4	1 998.00		1 998.00	334-2
B1501101001	高位西	1.22	500	1	0.111	0.2	1 354.2		1 354.2	334-2
B1501101002	打花儿	0.67	450	1	0.111	0.2	669.33		669.33	334-2
B1501101003	哈日呼吉日西	0.63	450	1	0.111	0.2	629.37		629.37	334-3
B1501101004	都日勃力金西	1.56	550	1	0.111	0.2	1 904.76		1 904.76	334-3
B1501101005	必流图	9.77	550	1	0.111	0.2	11 929.17		11 929.17	334-3
B1501101006	白彦花	0.82	550	1	0.111	0.2	1 001.22		1 001.22	334-3

续表 3-7

最小预测区编号	最小预测区名称	$S_{预}$ (km^2)	$H_{预}$ (m)	K_S	$K(t/m^3)$	α	$Z_{总}$ ($\times 10^4 t$)	已查明资源量($\times 10^4 t$)	$Z_{预}$ ($\times 10^4 t$)	资源量级别
C1501101001	希日哈达	2.72	400	1	0.111	0.1	1 207.68		1 207.68	334-3
C1501101002	白彦花南	1.73	600	1	0.111	0.1	1 152.18		1 152.18	334-3
C1501101003	哈日呼吉日	3.4	600	1	0.111	0.1	2 264.4		2 264.4	334-3
C1501101004	小红海西	1.58	500	1	0.111	0.1	876.9		876.9	334-3
C1501101005	查汉浩饶图南	1.51	500	1	0.111	0.1	838.05		838.05	334-3
C1501101006	必流图西	1.89	650	1	0.111	0.1	1 363.635		1 363.63	334-3
C1501101007	都日勃力金	10.9	800	1	0.111	0.1	9 679.2		9 679.2	334-3
C1501101008	高位北	0.65	200	1	0.111	0.1	144.3		144.3	334-3
C1501101009	查汗朝鲁	1.99	420	1	0.111	0.1	927.738		927.74	334-3
C1501101010	南黑山子	1.11	400	1	0.111	0.1	492.84		492.84	334-3
C1501101011	双盛美乡	3.88	500	1	0.111	0.1	2 153.4		2 153.4	334-3
C1501101012	乌拉敖包	0.74	400	1	0.111	0.1	328.56		328.56	334-3
C1501101013	格凑西	1.69	600	1	0.111	0.1	1 125.54		1 125.54	334-3
合计									82 507.96	

4. 预测工作区预测资源量汇总

白云鄂博式沉积型铁矿预测工作区按精度、预测深度、可利用性、可信度统计分析结果见表 3-8。

表 3-8　白云鄂博式沉积型铁矿预测工作区预测资源量统计分析表($\times 10^4 t$)

精度	深度			可利用性		可信度			合计
	500m 以浅	1 000m 以浅	2 000m 以浅	可利用	暂不可利用	$x \geq 0.75$	$0.75 > x \geq 0.5$	$0.5 > x \geq 0.25$	
334-1	24 280.49	36 420.74	40 467.49	40 467.49		40 467.49			40 467.49
334-2	4 021.53	4 021.53	4 021.53	4 021.53		3 538.95	482.58		4 021.53
334-3	35 706.44	38 018.94	38 018.94	22 176.45	15 842.49		21 670.8	16 348.14	38 018.94
合计									82 507.96

注：表中数据不含已查明资源量。1 000m 以浅预测资源量含 500m 以浅预测资源量；2 000m 以浅预测资源量含 1 000m 以浅预资源量。下同。

第四章　霍各乞式沉积型铁矿预测成果

第一节　典型矿床特征

一、典型矿床地质特征

霍各乞铁多金属矿床位于内蒙古自治区巴彦淖尔市乌拉特后旗巴彦宝力格镇。地理坐标为东经106°39′15″～106°41′15″,北纬41°15′57″～41°17′43″。

1. 矿区地质

矿区内出露中—新元古界渣尔泰山群刘鸿湾组和阿古鲁沟组。青白口系刘鸿湾组(Qb*l*),主要出露于矿区的北部大敖包一带及南部摩天岭一带,总厚500m,不含矿,总体走向NE50°～60°,SE∠40°～80°,上段中厚层纯石英岩夹薄板状石英岩,下段石英片岩、片状石英岩类,与下伏阿古鲁沟组整合接触。阿古鲁沟组(Jx*a*),分3段:上段为二云母石英片岩、碳质二云母石英片岩、碳质千枚状石英片岩,厚度大于360m,不含矿;中段为碳质板岩、碳质千枚岩、碳质条带状石英岩、含碳石英岩、黑色石英岩及透闪石岩、透辉石岩及其相互过渡岩类(原岩为泥灰岩),厚100～150m,是铜、铅、锌矿床的赋存层位;下段上部为黑云母石英片岩类、红柱石二云母石英片岩、含碳云母石英片岩夹角闪片岩,下部为碳质千枚岩、碳质千枚状片岩、碳质板岩夹钙质绿泥石片岩、绿泥石英片岩及结晶灰岩透镜体,总体厚度大于320m,不含矿(图4-1)。岩石均经历了绿片岩相-低角闪岩相的区域变质作用。

矿区岩浆活动具有多期性、多相性及产状多样性,其中以元古宙和海西期最为强烈。各类侵入岩与成矿关系不大。

断裂构造有成矿期断裂——深断裂,是控矿构造,成矿期后断裂——逆斜断层、横断层、裂隙构造,是坏矿构造。褶皱构造总体表现为继承了原始沉积的古地理格局,即背斜核部为古隆起部位,向斜核部为古凹陷位置。裂隙构造十分发育,与矿体有关的主要是层内裂隙构造及层间滑动裂隙。

2. 矿床特征

矿体产状与围岩产状一致,Fe-1:分布于11～19线之间,全长500m,赋存在透闪石化灰岩中,分布于3～16线之间者长250m。矿体呈似层状,平均厚度10.42m,沿走向、倾向延深都均匀变化,基本稳定,但出现标高不同,在11线1 800m标高才出现,13线1 970m标高出现,向东抬起。矿体平均倾角65°左右。

矿石自然类型主要为磁黄铁矿-磁铁矿型,次为磁铁矿型。有用矿物为磁铁矿,少量磁黄铁矿、黄铁矿、赤铁矿,局部见星点浸染状黄铜矿和方铅矿。脉石矿物主要为铁闪石、方解石、石英、阳起石、透闪石,次为石榴石、绿泥石、黑云母、角闪石等。围岩蚀变较强、较普遍,主要有透辉石化、透闪石化、硅化,次为绢云母化、绿泥石化、碳酸盐化及黄铁矿化等。与成矿有关系的有透闪石化、硅化和绢云母化。矿

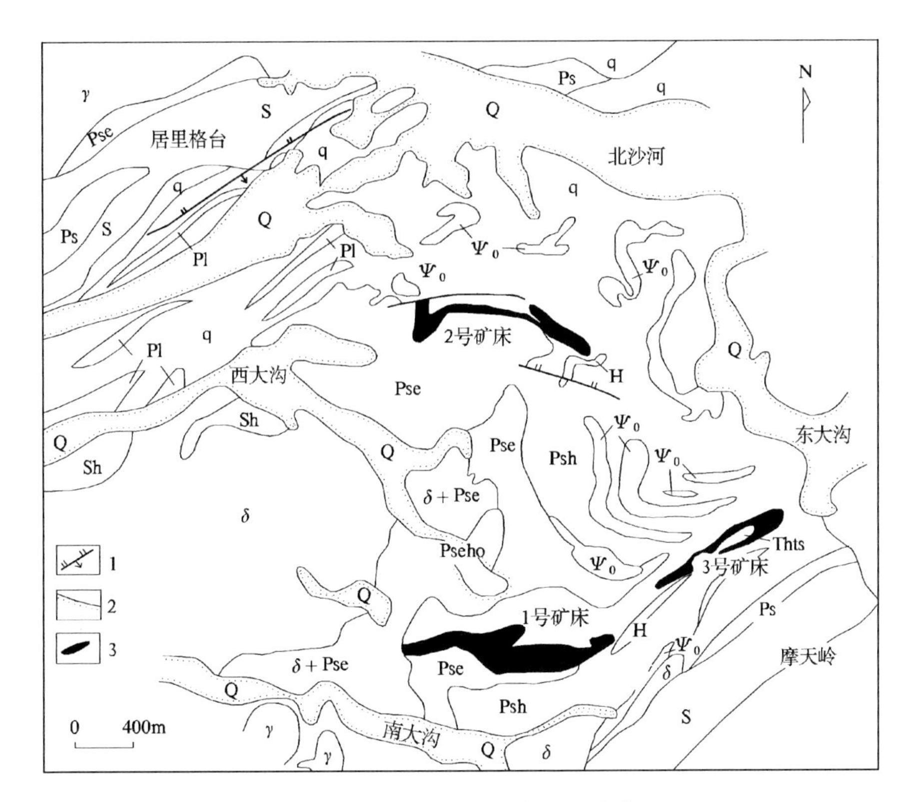

图 4-1　霍各乞铜矿区地质图(据费红彩等,2004)

1. 逆断层;2. 角度不整合;3. 矿体;Pse. 二云石英片岩;Pseho. 红柱石二云石英片岩;St. 条带状石英片岩;Bt. 碳质板岩;Psh. 黑云石英片岩;q. 千枚岩;Q. 第四系;H. 大理岩化灰岩;Thts. 透辉透闪岩;Sh. 黑色石英岩;Pl. 绿片岩;Ps. 石英片岩;S. 石英岩;δ+Pse. 闪长岩混染二云石英片岩;γ. 花岗岩;δ. 闪长岩;Ψ0. 斜长角闪岩

石平均品位 33.27%,最高在 15 线 CK74 孔,为 39.62%,最低在 13 线 CK22 孔,为 30.33%。

矿石结构为自形—半自形粒状结构、交代残余结构;矿石构造为中等—稠密浸染状构造,条带状、块状构造次之。

3. 矿床成因及成矿时代

霍各乞铁多金属矿床成矿时代为中元古代,矿床成因为海底火山喷流沉积型。经历了海底喷气沉积成矿期、区域变质改造期和岩浆热液改造期。

海底喷气沉积成矿期,矿体呈层状、似层状、透镜状产出,与围岩整合;Cu、Pb、Zn、Fe 基本受层位控制。Fe(Pb)受透辉石透闪石岩控制,Cu 产于上(下)条带状碳质石英岩、硅质岩中,Pb、Zn 产于碳质板岩中。含矿层自上向下有 Cu—Pb(Fe)—Cu—Zn 的分带现象,与同生沉积矿床的韵律分带相一致。

区域变质改造期,矿体水平面上呈"Z"形,为后期变形所致;同生沉积成因的微晶、细晶结构的矿石被变质改造为中晶—粗晶结构,并有斜切层(面)理的细脉状、网脉状构造,但不切大层,表明没有新的成矿物质参与。这种硫化物细脉、网脉是由原始沉积的硫化物重新活化、迁移、富集的产物;镜下见金属矿物间的穿插关系。

岩浆热液改造期,矿体围岩直接与海西期花岗岩接触,同时引起硫化物活化、迁移再富集,生成斜切层(面)理的细脉。这种细脉与区域变质作用生成的细脉不易区别;透辉石透闪石岩为热变质作用产物;热变质作用矿物透辉石、透闪石、石榴石的出现,表明其变质温度高于绿片岩相温度。

4. 矿床成矿模式

随着渣尔泰裂陷槽的形成，由于地热梯度的增加及火山热液活动，高盐度地下水被加热成热卤水。当热卤水温度为130℃、pH=5时，硫以HS^-形式存在，Zn^{2+}、Pb^{2+}、Cu^{2+}、Cl^-呈络合物的形式被搬运。这样，热卤水不断淋滤萃取矿源层中的成矿组分，成为高盐度含矿热卤水，并沿同生断裂喷溢至海底。这种高温、高密度流体不与海水混合，而呈不混溶的流体沿海底地形向低凹地带（三级盆地）中聚集，形成卤水池。海底卤水池中热卤水和海水混合、中和，温度降低，金属硫化物按溶度积由小到大（CuS—PbS—ZnS—FeS）顺序依次沉淀。

后期变形变质作用，使得矿质在含矿层内部重新活化、迁移、富集，导致褶皱转折端矿体厚度加大、品位变富（图4-2）。

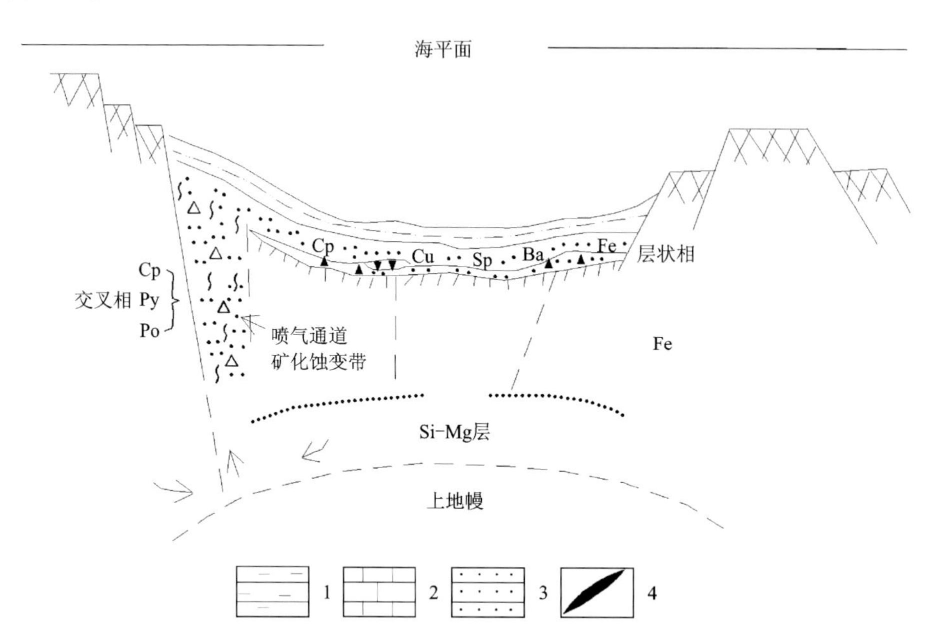

图4-2　霍各乞式铁多金属矿床成矿模式图（据刘玉堂，2004，修改）

1. 千枚岩；2. 灰岩；3. 砂岩；4. 沉积型；Cp. 黄铜矿；Py. 黄铁矿；Po. 磁黄铁矿

二、典型矿床地球物理特征

矿床磁异常轴向近NE60°，长约3km，由南北两条异常组成（双峰），单条宽约1.5km，南北异常相距1km多。航磁ΔT异常强度和梯度都很大，曲线规则尖陡，ΔT最大达2 866nT，北侧伴有很强的负磁场，可达−800nT。其ΔT等值线平面图上显示形态为正负异常成对的等轴状（图4-3）。地检结果，与铅、锌矿对应的磁异常ΔZ_{max}大于1 000nT，与磁铁矿对应的磁异常ΔZ_{max}大于10 000nT。

霍各乞铁矿处在相对平稳的布格重力异常区，等值线稀疏且宽缓，在剩余异常图上亦处在零值线附近，等值线分布稀疏。在矿床南北两侧分布有北东向带状展布的剩余重力负异常和正异常带，正异常是对元古宙基底隆起的反映，负异常是因酸性侵入岩引起。

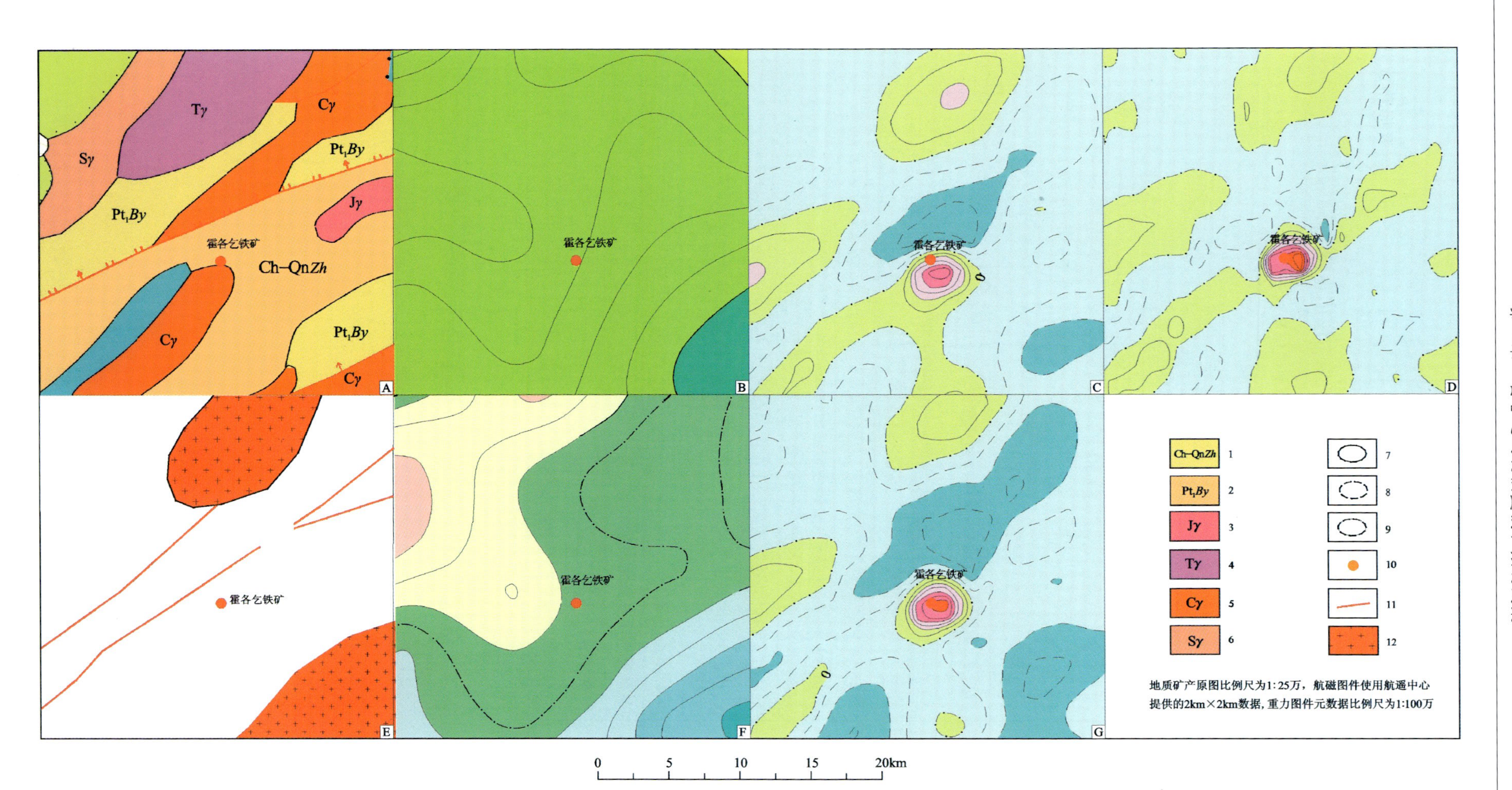

图4-3　霍各乞铁多金属矿地质及物探剖析图示意图

A.地质矿产图；B.布格重力异常图；C.航磁ΔT等值线平面图；D.航磁ΔT化极垂向一阶导数等值线平面图；E.重磁推断地质构造图；F.剩余重力异常图；G.航磁ΔT化极等值线平面图；1.渣尔泰山群：碎屑岩、碳质页岩、粉砂岩、碳酸盐岩；2.宝音图岩群：黑云石英片岩，角闪片岩、大理岩等；3.侏罗纪花岗岩；4.三叠纪花岗岩；5.石炭纪花岗岩；6.志留纪花岗岩；7.正等值线及注记；8.负等值线及注记；9.零等值线及注记；10.霍各乞铁矿；11.推断三级断裂；12.推断酸性岩体

三、典型矿床预测要素

根据典型矿床地质矿产、区域航磁以及重力等特征，总结典型矿床预测要素(表 4-1)。

表 4-1 霍各乞式沉积型铁多金属矿典型矿床预测要素表

<table>
<tr><td colspan="2">预测要素</td><td colspan="4">描述内容</td><td rowspan="3">要素类别</td></tr>
<tr><td colspan="2">储量</td><td>4 863.50×10^4t</td><td>平均品位</td><td colspan="2">32.79%</td></tr>
<tr><td colspan="2">特征描述</td><td colspan="4">海底喷流沉积-改造型铁多金属矿床</td></tr>
<tr><td rowspan="3">地质环境</td><td>构造背景</td><td colspan="4">华北陆块北缘，狼山-白云鄂博中元古代裂谷</td><td>必要</td></tr>
<tr><td>成矿环境</td><td colspan="4">华北地台北缘西段 Au-Fe-Nb-REE-Cu-Pb-Zn-Ag-Ni-Pt-W -石墨-白云母成矿带，狼山-渣尔泰山 Pb-Zn-Au-Fe-Cu-Pt-Ni -硫成矿亚带，霍各乞铜、铁、铅、锌、硫矿集区</td><td>必要</td></tr>
<tr><td>成矿时代</td><td colspan="4">中—新元古代</td><td>必要</td></tr>
<tr><td rowspan="7">矿床特征</td><td>矿体形态</td><td colspan="4">薄层状、似层状、透镜状，矿体倾向南东</td><td>重要</td></tr>
<tr><td>岩石类型</td><td colspan="4">主要为透闪石岩、透辉石岩及其相互间的过渡岩类</td><td>必要</td></tr>
<tr><td>岩石结构、构造</td><td colspan="4">微细粒粒状变晶结构、鳞片变晶结构，纹层状构造、片状构造</td><td>次要</td></tr>
<tr><td>矿石矿物</td><td colspan="4">磁铁矿，少量磁黄铁矿、黄铁矿、赤铁矿，局部见星点浸染状黄铜矿和方铅矿</td><td>次要</td></tr>
<tr><td>矿石结构、构造</td><td colspan="4">结构：他形晶粒状结构、交代残余结构、充填结构、共边结构；
构造：条带状构造、浸染状构造、脉状构造和块状构造</td><td>次要</td></tr>
<tr><td>围岩蚀变</td><td colspan="4">硅化、电气石化、透辉透闪石化和白云母化、阳起石化、绿泥石化、碳酸盐化</td><td>重要</td></tr>
<tr><td>主要控矿因素</td><td colspan="4">严格受中—新元古界渣尔泰山群阿古鲁沟组地层控制，同时受褶皱及层间构造控制</td><td>必要</td></tr>
<tr><td rowspan="4">物探、遥感、重砂特征</td><td>航磁</td><td colspan="4">航磁正高异常</td><td>重要</td></tr>
<tr><td>重力</td><td colspan="4">剩余重力矿点分布区的起始值在(−2～0)×10^{-5}m/s^2 之间</td><td>次要</td></tr>
<tr><td>遥感</td><td colspan="4">一级铁染异常</td><td>次要</td></tr>
<tr><td>自然重砂</td><td colspan="4">重砂矿物有黄铁矿钼铅矿、白铅矿、自然铅等</td><td>次要</td></tr>
</table>

第二节 预测工作区特征

霍各乞式沉积型铁矿预测工作区属巴彦淖尔市乌拉特后旗，东经 106°30′～107°15′，北纬 40°52′～41°20′，面积 3 043km²。

一、区域地质矿产特征

预测工作区属华北陆块区，狼山-阴山陆块，狼山-白云鄂博中元古代裂谷，成矿带属Ⅱ-14 华北成矿省，Ⅲ-11 华北地台北缘西段 Au-Fe-Nb-REE-Cu-Pb-Zn-Ag-Ni-Pt-W -石墨-白云母成矿带，霍各乞-东升庙 Cu-Fe-Pb-Zn-S 成矿亚带(Ar、Pt、V)。

区内出露地层主要有中太古界乌拉山岩群、古元古界宝音图岩群、中新元古界渣尔泰山群，零星出露古生界及中新生界。中新元古界渣尔泰山群自下而上出露书记沟组、增隆昌组和阿古鲁沟组，进一步划分为5种沉积建造——复成分砂砾岩建造、粉砂岩泥岩建造、碳酸盐岩建造、有机质泥岩建造和石英砂岩建造，其中阿古鲁沟组石英砂岩建造是重要的赋矿建造。

区内岩浆活动强烈，分布广泛，以侵入岩为主，与成矿关系不大。

多次构造变动形成了本区复杂的褶皱和断裂构造，狼山复背斜两翼控制本区南北两个成矿带的分布特征，霍各乞位于复背斜的北翼，炭窑口和东升庙两个矿区则分别位于狼山复背斜南翼的炭窑口复式同斜向斜和东升庙复式向斜中，此外在次级褶皱的转折部位，矿层往往加厚，品位变富。

华北地台北缘断陷海槽控制着硫多金属成矿带（南带）的分布范围和含矿特征，其中的二级断陷盆地控制着一个或几个矿田的分布范围和含矿特征，三级断陷盆地则控制着矿床的分布范围和含矿特征。造岩元素除主要来自陆源物质外，盆地中的同生断裂构造（F1、F5）提供了深部物质。

变质作用使得先沉积成矿的硫多金属元素进一步活化、迁移、富集、重结晶。

预测区内已知矿床（点）4处，其中中型1处、小型1处、矿点1处、矿化点1处。

二、区域地球物理特征

1. 磁场特征

在航磁 ΔT 等值线平面图上，磁场值总体呈由南向北、由东向西增大的趋势，在－360～560nT之间，狼山（炭窑口—东升庙—对门山）以北，磁场显示为正磁场为主，狼山以南以负磁场为主。东南部东经108°00′、北纬40°20′和东经108°00′、北纬40°50′附近有两个正磁异常高值带呈东西向向东延出预测区，场值在0～560nT之间。预测区西南角有一正磁异常高值区，走向呈北东向和北西向双重方向，场值在0～250nT之间。狼山以南的负磁场区呈向北突出的弧形条带状展布，其由西部的北东向转为东部的东西向，场值在－360～－50nT之间。磁异常轴向以北东向和东西向为主，磁异常形态各异。

2. 重力场特征

预测区只在西北角开展了1∶20万区域重力测量，其余区域开展了1∶50万区域重力测量。

区内布格重力异常总体展布方向为北东向。其东南部即河套盆地对应布格重力异常低值区，紧邻其北侧即为太古宙、元古宙基底隆起引起的条状展布的重力相对高值区，在二者的过渡带上存在明显的重力梯级带，该梯级带为区域性狼山-渣尔泰山南缘断裂。在剩余重力异常图上，3个条带状正负异常呈北东向相间排列，北侧的负异常L蒙-696为酸性侵入岩引起，中部的正异常G蒙-662为太古宙基底隆起所致，南侧的负异常L蒙-663则与河套盆的北缘相对应。霍各乞铁矿处在剩余异常零值线上，等值线较稀疏。

三、区域遥感影像及解译特征

预测区共解译线要素101条、环要素9个、色要素21块、带要素16块、块要素19块，以及其他一些近矿找矿标志。

该预测区在影像上的地貌特征表现为西北部为狼山低中山区，东南部为河套冲积平原，山地切割深度在500～1 000m之间。与地质有关的直线、弧线、折线状的线性影像，主要包括断裂构造、逆冲推覆构造、褶皱轴、线性构造、蚀变带等基本构造类型。区内线性构造空间上主要为北东向和北北东向两组，有大型线性构造3条：炭窑口-东升庙山前断裂、阿格如图-道德德格断裂、敖日赫其-霍各乞断裂。

预测区解译出中型断裂6条，小型断裂构造若干条，多为大型、中型断裂带的次一级构造，走向以北东向为主，其次为北东东向，局部为近东西向、近南北向及北西向。构造线以直线、波状曲线居多。

预测区内共解译出 9 个环形构造，按其成因可分为两类环：一种为构造穹隆引起的环形构造，影像上整个块体隆起，呈椭圆状，主要为环形沟谷及盆地边缘线构成，边界清晰，山脊和山沟以山顶为中心向四周呈放射状发散；另一种为该区域内中生代花岗岩引起的环形构造，构造影像特征主要是影纹纹理边界清楚，植被发育，纹理光滑。

预测区共解译出 16 条遥感带要素，带状要素走向与主构造线基本一致，以北东向为主，受次一级构造影响，有近南北及北西走向，面积最大 $50km^2$，最小仅为 $1km^2$。主要由中太古界乌拉山岩群和中新元古界渣尔泰山群组成。

预测区解译出 19 条遥感块要素，均在大、中断裂构造带两侧分布，块体长轴以北东向、北北东向为主，块体边缘多铁、铜矿化点分布，炭窑口、霍各乞多金属矿等多形成于块体边缘部位。块体边缘为成矿或找矿预测的线索部位。

四、区域预测要素

根据预测工作区区域成矿要素和航磁、重力、遥感及自然重砂特征，建立了本预测区的区域预测要素（表 4-2）。

表 4-2　霍各乞式沉积型铁矿预测工作区预测要素表

区域预测要素		描述内容	要素类别
地质环境	大地构造位置	华北陆块区，狼山-阴山陆块，狼山-白云鄂博中元古代裂谷	必要
	成矿区（带）	Ⅱ-14 华北成矿省，Ⅲ-11 华北地台北缘西段 Au-Fe-Nb-REE-Cu-Pb-Zn-Ag-Ni-Pt-W-石墨-白云母成矿带，霍各乞-东升庙 Cu-Fe-Pb-Zn-S 成矿亚带	必要
	区域成矿类型及成矿期	沉积型，中元古代	必要
控矿地质条件	赋矿地质体	渣尔泰山群阿古鲁沟组第二岩段透闪石岩、透辉石岩及其相互间的过渡岩类	必要
	控矿侵入岩	无	
	主要控矿构造	褶皱控矿	重要
	蚀变及风化	与成矿有关的为透闪石化、硅化和绢云母化，矿体风化后一般形成铁帽、孔雀石化、铜蓝等	重要
区内相同类型矿产		已知矿床（点）4 处，其中中型 1 处、小型 1 处、矿点 1 处、矿化点 1 处	重要
航磁		航磁 ΔT 化极异常强度最低值 −40nT，预测范围极值 200nT（−40～200nT）	重要
重力		剩余重力矿点分布区的起始值在（−2～0）$\times 10^{-5}m/s^2$ 之间	重要
遥感		一级铁染异常、块要素边缘	次要
自然重砂		有黄铁矿、钼铅矿、自然铅等重矿物异常	重要

第三节　矿产预测

一、综合地质信息定位预测

根据预测工作区预测要素研究，本次选择不规则地质单元法作为预测单元。由于预测工作区内有

4个同预测类型的矿床，故采用模型预测工程进行预测，预测采用了特征分析法进行空间评价，形成地质单元图，对地质单元图进行人工筛选，圈定最小预测区分布图。

依据预测区内地质综合信息等对每个最小预测区进行分级：

A级为地表有渣尔泰山群阿古鲁沟二段出露，已知中型矿床及矿点存在，重砂异常有黄铁矿、钼铅矿、自然铅等重矿物异常存在，遥感局部有一级铁染异常存在，航磁化极异常等值线起始值绝大部分在−40nT以上，剩余重力异常等值线起始值在（−2～0）$\times10^{-5}m/s^2$之间。

B级为地表有渣尔泰山群阿古鲁沟二段出露，已知的小型矿床及矿点存在，重砂异常有黄铁矿、钼铅矿、自然铅等重矿物异常在局部地段存在，航磁化极异常等值线起始值绝大部分在−40nT以上，剩余重力异常等值线起始值在（−2～0）$\times10^{-5}m/s^2$之间。

C级为地表出露或推测有渣尔泰山群阿古鲁沟二段，航磁化极异常等值线起始值绝大部分在−40nT以上，剩余重力异常等值线起始值在（−2～0）$\times10^{-5}m/s^2$之间。

本次工作共圈定最小预测区33个，其中A级区3个，面积57.96km²；B级区11个，面积73.23km²；C级区19个，面积31.39km²，（图4-4，表4-3）。

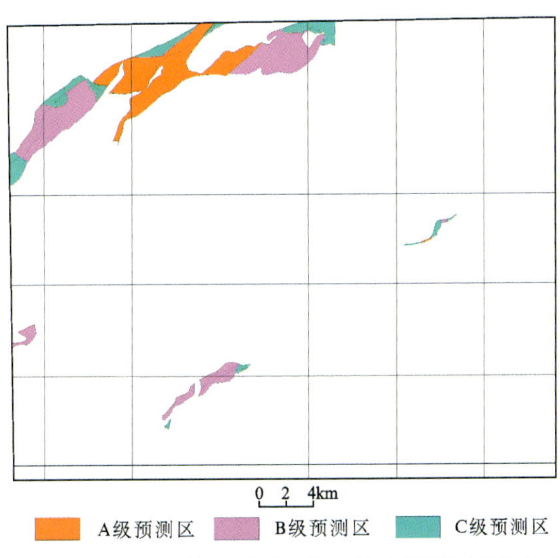

图4-4　霍各乞式沉积型铁矿预测工作区最小预测区优选分布示意图

表4-3　霍各乞式沉积型铁矿预测工作区最小预测区综合信息表

最小预测区编号	最小预测区名称	综合信息（航磁单位为nT，重力单位为$\times10^{-5}m/s^2$）
A1501102001	2051高程点北	主要分布在渣尔泰山群阿古鲁沟组二段中，区内北侧有中型矿产地1处，航磁化极等值线起始值在0以上；重力剩余异常起始值在−2以上；预测区局部及下游存在重砂异常。找矿潜力极大
A1501102002	西补隆嘎查西	主要分布在渣尔泰山群阿古鲁沟组二段中，区内有中型矿产地及矿点各1处，航磁化极等值线起始值在0以上；重力剩余异常起始值在−2以上；预测区局部及下游存在重砂异常。找矿潜力极大
A1501102003	1141高程点西南	主要分布在渣尔泰山群阿古鲁沟组二段中，区内有中型多金属矿产地1处，航磁化极等值线起始值在40以上；重力剩余异常起始值在15以上；预测区见重砂异常，有遥感铁染异常。找矿潜力极大
B1501102001	2031高程点北	主要分布在渣尔泰山群阿古鲁沟组二段中，航磁化极等值线起始值在0以上；重力剩余异常起始值在−2以上；预测区下游见重砂异常。有一定的找矿潜力
B1501102002	欧布乞南	主要分布在渣尔泰山群阿古鲁沟组二段中，航磁化极等值线起始值在0以上；重力剩余异常起始值在−2以上；有小型矿床1处和1个矿化点。有一定的找矿潜力

续表 4-3

最小预测区编号	最小预测区名称	综合信息(航磁单位为 nT,重力单位为$\times10^{-5}m/s^2$)
B1501102003	1418 高程点西南	主要分布在渣尔泰山群阿古鲁沟组二段中,航磁化极等值线起始值在 160 以上;重力剩余异常起始值在 15 以上。有一定的找矿潜力
B1501102004	1418 高程点西	主要分布在渣尔泰山群阿古鲁沟组二段中,航磁化极等值线起始值在 160 以上;重力剩余异常起始值在 20 以上。有一定的找矿潜力
B1501102005	采矿二厂东北	主要分布在渣尔泰山群阿古鲁沟组二段中,航磁化极等值线起始值在 40 以上;重力剩余异常起始值在 8 以上;预测区下游见重砂异常。有一定的找矿潜力
B1501102006	采矿二厂北	主要分布在渣尔泰山群阿古鲁沟组二段中,航磁化极等值线起始值在－80 以上;重力剩余异常起始值在 0 以上;预测区下游见重砂异常。有一定的找矿潜力
B1501102007	采矿二厂北	主要分布在渣尔泰山群阿古鲁沟组二段中,航磁化极等值线起始值在－80 以上;重力剩余异常起始值在 0 以上;预测区下游见重砂异常。有一定的找矿潜力
B1501102008	采矿二厂北	主要分布在渣尔泰山群阿古鲁沟组二段中,航磁化极等值线起始值在－80 以上;重力剩余异常起始值在 0 以上;预测区下游见重砂异常。有一定的找矿潜力
B1501102009	2162 高程点北	主要分布在渣尔泰山群阿古鲁沟组二段中,航磁化极等值线起始值在－80 以上;重力剩余异常起始值在 0 以上;预测区下游见重砂异常。有一定的找矿潜力
B1501102010	阿尔珠斯朗东东部	主要分布在渣尔泰山群阿古鲁沟组二段中,航磁化极等值线起始值在 0 以上;重力剩余异常起始值在 10 以上;预测区下游见重砂异常,有遥感铁染异常。有一定的找矿潜力
B1501102011	1141 高程点西南	主要分布在渣尔泰山群阿古鲁沟组二段中,航磁化极等值线起始值在 0 以上;重力剩余异常起始值在－2 以上。有一定的找矿潜力
C1501102001	阿尔珠斯朗东西部	主要分布在推测渣尔泰山群阿古鲁沟组二段中,航磁化极等值线起始值在－160 以上;重力剩余异常起始值在 0 以上。可能有找矿潜力
C1501102002	欧布乞东北部	主要分布在推测渣尔泰山群阿古鲁沟组二段中,航磁化极等值线起始值在 0 以上;重力剩余异常起始值在－2 以上。可能有找矿潜力
C1501102003	欧布乞东部	主要分布在渣尔泰山群阿古鲁沟组二段中,航磁化极等值线起始值在 0 以上;重力剩余异常起始值在－2 以上。可能有找矿潜力
C1501102004	布拉格西南	主要分布在渣尔泰山群阿古鲁沟组二段中,航磁化极等值线起始值在－40 以上;重力剩余异常起始值在－2 以上。可能有找矿潜力
C1501102005	布拉格西南	主要分布在渣尔泰山群阿古鲁沟组二段中,航磁化极等值线起始值在－40 以上;重力剩余异常起始值在－2 以上。可能有找矿潜力
C1501102006	阿布亥拜兴西南	主要分布在渣尔泰山群阿古鲁沟组二段中,航磁化极等值线起始值在 40 以上;重力剩余异常起始值在 8 以上。可能有找矿潜力
C1501102007	阿布亥拜兴西	主要分布在渣尔泰山群阿古鲁沟组二段中,航磁化极等值线起始值在 40 以上;重力剩余异常起始值在 8 以上。可能有找矿潜力
C1501102008	阿尔珠斯朗东东部	主要分布在渣尔泰山群阿古鲁沟组二段中,航磁化极等值线起始值在 0 以上;重力剩余异常起始值在－2 以上。可能有找矿潜力
C1501102009	欧布乞东北部	主要分布在渣尔泰山群阿古鲁沟组二段中,航磁化极等值线起始值在 160 以上;重力剩余异常起始值在 10 以上。可能有找矿潜力
C1501102010	欧布乞东北部	主要分布在渣尔泰山群阿古鲁沟组二段中,航磁化极等值线起始值在 0 以上;重力剩余异常起始值在－2 以上。可能有找矿潜力
C1501102011	布拉格北	主要分布在渣尔泰山群阿古鲁沟组二段中,航磁化极等值线起始值在 0 以上;重力剩余异常起始值在－2 以上。可能有找矿潜力
C1501102012	2287 高程点西	主要分布在渣尔泰山群阿古鲁沟组二段中,航磁化极等值线起始值在 0 以上;重力剩余异常起始值在－2 以上。可能有找矿潜力

续表 4-3

最小预测区编号	最小预测区名称	综合信息(航磁单位为 nT,重力单位为×10^{-5} m/s^2)
C1501102013	2287 高程点西	主要分布在渣尔泰山群阿古鲁沟组二段中,航磁化极等值线起始值在 0 以上;重力剩余异常起始值在 −2 以上。可能有找矿潜力
C1501102014	1141 高程点南	主要分布在渣尔泰山群阿古鲁沟组二段中,航磁化极等值线起始值在 0 以上;重力剩余异常起始值在 −2 以上。可能有找矿潜力
C1501102015	1141 高程点西南	主要分布在渣尔泰山群阿古鲁沟组二段中,航磁化极等值线起始值在 0 以上;重力剩余异常起始值在 −2 以上。可能有找矿潜力
C1501102016	1141 高程点西南	主要分布在渣尔泰山群阿古鲁沟组二段中,航磁化极等值线起始值在 0 以上;重力剩余异常起始值在 10 以上;预测区见重砂异常,有遥感铁染异常。可能有找矿潜力
C1501102017	1632 高程点东南	主要分布在渣尔泰山群阿古鲁沟组二段中,航磁化极等值线起始值在 0 以上;重力剩余异常起始值在 10 以上;预测区见重砂异常,有遥感铁染异常。可能有找矿潜力
C1501102018	1141 高程点西南	主要分布在渣尔泰山群阿古鲁沟组二段中,航磁化极等值线起始值在 0 以上;重力剩余异常起始值在 10 以上;预测区下游见重砂异常,有遥感铁染异常。可能有找矿潜力
C1501102019	1141 高程点西南	主要分布在渣尔泰山群阿古鲁沟组二段中,航磁化极等值线起始值在 120 以上;重力剩余异常起始值在 −2 以上。可能有找矿潜力

二、综合信息地质体积法估算资源量

1. 典型矿床深部及外围资源量估算

霍各乞铁矿典型矿床储量、全铁品位、延深等均来源于《截至 2006 年底内蒙古自治矿产资源储量表》和《内蒙古自治区乌拉特后旗霍各乞铜多金属矿区一号矿床 3～16 线(1 630m 标高以上)勘探地质报告》。典矿床面积为该矿床各矿体、矿脉区边界范围的面积,延深根据霍各乞铜多金属矿勘探线剖面确定延深 150m 作为预测深度;典型矿床外围,据航磁资料和地质特征,推测延深为 300m。霍各乞铁矿典型矿床深部及外围资源量估算结果见表 4-4。

表 4-4　霍各乞式沉积型铁矿典型矿床深部及外围资源量估算一览表

典型矿床		深部及外围		
已查明资源量(×10^4t)	4 863.50	深部	面积(m^2)	3 383 710
面积(m^2)	3 383 710		深度(m)	150
深度(m)	600	外围	面积(m^2)	2 717 560
品位(%)	32.79		深度(m)	300
密度(t/m^3)	2.85	预测资源量(×10^4t)		3 174.78
体积含矿率(t/m^3)	0.024 0	典型矿床资源总量(×10^4t)		8 038.28

2. 模型区的确定、资源量及估算参数

模型区内霍各乞矿床查明资源量 4 863.50×10^4t,预测资源量 3 174.78×10^4t,此外无其他已知矿床存在,所以模型区总资源量为 8 038.28×10^4t。模型区面积为依托 MRAS 软件采用少模型工程神经网络法优选后圈定,延深根据典型矿床最大预测深度确定。模型区圈定时参照了含矿建造地质体,因此含矿地质体面积参数为 1,由此计算含矿地质体含矿系数(表 4-5)。

表 4-5　霍各乞式沉积型铁矿模型区预测资源量及其估算参数表

编号	名称	模型区总资源量（$\times10^4$t）	模型区面积（km^2）	延深（m）	含矿地质体面积（km^2）	含矿地质体面积参数 K_S	含矿地质体含矿系数 K
A1501102002	西补隆嘎查西	8 038.28	20.86	850	20.86	1	0.004 37

3. 最小预测区预测资源量

霍各乞沉积型铁矿预测工作区最小预测区资源量定量估算采用地质体积法进行估算。

最小预测区面积是综合地质信息定位优选的结果；延深的确定是在研究最小预测区地物化遥的基础上，并对比典型矿床特征综合确定的；相似系数（α）的确定，主要依据 MRAS 生成的成矿概率及与模型区的比值，参照最小预测区地物化遥综合信息等进行修正。

本次预测资源总量为 21 302×10^4t，其中不包括预测工作区已查明的 6 755×10^4t，详见表 4-6。

表 4-6　霍各乞式沉积型铁矿预测工作区最小预测区预测资源量一览表

最小预测区编号	最小预测区名称	$S_{预}$（km^2）	$H_{预}$（m）	K	α	$Z_{预}$（$\times10^4$t）	精度
A1501102001	2051 高程点的北	33.22	850	0.004 37	0.314 01	3 875.00	334-2
A1501102002	西补隆嘎查西	24.54	850	0.004 37	1.00	3 175.00 7 650.00	334-1 334-2
A1501102003	1141 高程点西南	5.71	850	0.004 37	0.9	18	334-2
B1501102001	2031 高程点的北	29.84	850	0.004 37	0.208 5	2 311.00	334-2
B1501102002	欧布乞南	23.60	850	0.004 37	0.208 5	1 828.00	334-2
B1501102003	1418 高程点西南	0.85	850	0.004 37	0.132 46	42.00	334-2
B1501102004	1418 高程点西	2.14	850	0.004 37	0.132 46	105.00	334-2
B1501102005	采矿二厂东北	0.10	850	0.004 37	0.132 46	5.00	334-3
B1501102006	采矿二厂北	2.57	850	0.004 37	0.132 46	126.00	334-3
B1501102007	采矿二厂北	1.47	850	0.004 37	0.132 46	72.00	334-3
B1501102008	采矿二厂北	2.82	850	0.004 37	0.132 46	139.00	334-3
B1501102009	2162 高程点北	2.99	850	0.004 37	0.208 5	232.00	334-2
B1501102010	阿尔珠斯朗东东部	0.21	850	0.004 37	0.132 46	10.00	334-2
B1501102011	1141 高程点西南	6.64	850	0.004 37	0.208 5	514.00	334-2
C1501102001	阿尔珠斯朗东西部	4.87	850	0.004 37	0.026 95	49.00	334-2
C1501102002	欧布乞东北部	2.02	850	0.004 37	0.208 5	156.00	334-2
C1501102003	欧布乞东部	0.77	850	0.004 37	0.026 95	8.00	334-2
C1501102004	布拉格西南	0.98	850	0.004 37	0.026 95	10.00	334-2
C1501102005	布拉格西南	4.66	850	0.004 37	0.026 95	47.00	334-2
C1501102006	阿布亥拜兴西南	0.35	850	0.004 37	0.026 95	4.00	334-3
C1501102007	阿布亥拜兴西	0.59	850	0.004 37	0.026 95	6.00	334-3

续表 4-6

最小预测区编号	最小预测区名称	$S_{预}$（km^2）	$H_{预}$（m）	K	α	$Z_{预}$（$\times10^4$t）	精度
C1501102008	阿尔珠斯朗东东部	0.55	850	0.004 37	0.026 95	6.00	334-2
C1501102009	欧布乞东北部	0.31	850	0.004 37	0.026 95	3.00	334-2
C1501102010	欧布乞东北部	1.55	850	0.004 37	0.026 95	16.00	334-2
C1501102011	布拉格北	0.94	850	0.004 37	0.208 5	73.00	334-2
C1501102012	2287 高程点西	1.53	850	0.004 37	0.208 5	118.00	334-2
C1501102013	2287 高程点西	1.92	850	0.004 37	0.026 95	19.00	334-2
C1501102014	1141 高程点南	7.05	850	0.004 37	0.208 5	546.00	334-2
C1501102015	1141 高程点西南	1.14	850	0.004 37	0.026 95	11.00	334-2
C1501102016	1141 高程点西南	0.35	850	0.004 37	0.237 96	31.00	334-2
C1501102017	1632 高程点东南	0.20	850	0.004 37	0.026 95	2.00	334-2
C1501102018	1141 高程点西南	1.04	850	0.004 37	0.132 46	51.00	334-2
C1501102019	1141 高程点西南	0.57	850	0.004 37	0.208 5	44.00	334-2
合计						21 302	

4. 预测工作区资源总量成果汇总

霍各乞式沉积型铁矿预测工作区按精度、预测深度、可利用性、可信度统计分析结果见表 4-7。

表 4-7 霍各乞式沉积型铁矿预测工作区预测资源量统计分析表（$\times10^4$t）

精度	深度			可利用性		可信度			合计
	500m以浅	1 000m以浅	2 000m以浅	可利用	暂不可利用	$x\geqslant0.75$	$0.75>x\geqslant0.5$	$0.5>x\geqslant0.25$	
334-1	1 957.00	3 175.00	3 175.00	3 175.00		3 175.00			3 175.00
334-2	9 852.00	17 775.00	17 775.00	17 775.00		11 543.00	4 768.00	1 464.00	17 775.00
334-3	207.00	352.00	352.00	352.00			342.00	10.00	352.00
合计									21 302.00

第五章　雀儿沟式沉积型铁矿预测成果

第一节　典型矿床特征

一、典型矿床地质特征

雀儿沟铁矿床位于内蒙古自治区鄂尔多斯市鄂托克旗包兰线海公支线拉僧庙站南3km。地理坐标为东经106°49′28″,北纬39°16′30″。

1. 矿区地质

矿区地层主要有奥陶系、石炭系—二叠系,大面积分布第四系。二叠系卡布其组(现划为太原组)是主要赋矿地层,岩性主要为灰色石英砂岩、灰黑色页岩及煤层,局部夹褐铁矿、含铁砂岩和含铁砂砾岩透镜体。矿区内断层较发育,大致可分成两组:一组为南北走向断层,均为正断层,倾角75°;另一组呈东西向的横切断层,倾角在70°以上,多为正断层。

2. 矿床特征

矿体呈似层状和透镜状,与围岩产状一致,多数矿体近水平产出。矿体规模一般长30m至70余米,个别达100～120m,1号矿体厚0.5～2.6m;2号矿体厚0.8～1.7m;3号矿体厚0.3～3m;4号矿体厚0.6～1.6m;5号矿体厚0.5～1.5m;6号矿体厚0.8～1.3m;7号矿体厚2.0～3.9m。

矿石类型为褐铁矿型,矿石矿物主要为褐铁矿。

元素含量:1号矿体TFe 40.60%;2号矿体TFe 30.76%;3号矿体TFe 29.11%～40.11%;4号矿体TFe 34.23%;5号矿体TFe 34.22%;6号矿体TFe 34.22%;7号矿体TFe 21.8%～29.51%。

成矿时代与围岩一致,为石炭纪—二叠纪。该矿床分布于太原组中,与石英砂岩关系密切,明显受一定层位控制。矿体呈层状—透镜状,与围岩产状一致,因此该类型属于沉积型。

二、典型矿床地球物理特征

雀儿沟沉积型铁矿所在区域的磁场以-100～100nT的低缓正磁场为背景,磁场值变化范围在-300～900nT之间。以200nT圈定,有3个面积较大的正磁异常,北部和中部异常走向为东西向和北西西向,南部的异常向南出预测区未封闭,其北侧伴有较大的负磁异常,异常呈等轴状。

雀儿沟铁矿位于呈南北向展布的布格重力异常相对高值区的西侧梯级带上,对应的剩余重力异常为G蒙-677,该剩余重力异常呈轴状,峰值不是很高,是古生代地层的反映。如果存在中等强度的剩余重力正异常,应是有意义的找矿信息(图5-1)。

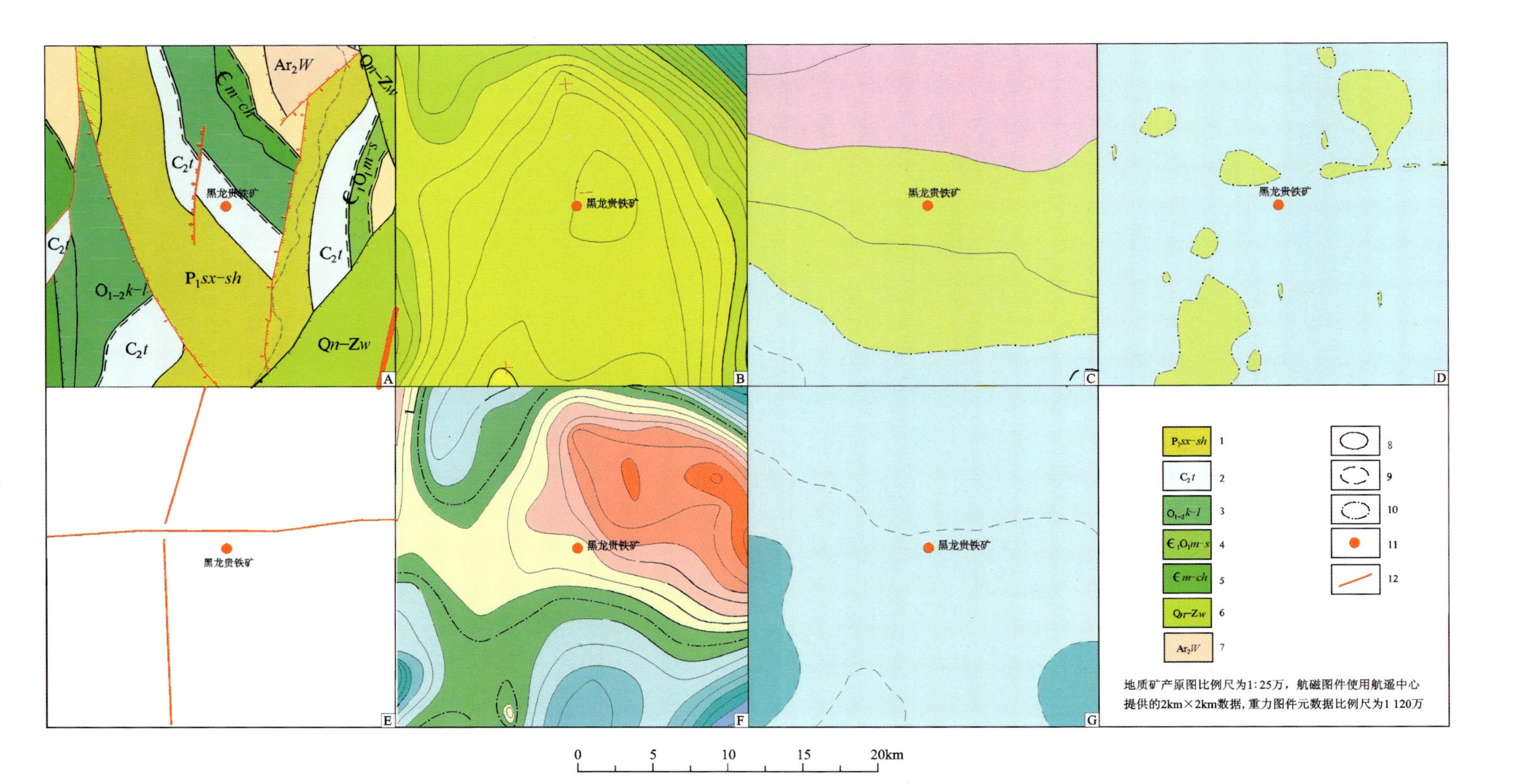

图5-1　雀儿沟、黑龙贵铁矿1：25万地质及物探剖析图示意图

A.地质矿产图；B.布格重力异常图；C.航磁ΔT等值线平面图；D.航磁ΔT化极垂向一阶导数等值线平面图；E.重磁推断地质构造图；F.剩余重力异常图；G.航磁ΔT化极等值线平面图；1.山西组、石盒子组并层：山西组为粉砂质黏土岩、石盒子组为砂岩等；2.太原组：砂岩、粉砂岩、页岩、铝土岩夹灰岩及煤层；3.克里摩里组、乌拉力克组、拉什仲组并层：碳质、硅质页岩，粉砂岩等；4.馒头组、张夏组、炒米店组、三山子组并层：灰岩、白云岩、白云质灰岩；5.馒头组、张夏组、炒米店组并层：砂页岩夹灰岩、白云岩；6.王全口组：灰岩、白云质灰岩、白云岩；7.乌拉山岩群：角闪斜长片麻岩、磁铁石英岩、大理岩、变粒岩；8.正等值线及注记；9.负等值线及注记；10.零等值线及注记；11.黑龙贵铁矿；12.推断三级断裂

三、典型矿床预测要素

以典型矿床成矿要素为基础，综合研究重力、航磁、化探、遥感、自然重砂等综合致矿信息，总结典型矿床预测要素（表 5-1）。

表 5-1 雀儿沟式沉积型铁矿典型矿床预测要素表

<table>
<tr><td colspan="2">预测要素</td><td colspan="4">描述内容</td><td rowspan="3">要素类别</td></tr>
<tr><td colspan="2">储量</td><td>89 978t</td><td>平均品位</td><td colspan="2">TFe 27.07%～53.02%</td></tr>
<tr><td colspan="2">特征描述</td><td colspan="4">沉积型铁矿床</td></tr>
<tr><td rowspan="4">地质环境</td><td>大地构造位置</td><td colspan="4">华北陆块区，晋冀陆块吕梁碳酸盐岩台地和鄂尔多斯陆块贺兰山夭折裂谷</td><td>重要</td></tr>
<tr><td>成矿区（带）</td><td colspan="4">华北成矿省，鄂尔多斯西缘 Fe-Pb-Zn-磷-石膏-芒硝成矿带和山西断隆 Fe-铝土矿-石膏-煤-煤层气成矿带</td><td>重要</td></tr>
<tr><td>成矿地质体及主要岩石类型</td><td colspan="4">太原组灰色石英砂岩、灰黑色页岩及煤层，局部夹褐铁矿，含铁砂岩和含铁砂砾岩透镜体。本溪组含铁砂岩和含铁砂砾岩透镜体</td><td>必要</td></tr>
<tr><td>成矿时代</td><td colspan="4">海西期</td><td>重要</td></tr>
<tr><td rowspan="2">矿床特征</td><td>矿物组合</td><td colspan="4">金属矿物为褐铁矿；脉石矿物主要为石英</td><td>重要</td></tr>
<tr><td>控矿条件</td><td colspan="4">太原组和本溪组</td><td>重要</td></tr>
<tr><td rowspan="2">地球物理特征</td><td>地磁特征</td><td colspan="4">ΔT>50nT</td><td>重要</td></tr>
<tr><td>重力特征</td><td colspan="4">重力梯度带</td><td>次要</td></tr>
</table>

第二节 预测工作区特征

根据区域成矿规律的研究，划分出两个预测工作区：清水河预测工作区分布在呼和浩特市清水河县，东经 111°00′～112°30′，北纬 39°00′～40°00′；乌海预测工作区分布在乌海市和鄂尔多斯市，东经 106°30′～108°00′，北纬 39°00′～40°00′。

一、区域地质矿产特征

1. 清水河预测区

该预测区位于华北陆块区晋冀陆块吕梁碳酸盐岩台地。零星出露中太古界乌拉山岩群及同时代的变质深成岩，大面积出露古生界及中新生界。与雀儿沟式沉积型铁矿关系密切的是石炭系本溪组，由下而上划分为铁质岩建造、铝土质页岩建造、铝土质岩建造、碳酸盐岩建造及碳质页岩建造，铁矿主要赋存在铁质岩建造中。

侵入岩及构造均不发育。

区内相同类型的铁矿点 4 处。

2. 乌海预测区

该预测区位于华北陆块区鄂尔多斯陆块贺兰山夭折裂谷。出露基底岩系为千里山群，其上被中元古界不整合覆盖。中元古界发育黄旗口群和王全口组，为浅海相石英岩建造、泥页岩建造、镁质碳酸盐岩建造。寒武系和奥陶系为浅海相碳酸盐岩建造。其上假整合覆盖石炭系、二叠系为海陆交互相或陆相含煤建造，三叠系为湖沼相含煤建造、碎屑岩建造。

上石炭统太原组是铁矿的赋矿地层，其中粉砂质页岩-砂岩-碳质页岩-铁质岩建造和粉砂质页岩-长石石英砂岩-铁质岩建造是主要的赋矿建造。

区内断层较发育，主要为高角度正断层，一组为南北走向，倾角75°，另一组呈东西向的横切断层，倾角在70°以上。

区内相同类型铁矿(点)3处。

二、区域地球物理特征

1. 航磁特征

清水河预测区：本区磁场简单，以－100～0nT的低缓负磁场为背景，磁场值变化范围在－100～300nT之间。只在西北角有正磁异常，200nT圈定，幅值大于300nT，异常走向北东。预测区内大面积的负磁场分布区，与中新生界覆盖对应。

乌海预测区：磁场以－100～100nT的低缓正磁场为背景，磁场值变化范围在－300～900nT之间。有3个面积较大的正磁异常，200nT圈定，北部和中部异常走向为东西向和北西西向，南部异常向南出预测区未封闭，其北侧伴有较大的负磁异常，异常似等轴状。中部异常受区域性断裂控制。预测区内共有甲类航磁异常6个，丙类航磁异常3个，丁类航磁异常3个。异常多为尖峰，北侧伴有负值或两翼对称异常，异常走向以东西向为主。

2. 重力场特征

清水河预测区位于布格重力异常相对高值区，重力场较平稳。剩余异常图上，北侧分布有两个呈北东向展布的剩余重力负异常L蒙-621、L蒙-623，与花岗岩类有关；南侧剩余重力正异常总体亦呈北东向带状展布，由两个椭圆状的异常组成，与太古宙及寒武纪地层出露有关。G蒙-674剩余重力正异常，呈椭圆状，走向北西，可能与中深部铁矿有关。

乌海预测区位于鄂尔多斯重力低值区与拉僧庙-乌海南北向延伸的重力高异常带上，整个预测区剩余重力异常大多为负值区，成片状分布，主要与中生代沉积盆地有关。剩余重力正异常为椭圆状和团块状分布，位于预测区西南侧，主要与古生代地层分布有关。

三、区域遥感解译特征

清水河预测工作区：构造以北北东向和北西向为主，局部见近东西向小型断裂，其中北西向断裂多表现为张性特点，其他方向断裂多表现为压性特征。区内的铁矿点分布于小型断裂的边缘部位。西磁窑沟铁矿与本预测区中的羟基异常吻合。

乌海预测工作区：构造以北北东向和北东向为主，局部见北西向小型断裂，其中北西向断裂多为推断构造，其他方向断裂多表现为压性特征。与本预测区中的羟基异常吻合的有黑龙贵铁矿和雀儿沟铁矿。

四、区域预测要素

根据预测工作区区域成矿要素和航磁、重力、遥感及自然重砂特征，建立了本预测区的区域预测要素(表 5-2、表 5-3)。

表 5-2 雀儿沟式沉积岩型铁矿清水河预测工作区预测要素表

区域预测要素		描述内容	要素类别
地质环境	大地构造位置	华北陆块区，晋冀陆块吕梁碳酸盐岩台地	重要
	成矿区(带)	华北成矿省，山西断隆 Fe-铝土矿-石膏-煤-煤层气成矿带	重要
	区域成矿类型及成矿期	沉积型，海西中期	必要
控矿地质条件	赋矿地质体	本溪组，含铁砂岩和含铁砂砾岩透镜体	
地球物理、遥感特征	航磁特征	正磁异常，异常走向北东向	重要
	重力特征	剩余重力正异常	次要
	遥感特征	铁染、羟基异常	次要

表 5-3 雀儿沟式沉积岩型铁矿乌海预测工作区预测要素表

区域预测要素		描述内容	要素类别
特征描述		沉积岩型铁矿床	
地质环境	大地构造位置	华北陆块区，鄂尔多斯陆块贺兰山夭折裂谷	重要
	成矿区(带)	华北成矿省，鄂尔多斯西缘 Fe-Pb-Zn-磷-石膏-芒硝成矿带	重要
	区域成矿类型及成矿期	沉积型，海西中期	必要
控矿地质条件	赋矿地质体	太原组，灰褐色粉砂质页岩、细砂岩、碳质页岩互层夹深灰色结晶灰岩、铁质岩；灰黑色粉砂质页岩夹灰白色中细粒长石石英砂岩、铁质岩	
物探、遥感特征	航磁特征	正磁异常	重要
	重力特征	重力梯度带	次要
	遥感特征	铁染、羟基异常	次要

第三节 矿产预测

一、综合地质信息定位预测

根据典型矿床及预测工作区研究成果，本次选择网格单元法作为预测单元。预测采用特征分析法进行空间评价，形成色块图，对色块图进行人工筛选，人工圈定最小预测区(图 5-2、图 5-3)，

依据预测区内地质综合信息，对每个最小预测区进行按优劣分为 A、B、C 三级。

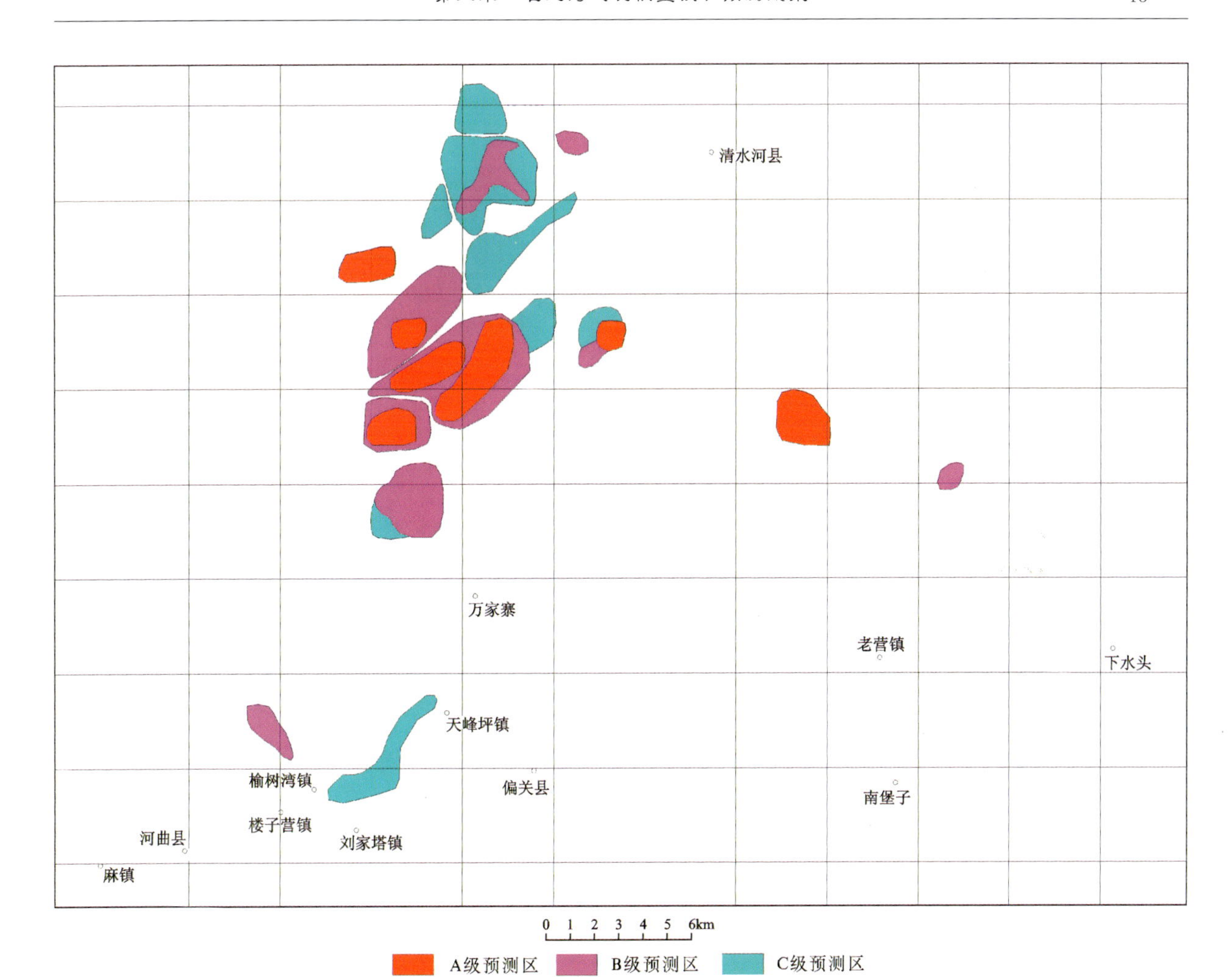

图 5-2　清水河预测工作区最小预测区优选分布示意图

1. 清水河预测区

A 级为地表有上石炭统本溪组出露，已知的矿床及矿点存在，遥感局部有一级铁染异常存在，航磁化极异常等值线起始值绝大部分在－100nT 以上，剩余重力异常等值线起始值在(－2～0)×10^{-5}m/s^2之间。

B 级为地表有上石炭统本溪组出露，已知的中小型铁矿床及矿点存在，航磁化极异常等值线起始值绝大部分在－100nT 以上，剩余重力异常等值线起始值在(－2～0)×10^{-5}m/s^2 之间。

C 级为地表出露或推测有上石炭统本溪组，航磁化极异常等值线起始值绝大部分在－100nT 以上，剩余重力异常等值线起始值在(－2～0)×10^{-5}m/s^2 之间。

2. 乌海预测区

A 级为地表有上石炭统太原组出露，已知的矿床及矿点存在，遥感局部有一级铁染异常存在，航磁化极异常等值线起始值绝大部分在－100nT 以上，剩余重力异常等值线起始值在(－2～0)×10^{-5}m/s^2之间。

B 级为地表有上石炭统太原组出露，已知的中小型铁矿床及矿点存在，航磁化极异常等值线起始值绝大部分在－100nT 以上，剩余重力异常等值线起始值在(－2～0)×10^{-5}m/s^2 之间。

C 级为地表出露或推测有上石炭统太原组，航磁化极异常等值线起始值绝大部分在－100nT 以上，剩余重力异常等值线起始值在(－2～0)×10^{-5}m/s^2 之间。

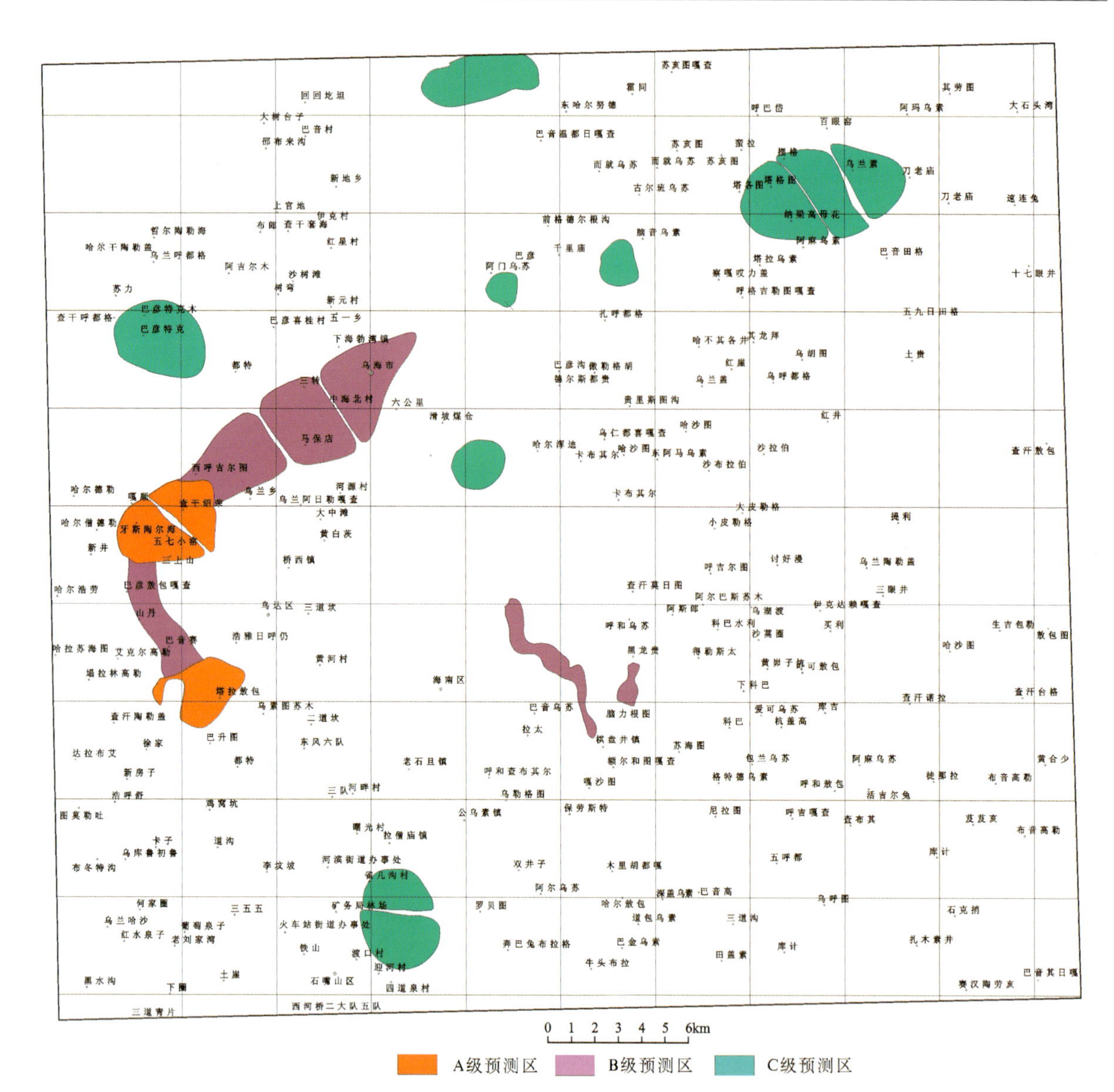

图 5-3　乌海预测工作区最小预测区优选分布示意图

本次工作共圈定最小预测区 43 个，其中 A 级 11 个，总面积 211.5km²，B 级 15 个，总面积 350.24km²，C 级 17 个，总面积 354.46km²（表 5-4、表 5-5）。

表 5-4　清水河预测工作区最小预测区综合信息表

编号	名称	综合信息
A1501103001	海子沟	处在上石炭统本溪组灰色石英砂岩、灰黑色页岩及煤层，局部夹褐铁矿、含铁砂岩和含铁砂砾岩透镜体中。区内有铁矿点 1 处，航磁化极异常 3 处，具有找矿潜力
A1501103002	桦树墕乡南	处在上石炭统本溪组灰色石英砂岩、灰黑色页岩及煤层，局部夹褐铁矿、含铁砂岩和含铁砂砾岩透镜体中。区内有航磁化极异常 1 处，具有找矿潜力
A1501103003	深壕子	处在上石炭统本溪组灰色石英砂岩、灰黑色页岩及煤层，局部夹褐铁矿、含铁砂岩和含铁砂砾岩透镜体中。区内有铁矿点 1 处，航磁化极异常 2 处，具有找矿潜力
A1501103004	冯家塔	处在上石炭统本溪组灰色石英砂岩、灰黑色页岩及煤层，局部夹褐铁矿、含铁砂岩和含铁砂砾岩透镜体中。区内有航磁化极异常 1 处，具有找矿潜力

续表 5-4

编号	名称	综合信息
A1501103005	红水沟	处在上石炭统本溪组灰色石英砂岩、灰黑色页岩及煤层，局部夹褐铁矿、含铁砂岩和含铁砂砾岩透镜体中。区内有铁矿点1处，航磁化极异常1处，具有找矿潜力
A1501103006	柳青河	处在上石炭统本溪组灰色石英砂岩、灰黑色页岩及煤层，局部夹褐铁矿、含铁砂岩和含铁砂砾岩透镜体中。区内有铁矿点1处，航磁化极异常1处，具有找矿潜力
A1501103007	阳坡梁	处在上石炭统本溪组灰色石英砂岩、灰黑色页岩及煤层，局部夹褐铁矿、含铁砂岩和含铁砂砾岩透镜体中。区内有航磁化极异常1处，具有找矿潜力
B1501103001	公盖梁	处在上石炭统本溪组灰色石英砂岩、灰黑色页岩及煤层，局部夹褐铁矿、含铁砂岩和含铁砂砾岩透镜体中。区内有铁矿点1处，低缓航磁化极异常1处，具找矿潜力
B1501103002	刘家壕	处在推测上石炭统本溪组灰色石英砂岩、灰黑色页岩及煤层，局部夹褐铁矿、含铁砂岩和含铁砂砾岩透镜体中。区内有航磁化极异常1处，具有找矿潜力
B1501103003	大台子	处在上石炭统本溪组灰色石英砂岩、灰黑色页岩及煤层，局部夹褐铁矿、含铁砂岩和含铁砂砾岩透镜体中。区内有航磁化极异常1处，具有找矿潜力
B1501103004	亥子峁西	处在上石炭统本溪组灰色石英砂岩、灰黑色页岩及煤层，局部夹褐铁矿、含铁砂岩和含铁砂砾岩透镜体中。区内有航磁化极异常1处，具有找矿潜力
B1501103005	马次梁北西	处在上石炭统本溪组灰色石英砂岩、灰黑色页岩及煤层，局部夹褐铁矿、含铁砂岩和含铁砂砾岩透镜体中。区内有铁矿点1处，航磁化极异常1处，具有找矿潜力
B1501103006	小缸房	处在上石炭统本溪组灰色石英砂岩、灰黑色页岩及煤层，局部夹褐铁矿、含铁砂岩和含铁砂砾岩透镜体中。区内有铁矿点3处，低缓航磁化极异常1处，具找矿潜力
B1501103007	辛家圪旦	处在上石炭统本溪组灰色石英砂岩、灰黑色页岩及煤层，局部夹褐铁矿、含铁砂岩和含铁砂砾岩透镜体中。区内有航磁化极异常2处，具有找矿潜力
B1501103008	大井沟	处在上石炭统本溪组灰色石英砂岩、灰黑色页岩及煤层，局部夹褐铁矿、含铁砂岩和含铁砂砾岩透镜体中。区内有航磁化极异常3处，具有找矿潜力
B1501103009	菜不浪湾	处在上石炭统本溪组灰色石英砂岩、灰黑色页岩及煤层，局部夹褐铁矿、含铁砂岩和含铁砂砾岩透镜体中。区内有航磁化极异常3处，具有找矿潜力
C1501103001	王家圪洞	处在上石炭统本溪组灰色石英砂岩、灰黑色页岩及煤层，局部夹褐铁矿、含铁砂岩和含铁砂砾岩透镜体中。区内有低缓航磁化极异常1处，具有找矿潜力
C1501103002	庙沟东	处在推测上石炭统本溪组灰色石英砂岩、灰黑色页岩及煤层，局部夹褐铁矿、含铁砂岩和含铁砂砾岩透镜体中。有低缓航磁化极异常1处，具找矿潜力
C1501103003	桦树焉乡	处在上石炭统本溪组灰色石英砂岩、灰黑色页岩及煤层，局部夹褐铁矿、含铁砂岩和含铁砂砾岩透镜体中。区内有低缓航磁化极异常1处，具有找矿潜力
C1501103004	正峁沟北西	处在上石炭统本溪组灰色石英砂岩、灰黑色页岩及煤层，局部夹褐铁矿、含铁砂岩和含铁砂砾岩透镜体中。区内有低缓航磁化极异常1处，具有找矿潜力
C1501103005	窑沟乡	处在上石炭统本溪组灰色石英砂岩、灰黑色页岩及煤层，局部夹褐铁矿、含铁砂岩和含铁砂砾岩透镜体中。区内有低缓航磁化极异常1处，具有找矿潜力
C1501103006	上黑草咀	处在上石炭统本溪组灰色石英砂岩、灰黑色页岩及煤层，局部夹褐铁矿、含铁砂岩和含铁砂砾岩透镜体中。区内有低缓航磁化极异常1处，具有找矿潜力
C1501103007	石畔	处在上石炭统本溪组灰色石英砂岩、灰黑色页岩及煤层，局部夹褐铁矿、含铁砂岩和含铁砂砾岩透镜体中。区内有低缓航磁化极异常1处，具有找矿潜力
C1501103008	马家圪旦	处在上石炭统本溪组灰色石英砂岩、灰黑色页岩及煤层，局部夹褐铁矿、含铁砂岩和含铁砂砾岩透镜体中。区内有铁矿点1处，低缓航磁化极异常1处，具找矿潜力

表 5-5　乌海预测工作区最小预测区综合信息表

编号	名称	综合信息
A1501103008	塔拉敖包	处在上石炭统太原组灰褐色粉砂质页岩、细砂岩、碳质页岩互层夹深灰色结晶灰岩、铁质岩；灰黑色粉砂质页岩夹灰白色中细粒长石石英砂岩、铁质岩中。区内有铁矿点 1 处，低缓航磁化极异常 1 处，具有找矿潜力
A1501103009	五七小窑	处在上石炭统太原组灰褐色粉砂质页岩、细砂岩、碳质页岩互层夹深灰色结晶灰岩、铁质岩；灰黑色粉砂质页岩夹灰白色中细粒长石石英砂岩、铁质岩中。区内有铁矿点 1 处，低缓航磁化极异常 1 处，具有找矿潜力
A1501103010	查干绍荣	处在上石炭统太原组灰褐色粉砂质页岩、细砂岩、碳质页岩互层夹深灰色结晶灰岩、铁质岩；灰黑色粉砂质页岩夹灰白色中细粒长石石英砂岩、铁质岩中。区内有铁矿点 1 处，低缓航磁化极异常 2 处，具有找矿潜力
A 1501103011	雀儿沟村	处在推测上石炭统太原组灰褐色粉砂质页岩、细砂岩、碳质页岩互层夹深灰色结晶灰岩、铁质岩；灰黑色粉砂质页岩夹灰白色中细粒长石石英砂岩、铁质岩中。区内有低缓航磁化极异常 3 处，具有找矿潜力
B1501103010	巴音赛	处在上石炭统太原组灰褐色粉砂质页岩、细砂岩、碳质页岩互层夹深灰色结晶灰岩、铁质岩；灰黑色粉砂质页岩夹灰白色中细粒长石石英砂岩、铁质岩中。区内有低缓航磁化极异常 1 处，具有找矿潜力
B1501106011	黑龙贵	处在上石炭统太原组灰褐色粉砂质页岩、细砂岩、碳质页岩互层夹深灰色结晶灰岩、铁质岩；灰黑色粉砂质页岩夹灰白色中细粒长石石英砂岩、铁质岩中。区内有低缓航磁化极异常 1 处，具有找矿潜力
B1501103012	黑龙贵南	处在上石炭统太原组灰褐色粉砂质页岩、细砂岩、碳质页岩互层夹深灰色结晶灰岩、铁质岩；灰黑色粉砂质页岩夹灰白色中细粒长石石英砂岩、铁质岩中。区内有低缓航磁化极异常 2 处，具有找矿潜力
B1501103013	乌海市	处在上石炭统太原组灰褐色粉砂质页岩、细砂岩、碳质页岩互层夹深灰色结晶灰岩、铁质岩；灰黑色粉砂质页岩夹灰白色中细粒长石石英砂岩、铁质岩中。区内有航磁化极异常 2 处，具有找矿潜力
B1501103014	马保店	处在上石炭统太原组灰褐色粉砂质页岩、细砂岩、碳质页岩互层夹深灰色结晶灰岩、铁质岩；灰黑色粉砂质页岩夹灰白色中细粒长石石英砂岩、铁质岩中。区内有航磁化极异常 2 处，具有找矿潜力
B1501103015	呼鲁斯善丹	处在上石炭统太原组灰褐色粉砂质页岩、细砂岩、碳质页岩互层夹深灰色结晶灰岩、铁质岩；灰黑色粉砂质页岩夹灰白色中细粒长石石英砂岩、铁质岩中。区内有低缓航磁化极异常 1 处，具有找矿潜力
C1501103009	包钢石灰石矿	处在推测上石炭统太原组灰褐色粉砂质页岩、细砂岩、碳质页岩互层夹深灰色结晶灰岩、铁质岩；灰黑色粉砂质页岩夹灰白色中细粒长石石英砂岩、铁质岩中。区内有航磁化极异常 2 处，具有找矿潜力
C1501103010	巴彦特克	处在推测上石炭统太原组灰褐色粉砂质页岩、细砂岩、碳质页岩互层夹深灰色结晶灰岩、铁质岩；灰黑色粉砂质页岩夹灰白色中细粒长石石英砂岩、铁质岩中。区内有铁矿点 1 处，低缓航磁化极异常 2 处，具有找矿潜力
C1501103011	阿门乌苏南东	处在推测上石炭统太原组灰褐色粉砂质页岩、细砂岩、碳质页岩互层夹深灰色结晶灰岩、铁质岩；灰黑色粉砂质页岩夹灰白色中细粒长石石英砂岩、铁质岩中。区内有低缓航磁化极异常 2 处，具有找矿潜力
C1501103012	脑音乌素南西	处在推测上石炭统太原组灰褐色粉砂质页岩、细砂岩、碳质页岩互层夹深灰色结晶灰岩、铁质岩；灰黑色粉砂质页岩夹灰白色中细粒长石石英砂岩、铁质岩中。区内有低缓航磁化极异常 2 处，具有找矿潜力
C1501103013	千里山钢铁厂	处在推测上石炭统太原组灰褐色粉砂质页岩、细砂岩、碳质页岩互层夹深灰色结晶灰岩、铁质岩；灰黑色粉砂质页岩夹灰白色中细粒长石石英砂岩、铁质岩中。区内有较高航磁化极异常 2 处，具有找矿潜力

续表 5-5

编号	名称	综合信息
C1501103014	雀儿沟煤矿	处在推测上石炭统太原组灰褐色粉砂质页岩、细砂岩、碳质页岩互层夹深灰色结晶灰岩、铁质岩；灰黑色粉砂质页岩夹灰白色中细粒长石石英砂岩、铁质岩中。区内有铁矿点 1 处，低缓航磁化极异常 3 处，具有找矿潜力
C1501103015	纳梁高母花	处在推测上石炭统太原组灰褐色粉砂质页岩、细砂岩、碳质页岩互层夹深灰色结晶灰岩、铁质岩；灰黑色粉砂质页岩夹灰白色中细粒长石石英砂岩、铁质岩中。区内有较高航磁化极异常 4 处，具有找矿潜力
C1501103016	摆格	处在推测上石炭统太原组灰褐色粉砂质页岩、细砂岩、碳质页岩互层夹深灰色结晶灰岩、铁质岩；灰黑色粉砂质页岩夹灰白色中细粒长石石英砂岩、铁质岩中。区内有较高航磁化极异常 4 处，具有找矿潜力
C1501103017	乌兰素	处在推测上石炭统太原组灰褐色粉砂质页岩、细砂岩、碳质页岩互层夹深灰色结晶灰岩、铁质岩；灰黑色粉砂质页岩夹灰白色中细粒长石石英砂岩、铁质岩中。区内有较高航磁化极异常 3 处，具有找矿潜力

二、综合信息地质体积法估算资源量

1. 典型矿床深部及外围资源量估算

查明资源量、体重及全铁品位均来源于《内蒙古伊盟鄂托克旗雀儿沟、黑龙贵、棋盘井铁矿普查报告》(1971 年)。矿床面积是根据 1∶2 万雀儿沟铁矿矿区地形地质图、各个矿体组成的包络面面积确定的(表 5-6)，矿体延深依据主矿体浅井勘探深度确定。

表 5-6　雀儿沟式沉积型铁矿典型矿床深部及外围资源量估算一览表

典型矿床		深部及外围		
已查明资源量(t)	89 978	深部	面积(m^2)	8 500 000
面积(m^2)	8 500 000		深度(m)	40
深度(m)	10	外围	面积(m^2)	3 950 000
TFe 品位(%)	27.07～53.02		深度(m)	50
密度(t/m^3)	2.67	预测资源量(t)		507 776
体积含矿率(t/m^3)	0.000 944 7	典型矿床资源总量(t)		597 754

2. 模型区的确定、资源量及估算参数

模型区内无其他已知矿点存在，资源总量为 597 754t。模型区面积为依托 MRAS 软件采用少模型工程神经网络法优选后圈定，延深根据典型矿床最大预测深度确定。模型区圈定时参照了含矿建造地质体，因此含矿地质体面积参数为 1。由此计算含矿地质体含矿系数为 0.000 039(表 5-7)。

表 5-7　雀儿沟式沉积型铁矿模型区预测资源量及其估算参数表

编号	名称	模型区总资源量(t)	模型区面积(m^2)	延深(m)	含矿地质体面积(m^2)	含矿地质体面积参数 K_S	含矿地质体含矿系数 K
A1501103011	雀儿沟村	597 754	16 130 800.0	950	16 130 800.0	1	0.000 039

3. 最小预测区预测资源量

雀儿沟沉积型铁矿预测工作区最小预测区资源量定量估算采用地质体积法进行估算。

最小预测区面积是依据综合地质信息定位优选的结果；延深的确定是在研究最小预测区含矿地质体地质特征、含矿地质体的形成深度、断裂特征、矿化类型的基础上，并对比典型矿床特征的基础上综合确定的；相似系数(α)的确定，主要依据 MRAS 生成的成矿概率及与模型区的比值，参照最小预测区地质体出露情况、化探及重砂异常规模及分布、物探解译隐伏岩体分布信息等进行修正。

乌海预测工作区预测资源总量为 628.89×10^4t，其中不包括预测工作区已查明资源总量 57.35×10^4t，详见表 5-8。清水河预查工作区预测资源总量为 70.64×10^4t，其中不包括预测工作区已查明资源总量 55.8×10^4t，详见表 5-9。

表 5-8　乌海预测工作区最小预测区预测资源量一览表

最小预测区编号	最小预测区名称	$S_{预}$ (km²)	$H_{预}$ (m)	K_S	K (t/m³)	α	$Z_{总}$ (×10^4t)	已查明资源量(×10^4t)	$Z_{预}$ (×10^4t)
A1501103008	塔拉敖包	23.53	850	1	0.000 039	0.67	52.00		52.00
A1501103009	五七小窑	55.09	850	1	0.000 039	0.67	122.35	67.5	54.85
A1501103010	查干绍荣	19.07	750	1	0.000 039	1.00	55.78		55.78
A1501103011	雀儿沟村	16.13	950	1	0.000 039	1.00	62.47	9	53.47
B1501103010	巴音赛	25.30	750	1	0.000 039	0.13	9.87		9.87
B1501106011	黑龙贵	17.33	850	1	0.000 039	0.67	36.00	2.5	36.00
B1501103012	黑龙贵南	4.82	750	1	0.000 039	0.67	9.46	1.70	7.76
B1501103013	乌海市	37.15	650	1	0.000 039	0.67	62.78		62.78
B1501103014	马保店	38.21	950	1	0.000 039	0.67	94.38		94.38
B1501103015	呼鲁斯善丹	35.24	950	1	0.000 039	0.67	87.04		87.04
C1501103009	包钢石灰石矿	37.59	950	1	0.000 039	0.67	93.32	57.35	35.79
C1501103010	巴彦特克	38.24	750	1	0.000 039	0.13	14.91		14.91
C1501103011	阿门乌苏南东	5.90	950	1	0.000 039	0.13	2.91		2.91
C1501103012	脑音乌素南西	9.74	650	1	0.000 039	0.13	3.29		3.29
C1501103013	千里山钢铁厂北	31.08	650	1	0.000 039	0.13	10.51		10.51
C1501103014	雀儿沟煤矿	24.66	900	1	0.000 039	0.13	11.54		11.54
C1501103015	纳梁高母花	31.66	850	1	0.000 039	0.13	13.99		13.99
C1501103016	摆格	25.87	900	1	0.000 039	0.13	12.11		12.11
C1501103017	乌兰素	22.42	850	1	0.000 039	0.13	9.91		9.91
合计									628.89

表 5-9　清水河预测工作区最小预测区预测资源量一览表

最小预测区编号	最小预测区名称	$S_{预}$ (km^2)	$H_{预}$ (m)	K_S	K (t/m^3)	α	$Z_{总}$ ($\times 10^4 t$)	已查明资源量($\times 10^4 t$)	$Z_{预}$ ($\times 10^4 t$)
A1501103001	海子沟	18.55	120	1	0.000 039	0.19	1.68		1.68
A1501103002	桦树墕乡南	5.53	100	1	0.000 039	0.37	0.81		0.81
A1501103003	深壕子	27.60	130	1	0.000 039	0.37	5.22		5.22
A1501103004	冯家塔	15.74	120	1	0.000 039	0.40	2.95		2.95
A1501103005	红水沟	11.40	120	1	0.000 039	1.00	6.54		6.54
A1501103006	柳青河	6.58	100	1	0.000 039	0.37	0.96		0.96
A1501103007	阳坡梁	12.28	120	1	0.000 039	0.37	2.15		2.15
B1501103001	公盖梁	52.45	350	1	0.000 039	0.80	57.28	55.8	1.48
B1501103002	刘家壕	28.93	130	1	0.000 039	0.09	1.27		1.27
B1501103003	大台子	3.54	100	1	0.000 039	0.40	0.55		0.55
B1501103004	亥子峁西	4.01	100	1	0.000 039	0.40	0.63		0.63
B1501103005	马次梁北西	4.46	150	1	0.000 039	0.37	0.97		0.97
B1501103006	小缸房	16.33	120	1	0.000 039	0.37	2.85		2.85
B1501103007	辛家圪旦	12.26	120	1	0.000 039	0.67	3.77		3.77
B1501103008	大井沟	36.34	140	1	0.000 039	0.40	7.94		7.94
B1501103009	莱不浪湾	33.87	140	1	0.000 039	0.20	3.70		3.70
C1501103001	王家圪洞	23.29	130	1	0.000 039	0.66	7.75		7.75
C1501103002	庙沟东	4.66	100	1	0.000 039	0.09	0.16		0.16
C1501103003	桦树墕乡	6.27	100	1	0.000 039	0.37	0.91		0.91
C1501103004	正峁沟北西	11.30	120	1	0.000 039	0.40	2.12		2.12
C1501103005	窑沟乡	25.29	130	1	0.000 039	0.40	5.13		5.13
C1501103006	上黑草咀	33.33	140	1	0.000 039	0.40	7.28		7.28
C1501103007	石畔	15.86	120	1	0.000 039	0.40	2.97		2.97
C1501103008	马家圪旦	7.30	100	1	0.000 039	0.30	0.85		0.85
合计									70.64

雀儿沟沉积型铁矿预测工作区按精度、预测深度、可利用性、可信度统计分析结果见表5-10、表5-11。

表5-10　雀儿沟式沉积型铁矿乌海预测工作区预测资源量统计分析表（$\times10^4$t）

精度	深度			可利用性		可信度			合计
	500m以浅	1 000m以浅	2 000m以浅	可利用	暂不可利用	$x\geqslant0.75$	$0.75>x\geqslant0.5$	$0.5>x\geqslant0.25$	
334-1	31.45	53.47	53.47	53.47			53.47		53.47
334-2									
334-3	344.88	575.43	575.43		575.43			575.42	575.42
合计									628.89

表5-11　雀儿沟式沉积型铁矿清水河预测工作区预测资源量统计分析表（$\times10^4$t）

精度	深度			可利用性		可信度			合计
	500m以浅	1 000m以浅	2 000m以浅	可利用	暂不可利用	$x\geqslant0.75$	$0.75>x\geqslant0.5$	$0.5>x\geqslant0.25$	
334-1									
334-2									
334-3	70.64	70.64	70.64	33.46	37.18			70.64	70.64
合计									70.64

第六章　温都尔庙式海相火山岩型铁矿预测成果

第一节　典型矿床特征

一、典型矿床地质特征

温都尔庙式海相火山岩型铁矿主要分布在锡林郭勒盟苏尼特右旗红格尔及珠日和等地区，根据赋矿层位，选择白云敖包和哈尔哈达两个铁矿作为典型矿床进行研究。

1. 矿区地质

1)白云敖包铁矿

地层主要为中元古界温都尔庙群桑达来音呼都格组第二岩段顶部，地表仅有少量孤立零星的露头，大部分被第四系覆盖。矿区内所见岩性有绿泥片岩、阳起片岩、石英岩、绢英片岩，局部见千枚岩和千枚状板岩。地层由于受当时沉积环境不太稳定的影响，无论沿走向或倾向，均相变较大且频繁。地层普遍遭受不同程度的变质作用，又受到强烈的绿泥石化、绿帘石化、硅化和黄铁矿化等围岩蚀变，致使原生面貌不清。据原岩恢复，矿区内所见绿泥片岩、阳起片岩和其他绿片岩的原岩均为细碧质凝灰岩，为海底火山喷发的细碧质火山岩。

构造位于温都尔庙倾没倒转复背斜的西端。矿床因受强烈的侧向剪应力作用，使矿区构造线呈近南北向，与区域构造线垂直，致使矿区构造异常复杂。在强烈的东西向剪应力作用下，使矿床构成一个由两个背斜和一个向斜组成的紧密的倾没复式背斜构造。总体上看矿体的构造形态在平面上形成向北开阔，向南收敛的“W”形构造，从剖面上则呈“M”形。本区的断裂主要为成矿后的，多为近东西向和北东向分布，性质有逆断层、正断层和平推断层。

矿区内未见侵入岩。

2)哈尔哈达铁矿

出露地层主要有温都尔庙群哈尔哈达组、石炭系阿木山组和第四系。哈尔哈达组分为两个岩段，一岩段为绿泥片岩，二岩段为绢云母石英片岩夹石英岩。铁矿层主要赋存在一岩段下部的硅质岩、黏土质岩石夹细碧质岩石中，近矿围岩主要为绢云母石英片岩、石英岩、绿泥石绢云片岩、千枚岩、碧玉铁质岩及绿片岩等。

以褶皱构造为主，断裂次之。M20 异常范围内褶皱主构造线方向为近东西向；M79 和 M80 异常范围内褶皱的主构造线方向为北北东向，M81 异常范围内褶皱的主构造线方向为东西向。M18 异常范围内有两个子异常，主构造线方向分别为北东向和北西向。铁矿体与褶皱轴部相吻合。

在形成褶皱构造的同时，伴随形成了一系列的次一级断裂构造。由于矿区覆盖严重，断裂构造形迹不清楚，仅部分钻孔见断层角砾岩，为破矿构造。

2. 矿床特征

1）白云敖包铁矿

矿层规模大小不等，已探明8层矿体，其中以第六层最大，第五、七层次之，一般长700～1 200m，最长1 800m。一般厚4～15m，最厚63m，一般延伸200～350m，最大延深大于500m。矿体产状与空间展布均与倾没的紧密复式背斜向斜构造相一致。以西部倾没背斜轴为界，按产状要素可分为两组：轴部以西的矿层走向为320°，倾向南西，倾角40°～50°；轴部以东由近南北走向逐渐转为30°～40°走向，倾向南或南东，倾角40°～60°。

矿层为层状、似层状、扁豆状和透镜状，其中以层状和似层状为主。各矿层均与围岩产状一致。铁矿层形态受褶皱构造严格控制，平面上呈"W"形，剖面上呈"M"形。

矿石自然类型按主要铁矿物（锰矿）的含量、矿石构造和脉石矿物种类，共划分为19种类型。其中以假象赤铁矿矿石为主，次为磁铁矿矿石、赤铁矿矿石和褐铁矿矿石。

工业类型以磁性强弱、含铁品位和有害杂质的含量作为分类基础，共分成五大类六亚类。高品位磁铁矿矿石（A型TFe＞45％，B型40％～44.99％）；低品位磁铁矿矿石（20％～39.99％）；高品位假象赤铁矿（赤铁矿）矿石（A型大于45％，B型40％～44.99％）；低品位假象赤铁矿（赤铁矿）矿石（25％～39.99％）；褐-赤铁矿矿石（25％～39.99％）。

主要铁矿物为假象、半假象赤铁矿，磁铁矿，褐铁矿，少量针铁矿、纤铁矿、镜铁矿。锰矿物为褐锰矿、硬锰矿、水锰矿。硫化物为黄铜矿、黄铁矿。脉石矿物有石英、绢云母、次闪石（阳起石）、碳酸盐矿物（方解石）。

矿石中含铁最高58.70％，最低20％。断块平均品位最高51.90％，最低21.90％，矿区平均品位36.04％。铁分布在铁矿物中，可熔铁为35.44％，含在其他铁铝硅酸盐中的硅酸铁为0.6％。矿区总的含铁品位变化北部较南部富。

矿石结构有半自形—他形晶粒结构、晶架结构、镶边结构、针状及放射状结构；矿石构造有条带状、致密块状、脉状充填、层理构造，角砾状、皱纹状、蜂窝状、土状、胶状构造。

2）哈尔哈达铁矿

矿层以层状、似层状、扁豆状和透镜状与围岩整合产出，无明显蚀变现象，严格受其层位控矿。多为隐伏矿体，M18异常走向北西，倾向南西，倾角30°左右。M20异常矿体走向近东西向，倾向北，倾角40°；M79异常矿体走向北东，倾向北西，倾角27°～43°。

铁的品位普遍偏低，磷、硫含量普遍偏高。

矿石类型根据有用矿物分为磁铁矿石、赤铁矿石；根据围岩划分为绿泥片岩型、石英片岩型和石英岩型；工业类型为需选赤铁矿石和磁铁矿石。

磁铁矿石有磁铁矿、菱铁矿、磁黄铁矿、黄铁矿，少量黄铜矿；脉石矿物为石英、角闪石、黑云母、磷灰石等。赤铁矿石有赤铁矿、褐铁矿和磁铁矿；脉石矿物为石英、黑云母、黝帘石、磷灰石等。

矿石结构为半自形晶粒状结构、半自形晶鳞片状结构、他形晶粒状结构、交代格架结构、交代残留结构、交代假象结构；矿石构造为条带状构造、块状构造。

3. 矿床成因及成矿时代

温都尔庙式铁矿为海底火山喷发过程中形成的矿床，与火山岩性岩相关系密切。主要赋矿地层为温都尔庙群桑达来音呼都格组二段和哈日哈达组一段，控矿构造为温都尔庙复背斜，矿体产于背斜轴部。

矿床成因类型为海相火山岩型，成矿时代为中元古代。

4. 矿床成矿模式

温都尔庙式铁矿形成过程可分为3个阶段：①海底火山喷发阶段；②火山喷发结束接受正常沉积阶段；③经历挤压变质变形抬升剥蚀阶段（图6-1）。

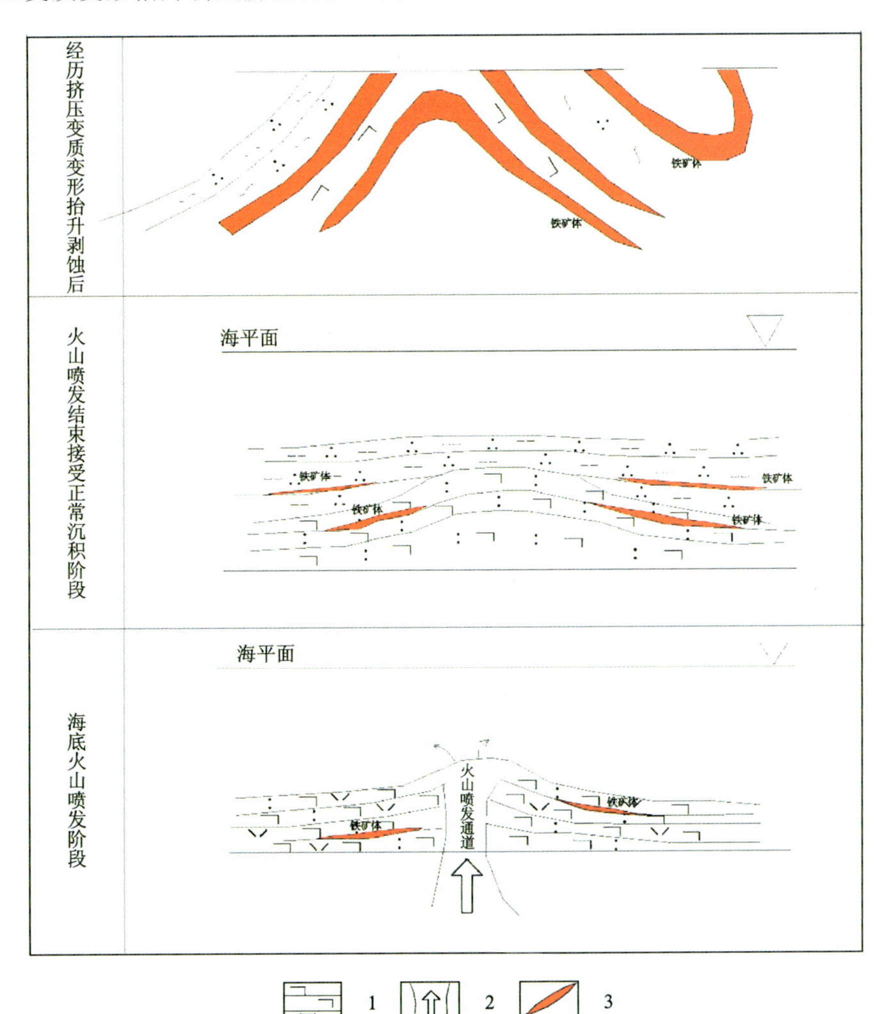

图6-1　温都尔庙式铁矿床成矿模式图

1.沉积盖层；2.火山喷发通道；3.铁矿体

二、典型矿床地球物理特征

白云敖包铁矿所在区域重力场反映为重力高异常，磁场显示为负磁场或低缓背景场，该区域磁场南高北低，重磁场特征显示有东西向和北东向断裂通过该区域，见图6-2、图6-3。

白云敖包铁矿位于布格重力异常中心附近的梯级带上，该区域对应于剩余重力正异常G蒙-533，铁矿位于剩余重力异常中心附近等值线密集处。重力场特征主要是对温都尔庙群地层及构造的客观反映。

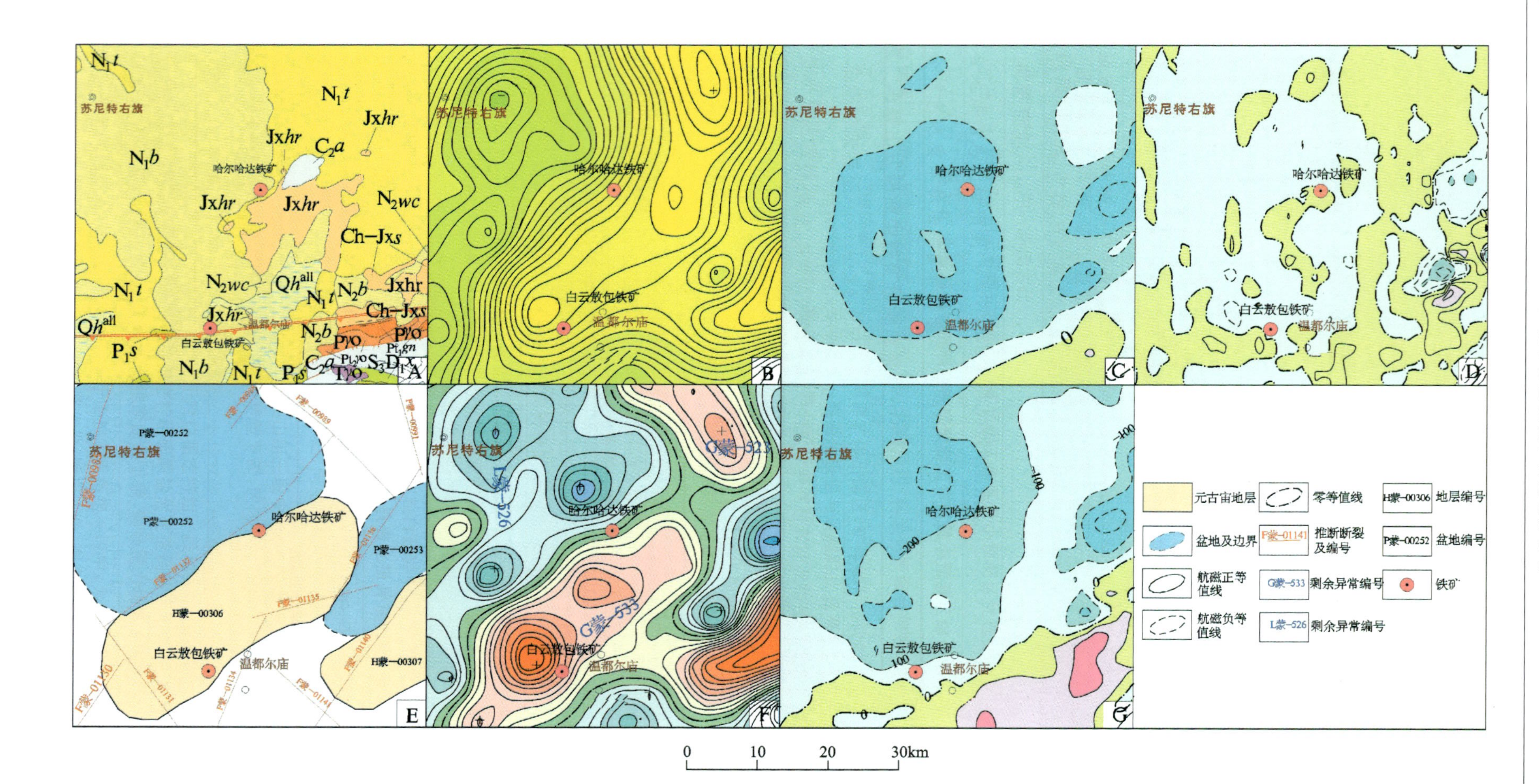

图 6-2　温都尔庙、哈尔哈达铁矿床物探剖析图

A.地质矿产图；B.布格重力异常图；C.航磁ΔT等值线平面图；D.航磁ΔT化极垂向一阶导数等值线平面图；E.重磁推断地质构造图；F.剩余重力异常图；G.航磁ΔT化极等值线平面图

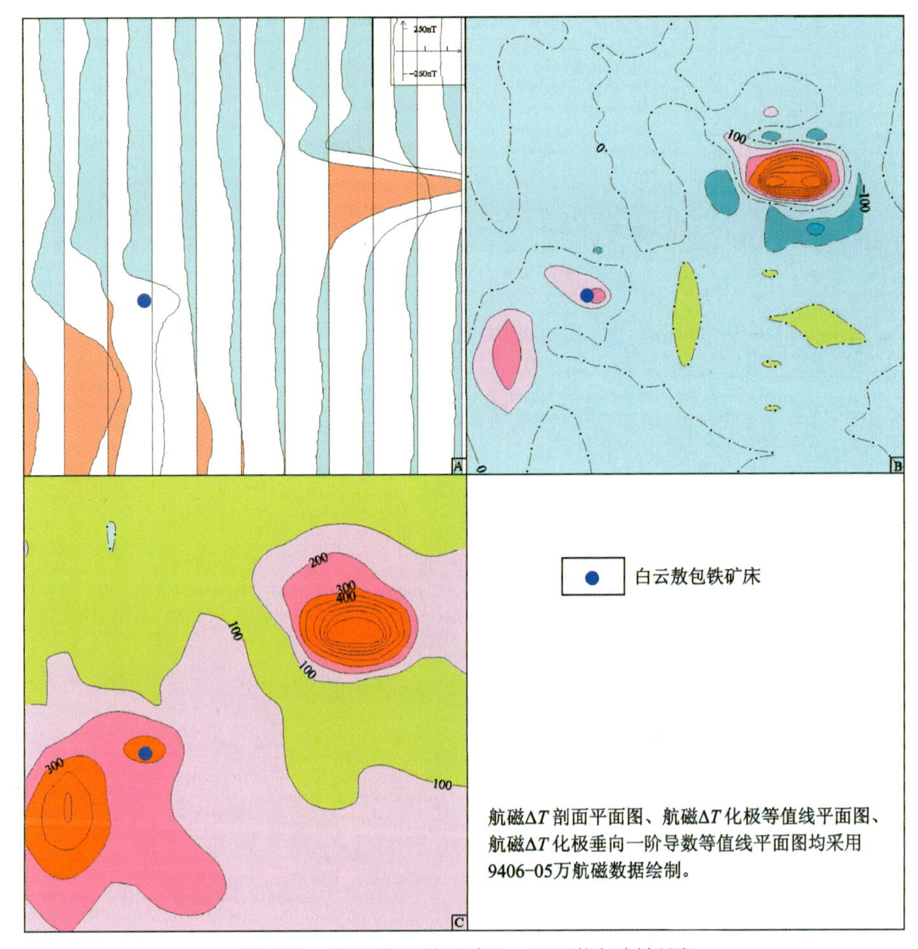

图 6-3　白云敖包铁矿床 1∶5 万物探剖析图

A. 航磁 ΔT 剖面平面图；B. 航磁 ΔT 化极垂向一阶导数等值线平面图；C. 航磁 ΔT 化极等值线平面图

三、典型矿床预测要素

在典型矿床成矿要素研究的基础上，根据矿区大比例尺地磁资料及矿床所在区域的航磁重力资料，建立典型矿床的预测要素（表 6-1）。

表 6-1　温都尔庙式海相火山岩型铁矿典型矿床预测要素表

预测要素		描述内容			要素类别
储量		7 440.6×10^4 t	平均品位	TFe 36.04%	
特征描述		海相火山岩型铁矿床			
地质环境	大地构造位置	天山兴蒙造山系，包尔汉图-温都尔庙弧盆系、大兴安岭弧盆系			必要
	成矿区（带）	大兴安岭成矿省，白乃庙-霍林郭勒 Fe-Cu-Mo-Pb-Zn-Mn-Cr-Au-Ge -煤-天然碱-芒硝成矿带，温都尔庙-红格尔 Fe-Au-Mo 成矿亚带			必要
	成矿地质体及主要岩石类型	温都尔庙群桑达来音呼都格组二段和哈日哈达组一段			必要
	成矿时代	中元古代			重要

续表 6-1

预测要素		描述内容			要素类别
储量		7 440.6×10^4t	平均品位	TFe 36.04%	
特征描述		海相火山岩型铁矿床			
矿床特征	矿物组合	主要铁矿物为假象、半假象赤铁矿，磁铁矿，褐铁矿，少量针铁矿、纤铁矿、镜铁矿。锰矿物为褐锰矿、硬锰矿、水锰矿。硫化物为黄铜矿、黄铁矿。脉石矿物有石英、绢云母、次闪石(阳起石)、碳酸盐矿物(方解石)			重要
	结构构造	矿石结构为半自形晶粒状结构、半自形晶鳞片状结构、他形晶粒状结构、交代格架结构、交代残留结构、交代假象结构；矿石构造为条带状构造、块状构造			次要
	蚀变	绿泥石化、绿帘石化、硅化和黄铁矿化等			重要
	控矿条件	褶皱控矿			重要
地球物理特征	地磁特征	航磁化极 ΔT>400nT			重要
	重力特征	剩余重力异常取值>3，重力梯度带			次要

第二节 预测工作区特征

根据温都尔庙群及矿产分布，划分了 3 个预测工作区，分别是乌兰察布市四子王旗脑木根预测工作区，东经 111°00′～111°30′，北纬 42°40′～43°20′，面积约 400km²；锡林郭勒盟苏尼特左旗—红格尔马场地区，东经 113°～115°，北纬 43°20′～43°52′，面积约 12 375km²；苏尼特右旗二道井预测工作区，东经 112°30′～113°30′，北纬 42°40′～43°30′，面积约 5 380km²。

一、区域地质矿产特征

脑木根、苏左旗两个区分布在天山兴蒙造山系大兴安岭弧盆系，二道井预测区分布在包尔汉图-温都尔庙弧盆系，成矿区带属大兴安岭成矿省白乃庙-霍林郭勒 Fe-Cu-Mo-Pb-Zn-Mn-Cr-Au-Ge -煤-天然碱-芒硝成矿带。

区域上大面积被新生界覆盖，古生界和中生界亦广泛出露，其中以古生界为主。中新元古界白云鄂博群仅在区域东南角有少量出露。中元古界温都尔庙群分布在温都尔庙以北和以东。新元古界白乃庙群分布在区域西南的白乃庙和谷那乌苏一带。

含矿岩系为温都尔庙群，区内划分为两个组，铁矿主要赋存在桑达来音呼都格组上部和哈尔哈达组下部。哈尔哈达组：暗绿色、浅灰色绢云石英片岩、二云石英片岩，绿色方解绢云片岩，绿泥石英片岩，碳酸盐化硅质岩，夹含铁石英岩及含铁石英岩透镜体。桑达来音呼都格组：灰绿色绿泥绿帘片岩、灰绿色片理化安山岩、青磐岩化安山岩夹含铁石英岩、铁矿体。

区域内岩浆活动十分频繁，主要分布在区域中南部，从加里东期到喜马拉雅期，由超基性到酸性的不同期次各类岩浆岩皆有分布，其中以海西期—燕山期岩浆岩最为发育。

预测工作区内相同类型铁矿 19 处，规模多为中小型。

根据预测工作区成矿规律研究，总结了成矿要素，编制了区域成矿模式(图 6-4)。

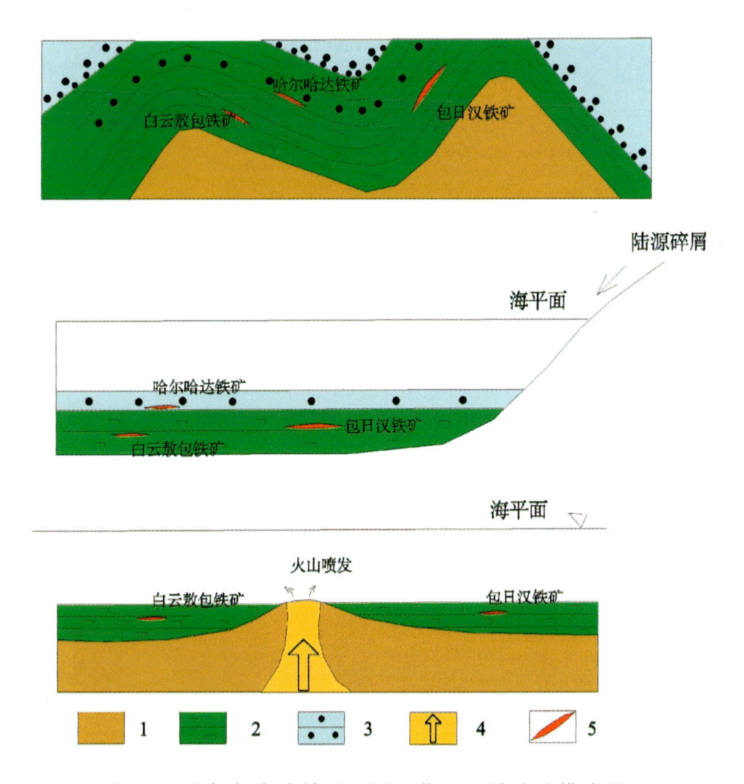

图 6-4 温都尔庙式铁矿预测工作区区域成矿模式图

1.基底;2.化学沉积(碳酸盐岩);3.盖层沉积(碎屑岩);4.火山通道;5.铁矿

二、区域地球物理特征

1. 磁法特征

1)苏泥特左旗—红格尔马场预测工作区

该区东经113°00′～114°00′为1∶20万航磁数据,东经114°00′～115°00′为1∶10万航磁数据。航磁ΔT等值线平面图中磁场值一般在－200～100nT之间,东西两区磁场值存在约300nT以上差值。西部磁场值高于东部,北部场值高于南部。磁场值总体处在负磁场背景上,磁异常形状均为不规则形,磁异常轴向以北东东向和东西向为主,磁场值一般在－200～＋200nT之间,个别幅值达－870nT和＋1 240nT。

该预测区西北部,即43°35′以北113°00′～114°00′,磁场值以正磁场为主,场值大于100nT,西北角有两片区域磁异常大于300nT,对应地表为第四系覆盖,纵观周围磁异常与地质情况的关系分析,上述磁异常是由含磁性物的温都尔庙群或闪长岩类岩引起。预测区中部的大于200nT所圈磁异常也是上述地层或岩体引起。

该预测区西南部,即43°35′以南113°00′～114°00′,磁场值一般在－100～＋100nT之间,有两处较为杂乱的团状磁异常,其中西南角磁异常最高幅值达879nT(实为1 179nT),北侧异常地检有10%～30%含铁的石英岩,推断为乙类异常,为铁矿矿致异常。据1959年1∶20万航磁测量成果,推测该地区M-19-07、M-19-08、M-19-02等航磁异常均为含铁石英岩引起,认为该地区凡是航磁场值相对变化超过50nT的地方均是铁矿引起的。

该预测区东北部,即43°35′以北114°00′～115°00′,磁场值以0～100nT的正磁场为主,磁异常走向为北东东向和东西向,多为条带状,磁异常最高幅值达581nT,对照该地区地质出露情况分析,该区磁异常多为花岗岩和闪长岩引起。

该预测区东南部，即 43°35′以南 114°00′～115°00′，磁场值以－100～0nT 的负磁场为主，磁异常走向为北东东向和东西向，多为条带状，磁异常最高幅值达 848nT，磁场较稳定，只在预测区的东南角有较为杂乱的磁异常，磁异常走向为北东向和北东东向，地表为第四系覆盖，推测东南角的正磁异常与其东侧由含铁石英岩引起的磁异常性质一样。

2）脑木根预测工作区

航磁 ΔT 等值线平面图上磁场值总体处在正磁场背景上，磁场值均大于 200nT，磁异常最高幅值达 1 465nT，从大于 400nT 所圈磁异常看，预测区磁异常轴向以北东东向和东西向为主，磁异常形态各异。北部两个磁异常为等轴团状，南部磁异常轴向以北东东向和北东向为主。

3）二道井预测工作区

航磁 ΔT 等值线平面图上磁场值总体处在正磁场背景上，该预测区磁场以大于 200nT 的正磁场为背景，磁异常最高幅值达 1 015nT，从大于 400nT 所圈磁异常看，磁异常形态各异，但以狭长带状为主，磁异常轴向以东西向为主，其次是北东向。以 43°02′为界，北部比南部场值平均高 100nT，磁场值有北高南低之势。1∶20 万航磁异常 M-16-03、M-16-04、M-16-06 等航磁异常均为赤铁矿引起，已知二道井铁矿和卡巴铁矿就在这一地区。43°02′以南磁场以正的 200～300nT 为背景，从大于 400nT 所圈磁异常看，磁异常形态各异，其中在东经 113°09′～113°27′、北纬 42°57′～43°00′范围内有一磁异常轴向为东西向，带状分布，编有 M-20-04 异常，最高幅值 500nT 以上。地表为第四系覆盖，据周围地质出露情况，推测该异常为哈尔哈达组含磁铁石英岩或侵入的超基性岩引起。南部的磁异常编有 M-17-07、M-17-08、M-17-09、M-17-10、M-17-11、M-17-12、M-17-13 等异常，这些异常现已均为已知矿。

2. 重力特征

预测区所在区域处在内蒙古中部，区域上布格重力异常在这一地区形成由北东向转为近东西向的重力高值带。在重力高值带的相间地带存在北北东向及北东向展布的相对重力低值带。单个布格重力异常多呈等轴状或椭圆状展布。区内的重力高值带与基性—超基性岩分布及基底隆起有关，低值带则多与中酸性岩体分布有关，少数与盐池及煤盆地的分布有关。

1）二道井预测区、苏尼特左旗—红格尔马场预测区

二道井预测区只进行了 1∶50 万区域重力测量，苏尼特左旗—红格尔马场预测区已开展了 1∶20 万区域重力测量。

这两个预测区连成一片，南部为二道井预测区，北部为苏尼特左旗—红格尔马场预测区。预测区南部的布格重力异常呈北东向展布，北部则呈近东西向展布，这一地区处在布格重力异常由北东转向近东西的转折带上。且南北两侧重力场变化相对较大，等值线密集，中部重力场相对平稳。对应于布格重力异常的相对高值区和低值区在剩余异常图上形成了正负相间分布的剩余异常带，已编号的有 18 处。南部剩余重力异常为北东向走向，正异常为元古宙地层引起，负异常对应于中生代煤盆地。北部剩余重力异常呈近东西向展布，负异常为酸性侵入岩引起，正异常为古生代基底隆起所致。沿正负异常交替带存在北东向和近东西向断裂带。

2）脑木根预测区

该预测区范围较小，只进行过 1∶50 万重力测量。区域布格重力异常图上，预测区中南部为北东向带状展布的布格重力异常相对高值区，北侧为相对低值区。剩余重力异常图上，剩余重力正异常较清晰，等值线密集，规模较大，中部为北东向带状展布的正异常带，南北两侧分布有两个椭圆状正异常，均为元古宙基底隆起所致。北侧平缓的负异常是酸性侵入岩引起。

在预测区选 G 蒙-519 剩余重力异常作为找矿靶区，位于东经 111°23′57.85″，北纬 42°44′55.84″，推断该异常区，中深部可能有矿体存在。

三、区域遥感解译特征

1. 脑木根预测工作区和苏左旗预测工作区

本预测区遥感断层要素解译中按断裂的规模、切割深度、断裂对地质体的控制程度，结合已知的地质资料，依次划分为大型、中型和小型等3类，共解译相互43条断裂。

区内解译出大型断裂带1条，区域上相当于锡林浩特地块北缘断裂带。中小型断裂比较发育，并且以北东东向为主，局部发育北北西向及近东西向小型断层，其中的北西向小型断裂多为正断层，形成时间较晚，多错断其他方向的断裂构造，其分布规律较差，在赛汗塔拉一带为一较大的弧形构造带，该带为一重要的铁、金多金属成矿带。北东向的小型断裂多为逆断层，形成时间明显早于北西向断裂，其分布略有规律性，这些断裂带与其他方向断裂交汇处，多为金多金属成矿的有利地段。

预测区内解译出1个由中生代花岗岩引起的环形构造，在环的西北角有芒和特铁矿。影纹纹理边界清楚，花岗岩内植被发育，纹理光滑，构造隆起成山。

预测区内解译出2条带要素。区域内主要为海相火山沉积型铁矿，在遥感影像上，本次虽然解译出了21个块要素，但成矿意义不大。

解译出5条花岗岩类岩体侵位引起的边缘韧性构造，走向为北东东向，影像上纹理清晰。预测区内一共解译出7个由火山机构或中生代花岗岩引起的环形构造。预测区内解译出34条带要素。

2. 二道井预测工作区遥感地质特征解译

图幅内共解译线要素43条、环要素2个、带要素57块、块要素18块，以及其他一些近矿找矿标志。

在遥感断层要素解译中按断裂的规模、切割深度、断裂对地质体的控制程度，结合已知的地质资料，依次划分为大型、中型和小型等3类，共解译43条断裂。

本幅内解译出大型断裂带2条，一条为扎鲁特旗断裂带，相当于锡林浩特地块北缘断裂带，另一条为伊林哈别尔尕-西拉木伦断裂带，它控制着两侧不同地质发展历史。

预测区内一共解译出2个由中生代花岗岩引起的环形构造。预测区内解译了57条带要素。

四、区域预测要素

根据预测工作区区域成矿要素和航磁、重力等特征，建立了本预测区的区域预测要素(表6-2)。

表6-2　温都尔庙式海相火山岩型铁矿预测工作区预测要素表

区域预测要素	描述内容	要素类别
大地构造位置	天山兴蒙造山系大兴安岭弧盆系和包尔汉图-温都尔庙弧盆系	必要
所属成矿区带	大兴安岭成矿省，白乃庙-霍林郭勒 Fe-Cu-Mo-Pb-Zn-Mn-Cr-Au-Ge-煤-天然碱-芒硝成矿带	必要
主要控矿构造	温都尔庙复背斜，褶皱轴部，深大断裂附近	重要
主要赋矿地层	温都尔庙群桑达来音呼都格组二段和哈日哈达组一段	必要
原岩沉积建造	海相火山岩建造，细碧质火山岩建造	必要

续表 6-2

区域预测要素	描述内容	要素类别
区域变质作用及建造	区域变质程度低，属低绿片岩相	次要
区域成矿类型及成矿期	海相火山岩型，成矿期为中元古代	重要
航磁特征	航磁化极 $\Delta T>400$nT	重要
重力磁特征	剩余重力异常取值 $>3\times10^{-5}$ m/s^2	次要

第三节　矿产预测

一、综合地质信息定位预测

温都尔庙式铁矿为海相火山岩型铁矿床，受地层控制明显，所以预测采用地质单元法（含矿建造）。对于面积大于 100km^2 的地质单元，进行人为分割。其中脑木根工作区由于没有矿点分布，但有含矿地层，采用 2km×2km 网格单元，优选后再手工圈定。采用特征分析方法进行最小预测区的圈定与优选。

1. 脑木根预测工作区

脑木根预测区圈定 8 个最小预测区，其中 A 级区 2 个，总面积 12.94km^2；B 级区 1 个，总面积 47.76km^2；C 级区 5 个，总面积 194.38km^2（图 6-5，表 6-3）。

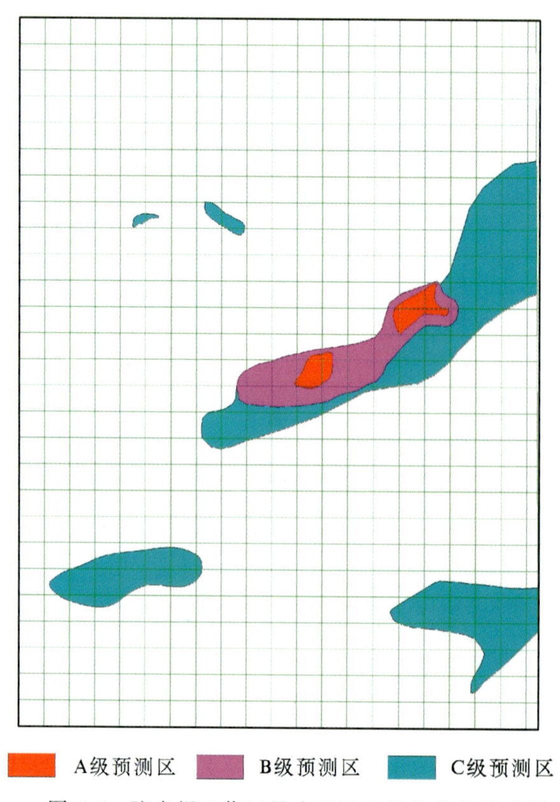

图 6-5　脑木根工作区最小预测区优选分布示意图

表 6-3　脑木根预测工作区最小预测区综合信息表

最小预测区编号	最小预测区名称	综合信息
A1501419001	芒和特	出露温都尔庙群桑达来音呼都格组和哈尔哈达组。航磁>400nT，剩余重力>$3\times10^{-5}m/s^2$。有矿化点1处
A1501419002	阿布达尔台东	出露温都尔庙群桑达来音呼都格组和哈尔哈达组。航磁>400nT，剩余重力>$3\times10^{-5}m/s^2$
B1501419001	阿布达尔台南	位于两个A级区的外围。出露温都尔庙群桑达来音呼都格组和哈尔哈达组，部分地段地表覆盖。航磁>400nT，剩余重力>$3\times10^{-5}m/s^2$
C1501419001	沙尔浑迪	地表出露二叠系大石寨组，航磁>400nT
C1501419002	德尔斯乌苏南	地表出露二叠系大石寨组，航磁>400nT
C1501419003	敖包吐阿木西	地表出露古生界，航磁>400nT
C1501419004	阿尔善特	位于A级和B级区外围。零星出露温都尔庙群。航磁>400nT，剩余重力>$3\times10^{-5}m/s^2$
C1501419005	查干敖包	地表被新生界覆盖。航磁>400nT，剩余重力>$3\times10^{-5}m/s^2$

2. 苏尼特左旗预测工作区

苏尼特左旗预测区圈定93个最小预测区，其中A级区4个，总面积34.7km²；B级区26个，总面积154.17km²；C级区63个，总面积344.66km²（图6-6，表6-4）。

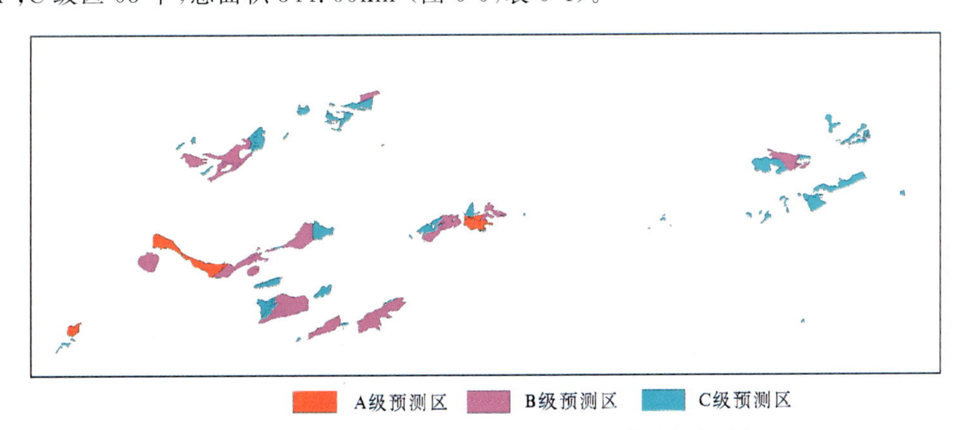

图 6-6　苏尼特左旗预测工作区最小预测区优选分布示意图

表 6-4　苏尼特左旗预测工作区最小预测区综合信息表

最小预测区编号	最小预测区名称	综合信息
A1501421001	希日勒吉音额博勒者南	出露哈尔哈达组含铁建造。位于剩余重力梯度带，航磁低值区
A1501421002	希日勒吉音额博勒者南	出露哈尔哈达组含铁建造。位于剩余重力梯度带，航磁低值区。有铁矿点1处
A1501421003	乌兰呼吉尔特推饶木	出露桑达来音呼都格组含铁建造。位于航磁正值区，剩余重力高值区
A1501421004	卡巴	出露桑达来音呼都格组含铁建造。位于航磁高值区，剩余重力梯度带。有铁矿1处
B1501421001	夏日浩来南	出露哈尔哈达组。航磁正值区，剩余重力正值区
B1501421002	阿萨日东	出露哈尔哈达组含铁建造。航磁负值区，剩余重力高值区
B1501421003	达塔拉东	出露桑达来音呼都格组。航磁正值区，剩余重力正值区
B1501421004	买机音南	出露哈尔哈达组。位于航磁高值区，剩余重力梯度带

续表 6-4

最小预测区编号	最小预测区名称	综合信息
B1501421005	买机音南	出露哈尔哈达组。位于航磁高值区,剩余重力梯度带
B1501421006	阿萨日东	出露哈尔哈组含铁建造。航磁负值区,剩余重力高值区
B1501421007	木浑尼呼都格北	出露桑达来音呼都格组。航磁高值区,剩余重力梯度带
B1501421008	和热木乌苏北	出露哈尔哈达组。航磁正值区,剩余重力梯度带
B1501421009	阿萨日东	出露哈尔哈组含铁建造。航磁负值区,剩余重力高值区
B1501421010	和热木乌苏北	出露哈尔哈达组。航磁正值区,剩余重力梯度带
B1501421011	买机音南	出露桑达来音呼都格组含铁建造
B1501421012	布木查布格西	出露桑达来音呼都格组。航磁高值区,剩余重力正值区
B1501421013	希日勒吉音额博勒者南	出露哈尔哈达组。航磁正值区,剩余重力梯度带
B1501421014	道勒花图格	出露桑达来音呼都格组。航磁高值区,剩余重力正值区
B1501421015	希日勒吉音额博勒者北	出露哈尔哈达组含铁建造。航磁正值区,剩余重力梯度带
B1501421016	巴润苏音呼热	出露桑达来音呼都格组。航磁正值区,剩余重力梯度带
B1501421017	和热木乌苏北	出露哈尔哈达组。航磁正值区,剩余重力梯度带
B1501421018	德德阿木乌苏哈巴尔扎	出露桑达来音呼都格组含铁建造。剩余重力高值区,航磁正值区。有矿点1处
B1501421019	阿萨日东	出露哈尔哈达组含铁建造。航磁负值区,剩余重力高值区。附近有甲类航磁异常1处
B1501421020	希勒音呼都格西	出露哈尔哈达组。剩余重力梯度带,航磁高值区
B1501421021	陶勒盖音郭勒棚南	出露哈尔哈达组含铁建造。航磁正负值过渡区,剩余重力梯度带
B1501421022	额和尼呼都格	出露桑达来音呼都格组含铁建造
B1501421023	萨如拉塔拉嘎查南	出露桑达来音呼都格组。航磁高值区,剩余重力正值区
B1501421024	夏日浩来南	出露哈尔哈达组。航磁正值区,剩余重力正值区
B1501421025	阿门乌苏北	出露哈尔哈达组,夹磁铁石英岩建造。航磁高值区,剩余重力高值区
B1501421026	白音敖包	地表覆盖,做揭盖处理。航磁高值区,剩余重力梯度带。有矿床1处。附近有甲类航磁异常1处
C1501421001	希日德尔斯东	出露哈尔哈达组。航磁负值区,剩余重力梯度带
C1501421002	希日德尔斯西	出露哈尔哈达组。航磁负值区,剩余重力梯度带
C1501421003	苏令南	地表覆盖,揭盖处理为哈尔哈达组。剩余重力梯度带,航磁高值区
C1501421004	查干额热格北	出露桑达来音呼都格组。航磁高值区,剩余重力正值区
C1501421005	查干额热格北	出露桑达来音呼都格组。航磁高值区,剩余重力正值区
C1501421006	查干淖尔嘎查东	出露哈尔哈达组。航磁负值区,剩余重力梯度带
C1501421007	查干淖尔嘎查北	出露哈尔哈达组。航磁负值区,剩余重力梯度带
C1501421008	希日德尔斯北	出露哈尔哈达组。航磁负值区,剩余重力梯度带
C1501421009	巴彦温都尔嘎查西	地表覆盖,做揭盖出露。剩余重力正值区,航磁负值区。有矿点1处
C1501421010	包格德音希北	出露哈尔哈达组。航磁负值区,剩余重力梯度带
C1501421011	包格德音希北	出露哈尔哈达组。航磁负值区,剩余重力梯度带
C1501421012	希日勒吉音额博勒者南	出露哈尔哈达组。航磁负值区,剩余重力负值区
C1501421013	970高地西	出露桑达来音呼都格组含铁建造。航磁高值区,剩余重力梯度带
C1501421014	陶勒盖音郭勒棚南	出露哈尔哈达组。航磁正负值过渡区,剩余重力负值区
C1501421015	巴彦宝拉格嘎查北	出露哈尔哈达组。航磁负值区,剩余重力梯度带

续表 6-4

最小预测区编号	最小预测区名称	综合信息
C1501421016	陶勒盖音郭勒棚南	出露哈尔哈达组。航磁正负值过渡区,剩余重力负值区
C1501421017	查干淖尔嘎查北	出露哈尔哈达组。航磁负值区,剩余重力梯度带
C1501421018	1042 高地南	出露哈尔哈达组。航磁负值区,剩余重力梯度带
C1501421019	嘎顺哈巴尔扎东	出露哈尔哈达组。航磁负值区,剩余重力梯度带
C1501421020	干吉敖尔	出露哈尔哈达组含铁建造。航磁高值区,剩余重力梯度带
C1501421021	查干棚南	出露桑达来音呼都格组。航磁高值区,剩余重力正值区
C1501421022	973 高地西	出露桑达来音呼都格组含铁建造。航磁高值区,剩余重力梯度带
C1501421023	额日格图北	出露哈尔哈达组。航磁负值区,剩余重力梯度带
C1501421024	查干额热格北	出露桑达来音呼都格组。航磁高值区,剩余重力正值区
C1501421025	希日德尔斯北	出露哈尔哈达组。航磁负值区,剩余重力梯度带
C1501421026	木浑尼呼都格北	出露桑达来音呼都格组。航磁高值区,剩余重力梯度带
C1501421027	沙尔仁贵西	出露桑达来音呼都格组。航磁高值区,剩余重力正值区
C1501421028	包格德音希北	出露哈尔哈达组。航磁负值区,剩余重力梯度带
C1501421029	祖勒格图东	出露桑达来音呼都格组。航磁高值区,剩余重力正值区
C1501421030	额日格图北	出露哈尔哈达组。航磁负值区,剩余重力梯度带
C1501421031	嘎顺哈巴尔扎东	出露哈尔哈达组。航磁负值区,剩余重力梯度带
C1501421032	夏日浩来南	出露哈尔哈达组。航磁正值区,剩余重力正值区
C1501421033	额日格图北	出露哈尔哈达组。航磁负值区,剩余重力梯度带
C1501421034	和热木乌苏北	出露哈尔哈达组。航磁正值区,剩余重力正值区
C1501421035	花陶勒盖东	出露哈尔哈达组。航磁正值区,剩余重力正值区
C1501421036	包格德音希北	出露哈尔哈达组。航磁负值区,剩余重力梯度带
C1501421037	额尔德尼布拉格南	出露哈尔哈达组含铁建造。航磁高值区,剩余重力高值区
C1501421038	巴润苏音呼热北	出露桑达来音呼都格组。航磁正值区,剩余重力正值区
C1501421039	巴润苏音呼热北	出露桑达来音呼都格组。航磁正值区,剩余重力正值区
C1501421040	972 高地西	出露桑达来音呼都格组含铁建造。航磁高值区,剩余重力梯度带
C1501421041	冈干乌拉	出露桑达来音呼都格组。航磁高值区,剩余重力梯度带
C1501421042	巴彦宝拉格嘎查北	出露哈尔哈达组。航磁负值区,剩余重力梯度带
C1501421043	额尔德尼布拉格南	出露哈尔哈达组含铁建造。航磁高值区,剩余重力高值区
C1501421044	嘎顺哈巴尔扎东	出露哈尔哈达组。航磁负值区,剩余重力梯度带
C1501421045	查干淖尔嘎查东	出露哈尔哈达组。航磁负值区,剩余重力梯度带
C1501421046	阿萨日东	出露哈尔哈组含铁建造。航磁负值区,剩余重力高值区
C1501421047	祖勒格图	出露桑达来音呼都格组。航磁高值区,剩余重力正值区
C1501421048	希日勒吉音额博勒者北	出露哈尔哈达组。航磁负值区,剩余重力负值区
C1501421049	包格德音希北	出露哈尔哈达组。航磁负值区,剩余重力梯度带
C1501421050	额尔德尼布拉格南	出露哈尔哈达组含铁建造。航磁高值区,剩余重力高值区
C1501421051	布木查布格北	出露桑达来音呼都格组。航磁高值区,剩余重力正值区
C1501421052	查干淖尔嘎查北	出露哈尔哈达组。航磁负值区,剩余重力高值区

续表 6-4

最小预测区编号	最小预测区名称	综合信息
C1501421053	阿门乌苏北	出露哈尔哈达组含铁建造。航磁正值区,剩余重力梯度带
C1501421054	托布辛呼都格北西	出露哈尔哈达组。航磁正值区,剩余重力正值区
C1501421055	阿门乌苏北	出露哈尔哈达组含铁建造。航磁正值区,剩余重力高值区
C1501421056	陶勒盖音郭勒棚南	出露哈尔哈达组含铁建造。航磁正值区,剩余重力梯度带
C1501421057	查干额热格西	出露桑达来音呼都格组。航磁高值区,剩余重力正值区
C1501421058	萨如拉塔拉嘎查东	出露桑达来音呼都格组。航磁高值区,剩余重力正值区
C1501421059	舒特音好来沃博勒卓西	出露桑达来音呼都格组。航磁高值区,剩余重力正值区
C1501421060	巴彦宝拉格嘎查北	出露哈尔哈达组。航磁负值区,剩余重力梯度带
C1501421061	陶高图北	出露哈尔哈达组。航磁负值区,剩余重力梯度带
C1501421062	红格尔庙	出露哈尔哈达组含铁建造。航磁负值区,剩余重力正值区。有矿点 1 处
C1501421063	包日汗	出露桑达来音呼都格组。航磁高值区,剩余重力梯度带。有铁矿 1 处

3. 二道井预测工作区

苏尼特左旗预测区圈定 74 个最小预测区,其中 A 级区 2 个,总面积 11.9km²;B 级区 7 个,总面积 85.12km²;C 级区 65 个,总面积 109.79km²(图 6-7,表 6-5)。

图 6-7　二道井预测区最小预测区优选分布示意图

表 6-5　二道井预测工作区最小预测区综合信息表

最小预测区编号	最小预测区名称	综合信息
A1501420001	小敖包	露桑达来音呼都格组。航磁正值区,剩余重力正值区。有铁矿点1处
A1501420002	白云敖包	出露桑达来音呼都格组。航磁正值区,剩余重力正值区。有铁矿1处。附近覆盖区有多处甲类航磁异常
B1501420001	乌兰敖包南	出露桑达来音呼都格组。航磁正值区,剩余重力高值区值区,有铁矿脉。有铁矿点1处
B1501420002	巴彦宝拉格嘎查西	出露桑达来音呼都格组和哈尔哈达组。航磁正值区,剩余重力正值区
B1501420003	苏力尚德哈巴尔扎北	出露桑哈尔哈达组。航磁正值区,剩余重力正值区。有铁矿点2处
B1501420004	乌日根塔拉站南	出露桑达来音呼都格组。航磁高值区,剩余重力低值区。有铁矿点1处
B1501420005	都呼木西	出露桑达来音呼都格组和哈尔哈达组。航磁正值区,剩余重力高值区。有铁矿点1处
B1501420006	根必力音敖包	出露哈尔哈达组。航磁高值区,剩余重力正值区
B1501420007	苏吉	出露哈尔哈达组。航磁正值区,剩余重力高值区。有众多铁矿脉。有铁矿点2处
C1501420001	都呼木西	出露哈尔哈达组。航磁正值区,剩余重力高值区
C1501420002	小敖包南	出露桑达来音呼都格组。航磁正值区,剩余重力梯度带
C1501420003	巴彦淖尔嘎查南	出露哈尔哈达组。航磁正值区,剩余重力正值区
C1501420004	1205高地北	出露桑达来音呼都格组。航磁正值区,剩余重力高值区
C1501420005	白云敖包东	出露桑达来音呼都格组。航磁正值区,剩余重力正值区
C1501420006	巴彦淖尔嘎查南	出露哈尔哈达组。航磁正值区,剩余重力正值区
C1501420007	根必力音敖包东	出露哈尔哈达组。航磁高值区,剩余重力正值区
C1501420008	白云敖包东	出露桑达来音呼都格组。航磁正值区,剩余重力正值区
C1501420009	根必力音敖包西	出露哈尔哈达组。航磁高值区,剩余重力正值区
C1501420010	乌兰敖包南	出露桑达来音呼都格组。航磁正值区,剩余重力正值区
C1501420011	巴彦淖尔嘎查北	出露哈尔哈达组。航磁正值区,剩余重力高值区
C1501420012	苏力尚德哈巴尔扎北	出露哈尔哈达组。航磁正值区,剩余重力正值区
C1501420013	乌兰敖包南	出露桑达来音呼都格组。航磁正值区,剩余重力正值区
C1501420014	陶郭诺图北	出露哈尔哈达组。航磁正值区,剩余重力梯度带
C1501420015	陶郭诺图东	出露哈尔哈达组。航磁正值区,剩余重力梯度带
C1501420016	楚其给西	出露桑达来音呼都格组。航磁正值区,剩余重力负值区
C1501420017	温都尔苏莫	出露桑达来音呼都格组。航磁正值区,剩余重力正值区
C1501420018	贡呼都嘎西	出露桑达来音呼都格组。航磁正值区,剩余重力高值区
C1501420019	都西东	出露哈尔哈达组。剩余重力高值区,航磁高值区
C1501420020	巴彦淖尔嘎查	出露哈尔哈达组。航磁正值区,剩余重力正值区
C1501420021	都西东	出露哈尔哈达组。剩余重力高值区,航磁高值区
C1501420022	贡呼都嘎西	出露桑达来音呼都格组。航磁正值区,剩余重力高值区
C1501420023	贡呼都嘎西	出露桑达来音呼都格组。航磁正值区,剩余重力高值区
C1501420024	1152高地东	出露哈尔哈达组。航磁正值区,剩余重力高值区

续表 6-5

最小预测区编号	最小预测区名称	综合信息
C1501420025	都呼木北	出露哈尔哈达组。航磁正值区,剩余重力高值区
C1501420026	楚其给东	出露桑达来音呼都格组。航磁负值区,剩余重力梯度带
C1501420027	贡呼都嘎西	出露桑达来音呼都格组。航磁正值区,剩余重力高值区
C1501420028	根必力音敖包东南	出露哈尔哈达组。航磁高值区,剩余重力正值区
C1501420029	德尔斯图陶勒盖北	出露哈尔哈达组。航磁正值区,剩余重力梯度带
C1501420030	1152 高地	出露桑达来音呼都格组和哈尔哈达组。航磁正值区,剩余重力高值区
C1501420031	阿布盖图西	出露桑达来音呼都格组。航磁正值区,剩余重力高值区,有铁矿点 1 处
C1501420032	1210 高地	出露哈尔哈达组。航磁正值区,剩余重力高值区
C1501420033	查干呼舒北	出露桑达来音呼都格组。航磁正值区,剩余重力高值区
C1501420034	楚其给东	出露桑达来音呼都格组。航磁负值区,剩余重力正值区
C1501420035	巴彦宝拉格嘎查南	出露桑达来音呼都格组。航磁正值区,剩余重力梯度带区
C1501420036	巴彦淖尔嘎查北	出露哈尔哈达组。航磁正值区,剩余重力高值区
C1501420037	巴彦宝拉格嘎查南	出露桑达来音呼都格组和哈尔哈达组。航磁正值区,剩余重力梯度带
C1501420038	陶郭诺图东	出露哈尔哈达组。航磁正值区,剩余重力正值区
C1501420039	楚其给南	出露桑达来音呼都格组。航磁负值区,剩余重力正值区
C1501420040	都呼木西	出露桑达来音呼都格组。航磁正值区,剩余重力高值区
C1501420041	1236 高地	出露桑达来音呼都格组。航磁正值区,剩余重力高值区
C1501420042	1205 高地北	出露哈尔哈达组。航磁正值区,剩余重力正值区
C1501420043	楚其给东	出露桑达来音呼都格组。航磁负值区,剩余重力梯度带
C1501420044	都呼木北	出露哈尔哈达组。航磁正值区,剩余重力高值区
C1501420045	贡呼都嘎北	出露桑达来音呼都格组和哈尔哈达组。航磁正值区,剩余重力高值区
C1501420046	1236 高地北	出露桑达来音呼都格组。航磁正值区,剩余重力高值区
C1501420047	苏吉南	出露桑达来音呼都格组和哈尔哈达组。航磁正值区,剩余重力梯度带
C1501420048	都呼木北	出露桑达来音呼都格组和哈尔哈达组。航磁正值区,剩余重力高值区
C1501420049	苏吉东	覆盖,揭盖处理。航磁正值区,剩余重力正值区
C1501420050	苏力尚德哈巴尔扎北	出露哈尔哈达组。航磁正值区,剩余重力正值区
C1501420051	乌兰敖包南	出露桑达来音呼都格组。航磁正值区,剩余重力正值区
C1501420052	1205 高地	出露桑达来音呼都格组和哈尔哈达组。航磁正值区,剩余重力高值区
C1501420053	乌兰敖包南	出露桑达来音呼都格组。航磁正值区,剩余重力正值区
C1501420054	贡呼都嘎北	出露桑达来音呼都格组和哈尔哈达组。航磁正值区,剩余重力高值区
C1501420055	都呼木北	出露哈尔哈达组。航磁正值区,剩余重力高值区
C1501420056	巴彦淖尔嘎查西	出露哈尔哈达组。航磁正值区,剩余重力高值区

续表 6-5

最小预测区编号	最小预测区名称	综合信息
C1501420057	巴彦宝拉格嘎查南	出露桑达来音呼都格组和哈尔哈达组。航磁正值区,剩余重力梯度带
C1501420058	都呼木北	出露桑达来音呼都格组和哈尔哈达组。航磁正值区,剩余重力高值区
C1501420059	苏吉南	覆盖,揭盖处理。航磁正值区,剩余重力正值区
C1501420060	查干呼舒南	出露桑达来音呼都格组。航磁正值区,剩余重力高值区
C1501420061	巴彦宝拉格嘎查东	出露桑达来音呼都格组。航磁正值区,剩余重力正值区
C1501420062	都呼木北	出露桑达来音呼都格组和哈尔哈达组。航磁正值区,剩余重力高值区
C1501420063	苏吉东	出露哈尔哈达组。航磁正值区,剩余重力梯度带
C1501420064	都呼木北	出露桑达来音呼都格组和哈尔哈达组。航磁正值区,剩余重力高值区
C1501420065	额尔登呼热图	出露桑达来音呼都格组。航磁正值区,剩余重力高值区

二、综合信息地质体积法估算资源量

1. 典型矿床深部及外围资源量估算

典型矿床查明资源量、体重及全铁品位均来源于《内蒙古苏尼特左旗温都尔庙铁矿白云敖包矿区普查评价报告》(1979 年)。矿床面积($S_{总}$)是根据 1∶2 000 矿区综合地质图在 MapGIS 软件下读取数据;矿体延深($L_{查}$)依据控制矿体最深的 $\mathrm{I}_{2\text{-}5}$—$\mathrm{I}_{3\text{-}3}$ 勘探线剖面图确定,为 350m。

根据温都尔庙铁矿区 11 条勘探线剖面图,垂深 350m 矿体均已控制,但 350m 以下含矿海相火山岩仍存在,可下推 50m($L_{预}$)。

根据矿区 1∶2 000 磁测 ΔZ 等值线平面图 100nT 以上范围,结合矿区地形地质图矿体分布特征。在主矿体周围,圈定外围预测区总面积($S_{预}$)在 MapGIS 软件下读取数据为 27 636m^2,根据矿区预测深度为 400m 作为外围延深。

典型矿床深部及外围资源量估算结果见表 6-6。

表 6-6　温都尔庙式海相火山岩型铁矿典型矿床深部资源量估算一览表

典型矿床		深部及外围		
已查明资源量(t)	74 406 000	深部	面积(m^2)	562 292
面积(m^2)	562 292		深度(m)	50
深度(m)	350	外围	面积(m^2)	27 636
TFe 品位(%)	36.04		深度(m)	400
密度(t/m^3)	3.184	预测资源量(t)		14 805 882
体积含矿率(t/m^3)	0.378	典型矿床资源总量(t)		89 211 882

2. 模型区的确定、资源量及估算参数

模型区为典型矿床所在的最小预测区。白云敖包典型矿床所在最小预测区没有其他矿床、矿(化)点,则模型区总资源量等于典型矿床总资源量,模型区面积为依托 MRAS 软件采用有模型工程特征分析法优选后圈定,延深根据典型矿床最大预测深度确定。模型区圈定时参照了含矿建造地质体,因此含

矿地质体面积参数为1(表6-7)。

表6-7　温都尔庙式海相火山岩型铁矿模型区预测资源量及其估算参数表

编号	名称	模型区总资源量(t)	模型区面积(m^2)	延深(m)	含矿地质体面积(m^2)	含矿地质体面积参数K_S	含矿地质体含矿系数K
A1501104008	温都尔庙	89 211 882	11 541 374	400	11 541 374	1	0.019

3. 最小预测区预测资源量

对最小预测区采用地质体积法进行资源量定量估算。

1)估算参数的确定

最小预测区面积是依据综合地质信息定位优选的结果;延深的确定是在研究最小预测区含矿地质体地质特征、物探特征并对比典型矿床特征的基础上综合确定的,部分由成矿带模型类比或专家估计给出,另根据模型区温都尔庙铁矿钻孔控制最大垂深为350m,以及含矿地质体产状、区域厚度,同时根据含矿地质体的地表是否出露来确定其延深;相似系数(α),主要依据最小预测区内含矿地质体本身出及矿(化)点的多少等因素,由专家确定。

2)最小预测区预测资源量估算结果

本次预测资源总量为89 542.79×10^4t,脑木根铁矿预测工作区预测资源量为24 981.5×10^4t,苏尼特左旗铁矿预测工作区预测资源量为35 217.8×10^4t,二道井铁矿预测工作区预测资源量为29 343.49×10^4t,其中不包括预测工作区已查明资源总量,详见表6-8、表6-9、表6-10。

表6-8　脑木根铁矿预测工作区最小预测区预测资源量一览表

编号	名称	$S_{预}$(m^2)	$H_{预}$(m)	K_S	K(t/m^3)	α	$Z_{预}$(×10^4t)	资源量级别
A1501104001	芒和特	5 549 270	400	1	0.019	0.3	1 265.233 56	334-2
A1501104002	阿布达尔台东	7 386 020	400	1	0.019	0.3	1 684.012 56	334-3
B1501104001	阿布达尔台南	47 758 300	400	1	0.019	0.2	7 259.261 6	334-3
C1501104001	沙尔浑迪	33 953 800	400	1	0.019	0.1	2 580.488 8	334-3
C1501104002	德尔斯乌苏南	1 080 600	400	1	0.019	0.1	82.125 6	334-3
C1501104003	敖包吐阿木西	3 543 290	400	1	0.019	0.1	269.290 04	334-3
C1501104004	阿尔善特	1.08×10^8	400	1	0.019	0.1	8 198.120 0	334-3
C1501104005	查干敖包	47 933 600	400	1	0.019	0.1	3 642.953 6	334-3
合计							24 981.5	

表6-9　苏尼特左旗铁矿预测工作区最小预测区预测资源量一览表

编号	名称	$S_{预}$(m^2)	$H_{预}$(m)	K_S	K(t/m^3)	α	$Z_{预}$(×10^4t)	资源量级别
A1501104003	希日勒吉音额博勒者南	2 131 620	400	1	0.019	0.1	162.003 1	334-3
A1501104004	希日勒吉音额博勒者南	6 836 060	400	1	0.019	0.2	1 039.081 1	334-2
A1501104005	乌兰呼吉尔特推饶木	20 864 900	400	1	0.019	0.1	1 585.732 4	334-3

续表 6-9

编号	名称	$S_{预}$ (m^2)	$H_{预}$ (m)	K_S	K (t/m^3)	α	$Z_{预}$ ($\times 10^4$ t)	资源量级别
A1501104006	卡巴	4 867 861	400	1	0.019	0.3	99.872 4	334-1
B1501104002	夏日浩来南	75 211.5	400	1	0.019	0.2	11.432 1	334-3
B1501104003	阿萨日东	84 435.2	400	1	0.019	0.2	12.834 2	334-3
B1501104004	达塔拉东	110 842	400	1	0.019	0.2	16.848 0	334-3
B1501104005	买机音南	134 002	400	1	0.019	0.2	20.368 3	334-3
B1501104006	买机音南	199 248	400	1	0.019	0.2	30.285 7	334-3
B1501104007	阿萨日东	513 832	400	1	0.019	0.2	78.102 5	334-3
B1501104008	木浑尼呼都格北	553 239	400	1	0.019	0.2	84.092 3	334-3
B1501104009	和热木乌苏北	609 577	400	1	0.019	0.2	92.655 7	334-3
B1501104010	阿萨日东	782 218	400	1	0.019	0.2	118.897 1	334-3
B1501104011	和热木乌苏北	838 842	400	1	0.019	0.2	127.504 0	334-3
B1501104012	买机音南	959 771	400	1	0.019	0.2	145.885 2	334-3
B1501104013	布木查布格西	1 347 430	400	1	0.019	0.2	204.809 4	334 -3
B1501104014	希日勒吉音额博勒者南	1 664 810	400	1	0.019	0.2	253.051 1	334-3
B1501104015	道勒花图格	3 579 750	400	1	0.019	0.2	544.122 0	334-3
B1501104016	希日勒吉音额博勒者北	3 597 030	400	1	0.019	0.2	546.748 6	334-3
B1501104017	巴润苏音呼热	6 334 150	400	1	0.019	0.2	962.790 8	334-3
B1501104018	和热木乌苏北	7 567 880	400	1	0.019	0.2	1 150.317 8	334-3
B1501104019	德德阿木乌苏哈巴尔扎	9 834 450	400	1	0.019	0.2	1 494.836 4	334-2
B1501104020	阿萨日东	10 177 100	400	1	0.019	0.2	1 546.919 2	334-3
B1501104021	希勒音呼都格西	10 572 900	400	1	0.019	0.2	1 607.080 8	334-3
B1501104022	陶勒盖音郭勒棚南	11 842 400	400	1	0.019	0.2	1 800.044 8	334-3
B1501104023	额和尼呼都格	14 051 400	400	1	0.019	0.2	2 135.812 8	334-3
B1501104024	萨如拉塔拉嘎查南	19 350 200	400	1	0.019	0.2	2 941.230 4	334-3
B1501104025	夏日浩来南	20 284 800	400	1	0.019	0.2	3 083.289 6	334-3
B1501104026	阿门乌苏北	23 098 600	400	1	0.019	0.2	3 510.987 2	334-3
B1501104027	白音敖包	6 007 174	400	1	0.019	0.3	9.435 7	334-1
C1501104006	希日德尔斯东	28 496.1	400	1	0.019	0.1	2.165 7	334-3
C1501104007	希日德尔斯西	54 638.4	400	1	0.019	0.1	4.152 5	334-3
C1501104008	苏令南	58 522.1	400	1	0.019	0.1	4.447 7	334-3
C1501104009	查干额热格北	71 246.4	400	1	0.019	0.1	5.414 7	334-3
C1501104010	查干额热格北	81 362.4	400	1	0.019	0.1	6.183 5	334-3
C1501104011	查干淖尔嘎查东	87 023.9	400	1	0.019	0.1	6.613 8	334-3

续表 6-9

编号	名称	$S_{预}$ (m²)	$H_{预}$ (m)	K_S	K (t/m³)	α	$Z_{预}$ (×10⁴t)	资源量级别
C1501104012	查干淖尔嘎查北	87 647.1	400	1	0.019	0.1	6.661 2	334-3
C1501104013	希日德尔斯北	89 192.2	400	1	0.019	0.1	6.778 6	334-3
C1501104014	巴彦温都尔嘎查西	91 468.7	400	1	0.019	0.1	6.951 6	334-3
C1501104015	包格德音希北	110 950	400	1	0.019	0.1	8.432 2	334-3
C1501104016	包格德音希北	182 716	400	1	0.019	0.1	13.886 4	334-3
C1501104017	希日勒吉音额博勒者南	198 913	400	1	0.019	0.1	15.117 4	334-3
C1501104018	970 高地西	209 360	400	1	0.019	0.1	15.911 4	334-3
C1501104019	陶勒盖音郭勒棚南	218 872	400	1	0.019	0.1	16.634 3	334-3
C1501104020	巴彦宝拉格嘎查北	219 274	400	1	0.019	0.1	16.664 8	334-3
C1501104021	陶勒盖音郭勒棚南	225 573	400	1	0.019	0.1	17.143 5	334-3
C1501104022	查干淖尔嘎查北	229 017	400	1	0.019	0.1	17.405 3	334-3
C1501104023	1042 高地南	236 331	400	1	0.019	0.1	17.961 2	334-3
C1501104024	嘎顺哈巴尔扎东	267 254	400	1	0.019	0.1	20.311 3	334-3
C1501104025	干吉敖尔	304 877	400	1	0.019	0.1	23.170 7	334-3
C1501104026	查干棚南	315 157	400	1	0.019	0.1	23.951 9	334-3
C1501104027	973 高地西	318 987	400	1	0.019	0.1	24.243 0	334-3
C1501104028	额日格图北	335 086	400	1	0.019	0.1	25.466 5	334-3
C1501104029	查干额热格北	360 461	400	1	0.019	0.1	27.395 0	334-3
C1501104030	希日德尔斯北	381 258	400	1	0.019	0.1	28.975 6	334-3
C1501104031	木浑尼呼都格北	385 102	400	1	0.019	0.1	29.267 8	334-3
C1501104032	沙尔仁贵西	417 889	400	1	0.019	0.1	31.759 6	334-3
C1501104033	包格德音希北	452 127	400	1	0.019	0.1	34.361 7	334-3
C1501104034	祖勒格图东	460 021	400	1	0.019	0.1	34.961 6	334-3
C1501104035	额日格图北	494 821	400	1	0.019	0.1	37.606 4	334-3
C1501104036	嘎顺哈巴尔扎东	521 992	400	1	0.019	0.1	39.671 4	334-3
C1501104037	夏日浩来南	547 344	400	1	0.019	0.1	41.598 1	334-3
C1501104038	额日格图北	585 708	400	1	0.019	0.1	44.513 8	334-3
C1501104039	和热木乌苏北	589 629	400	1	0.019	0.1	44.811 8	334-3
C1501104040	花陶勒盖东	627 787	400	1	0.019	0.1	47.711 8	334-3
C1501104041	包格德音希北	702 263	400	1	0.019	0.1	53.372 0	334-3
C1501104042	额尔德尼布拉格南	704 249	400	1	0.019	0.1	53.522 9	334-3
C1501104043	巴润苏音呼热北	724 770	400	1	0.019	0.1	55.082 5	334-3
C1501104044	巴润苏音呼热北	742 611	400	1	0.019	0.1	56.438 4	334-3
C1501104045	972 高地西	775 052	400	1	0.019	0.1	58.904 0	334-3

续表 6-9

编号	名称	$S_{预}$ (m^2)	$H_{预}$ (m)	K_S	K (t/m^3)	α	$Z_{预}$ ($\times 10^4 t$)	资源量级别
C1501104046	冈干乌拉	969 091	400	1	0.019	0.1	73.650 9	334-3
C1501104047	巴彦宝拉格嘎查北	1 012 960	400	1	0.019	0.1	76.985 0	334-3
C1501104048	额尔德尼布拉格南	1 110 620	400	1	0.019	0.1	84.407 1	334-3
C1501104049	嘎顺哈巴尔扎东	1 300 370	400	1	0.019	0.1	98.828 1	334-3
C1501104050	查干淖尔嘎查东	1 369 620	400	1	0.019	0.1	104.091 1	334-3
C1501104051	阿萨日东	1 461 480	400	1	0.019	0.1	111.072 5	334-3
C1501104052	祖勒格图	2 341 510	400	1	0.019	0.1	177.954 8	334-3
C1501104053	希日勒吉音额博勒者北	2 635 250	400	1	0.019	0.1	200.279 0	334-3
C1501104054	包格德音希北	2 941 520	400	1	0.019	0.1	223.555 5	334-3
C1501104055	额尔德尼布拉格南	3 033 920	400	1	0.019	0.1	230.577 9	334-3
C1501104056	布木查布格北	3 109 540	400	1	0.019	0.1	236.325 0	334-3
C1501104057	查干淖尔嘎查北	3 199 750	400	1	0.019	0.1	243.181 0	334-3
C1501104058	阿门乌苏北	3 546 490	400	1	0.019	0.1	269.533 2	334-3
C1501104059	托布辛呼都格北西	4 034 820	400	1	0.019	0.1	306.646 3	334-3
C1501104060	阿门乌苏北	4 718 170	400	1	0.019	0.1	358.580 9	334-3
C1501104061	陶勒盖音郭勒棚南	5 513 420	400	1	0.019	0.1	419.019 9	334-3
C1501104062	查干额热格西	5 888 300	400	1	0.019	0.1	447.510 8	334-3
C1501104063	萨如拉塔拉嘎查东	5 921 410	400	1	0.019	0.1	450.027 2	334-3
C1501104064	舒特音好来沃博勒卓西	5 979 370	400	1	0.019	0.1	454.432 1	334-3
C1501104065	巴彦宝拉格嘎查北	6 796 410	400	1	0.019	0.1	516.527 2	334-3
C1501104066	陶高图北	10 478 400	400	1	0.019	0.1	796.358 4	334-3
C1501104067	红格尔庙	17 513 547	400	1	0.019	0.2	1 880.559 2	334-2
C1501104068	包日汗	47 416 315	400	1	0.019	0.3	1 014.320 0	334-1
合计							35 217.8	

表 6-10　二道井铁矿预测工作区最小预测区预测资源量一览表

编号	名称	$S_{预}$ (m^2)	$H_{预}$ (m)	K_S	K (t/m^3)	α	$Z_{预}$ ($\times 10^4 t$)	资源量级别
A1501104007	小敖包	362 619	400	1	0.019	0.4	110.236 2	334-2
A1501104008	白云敖包	11 541 374	400	1	0.019	1	1 480.59	334-1
B1501104028	乌兰敖包南	1 351 103	400	1	0.019	0.3	308.051 4	334-2
B1501104029	巴彦宝拉格嘎查西	3 876 565	400	1	0.019	0.3	883.856 8	334-3
B1501104030	苏力尚德哈巴尔扎北	4 457 450	400	1	0.019	0.3	1 016.298 7	334-2
B1501104031	乌日根塔拉站南	4 543 547	400	1	0.019	0.3	1 035.928 7	334-2

续表 6-10

编号	名称	$S_{预}$ (m^2)	$H_{预}$ (m)	K_S	K (t/m^3)	α	$Z_{预}$ ($\times 10^4 t$)	资源量级别
B1501104032	都呼木西	5 934 681	400	1	0.019	0.3	1 353.107 2	334-2
B1501104033	根必力音敖包	6 311 766	400	1	0.019	0.3	1 439.082 6	334-3
B1501104034	苏吉	58 649 342	400	1	0.019	0.3	1 337.204 99	334-2
C1501104069	都呼木西	16 737	400	1	0.019	0.1	1.272 0	334-3
C1501104070	小敖包南	41 713	400	1	0.019	0.1	3.170 2	334-3
C1501104071	巴彦淖尔嘎查南	48 313	400	1	0.019	0.1	3.671 8	334-3
C1501104072	1205 高地北	52 195	400	1	0.019	0.1	3.966 8	334-3
C1501104073	白云敖包东	68 848	400	1	0.019	0.1	5.232 4	334-3
C1501104074	巴彦淖尔嘎查南	69 237	400	1	0.019	0.1	5.262 0	334-3
C1501104075	根必力音敖包东	69 631	400	1	0.019	0.1	5.291 9	334-3
C1501104076	白云敖包东	94 402	400	1	0.019	0.1	7.174 5	334-3
C1501104077	根必力音敖包西	103 236	400	1	0.019	0.1	7.845 9	334-3
C1501104078	乌兰敖包南	105 181	400	1	0.019	0.1	7.993 7	334-3
C1501104079	巴彦淖尔嘎查北	113 249	400	1	0.019	0.1	8.606 9	334-3
C1501104080	苏力尚德哈巴尔扎北	113 798	400	1	0.019	0.1	8.648 7	334-3
C1501104081	乌兰敖包南	126 531	400	1	0.019	0.1	9.616 4	334-3
C1501104082	陶郭诺图北	138 923	400	1	0.019	0.1	10.558 2	334-3
C1501104083	陶郭诺图东	165 372	400	1	0.019	0.1	12.568 3	334-3
C1501104084	楚其给西	189 232	400	1	0.019	0.1	14.381 6	334-3
C1501104085	温都尔苏莫	233 059	400	1	0.019	0.1	17.712 5	334-3
C1501104086	贡呼都嘎西	257 689	400	1	0.019	0.1	19.584 4	334-3
C1501104087	都西东	268 780	400	1	0.019	0.1	20.427 3	334-3
C1501104088	巴彦淖尔嘎查	277 749	400	1	0.019	0.1	21.108 9	334-3
C1501104089	都西东	347 208	400	1	0.019	0.1	26.387 8	334-3
C1501104090	贡呼都嘎西	487 953	400	1	0.019	0.1	37.084 4	334-3
C1501104091	贡呼都嘎西	513 374	400	1	0.019	0.1	39.016 4	334-3
C1501104092	1152 高地东	535 019	400	1	0.019	0.1	40.661 5	334-3
C1501104093	都呼木北	571 710	400	1	0.019	0.1	43.449 9	334-3
C1501104094	楚其给东	571 802	400	1	0.019	0.1	43.457 0	334-3
C1501104095	贡呼都嘎西	592 800	400	1	0.019	0.1	45.052 8	334-3
C1501104096	根必力音敖包东南	633 138	400	1	0.019	0.1	48.118 5	334-3
C1501104097	德尔斯图陶勒盖北	654 470	400	1	0.019	0.1	49.739 7	334-3
C1501104098	1152 高地	751 678	400	1	0.019	0.1	57.127 5	334-3
C1501104099	阿布盖图西	859 375	400	1	0.019	0.1	65.312 5	334-3

续表 6-10

编号	名称	$S_{预}$ (m^2)	$H_{预}$ (m)	K_S	K (t/m^3)	α	$Z_{预}$ ($\times 10^4 t$)	资源量级别
C1501104100	1210 高地	870 144	400	1	0.019	0.1	66.130 9	334-3
C1501104101	查干呼舒北	874 730	400	1	0.019	0.1	66.479 4	334-3
C1501104102	楚其给东	904 766	400	1	0.019	0.1	68.762 2	334-3
C1501104103	巴彦宝拉格嘎查南	950 291	400	1	0.019	0.1	72.222 1	334-3
C1501104104	巴彦淖尔嘎查北	966 834	400	1	0.019	0.1	73.479 4	334-3
C1501104105	巴彦宝拉格嘎查南	992 668	400	1	0.019	0.1	75.442 8	334-3
C1501104106	陶郭诺图东	1 054 030	400	1	0.019	0.1	80.106 3	334-3
C1501104107	楚其给南	1 057 224	400	1	0.019	0.1	80.349 0	334-3
C1501104108	都呼木西	1 091 043	400	1	0.019	0.1	82.919 3	334-3
C1501104109	1236 高地	1 165 784	400	1	0.019	0.1	88.599 6	334-3
C1501104110	1205 高地北	1 265 665	400	1	0.019	0.1	96.190 5	334-3
C1501104111	楚其给东	1 305 151	400	1	0.019	0.1	99.191 5	334-3
C1501104112	都呼木北	1 363 941	400	1	0.019	0.1	103.659 5	334-3
C1501104113	贡呼都嘎北	1 396 607	400	1	0.019	0.1	106.142 2	334-3
C1501104114	1236 高地北	1 418 073	400	1	0.019	0.1	107.773 5	334-3
C1501104115	苏吉南	1 478 857	400	1	0.019	0.1	112.393 1	334-3
C1501104116	都呼木北	1 533 406	400	1	0.019	0.1	116.538 9	334-3
C1501104117	苏吉东	1 549 728	400	1	0.019	0.1	117.779 4	334-3
C1501104118	苏力尚德哈巴尔扎北	1 683 047	400	1	0.019	0.1	127.911 6	334-3
C1501104119	乌兰敖包南	1 824 848	400	1	0.019	0.1	138.688 4	334-3
C1501104120	1205 高地	2 007 876	400	1	0.019	0.1	152.598 6	334-3
C1501104121	乌兰敖包南	2 027 609	400	1	0.019	0.1	154.098 3	334-3
C1501104122	贡呼都嘎北	2 158 716	400	1	0.019	0.1	164.062 4	334-3
C1501104123	都呼木北	2 365 672	400	1	0.019	0.1	179.791 1	334-3
C1501104124	巴彦淖尔嘎查西	2 573 391	400	1	0.019	0.1	195.577 7	334-3
C1501104125	巴彦宝拉格嘎查南	2 804 146	400	1	0.019	0.1	213.115 1	334-3
C1501104126	都呼木北	3 321 884	400	1	0.019	0.1	252.463 2	334-3
C1501104127	苏吉南	4 112 790	400	1	0.019	0.1	312.572 0	334-3
C1501104128	查干呼舒南	4 472 856	400	1	0.019	0.1	339.937 1	334-3
C1501104129	巴彦宝拉格嘎查东	5 244 185	400	1	0.019	0.1	398.558 0	334-3
C1501104130	都呼木北	6 887 285	400	1	0.019	0.1	523.433 7	334-3
C1501104131	苏吉东	7 710 571	400	1	0.019	0.1	586.003 4	334-3
C1501104132	都呼木北	9 467 565	400	1	0.019	0.1	719.535 0	334-3
C1501104133	额尔登呼热图	20 817 787	400	1	0.019	0.1	1 582.151 8	334-3
合计							29 343.49	

4. 预测工作区资源总量成果汇总

根据矿产潜力评价预测资源量汇总标准，温都尔庙式海相火山岩型铁矿各预测工作区按精度、预测深度、可利用性、可信度统计分析结果见表 6-11、表 6-12、表 6-13。

表 6-11　脑木根预测工作区预测资源量统计分析表（$\times 10^4$ t）

深度	精度	可利用性		可信度			合计
		可利用	暂不可利用	$x\geqslant 0.75$	$0.75>x\geqslant 0.5$	$0.5>x\geqslant 0.25$	
500m以浅	334-1						
	334-2	1 265.2			1 265.2		1 265.2
	334-3		23 716.3			23 716.3	23 716.3
合计							24 981.5

表 6-12　苏尼特左旗预测工作区预测资源量统计分析表（$\times 10^4$ t）

深度	精度	可利用性		可信度			合计
		可利用	暂不可利用	$x\geqslant 0.75$	$0.75>x\geqslant 0.5$	$0.5>x\geqslant 0.25$	
500m以浅	334-1	1 123.6		1 123.6			1 123.6
	334-2	4 414.5			2 533.9	1 880.6	4 414.5
	334-3	6	29 673.0		24.2	29 654.8	29 679.0
合计							35 217.1

表 6-13　二道井预测工作区预测资源量统计分析表（$\times 10^4$ t）

深度	精度	可利用性		可信度			合计
		可利用	暂不可利用	$x\geqslant 0.75$	$0.75>x\geqslant 0.5$	$0.5>x\geqslant 0.25$	
500m以浅	334-1	1 480.59		1 480.59			1 480.59
	334-2	17 195.67			17 195.67		17 195.67
	334-3		10 667.1			10 667.1	10 667.1
合计							29 343.36

第七章　黑鹰山式海相火山岩型铁矿预测成果

第一节　典型矿床特征

一、典型矿床地质特征

黑鹰山铁矿位于内蒙古自治区阿拉善盟额济纳旗。

1. 矿区地质

地层主要有第四系沉积物和下石炭统白山组火山沉积岩，后者主要是英安岩、英安质流纹岩、凝灰熔岩、火山角砾岩、次生石英岩和灰岩。其中火山(次火山)岩是主要的赋矿围岩(图 7-1)。

侵入岩分布广泛，最发育的是花岗岩和花岗闪长岩，其次是各种中酸性脉岩。脉岩对早期形成的铁矿体形态及物质成分的变化有重要影响。具有经济价值的透镜状矿体一般在石英长石斑岩或长石斑岩的接触带上，上盘为石英长石斑岩或长石斑岩，下盘为二长斑岩，围岩一般具矽卡岩化及高岭土化现象。

矿区构造形态主要为一倒转背向斜，轴向北西-南东或近东西向，一般倾向南西，倾角 50°～70°，具向北西端翘起，向南东侧伏的特点，但其形态大部分被花岗岩侵入所破坏。断裂构造主要有 2 组，即北北西向扭性断裂和北西西向压性断裂。其中近东西向和北西向断裂对铁矿体的空间分布及形态具有明显的控制作用。

2. 矿床地质

1)块状铁矿体

在黑鹰山铁矿床范围内先后发现铁矿体 215 处，自北向南可划分为 5 个矿段。第Ⅱ和第Ⅲ矿段主要由致密块状铁矿体所组成，其金属量约占整个铁矿床储量的 2/3 以上。致密块状铁矿体呈似层状、囊状和透镜状在各类火山-沉积岩地层和中酸性侵入岩脉中产出(图 7-2)。铁矿体长度变化范围为 5～330m，厚 5～20m(最厚处可达 110m)，倾斜延伸 100～200m。矿石矿物主要为假象赤铁矿和磁铁矿，脉石矿物有磷灰石、石英、绿泥石和碧玉。近矿体热液蚀变有绿泥石化、硅化、次生石英岩化、绢云母化和碳酸盐化。高炉富矿 TFe 平均品位 57.93%、需选的中贫矿石 TFe 平均品位 33.26%。

需要提及的是，在黑鹰山铁矿床第Ⅱ和第Ⅲ矿段之间分布有一系列独立的磷-钇矿体，这些矿体多呈透镜状、楔状在钠长斑岩和英安岩中产出。磷-钇矿体长度变化范围为 44～120m，宽为 12～39m，倾斜延伸 100～200m。矿石主要矿物组合为磷灰石、磁铁矿、赤铁矿、钛铁矿、黄铁矿、石英、辉石、绢云母和绿帘石。Y_2O_3 和 P_2O_5 的储量分别为 733t 和 57×10^4t，矿石中 Y_2O_3 和 P_2O_5 的品位变化范围分别为 0.058%～0.13%(平均值为 0.08%)和 3.98%～5.74%(平均值为 4.26%)(赵觉仁等，1975；黄永瑞，1985；转引自聂凤军等，2005)。

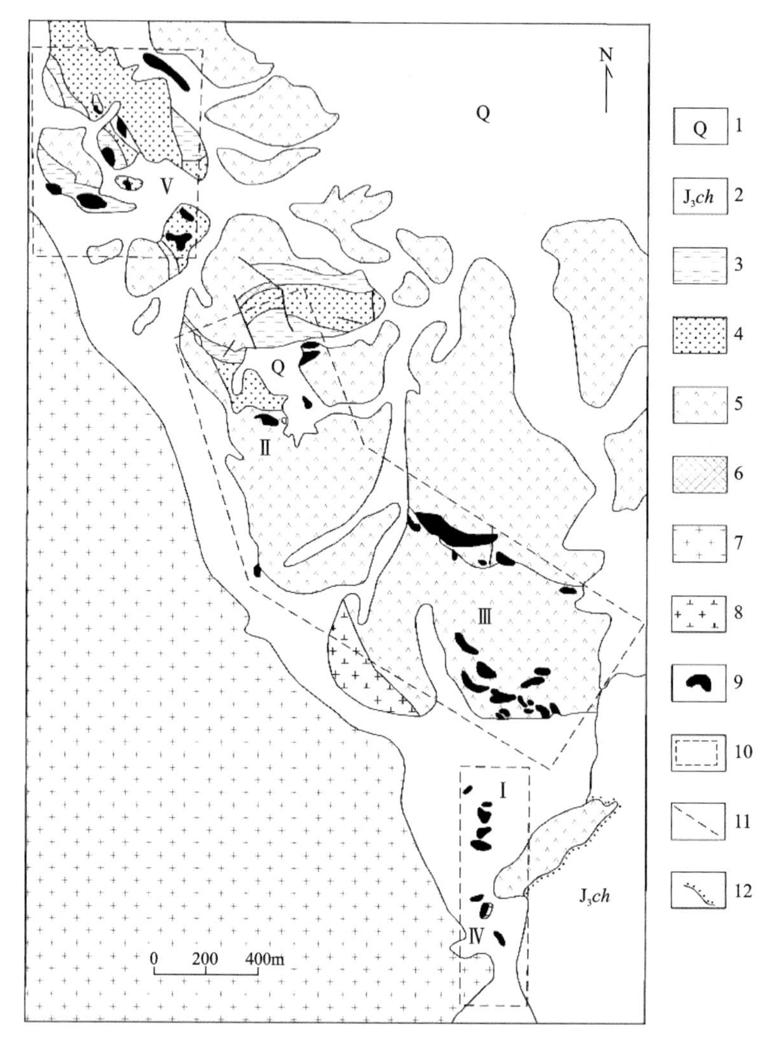

图 7-1　黑鹰山铁矿区地质略图(据孟贵祥等,2009)

1.第四系;2.上侏罗统黏土岩及砂岩;3.下石炭统白山组凝灰岩;4.下石炭统白山组次生石英岩;5.下石炭统白山组中酸性火山熔岩;6.下石炭统白山组赤铁矿化碧玉岩;7.海西期花岗岩;8.花岗闪长岩;9.铁矿体;10.矿段位置及编号;11.断层;12.不整合界线

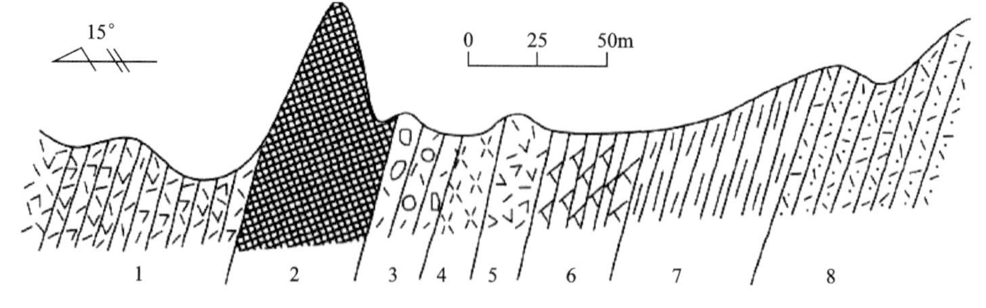

图 7-2　黑鹰山铁矿Ⅳ号矿段地质剖面图(据孟贵祥等,2009)

1.粗面英安岩;2.磁铁矿-赤铁矿矿体;3.蚀变流纹岩;4.斜长流纹岩;5.钠长流纹岩;6.粗面安山岩;7.硅质岩;8.流纹岩

2)脉状铁矿体

脉状铁矿化常呈不规则状石英-磁铁矿脉和石英-磷灰石-磁铁矿脉在英安岩、钠长斑岩和英安质流纹岩中产出,部分地段可以观察到各类脉状的铁矿体明显切割或穿插到致密块状铁矿体和容矿火山岩地层中。含铁矿脉长为6~160m,宽0.5~2m,倾斜延伸100~250m。矿石矿物主要为磁铁矿、自然金、黄铜矿和黄铁矿，脉石矿物有磷灰石、石英、长石、辉石和角闪石等。

近矿体热液蚀变为硅化、绢云母化、绿泥石化和角岩化。脉状铁矿体无论在分布范围和储量方面，还是在矿物组合、热液蚀变类型及形成时间上均不同于前述致密块状铁矿体，它们反映了两者在形成机理上存在有一定的差别。

3. 矿床成因

从矿区所有的矿体出露形态及其围岩相互之间的关系初步推测成矿分为两个阶段：①当岩浆分异喷发时就有一部分铁质熔液被携带上，分异后在岩浆凝固时富集成不规则的矿体，或者火山岩接触后经变质作用形成别的矿体，因此围岩即为喷发的石英长石斑岩或长石斑岩，其次就是火山岩。矿体形状有鸡窝状、串珠状、小扁豆体等。矿石一般无磁性或者弱磁性。②当岩浆分异过渡到中基性时，有大量的铁质熔液首先沿着二长斑岩与石英长石斑岩或长石斑岩的接触软弱带贯入，富集成具有经济价值的矿体或者沿着二长斑岩的节理侵入富集成脉状或其他形状的矿体，是主要成矿时期。

从铁矿的矿物成分、化学成分来看，主要是铁质熔液，但是从铁矿本身含有磷灰石，或者磷灰石细脉、石英细脉穿插在铁矿和围岩中的现象推测，证明矿液是属于火山岩型的，部分为接触变质型。

4. 成矿时代

聂风军等(2005)获得黑鹰山富铁矿床致密块状铁矿石的磷灰石钐-钕同位素等时线年龄为(322.0±4.3)Ma，结合该矿床地质特征，黑鹰山富铁矿床成矿作用主要发生在海西早期。

5. 矿床成矿模式

成矿模式见图 7-3。

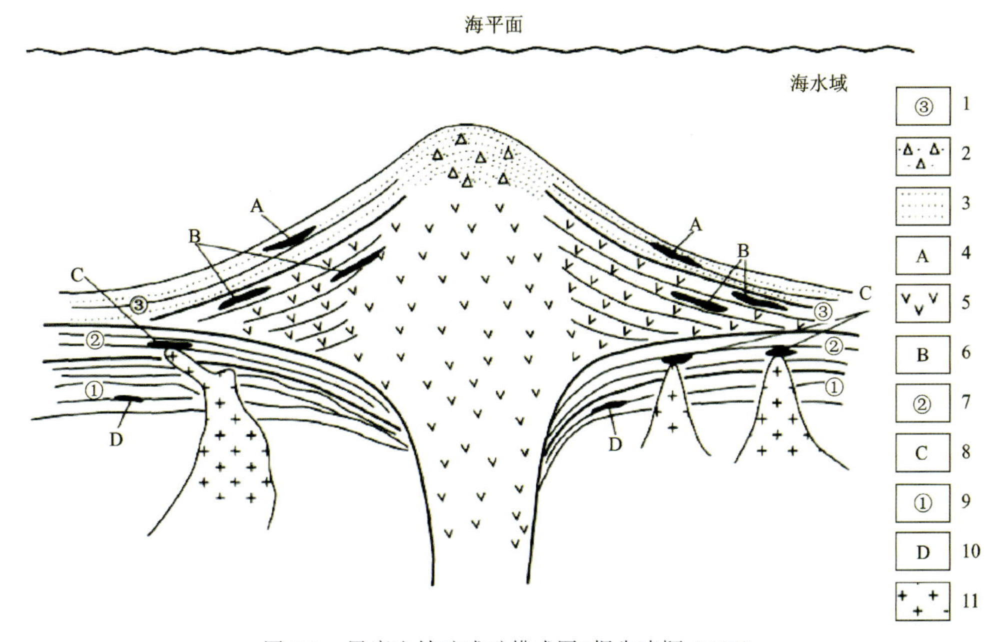

图 7-3　黑鹰山铁矿成矿模式图(据朱晓颖，2007)

1.下石炭统白山组火山岩段；2.火山角砾岩；3.凝灰质火山岩；4.硅质凝灰岩型铁矿体；5.中酸性火山熔岩；6.块状铁矿体；7.下石炭统白山组砂板岩段；8.矽卡岩型铁矿体；9.下石炭统绿条山组；10.沉积铁矿体；11.海西期花岗岩类

成矿过程可表述为：从泥盆纪末至早石炭世开始，北侧的古大洋向南俯冲形成圆包山岩浆弧，石炭纪时期在黑鹰山一带发生了强烈的火山喷溢和喷发，形成了一套巨厚的中酸性夹中基性火山岩，其铁质就是在这样一个特殊的环境中从下地壳和地幔伴随火山岩浆活动被带到深海底，在火山岩系中形成了黑鹰山式铁矿。

二、典型矿床地球物理特征

黑鹰山铁矿床区域航磁等值线平面图反映为负磁或低缓磁场背景中正负伴生异常，异常轴向北西向。黑鹰山铁矿在区域布格重力异常图上位于布格重力异常的拐弯处，其所在区域重力值相对较低。剩余重力异常图上位于G蒙-876北东端外围零值线上。G蒙-876主要与古生代基底（主要是石炭纪地层）隆起有关。黑鹰山铁矿所处位置重力场特征不明显。重磁场特征显示该区域断裂构造以北西向为主（图7-4）。

三、典型矿床预测要素

根据典型矿床成矿要素和航磁资料以及区域重力资料，建立典型矿床预测要素（表7-1）。

表7-1　黑鹰山式海相火山岩型铁矿典型矿床预测要素表

<table>
<tr><td colspan="2">典型矿床预测要素</td><td colspan="3">内容描述</td><td rowspan="3">要素类别</td></tr>
<tr><td colspan="2">储量</td><td>14 628 000t</td><td>平均品位</td><td>TFe 33.26%</td></tr>
<tr><td colspan="2">特征描述</td><td colspan="3">海相火山岩型铁矿床</td></tr>
<tr><td rowspan="3">地质环境</td><td>构造环境</td><td colspan="3">天山-兴蒙造山系，额济纳旗-北山弧盆系，圆包山（中蒙边界）岩浆弧</td><td>重要</td></tr>
<tr><td>成矿环境</td><td colspan="3">古亚洲成矿域；准噶尔成矿省；觉罗塔格-黑鹰山Cu-Ni-Fe-Au-Ag-Mo-W-石膏成矿带；黑鹰山-乌珠尔嘎顺Fe-Cu成矿亚带（Vm）</td><td>必要</td></tr>
<tr><td>成矿时代</td><td colspan="3">海西晚期</td><td>必要</td></tr>
<tr><td rowspan="7">矿床特征</td><td>矿体形态</td><td colspan="3">透镜状、鸡窝状、串珠状、小扁豆体、脉状及条带状</td><td>次要</td></tr>
<tr><td>岩石类型</td><td colspan="3">白山组为长英斑岩、长石斑岩、火山角砾岩、二长斑岩硅化大理岩及紫色砂岩等。海西期花岗岩、花岗正长斑岩、石英闪长岩、闪长岩、辉长岩</td><td>必要</td></tr>
<tr><td>岩石结构</td><td colspan="3">沉积岩为碎屑结构，火山岩主要为斑状结构。侵入岩为细粒结构</td><td>次要</td></tr>
<tr><td>矿物组合</td><td colspan="3">金属矿物主要为磁铁矿及赤铁矿。脉石矿物主要为石英</td><td>重要</td></tr>
<tr><td>结构构造</td><td colspan="3">半自形晶熔蚀结构，块状构造</td><td>次要</td></tr>
<tr><td>蚀变特征</td><td colspan="3">硅化、萤石化、矽卡岩化</td><td>重要</td></tr>
<tr><td>控矿条件</td><td colspan="3">北西向断层</td><td>重要</td></tr>
<tr><td rowspan="2">物探特征</td><td>重力</td><td colspan="3">区域布格重力场处在重力异常过渡带上，为平缓重力低中的相对重力高；剩余重力异常则为相对重力高异常</td><td>次要</td></tr>
<tr><td>航磁</td><td colspan="3">高磁异常 ΔT>2 000nT，最高可达6 000nT</td><td>重要</td></tr>
</table>

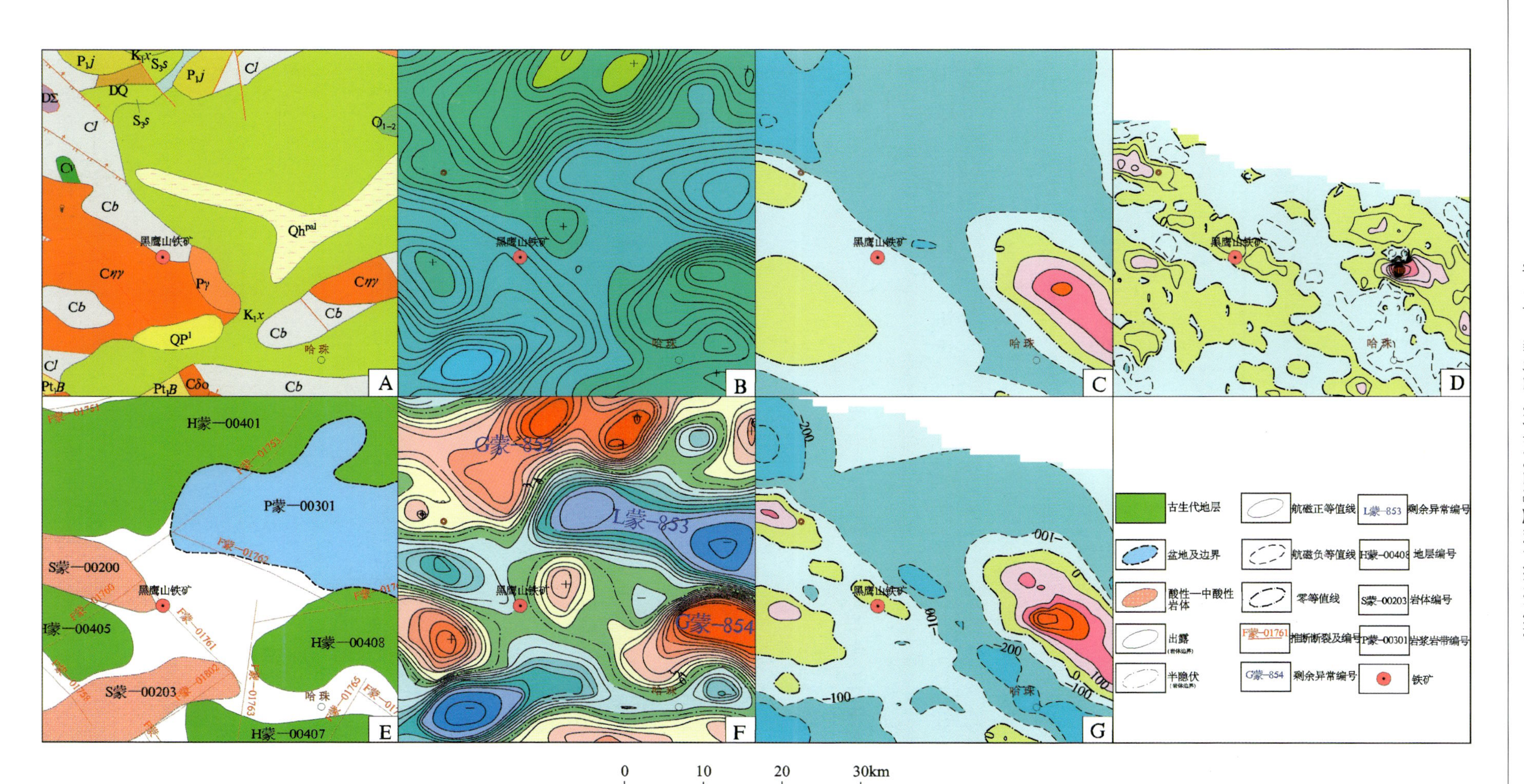

图 7-4　黑鹰山铁矿1：25万地质及物探剖析图

A.地质矿产图；B.布格重力异常图；C.航磁ΔT等值线平面图；D.航磁ΔT化极垂向一阶导数等值线平面图；E.重力推断地质构造图；F.剩余重力异常图；G.航磁ΔT化极等值线平面图

第二节 预测工作区特征

预测区分布在阿拉善盟额济纳旗北山地区，东经 97°30′～100°30′，北纬 41°00′～43°00′。

一、区域地质矿产特征

预测工作区属天山-兴蒙造山系，额济纳旗-北山弧盆系，圆包山(中蒙边界)岩浆弧。预测区处于古亚洲成矿域，准噶尔成矿省，觉罗塔格-黑鹰山 Cu-Ni-Fe-Au-Ag-Mo-W -石膏成矿带，黑鹰山-乌珠尔嘎顺 Fe-Cu 成矿亚带(Vm)。成矿区带内有 5 个铁矿、矿(化)点。

区域上大面积被中新生界覆盖，古生代地层发育下石炭统白山组、绿条山组，周边还见有泥盆系雀儿山群、志留系碎石山群、奥陶系咸水湖组及古元古界北山群等地层。含矿岩系主要为下石炭统白山组。侵入岩非常发育，主要为海西期中酸性侵入岩，少量基性—超基性岩体。区内褶皱构造与断裂构造均较发育，甜水井-六驼山深大断裂从预测区北侧通过，控制了晚古生代地层及侵入岩的分布。

二、区域地球物理特征

1. 航磁

本区磁场以 0～100nT 的低缓磁场为背景。南部以低缓正磁场为主，磁场较为平稳；北部磁场较为杂乱，其间分布着形态各异的块状、带状正磁异常，磁异常轴以北西西向为主，磁场值变化范围在 −600～1 000nT之间。区内共有甲类航磁异常 6 个，乙类航磁异常 62 个，丙类航磁异常 145 个，丁类航磁异常 86 个。异常多为尖峰、叠加异常、北侧伴有负值或孤立两翼对称异常。异常走向以东西向或北西向为主。

2. 重力

预测区西北部开展了 1∶20 万重力测量工作，约占预测区总面积的 1/3，其余地区只进行了 1∶50 万重力测量工作。

区域布格重力异常图上，预测区西南部为布格重力异常相对低值区，东北边部为布格重力异常相对高值区。剩余重力异常图上，异常总体呈北西向和近东西向展布，且正负异常相间分布。该预测区的剩余重力正异常主要与古生界基底隆起有关，负异常因盆地和酸性侵入岩引起。

三、区域遥感解译特征

在遥感断层要素解译中按断裂规模、切割深度、断裂对地质体的控制程度，结合已知的地质资料，依次划分为大型、中型和小型等 3 类，共解译 1 208 条断裂，其中有 6 条脆韧性剪切带，1 202 条线性构造。

区内解译出大型断裂带 1 条，为清河口-哈珠-路井断裂带，该断裂带自甘肃延入预测区，经额济纳旗等地，向东延入蒙古境内，延长 120km，总体北西向展布。该断裂是北山中晚海西地槽褶皱带分界，北侧为石炭纪形成的六驼山、雅干复背斜，南侧为二叠纪形成的哈珠-哈日苏亥复向斜，沿断裂有海西期辉长岩、超基性岩分布。

区内的中小型断裂比较发育，并且以北东向和北西向为主，局部发育北北西向及近东西向小型断层，其中北西向小型断裂多为正断层，形成时间较晚，多错断其他方向的断裂构造，其分布规律较差，仅在平顶山—哈珠—小狐狸山一带有成带特点，为一较大的弧形构造带。北东向的小型断裂多为逆断层，形成时间明显早于北西向断裂，其分布略有规律性，这些断裂带与其他方向断裂交会处，多为金多金属成矿的有利地段。

预测区内一共解译了 82 个环，按其成因可分为 3 类环，一种为构造穹隆引起的环形构造，另一种为该区域内中生代花岗岩引起的环形构造，还有就是性质不明环。中生代花岗岩引起的环形构造影像特征主要是影纹纹理边界清楚，花岗岩内植被发育，纹理光滑，构造隆起成山。构造穹隆引起的环形构造，影像上整个块体隆起，呈椭圆状，主要为环形沟谷及盆地边缘线构成，边界清晰，山脊和山沟以山顶为中心向四周呈放射状发散。

与预测区中的铁染、羟基异常吻合的有黑鹰山铁矿。

四、区域预测要素

根据预测工作区区域成矿要素和航磁、重力及构造等，总结了本预测区的区域预测要素（表 7-2）。

表 7-2　黑鹰山式海相火山岩型铁矿预测工作区预测要素表

区域预测要素		描述内容	要素类别
地质环境	大地构造位置	天山-兴蒙构造系，额济纳旗-北山弧盆系，圆包山岩浆弧	必要
	成矿区（带）	古亚洲成矿域；准噶尔成矿省；觉罗塔格-黑鹰山 Cu-Ni-Fe-Au-Ag-Mo-W -石膏成矿带；黑鹰山-乌珠尔嘎顺 Fe-Cu 成矿亚带（Vm）	必要
	区域成矿类型及成矿期	海相火山岩型，海西晚期（晚石炭世晚期）	必要
控矿地质条件	控矿构造	断层、环形构造	重要
	赋矿地层	下石炭统白山组	必要
	控矿侵入岩	海西期花岗岩、花岗正长斑岩、石英闪长岩、闪长岩、辉长岩	次要
预测区矿点		成矿区带内有 5 个铁矿、矿点、矿化点	重要
物化遥特征	重力	剩余重力矿点分布区的起始值在（2～6）$\times 10^{-5}m/s^2$ 之间	重要
	航磁	航磁 ΔT 化极异常强度起始值为 100nT，但因地表覆盖物的增厚，地表异常值会降低	重要
	遥感	铁染、羟基一级异常	次要

第三节　矿产预测

一、综合地质信息定位预测

本次选择地质单元法作为预测单元。预测工作区内已发现多个矿点，采用 MRAS 评价系统中有预测模型工程。用特征分析法构造预测模型，选择主分量法进行标志权系数的计算。根据计算结果进行靶区优选，形成成矿概率图，依据成矿概率生成色块图，优选圈定不同级别的最小预测区。

依据预测区内地质综合信息等对每个最小预测区按优劣分为 A、B、C 三级。

A 级为地表有石炭系出露，有已知的中型矿床及矿点，航磁化极异常等值线起始值绝大部分在 0nT 以上，剩余重力异常等值线起始值在$(-5\sim5)\times10^{-5}m/s^2$之间。

B 级为地表有石炭系出露，有已知的小型矿床及矿点，航磁化极异常等值线起始值绝大部分在 $-100\sim300$nT 之间，剩余重力异常等值线起始值在$(-3\sim13)\times10^{-5}m/s^2$之间。

C 级为地表出露或推测有石炭系，航磁化极异常等值线起始值绝大部分在 -40nT 以上，剩余重力异常等值线起始值在$(-1\sim3)\times10^{-5}m/s^2$之间。

本次工作共圈定最小预测区 34 个，其中 A 级 7 个，总面积 109.61km²；B 级 13 个，总面积 274.42km²；C 级 14 个，总面积 317.72km²（图 7-5）。本次预测对全区 34 个最小预测区分别进行了评述，各最小预测区综合信息见表 7-3。

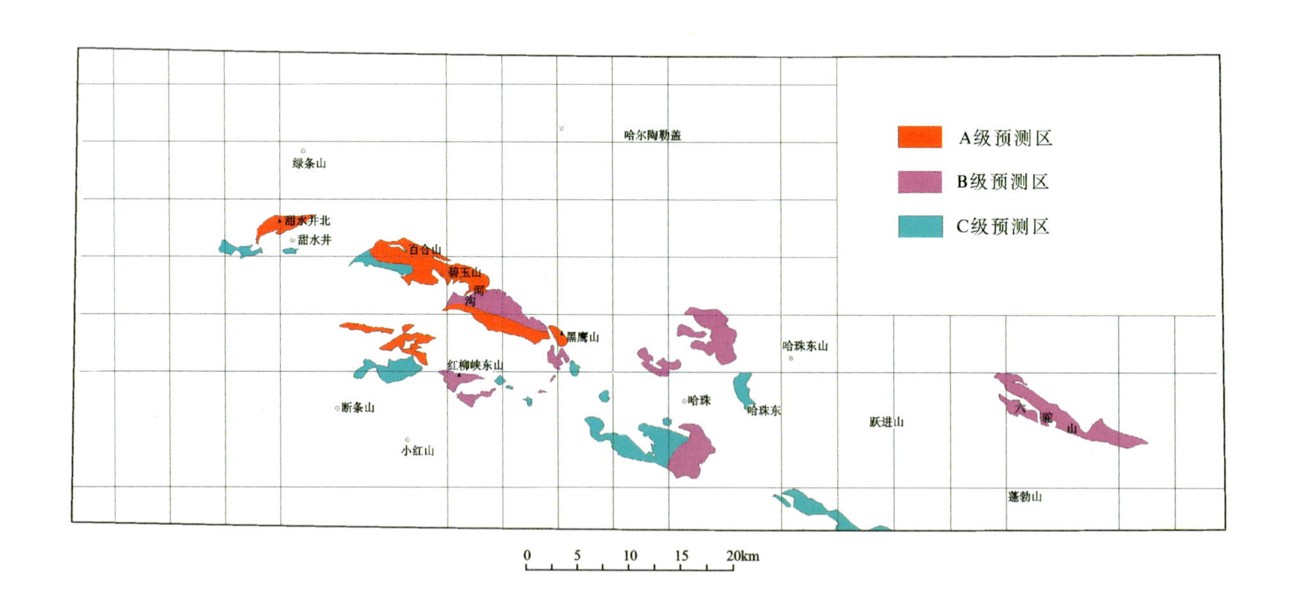

图 7-5　黑鹰山式海相火山岩型铁矿预测工作区最小预测区优选分布图

表 7-3　黑鹰山式海相火山岩型铁矿预测工作区最小预测区综合信息表

最小预测区编号	最小预测区名称	综合信息(航磁单位为 nT,重力单位为$\times10^{-5}$m/s^2)
A1501105001	甜水井北	主要为下石炭统白山组,东西向与北东向断裂、北西向褶皱构造发育。最小预测区重力异常值为－2～5,重力异常非常明显。具有很大的找矿潜力
A1501105002	百合山	主要为下石炭统白山组,东西向与北东向断裂、北西向褶皱构造发育。航磁化极异常值为－200～500,重力异常值为－1～5,航磁异常及重力异常非常明显。该最小预测区内有矿产地 4 处,具有极大的找矿潜力
A1501105003	碧玉山南	主要为下石炭统白山组,东西向与北西向断裂、北西向褶皱构造发育。航磁化极异常值为 0～200,重力异常值为－5～3,航磁异常及重力异常非常明显。具有极大的找矿潜力
A1501105004	百合山南	主要为下石炭统白山组,东西向与北东向断裂、北东向褶皱构造发育。航磁化极异常值为－100～100,重力异常值为－2～5,航磁异常及重力异常非常明显。具有极大的找矿潜力
A1501105005	百合山南西	主要为下石炭统白山组,北东向断裂构造及褶皱构造也为成矿提供了有利空间。具有极大的找矿潜力
A1501105006	黑鹰山	主要为下石炭统白山组,北西向与北东向断裂、北西向褶皱构造发育。航磁化极异常值为－100～300,重力异常值为 2.5～5.03,航磁异常及重力异常套合很好,并且异常非常明显。黑鹰山铁床就位于该最小预测区,因此具有极大的找矿潜力
A1501105007	红柳峡东山北西	主要为下石炭统白山组,北西西向与北东东向断裂构造发育,航磁化极异常值为－100～100,重力异常值为－2～5,航磁异常及重力异常非常明显。具有极大的找矿潜力
B1501105001	碧玉山南东	主要为下石炭统白山组,东西向与北西、北东向断裂、北西向褶皱构造发育。航磁化极异常值为－100～100,重力异常值为－3～3,航磁异常及重力异常非常明显。具有较大的找矿潜力
B1501105002	哈珠北	主要为下石炭统白山组,东西向与北东向断裂构造比较发育。并且外围环形构造明显发育,最小预测区应该位于火山机构的中心位置。航磁化极异常值为 400～700,并且位于异常中心;重力异常值达 14.65,也位于异常高值中心。航磁异常及重力异常非常明显。具有较大的找矿潜力
B1501105003	哈珠东山西	主要为下石炭统白山组,东西向与北东向断裂构造比较发育,并且环形构造明显发育,最小预测区应该位于火山机构的中心位置附近。航磁化极异常值为－400～500,重力异常值为－5～13,异常等值线密集。航磁异常及重力异常非常明显。具有较大的找矿潜力
B1501105004	黑鹰山南	主要为下石炭统白山组,北西向与北东向断裂及北西向褶皱构造发育。航磁化极异常值为－100～200,重力异常值为－1～3,航磁异常及重力异常套合很好,并且异常非常明显。黑鹰山铁床就位于该最小预测区北侧,因此具有较大的找矿潜力
B1501105005	哈珠西	主要为下石炭统白山组,东西向与北东向断裂构造及环形构造较发育,最小预测区应该位于火山机构的中心位置附近。航磁化极异常值为－400～500,重力异常值为－5～13,异常等值线密集。航磁异常及重力异常非常明显。具有较大的找矿潜力
B1501105006	红柳峡东山	主要为下石炭统白山组,北西向与北东向断裂构造、北西向褶皱构造发育。重力异常值为－1～3,重力异常比较明显。具有较大的找矿潜力
B1501105007	千沟头	主要为下石炭统白山组,东西向与北东向断裂构造比较发育,该最小预测区呈北西走向狭长带状展布,主要受控于北西向断裂。航磁化极异常值为－200～100,重力异常值为－3～3,异常等值线比较密集。航磁异常及重力异常也比较明显。具有较大的找矿潜力

续表 7-3

最小预测区编号	最小预测区名称	综合信息(航磁单位为 nT,重力单位为$\times10^{-5}$m/s^2)
B1501105008	红柳峡东山东	主要为下石炭统白山组,东西向与北东向断裂比较发育,具有一定的找矿潜力
B1501105009	六驼山南西	主要为下石炭统白山组,东西向与北东向断裂构造比较发育,该最小预测区呈北西走向狭长带状展布,主要受控于北西向断裂。航磁化极异常值为－200～100,重力异常值为－3～3,异常等值线比较密集。航磁异常及重力异常也比较明显。具有较大的找矿潜力
B1501105010	红柳峡东山南东	主要为下石炭统白山组,东西向与北东向断裂构造比较发育,有一定的找矿潜力
B1501105011	红柳峡东山南	主要为下石炭统白山组,北西向与北东向断裂构造、北西向褶皱构造发育。重力异常值为－1～3,重力异常比较明显。具有较大的找矿潜力
B1501105012	哈珠南	主要为下石炭统白山组,北西向与北东向断裂构造比较发育,航磁化极异常值为－100～600,重力异常值为－4～4,异常等值线比较密集。航磁异常及重力异常也比较明显。具有较大的找矿潜力
B1501105013	红旗山南西	主要为下石炭统白山组,北西向与北东向断裂构造在该最小预测区集中交会。重力异常值为 2～5,重力异常非常明显。具有较大的找矿潜力
C1501105001	甜水井西	主要为下石炭统白山组,北东向断裂构造发育,而且北西向褶皱构造也为成矿提供了有利空间。北东向的地层被北西向的断层所错断。重力异常值为－2～5,重力异常非常明显
C1501105002	百合山南西	主要为下石炭统白山组,东西向与北东向断裂构造均比较发育
C1501105003	甜水井南	主要为下石炭统白山组,被晚海西期花岗岩侵入,东西向与北东向断裂构造均比较发育
C1501105004	黑鹰山南	主要为下石炭统白山组,北西向断裂构造比较发育。黑鹰山铁矿床就位于该最小预测区北侧
C1501105005	断条山北东	主要为下石炭统白山组,北西西向与北东东向断裂构造在该最小预测区集中交汇。航磁化极异常值为－100～100,重力异常值为－2～5
C1501105006	哈珠东	主要为下石炭统白山组,北西向断裂构造比较发育。其被晚海西期花岗岩侵入。黑鹰山铁矿床就位于该最小预测区北侧
C1501105007	红柳峡东山南东	主要为下石炭统白山组,东西向与北西向断裂、北西向褶皱构造发育。重力异常值为－1～3,重力异常比较明显
C1501105008	红柳峡东山南东	主要为下石炭统白山组,北西向断裂构造比较发育,而且北西向褶皱构造也为成矿提供了有利空间。重力异常值为－1～3,重力异常比较明显
C1501105009	哈珠西	主要为下石炭统白山组,北西向断裂构造比较发育
C1501105010	红柳峡东山南东	主要为下石炭统白山组,硅化、绢云母化等蚀变现象比较普遍。北西向断裂构造比较发育。重力异常值为－1～3,重力异常比较明显
C1501105011	哈珠南	主要为下石炭统白山组,岩性主要为安山质凝灰熔岩、安山岩、英安岩、英安质凝灰岩、硅质岩及灰岩等。北东向断裂构造比较发育,航磁化极异常不明显,重力异常值为－1～2,异常等值线比较密集。具有较大的找矿潜力
C1501105012	哈珠南山北	主要为下石炭统白山组,北西向与北东向断裂构造、北西向褶皱构造较发育。航磁化极异常值为－100～600,重力异常值为－4～4,异常等值线比较密集。航磁异常及重力异常也比较明显
C1501105013	红旗山南	主要为下石炭统白山组,北西向与北东向断裂构造在该最小预测区集中交会。重力异常值为 2～5,重力异常非常明显
C1501105014	红旗山西	主要为下石炭统白山组,北西向与北东向断裂构造在该最小预测区集中交会。重力异常值为 2～5,重力异常非常明显。具找矿潜力

二、综合信息地质体积法估算资源量

1. 典型矿床深部及外围资源量估算

查明资源量、体重及全铁品位均来源于甘肃省地质局祁连山地质队1959年3月编写的《内蒙古额济纳旗黑鹰山铁矿床地质勘查报告》。矿床面积的确定是根据1∶1 000黑鹰山铁矿矿区地形地质图；矿体延深依据主矿体勘探剖面图，为270m。

典型矿床深部预测面积与圈定的典型矿床面积一致；延深依据主矿体勘探线剖面自然延伸闭合及磁法反演深度确定，延深总深度为360m，故典型矿床深部预测延深90m。

典型矿床深部及外围资源量估算结果见表7-4。

表7-4 黑鹰山式海相火山岩型铁矿典型矿床深部及外围资源量估算一览表

典型矿床		深部及外围		
已查明资源量(t)	46 076 500	深部	面积(m^2)	1 434 588
面积(m^2)	1 434 588		深度(m)	90
深度(m)	270	外围	面积(m^2)	348 869
品位(%)	32.37		深度(m)	360
密度(t/m^3)	4.5	预测资源量(t)		30 309 981.16
体积含矿率(t/m^3)	0.119	典型矿床资源总量(t)		76 386 481.16

2. 模型区的确定、资源量及估算参数

模型区内无其他已知矿床存在，所以模型区总资源量等于典型矿床总资源量，模型区面积为依托MRAS软件采用有模型工程特征分析法优选后圈定，延深根据典型矿床最大预测深度确定。模型区圈定时参照了含矿建造地质体，因此含矿地质体面积参数为1(表7-5)。

表7-5 黑鹰山式海相火山岩型铁矿模型区预测资源量及其估算参数表

编号	名称	模型区总资源量(t)	模型区面积(m^2)	延深(m)	含矿地质体面积(m^2)	面积参数	含矿系数(t/m^3)
A1501104008	黑鹰山	76 386 481.16	25 061 187.66	360	14 583 465.22	1	0.019

3. 最小预测区预测资源量

黑鹰山式海相火山岩型铁矿预测工作区最小预测区资源量定量估算采用地质体积法进行估算。

1)估算参数的确定

最小预测区面积是根据MARS及优选形成的最小预测区在MapGIS下计算出；延深的确定是在研究最小预测区含矿地质体地质特征、物探特征并对比典型矿床特征的基础上综合确定的，部分由成矿带模型类比或专家估计给出，另根据模型区黑鹰山铁矿钻孔最大孔深为270m，仍未穿透含矿地质体(下石炭统白山组酸性火山岩)，其向下仍有分布的可能；相似系数(α)，主要依据最小预测区内含矿地质体本身出露的大小、地质构造发育程度不同、磁异常强度、矿(化)点的多少等因素，由专家确定。

2)最小预测区预测资源量估算结果

本次预测资源总量为37 728.69×10^4t，其中A级最小预测区预测资源量12 815.89×10^4t，B级最

小预测区预测资源量 15 164.1×10⁴t,C 级最小预测区预测资源量 9 748.7×10⁴t。其中不包括预测工作区已查明资源总量,详见表 7-6。

表 7-6　黑鹰山式海相火山岩型铁矿预测工作区最小预测区预测资源量表

最小预测区编号	最小预测区名称	$S_{预}$ (km²)	$H_{预}$ (m)	K_S	K (t/m³)	α	$Z_{预}$ (×10⁴t)	资源量级别
A1501105001	甜水井北	21.90	300	1	0.015 24	0.5	1 001.3	334-1
A1501105002	百合山	11.57	450	1	0.015 24	0.8	5 883.5	334-1
A1501105003	碧玉山南	36.48	300	1	0.015 24	0.5	1 667.9	334-1
A1501105004	百合山南	1.83	100	1	0.015 24	0.5	27.9	334-1
A1501105005	百合山南西	8.55	200	1	0.015 24	0.5	260.6	334-1
A1501105006	黑鹰山	25.06	200	1	0.015 24	1	3 030.99	334-1
A1501105007	红柳峡东山北西	20.64	300	1	0.015 24	0.5	943.7	334-1
B1501105001	碧玉山南东	46.74	400	1	0.015 24	0.3	2 849.3	334-2
B1501105002	哈珠北	6.42	200	1	0.015 24	0.3	195.7	334-2
B1501105003	哈珠东山西	48.04	400	1	0.015 24	0.3	2 928.5	334-2
B1501105004	黑鹰山南	8.31	200	1	0.015 24	0.4	253.3	334-2
B1501105005	哈珠西	15.45	300	1	0.015 24	0.3	706.4	334-2
B1501105006	红柳峡东山	13.10	300	1	0.015 24	0.25	598.9	334-2
B1501105007	千沟头	68.88	400	1	0.015 24	0.2	4 198.9	334-2
B1501105008	红柳峡东山东	0.43	100	1	0.015 24	0.2	6.6	334-2
B1501105009	六驼山南西	11.79	200	1	0.015 24	0.2	359.4	334-2
B1501105010	红柳峡东山南东	0.48	100	1	0.015 24	0.2	7.3	334-2
B1501105011	红柳峡东山南	7.79	200	1	0.015 24	0.25	237.4	334-2
B1501105012	哈珠南	45.25	400	1	0.015 24	0.25	2 758.4	334-2
B1501105013	红旗山南西	2.80	150	1	0.015 24	0.25	64.0	334-2
C1501105001	甜水井西	10.25	200	1	0.015 24	0.15	312.4	334-3
C1501105002	百合山南西	15.25	300	1	0.015 24	0.15	697.2	334-3
C1501105003	甜水井南	1.98	100	1	0.015 24	0.1	30.2	334-3
C1501105004	黑鹰山南	3.28	150	1	0.015 24	0.1	75.0	334-3
C1501105005	断条山北东	29.37	400	1	0.015 24	0.1	1 790.4	334-3
C1501105006	哈珠东	13.87	200	1	0.015 24	0.12	422.8	334-3
C1501105007	红柳峡东山南东	1.87	100	1	0.015 24	0.15	28.5	334-3
C1501105008	红柳峡东山南东	0.51	60	1	0.015 24	0.15	4.7	334-3
C1501105009	哈珠西	2.78	150	1	0.015 24	0.1	63.6	334-3
C1501105010	红柳峡东山南东	1.31	100	1	0.015 24	0.15	20.0	334-3
C1501105011	哈珠南	1.78	100	1	0.015 24	0.1	27.1	334-3
C1501105012	哈珠南山北	63.11	400	1	0.015 24	0.1	3 847.2	334-3

续表 7-6

最小预测区编号	最小预测区名称	$S_{预}$ (km^2)	$H_{预}$ (m)	K_S	K (t/m^3)	α	$Z_{预}$ ($\times 10^4 t$)	资源量级别
C1501105013	红旗山南	39.05	400	1	0.015 24	0.1	2 380.5	334-3
C1501105014	红旗山西	2.15	150	1	0.015 24	0.1	49.1	334-3
合计							37 728.69	

4. 预测资源量汇总

黑鹰山式海相火山岩型铁矿各预测工作区按精度、预测深度、可利用性、可信度统计分析结果见表7-7。

表 7-7　黑鹰山式海相火山岩型铁矿预测工作区预测资源量统计分析表($\times 10^4 t$)

精度	深度			可利用性		可信度			合计
	500m 以浅	1 000m 以浅	2 000m 以浅	可利用	暂不可利用	$x\geq0.75$	$0.75>x\geq0.5$	$0.5>x\geq0.25$	
334-1	12 815.89	12 815.89	12 815.89	12 815.89		12 815.89			12 815.89
334-2	15 164.1	15 164.1	15 164.1	15 164.1			15 164.1		15 164.1
334-3	9 748.7	9 748.7	9 748.7		9 748.7			9 748.7	9 748.7
合计									37 728.69

第八章　谢尔塔拉式海相火山岩型铁矿预测成果

第一节　典型矿床特征

一、典型矿床地质特征

谢尔塔拉铁矿位于呼伦贝尔市。

1. 矿区地质

出露地层主要有下石炭统莫尔根河组(C_1m)、上侏罗统玛尼吐组(J_3mn)、白音高老组(J_3b)及第三系和第四系。莫尔根河组(C_1m)由下而上分两个岩段，第一岩段(C_1^1m)出露于矿区西部日当山西部及北部，主要由酸性凝灰熔岩、角砾凝灰岩、角砾凝灰熔岩组成。第二岩段(C_1^2m)自上而下分为中酸性火山碎屑岩-砂岩亚段($C_1^{2-1}m$)，在当日山、天月山一带零星出露；含矿火山碎屑岩-碳酸盐岩亚段($C_1^{2-2}m$)，该层出露广，分布于矿区中部，环哈北山分布，地层以灰白色生物碎屑灰岩为主，夹钙质砂岩、黏土岩等薄层，夹数层菱铁矿透镜体，是主要的含矿地层，其累计厚度264m，含矿地层总厚度504m；火山碎屑岩-砂页岩亚段($C_1^{2-3}m$)分布于含矿火山碎屑岩-碳酸盐岩亚段外侧，主要为黑色黏土质页岩、砂质页岩、黄绿色细砂岩，夹灰岩、泥质灰岩透镜体，近矿处相变为凝灰质砂岩、凝灰岩及凝灰熔岩薄层。

矿区出露的侵入岩主要有海西中期斜长花岗岩(γo_4^2)，海西晚期次火山岩：辉长辉绿岩($\nu\eta_3^4$)、花岗闪长岩($\gamma\delta_3^4$)、花岗斑岩($\gamma\pi_3^4$)、石英斑岩($o\pi$)、闪长玢岩($\delta\mu$)、辉绿玢岩($\beta\mu$)等。少量燕山期石英斑岩($o\pi$)呈脉状侵入于火山岩地层中或充填于火山口中。

褶皱构造不发育，断裂主要为成矿后断裂，对矿体有一定的破坏作用。

2. 矿床特征

矿床分上、下两个矿带，由5个主要矿体群组成。分布在北北西向长600m、宽500m的范围内。矿床由大小不等的15个矿体组成。矿体赋存在莫尔根河组中部含矿火山岩段的一套中基性—中酸性火山岩层中，包括5个主要矿体和10个从属矿体。上述矿体呈似层状、透镜状、薄层状。矿体产于石榴石岩、石榴石透辉石岩中(图8-1)。

Ⅰ、Ⅱ、Ⅲ号矿体：各长450m，厚2.12～111.87m，平均厚30.70～41m，矿体呈似层状、透镜状，与围岩产状一致。走向北北西，倾向东，倾角10°～30°，以贫铁矿为主，矿体中心部位有薄层富矿。普遍含闪锌矿，含锌已达工业要求。矿体含铁品位较均匀，平均品位30.80%～36.21%，3个矿体总储量4 300×10^4t，其中富矿为1 500×10^4t。

Ⅳ号矿体：长350m，平均厚30.66m，呈似层状，与岩层产状基本一致。走向北北西，倾向东，倾角

20°～30°，平均品位 33.39%，矿体沿走向两端较贫，沿倾向上贫下富，以富矿为主，储量约 5×10^4t。

Ⅳ-1 号矿体：长 350m，平均厚 11.30m，矿体呈透镜状，走向北北西—南北向，倾向东或北东，倾角 30°，主要为富铁矿，储量 300 余万吨。

Ⅴ、Ⅰ-8 号矿体：为锌矿体。

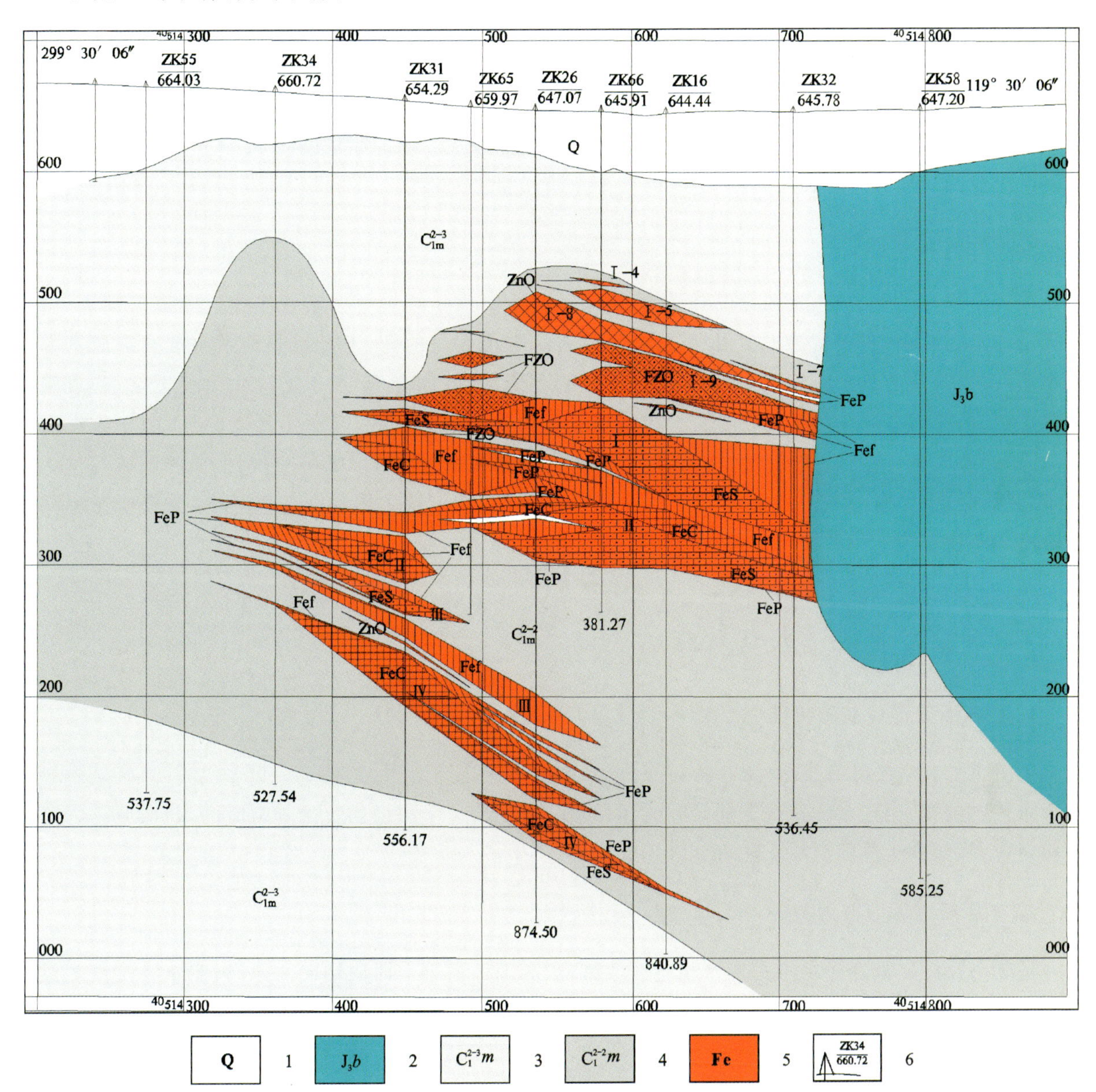

图 8-1 主矿体 2 勘探线剖面图

1.第四系；2.白音高老组；3.黏土岩-页岩第三亚段未分；4.灰岩-碎屑灰岩第二亚段未分；5.铁矿体；6.钻孔剖面位置及编号；7.矿体深度

矿石类型分铁矿石、铁锌矿石、锌矿石三大类。铁矿石主要由穆磁铁矿、赤铁矿组成，可分为低硫富矿、高硫富矿和贫矿，低硫富矿含 TFe 为 44.5%，含硫 0.3%以下，高硫富矿含全铁 44.5%，硫平均 1.07%，贫铁矿中 TFe 为 33.33%。铁锌矿石主要由穆磁铁矿后又叠加闪锌矿，铁平均品位 34.20%，锌平均品位 1.01%，二者均具工业意义。锌矿石主要由闪锌矿组成，构成Ⅰ-8 号及Ⅱ号矿体，全矿区锌矿总平均品位 2.81%。

矿物成分中金属矿物主要有穆磁铁矿、闪锌矿、黄铁矿，其次有赤铁矿、镜铁矿等。非金属矿物主要有石榴石、透辉石、方解石，次有石英、绿泥石、绿帘石。

矿石中达工业要求可回收的元素有镉和铟，它们主要分布在闪锌矿中。

穆磁铁矿、赤铁矿都具自形—半自形板状结构，呈蒿状、束状、放射状集合体及块状构造。富铁矿石即穆磁铁矿集合体，具半自形—他形粒状结构，斑状或团块状构造。磁铁矿、黄铁矿多呈此种结构、构造。贫铁矿石具交代残余结构，浸染状构造、条带状构造、角砾状构造。

3. 矿床成因及成矿时代

石炭系莫尔根河组第二岩段含矿火山岩-碳酸盐岩亚段是主要的赋矿围岩，矿体产状与围岩产状一致。矿床成因类型为海相火山岩型，成矿时代为早石炭世。

4. 矿床成矿模式

在火山喷发过程中铁、碱和挥发分一起富集，某些游离铁于喷发中以富铁安山岩喷发至地表，同时在火山喷发间歇期，有大量的火山射气喷出，这些射气带出大量的铁，上升后与地下水混合形成富铁的热水溶液，当含铁的热水溶液流入海底时，温度急剧下降，溶解度降低，从水溶液中沉淀下来，形成胶状赤铁矿矿石，这就是矿区的主要铁矿石。火山喷发沉积铁矿体形成后，在火山活动晚期，由于次火山岩的侵入，带来大量富含铁、镁的热水溶液，对已形成的矿体和围岩进行广泛的交代，使原胶状矿石进一步富集，并形成新的交代矿石。闪锌矿成矿属火山热液阶段，产于铁矿体和蚀变岩石中，与铁矿系不同成矿阶段的产物。

二、典型矿床地球物理特征

1. 矿床所在区域航磁特征

由航磁 ΔT 化极等值线图(图 8-2)可知，以平稳的负磁场为背景，其值为 $-200 \sim 0$nT。区域磁场总体近东西向展布，与区域构造线方向一致。谢尔塔拉铁矿床位于平稳的负磁异常区内，与区域重力高值区相对应，是前中生界弱磁—无磁基底隆起的反映。

2. 矿床所在区域重力特征

谢尔塔拉铁矿处在布格重力异常相对高值区，该高值区由近东西向转向北东向，谢尔塔拉铁矿位于异常转弯处，其北侧布格重力异常梯级带亦由近东西向转为北东向，是断裂构造的反映。

在剩余异常图上，谢尔塔拉铁矿位于 G 蒙-73 号剩余重力异常区，该异常走向亦是由东西向转为北东向，铁矿处在异常转弯处。该剩余重力异常与前述谢尔塔拉铁矿所处的布格重力异常高值带相对应。该异常是因前中生代基底隆起所致，异常走向发生变化是因该处存在近东西向和北东向的两组断裂引起。

三、典型矿床预测要素

在典型矿床成矿要素研究的基础上，根据矿区大比例尺地磁资料、矿床所在区域的航磁及重力资料，建立典型矿床的预测要素(表 8-1)。

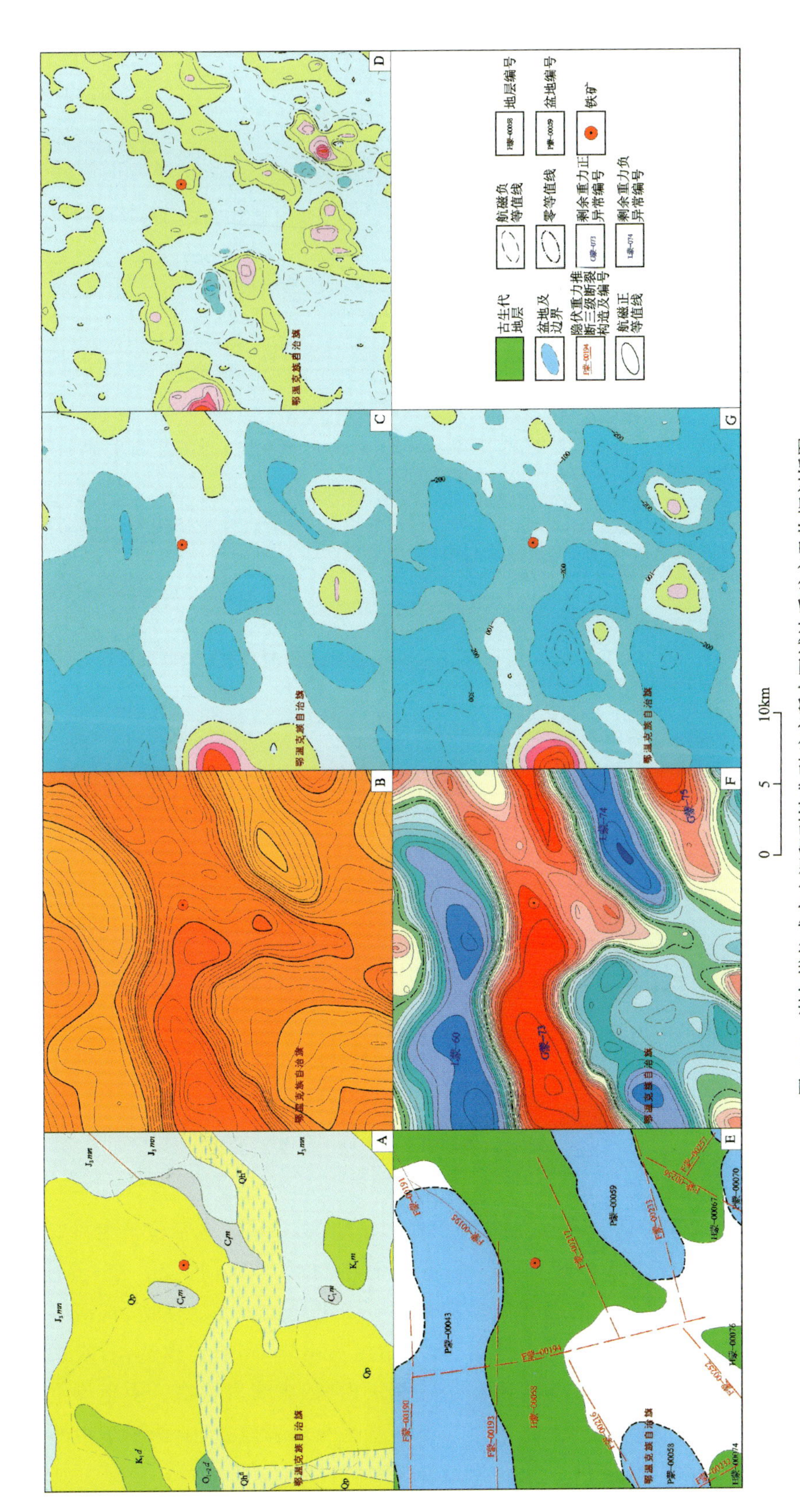

图 8-2　谢尔塔拉式火山沉积型铁典型矿床所在区域地质矿产及物探剖析图

A.地质矿产图；B.布格重力异常图；C.航磁ΔT等值线平面图；D.航磁ΔT化极垂向一阶导数等值线平面图；E.重力推断地质构造图；F.剩余重力异常图；G.航磁ΔT化极等值线平面图；Qh全新统；Qp更新统；K_1d大磨拐河组；K_1m梅勒图组；J_3mm玛尼吐组；C_1m莫尔根河组；$O_{1-2}d$多宝山组

表 8-1　谢尔塔拉式海相火山岩型铁矿典型矿床预测要素表

预测要素		描述内容			要素类别
储量		$7\ 033.6\times10^4$ t	平均品位	TFe 34.51%	
特征描述		海相火山岩型铁矿床			
地质环境	岩石类型	下石炭统莫尔根河组中酸性火山碎屑岩、碳酸盐岩和砂页岩，侵入岩为海西中期花岗岩			必要
	岩石结构	火山沉积岩为火山碎屑结构和结晶结构，侵入岩为中细粒结构			次要
	成矿时代	早石炭世			必要
	地质背景	大兴安岭弧盆系，海拉尔-呼玛弧后盆地			必要
矿床特征	矿物组合	金属矿物以穆磁铁矿为主，次为赤铁矿、磁铁矿、闪锌矿；脉石矿物主要为石榴石、透辉石、方解石、绿帘石和绿泥石			重要
	结构构造	自形—半自形板状结构、半自形—他形粒状结构、交代残余结构等，块状、斑状及团块状、浸染状、角砾状构造			次要
	蚀变	石榴石化、透辉石化、碳酸盐化等			重要
	控矿条件	北东向得尔布干和桥头-鄂伦春深大断裂，次级北西向和北东向断裂带交汇处			必要
物探特征	地磁特征	$\Delta T>507$nT			重要
	重力特征	布格重力异常高值区、剩余重力正异常转弯处			次要

第二节　预测工作区特征

根据区域成矿规律研究，选择 5 个 1∶25 万标准图幅作为预测工作区，东经 118°30′～123°00′，北纬 48°00′～50°00′。行政区划隶属于内蒙古自治区兴安盟和呼伦贝尔市管辖。

一、区域地质矿产特征

研究区大地构造位于大兴安岭弧盆系海拉尔-呼玛弧后盆地(Pz)，成矿区带位于大兴安岭成矿省新巴尔虎右旗-根河 Cu-Mo-Pb-Zn-Ag-Au -萤石-煤(铀)成矿带，额尔古纳 Au-Fe-Zn -硫-萤石成矿亚带。

区内地层以古生界和中生界为主。古生界有奥陶系多宝山组岛弧火山岩建造、裸河组碎屑岩夹碳酸盐岩建造；泥盆系泥鳅河组碎屑岩-碳酸盐岩建造、大民山组火山岩-碎屑岩建造；石炭系红水泉组碎屑岩建造、莫尔根河组中基性火山岩建造、宝力高庙组陆相火山岩-碎屑岩建造。中生界主要分布在中生代断陷盆地内，有万宝组含煤碎屑岩建造、塔木兰沟组中基性火山岩建造、上侏罗统中酸性火山岩建造、下白垩统梅勒图组中基性火山岩建造、大磨拐河组含煤碎屑岩建造等。

岩浆岩比较发育，以海西期和燕山期为主。海西期侵入岩多呈岩基产出，从基性(辉长岩)—中性—酸性均有出露，反映当时该地区处于岛弧或大陆边缘弧环境(D—C_2)。燕山期岩体主要呈岩株产出，以中酸性为主，岩浆可能来源于地壳重熔或幔源岩浆分异。

构造发育，褶皱对矿体有一定的控制作用，后期断裂对矿体起破坏作用。

区内矿产以能源矿产为主，金属和非金属矿目前发现的比较少。能源矿产（煤、石油、天然气）主要产于海拉尔中生代断陷（凹陷）盆地中，成矿期为早白垩世。金属、非金属矿产主要为Fe、Zn、S、Au和萤石，早石炭世海相火山岩喷发过程中，伴随有铁锌硫的成矿作用，金和萤石是燕山期构造-岩浆活动的特殊产物。

二、区域地球物理特征

1. 磁法

预测区范围的西南角没有航磁数据，大致以区域性大断裂伊列克得-鄂伦春断裂 F_7 为界，在 F_7 以西磁场以－200～0nT的负磁场为背景，总体磁场明显低于 F_7 以东，磁异常轴向以北东东向和北东向为主，磁异常形态各异，场值最高1 000nT以上。在 F_7 以东磁场以0～200nT的正磁场为背景，磁场值变化范围在－800～1 400nT之间。磁异常轴向以北东东向和北东向为主，磁异常形态各异。磁异常等值线呈北东东向、北东向延伸。磁场特征反映出该预测区主要构造方向为北东东向和北东向。

预测区内共有甲类航磁异常14个，乙类航磁异常36个，丙类航磁异常73个，丁类航磁异常111个。

甲类已知矿航磁异常有如下特征，异常走向11个为北东向，北东东向和东西向及南北向各1个，异常均处在较低磁异常背景上，相对异常形态较为规则，除M05-11为尖峰状负异常为主、M16为串珠状外，多数为孤立异常、两翼对称、北侧伴有微弱负值。异常极值大多数都不高，异常多处在磁测推断的北东向断裂带上或其两侧的次级断裂上，磁异常均处在侵入岩体上或岩体与岩体、岩体与地层的接触带上，其中多数落在晚石炭世白岗岩和黑云母花岗岩上。

2. 重力

预测区西北部开展了1∶20万重力测量工作，约占预测区总面积的2/3，其余地区只进行了1∶50万重力测量工作。

区域布格重力异常图上，预测区处在布格重力异常相对高值区，重力场较凌乱，总体走向呈北东向。剩余重力异常图上，预测区西部、中南部剩余重力正负异常呈北东向条带状展布，且以负异常为主，这一区域的负异常主要与中新生代的盆地有关，正异常主要是古生界基底隆起所致，只西侧边部几处正异常与中基性岩的分布有关。在预测区东南部，异常形态呈不规则状，负异常主要是酸性侵入岩引起，正异常多与古生代基底隆起有关。

三、区域遥感解译特征

该预测区共解译线要素487条，均为断裂构造。主要呈近南北向和北北东向，局部有北东向和北西向，形成了该预测区“两山夹一沟谷”的地貌特征。规模比较大的区域性断裂有额尔古纳断裂和得耳布尔断裂。

预测区内一共解译了23个环，其中1个规模较大，为中生代岩体引起，椭圆形，轴向北东，界线为环形沟谷，内外地貌有明显差异，内侧为火山隆起山体，外围为沟谷或盆地组成。

区域内5块色调异常区，均为绢云母化、硅化色异常。

四、区域预测要素

根据预测工作区区域成矿要素和航磁、重力等，建立了本预测区的区域预测要素(表 8-2)。

表 8-2　谢尔塔拉式海相火山岩型铁矿预测工作区预测要素表

区域预测要素		描述内容		要素类别
		特征描述	海相火山岩型铁矿床	
地质环境	构造背景	大兴安岭弧盆系，海拉尔-呼玛弧后盆地		必要
	成矿环境	大兴安岭成矿省，新巴尔虎右旗-根河 Cu-Mo-Pb-Zn-Ag-Au -萤石-煤(铀)成矿带，额尔古纳 Au-Fe-Zn -硫-萤石成矿亚带		必要
	成矿时代	早石炭世		必要
控矿地质条件	控矿构造	褶皱控矿，后期断裂对矿体有破坏作用		次要
	赋矿地层	下石炭统莫尔根河组		必要
	控矿侵入岩	海西期侵入岩对矿体的富集可能起一定作用		次要
区域成矿类型及成矿期		早石炭世海相火山岩型		
预测区矿点		成矿区带内 2 个矿床(点)		重要
物探特征	重力	剩余重力正异常		重要
	航磁	航磁高异常		重要

第三节　矿产预测

一、综合地质信息定位预测

根据典型矿床及预测工作区研究成果，采用局部网格单元法，即下石炭统莫尔根河组海相火山岩建造出露范围和 2km×2km 网格单元进行求交，所得出的即为局部网格单元。用特征分析法构造预测模型，选择主分量法进行标志权系数的计算。根据计算结果进行靶区优选，形成成矿概率图，依据成矿概率生成色块图。在优选的基础上，对网格进行手工圈定。A 级：地层＋矿致异常＋矿床；B 级：地层＋矿致异常；C 级：B 级附近或矿致异常附近的地层、A 级附近的矿致异常。

本次工作共圈定最小预测区 33 个，其中 A 级 1 个，总面积 10.4km²；B 级 12 个，总面积 78.52km²；C 级 20 个，总面积 98.39km²(图 8-3)。各最小预测区综合信息见表 8-3。

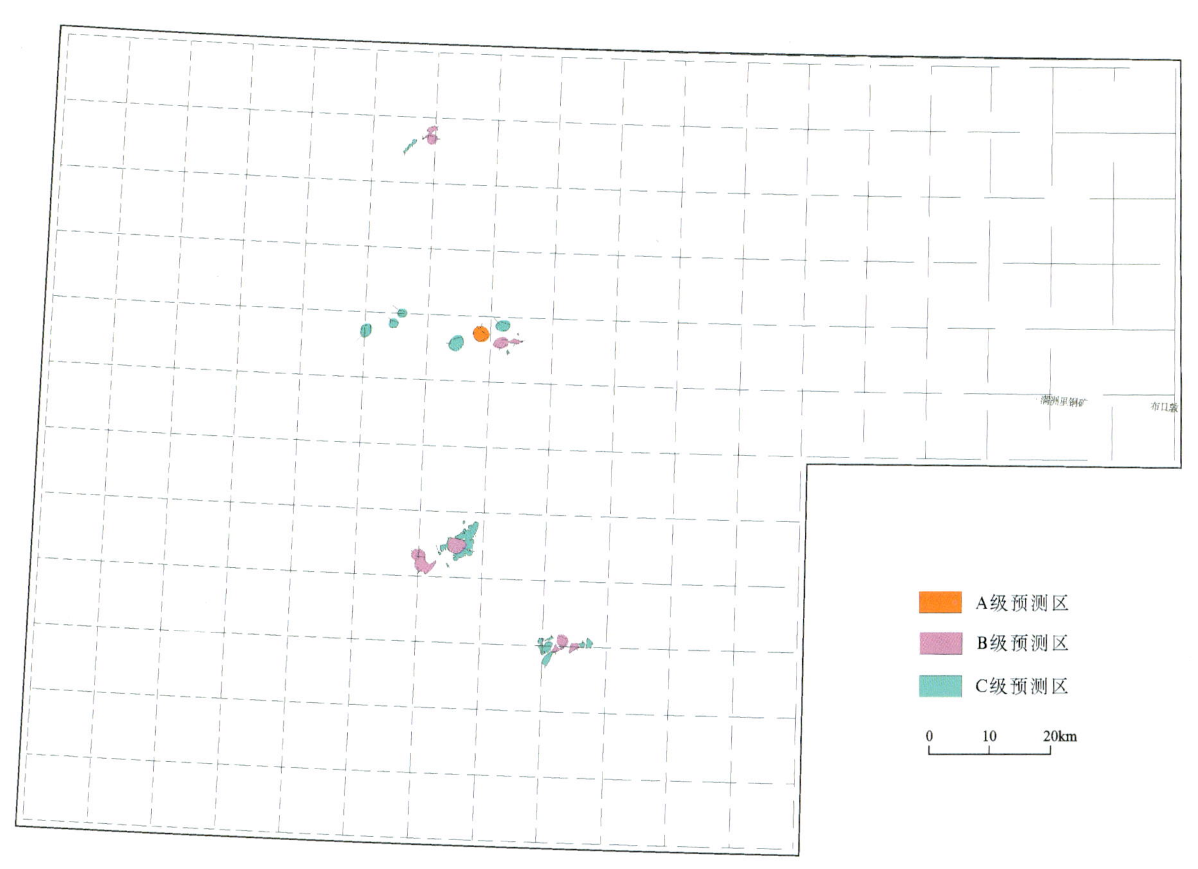

图 8-3 谢尔塔拉式海相火山岩型铁矿预测工作区最小预测区优选分布示意图

表 8-3 谢尔塔拉式海相火山岩型铁矿预测工作区最小预测区综合信息表

最小预测区编号	最小预测区名称	综合信息
A1501106001	谢尔塔拉	出露莫尔根河组。位于剩余重力高值区。有航磁甲类异常 1 处,已发现矿床 2 处
B1501106001	沙布日廷浑迪南	出露莫尔根河组。位于剩余重力低值区,航磁高值区
B1501106002	谢尔塔拉东	出露莫尔根河组。位于剩余重力高值区,航磁高值区
B1501106003	维纳河林场北	出露莫尔根河组,位于剩余重力梯度带,航磁高值区
B1501106004	谢尔塔拉东	出露莫尔根河组。位于剩余重力高值区,航磁高值区
B1501106005	沙布日廷浑迪南	出露莫尔根河组。位于剩余重力梯度带,航磁高值区,有航磁丁类异常 1 处
B1501106006	维纳河林场北	出露莫尔根河组。位于剩余重力梯度带,航磁高值区
B1501106007	沙布日廷浑迪南	出露莫尔根河组。位于剩余重力低值区,航磁高值区
B1501106008	维纳河林场北	地表覆盖。位于剩余重力梯度带。有航磁乙类异常 1 处
B1501106009	谢尔塔拉东	地表覆盖。位于剩余重力高值区。有航磁乙类异常 1 处
B1501106010	990 高地西	地表覆盖。位于剩余重力梯度带。有航磁甲类异常 2 处
B1501106011	991 高地西	出露莫尔根河组。位于剩余重力高值区,航磁高值区
B1501106012	塔日彦都贵郎西	出露莫尔根河组。位于剩余重力高值区,航磁正值区,有航磁丁类异常 1 处

续表 8-3

最小预测区编号	最小预测区名称	综合信息
C1501106001	谢尔塔拉东	出露莫尔根河组。位于剩余重力正值区,航磁高值区
C1501106002	990 高地东	出露莫尔根河组。位于剩余重力高值区,航磁正值区
C1501106003	哈日嘎那嘎查	出露莫尔根河组。位于剩余重力高值区,航磁正值区
C1501106004	991 高地东	出露莫尔根河组。位于剩余重力高值区,航磁负值区
C1501106005	谢尔塔拉东	出露莫尔根河组。位于剩余重力正值区,航磁正值区
C1501106006	沙布日廷浑迪西	出露莫尔根河组。位于剩余重力梯度带,航磁正负过渡带
C1501106007	维纳河林场北	出露莫尔根河组。位于剩余重力梯度带,航磁高值区
C1501106008	维纳河林场北	出露莫尔根河组。位于剩余重力梯度带,航磁高值区
C1501106009	维纳河林场北	出露莫尔根河组。位于剩余重力梯度带,航磁正值区
C1501106010	沙布日廷浑迪西	出露莫尔根河组。位于剩余重力梯度带,航磁正负过渡带
C1501106011	谢尔塔拉镇西	地表覆盖。位于剩余重力高值区,有航磁丙类异常 1 处
C1501106012	维纳河林场北	出露莫尔根河组。位于剩余重力梯度带,航磁正值区
C1501106013	谢尔塔拉镇西	地表覆盖。位于剩余重力高值区,有航磁丙类异常 1 处
C1501106014	塔日彦都贵郎西	出露莫尔根河组。位于剩余重力高值区,航磁正值区
C1501106015	维纳河林场北	出露莫尔根河组。位于剩余重力梯度带,航磁高值区
C1501106016	库日格台嘎查东	地表覆盖。位于剩余重力高值区,有航磁丙类异常 1 处
C1501106017	谢尔塔拉东	地表覆盖。位于剩余重力高值区,有航磁丙类异常 1 处
C1501106018	维纳河林场北	出露莫尔根河组。位于剩余重力梯度带,航磁高值区
C1501106019	谢尔塔拉西	地表覆盖。位于剩余重力高值区,有航磁丙类异常 1 处
C1501106020	塔日彦都贵郎西	出露莫尔根河组。位于剩余重力高值区,航磁正值区

二、综合信息地质体积法估算资源量

1. 典型矿床深部及外围资源量估算

查明资源量、体重及全铁品位均来源于黑龙江省地质局第六地质队 1977 年 4 月编写的《黑龙江省呼盟陈巴虎旗谢尔塔拉铁锌矿床储量报告》。矿床面积($S_{总}$)是根据 1∶1 万矿区地形地质图及 9 条勘探线剖面图所有见矿钻孔圈定,在 MapGIS 软件下读取数据;矿体延深($L_{查}$)依据主矿体 2 勘探线剖面图确定。

根据谢尔塔拉铁锌矿区 9 条勘探线剖面图,其深部矿体均已控制,勘探深度已达 600～700m,600m 以下已无矿化,且区域上莫尔根河组含矿火山岩-碳酸盐岩亚段($C_1^{2\text{-}2}m$)厚度为 504m,另矿体倾角一般为 10°～30°,故未进行深部预测。

根据矿区 1∶1 万磁测 ΔZ 等值线平面图,结合矿区地形地质图含矿地质体分布范围,在谢尔塔拉主矿区西北侧,圈定一块外围预测区,面积($S_{预}$)在 MapGIS 软件下读取数据,其延深 $L_{查}$ 为典型矿床最大延深。

典型矿床外围资源量估算结果见表 8-4。

表 8-4　谢尔塔拉式海相火山岩型铁矿典型矿床外围资源量估算一览表

典型矿床		深部及外围		
已查明资源量(t)	70 336 000	深部	面积(m^2)	—
面积(m^2)	602 686		深度(m)	—
深度(m)	600	外围	面积(m^2)	53 067
品位(%)	38.28		深度(m)	600
密度(t/m^3)	3.65	预测资源量(t)		6 192 919
体积含矿率(t/m^3)	0.194 5	典型矿床资源总量(t)		76 528 919

2. 模型区的确定、资源量及估算参数

谢尔塔拉典型矿床位于谢尔塔拉模型区内，该区还有一小型矿床：谢尔塔拉红旗沟铁锌矿，查明铁矿资源量 4 737 000t，因此，该模型区资源总量=76 528 919t+4 737 000t=80 365 919t；模型区延深与典型矿床一致；模型区含矿地质体面积与模型区面积一致。模型区圈定时参照了含矿建造地质体，因此含矿地质体面积参数为 1(表 8-5)。

表 8-5　谢尔塔拉式海相火山岩型铁矿模型区预测资源量及其估算参数表

编号	名称	模型区总资源量(t)	模型区面积(m^2)	延深(m)	含矿地质体面积(m^2)	含矿地质体面积参数	含矿地质体含矿系数
A1501104008	谢尔塔拉	80 365 919	10 401 348	600	10 401 348	1	0.012 877 484 57

3. 最小预测区预测资源量

谢尔塔拉式海相火山岩型铁矿预测工作区最小预测区资源量定量估算采用地质体积法。

1)估算参数的确定

最小预测区面积是在优选分布图中读出；延深的确定是在研究最小预测区含矿地质体地质特征、物探特征，并对比典型矿床特征的基础上综合确定的，部分由成矿带模型类比或专家估计给出，另根据模型区谢尔塔拉铁矿钻孔控制最大垂深为 600m，莫尔根河组含矿岩系厚 504m，同时根据含矿地质体的地表是否出露来确定其延深；相似系数，主要依据最小预测区内含矿地质体本身出露的大小、地质构造发育程度不同、磁异常强度及矿(化)点的多少等因素，由专家确定。

2)最小预测区预测资源量估算结果

本次预测资源总量为 31 612.77×10^4t，其中 A 级最小预测区预测资源量 619.29×10^4t，B 级最小预测区预测资源量 15 865.70×10^4t，C 级最小预测区预测资源量 15 127.78×10^4t。其中不包括预测工作区已查明资源总量，详见表 8-6。

表 8-6　谢尔塔拉式海相火山岩型铁矿预测工作区最小预测区预测资源量表

最小预测区编号	最小预测区名称	$S_预$(m^2)	$H_预$(m)	K_S	K(t/m^3)	α	$Z_预$(×10^4t)	资源量级别
A1501106001	谢尔塔拉	10 401 348	600	1	0.012 88	1	619.29	334-1
B1501106001	沙布日廷浑迪南	85 494	500	1	0.012 88	0.3	16.52	334-3
B1501106002	谢尔塔拉东	123 136	500	1	0.012 88	0.35	27.75	334-3

续表 8-6

最小预测区编号	最小预测区名称	$S_{预}$ (m^2)	$H_{预}$ (m)	K_S	K (t/m^3)	α	$Z_{预}$ ($\times10^4$ t)	资源量级别
B1501106003	维纳河林场北	3 051 236	500	1	0.012 88	0.3	589.50	334-3
B1501106004	谢尔塔拉东	3 289 599	500	1	0.012 88	0.35	741.48	334-3
B1501106005	沙布日廷浑迪南	4 323 369	600	1	0.012 88	0.3	1 002.33	334-3
B1501106006	维纳河林场北	4 758 341	500	1	0.012 88	0.3	919.31	334-3
B1501106007	沙布日廷浑迪南	4 913 794	500	1	0.012 88	0.3	949.35	334-3
B1501106008	维纳河林场北	6 256 429	600	1	0.012 88	0.3	1 450.49	334-3
B1501106009	谢尔塔拉东	7 625 528	600	0.8	0.012 88	0.35	1 650.04	334-3
B1501106010	990 高地西	8 407 155	500	1	0.012 88	0.3	1 624.26	334-3
B1501106011	991 高地西	17 521 549	500	1	0.012 88	0.3	3 385.16	334-3
B1501106012	塔日彦都贵郎西	18 165 181	500	1	0.012 88	0.3	3 509.51	334-3
C1501106001	谢尔塔拉东	100 219	500	1	0.012 88	0.23	14.84	334-3
C1501106002	990 高地东	441 599	500	1	0.012 88	0.23	65.41	334-3
C1501106003	哈日嘎那嘎查	452 760	500	1	0.012 88	0.23	67.06	334-3
C1501106004	991 高地东	472 081	500	1	0.012 88	0.23	69.92	334-3
C1501106005	谢尔塔拉东	542 383	500	1	0.012 88	0.23	80.34	334-3
C1501106006	沙布日廷浑迪西	1 088 289	500	1	0.012 88	0.23	161.20	334-3
C1501106007	维纳河林场北	1 249 906	500	1	0.012 88	0.23	185.14	334-3
C1501106008	维纳河林场北	1 706 028	500	1	0.012 88	0.23	252.70	334-3
C1501106009	维纳河林场北	1 846 763	500	1	0.012 88	0.23	273.54	334-3
C1501106010	沙布日廷浑迪西	2 675 052	500	1	0.012 88	0.23	396.23	334-3
C1501106011	谢尔塔拉镇西	3 611 176	600	1	0.012 88	0.25	697.68	334-3
C1501106012	维纳河林场北	3 862 185	500	1	0.012 88	0.23	572.07	334-3
C1501106013	谢尔塔拉镇西	3927 336	6 00	1	0.012 88	0.25	758.76	334-3
C1501106014	塔日彦都贵郎西	4 009 098	500	1	0.012 88	0.23	593.83	334-3
C1501106015	维纳河林场北	6 421 588	500	1	0.012 88	0.23	951.17	334-3
C1501106016	库日格台嘎查东	7 873 298	500	1	0.012 88	0.25	1 267.60	334-3
C1501106017	谢尔塔拉东	7 874 974	600	1	0.012 88	0.25	1 521.44	334-3
C1501106018	维纳河林场北	8 874 587	500	1	0.012 88	0.2	1 143.05	334-3
C1501106019	谢尔塔拉西	11 312 118	600	1	0.012 88	0.25	2 185.50	334-3
C1501106020	塔日彦都贵郎西	30 048 938	500	1	0.012 88	0.2	3 870.30	334-3
合计							31 612.77	

4. 预测工作区资源总量成果汇总

海相火山岩型铁矿谢尔塔拉预测工作区地质体积法预测资源量，依据资源量级别划分标准，可划分为334-1、334-2和334-3三个资源量精度级别；根据各最小预测区内含矿地质体（地层、侵入岩及构造）特征，预测深渡在500～600m之间。

根据矿产潜力评价预测资源量汇总标准，谢尔塔拉式海相火山岩型铁矿各预测工作区按精度、预测深度、可利用性、可信度统计分析结果见表8-7。

表8-7　黑鹰山式海相火山岩型铁矿预测工作区预测资源量统计分析表（$\times10^4$t）

精度	深度			可利用性		可信度			合计
	500m以浅	1 000m以浅	2 000m以浅	可利用	暂不可利用	$x\geq0.75$	$0.75>x\geq0.5$	$0.5>x\geq0.25$	
334-1	516.08	619.29	619.29	619.29		619.29			619.29
334-2									
334-3	29 449.11	30 993.48	30 993.48	864.41	30 129.07		15 865.7	15 127.78	30 993.48
合计									31 612.77

第九章　壕赖沟式变质型铁矿预测成果

第一节　典型矿床特征

一、典型矿床及成矿模式

壕赖沟沉积变质铁矿位于包头市。

1. 矿区地质

壕赖沟沉积变质铁矿产于古太古界兴和岩群中，根据岩性组合，由下到上划分为4个岩组：石榴黑云辉斜片麻岩夹薄层辉斜片麻岩；二长片麻岩夹辉石二长片麻岩及黑云二长片麻岩；辉斜片麻岩；二长片麻岩、辉斜麻粒岩互层夹石榴辉斜片麻岩及铁矿层。

含矿地层为第四岩组，由下到上划分9个岩段：①辉斜片麻岩夹二长片麻岩及辉斜麻粒岩透镜体，厚度不大。②辉斜麻粒岩为主，次为辉斜片麻岩、黑云二长片麻岩及薄层铁矿（第一含矿岩段），铁矿呈豆荚状赋存于岩段顶部，厚81～108m。③含榴石黑云二长片麻岩、薄层钾长片麻岩夹少量辉斜麻粒岩透镜体，厚度135～217m。④钾长片麻岩夹二长片麻岩及辉斜麻粒岩透镜体，厚度105～135m。⑤石榴辉斜片麻岩夹二长片麻岩、辉斜麻粒岩及层状似层状透镜状磁铁矿体（第二含矿岩段），厚度194～241m。⑥辉斜片麻岩及辉斜麻粒岩透镜体，厚度271～290m。⑦石榴辉斜片麻岩夹薄层角闪斜长片麻岩、二长片麻岩、麻粒岩及似层状层状透镜状磁铁矿体（第三含矿岩段），厚度110～158m。⑧钾长片麻岩夹二长片麻岩及辉斜麻粒岩透镜体，厚度87m。⑨辉斜片麻岩、二长片麻岩夹透镜状辉斜麻粒岩，厚度32～78m。

矿区构造简单，为北东-南西走向，倾向南东的单斜构造。断裂构造发育，主要有3组：北西向断裂，它使地层与矿体受到破坏或推移；北东向断裂对矿化影响不大；近东西向断裂，距矿体较远，无破坏作用。

岩浆岩主要有片麻状花岗岩，呈岩株状产出，具片麻状构造。辉石辉长岩，呈脉状充填于断裂破碎带中。对矿体有影响的辉绿岩脉主要有两条，通过矿段0勘探线。

2. 矿床特征

矿床共分3个矿段8个矿体。矿体形态呈层状、似层状及透镜钵。Ⅰ矿段位于矿区南部，赋存于第二岩段中，由4个矿体组成，矿体产状为走向54°～64°，倾向南东，倾角30°～60°，矿体平均长250m，最厚63m，最薄4m，平均厚47m，矿体斜长152m。Ⅱ矿段位于矿区中部，赋存于第五岩段中，由5-1、5-2、

6-1、6-2 共 4 个矿体组成，矿体与围岩整合接触，产状稳定，走向为 NE20°～40°，倾向南东，倾角 30°～45°，矿体平均长 400m，最厚 8m，最薄 2m，各层总厚 14m，斜长 84m。Ⅲ矿段位于矿区东部，赋存于第七岩段中，系由 7-1、7-2 及 8-1、8-2、8-3 号矿体组成，矿体走向 NE30°～50°，倾向南东，倾角 30°～45°，矿体长 320～517m，厚 1.61～7.42m，延深 223～546m。

矿石自然类型以 TFe 和 SFe 之差，小于 3 者为石英磁铁矿型、3～7 之间为辉石石英磁铁矿型及大于 7 者为辉石磁铁矿型，以前两种类型为主。矿石矿物主要为磁铁矿，少量磁赤铁矿，微量钛铁矿、黄铜矿及黄铁矿。脉石矿物以石英、辉石为主，次为次闪石、石榴石、黑云母、绿泥石、磷灰石、长石及碳酸盐矿物。主元素含量为 TFe 29.48%，SFe 26.84%，S 0.119 8%，P 0.040 8%，As 0.000 261%。根据 $(CaO+MgO)/(SiO_2+Al_2O_3)$ 在 0.12～0.16 之间，确定为酸性矿石。

矿石结构有花岗变晶结构、粒状变晶结构、碎斑胶结结构、交代结构等，矿石构造主要为条带状、片麻状、次有角砾状及浸染状构造等。

3. 矿床成因及成矿时代

①铁矿床赋存于古太古界兴和岩群中，受地层层位控制；②铁矿体围岩主要为辉斜片麻岩及辉斜麻粒岩；③钾长、二长片麻岩的形成与含铁岩系密切相关，恢复其原岩为岩浆岩；④兴和岩群属于海相沉积环境，其中辉斜麻粒岩推测为海底火山喷发产物，区域变质作用较深。因此壕赖沟铁矿的成因类型应属于变质型矿床，成矿时代为古太古代。

二、典型矿床地球物理特征

壕赖沟铁矿区域重力场显示为重力高背景上或重力梯度带上，其南侧为相对重力低，区域磁场显示为东西走向的正磁异常带，等值线在壕赖沟铁矿区同向扭曲，重磁异常等值线均反映该区域构造方向以东西向为主，有近东西向和北东向断裂通过该区域。

据 1∶5 万航磁等值线平面图显示壕赖沟铁矿处在较高正磁异常背景上，垂向一阶导数图显示矿致磁异常更加明显，1∶5 000 地磁显示异常分左中右 3 个，左侧异常形态规整，为平稳的团状正磁异常，轴向为近东西向。中部和右侧异常呈北北东走向，磁异常是在平稳磁场背景上的跳跃异常，梯度陡、强度大。

壕赖沟铁矿位于布格重力异常相对高值区南侧的梯级带上，对应的剩余重力异常编号为 G 蒙-649 号，该剩余重力异常比较而言峰值较高。异常总体呈明显的带状展布，单个剩余重力异常呈椭圆状。该剩余异常主要是古太古界兴和岩群（$Ar_1X.$）老地层及老变质深成体（Ar_2Sgn、Ar_2XLgn）引起，而壕赖沟铁矿的含矿地层即为古太古界兴和岩群。所以该剩余重力异常可间接地反映该类型铁矿有利的成矿地质环境，即在该区峰值较高的剩余重力正异常区应是铁矿形成的有利地区。

三、典型矿床预测要素

根据典型矿床成矿要素和地球物理、遥感、自然重砂特征，确定典型矿床预测要素（表 9-1）。

表 9-1　壕赖沟式变质型铁矿典型矿床预测要素表

预测要素		描述内容			要素类别
储量		13 842 400t	平均品位	TFe 29.48%	
特征描述		变质型铁矿床			
地质环境	岩石类型	含矿地层为古太古界兴和岩群，根据岩性组合，由下到上分为 4 个岩组：①石榴黑云辉斜片麻岩夹薄层辉斜片麻岩；②二长片麻岩夹辉石二长片麻岩及黑云二长片麻岩；③辉斜片麻岩；④二长片麻岩、辉斜麻粒岩互层夹石榴辉斜片麻岩及铁矿层			必要
	岩石结构	花岗变晶结构、粒状变晶结构			次要
	成矿时代	古太古代			必要
	大地构造位置	华北陆块，狼山-阴山陆块，Ⅱ-4-1 固阳-兴和陆核（Ar_1），Ⅱ-4-2 色尔腾山-太仆寺旗古岩浆弧（Ar_3）			重要
	构造环境	古太古代陆核形成阶段			重要
矿床特征	矿物组合	金属矿物：主要为磁铁矿，少量磁赤铁矿，微量钛铁矿、黄铜矿及黄铁矿；脉石矿物主要以石英、辉石为主，次为次闪石、石榴石、黑云母、绿泥石、磷灰石、长石及碳酸盐矿物			重要
	结构构造	结构：花岗变晶结构、粒状变晶结构、碎斑胶结结构、交代结构等； 构造：主要为条带状、片麻状，次为角砾状及浸染状构造等			次要
	控矿条件	古太古界兴和岩群第四岩组			重要
物探特征	地磁特征	>1 000nT			重要
	重力特征	重力梯度带偏正一侧，剩余重力正异常			次要

第二节　预测工作区特征

本预测区范围包括白云鄂博、四子王旗、包头市、呼和浩特市、大同市 5 个 1∶25 万区调图幅，分别隶属包头市、呼和浩特市和乌兰察布市管辖。地理坐标为东经 109°30′～114°00′，北纬 40°00′～42°00′。

一、区域地质矿产特征

预测区大地构造位置位于狼山-阴山陆块，固阳-兴和陆核（Ar_1）和色尔腾山-太仆寺旗古岩浆弧（Ar_3）。对兴和岩群在各地分布的岩性特征、岩石组合、原岩建造变质作用等方面进行了综合研究，共划分出了 8 种变质岩建造类型，其中含沉积变质铁矿的建造有 5 种：①二辉麻粒岩-紫苏斜长麻粒岩夹石榴磁铁石英岩变质建造（$Ar_1X.^{c}$四子王旗幅）；②紫苏斜长麻粒岩-黑云角闪斜长片麻岩夹含磁铁石英岩变质建造（$Ar_1X.^{gnl}$白云鄂博幅）；③二辉斜长麻粒岩-紫苏斜长麻粒岩夹二辉磁铁石英岩变质建造（$Ar_1X.^{gnl}$包头市幅）；④紫苏花岗质麻粒岩-角闪紫苏花岗质混合片麻岩夹磁铁石英岩变质建造（$Ar_1X.^{g}$呼和浩特市幅）；⑤紫苏斜长麻粒岩-紫苏长英质麻粒岩夹含铁长石石英岩变质建造（$Ar_1X.^{z}$大同市幅）。

兴和岩群中沉积变质铁矿产地16处，包头以北地区有10处，如壕赖沟、老营河、小壕赖、马厂等铁矿床。含矿变质岩建造的特征是，有的与基性麻粒岩关系密切，如包头市壕赖沟铁矿床，有的与酸性麻粒岩类关系密切，如兴和县店子村马厂铁矿，东坡地区老营河铁矿，但总体上与酸性麻粒岩类的关系更为密切。含铁岩石矿物成分比较简单，一般为磁铁石英岩，有些含少量石榴石、辉石或角闪石的石英岩或长石石英岩。

二、区域地球物理特征

预测区磁场大致可划分为两个磁场区：北侧以－100～＋100nT的正磁场为背景磁场区，其中西部以＋100nT的正磁场为背景，东部以－100nT的负磁场为背景。其间分布着许多形态各异带状磁异常，磁异常轴向以东西向为主，北东向和北西向次之，磁场值变化范围在－2 880～5 300nT之间；南侧磁场比北侧变化梯度大、正磁异常面积也大，正磁异常呈东西向带状大面积分布。磁异常走向西部以东西向为主，形态较规整，东部以北东向为主，形态较杂乱。预测区内大面积的负磁场分布区，如临河地区和呼和浩特地区，为中新生界断陷盆地引起，大面积的正磁异常是太古宙基底地层的反映。

甲类已知矿航磁异常多数处在较低磁异常背景上，相对异常形态较为规则，多数为尖峰状，北侧伴有微弱负值，异常多处在磁测推断的北西向和东西向断裂上或其两侧，以及侵入岩体上或其与老地层的接触带上，沉积变质型铁矿居多。

该区域已完成了1∶20万区域重力测量工作。区域布格重力异常图上，该预测区位于乌拉山-大青山-集宁东西向延伸的重力高值带中，局部伴有呼包盆地、白彦花盆地、河套盆地等重力低异常。剩余重力异常图上，预测区显示为近东西向及北东向展布的剩余重力正异常带与负异常带相互伴生的特点。局部剩余重力异常形态多呈椭圆状，也有条带状或串珠状。区内剩余重力正异常多为太古宙老地层引起，如G蒙-601、G蒙-608等，少数与超基性岩有关，个别剩余重力正异常与矿有关，如蛮汉山剩余重力正异常G蒙-607。剩余重力负异常与酸性、中酸性岩体及新生代、中生代盆地有关，如L蒙-691、L蒙-586为花岗岩类引起，L蒙-606与呼包盆地有关。

三、区域遥感解译特征

在遥感图像上表现为近东西走向，主构造线以压型构造为主，北东及北北东向构造为辅，两构造组成本地区的菱形块状构造格架。在两组构造之中形成了次级公里级的小构造，而且多数为张或张扭性小构造，这种构造多数为储矿构造。

预测区内主要近东西向区域性控矿构造带有两条：

(1)华北陆块北缘断裂带(F1)，该断裂带在北部边缘近东西展布，基本横跨整个预测区；构造在该区域显示明显的断续东西向延伸特点，线型构造两侧地质体较复杂，线型构造经过多套地质体。

(2)集宁-凌源断裂带(F2)，该断裂带在区内中显现为逆冲推覆断层，东西走向，总体北倾，地表多以韧性剪切带形式出现，控制了太古宇、古元古界的分布，向东延入河北省。近东西向冲沟、洼地、陡坎，伴有与之平行细纹理。

已知铁矿点与本预测区中的羟基异常吻合的有壕赖沟铁矿、黑脑包铁矿。与本预测区中的铁染异常吻合的有黑脑包铁矿。

四、区域预测要素

根据典型矿床成矿要素和地球物理、遥感、自然重砂特征，确定典型矿床预测要素，见表 9-2。

表 9-2　壕赖沟式变质型铁矿预测工作区预测要素表

区域预测要素		描述内容	要素类别
地质环境	大地构造位置	狼山-阴山陆块，固阳-兴和陆核(Ar_1)和色尔腾山-太仆寺旗古岩浆弧(Ar_3)	必要
	成矿区(带)	华北成矿省，华北地块北缘西段 Au-Fe-Nb-REE-Cu-Pb-Zn-Ag-Ni-Pt-W -石墨-白云母成矿带，固阳-白银查干 Au-Fe-Cu-Pb-Zn -石墨成矿亚带和乌拉山-集宁 Fe-Au-Ag-Mo-Cu-Pb-Zn -石墨-白云母成矿亚带	必要
	区域成矿类型及成矿期	沉积变质型，古太古代	必要
控矿地质条件	赋矿地质体	兴和岩群第四岩组	必要
	控矿侵入岩	无	
	主要控矿构造	褶皱控矿	重要
	蚀变及风化	无	
区内相同类型矿产		已知矿床(点)16 处	重要
航磁		>1 000nT	重要
重力		布格重力异常高值带，剩余重力正异常	重要
遥感		一级铁染、羟基异常	次要
自然重砂		有黄铁矿、钼铅矿、自然铅等重矿物异常	重要

第三节　矿产预测

一、综合地质信息定位预测

本次用综合信息地质单元法进行预测区的圈定，利用 MRAS 软件中的建模功能，通过成矿必要要素的叠加圈定最小预测区。预测地质变量选择了古太古界兴和岩群变质地层、铁矿体、铁矿床(点)、矿点缓冲区、航磁异常范围、重力剩余异常，地质单元选择兴和岩群变质岩与矿点不在兴和岩群中半径为 0.5km 矿点缓冲区的和。

预测区分级原则：A 级，兴和岩群含铁麻粒岩＋铁矿床(点、铁矿层)＋航磁异常分布范围＋剩余重力值＞－6；B 级，兴和岩群含铁麻粒岩＋航磁异常分布范围＋剩余重力值＞－6；C 级，兴和岩群含铁麻粒岩＋剩余重力值＞－6。

本次工作共圈定各级异常区 143 个，其中 A 级 34 个，B 级 58 个，C 级 51 个，总面积 1 127.23km^2(图 9-1)。各最小预测区综合信息见表 9-3。

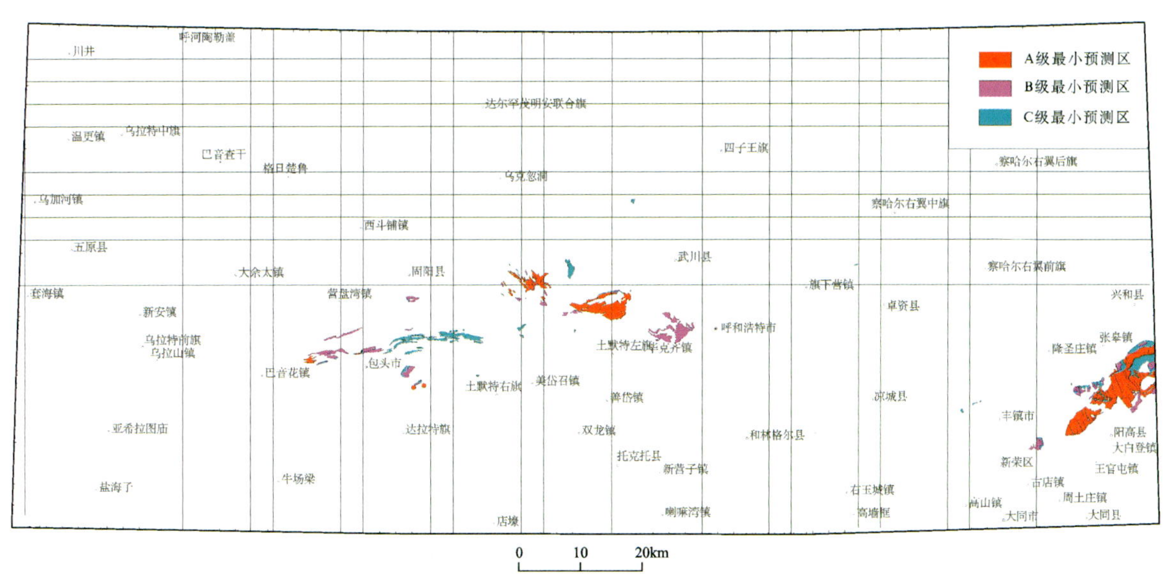

图 9-1　壕赖沟式变质型铁矿预测工作区最小预测区优选分布示意图

表 9-3　壕赖沟式变质型铁矿预测工作区最小预测区综合信息表

最小预测区编号	最小预测区名称	面积(km^2)	最小预测区成矿条件及找矿潜力(航磁单位为 nT,重力单位为$\times10^{-5}m/s^2$)
A1501103001	大腮汗	53.94	赋存在古太古界兴和岩群含铁麻粒岩中,已知的小型铁矿床 3 处,航磁化极异常等值线起始值绝大部分在－40 以上,剩余重力异常等值线起始值在 6～15 之间。具很大的找矿潜力
A1501103002	白银洞	0.80	赋存在古太古界兴和岩群含铁麻粒岩中,已知的小型铁矿床 1 处,航磁化极异常等值线起始值绝大部分在－40 以上,剩余重力异常等值线起始值在 9～10 之间。具较好的找矿潜力
A1501103003	竹拉沟	2.74	赋存在古太古界兴和岩群含铁麻粒岩中,航磁化极异常等值线起始值绝大部分在－40 以上,剩余重力异常等值线起始值在 6～10 之间。具较好的找矿潜力
A1501103004	下湿壕乡	1.94	赋存在古太古界兴和岩群含铁麻粒岩中,已知的小型铁矿床 1 处,航磁化极异常等值线起始值绝大部分在－40 以上,剩余重力异常等值线起始值在 8～15 之间。具较好的找矿潜力
A1501103005	东坡村	1.66	赋存在古太古界兴和岩群含铁麻粒岩中,航磁化极异常等值线起始值绝大部分在－40 以上,剩余重力异常等值线起始值在－1～1 之间。具较好的找矿潜力
A1501103006	苦井忽洞	1.54	赋存在古太古界兴和岩群含铁麻粒岩中,航磁化极异常等值线起始值绝大部分在－40 以上,剩余重力异常等值线起始值在 4～6 之间。具较好的找矿潜力
A1501103007	小耗赖	96.92	赋存在古太古界兴和岩群含铁麻粒岩中,已知的小型铁矿床 1 处,航磁化极异常等值线起始值绝大部分在－40 以上,剩余重力异常等值线起始值在 0～4 之间。具较好的找矿潜力
A1501103008	北京沟	46.73	赋存在古太古界兴和岩群含铁麻粒岩中,已知的小型铁矿床 1 处,航磁化极异常等值线起始值绝大部分在－40 以上,剩余重力异常等值线起始值在－3～2 之间。具较好的找矿潜力
A1501103009	大不产沟	1.86	赋存在古太古界兴和岩群含铁麻粒岩中,有航磁剩余异常,剩余重力异常等值线起始值在－2～2 之间。具较好的找矿潜力

续表 9-3

最小预测区编号	最小预测区名称	面积（km^2）	最小预测区成矿条件及找矿潜力（航磁单位为 nT,重力单位为$\times10^{-5}m/s^2$）
A1501103010	山河原沟	3.09	赋存在古太古界兴和岩群含铁麻粒岩中，是山河原沟小型铁矿床的直径为500m 的缓冲区，剩余重力异常等值线起始值在 6～9 之间。具较好的找矿潜力
A1501103011	乌兰不浪	0.86	赋存在古太古界兴和岩群含铁麻粒岩中，已知的矿点 1 处，剩余重力异常等值线起始值在 2～7 之间。具较好的找矿潜力
A1501103012	白家营乡	0.99	赋存在古太古界兴和岩群含铁麻粒岩中，剩余重力异常等值线起始值在－2～－1之间。具较好的找矿潜力
A1501103013	白家营乡南西	0.37	赋存在古太古界兴和岩群含铁麻粒岩中，剩余重力异常等值线起始值在－2～0之间。具较好的找矿潜力
A1501103014	大红石崖	82.44	赋存在古太古界兴和岩群含铁麻粒岩中，有航磁剩余异常，剩余重力异常等值线起始值在－8～8 之间。具较好的找矿潜力
A1501103015	东营子村南	3.75	赋存在古太古界兴和岩群含铁麻粒岩中，剩余重力异常等值线起始值在－1～1之间。具较好的找矿潜力
A1501103016	牧厂沟	8.25	赋存在古太古界兴和岩群含铁麻粒岩中，剩余重力异常等值线起始值在0～1之间。具较好的找矿潜力
A1501103017	葛胡夭村	15.53	赋存在古太古界兴和岩群含铁麻粒岩中，剩余重力异常等值线起始值在－2～3之间。具较好的找矿潜力
A1501103018	落官夭村东	2.60	赋存在古太古界兴和岩群含铁麻粒岩中，剩余重力异常等值线起始值在0～3之间。具较好的找矿潜力
A1501103019	落官夭村南东	0.88	赋存在古太古界兴和岩群含铁麻粒岩中，剩余重力异常等值线起始值在3～4之间。具较好的找矿潜力
A1501103020	西沟门	11.39	赋存在古太古界兴和岩群含铁麻粒岩中，已知的小型铁矿点 2 处，有航磁剩余异常，剩余重力异常等值线起始值在－10～0 之间。具很大的找矿潜力
A1501103021	西窑	1.49	赋存在古太古界兴和岩群含铁麻粒岩中，剩余重力异常等值线起始值在－3～－4之间。具较好的找矿潜力
A1501103022	西窑南西	3.13	赋存在古太古界兴和岩群含铁麻粒岩中，剩余重力异常等值线起始值在－5～－4之间。具较好的找矿潜力
A1501103023	西窑南	3.89	赋存在古太古界兴和岩群含铁麻粒岩中，剩余重力异常等值线起始值在－5～－4之间。具较好的找矿潜力
A1501103024	二道梁村	50.87	赋存在古太古界兴和岩群含铁麻粒岩中，有航磁剩余异常，剩余重力异常等值线起始值在－2～9 之间。具较好的找矿潜力
A1501103025	西施沟村	0.74	赋存在古太古界兴和岩群含铁麻粒岩中，剩余重力异常等值线起始值在－5～－4之间。具较好的找矿潜力
A1501103026	西窑南东	3.17	赋存在古太古界兴和岩群含铁麻粒岩中，剩余重力异常等值线起始值在－7～－5之间。具较好的找矿潜力
A1501103027	梁尾	70.14	赋存在古太古界兴和岩群含铁麻粒岩中，有航磁剩余异常，剩余重力异常等值线起始值在－8～6 之间。具较好的找矿潜力
A1501103028	赶牛沟	75.78	赋存在古太古界兴和岩群含铁麻粒岩中，已知的小型铁矿床 3 处，剩余重力异常等值线起始值在－5～4 之间。具很大的找矿潜力
A1501103029	小龙王庙	0.57	赋存在古太古界兴和岩群含铁麻粒岩中，剩余重力异常等值线起始值在3～4之间。具较好的找矿潜力
A1501103030	守口堡	2.84	赋存在古太古界兴和岩群含铁麻粒岩中，剩余重力异常等值线起始值在1～4之间。具较好的找矿潜力
A1501103031	南沟村	7.60	赋存在古太古界兴和岩群含铁麻粒岩中，已知的小型铁矿床 1 处，剩余重力异常等值线起始值在－2～0 之间。具较好的找矿潜力

续表 9-3

最小预测区编号	最小预测区名称	面积(km^2)	最小预测区成矿条件及找矿潜力(航磁单位为 nT,重力单位为$\times10^{-5}m/s^2$)
A1501103032	口子村	6.05	赋存在古太古界兴和岩群含铁麻粒岩中,剩余重力异常等值线起始值在−3~2之间。具较好的找矿潜力
A1501103033	小壕赖	43.38	赋存在古太古界兴和岩群含铁麻粒岩中,是壕赖沟中型铁矿床的直径为500m 的缓冲区,剩余重力异常等值线起始值在−2~3 之间。具较大的找矿潜力
A1501103034	壕赖沟	18.95	赋存在古太古界兴和岩群含铁麻粒岩中,是壕赖沟中型铁矿床的直径为500m 的缓冲区,剩余重力异常等值线起始值在 7~15 之间。具极大的找矿潜力
B1501103001	中格尔图	0.89	赋存在古太古界兴和岩群含铁麻粒岩中,剩余重力异常等值线起始值在5~8之间。具较好的找矿潜力
B1501103002	小东沟	1.10	赋存在古太古界兴和岩群含铁麻粒岩中,剩余重力异常等值线起始值在9~10之间。具较好的找矿潜力
B1501103003	哈拉门独乡	1.93	赋存在揭盖的古太古界兴和岩群含铁麻粒岩中,剩余重力异常等值线起始值在 3~8 之间。具较好的找矿潜力
B1501103004	阳湾	1.29	赋存在古太古界兴和岩群含铁麻粒岩中,剩余重力异常等值线起始值在−1~1之间。具较好的找矿潜力
B1501103005	武昌永村	1.58	赋存在古太古界兴和岩群含铁麻粒岩中,剩余重力异常等值线起始值在7~10之间。具较好的找矿潜力
B1501103006	民胜村	8.08	赋存在古太古界兴和岩群含铁麻粒岩中,剩余重力异常等值线起始值在2~6之间。具较好的找矿潜力
B1501103007	瓦窑	2.19	赋存在古太古界兴和岩群含铁麻粒岩中,剩余重力异常等值线起始值在−1~5之间。具较好的找矿潜力
B1501103008	杨树坝	4.94	赋存在古太古界兴和岩群含铁麻粒岩中,剩余重力异常等值线起始值在−3~5之间。具较好的找矿潜力
B1501103009	前石花	3.88	赋存在古太古界兴和岩群含铁麻粒岩中,剩余重力异常等值线起始值在−2~1之间。具较好的找矿潜力
B1501103010	庙沟乡	2.93	赋存在古太古界兴和岩群含铁麻粒岩中,剩余重力异常等值线起始值在−2~1之间。具较好的找矿潜力
B1501103011	后宽滩	11.89	赋存在古太古界兴和岩群含铁麻粒岩中,剩余重力异常等值线起始值在5~10之间。具较好的找矿潜力
B1501103012	霍寨村	4.40	赋存在古太古界兴和岩群含铁麻粒岩中,剩余重力异常等值线起始值在4~8之间。具较好的找矿潜力
B1501103013	大瓦窑村	35.17	赋存在古太古界兴和岩群含铁麻粒岩中,有航磁剩余异常,剩余重力异常等值线起始值在 5~20 之间。具较好的找矿潜力
B1501103014	庙塔	8.06	赋存在古太古界兴和岩群含铁麻粒岩中,剩余重力异常等值线起始值在1~3之间。具较好的找矿潜力
B1501103015	后店	0.17	赋存在古太古界兴和岩群含铁麻粒岩中,剩余重力异常等值线起始值在1~2之间。具较好的找矿潜力
B1501103016	店上村	10.47	赋存在古太古界兴和岩群含铁麻粒岩中,剩余重力异常等值线起始值在9~18之间。具较好的找矿潜力
B1501103017	六分子	1.40	赋存在古太古界兴和岩群含铁麻粒岩中,剩余重力异常等值线起始值在1~2之间。具较好的找矿潜力
B1501103018	沟门村	18.73	赋存在古太古界兴和岩群含铁麻粒岩中,有航磁剩余异常,剩余重力异常等值线起始值在 10~20 之间。具较好的找矿潜力
B1501103019	沼店	3.47	赋存在古太古界兴和岩群含铁麻粒岩中,剩余重力异常等值线起始值在1~2之间。具较好的找矿潜力

续表 9-3

最小预测区编号	最小预测区名称	面积(km^2)	最小预测区成矿条件及找矿潜力(航磁单位为 nT,重力单位为$\times10^{-5}m/s^2$)
B1501103020	讨合气村	0.65	赋存在古太古界兴和岩群含铁麻粒岩中,有航磁剩余异常,剩余重力异常等值线起始值在 9～18 之间。具较好的找矿潜力
B1501103021	一间夭	4.33	赋存在古太古界兴和岩群含铁麻粒岩中,剩余重力异常等值线起始值在2～5之间。具较好的找矿潜力
B1501103022	葫芦树沟南	1.04	赋存在古太古界兴和岩群含铁麻粒岩中,剩余重力异常等值线起始值在2～4之间。具较好的找矿潜力
B1501103023	二道坝沟	13.94	赋存在古太古界兴和岩群含铁麻粒岩中,有航磁剩余异常,剩余重力异常等值线起始值在－3～2 之间。具较好的找矿潜力
B1501103024	乌兰树大坝	21.48	赋存在古太古界兴和岩群含铁麻粒岩中,剩余重力异常等值线起始值在3～7之间。具较好的找矿潜力
B1501103025	西窑	1.42	赋存在古太古界兴和岩群含铁麻粒岩中,剩余重力异常等值线起始值在4～6之间。具较好的找矿潜力
B1501103026	平方沟	4.91	赋存在古太古界兴和岩群含铁麻粒岩中,有航磁剩余异常,剩余重力异常等值线起始值在 2～4 之间。具较好的找矿潜力
B1501103027	七墩西	9.84	赋存在古太古界兴和岩群含铁麻粒岩中,有航磁剩余异常,剩余重力异常等值线起始值在－2～2 之间。具较好的找矿潜力
B1501103028	宏赐堡	15.00	赋存在古太古界兴和岩群含铁麻粒岩中,有航磁剩余异常,剩余重力异常等值线起始值在－2～2 之间。具较好的找矿潜力
B1501103029	三道坝	1.61	赋存在古太古界兴和岩群含铁麻粒岩中,剩余重力异常等值线起始值在0～2之间。具较好的找矿潜力
B1501103030	小梁子村西	6.20	赋存在古太古界兴和岩群含铁麻粒岩中,剩余重力异常等值线起始值在1～4之间。具较好的找矿潜力
B1501103031	东营子村北	9.15	赋存在古太古界兴和岩群含铁麻粒岩中,剩余重力异常等值线起始值在－1～1之间。具较好的找矿潜力
B1501103032	花家夭村南 1	0.40	赋存在古太古界兴和岩群含铁麻粒岩中,剩余重力异常等值线起始值在2～4之间。具较好的找矿潜力
B1501103033	花家夭村南 2	0.19	赋存在古太古界兴和岩群含铁麻粒岩中,剩余重力异常等值线起始值在2～3之间。具较好的找矿潜力
B1501103034	榆树沟	12.23	赋存在古太古界兴和岩群含铁麻粒岩中,剩余重力异常等值线起始值在3～10之间。具较好的找矿潜力
B1501103035	花家夭村南 3	0.24	赋存在古太古界兴和岩群含铁麻粒岩中,剩余重力异常等值线起始值在2～3之间。具较好的找矿潜力
B1501103036	芦家营村东	0.18	赋存在古太古界兴和岩群含铁麻粒岩中,剩余重力异常等值线起始值在－2～－1之间。具较好的找矿潜力
B1501103037	老官坟村东	1.83	赋存在古太古界兴和岩群含铁麻粒岩中,剩余重力异常等值线起始值在1～6之间。具较好的找矿潜力
B1501103038	老官坟村北	0.66	赋存在古太古界兴和岩群含铁麻粒岩中,剩余重力异常等值线起始值在0～5之间。具较好的找矿潜力
B1501103039	山和园沟南西	0.21	赋存在古太古界兴和岩群含铁麻粒岩中,剩余重力异常等值线起始值在7～9之间。具较好的找矿潜力

续表 9-3

最小预测区编号	最小预测区名称	面积（km^2）	最小预测区成矿条件及找矿潜力（航磁单位为nT，重力单位为$\times 10^{-5} m/s^2$）
B1501103040	牛青山村东	0.86	赋存在古太古界兴和岩群含铁麻粒岩中，剩余重力异常等值线起始值在－3～0之间。具较好的找矿潜力
B1501103041	臭水井村	0.93	赋存在古太古界兴和岩群含铁麻粒岩中，剩余重力异常等值线起始值在8～15之间。具较好的找矿潜力
B1501103042	牛青山村东	0.83	赋存在古太古界兴和岩群含铁麻粒岩中，有航磁剩余异常，剩余重力异常等值线起始值在－3～0之间。具较好的找矿潜力
B1501103043	落官夭村南东	0.93	赋存在古太古界兴和岩群含铁麻粒岩中，剩余重力异常等值线起始值在2～3之间。具较好的找矿潜力
B1501103044	牛青山村	2.15	赋存在古太古界兴和岩群含铁麻粒岩中，有航磁剩余异常，剩余重力异常等值线起始值在－4～0之间。具较好的找矿潜力
B1501103045	石嘴村南东	0.74	赋存在古太古界兴和岩群含铁麻粒岩中，有航磁剩余异常，剩余重力异常等值线起始值在－3～0之间。具较好的找矿潜力
B1501103046	忻州窑村北1区	2.32	赋存在古太古界兴和岩群含铁麻粒岩中，剩余重力异常等值线起始值在－2～3之间。具较好的找矿潜力
B1501103047	忻州窑村北2	0.56	赋存在古太古界兴和岩群含铁麻粒岩中，剩余重力异常等值线起始值在－2～3之间。具较好的找矿潜力
B1501103048	小饮马沟	4.70	赋存在古太古界兴和岩群含铁麻粒岩中，剩余重力异常等值线起始值在－5～3之间。具较好的找矿潜力
B1501103049	陈胡窑	3.18	赋存在古太古界兴和岩群含铁麻粒岩中，剩余重力异常等值线起始值在－3～2之间。具较好的找矿潜力
B1501103050	西石甲北	1.75	赋存在古太古界兴和岩群含铁麻粒岩中，剩余重力异常等值线起始值在－4～－1之间。具较好的找矿潜力
B1501103051	西站马沟	5.65	赋存在古太古界兴和岩群含铁麻粒岩中，剩余重力异常等值线起始值在2～4之间。具较好的找矿潜力
B1501103052	二道梁村南西	0.18	赋存在古太古界兴和岩群含铁麻粒岩中，剩余重力异常等值线起始值在4～5之间。具较好的找矿潜力
B1501103053	石嘴子村南	1.35	赋存在古太古界兴和岩群含铁麻粒岩中，剩余重力异常等值线起始值在－2～5之间。具较好的找矿潜力
B1501103054	二道梁村南西	1.07	赋存在古太古界兴和岩群含铁麻粒岩中，剩余重力异常等值线起始值在－1～5之间。具较好的找矿潜力
B1501103055	西石甲北东	0.63	赋存在古太古界兴和岩群含铁麻粒岩中，剩余重力异常等值线起始值在－5～－3之间。具较好的找矿潜力
B1501103056	西石甲东	0.82	赋存在古太古界兴和岩群含铁麻粒岩中，剩余重力异常等值线起始值在－5～－4之间。具较好的找矿潜力
B1501103057	西石甲南	0.18	赋存在古太古界兴和岩群含铁麻粒岩中，有航磁剩余异常，剩余重力异常等值线起始值在－2～2之间。具较好的找矿潜力
B1501103058	七墩北西	3.26	赋存在古太古界兴和岩群含铁麻粒岩中，剩余重力异常等值线起始值在－6～－4之间。具较好的找矿潜力
C1501103001	希拉穆仁苏木	2.20	赋存在古太古界兴和岩群含铁麻粒岩中，剩余重力异常等值线起始值在1～6之间。找矿潜力一般

续表 9-3

最小预测区编号	最小预测区名称	面积（km^2）	最小预测区成矿条件及找矿潜力（航磁单位为 nT，重力单位为 $\times 10^{-5} m/s^2$）
C1501103002	公忽洞村最小预测区	16.55	赋存在古太古界兴和岩群含铁麻粒岩中，剩余重力异常等值线起始值在－3～8之间。找矿潜力一般
C1501103003	察汉哈达嘎查	0.69	赋存在古太古界兴和岩群含铁麻粒岩中，剩余重力异常等值线起始值在0～5之间。找矿潜力一般
C1501103004	坝根底	0.26	赋存在古太古界兴和岩群含铁麻粒岩中，剩余重力异常等值线起始值在2～4之间。找矿潜力一般
C1501103005	长发城村	0.46	赋存在古太古界兴和岩群含铁麻粒岩中，剩余重力异常等值线起始值在5～6之间。找矿潜力一般
C1501103006	刘三沟	0.25	赋存在古太古界兴和岩群含铁麻粒岩中，剩余重力异常等值线起始值在6～7之间。找矿潜力一般
C1501103007	山神庙	0.22	赋存在古太古界兴和岩群含铁麻粒岩中，剩余重力异常等值线起始值在0～2之间。找矿潜力一般
C1501103008	前窑子村	4.05	赋存在揭盖的古太古界兴和岩群含铁麻粒岩中，有航磁剩余异常，剩余重力异常等值线起始值在－2～2 之间。找矿潜力一般
C1501103009	后白菜村	0.35	赋存在古太古界兴和岩群含铁麻粒岩中，剩余重力异常等值线起始值在2～6之间。找矿潜力一般
C1501103010	三姓保	0.47	赋存在揭盖的古太古界兴和岩群含铁麻粒岩中，剩余重力异常等值线起始值在5～6之间。找矿潜力一般
C1501103011	小川口南	0.05	赋存在揭盖的古太古界兴和岩群含铁麻粒岩中，剩余重力异常等值线起始值在2～3之间。找矿潜力一般
C1501103012	刘二窑子	0.12	赋存在古太古界兴和岩群含铁麻粒岩中，剩余重力异常等值线起始值在0～1之间。找矿潜力一般
C1501103013	白菜沟北东	1.87	赋存在古太古界兴和岩群含铁麻粒岩中，剩余重力异常等值线起始值在－2～4之间。找矿潜力一般
C1501103014	白菜沟	2.24	赋存在古太古界兴和岩群含铁麻粒岩中，剩余重力异常等值线起始值在2～6之间。找矿潜力一般
C1501103015	帮浪沟	0.40	赋存在古太古界兴和岩群含铁麻粒岩中，剩余重力异常等值线起始值在3～5之间。找矿潜力一般
C1501103016	红崖结	0.49	赋存在古太古界兴和岩群含铁麻粒岩中，剩余重力异常等值线起始值在3～5之间。找矿潜力一般
C1501103017	叶白沟	0.49	赋存在古太古界兴和岩群含铁麻粒岩中，剩余重力异常等值线起始值在3～5之间。找矿潜力一般
C1501103018	六分子南	1.93	赋存在古太古界兴和岩群含铁麻粒岩中，剩余重力异常等值线起始值在1～3之间。找矿潜力一般
C1501103019	后达连沟	0.92	赋存在古太古界兴和岩群含铁麻粒岩中，剩余重力异常等值线起始值在6～7之间。找矿潜力一般
C1501103020	阿代沟北	0.20	赋存在古太古界兴和岩群含铁麻粒岩中，剩余重力异常等值线起始值在4～5之间。找矿潜力一般
C1501103021	前店	59.73	赋存在古太古界兴和岩群含铁麻粒岩中，剩余重力异常等值线起始值在1～9之间。找矿潜力一般

续表 9-3

最小预测区编号	最小预测区名称	面积（km^2）	最小预测区成矿条件及找矿潜力（航磁单位为 nT，重力单位为 $\times10^{-5}m/s^2$）
C1501103022	巴总尧村北	0.28	赋存在古太古界兴和岩群含铁麻粒岩中，剩余重力异常等值线起始值在5～7之间。找矿潜力一般
C1501103023	吉忽伦图苏木	0.86	赋存在古太古界兴和岩群含铁麻粒岩中，剩余重力异常等值线起始值在8～9之间。找矿潜力一般
C1501103024	达吉坝北	1.30	赋存在古太古界兴和岩群含铁麻粒岩中，剩余重力异常等值线起始值在9～10之间。找矿潜力一般
C1501103025	吉忽伦图苏木南	0.38	赋存在古太古界兴和岩群含铁麻粒岩中，剩余重力异常等值线起始值在8～10之间。找矿潜力一般
C1501103026	后本坝沟	7.39	赋存在古太古界兴和岩群含铁麻粒岩中，剩余重力异常等值线起始值在1～4之间。找矿潜力一般
C1501103027	厂汉嘎查	1.81	赋存在古太古界兴和岩群含铁麻粒岩中，剩余重力异常等值线起始值在6～10之间。找矿潜力一般
C1501103028	葫芦树沟	21.29	赋存在揭盖的古太古界兴和岩群含铁麻粒岩中，剩余重力异常等值线起始值在0～6之间。找矿潜力一般
C1501103029	小坝	1.66	赋存在古太古界兴和岩群含铁麻粒岩中，剩余重力异常等值线起始值在5～7之间。找矿潜力一般
C1501103030	银匠沟	2.80	赋存在古太古界兴和岩群含铁麻粒岩中，剩余重力异常等值线起始值在1～4之间。找矿潜力一般
C1501103031	昆都伦召	1.70	赋存在揭盖的古太古界兴和岩群含铁麻粒岩中，有航磁剩余异常，剩余重力异常等值线起始值在－2～2之间
C1501103052	古城湾乡	2.36	赋存在揭盖的古太古界兴和岩群含铁麻粒岩中，有航磁剩余异常，剩余重力异常等值线起始值在7～15之间。找矿潜力一般
C1501103033	边墙壕	5.59	赋存在古太古界兴和岩群含铁麻粒岩中，剩余重力异常等值线起始值在4～8之间。找矿潜力一般
C1501103034	平方沟南东	0.73	赋存在揭盖的古太古界兴和岩群含铁麻粒岩中，有航磁剩余异常，剩余重力异常等值线起始值在3～4之间。找矿潜力一般
C1501103035	小梁子村	10.30	赋存在揭盖的古太古界兴和岩群含铁麻粒岩中，剩余重力异常等值线起始值在0～6之间。找矿潜力一般
C1501103036	阿嘎如泰苏木	1.91	赋存在揭盖的古太古界兴和岩群含铁麻粒岩中，剩余重力异常等值线起始值在－1～2之间。找矿潜力一般
C1501103037	三道坝北西	0.15	赋存在揭盖的古太古界兴和岩群含铁麻粒岩中，剩余重力异常等值线起始值在2～4之间。找矿潜力一般
C1501103038	东营子村	5.95	赋存在揭盖的古太古界兴和岩群含铁麻粒岩中，剩余重力异常等值线起始值在－1～2之间。找矿潜力一般
C1501103039	后营子乡	5.99	赋存在揭盖的古太古界兴和岩群含铁麻粒岩中，剩余重力异常等值线起始值在3～10之间。找矿潜力一般
C1501103040	悦来窑	0.67	赋存在古太古界兴和岩群含铁麻粒岩中，剩余重力异常等值线起始值在5～7之间。找矿潜力一般
C1501103041	老官坟村	14.40	赋存在揭盖的古太古界兴和岩群含铁麻粒岩中，有航磁剩余异常，剩余重力异常等值线起始值在－10～6之间。找矿潜力一般

续表 9-3

最小预测区编号	最小预测区名称	面积(km^2)	最小预测区成矿条件及找矿潜力(航磁单位为nT,重力单位为$\times10^{-5}m/s^2$)
C1501103042	山元井	0.20	赋存在古太古界兴和岩群含铁麻粒岩中,剩余重力异常等值线起始值在2～4之间。找矿潜力一般
C1501103043	石嘴村	4.27	赋存在揭盖的古太古界兴和岩群含铁麻粒岩中,有航磁剩余异常,剩余重力异常等值线起始值在－3～2之间。找矿潜力一般
C1501103044	陈胡窑北	1.51	赋存在古太古界兴和岩群含铁麻粒岩中,剩余重力异常等值线起始值在－3～3之间。找矿潜力一般
C1501103045	忻州窑村	1.53	赋存在揭盖的古太古界兴和岩群含铁麻粒岩中,剩余重力异常等值线起始值在－4～0之间。找矿潜力一般
C1501103046	东十八台村	0.30	赋存在古太古界兴和岩群含铁麻粒岩中,剩余重力异常等值线起始值在－4～－2之间。找矿潜力一般
C1501103047	西十八台村东	0.12	赋存在古太古界兴和岩群含铁麻粒岩中,剩余重力异常等值线起始值在－3～－2之间。找矿潜力一般
C1501103048	西十八台村	0.86	赋存在古太古界兴和岩群含铁麻粒岩中,剩余重力异常等值线起始值在－4～－2之间。找矿潜力一般
C1501103049	马王庙村	1.52	赋存在古太古界兴和岩群含铁麻粒岩中,剩余重力异常等值线起始值在－2～0之间。找矿潜力一般
C1501103050	十三沟	3.96	赋存在揭盖的古太古界兴和岩群含铁麻粒岩中,剩余重力异常等值线起始值在－1～7之间。找矿潜力一般
C1501103051	店子乡	52.43	赋存在揭盖的古太古界兴和岩群含铁麻粒岩中,剩余重力异常等值线起始值在－4～7之间。找矿潜力一般

二、综合信息地质体积法估算资源量

1. 典型矿床深部及外围资源量估算

查明资源量、体重及全铁品位均来源于包钢集团勘察测绘研究院有限公司2003年3月编写的《内蒙古包头市俊峰工业集团有限责任公司壕赖沟铁矿矿产储量核实报告》。根据壕赖沟铁矿区Ⅵ勘探给及储量计算剖面图ZK81得知勘查深度为433m,垂矿体均已控制,但433m以下含矿岩系仍存在,因C级储量的勘探网为200m×(100～200)m,故下延采用50m($L_{延}$),面积是根据1∶2 000的内蒙古包头市壕赖沟式变质型铁矿典型矿床成矿要素图,在MapGIS软件下读取数据确定的。

典型矿床深部及外围预测资源量见表9-4。

表9-4　壕赖沟式变质型铁矿典型矿床深部及外围资源量估算一览表

典型矿床		深部及外围		
已查明资源量(t)	13 842 400	深部	面积(m^2)	864 016
面积(m^2)	864 016		深度(m)	50
深度(m)	433	外围	面积(m^2)	1 901 145
TFe品位(%)	29.48		深度(m)	483
密度(t/m^3)	3.39	预测资源量(t)		35 573 800
体积含矿率(t/m^3)	0.037	典型矿床资源总量(t)		49 416 200

2. 模型区的确定、资源量及估算参数

模型区内没有其他矿床，模型区总资源量＝查明资源量＋预测资源量＝49 416 200(t)，模型区延深与典型矿床预测深度一致为483m；模型区含矿地质体面积与模型区面积一致，经MapGIS软件下读取数据为模型区面积($S_{模}$)＝4 671 250(m^2)，见表9-5。

表9-5 壕赖沟式变质型铁矿模型区预测资源量及其估算参数表

编号	名称	模型区总资源量(t)	模型区面积(m^2)	延深(m)	含矿地质体面积(m^2)	含矿地质体面积参数	含矿地质体含矿系数K
A1501301001	壕赖沟	49 416 200	18 946 476.50	483	18 946 476.50	1	0.005 4

3. 最小预测区预测资源量

壕赖沟式变质型铁矿预测工作区最小预测区资源量定量估算采用地质体积法。本次预测资源总量为56 533.41×10^4t，详见表9-6。

表9-6 壕赖沟式变质型铁矿预测工作区最小预测区预测资源量表

最小预测区编号	最小预测区名称	$S_{预}$(km^2)	延深(m)	K	α	$Z_{预}$(×10^4t)	资源量级别
A1501301001	大腮汗	53.94	800	0.005 4	0.14	3 145.52	334-1
A1501301002	白银洞	0.80	800	0.005 4	0.98	2.52	334-1
A1501301003	竹拉沟	2.74	300	0.005 4	0.21	93.29	334-2
A1501301004	下湿壕乡	1.94	200	0.005 4	0.40	27.46	334-2
A1501301005	东坡村	1.66	800	0.005 4	0.16	114.70	334-2
A1501301006	苦井忽洞	1.54	450	0.005 4	0.20	74.66	334-2
A1501301007	小耗赖	96.92	800	0.005 4	0.13	5 129.64	334-1
A1501301008	北京沟	46.73	800	0.005 4	0.12	2 422.34	334-2
A1501301009	大不产沟	1.86	200	0.005 4	0.23	46.31	334-2
A1501301010	山河原沟	3.09	400	0.005 4	0.20	12.39	334-1
A1501301011	乌兰不浪	0.86	400	0.005 4	0.40	18.01	334-1
A1501301012	白家营乡	0.99	400	0.005 4	0.21	45.06	334-2
A1501301013	白家营乡南西	0.37	400	0.005 4	0.30	24.18	334-2
A1501301014	大红石崖	82.44	800	0.005 4	0.12	4 234.20	334-2
A1501301015	东营子村南	3.75	800	0.005 4	0.16	258.99	334-2
A1501301016	牧厂沟	8.25	400	0.005 4	0.14	249.39	334-2
A1501301017	葛胡夭村	15.53	800	0.005 4	0.13	872.00	334-2
A1501301018	落官夭村东	2.60	400	0.005 4	0.18	101.03	334-2
A1501301019	落官夭村南东	0.88	800	0.005 4	0.22	84.10	334-2
A1501301020	西沟门	11.39	400	0.005 4	0.14	344.32	334-2
A1501301021	西窑	1.49	800	0.005 4	0.16	102.89	334-2

续表 9-6

最小预测区编号	最小预测区名称	$S_{预}$ (km^2)	延深 (m)	K	α	$Z_{预}$ ($\times 10^4 t$)	级别
A1501301022	西窑南西	3.13	800	0.005 4	0.15	202.76	334-2
A1501301023	西窑南	3.89	800	0.005 4	0.13	218.31	334-2
A1501301024	二道梁村	50.87	800	0.005 4	0.12	2 637.25	334-2
A1501301025	西施沟村北东	0.74	800	0.005 4	0.22	70.60	334-2
A1501301026	西窑南东	3.17	800	0.005 4	0.20	274.15	334-2
A1501301027	梁尾	70.14	800	0.005 4	0.12	3 636.17	334-2
A1501301028	赶牛沟	75.78	800	0.005 4	0.14	4 540.94	334-3
A1501301029	小龙王庙	0.57	800	0.005 4	0.50	122.46	334-3
A1501301030	守口堡	2.84	800	0.005 4	0.14	171.87	334-3
A1501301031	南沟村	7.60	800	0.005 4	0.20	656.65	334-3
A1501301032	口子村	6.05	800	0.005 4	0.14	366.16	334-3
A1501301033	小壕赖	43.38	800	0.005 4	0.20	3 476.45	334-2
A1501301034	壕赖沟	18.95	800	0.005 4	1	3 557.38	334-1
B1501301001	中格尔图	0.89	250	0.005 4	0.22	26.57	334-2
B1501301002	小东沟	1.10	250	0.005 4	0.14	20.85	334-2
B1501301003	哈拉门独乡	1.93	800	0.005 4	0.11	91.60	334-2
B1501301004	阳湾	1.29	800	0.005 4	0.12	66.86	334-2
B1501301005	武昌永村	1.58	300	0.005 4	0.11	28.12	334-2
B1501301006	民胜村	8.08	700	0.005 4	0.12	366.35	334-2
B1501301007	瓦窑	2.19	800	0.005 4	0.10	94.61	334-2
B1501301008	杨树坝	4.94	700	0.005 4	0.10	186.56	334-2
B1501301009	前石花	3.88	400	0.005 4	0.13	109.01	334-2
B1501301010	庙沟乡	2.93	400	0.005 4	0.10	63.26	334-2
B1501301011	后宽滩	11.89	600	0.005 4	0.10	385.33	334-2
B1501301012	霍寨村	4.40	600	0.005 4	0.11	156.77	334-2
B1501301013	大瓦窑村	35.17	600	0.005 4	0.10	1 139.36	334-2
B1501301014	庙塔	8.06	500	0.005 4	0.10	217.69	334-2
B1501301015	后店	0.17	250	0.005 4	0.30	7.02	334-2
B1501301016	店上村	10.47	600	0.005 4	0.10	339.18	334-2
B1501301017	六分子	1.40	250	0.005 4	0.14	26.37	334-2
B1501301018	沟门村	18.73	600	0.005 4	0.10	606.99	334-2
B1501301019	沼店	3.47	400	0.005 4	0.10	74.91	334-2
B1501301020	讨合气村	0.65	250	0.005 4	0.10	8.71	334-2
B1501301021	一间夭	4.33	800	0.005 4	0.10	187.15	334-2

续表 9-6

最小预测区编号	最小预测区名称	$S_{预}$（km^2）	延深（m）	K	α	$Z_{预}$（$\times 10^4$ t）	级别
B1501301022	葫芦树沟南	1.04	800	0.005 4	0.15	67.56	334-2
B1501301023	二道坝沟	13.94	800	0.005 4	0.10	602.20	334-2
B1501301024	乌兰树大坝	21.48	800	0.005 4	0.10	927.83	334-2
B1501301025	西窑	1.42	800	0.005 4	0.10	61.48	334-2
B1501301026	平方沟	4.91	800	0.005 4	0.10	211.91	334-2
B1501301027	七墩西	9.84	800	0.005 4	0.10	424.98	334-3
B1501301028	宏赐堡	15.00	800	0.005 4	0.10	614.70	334-3
B1501301029	三道坝	1.61	300	0.005 4	0.10	26.12	334-2
B1501301030	小梁子村西	6.20	800	0.005 4	0.10	267.97	334-2
B1501301031	东营子村北	9.15	800	0.005 4	0.10	395.20	334-2
B1501301032	花家夭村南 1	0.40	800	0.005 4	0.10	17.31	334-2
B1501301033	花家夭村南 2	0.19	800	0.005 4	0.10	8.18	334-2
B1501301034	榆树沟	12.23	600	0.005 4	0.10	396.15	334-2
B1501301035	花家夭村南 3	0.24	800	0.005 4	0.10	10.23	334-2
B1501301036	芦家营村东	0.18	800	0.005 4	0.20	15.43	334-2
B1501301037	老官坟村东	1.83	800	0.005 4	0.10	78.97	334-2
B1501301038	老官坟村北	0.66	800	0.005 4	0.10	28.56	334-2
B1501301039	山和园沟南西	0.21	600	0.005 4	1.50	99.86	334-2
B1501301040	牛青山村东	0.86	800	0.005 4	0.10	36.97	334-2
B1501301041	臭水井村	0.93	800	0.005 4	0.10	40.35	334-2
B1501301042	牛青山村东	0.83	800	0.005 4	0.10	35.76	334-2
B1501301043	落官夭村南东	0.93	800	0.005 4	0.10	40.15	334-2
B1501301044	牛青山村	2.15	800	0.005 4	0.10	92.88	334-2
B1501301045	石嘴村南东	0.74	800	0.005 4	0.10	31.88	334-2
B1501301046	忻州窑村北 1	2.32	800	0.005 4	0.10	100.21	334-2
B1501301047	忻州窑村北 2	0.56	800	0.005 4	0.10	23.99	334-2
B1501301048	小饮马沟	4.70	800	0.005 4	0.10	203.21	334-2
B1501301049	陈胡窑	3.18	800	0.005 4	0.10	137.43	334-2
B1501301050	西石甲北	1.75	800	0.005 4	0.10	75.44	334-2
B1501301051	西站马沟	5.65	800	0.005 4	0.10	243.99	334-2
B1501301052	二道梁村南西	0.18	800	0.005 4	0.23	18.12	334-2
B1501301053	石嘴子村南	1.35	800	0.005 4	0.10	58.31	334-2
B1501301054	二道梁村南西	1.07	800	0.005 4	0.10	46.41	334-2
B1501301055	西石甲北东	0.63	800	0.005 4	0.10	27.31	334-2

续表 9-6

最小预测区编号	最小预测区名称	$S_{预}$ (km^2)	延深 (m)	K	α	$Z_{预}$ (×10^4 t)	级别
B1501301056	西石甲东	0.82	800	0.005 4	0.10	35.54	334-2
B1501301057	西石甲南	0.18	800	0.005 4	0.10	7.74	334-2
B1501301058	七墩北西	3.26	800	0.005 4	0.10	140.81	334-2
C1501301001	希拉穆仁苏木	2.20	800	0.005 4	0.10	95.20	334-2
C1501301002	公忽洞村	16.55	800	0.005 4	0.14	1 001.18	334-2
C1501301003	察汉哈达嘎查	0.69	250	0.005 4	0.10	9.26	334-2
C1501301004	坝根底	0.26	250	0.005 4	0.10	3.49	334-2
C1501301005	长发城村	0.46	250	0.005 4	0.10	6.18	334-2
C1501301006	刘三沟	0.25	250	0.005 4	0.10	3.32	334-2
C1501301007	山神庙	0.22	250	0.005 4	0.10	3.02	334-2
C1501301008	前窑子村	4.05	500	0.005 4	0.10	109.26	334-2
C1501301009	后白菜村	0.35	250	0.005 4	0.10	4.79	334-2
C1501301010	三姓保	0.47	400	0.005 4	0.10	10.13	334-2
C1501301011	小川口南	0.05	400	0.005 4	0.10	0.98	334-2
C1501301012	刘二窑子	0.12	250	0.005 4	0.10	1.66	334-2
C1501301013	白菜沟北东	1.87	400	0.005 4	0.10	40.40	334-2
C1501301014	白菜沟	2.24	400	0.005 4	0.10	48.42	334-2
C1501301015	帮浪沟	0.40	400	0.005 4	0.10	8.68	334-2
C1501301016	红崖结	0.49	400	0.005 4	0.10	10.62	334-2
C1501301017	叶白沟	0.49	800	0.005 4	0.10	21.25	334-2
C1501301018	六分子南	1.93	800	0.005 4	0.10	83.39	334-2
C1501301019	后达连沟	0.92	800	0.005 4	0.10	39.88	334-2
C1501301020	阿代沟北	0.20	800	0.005 4	0.10	8.82	334-2
C1501301021	前店	59.73	400	0.005 4	0.10	1 290.06	334-2
C1501301022	巴总尧村北	0.28	400	0.005 4	0.10	5.96	334-2
C1501301023	吉忽伦图苏木	0.86	800	0.005 4	0.10	37.14	334-2
C1501301024	达吉坝北	1.30	800	0.005 4	0.10	56.36	334-2
C1501301025	吉忽伦图苏木南	0.38	800	0.005 4	0.10	16.39	334-2
C1501301026	后本坝沟	7.39	800	0.005 4	0.10	319.11	334-2
C1501301027	厂汉嘎查	1.81	800	0.005 4	0.10	77.99	334-2
C1501301028	葫芦树沟	21.29	800	0.005 4	0.10	919.60	334-2
C1501301029	小坝	1.66	800	0.005 4	0.10	71.82	334-2
C1501301030	银匠沟	2.80	800	0.005 4	0.10	120.76	334-2
C1501301031	昆都伦召	1.70	800	0.005 4	0.10	73.39	334-2

续表 9-6

最小预测区编号	最小预测区名称	$S_预$（km^2）	延深（m）	K	α	$Z_预$（$\times10^4$t）	级别
C1501301032	古城湾乡	2.36	800	0.005 4	0.10	102.01	334-2
C1501301033	边墙壕	5.59	800	0.005 4	0.10	241.30	334-2
C1501301034	平方沟南东	0.73	800	0.005 4	0.10	31.56	334-2
C1501301035	小梁子村	10.30	800	0.005 4	0.10	445.17	334-2
C1501301036	阿嘎如泰苏木	1.91	800	0.005 4	0.10	82.31	334-2
C1501301037	三道坝北西	0.15	300	0.005 4	0.10	2.47	334-2
C1501301038	东营子村	5.95	800	0.005 4	0.10	257.24	334-2
C1501301039	后营子乡	5.99	800	0.005 4	0.10	258.57	334-2
C1501301040	悦来窑	0.67	300	0.005 4	0.10	10.79	334-2
C1501301041	老官坟村	14.40	800	0.005 4	0.10	622.15	334-2
C1501301042	山元井	0.20	300	0.005 4	0.10	3.32	334-2
C1501301043	石嘴村	4.27	800	0.005 4	0.10	184.37	334-2
C1501301044	陈胡窑北	1.51	800	0.005 4	0.10	65.33	334-2
C1501301045	忻州窑村	1.53	800	0.005 4	0.10	66.02	334-2
C1501301046	东十八台村	0.30	250	0.005 4	0.10	4.11	334-3
C1501301047	西十八台村东	0.12	250	0.005 4	0.10	1.63	334-3
C1501301048	西十八台村	0.86	250	0.005 4	0.10	11.55	334-3
C1501301049	马王庙村	1.52	250	0.005 4	0.10	20.50	334-3
C1501301050	十三沟	3.96	800	0.005 4	0.10	171.08	334-3
C1501301051	店子乡	52.43	800	0.005 4	0.10	2 264.86	334-2
合计						56 533.41	

4. 预测工作区资源总量成果汇总

壕赖沟铁矿预测工作区预测资源量按精度、可利用性及可信度统计结果见表 9-7。

表 9-7 壕赖沟式变质型铁矿预测工作区预测资源量统计分析表（$\times10^4$t）

精度	深度		可利用性		可信度			合计
	500m 以浅	1 000m 以浅	可利用	暂不可利用	$x\geqslant0.75$	$0.75>x\geqslant0.5$	$0.5>x\geqslant0.25$	
334-1	10 263.83	11 865.46	11 865.46	—	11 865.46	—	—	11 865.46
334-2	25 372.67	37 561.32	37 561.32	—	19 613.11	8 814.73	9 135.96	37 561.32
334-3	1 617.72	7 106.63	7 106.63	—	5 858.08	1 039.68	208.87	7 106.63
合计								56 533.41

第十章　三合明式变质型铁矿预测成果

第一节　典型矿床特征

一、典型矿床地质特征

三合明沉积变质铁矿床分布于达尔罕茂明安联合旗石宝乡，地理坐标为东经 111°00′30″～111°03′00″，北纬 41°20′30″～41°22′00″。

1. 矿区地质

地层主要为色尔腾山岩群，由下至上分为5个岩段：①绿泥条痕状混合岩、云母斜长片麻岩；②白云母斜长片麻岩、白云绿泥斜长片麻岩；③角闪斜长条痕混合岩；④白云斜长片麻岩；⑤角闪岩夹透闪片岩、云母片岩夹厚层条带状磁铁石英岩。

矿区内未见有大的侵入岩，仅有几处闪长岩、辉石闪长岩、闪斜煌斑岩、碳酸岩等脉岩（图 10-1）。

区内发育两背三向褶皱构造，轴面走向北东或南北，枢纽向南西或南倾伏，表现为被挠曲构造复杂化了的单斜构造，总体向南倾斜。矿区断裂构造特别发育，均为成矿后断裂，对矿体有一定的破坏作用，其中东西向两条大的反冲逆断层（F16、F12）贯通整个矿区，中部上升，南北两侧下降，使含矿地层呈东西向狭长带状，超覆在新生界之上。

2. 矿床地质

下含矿层：分布于中部露头区及东部异常区，主矿体有一层。中部露头区矿体受褶皱控制，西段矿体走向北东 45°，南东倾，倾角正常翼为 45°，倒转翼 70°。东段矿体走向北西，倾向南西，倾角大于 50°。因受走向褶曲控制，矿体多次重复出现，形成短轴倒转褶曲构造。中部露头区矿体长 1 200 余米，厚 8.32～91.56m，最大延深 250～300m。东异常区矿体走向近南北，向东倾，倾角 70°，呈陡倾单斜构造。东部异常区仅有5个小矿体，呈透镜状夹在磁铁透闪片岩中，最大厚度小于 10m，长度和斜深仅十几米至数十米。

上含矿层：分布在西异常区，有2个主矿体，呈单斜构造，产状变化大。上部矿体呈似层状，长 1 100m，厚 5.79～71.75m，垂深 390m。下部矿体呈似层状，长 110m，厚 2～56.71m，最大延深 465m。

矿石结构：自形—半自形粒状变晶结构，纤维状、束状、放射状变晶结构，包含变晶结构，交代溶蚀结构；矿石构造：条带、条痕状构造，皱纹状构造，细脉浸染状构造。

矿石矿物以磁铁矿为主，其次为假象赤铁矿、半假象赤铁矿及褐铁矿。脉石矿物以铁闪石、镁闪石和石英为主，其次有少量极少量黑云母、金云母、石榴石、黄铁矿、绿泥石、榍石等。

铁矿石 TFe 最高达 51.37%，平均为 34.51%，SFe 最高达 44.59%，平均为 27.52%，SFe 含量主要集中在 25%～32%之间。伴生元素 S 含量 0.003%～1.272%，平均为 0.219%，P 为 0.034%～0.219%，平均为 0.105%，As 为 0.05%。

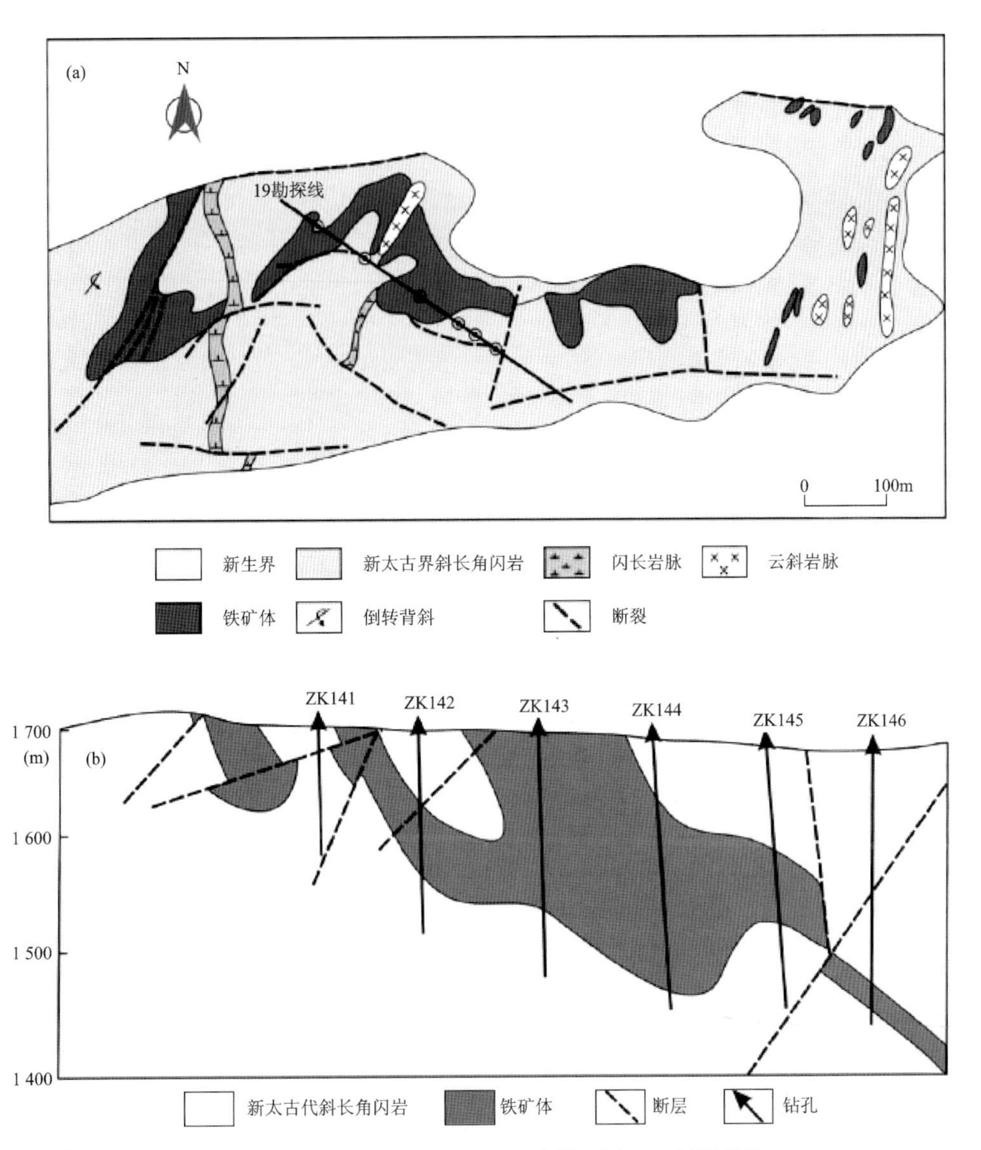

图 10-1　三合明铁矿区地质图(a)及 19 线剖面图(b)(据刘利等,2012)

工业类型属低硫、磷不含氟的弱磁性需选酸性硅质单一磁铁贫矿矿石。自然类型为按脉石矿物划分为石英型、石英闪石型和闪石型;按有用矿物为磁铁矿石;按结构构造划分为条带状、皱纹状和细脉浸染状磁铁矿矿石。

3. 矿床成因与成矿时代

①铁矿床赋存于新太古界色尔腾山岩群中,严格受地层层位控制;②铁矿体围岩主要为斜长角闪岩、片岩,其原岩主要为基性火山岩;③矿体受褶皱构造控制明显,在褶皱转折端明显增厚,受后期变质变形改造明显。因此三合明铁矿的成因类型应属于沉积变质型矿床。

据刘利等(2012)对选自斜长角闪岩中的锆石进行 SIMS U-Pb 定年,具有核边结构、Th/U 大于 0.4 的锆石其核部给出了(2 562±14Ma)的上交点年龄,可大致作为色尔腾山岩群的形成时代,因此成矿时代是新太古代。

4. 矿床成矿模式

太古宙时地壳尚未很好固结,水域中海底火山活动非常活跃。在火山活动间歇期,火山喷发或海底火山温泉活动将大量的硅铁物质带入水体之中,同时受火山活动影响而形成的酸性海水使喷溢于海底的基性火山岩发生海解，汲取其部分成矿物质。这时在海底火山活动中心附近，通过火山喷气与温泉带来大量的 Cl^- 、SO_4^{2-} 、CO_3^{2-} 等酸根离子，使水体呈强酸性和使成矿物质以络合物、胶体、离子等多种形式存在于海水中。而距火山中心较远处以及海盆边部的水体中，由于陆源水的大量加入及火山活动影响减弱，使其形成正 Eh 值、pH 值为中性—弱酸性的水体环境。由于在同一海盆中同时存在着这两种差异很大的水体环境，因而必定发生对流作用，使火山中心附近的酸性水携带着硅铁物质向海盆边缘运移，并在边部的中性—弱酸性水体中沉积成矿。但是，在太古宙成矿的漫长时期中，这两种水体的环境时有强弱变化，其影响范围也因此时有往复摆动，因而在海盆中成矿有利环境将因时而异。在火山活动中心附近的酸性水体环境中通常不利于铁质沉积成矿，只是在火山活动暂时减弱，陆源水体影响很弱时，才能在短暂时间内形成零星、分散的铁矿小矿体。在距火山中心较远的地方以受陆源水影响为主，具有良好沉积条件，所形成的矿体层数较少，但厚度稳定。在上述两者交替部位，由于环境往复变化，往往形成层数多、规模大的矿床(图 10-2)。

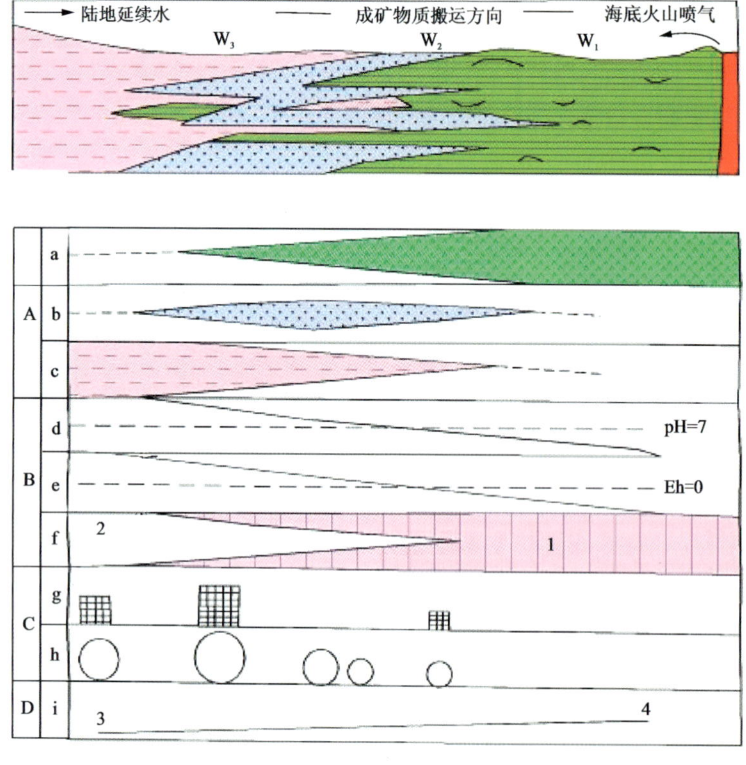

图 10-2　三合明式铁矿床成矿模式示意图(据裴荣富，1995)

沉积成矿水体环境；W_1. 强酸性水环境；W_2. 酸碱性交替环境；W_3. 中性-弱碱性水环境；A. 地层原岩组成(a. 海底火山喷发的基性火山岩；b. 海底火山喷发之中酸性凝灰质火山；c. 陆原泥质-粉砂质沉积岩)；B. 沉积水体特征(d. 水体中之酸减性；e. 水体中的氧化电位；f. 水体成分；1. 海底火山影响的酸性水；2. 陆源水体影响之中性—弱酸性水)；C. 铁矿床发有特(g. 矿石储量；h. 矿床规模)；D. 铁矿石成分(3. 矿石 Fe_2O_3+FeO 含量；4. 矿石 $Al_2O_3+MgO+CaO$ 含量)

二、典型矿床地球物理特征

1. 矿床所在区域重磁场特征

三合明铁矿处在区域重力场中重力异常过渡带上，南北两侧为相对重力高，剩余重力异常图显示为相对重力低异常；区域航磁等值线平面图反映为负磁或低缓磁场背景中的圆团状正磁异常，主矿区在南，其强度、梯度都较大，北侧伴有负值。北部有中区和西区两个矿区，其磁异常相对弱于南侧主矿磁异常。见图 10-3、图 10-4。

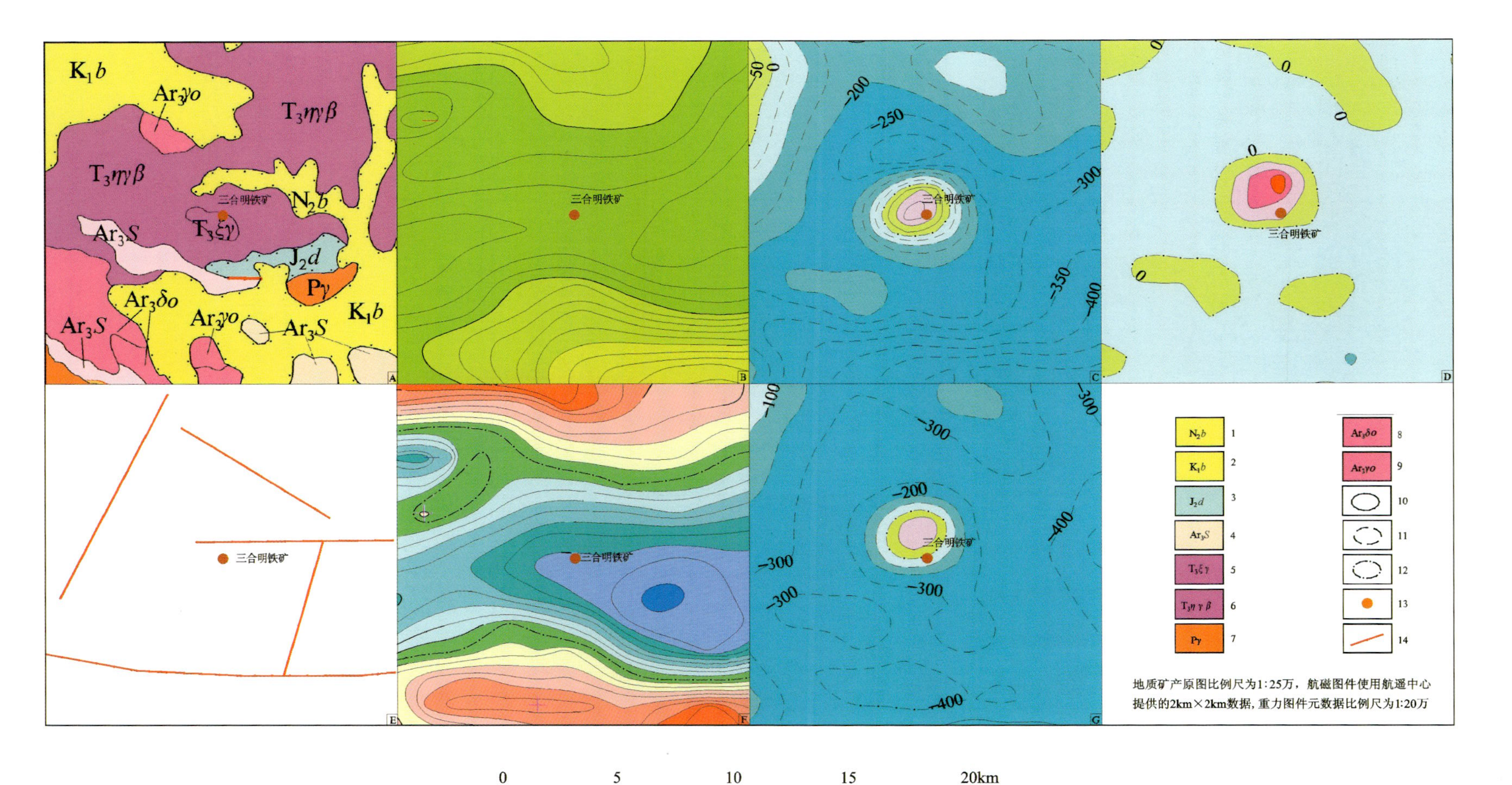

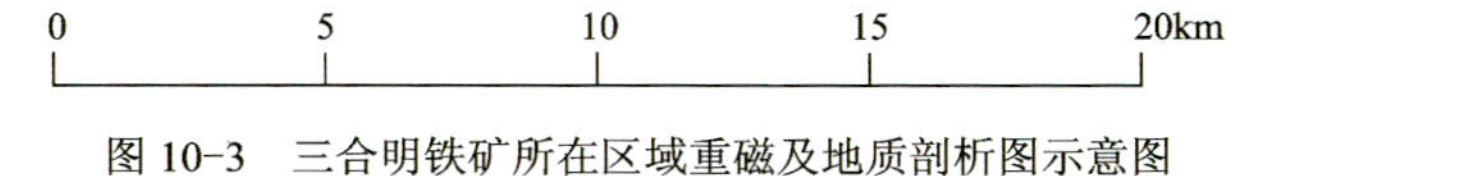

图 10-3　三合明铁矿所在区域重磁及地质剖析图示意图

A.地质矿产图；B.布格重力异常图；C.航磁ΔT等值线平面图；D.航磁ΔT化极垂向一阶导数等值线平面图；E.重磁推断地质构造图；F.剩余重力异常图；G.航磁ΔT化极等值线平面图

1. 宝格达乌拉组：砖红色砂质泥岩、砂岩、砂砾岩；2. 巴彦花组：灰白褐红色砂砾岩、灰黄色砂岩、灰黑色泥页岩、油页岩；3. 大青山组：紫红灰绿色砂岩、砾岩夹粉砂岩；4. 色尔腾山岩群：糜棱岩化片岩、斜长角闪片岩等；5. 正长花岗岩；6. 二长花岗岩；7. 花岗岩；8. 石英闪长岩；9. 英云闪长岩；10. 正等值线及注记；11. 负等值线及注记；12. 零等值线及注记；13. 三合明铁矿；14. 推断三级断裂

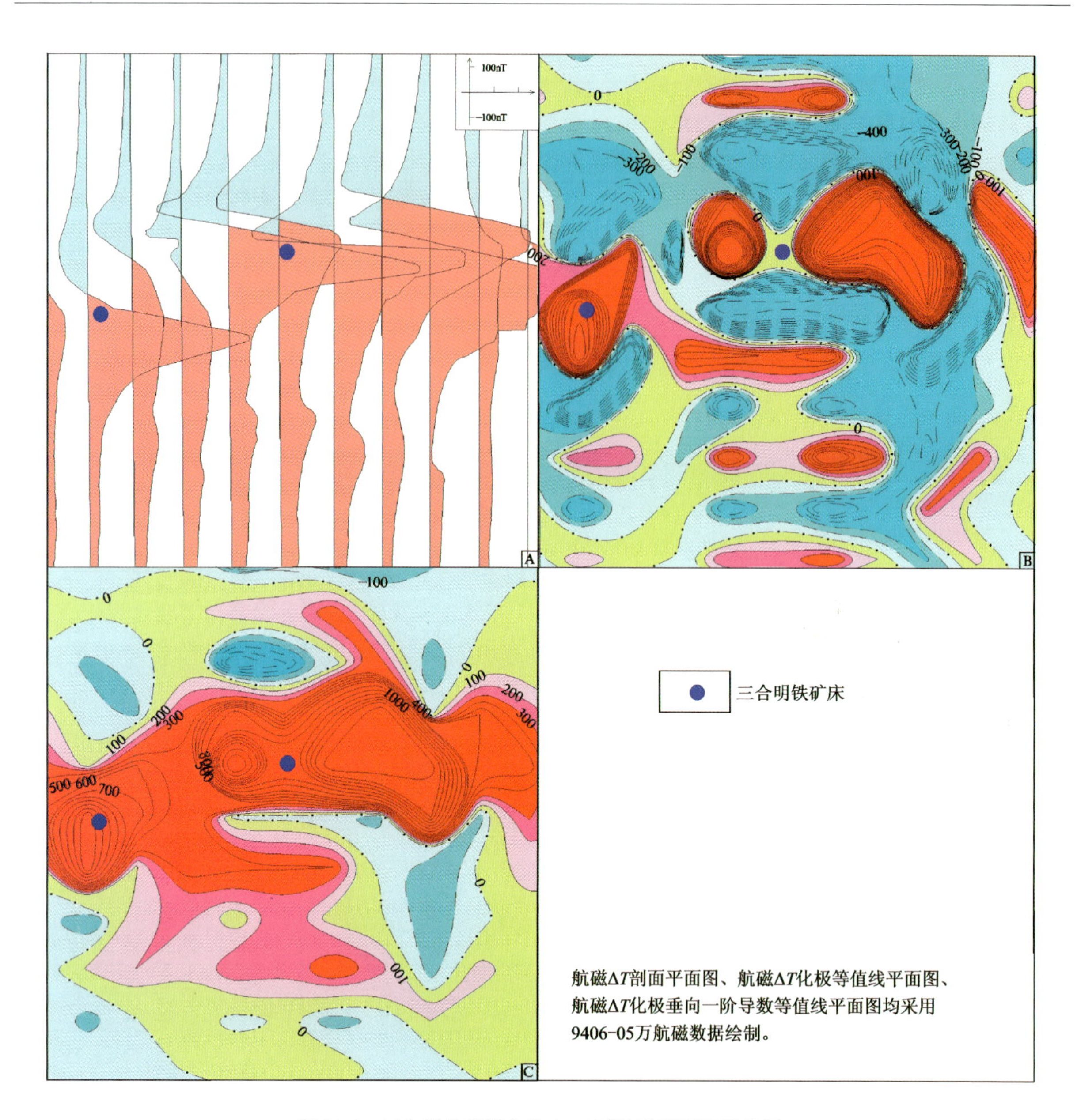

图 10-4　三合明铁矿所在地 1∶5 万航磁剖析图示意图

A.航磁 ΔT 剖面平面图;B.航磁 ΔT 化极垂向一阶导数等值线平面图;C.航磁 ΔT 化极等值线平面图

2. 矿床地球物理特征

沿一定走向分布强磁异常带及局部规则的磁异常,低磁异常中的高磁异常,常伴有负异常(图 10-5)。C74 异常由 3 个正异常组成,即西、中、东部异常。ΔT 强度分别为 3 420nT、4 000nT、4 100nT,呈近东西走向排列。引起中部异常的铁矿体出露地表,长 1.5km,宽 100～200m,磁铁矿之磁化率达 80 800×10^{-6}CGSM,而引起西、东部异常的铁矿体埋藏在地下,据计算,前者埋藏深度 60m 以下,后者埋藏于 70m 以下。磁异常强度普遍较低,但局部异常较高。

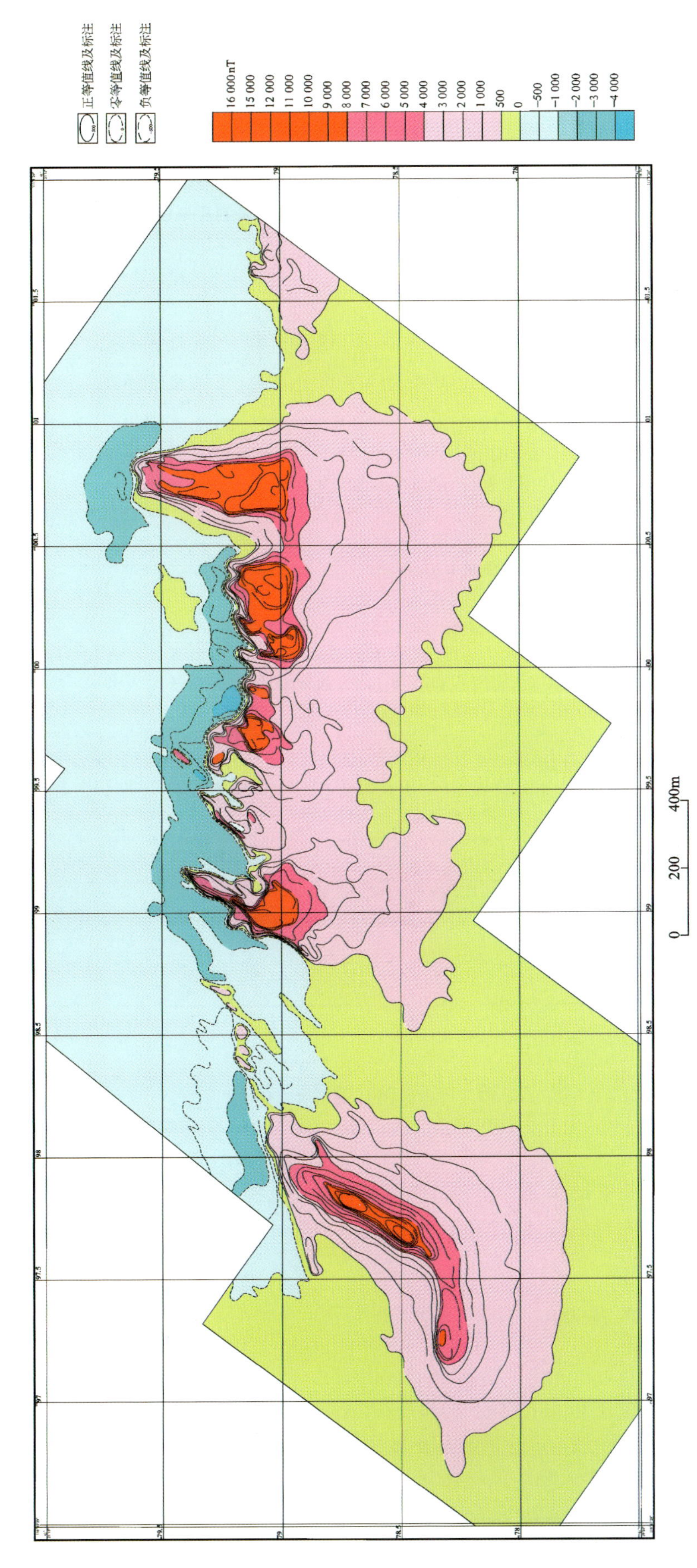

图 10-5　三合明及三合明西部铁矿1:5 000地磁ΔZ等值线平面图示意图

三、典型矿床预测要素

根据典型矿床成矿要素和航磁资料以及重力资料，建立典型矿床预测要素(表 10-1)。

表 10-1　三合明式变质型铁矿典型矿床预测要素表

<table>
<tr><td colspan="2">预测要素</td><td colspan="3">描述内容</td><td rowspan="3">要素类别</td></tr>
<tr><td colspan="2">储量</td><td>16 573.75×10^4 t</td><td>平均品位</td><td>TFe 34.53%</td></tr>
<tr><td colspan="2">特征描述</td><td colspan="3">沉积变质型铁矿床</td></tr>
<tr><td rowspan="3">地质环境</td><td>构造背景</td><td colspan="3">华北陆块区，狼山阴山陆块，色尔腾山-太仆寺旗古岩浆弧(Ar_3)</td><td>必要</td></tr>
<tr><td>成矿环境</td><td colspan="3">滨太平洋成矿域(叠加在古亚洲成矿域之上)，华北成矿省，华北陆块北缘西段 Au-Fe-Nb-REE-Cu-Pb-Zn-Ag-Ni-Pt-W-石墨-白云母成矿带，固阳-白银查干 Au-Fe-Cu-Pb-Zn-石墨成矿亚带(Ar_3、Pt)</td><td>必要</td></tr>
<tr><td>成矿时代</td><td colspan="3">新太古代</td><td>必要</td></tr>
<tr><td rowspan="6">矿床特征</td><td>矿体形态</td><td colspan="3">层状、似层状、透镜状</td><td>重要</td></tr>
<tr><td>岩石类型</td><td colspan="3">斜长角闪岩、片岩</td><td>重要</td></tr>
<tr><td>矿石矿物</td><td colspan="3">有用矿物以磁铁矿为主，其次为假象赤铁矿、半假象赤铁矿及褐铁矿。脉石矿物以铁闪石、镁闪石和石英为主，其次有少量极少量黑云母、金云母、石榴石、黄铁矿、绿泥石、榍石等</td><td>重要</td></tr>
<tr><td>矿石结构构造</td><td colspan="3">矿石结构：自形—半自形粒状变晶结构，纤维状、束状、放射状变晶结构，包含变晶结构，交代溶蚀结构；矿石构造：条带、条痕状构造，皱纹状构造，细脉浸染状构造</td><td>次要</td></tr>
<tr><td>围岩蚀变</td><td colspan="3">无</td><td>次要</td></tr>
<tr><td>主要控矿因素</td><td colspan="3">新太古界色尔腾山岩群</td><td>必要</td></tr>
<tr><td rowspan="2">地球物理特征</td><td>磁法</td><td colspan="3">>50nT</td><td>重要</td></tr>
<tr><td>重力</td><td colspan="3">重力梯度带</td><td>重要</td></tr>
</table>

第二节　预测工作区研究

三合明式沉积变质型铁矿的预测工作区范围与壕赖沟式变质型铁矿的范围一致。其地球物理及遥感特征已经在相关章节中有详细叙述，此处不再重复。

一、区域地质矿产特征

预测区大地构造位置位于Ⅱ-4-1 固阳-兴和陆核(Ar_1)、Ⅱ-4-2 色尔腾山-太仆寺旗古岩浆弧(Ar_3)，成矿区带属Ⅱ-14 华北成矿省、Ⅲ-58 华北地台北缘西段 Au-Fe-Nb-REE-Cu-Pb-Zn-Ag-Ni-Pt-W-石墨-白云母成矿带。

色尔腾山岩群属于中级变质岩系，东五分子岩组主要由黑云斜长片岩、黑云角闪(斜长)片岩、阳起片岩、斜长角闪岩夹云母石英片岩、大理岩及磁铁石英岩组成，其原岩主要为中基性、中酸性火山岩。经综合研究在色尔腾山岩群中共划分出14种变质岩建造类型，其中含铁变质岩建造5种，在柳树沟岩组中有1种，在东五分子岩组中有4种。

在色尔腾山岩群中已发现的矿产地有21处，其中较大规模的有三合明大型铁矿、公益明中型铁矿床、东五分子中型铁矿等。

二、区域预测要素

根据典型矿床及预测工作区成矿要素和地球物理、遥感、自然重砂特征，建立区域预测要素(表10-2)。

表10-2　三合明式变质型铁矿预测工作区预测要素表

区域预测要素		描述内容	要素类别
地质环境	大地构造位置	狼山-阴山陆块，固阳-兴和陆核(Ar_1)和色尔腾山-太仆寺旗古岩浆弧(Ar_3)	必要
	成矿区(带)	华北成矿省，华北地块北缘西段Au-Fe-Nb-REE-Cu-Pb-Zn-Ag-Ni-Pt-W-石墨-白云母成矿带，固阳-白银查干Au-Fe-Cu-Pb-Zn-石墨成矿亚带和乌拉山-集宁Fe-Au-Ag-Mo-Cu-Pb-Zn-石墨-白云母成矿亚带	必要
	区域成矿类型及成矿期	沉积变质型，新太古代	必要
控矿地质条件	赋矿地质体	色尔腾山岩群东五分子岩组	必要
	控矿侵入岩	无	
	主要控矿构造	褶皱控矿	重要
	蚀变及风化	无	
区内相同类型矿产		已知矿床(点)21处	重要
航磁		>1 000nT	重要
重力		布格重力异常高值带，剩余重力正异常	重要
遥感		一级铁染、羟基异常	次要

第三节　矿产预测

一、综合地质信息定位预测

根据区域预测要素研究，选择不规则地质单元法作为预测单元。预测地质变量选择了新太古界色尔腾山岩群东五分子岩组含铁变质地层、铁矿床(点)、矿点缓冲区、航磁异常范围、重力剩余异常，地质单元选择东五分子岩组与矿点不在东五分子岩组中半径为0.5km矿点缓冲区的和。

本次用综合信息地质单元法进行最小预测区的圈定。最小预测区分级原则：A级，色尔腾山岩群东五分子岩组含铁变质地层＋铁矿床(点)＋航磁异常分布范围＋剩余重力值$>-9\times10^{-5}m/s^2$；B级，色尔腾山岩群东五分子岩组含铁变质地层＋航磁异常分布范围＋剩余重力值$>-9\times10^{-5}m/s^2$；C级，色尔腾山岩群东五分子岩组含铁变质地层＋剩余重力值$>-9\times10^{-5}m/s^2$。

本次工作共圈定最小预测区131个，其中A级49个，B级41个，C级41个，总面积604.50km²(图10-6)。最小预测区综合信息见表10-3。

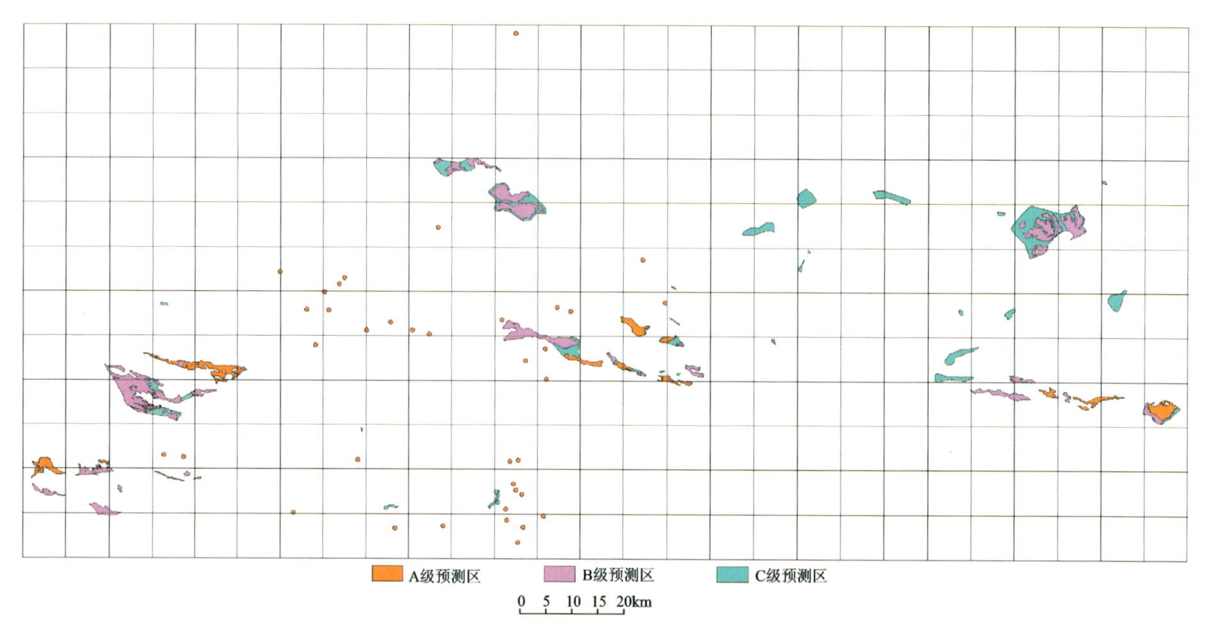

图10-6 三合明式变质型铁矿预测工作区最小预测区优选分布示意图

表10-3 三合明式变质型铁矿预测工作区最小预测区综合信息表

最小预测区编号	最小预测区名称	面积(m^2)	最小预测区成矿条件及找矿潜力(重力单位为$\times10^{-5}m/s^2$)
A1501302001	红格塔拉种羊场	772 543	该最小预测区是红格塔拉种羊场铁矿点直径为500m的缓冲区，重力剩余异常起始值为1～3，具较好的找矿潜力
A1501302002	湾而兔	772 543	该最小预测区是湾而兔铁矿点直径为500m的缓冲区，重力剩余异常起始值为7～10，具较好的找矿潜力
A1501302003	乌兰忽洞	772 543	该最小预测区是乌兰忽洞铁矿点直径为500m的缓冲区，重力剩余异常起始值为4～5，具较好的找矿潜力
A1501302004	铁丝盖	772 543	该最小预测区是铁丝盖铁矿点直径为500m的缓冲区，重力剩余异常起始值为3～3，具较好的找矿潜力
A1501302005	耳棱清沟山	772 543	该最小预测区是耳棱清沟山铁矿点直径为500m的缓冲区，重力剩余异常起始值为3～5，具较好的找矿潜力
A1501302006	那浪图	772 543	该最小预测区是那浪图铁矿点直径为500m的缓冲区，重力剩余异常起始值为4～6，具较好的找矿潜力
A1501302007	三合明	37 538 509	该最小预测区是三合明大型铁矿床直径为500m的缓冲区，重力剩余异常起始值为－5～－3，具极好的找矿潜力
A1501302008	前哈彦忽洞	772 543	该最小预测区是前哈彦忽洞铁矿点直径为500m的缓冲区，重力剩余异常起始值为－1～1，具较好的找矿潜力
A150130209	合教	772 543	该最小预测区是合教中型铁矿床直径为500m的缓冲区，重力剩余异常起始值为－1～1，具较好的找矿潜力
A1501302010	同太永	772 543	该最小预测区是一小型铁矿床直径为500m的缓冲区，重力剩余异常起始值为－1～1，具较好的找矿潜力
A1501302011	温独不冷	772 543	该最小预测区是一铁矿点直径为500m的缓冲区，重力剩余异常起始值为－3～－2，具较好的找矿潜力
A1501302012	大毛忽洞	772 543	该最小预测区是一铁矿点直径为500m的缓冲区，重力剩余异常起始值为－4～2，具较好的找矿潜力

续表 10-3

最小预测区编号	最小预测区名称	面积(m^2)	最小预测区成矿条件及找矿潜力(重力单位为$\times10^{-5}m/s^2$)
A1501302013	杨六疙卜	772 543	该最小预测区是一铁矿点直径为500m的缓冲区,重力剩余异常起始值为−3～−2,具较好的找矿潜力
A1501302014	小西滩	772 543	该最小预测区是一铁矿点直径为500m的缓冲区,重力剩余异常起始值为−3～−2,具较好的找矿潜力
A1501302015	张三壕	772 543	该最小预测区是一铁矿点直径为500m的缓冲区,重力剩余异常起始值为−3～−2,具较好的找矿潜力
A1501302016	陈大壕	772 543	该最小预测区是一铁矿点直径为500m的缓冲区,重力剩余异常起始值为−3～−2,具较好的找矿潜力
A1501302017	六顶帐	772 543	该最小预测区是一铁矿点直径为500m的缓冲区,重力剩余异常起始值为−3～−2,具较好的找矿潜力
A1501302018	兴顺西乡	772 543	该最小预测区赋存在色尔腾山岩群东五分子岩组含铁岩层中,有一铁矿点,重力剩余异常起始值为−7～0,找矿潜力较大
A1501302019	太和村	772 543	该最小预测区是一铁矿点直径为500m的缓冲区,重力剩余异常起始值为−8～−4,具较好的找矿潜力
A1501302020	下岗岗	7 570 079	该最小预测区赋存在色尔腾山岩群东五分子岩组含铁岩层中,该区内有下岗岗和青灰2个小型铁矿床。重力剩余异常起始值为−3～−1,具较好的找矿潜力
A1501302021	姚家村	1 076 518	该最小预测区赋存在色尔腾山岩群东五分子岩组含铁岩层中,有2个小型铁矿床,重力剩余异常起始值为−1～5,找矿潜力极大
A1501302022	生金兔	3 192 941	该最小预测区赋存在色尔腾山岩群东五分子岩组含铁岩层中,有3处小型铁矿床,重力剩余异常起始值为−4～0,找矿潜力极大
A1501302023	黄合少	3 687 083	该最小预测区赋存在色尔腾山岩群东五分子岩组含铁岩层中,重力剩余异常起始值为−4～0,找矿潜力极大
A1501302024	黄合少1	772 543	该最小预测区是一铁矿点直径为500m的缓冲区,重力剩余异常起始值为2～5,具较好的找矿潜力
A1501302025	马场沟	26 809 681	该最小预测区赋存在色尔腾山岩群东五分子岩组含铁岩层中,该区中有马场沟和哈业胡同2个小型铁矿床,重力剩余异常起始值为3～6,找矿潜力较大
A1501302026	白石头沟村	3 375 094	该最小预测区赋存在色尔腾山岩群东五分子岩组含铁岩层中,有3处小型铁矿床,重力剩余异常起始值为−4～0,找矿潜力极大
A1501302027	泉子沟	772 543	该最小预测区赋存在色尔腾山岩群东五分子岩组含铁岩层中,有1处小型铁矿床,重力剩余异常起始值为3～5,找矿潜力较大
A1501302028	保尔合少	1 591 218	该最小预测区赋存在色尔腾山岩群东五分子岩组含铁岩层中,重力剩余异常起始值为2～5,具较好的找矿潜力
A1501302029	小宝日哈沙	3 972 880	该最小预测区赋存在色尔腾山岩群东五分子岩组含铁岩层中,有1处小型铁矿床,重力剩余异常起始值为3～5,找矿潜力较大
A1501302030	东卜子村	7 576 686	该最小预测区赋存在色尔腾山岩群东五分子岩组含铁岩层中,重力剩余异常起始值为6～9,找矿潜力较大
A1501302031	潮脑忽洞	16 962 343	该最小预测区赋存在色尔腾山岩群东五分子岩组含铁岩层中,重力剩余异常起始值为2～6,找矿潜力较大
A1501302032	新地沟	1 155 617	该最小预测区赋存在色尔腾山岩群东五分子岩组含铁岩层中,重力剩余异常起始值为3～8,找矿潜力较大
A1501302033	哈不气	772 543	该最小预测区赋存在色尔腾山岩群东五分子岩组含铁岩层中,哈不气铁矿床产于此区中,重力剩余异常起始值为4～6,找矿潜力较大
A1501302034	哈布其	772 543	哈布其铁矿床位于此最小预测区,直径为500m的缓冲区中,重力剩余异常起始值为−1～2,具较好的找矿潜力

续表 10-3

最小预测区编号	最小预测区名称	面积(m^2)	最小预测区成矿条件及找矿潜力(重力单位为$\times10^{-5}m/s^2$)
A1501302035	王林沟	12 292 549	该最小预测区是一小型铁矿床直径为500m的缓冲区,重力剩余异常起始值为3～5,具较好的找矿潜力
A1501302036	车铺渠	772 543	该最小预测区赋存在色尔腾山岩群东五分子岩组含铁岩层中,车铺渠铁矿床产于此区,重力剩余异常起始值为-1～6,找矿潜力较大
A1501302037	西湾	772 543	该最小预测区是西湾小型铁矿床直径为500m的缓冲区,重力剩余异常起始值为3～4,具较好找矿潜力
A1501302038	三道沟	772 543	该最小预测区是三道沟小型铁矿床直径为500m的缓冲区,重力剩余异常起始值为-3～0,具较好的找矿潜力
A1501302039	坝根底	1 255 305	该最小预测区是一小型铁矿床直径为500m的缓冲区,重力剩余异常起始值为-4～-1,具较好的找矿潜力
A1501302040	五分子	4 964 124	该最小预测区是东五分子大型铁矿床区,重力剩余异常起始值为1～5,具较好的找矿潜力
A1501302041	毡房窑子	772 543	该最小预测区是毡房窑子小型铁矿床直径为500m的缓冲区,重力剩余异常起始值为1～2,具较好的找矿潜力
A1501302042	桂家村	752 821	该最小预测区赋存在色尔腾山岩群东五分子岩组含铁岩层中,是固阳县大庙乡桂家村小型铁矿床的半径为500m的缓冲区,重力剩余异常起始值为2～4,有较好的找矿潜力
A1501302043	温席疙兔	696 243	该最小预测区赋存在色尔腾山岩群东五分子岩组含铁岩层中,是大庙乡温席疙兔小型铁矿床的直径为500m的缓冲区,重力剩余异常起始值为6～9,具有较好的找矿潜力
A1501302044	公益明	1 667 100	该最小预测区赋存在色尔腾山岩群东五分子岩组含铁岩层中,公益明铁矿床产于该区,重力剩余异常起始值为9～10,具较好的找矿潜力
A1501302045	梅令沟村	772 543	该最小预测区是一小型铁矿床直径为500m的缓冲区,重力剩余异常起始值为3～4,具较好的找矿潜力
A1501302046	饸饹图	772 543	该最小预测区是饸饹图小型铁矿床直径为500m的缓冲区,重力剩余异常起始值为2～3,具较好的找矿潜力
A1501302047	乌计脑包	31 474 804	该最小预测区赋存在色尔腾山岩群东五分子岩组含铁岩层中,重力剩余异常起始值为-3～-4,找矿潜力较好
A1501302048	高家村	2 136 911	该最小预测区赋存在色尔腾山岩群东五分子岩组含铁岩层中,重力剩余异常起始值为3～9,找矿潜力较好
A1501302049	上岔岔壕	10 607 067	该最小预测区赋存在色尔腾山岩群东五分子岩组含铁岩层中,上岔岔壕铁矿产于该区,重力剩余异常起始值为-1～ -7,具较好的找矿潜力
B1501302001	蒙公所北	6 200 728	该最小预测区赋存在色尔腾山岩群东五分子岩组含铁岩层中,重力剩余异常起始值为-1～6,找矿潜力较好
B1501302002	西口小林场	874 290	该最小预测区赋存在色尔腾山岩群东五分子岩组含铁岩层中,重力剩余异常起始值为-3～0,找矿潜力较好
B1501302003	西河北东	6 283 046	该最小预测区赋存在色尔腾山岩群东五分子岩组含铁岩层中,重力剩余异常起始值为-1～5,找矿潜力较好
B1501302004	黄花滩北	17 884 088	该最小预测区赋存在色尔腾山岩群东五分子岩组含铁岩层中,重力剩余异常起始值为0～6,找矿潜力较好
B1501302005	头股滩	23 028 758	该最小预测区赋存在色尔腾山岩群东五分子岩组含铁岩层中,重力剩余异常起始值为-3～8,找矿潜力较好
B1501302006	蒙公所北东	21 183 004	该最小预测区赋存在揭盖的色尔腾山岩群东五分子岩组含铁岩层中,重力剩余异常起始值为-2～5,找矿潜力较好
B1501302007	塔苏日阿	3 456 816	该最小预测区赋存在色尔腾山岩群东五分子岩组含铁岩层中,重力剩余异常起始值为4～15,找矿潜力较好

续表 10-3

最小预测区编号	最小预测区名称	面积（m^2）	最小预测区成矿条件及找矿潜力（重力单位为$\times 10^{-5}m/s^2$）
B1501302008	道包北	1 532 739	该最小预测区赋存在色尔腾山岩群东五分子岩组含铁岩层中，重力剩余异常起始值为3～7，找矿潜力较好
B1501302009	大新地村西	22 316 478	该最小预测区赋存在色尔腾山岩群东五分子岩组含铁岩层中，重力剩余异常起始值为0～3，找矿潜力较好
B1501302010	东勿兰哈少	5 762 758	该最小预测区赋存在色尔腾山岩群东五分子岩组含铁岩层中，重力剩余异常起始值为2～8，找矿潜力较好
B1501302011	巴音花	8 908 220	该最小预测区赋存在色尔腾山岩群东五分子岩组含铁岩层中，重力剩余异常起始值为2～6，找矿潜力较好
B1501302012	黑石林沟	1 849 733	该最小预测区赋存在色尔腾山岩群东五分子岩组含铁岩层中，重力剩余异常起始值为－6～2，找矿潜力较好
B1501302013	呼和德日苏嘎查	142 687	该最小预测区赋存在色尔腾山岩群东五分子岩组含铁岩层中，重力剩余异常起始值为－6～－2，找矿潜力较好
B1501302014	湾兔河村北	1 599 731	该最小预测区赋存在色尔腾山岩群东五分子岩组含铁岩层中，重力剩余异常起始值为1～5，找矿潜力较好
B1501302015	二十六号东	4 326 502	该最小预测区赋存在揭盖的色尔腾山岩群东五分子岩组含铁岩层中，附近有3个小型铁矿床，重力剩余异常起始值为－4～－3，找矿潜力较好
B1501302016	生金兔	53 419 278	该最小预测区赋存在揭盖的色尔腾山岩群东五分子岩组含铁岩层中，附近有3个小型铁矿床，重力剩余异常起始值为－6～－4，找矿潜力较好
B1501302017	白山子	1 241 630	该最小预测区赋存在揭盖的色尔腾山岩群东五分子岩组含铁岩层中，附近有3个小型铁矿床，重力剩余异常起始值为5～9，找矿潜力较好
B1501302018	石龙湾	893 619	该最小预测区赋存在色尔腾山岩群东五分子岩组含铁岩层中，重力剩余异常起始值为1～6，找矿潜力较好
B1501302019	大六分子村	4 241 805	该最小预测区赋存在揭盖的色尔腾山岩群东五分子岩组含铁岩层中，重力剩余异常起始值为－4～0，找矿潜力较好
B1501302020	大南沟西1	444 856	该最小预测区赋存在色尔腾山岩群东五分子岩组含铁岩层中，重力剩余异常起始值为2～4，找矿潜力较好
B1501302021	沙梁子	185 167	该最小预测区赋存在揭盖的色尔腾山岩群东五分子岩组含铁岩层中，有2个小型铁矿床，重力剩余异常起始值为3～5，找矿潜力极大
B1501302022	小南沟西	1 123 913	该最小预测区赋存在揭盖的色尔腾山岩群东五分子岩组含铁岩层中，有2个小型铁矿床，重力剩余异常起始值为3～5，找矿潜力极大
B1501302023	小南沟南	11 481 991	该最小预测区赋存在揭盖的色尔腾山岩群东五分子岩组含铁岩层中，有2个小型铁矿床，重力剩余异常起始值为3～4，找矿潜力极大
B1501302024	大兴合	4 339 919	该最小预测区赋存在色尔腾山岩群东五分子岩组含铁岩层中，重力剩余异常起始值为0～2，找矿潜力较好
B1501302025	梧桐不浪	946 641	该最小预测区赋存在色尔腾山岩群东五分子岩组含铁岩层中，有2个小型铁矿床，重力剩余异常起始值为3～10，找矿潜力极大
B1501302026	大乌兰村	7 683 216	该最小预测区赋存在色尔腾山岩群东五分子岩组含铁岩层中，重力剩余异常起始值为－6～3，找矿潜力较好
B1501302027	麻迷兔口子北	643 601	该最小预测区赋存在色尔腾山岩群东五分子岩组含铁岩层中，重力剩余异常起始值为5～6，找矿潜力较好
B1501302028	白庙子	5 874 023	该最小预测区赋存在色尔腾山岩群东五分子岩组含铁岩层中，重力剩余异常起始值为－1～4，找矿潜力较好
B1501302029	麻迷兔口子	341 493	该最小预测区赋存在色尔腾山岩群东五分子岩组含铁岩层中，重力剩余异常起始值为5～7，找矿潜力较好
B1501302030	孔独林村	2 501 626	该最小预测区赋存在色尔腾山岩群东五分子岩组含铁岩层中，重力剩余异常起始值为4～7，找矿潜力较好

续表 10-3

最小预测区编号	最小预测区名称	面积（m^2）	最小预测区成矿条件及找矿潜力（重力单位为$\times10^{-5}m/s^2$）
B1501302031	二水八洞	266 231	该最小预测区赋存在色尔腾山岩群东五分子岩组含铁岩层中，重力剩余异常起始值为3～4，找矿潜力较好
B1501302032	增隆昌	2 724 924	该最小预测区赋存在色尔腾山岩群东五分子岩组含铁岩层中，重力剩余异常起始值为2～4，找矿潜力较好
B1501302033	二水八洞南西	686 033	该最小预测区赋存在色尔腾山岩群东五分子岩组含铁岩层中，重力剩余异常起始值为3～4，找矿潜力较好
B1501302034	小佘太乡	2 984 260	该最小预测区赋存在色尔腾山岩群东五分子岩组含铁岩层中，重力剩余异常起始值为2～3，找矿潜力较好
B1501302035	广生隆南西	568 162	该最小预测区赋存在色尔腾山岩群东五分子岩组含铁岩层中，重力剩余异常起始值为2～3，找矿潜力较好
B1501302036	永吉成村	3 995 259	该最小预测区赋存在色尔腾山岩群东五分子岩组含铁岩层中，重力剩余异常起始值为－1～1，找矿潜力较好
B1501302037	磨石坝北西	4 152 656	该最小预测区赋存在揭盖的色尔腾山岩群东五分子岩组含铁岩层中，重力剩余异常起始值为－1～1，找矿潜力较好
B1501302038	二才沟	983 589	该最小预测区赋存在色尔腾山岩群东五分子岩组含铁岩层中，重力剩余异常起始值为3～7，找矿潜力较好
B1501302039	王成沟	496 578	该最小预测区赋存在色尔腾山岩群东五分子岩组含铁岩层中，重力剩余异常起始值为3～8，找矿潜力较好
B1501302040	王林沟南	4 644 416	该最小预测区赋存在色尔腾山岩群东五分子岩组含铁岩层中，重力剩余异常起始值为1～2，找矿潜力较好
B1501302041	十分子	1 956 250	该最小预测区赋存在色尔腾山岩群东五分子岩组含铁岩层中，重力剩余异常起始值为－2～0，找矿潜力较好
C1501302001	石拉点力	8 603 139	该最小预测区赋存在色尔腾山岩群东五分子岩组含铁岩层中，重力剩余异常起始值为4～7，找矿潜力一般
C1501302002	文圪气	3 390 756	该最小预测区赋存在色尔腾山岩群东五分子岩组含铁岩层中，重力剩余异常起始值为－2～2，找矿潜力一般
C1501302003	西河	489 068	该最小预测区赋存在色尔腾山岩群东五分子岩组含铁岩层中，重力剩余异常起始值为0～4，找矿潜力一般
C1501302004	纳令不浪村	21 993 186	该最小预测区赋存在揭盖的色尔腾山岩群东五分子岩组含铁岩层中，重力剩余异常起始值为－2～5，找矿潜力一般
C1501302005	塔尔洪敖包	11 777 570	该最小预测区赋存在揭盖的色尔腾山岩群东五分子岩组含铁岩层中，重力剩余异常起始值为5～6，找矿潜力一般
C1501302006	东五福堂	10 900 799	该最小预测区赋存在揭盖的色尔腾山岩群东五分子岩组含铁岩层中，重力剩余异常起始值为0～15，找矿潜力一般
C1501302007	前古营子村	57 015 953	该最小预测区赋存在色尔腾山岩群东五分子岩组含铁岩层中，重力剩余异常起始值为－1～7，找矿潜力一般
C1501302008	前席片	1 313 578	该最小预测区赋存在揭盖的色尔腾山岩群东五分子岩组含铁岩层中，重力剩余异常起始值为4～8，找矿潜力一般
C1501302009	下地村	1 104 846	该最小预测区赋存在揭盖的色尔腾山岩群东五分子岩组含铁岩层中，有航磁剩余异常，重力剩余异常起始值为－1～8，找矿潜力一般
C15013020010	井滩	92 429	该最小预测区赋存在揭盖的色尔腾山岩群东五分子岩组含铁岩层中，有航磁剩余异常，重力剩余异常起始值为1～6，找矿潜力一般
C1501302011	黑沟北	11 666 422	该最小预测区赋存在色尔腾山岩群东五分子岩组含铁岩层中，重力剩余异常起始值为－4～－2，找矿潜力一般

续表 10-3

最小预测区编号	最小预测区名称	面积(m^2)	最小预测区成矿条件及找矿潜力(重力单位为$\times10^{-5}m/s^2$)
C1501302012	道包	177 884	该最小预测区赋存在揭盖的色尔腾山岩群东五分子岩组含铁岩层中,重力剩余异常起始值为−1~1,找矿潜力一般
C1501302013	波罗图村	1 017 762	该最小预测区赋存在色尔腾山岩群东五分子岩组含铁岩层中,有航磁剩余异常,重力剩余异常起始值为4~5,找矿潜力一般
C1501302014	红盖房村	10 699 855	该最小预测区赋存在色尔腾山岩群东五分子岩组含铁岩层中,重力剩余异常起始值为1~3,找矿潜力一般
C1501302015	大营子村	338 888	该最小预测区赋存在色尔腾山岩群东五分子岩组含铁岩层中,重力剩余异常起始值为−4~0,找矿潜力一般
C1501302016	乌兰忽洞1	826 213	该最小预测区赋存在色尔腾山岩群东五分子岩组含铁岩层中,重力剩余异常起始值为−6~−3,找矿潜力一般
C1501302017	贵禄子壕	2 908 083	该最小预测区赋存在色尔腾山岩群东五分子岩组含铁岩层中,重力剩余异常起始值为0~1,找矿潜力一般
C1501302018	八楞什拉	782 764	该最小预测区赋存在色尔腾山岩群东五分子岩组含铁岩层中,重力剩余异常起始值为0~1,找矿潜力一般
C1501302019	东卜子村	557 779	该最小预测区赋存在色尔腾山岩群东五分子岩组含铁岩层中,重力剩余异常起始值为−10~−7,找矿潜力一般
C1501302020	盐房子北	703 228	该最小预测区赋存在揭盖的色尔腾山岩群东五分子岩组含铁岩层中,重力剩余异常起始值为4~6,找矿潜力一般
C1501302021	贵城壕	187 252	该最小预测区赋存在揭盖的色尔腾山岩群东五分子岩组含铁岩层中,重力剩余异常起始值为−6~−2,找矿潜力一般
C1501302022	南卜子	11 443 893	该最小预测区赋存在色尔腾山岩群东五分子岩组含铁岩层中,重力剩余异常起始值为4~5,找矿潜力一般
C1501302023	乌布楞嘎查	501 878	该最小预测区赋存在揭盖的色尔腾山岩群东五分子岩组含铁岩层中,重力剩余异常起始值为−3~2,找矿潜力一般
C1501302024	三营子	9 133 267	该最小预测区赋存在色尔腾山岩群东五分子岩组含铁岩层中,重力剩余异常起始值为1~5,找矿潜力一般
C1501302025	南泉子村	253 538	该最小预测区赋存在色尔腾山岩群东五分子岩组含铁岩层中,重力剩余异常起始值为−4~0,找矿潜力一般
C1501302026	湾兔河村北东	553 028	该最小预测区赋存在揭盖的色尔腾山岩群东五分子岩组含铁岩层中,重力剩余异常起始值为1~3,找矿潜力一般
C1501302027	白山子西	221 747	该最小预测区赋存在揭盖的色尔腾山岩群东五分子岩组含铁岩层中,重力剩余异常起始值为3~5,找矿潜力一般
C1501302028	花牛卜子村	1 187 298	该最小预测区赋存在揭盖的色尔腾山岩群东五分子岩组含铁岩层中,重力剩余异常起始值为5~6,找矿潜力一般
C1501302029	白山子南	180 218	该最小预测区赋存在揭盖的色尔腾山岩群东五分子岩组含铁岩层中,重力剩余异常起始值为3~5,找矿潜力一般
C1501302030	小南沟北	236 496	该最小预测区赋存在揭盖的色尔腾山岩群东五分子岩组含铁岩层中,重力剩余异常起始值为7~8,找矿潜力一般
C1501302031	大以克村	309 458	该最小预测区赋存在揭盖的色尔腾山岩群东五分子岩组含铁岩层中,重力剩余异常起始值为5~6,找矿潜力一般
C1501302032	小南沟东	340 027	该最小预测区赋存在揭盖的色尔腾山岩群东五分子岩组含铁岩层中,重力剩余异常起始值为8~9,找矿潜力一般
C1501302033	大南沟西2	118 729	该最小预测区赋存在揭盖的色尔腾山岩群东五分子岩组含铁岩层中,重力剩余异常起始值为5~6,找矿潜力一般
C1501302034	圪料坝村	8 237 553	该最小预测区赋存在揭盖的色尔腾山岩群东五分子岩组含铁岩层中,重力剩余异常起始值为2~4,找矿潜力一般

续表 10-3

最小预测区编号	最小预测区名称	面积(m^2)	最小预测区成矿条件及找矿潜力(重力单位为$\times 10^{-5}m/s^2$)
C1501302035	西白庙	5 482 251	该最小预测区赋存在色尔腾山岩群东五分子岩组含铁岩层中，有航磁剩余异常，重力剩余异常起始值为－1～1，找矿潜力一般
C1501302036	官牛犋	2 536 010	该最小预测区赋存在揭盖的色尔腾山岩群东五分子岩组含铁岩层中，重力剩余异常起始值为1～4，找矿潜力一般
C1501302037	二水八洞西	110 663	该最小预测区赋存在揭盖的色尔腾山岩群东五分子岩组含铁岩层中，重力剩余异常起始值为－1～2，找矿潜力一般
C1501302038	乌兰哈页苏木	3 022 836	该最小预测区赋存在揭盖的色尔腾山岩群东五分子岩组含铁岩层中，重力剩余异常起始值为3～4，找矿潜力一般
C1501302039	二水八洞南	147 221	该最小预测区赋存在揭盖的色尔腾山岩群东五分子岩组含铁岩层中，有航磁剩余异常，重力剩余异常起始值为4～7，找矿潜力一般
C1501302040	广生隆	8 082 457	该最小预测区赋存在揭盖的色尔腾山岩群东五分子岩组含铁岩层中，重力剩余异常起始值为2～4，找矿潜力一般
C1501302041	增隆昌北西	211 203	该最小预测区赋存在揭盖的色尔腾山岩群东五分子岩组含铁岩层中，重力剩余异常起始值为－1～4，找矿潜力一般

二、综合信息地质体积法估算资源量

1. 典型矿床深部及外围资源量估算

查明资源量、体重及全铁品位均来源于内蒙古有色地质勘探公司七队1988年12月提交的《内蒙古自治区达茂旗三合明铁矿(中区)资源储核实报告》。矿床面积($S_{总}$)是根据1∶2 000的内蒙古达茂旗三合明(中区)地形地质图，在MapGIS软件下读取面积为615 989m^2。

根据三合明铁矿(中区)Ⅻ勘探线地质剖面图上查CK113孔深460.05m，但控制的矿体深度约300m，未打穿含矿岩系，C级储量的勘探网为200m×(100～200)m，故下延采用50m($L_{预}$)。根据矿区1∶10 000磁测ΔZ等值线平面图2 000nT以上范围，结合矿区地形地质图矿体分布特征。在三合明铁矿主矿体北侧第四系向北推，圈定一块外围预测区，总面积($S_{预}$)在MapGIS软件下读取数据为47 204m^2，根据矿区最大控制深度为350m作为外围延深。三合明式变质型铁矿典型矿床深部及外围资源量估算结果见表10-4。

表10-4　三合明式变质型铁矿典型矿床深部及外围资源量估算一览表

典型矿床		深部及外围		
已查明资源量(矿石量，t)	160 728 000	深部	面积(m^2)	1 164 695
面积(m^2)	1 164 695		深度(m)	50
深度(m)	300	外围	面积(m^2)	47 204
TFe品位(%)	34.53		深度(m)	350
密度(t/m^3)	3.33	预测资源量(t)		34 387 829
体积含矿率(t/m^3)	0.46	典型矿床资源总量(t)		195 115 829

2. 模型区的确定、资源量及估算参数

模型区内除三合明铁矿外，没有其他矿床，所以模型区总资源量＝查明资源量＋预测资源量＝

195 115 829t，模型区延深与典型矿床一致；模型区含矿地质体面积经 MapGIS 软件下读取数据为 37 538 509m²（表 10-5）。

表 10-5 三合明式变质型铁矿模型区预测资源量及其估算参数表

编号	名称	模型区总资源量（t）	模型区面积（m²）	延深（m）	含矿地质体面积（m²）	含矿地质体面积参数	含矿地质体含矿系数 K
A1501302007	三合明	195 115 829	37 538 509	560	37 538 509	1	0.013 6

3. 最小预测区预测资源量

最小预测区资源量定量估算采用地质体积法进行估算，预测资源总量为 80 130.86×10⁴t，详见表 10-6。

延深的确定是在研究最小预测区含矿地质体地质特征、物探特征，并对比典型矿床特征的基础上综合确定的，部分由成矿带模型类比或专家估计给出。相似系数的确定，主要依据最小预测区内含矿地质体本身出露的大小、地质构造发育程度不同、磁异常强度及矿（化）点的多少等因素，由专家确定。

表 10-6 三合明式变质型铁矿预测工作区最小预测区预测资源量表

最小预测区编号	最小预测区名称	$S_{预}$（m²）	$H_{预}$（m）	K_S	K（t/m³）	α	$Z_{预}$（×10⁴t）	资源量级别
A1501302001	红格塔拉种羊场	772 543	200	1	0.013 6	0.50	21.37	334-1
A1501302002	湾而兔	772 543	100	1	0.013 6	0.20	21.01	334-3
A1501302003	乌兰忽洞	772 543	100	1	0.013 6	0.20	21.01	334-3
A1501302004	铁丝盖	772 543	100	1	0.013 6	0.20	21.01	334-3
A1501302005	耳棱清沟山	772 543	100	1	0.013 6	0.50	52.53	334-3
A1501302006	那浪图	772 543	240	1	0.013 6	0.60	16.29	334-1
A1501302007	三合明	37 538 509	560	1	0.013 6	0.70	3 438.78	334-1
A1501302008	前哈彦忽洞	772 543	200	1	0.013 6	0.60	10.28	334-1
A1501302009	合教	772 543	360	1	0.013 6	0.60	7.89	334-1
A1501302010	同太永	772 543	200	1	0.013 6	0.30	63.04	334-3
A1501302011	温独不冷	772 543	100	1	0.013 6	0.30	31.52	334-3
A1501302012	大毛忽洞	772 543	100	1	0.013 6	0.30	31.52	334-2
A1501302013	杨六疙卜	772 543	350	1	0.013 6	0.80	41.18	334-1
A1501302014	小西滩	772 543	100	1	0.013 6	0.30	31.52	334-3
A1501302015	张三壕	772 543	200	1	0.013 6	0.40	33.40	334-1
A1501302016	陈大壕	772 543	250	1	0.013 6	0.50	28.53	334-1
A1501302017	六顶帐	772 543	300	1	0.013 6	0.70	22.31	334-1
A1501302018	兴顺西乡	772 543	100	1	0.013 6	0.30	31.52	334-3
A1501302019	太和村	772 543	250	1	0.013 6	0.50	27.57	334-1
A1501302020	下岗岗	7 570 079	600	1	0.013 6	0.30	1 645.65	334-1
A1501302021	姚家村	1 076 518	600	1	0.013 6	0.20	175.69	334-2

续表 10-6

最小预测区编号	最小预测区名称	$S_{预}$ (m^2)	$H_{预}$ (m)	K_S	K (t/m^3)	α	$Z_{预}$ ($\times 10^4 t$)	资源量级别
A1501302022	生金兔	3 192 941	600	1	0.013 6	0.30	693.57	334-1
A1501302023	黄合少	3 687 083	100	1	0.013 6	0.30	150.43	334-2
A1501302024	黄合少 1	772 543	600	1	0.013 6	0.30	189.12	334-2
A1501302025	马场沟	26 809 681	600	1	0.013 6	0.20	3 777.48	334-1
A1501302026	白石头沟村	3 375 094	700	1	0.013 6	0.30	963.93	334-2
A1501302027	泉子沟	772 543	150	1	0.013 6	0.30	8.28	334-1
A1501302028	保尔合少	1 591 218	600	1	0.013 6	0.30	389.53	334-2
A1501302029	小宝日哈沙	3 972 880	600	1	0.013 6	0.30	972.56	334-2
A1501302030	东卜子村	7 576 686	600	1	0.013 6	0.20	1 236.52	334-2
A1501302031	潮脑忽洞	16 962 343	700	1	0.013 6	0.20	3 229.63	334-2
A1501302032	新地沟	1 155 617	400	1	0.013 6	0.30	188.60	334-2
A1501302033	哈不气	772 543	100	1	0.013 6	0.30	31.52	334-2
A1501302034	哈布其	772 543	330	1	0.013 6	0.30	31.52	334-2
A1501302035	王林沟	12 292 549	600	1	0.013 6	0.30	3 009.22	334-2
A1501302036	车铺渠	772 543	250	1	0.013 6	0.50	29.73	334-1
A1501302037	西湾	772 543	85	1	0.013 6	0.50	16.97	334-1
A1501302038	三道沟	772 543	200	1	0.013 6	0.50	42.67	334-1
A1501302039	坝根底	1 255 305	300	1	0.013 6	0.30	153.65	334-2
A1501302040	五分子	4 964 124	800	1	0.013 6	0.60	341.04	334-1
A1501302041	毡房窑子	772 543	300	1	0.013 6	0.60	21.66	334-1
A1501302042	桂家村	752 821	300	1	0.013 6	0.50	15.47	334-1
A1501302043	温席疙兔	696 243	200	1	0.013 6	0.60	25.23	334-1
A1501302044	公义明	1 667 100	800	1	0.013 6	0.54	93.00	334-1
A1501302045	梅令沟	772 543	280	1	0.013 6	0.50	13.80	334-1
A1501302046	饸饹图	772 543	150	1	0.013 6	0.35	12.49	334-1
A1501302047	乌计脑包	31 474 804	500	1	0.013 6	0.15	3 210.43	334-3
A1501302048	高家村	2 136 911	500	1	0.013 6	0.23	334.21	334-2
A1501302049	上岔岔壕	10 607 067	600	1	0.013 6	0.30	2 563.37	334-3
B1501302001	蒙公所北	6 200 728	450	1	0.013 6	0.24	910.76	334-2
B1501302002	西口小林场	874 290	600	1	0.013 6	0.20	142.68	334-2
B1501302003	西河北东	6 283 046	600	1	0.013 6	0.20	1 025.39	334-2
B1501302004	黄花滩北	17 884 088	600	1	0.013 6	0.15	2 189.01	334-3
B1501302005	头股滩	23 028 758	600	1	0.013 6	0.15	2 325.81	334-3
B1501302006	蒙公所北东	21 183 004	600	1	0.013 6	0.20	3 457.07	334-3

续表 10-6

最小预测区编号	最小预测区名称	$S_{预}$ (m^2)	$H_{预}$ (m)	K_S	K (t/m^3)	α	$Z_{预}$ ($\times 10^4 t$)	资源量级别
B1501302007	塔苏日阿	3 456 816	600	1	0.013 6	0.20	564.15	334-3
B1501302008	道包北	1 532 739	600	1	0.013 6	0.20	250.14	334-3
B1501302009	大新地村西	22 316 478	600	1	0.013 6	0.15	2 731.54	334-3
B1501302010	东勿兰哈少	5 762 758	600	1	0.013 6	0.20	940.48	334-3
B1501302011	巴音花	8 908 220	600	1	0.013 6	0.15	1 090.37	334-2
B1501302012	黑石林沟	1 849 733	600	1	0.013 6	0.20	301.88	334-2
B1501302013	呼和德日苏嘎查	142 687	600	1	0.013 6	0.20	23.29	334-2
B1501302014	湾兔河村北	1 599 731	600	1	0.013 6	0.20	261.08	334-2
B1501302015	二十六号东	4 326 502	600	1	0.013 6	0.20	706.09	334-2
B1501302016	生金兔	53 419 278	600	1	0.013 6	0.15	6 273.72	334-2
B1501302017	白山子	1 241 630	600	1	0.013 6	0.20	202.63	334-2
B1501302018	石龙湾	893 619	600	1	0.013 6	0.20	145.84	334-2
B1501302019	大六分子村	4 241 805	600	1	0.013 6	0.20	692.26	334-2
B1501302020	大南沟西 1	444 856	700	1	0.013 6	0.20	84.70	334-2
B1501302021	沙梁子	185 167	700	1	0.013 6	0.20	35.26	334-2
B1501302022	小南沟西	1 123 913	700	1	0.013 6	0.20	213.99	334-2
B1501302023	小南沟南	11 481 991	700	1	0.013 6	0.20	2 186.17	334-3
B1501302024	大兴合	4 339 919	700	1	0.013 6	0.20	826.32	334-2
B1501302025	梧桐不浪	946 641	700	1	0.013 6	0.20	180.24	334-2
B1501302026	大乌兰村	7 683 216	700	1	0.013 6	0.20	1 462.88	334-2
B1501302027	麻迷兔口子北	643 601	700	1	0.013 6	0.20	122.54	334-2
B1501302028	白庙子	5 874 023	500	1	0.013 6	0.20	798.87	334-2
B1501302029	麻迷兔口子	341 493	500	1	0.013 6	0.20	46.44	334-2
B1501302030	孔独林村	2 501 626	700	1	0.013 6	0.20	476.31	334-2
B1501302031	二水八洞	266 231	700	1	0.013 6	0.20	50.69	334-2
B1501302032	增隆昌	2 724 924	700	1	0.013 6	0.20	1 116.38	334-2
B1501302033	二水八洞南西	686 033	700	1	0.013 6	0.20	130.62	334-2
B1501302034	小佘太乡	2 984 260	700	1	0.013 6	0.20	568.20	334-2
B1501302035	广生隆南西	568 162	700	1	0.013 6	0.20	108.18	334-2
B1501302036	永吉成村	3 995 259	700	1	0.013 6	0.20	760.70	334-2
B1501302037	磨石坝北西	4 152 656	700	1	0.013 6	0.20	790.67	334-2
B1501302038	二才沟	983 589	500	1	0.013 6	0.20	133.77	334-2
B1501302039	王成沟	496 578	500	1	0.013 6	0.20	67.53	334-2
B1501302040	王林沟南	4 644 416	500	1	0.013 6	0.20	631.64	334-2

续表 10-6

最小预测区编号	最小预测区名称	$S_预$ (m^2)	$H_预$ (m)	K_S	K (t/m^3)	α	$Z_预$ ($\times10^4$ t)	资源量级别
B1501302041	十分子	1 956 250	400	1	0.013 6	0.20	97.74	334-2
C1501302001	石拉点力	8 603 139	700	1	0.013 6	0.10	819.02	334-2
C1501302002	文圪气	3 390 756	700	1	0.013 6	0.10	153.23	334-2
C1501302003	西河	489 068	700	1	0.013 6	0.10	46.56	334-3
C1501302004	纳令不浪村	21 993 186	700	1	0.013 6	0.10	2 093.75	334-3
C1501302005	塔尔洪敖包	11 777 570	600	1	0.013 6	0.10	961.05	334-3
C1501302006	东五福堂	10 900 799	600	1	0.013 6	0.10	889.51	334-3
C1501302007	前古营子村	57 015 953	700	1	0.013 6	0.10	5 427.92	334-3
C1501302008	前席片	1 313 578	700	1	0.013 6	0.10	125.05	334-3
C1501302009	下地村	1 104 846	200	1	0.013 6	0.10	30.05	334-3
C1501302010	井滩	92 429	700	1	0.013 6	0.10	8.80	334-3
C1501302011	黑沟北	11 666 422	600	1	0.013 6	0.10	881.55	334-3
C1501302012	道包	177884	150	1	0.013 6	0.10	3.63	334-3
C1501302013	波罗图村	1 017 762	150	1	0.013 6	0.15	31.14	334-3
C1501302014	红盖房村	10 699 855	700	1	0.013 6	0.10	1 018.63	334-3
C1501302015	大营子村	338 888	100	1	0.013 6	0.10	4.61	334-3
C1501302016	乌兰忽洞 1	826 213	100	1	0.013 6	0.10	11.24	334-3
C1501302017	贵禄子壕	2 908 083	700	1	0.013 6	0.10	276.85	334-3
C1501302018	八楞什拉	782 764	100	1	0.013 6	0.10	10.65	334-3
C1501302019	东卜子村	557 779	100	1	0.013 6	0.10	7.59	334-3
C1501302020	盐房子北	703 228	700	1	0.013 6	0.10	66.95	334-3
C1501302021	贵城壕	187 252	100	1	0.013 6	0.10	2.55	334-2
C1501302022	南卜子	11 443 893	700	1	0.013 6	0.10	1 089.46	334-2
C1501302023	乌布楞嘎查	501 878	100	1	0.013 6	0.10	6.83	334-3
C1501302024	三营子	9 133 267	600	1	0.013 6	0.10	745.27	334-3
C1501302025	南泉子村	253 538	600	1	0.013 6	0.10	20.69	334-2
C1501302026	湾兔河村北东	553 028	600	1	0.013 6	0.10	45.13	334-2
C1501302027	白山子西	221 747	600	1	0.013 6	0.10	18.09	334-2
C1501302028	花牛卜子村	1 187 298	600	1	0.013 6	0.10	96.88	334-2
C1501302029	白山子南	180 218	600	1	0.013 6	0.10	14.71	334-2
C1501302030	小南沟北	236 496	100	1	0.013 6	0.10	3.22	334-2
C1501302031	大以克村	309 458	600	1	0.013 6	0.10	25.25	334-2
C1501302032	小南沟东	340 027	100	1	0.013 6	0.10	4.62	334-2
C1501302033	大南沟西 2	118 729	600	1	0.013 6	0.10	9.69	334-2

续表 10-6

最小预测区编号	最小预测区名称	$S_{预}$ (m^2)	$H_{预}$ (m)	K_S	K (t/m^3)	α	$Z_{预}$ ($\times10^4$ t)	资源量级别
C1501302034	圪料坝村	8 237 553	600	1	0.013 6	0.10	672.18	334-2
C1501302035	西白庙	5 482 251	700	1	0.013 6	0.10	521.91	334-2
C1501302036	官牛犋	2 536 010	700	1	0.013 6	0.10	241.43	334-2
C1501302037	二水八洞西	110 663	700	1	0.013 6	0.10	10.54	334-2
C1501302038	乌兰哈页苏木	3 022 836	700	1	0.013 6	0.10	287.77	334-2
C1501302039	二水八洞南	147 221	700	1	0.013 6	0.10	14.02	334-2
C1501302040	广生隆	8 082 457	700	1	0.013 6	0.10	769.45	334-2
C1501302041	增隆昌北西	211 203	700	1	0.013 6	0.10	20.11	334-2
总计							80 130.86	

4. 预测工作区资源总量成果汇总

根据矿产潜力评价预测资源量汇总标准，三合明变质型铁矿预测工作区按精度、预测深度、可利用性、可信度统计分析结果见表 10-7。

表 10-7　三合明式变质型铁矿预测工作区预测资源量统计分析表（$\times10^4$ t）

精度	深度		可利用性		可信度			合计
	500m 以浅	1 000m 以浅	可利用	暂不可利用	$x\geqslant0.75$	$0.75>x\geqslant0.5$	$0.5>x\geqslant0.25$	
334-1	9 222.32	10 384.64	10 384.64	—	10 384.64	—	—	10 384.64
334-2	29 151.03	36 407.26	36 407.26	—	324.19	17 688.73	18 394.24	36 407.26
334-3	27 702.42	33 338.96	33 338.96	—	—	11 658.68	21 680.28	33 338.96
合计								80 130.86

第十一章　贾格尔其庙式变质型铁矿预测成果

第一节　典型矿床特征

一、典型矿床及成矿模式

贾格尔其庙小型沉积变质铁矿床位于内蒙古巴彦淖尔市乌拉特前旗白彦花镇，地理坐标为东经109°15′17″～109°16′11″，北纬40°42′42″～40°42′50″，中心坐标为东经109°15′44″，北纬40°42′46″。

1. 矿区地质

铁矿体主要产在中太古界乌拉山岩群片麻岩系中，主要为角闪斜长片麻岩、黑云斜长片麻岩、石榴石黑云斜长片麻岩等。在矿体附近有花岗岩出露，并有花岗岩脉、花岗伟晶岩脉、闪长岩脉和其他中基性岩脉侵入。

2. 矿床特征

铁矿体主要呈层状、似层状产于角闪斜长片麻岩中，矿体多见分叉复合和尖灭现象。矿体产状同围岩角闪斜长片麻岩一致，大致呈北西方向延伸，倾向北东，倾角一般在55°～60°之间，最大可达75°～80°(图11-1)。

铁矿体东西延长约1 500m(中间约有400m覆盖，均见磁异常)，平均厚6m，可分9个大小不等的矿体。以8号矿体最大，长约690m，宽约10m；5号矿体最小，长约80m，宽约0.18m。其余长200～500m，宽2～4m。

铁矿石以石英型条带状磁铁矿为主，石英闪石型条带状磁铁矿次之。矿石量542.401×10^4t，体重3.4t/m^3。矿石品位TFe最高为40.08%，最低为27.60%，平均为34.61%。

矿石结构为粒状变晶结构。矿石构造为条带状、浸染状构造。

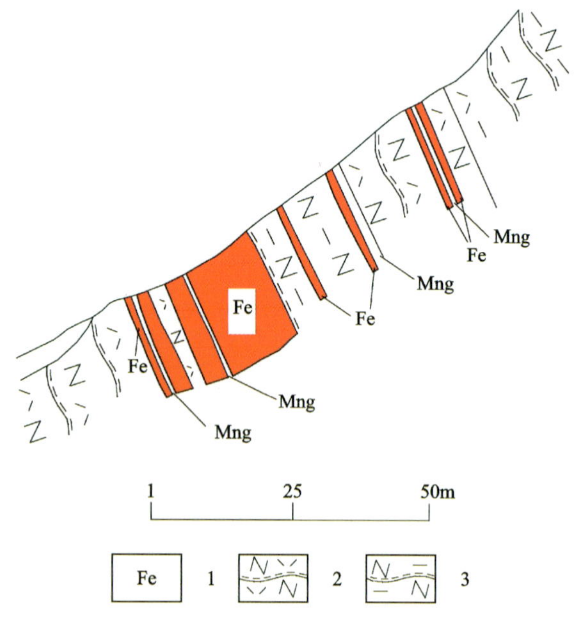

图11-1　贾格尔其庙铁矿体剖面图

1.铁矿体；2.Mng角闪斜长片麻岩；3.Mny黑云母斜长片麻岩

3. 矿床成因及成矿时代

贾格尔其庙铁矿成因类型为沉积变质型，成矿期为中太古代。

二、典型矿床地球物理特征

1. 矿床所在位置航磁特征

区域重力场显示为重力异常过渡带，剩余重力异常图显示西侧为相对重力高异常，东侧有一圆团状重力低异常。磁场与重力场相对应，西侧为正磁异常，东侧为负磁异常，贾格尔其庙处在正磁场上（图 11-2、图 11-3）。

2. 矿床所在区域重力特征

在区域布格重力异常图上，贾格尔其庙铁矿位于布格重力异常相对高值区的东侧梯级带上，该高值区呈椭圆状展布，为太古宙基底隆起区。该异常区周边东、南、北等值线分布密集，梯级带明显，推测有近东西向、北北东向断裂构造存在。在剩余重力异常图上，贾格尔其庙铁矿位于剩余重力正异常 G 蒙-665 东侧等值线密集处，该异常呈东西向带状展布，与贾格尔其庙铁矿所处的布格重力异常高值区相对应。区域的重力场特征一定程度上反映了赋矿地层和断裂构造的存在。

三、典型矿床预测要素

根据典型矿床成矿要素和航磁资料以及区域重力资料，建立典型矿床预测要素（表 11-1）。

表 11-1　贾格尔其庙式变质型铁矿典型矿床预测要素表

预测要素		描述内容	成矿要素分级
地质环境	大地构造位置	Ⅱ华北陆块区；Ⅱ-4 狼山-阴山陆块；Ⅱ-4-1 固阳-兴和陆核（Ar_3），Ⅱ-4-2 色尔腾山-太仆寺旗古岩浆弧（Ar_3）	重要
	成矿区（带）	Ⅱ-14 华北成矿省；Ⅲ-58 华北地台北缘西段 Au-Fe-Nb-REE-Cu-Pb-Zn-Ag-Ni-Pt-W-石墨-白云母成矿带	重要
	区域成矿类型及成矿期	区域成矿类型为沉积变质型，成矿期为中太古代	重要
控矿地质条件	赋矿地质体	主要为中太古界乌拉山岩群哈达门沟岩组角闪斜长片麻岩组合	重要
	主要控矿构造	褶皱构造对其有一定的控制作用	次要
矿床特征	矿物组合	矿石矿物主要为磁铁矿；脉石矿物主要为石英、角闪石、斜长石、黑云母、石榴石等	重要
	结构构造	结构为粒状变晶结构；构造为条带状、浸染状构造	次要
	控矿条件	主要受中太古界乌拉山岩群哈达门沟岩组角闪斜长片麻岩组合（局部地区其他组合中也含磁铁矿）控矿（沉积变质矿床），区域上褶皱构造对其有一定的控制作用	必要
	围岩蚀变	次闪石化、绢云化、泥化	次要
区内相同类型矿产		已知矿床（点）22 处，其中中型 2 处，小型 19 处，矿点 1 处	重要
物探特征	航磁	航磁 ΔT 化极异常强度起始值多数在 100nT 以上	重要
	重力	剩余重力矿点分布区的起始值多在$(2\sim10)\times10^{-5}m/s^2$之间	重要

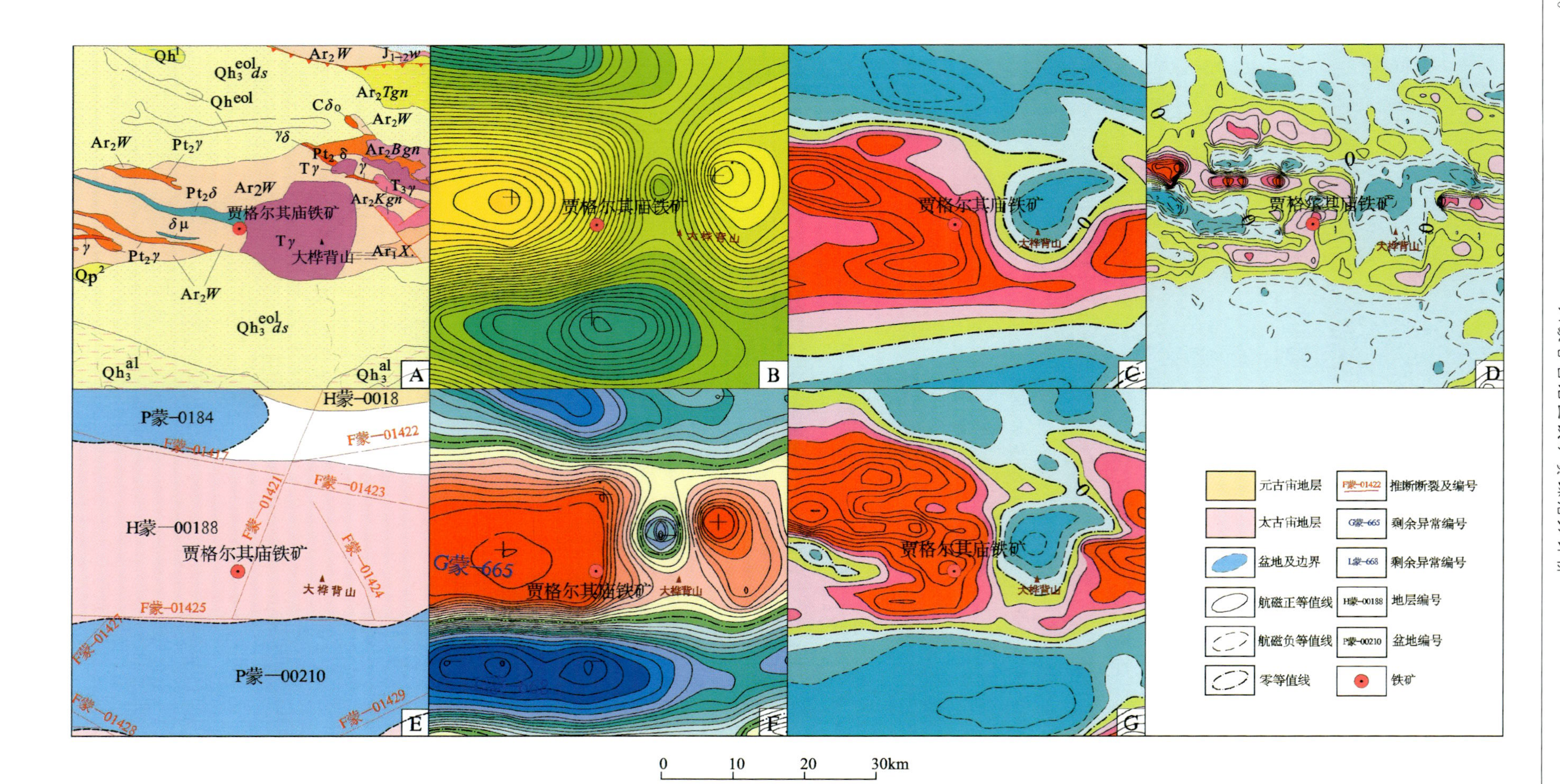

图 11-2 贾格尔其庙铁矿1：25万地质及物探剖析图示意图

A. 地质矿产图；B. 布格重力异常图；C. 航磁ΔT等值线平面图；D. 航磁ΔT化极垂向一阶导数等值线平面图；E. 重磁推断地质构造图；F. 剩余重力异常图；G. 航磁ΔT化极等值线平面图

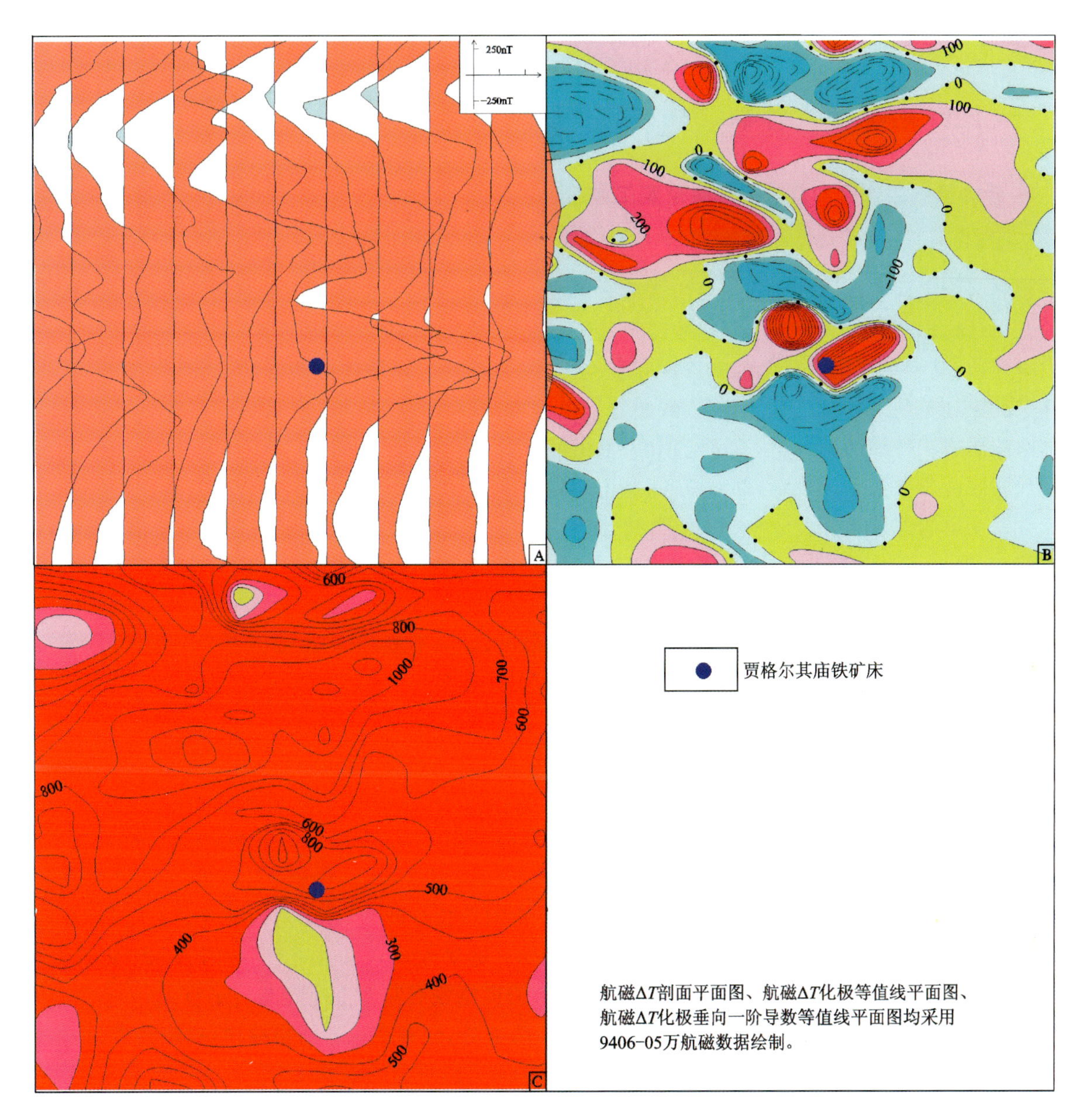

图 11-3 贾格尔其庙铁矿 1∶5 万航磁剖析图

A. 航磁 ΔT 剖面平面图；B. 航磁 ΔT 化极垂向一阶导数等值线平面图；C. 磁法推断地质构造图

第二节 预测工作区研究

根据含矿地质体乌拉山岩群的分布，本次工作共划分了 3 个预测工作区。

赤峰预测工作区地理坐标为东经 117°00″～123°00″，北纬 41°20″～43°00″。共涉及 7 个 1∶25 万图幅，分别为西老府幅、隆化县幅、赤峰市幅、建平县幅、奈曼旗幅、锦州市幅和阜新市幅。

集宁—包头预测工作区范围包括五原县、白云鄂博、四子王旗、集宁市、乌拉特前旗、包头市、呼和浩特市 7 个 1∶25 万区调图幅，地理坐标为东经 108°00′～114°00′，北纬 40°00′～42°00′。包头—集宁预测区范围与壕赖沟式铁矿预测工作区范围一致，地球物理及遥感特征一样，此处不再赘述。

迭布斯格预测工作区范围包括 3 个 1∶25 万图幅，即图克木、临河市和吉兰泰。地理坐标为东经

105°00′～108°00′，北纬 39°00′～41°00′。

一、区域地质矿产特征

1. 赤峰预测工作区和集宁—包头预测工作区

大地构造位置属于华北陆块区，狼山-阴山陆块固阳-兴和陆核和晋冀古弧盆系。

预测区内大面积出露的地层主要由 3 部分组成：一是太古宙—古元古代的基底构造层，这是一套典型的花岗-绿岩分布区，主要为中深变质岩系及区域混合岩化作用产生的混合岩，原岩为中基性火山岩-沉积岩建造，其中乌拉山岩群角闪斜长片麻岩、黑云绢云石英片岩是铁矿的含矿层位；二是中元古代—二叠纪的稳定盖层，主要以碎屑沉积和碳酸盐岩建造为主，并有含煤建造和陆源碎屑建造等；三是以陆相火山碎屑岩为特征的侏罗纪、白垩纪地层，沿山间盆地分布。

预测区内岩浆活动较发育，以海西期、燕山期为主。

含铁变质岩建造主要位于乌拉山岩群哈达门沟岩组的下部层位，与角闪质片麻岩、斜长角闪岩类关系密切，其原岩多为中基性火山岩，夹硅铁质岩，或中基性火山岩夹中酸性火山岩硅铁质岩及少量碎屑岩。

乌拉山岩群在本预测区太古宙地层中分布面积最大，矿床不多，但矿点数量不少。发现的矿产地据不完全统计至少有 22～25 处之多，如黑脑包、腮林胡洞、脑包山、忽鸡沟、东伙房、三岔口、太卜山、上马圈、白彦沟、牛场窑子、四方窑子、哈叶胡同等地。

2. 迭布斯格预测工作区

本预测工作区属于华北陆块区阿拉善陆块迭布斯格-阿拉善右旗陆缘岩浆弧。赋矿地层主要为叠布斯格岩群，少量分布在雅布赖岩群中。

叠布斯格岩群划分为 3 个含矿变质建造，即黑云角闪斜长片麻岩-黑云角闪混合岩夹透辉(石榴、角闪)磁铁石英岩变质建造(Ar_1D^1)，透辉角闪斜长片麻岩-透辉大理岩夹含透辉(角闪、石榴)磁铁石英岩变质岩建造(Ar_1D^2)，黑云斜长片麻岩-角闪斜长片麻岩夹磁铁石英岩变质建造(Ar_1D^4)。

迭布斯格岩群已发现矿产地 12 处。其中中型矿床 2 处，分布在迭布斯格村、哈拉陶勒盖；小型矿床 5 处，依肯乌苏、巴格布鲁格、克林哈达、查干陶勒盖及 86 号航磁异常位置；其余 5 处为矿点。按含铁变质岩建造类型划分，属 Ar_1D^1类型的有 2 处，属于 Ar_1D^2类型的有 6 处，属于 Ar_1D^4类型的有 4 处。以透辉角闪斜长片麻岩-透辉大理岩夹含透辉(角闪、石榴)磁铁石英岩变质岩建造类型居多。

雅布赖岩群黑云斜长片麻岩-角闪斜长片麻岩-混合岩变质岩建造中已发现变质铁矿只有 1 处，位于阿左旗锡林高勒公社于咀陶村钻孔中。见矿 5 层，规模未定，深度 384～667m。于咀陶周围有近东西走向的椭圆形航磁异常，ΔT500nT 以上，分布面积 45km^2。

这些含铁建造的原岩由中基性火山岩、碎屑岩、钙硅酸岩及碳酸盐岩等组成。

二、区域地球物理特征

1. 磁法

1)赤峰预测工作区

由于预测区面积大，由 7 个不同工区不同比例尺数据成图，不同工区正常场背景不同，相互间难以调平，但不影响磁异常和磁场特征的分析。东经 120°00′以东的磁场特征详见第十六章有关部分(哈拉火烧式铁矿预测)。现将预测工作区东经120°00′以西磁场特征叙述如下：

预测工作区磁场以－100～100nT的磁场为背景，其间分布着许多形态各异带状磁异常，磁异常轴向以北东东向和北东向为主，它们相间排列，其形成与北东东向和北东向断裂有关，磁场值变化范围在－1 900～5 200nT之间。

预测工作区内共有甲类航磁异常20个，乙类航磁异常174个，丙类航磁异常119个，丁类航磁异常537个。

甲类已知矿航磁异常有如下特征：异常走向16个为北东向，北东东向、北北东向、北西向、东西向各1个，异常多数处在较低磁异常背景上，相对异常形态较为规则，多数为两翼对称、孤立异常，尖峰状和条带状，多数北侧伴有微弱负值。异常多处在磁测推断的北东向断裂带上或其两侧，以及侵入岩体上或其与地层的接触带上。

2)迭布斯格预测工作区

磁场变化较简单，以－100～0nT的低缓磁场为背景，其间分布着形态各异带状磁异常，磁异常轴向西部以北东东向为主，东部为近东西向，磁场值变化范围在－480～800nT之间。预测区内大面积的负磁场分布区，与磴口至吉兰太的乌兰布和沙漠盆地对应。

预测区内共有甲类航磁异常13个，乙类航磁异常21个，丙类航磁异常54个，丁类航磁异常62个。异常多为低缓、宽缓异常，北侧伴有负值或孤立、两翼对称异常。异常走向以东西向或北东向为主。

2. 重力

1)赤峰预测工作区

预测区西部开展了1∶20万重力测量工作，约占预测区总面积的3/4，其余地区只进行了1∶50万重力测量工作。

布格重力异常由西到东重力值呈增高趋势，多处形成北东向、北北东向展布的明显的重力梯级带。在剩余重力异常图上，剩余重力异常较凌乱，其走向以北东向为主，异常形态为椭圆状、蠕虫状、条带状、不规则状。

2)迭布斯格预测工作区

预测区只在东南角开展了1∶20万重力测量工作，约占预测区总面积的1/8，其余地区只进行了1∶50万重力测量工作。

在布格重力异常图上，预测区中部为乌拉山-大青山相对重力高异常，呈北东向条状展布，对应于太古宙、元古宙基底隆起区。紧邻其南侧呈北东向带状展布的相对重力低异常区，与河套盆地东北部和白彦花盆地对应。预测区在西北角是一面状分布的相对低值区，与酸性侵入岩有关。东南角为重力相对高值区。

在剩余异常图上，预测区中部，对应于河套盆地及太古宙、古生代隆起区形成北东向带状展布的正负伴生异常。在其两侧剩余重力异常规模较小，分布零散。中部异常带两侧的正异常多与古生代地层相对应。北侧边部及中部一处负异常与酸性岩体有关，其余均为中生代凹陷盆地引起。

三、区域遥感解译特征

1)赤峰预测工作区

预测工作区共解译出467条断裂，其中有33条脆韧性剪切带，434条线性构造。

大型断裂带1条，为高家窑-乌拉特后旗-化德-赤峰断裂带的东段，该断裂带自河北围场北延入预测区，经赤峰、平庄、查尔台等地，向东延入辽宁境内。预测区延长 230km，总体近东西向展布。

小型断裂比较发育，以北东向和北西向为主，局部发育北北西向及近东西向小型断层，其中的北西向小型断裂多为正断层，形成时间较晚，多错断其他方向的断裂构造。北东向的小型断裂多为逆断层，形成时间明显早于北西向断裂，这些断裂带与其他方向断裂交汇处，多为成矿的有利地段。

脆韧变形趋势带按成因分为节理劈理断裂密集带构造 3 条，区域性规模脆韧性变形构造 32 条。区域性规模变形构造分布有明显的规律性，多与大规模断裂带相伴生，形成脆韧性变形构造带。

预测区内一共解译了 153 个环，可分为 3 类环，一种为构造穹隆引起的环形构造，另一种为该区域内中生代花岗岩引起的环形构造，还有就是性质不明环。

2)迭布斯格预测工作区

共解译线要素 536 条、环要素 18 个、色要素 8 块、带要素 10 块、块要素 18 块，以及其他一些近矿找矿标志。

四、区域预测要素

根据预测工作区区域成矿要素和航磁、重力、遥感及自然重砂特征，建立了本预测区的区域预测要素(表 11-2、表 11-3)。

表 11-2　贾格尔旗庙式变质型铁矿赤峰预测工作区预测要素表

区域预测要素		描述内容	要素分类
地质环境	大地构造位置	华北陆块区，冀北古弧盆系，恒山-承德-建平古岩浆弧	必要
	成矿区(带)	华北成矿省，华北地台北缘东段 Fe-Cu-Mo-Pb-Zn-Au-Ag-Mn-U -磷-煤-膨润土成矿带，内蒙古隆起东段 Fe-Cu-Mo-Pb-Zn-Au-Ag 成矿亚带	必要
	区域类型及成矿期	变质型，中太古代	必要
控矿地质条件	赋矿地质体	乌拉山岩群含铁角闪斜长片麻岩建造	必要
	主要控矿构造	褶皱对铁矿床起一定控制作用	次要
区内相同类型矿产		所属成矿区带内有 22 个铁矿点、矿化点	重要
航磁		航磁异常范围	必要
		航磁化极数据大于 0	重要
遥感		乌拉山岩群地层中考虑铁染异常	次要
重砂		重砂异常范围	次要

表 11-3　贾格尔其庙式变质型铁矿集宁—包头、迭布斯格预测工作区预测要素表

区域预测要素		描述内容	成矿要素分级
地质环境	大地构造位置	华北陆块区狼山-阴山陆块和鄂尔多斯陆块	必要
	成矿区(带)	华北成矿省,华北地台北缘西段 Au-Fe-Nb-REE-Cu-Pb-Zn-Ag-Ni-Pt-W -石墨-白云母成矿带和鄂尔多斯西缘 Fe-Pb-Zn -磷-石膏-芒硝成矿带	必要
	区域成矿类型及成矿期	区域成矿类型为变质型,成矿期为中太古代	重要
	成矿环境	活动陆缘浅海	重要
	成矿物质来源	海相火山活动、陆源	必要
控矿地质条件	赋矿地质体	主要为中太古界乌拉山岩群哈达门沟岩组角闪斜长片麻岩组合、叠布斯格岩群	必要
	主要控矿构造	褶皱构造对其有一定的控制作用	重要
区内相同类型矿产		已知矿床(点)22 处,其中中型 2 处,小型 19 处,矿点 1 处	重要
物探特征	航磁	航磁 ΔT 化极异常强度起始值多数在 100nT 以上	重要
	重力	剩余重力矿点分布区的起始值多为 10×10^{-5} m/s^2	重要
遥感		铁染及羟基异常	次要

第三节　矿产预测

一、综合地质信息定位预测

根据典型矿床及预测工作区成矿要素、预测要素研究,赤峰预测工作区选择网格单元法作为预测单元,集宁—包头、迭布斯格预测工作区选择不规则地质单元法作为预测单元。

1. 赤峰预测工作区

在 MRAS 软件中,对揭盖后的地质体、断层(包括综合信息各专题推断断层)及褶皱缓冲区、航磁异常分布范围、遥感 I 级铁染异常区、重砂异常区等求区的存在标志,对航磁化极、剩余重力求起始值的加权平均值,并进行以上原始变量的构置,对网格进行赋值,形成原始数据专题。

由于预测区内只有一个已知矿床,因此采用有预测模型工程进行定位预测及分级。

在 MRAS 软件中采用证据权重法进行评价,再结合综合信息法进行分析,圈定最小预测区,并进行优选。预测区分级原则:A 级,乌拉山岩群+航磁异常区+附近有已知铁矿点或乌拉山岩群+航磁异常区+大梁底附近重砂异常区或乌拉山岩群+航磁异常区+王坟山附近遥感铁染 I 级区;B 级,重力推断乌拉山岩群+航磁异常区+附近有已知铁矿床(点)或重力推断乌拉山岩群+航磁异常区+大梁底附近重砂异常区或重力推断乌拉山岩+航磁异常区+王坟山附近遥感铁染 I 级区或乌拉岩群+航磁异常区;C 级,重力推断乌拉山岩群+航磁异常区或乌拉山岩群或重力推断乌拉山岩群+航磁化极起始值>0。

根据各要素边界圈定最小预测区,共圈定最小预测区 71 个(图 11-4),其中 A 级区 2 个,面积 2.4km^2;B 级区 30 个,面积 210.94km^2;C 级区 39 个,面积 345.23km^2。综合信息见表 11-4。

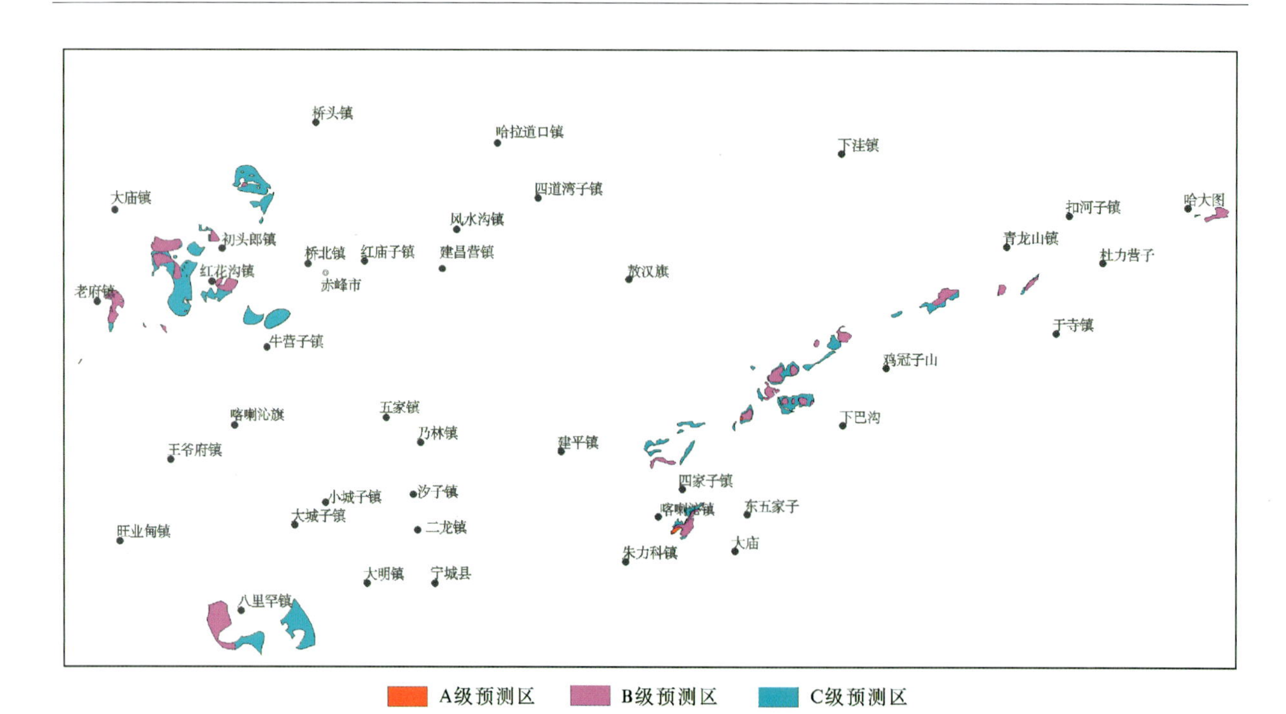

图 11-4　贾格尔其庙式变质型铁矿赤峰预测工作区最小预测区优选分布示意图

表 11-4　贾格尔其庙式变质型铁矿赤峰预测工作区最小预测区综合信息表

最小预测区编号	最小预测区名称	综合信息特征
A1501303001	喀喇沁镇南东	该最小预测区主要出露的地质体为乌拉山岩群，区内存在遥感铁染一级异常；剩余重力异常较高，航磁化极值相对较高，达 800nT
A1501303002	金厂沟梁镇北西	该最小预测区主要出露的地质体为乌拉山岩群角闪斜长片麻岩、黑云绢云石英片岩；在第四系及上更新统中根据重力异常推断地下有隐伏的乌拉山岩群；剩余重力异常较高，航磁化极值相对较高，达 700nT
B1501303001	大庙镇南东	该最小预测区主要出露的地质体为乌拉山岩群角闪斜长片麻岩，黑云绢云石英片岩；在第四系及上更新统中根据重力异常推断地下有隐伏的乌拉山岩群；航磁异常 1 处，断层 1 条；剩余重力异常较高，航磁化极值相对较低
B1501303002	老府镇北东	该最小预测区主要出露的地质体为乌拉山岩群角闪斜长片麻岩，黑云绢云石英片岩；区内存在航磁异常 1 处，断层 1 条；剩余重力异常较高，航磁化极值相对较低
B1501303003	老府镇	该最小预测区主要出露的地质体为乌拉山岩群中，其岩性为角闪斜长片麻岩，黑云绢云石英片岩；区内存在航磁异常 1 处，断层 1 条；剩余重力异常偏高，航磁化极值相对较低
B1501303004	平顶坑西	该最小预测区主要出露的地质体为乌拉山岩群角闪斜长片麻岩，黑云绢云石英片岩；区内存在航磁异常 1 处；剩余重力异常较高，航磁化极值相对较低
B1501303005	初头郎镇北	该最小预测区主要出露的地质体为乌拉山岩群，其岩性为角闪斜长片麻岩，黑云绢云石英片岩；区内存在航磁异常 1 处，断层 1 条；剩余重力异常较低
B1501303006	猫耳山东	该最小预测区主要出露的地质体为乌拉山岩群角闪斜长片麻岩、黑云绢云石英片岩；区内存在航磁异常 1 处，重砂异常 1 处；剩余重力异常较低
B1501303007	猫耳山西	该最小预测区主要出露的地质体为乌拉山岩群角闪斜长片麻岩，黑云绢云石英片岩；区内存在航磁异常 1 处，重砂异常 1 处；剩余重力异常较低

续表 11-4

最小预测区编号	最小预测区名称	综合信息特征
B1501303008	魏家沟	该最小预测区主要出露的地质体为乌拉山岩群角闪斜长片麻岩、黑云绢云石英片岩；区内存在航磁异常1处，断层3条，遥感推断断裂2条，遥感铁染一级异常；剩余重力异常较高
B1501303009	大光顶子	该最小预测区主要出露的地质体为乌拉山岩群，其岩性为角闪斜长片麻岩，黑云绢云石英片岩；区内存在航磁异常1处；重力范围（1～2）$\times 10^{-5}m/s^{2}$；化极起始值为－200nT
B1501303010	砬子沟梁顶	该最小预测区主要出露的地质体为乌拉山岩群角闪斜长片麻岩、黑云绢云石英片岩；区内存在断层2条，遥感推断断裂3条，遥感铁染一级异常，小型矿床1个，矿点3个；剩余重力异常及航磁异常均较高
B1501303011	袋王山北	该最小预测区主要出露的地质体为乌拉山岩群角闪斜长片麻岩、黑云绢云石英片岩；区内存在断层1条，遥感推断断裂2条，矿点1个；剩余重力异常偏高，航磁化极值相对较低
B1501303012	金厂沟梁 北东东	该最小预测区主要出露的地质体为乌拉山岩群，其岩性为角闪斜长片麻岩，黑云绢云石英片岩；区内存在断层1条，遥感推断断裂1条，矿点1个；剩余重力异常偏高，航磁化极值相对较低
B1501303013	后坟北山东	该最小预测区主要出露的地质体为乌拉山岩群角闪斜长片麻岩、黑云绢云石英片岩；区内存在重砂异常1处，断层1条，遥感推断断裂1条，矿点1个；剩余重力异常偏高，航磁化极值相对较低
B1501303014	鸡冠子山 北北西	该最小预测区主要出露的地质体为乌拉山岩群角闪斜长片麻岩、黑云绢云石英片岩；区内存在遥感推断断裂1条，矿点1个；剩余重力异常偏高，航磁化极值相对较低
B1501303015	于寺镇北西	该最小预测区主要出露的地质体为乌拉山岩群角闪斜长片麻岩、黑云绢云石英片岩；区内存在航磁异常1处，断层2条，遥感推断断裂1条；剩余重力异常较高，航磁化极值相对较低
B1501303016	杜力营子南西	该最小预测区主要出露的地质体为乌拉山岩群角闪斜长片麻岩、黑云绢云石英片岩；区内存在航磁异常1处，断层1条，遥感推断断层1条，遥感铁染一级异常；剩余重力异常偏高
B1501303017	鸡冠子山 北北东	该最小预测区主要出露的地质体为乌拉山岩群角闪斜长片麻岩、黑云绢云石英片岩；区内存在航磁异常1处，断层3条，遥感推断断层1条，剩余重力异常偏高，航磁化极值相对较高
B1501303018	后坟北山南	该最小预测区主要出露的地质体为乌拉山岩群角闪斜长片麻岩、黑云绢云石英片岩；区内存在断层1条，遥感推断断裂1条，小型矿床1个；剩余重力异常偏低，航磁化极值相对较高
B1501303019	后坟北山	该最小预测区主要出露的地质体为乌拉山岩群角闪斜长片麻岩、黑云绢云石英片岩；区内存在重砂异常1处，矿点1个；剩余重力异常偏低，航磁化极值相对较高
B1501303020	金厂沟梁北东	该最小预测区主要出露的地质体为乌拉山岩群角闪斜长片麻岩、黑云绢云石英片岩；剩余重力异常偏低，航磁化极值相对较高
B1501303021	平顶山西	该最小预测区主要出露的地质体为乌拉山岩群角闪斜长片麻岩、黑云绢云石英片岩；剩余重力异常偏高，航磁化极值相对较高
B1501303022	平顶山北	该最小预测区主要出露的地质体为乌拉山岩群角闪斜长片麻岩、黑云绢云石英片岩；区内存在重砂异常1处；剩余重力异常偏低，航磁化极值相对较高
B1501303023	下巴沟	该最小预测区主要出露的地质体为乌拉山岩群角闪斜长片麻岩、黑云绢云石英片岩；剩余重力异常偏低，航磁化极值相对较高，最高处达500nT

续表 11-4

最小预测区编号	最小预测区名称	综合信息特征
B1501303024	朱力科镇北东	该最小预测区主要出露的地质体为乌拉山岩群中，其岩性为角闪斜长片麻岩，黑云绢云石英片岩；区内存在遥感铁染一级异常；剩余重力异常较高，航磁化极值相对高，最高处达 600nT
B1501303025	大青山西	该最小预测区主要出露的地质体为乌拉山岩群角闪斜长片麻岩、黑云绢云石英片岩；区内有断层 1 条，遥感解译断裂 1 条，存在遥感铁染一级异常；剩余重力异常较高，航磁化极值相对高，最高处达 600nT
B1501303026	东五家子	该最小预测区主要出露的地质体为乌拉山岩群角闪斜长片麻岩、黑云绢云石英片岩；区内有遥感解译断裂 1 条，存在遥感铁染一级异常；剩余重力异常较高，航磁化极值相对高，最高处达 600nT
B1501303027	四家子镇南东	该最小预测区主要出露的地质体为乌拉山岩角闪斜长片麻岩、黑云绢云石英片岩；剩余重力异常偏高，航磁化极值相对高
B1501303028	金厂沟梁镇北	该最小预测区主要出露的地质体为乌拉山岩群角闪斜长片麻岩，黑云绢云石英片岩；在第四系及上更新统中根据重力异常推断有隐伏的乌拉山岩群；剩余重力异常偏高，航磁化极值相对高，最高处达 800nT
B1501303029	金厂沟梁镇南西	该最小预测区主要出露的地质体为乌拉山岩群角闪斜长片麻岩、黑云绢云石英片岩；剩余重力异常偏低，航磁化极值相对高，最高处达 600nT
B1501303030	红花沟镇东	该最小预测区主要出露的地质体为乌拉山岩群角闪斜长片麻岩、黑云绢云石英片岩；在第四系及上更新统中根据重力异常推断有隐伏的乌拉山岩群；区内有航磁异常 1 处，断层 1 条，遥感解译断裂 2 条；剩余重力异常较高，航磁化极值相对高
C1501303001	红花沟镇北西	该最小预测区主要出露的地质体为乌拉山岩群角闪斜长片麻岩、黑云绢云石英片岩；在第四系及上更新统中根据重力异常推断有隐伏的乌拉山岩群；剩余重力异常较高，航磁化极值相对低
C1501303002	盔钾山北东	该最小预测区主要出露的地质体为乌拉山岩群角闪斜长片麻岩、黑云绢云石英片岩；在第四系及上更新统中根据重力异常推断有隐伏的乌拉山岩群；区内存在航磁异常 1 处，断层 2 条，遥感解译断裂 2 条；剩余重力异常偏高，航磁化极值相对较高
C1501303003	盔钾山北	该最小预测区主要出露的地质体为乌拉山岩群角闪斜长片麻岩、黑云绢云石英片岩；剩余重力异常较高，航磁化极值相对低
C1501303004	羊草洼梁顶	该最小预测区主要出露的地质体为乌拉山岩群角闪斜长片麻岩、黑云绢云石英片岩；区内存在断层 1 条；剩余重力异常较低，航磁化极值相对较高
C1501303005	初头郎镇西	该最小预测区主要出露的地质体为乌拉山岩群角闪斜长片麻岩、黑云绢云石英片岩；在第四系及上更新统中根据重力异常推断有隐伏的乌拉山岩群；区内有航磁异常 1 处；剩余重力异常较高，航磁化极值相对偏高
C1501303006	大明镇	该最小预测区主要出露的地质体为乌拉山岩群角闪斜长片麻岩、黑云绢云石英片岩；在第四系及上更新统中根据重力异常推断有隐伏的乌拉山岩群；区内存在断层 3 条，遥感推断断裂 4 条，遥感铁染一级异常；剩余重力异常较高，航磁化极值相对偏高
C1501303007	代王山	该最小预测区主要出露的地质体为乌拉山岩群角闪斜长片麻岩、黑云绢云石英片岩；区内根据重力异常推断地下有隐伏的乌拉山岩群，其上出露的地层为第四系；区内存在航磁异常 1 处，遥感解译断裂 1 条；剩余重力异常偏高，航磁化极值相对偏高

续表 11-4

最小预测区编号	最小预测区名称	综合信息特征
C1501303008	桥北镇	该最小预测区主要出露的地质体为乌拉山岩群角闪斜长片麻岩、黑云绢云石英片岩;在第四系及上更新统中根据重力异常推断有隐伏的乌拉山岩群;剩余重力异常较低,航磁化极值相对较高
C1501303009	平顶坑南	该最小预测区主要出露的地质体为乌拉山岩群角闪斜长片麻岩、黑云绢云石英片岩;区内存在断层1条;剩余重力异常偏低,航磁化极值相对偏高
C1501303010	初头郎镇北西最小预测区	该最小预测区主要出露的地质体为乌拉山岩群角闪斜长片麻岩、黑云绢云石英片岩;区内存在断层1条;剩余重力异常偏低,航磁化极值相对偏高
C1501303011	盔钾山南	该最小预测区主要出露的地质体为乌拉山岩群角闪斜长片麻岩、黑云绢云石英片岩;剩余重力异常偏低,航磁化极值相对偏高
C1501303012	盔钾山南东	该最小预测区主要出露的地质体为乌拉山岩群角闪斜长片麻岩、黑云绢云石英片岩;区内存在重砂异常1处;剩余重力异常偏低,航磁化极值相对较高
C1501303013	初头郎镇南西	该最小预测区主要出露的地质体为乌拉山岩群角闪斜长片麻岩、黑云绢云石英片岩;在第四系及上更新统中根据重力异常推断有隐伏的乌拉山岩群;区内存在航磁异常1处,断层1条,遥感解译断裂1条;剩余重力异常偏低,航磁化极值相对较高
C1501303014	哈大图	该最小预测区主要出露的地质体为乌拉山岩群角闪斜长片麻岩、黑云绢云石英片岩;区内存在遥感铁染一级异常;剩余重力异常较高,航磁化极值相对偏高
C1501303015	平顶坑南西	该最小预测区主要出露的地质体为乌拉山岩群角闪斜长片麻岩、黑云绢云石英片岩;区内根据重力异常推断地下有隐伏的乌拉山岩群,其上出露的地层为第四系;剩余重力异常、航磁化极值均相对偏高
C1501303016	桥头镇	该最小预测区主要出露的地质体为乌拉山岩群角闪斜长片麻岩、黑云绢云石英片岩;区内根据重力异常推断地下有隐伏的乌拉山岩群,其上出露的地层为第四系及白音高老组;区内存在航磁异常1处;剩余重力异常、航磁化极值均相对较高
C1501303017	八里罕镇	该最小预测区主要出露的地质体为乌拉山岩群角闪斜长片麻岩、黑云绢云石英片岩;区内根据重力异常推断地下有隐伏的乌拉山岩群,其上出露的地层为第四系及下白垩统义县组;区内存在断层2条,遥感推断断裂3条,遥感铁染一级异常;剩余重力异常、航磁化极值均相对较高
C1501303018	鸡冠子山北	该最小预测区主要出露的地质体为乌拉山岩群角闪斜长片麻岩、黑云绢云石英片岩;剩余重力异常、航磁化极值均相对偏高
C1501303019	四道营子大山东	该最小预测区主要出露的地质体为乌拉山岩群角闪斜长片麻岩、黑云绢云石英片岩;剩余重力异常较低,航磁化极值相对较高
C1501303020	金厂沟梁北北东	该最小预测区主要出露的地质体为乌拉山岩群角闪斜长片麻岩、黑云绢云石英片岩;区内存在断层1条,遥感推断断裂1条;剩余重力异常较低,航磁化极值相对较高
C1501303021	建平镇东	该最小预测区主要出露的地质体为乌拉山岩群角闪斜长片麻岩、黑云绢云石英片岩;区内存在遥感推断断裂1条;剩余重力异常较低,航磁化极值相对较高
C1501303022	建平镇北东	该最小预测区主要出露的地质体为乌拉山岩群角闪斜长片麻岩、黑云绢云石英片岩;区内存在遥感推断断裂1条;剩余重力异常较低,航磁化极值相对较高
C1501303023	金厂沟梁镇西	该最小预测区主要出露的地质体为乌拉山岩群角闪斜长片麻岩、黑云绢云石英片岩;剩余重力异常较低,航磁化极值相对较高
C1501303024	四家子镇北	该最小预测区主要出露的地质体为乌拉山岩群角闪斜长片麻岩、黑云绢云石英片岩;剩余重力异常较低,航磁化极值相对较高

续表 11-4

最小预测区编号	最小预测区名称	综合信息特征
C1501303025	鸡冠子山西	该最小预测区主要出露的地质体为乌拉山岩群角闪斜长片麻岩、黑云绢云石英片岩；区内存在重砂异常区1处，遥感解译断裂1条，矿点1个；剩余重力异常较低，航磁化极值相对较高
C1501303026	鸡冠子山北西	该最小预测区主要出露的地质体为乌拉山岩群角闪斜长片麻岩，黑云绢云石英片岩；区内存在重砂异常区1处，断层1条；剩余重力异常偏高，航磁化极值相对较低
C1501303027	杜力营子西	该最小预测区主要出露的地质体为乌拉山岩群角闪斜长片麻岩、黑云绢云石英片岩；区内存在航磁异常1处，断层1条，遥感铁染一级异常；剩余重力异常偏高，航磁化极值相对较低
C1501303028	于寺镇北北西	该最小预测区主要出露的地质体为乌拉山岩群角闪斜长片麻岩、黑云绢云石英片岩；区内存在遥感推断断裂1条，遥感铁染一级异常，小型矿床1个；剩余重力异常偏高，航磁化极值相对较低
C1501303029	鸡冠子山北东	该最小预测区主要出露的地质体为乌拉山岩群角闪斜长片麻岩、黑云绢云石英片岩；区内存在断层2条，遥感推断断层1条，剩余重力异常偏高，航磁化极值相对较高
C1501303030	后坟北山南东	该最小预测区主要出露的地质体为乌拉山岩群角闪斜长片麻岩、黑云绢云石英片岩；区内存在重砂异常1处，断层2条，遥感推断断层1条，矿点2个；剩余重力异常偏高，航磁化极值相对较低
C1501303031	平顶山	该最小预测区主要出露的地质体为乌拉山岩群角闪斜长片麻岩、黑云绢云石英片岩；区内存在重砂异常1处，断层1条，小型矿床1个；剩余重力异常偏高，航磁化极值相对较高
C1501303032	大庙西	该最小预测区主要出露的地质体为乌拉山岩群角闪斜长片麻岩、黑云绢云石英片岩；区内有断层2条，存在遥感铁染一级异常；剩余重力异常、航磁化极异常均较高
C1501303033	喀喇沁镇	该最小预测区主要出露的地质体为乌拉山岩群角闪斜长片麻岩、黑云绢云石英片岩；区内有遥感解译断裂2条，存在遥感铁染一级异常；剩余重力异常、航磁化极异常均较高
C1501303034	四家子镇南	该最小预测区主要出露的地质体为乌拉山岩群角闪斜长片麻岩、黑云绢云石英片岩；区内存在遥感铁染一级异常；剩余重力异常、航磁化极异常均较高
C1501303035	金厂沟梁镇	该最小预测区主要出露的地质体为乌拉山岩群角闪斜长片麻岩、黑云绢云石英片岩；区内根据重力异常推断地下有隐伏的乌拉山岩群及下白垩统义县组；剩余重力异常、航磁化极异常均较高
C1501303036	平顶山北西	该最小预测区主要出露的地质体为乌拉山岩群角闪斜长片麻岩、黑云绢云石英片岩；区内有断层1条；剩余重力异常较低，航磁化极值相对较高
C1501303037	红花沟镇南	该最小预测区主要出露的地质体为乌拉山岩群角闪斜长片麻岩、黑云绢云石英片岩；区内根据重力异常推断地下有隐伏的乌拉山岩群，其上出露的地层为第四系；区内存在遥感解译断裂1条；剩余重力异常、航磁化极异常均较高
C1501303038	牛营子镇	该最小预测区主要出露的地质体为乌拉山岩群角闪斜长片麻岩、黑云绢云石英片岩；区内根据重力异常推断地下有隐伏的乌拉山岩群，其上出露的地层为第四系及上侏罗统白音高老组；剩余重力异常、航磁化极异常均相对偏高
C1501303039	明安山	该最小预测区主要出露的地质体为乌拉山岩群角闪斜长片麻岩、黑云绢云石英片岩；区内根据重力异常推断地下有隐伏的乌拉山岩群，其上出露的地层为第四系、下白垩统梅勒图组及上侏罗统白音高老组；剩余重力异常、航磁化极异常均较高

2. 集宁—包头预测工作区

本次用综合信息地质单元法，根据各要素边界圈定最小预测区，并进行优选，A级为地表有中太古界乌拉山岩群含铁建造出露，已知的矿床（矿点）或铁矿脉存在，推测的航磁矿致异常存在。B级为地表有中太古界乌拉山岩群含铁建造出露，推测的航磁矿致异常存在。C级为地表有中太古界乌拉山岩群含铁建造出露（或推测有）。

共圈定最小预测区172个（图11-5），其中A级区29个，面积553.46km²；B级区18个，面积515.50km²；C级区125个，面积1748.18km²。综合信息见表11-5。

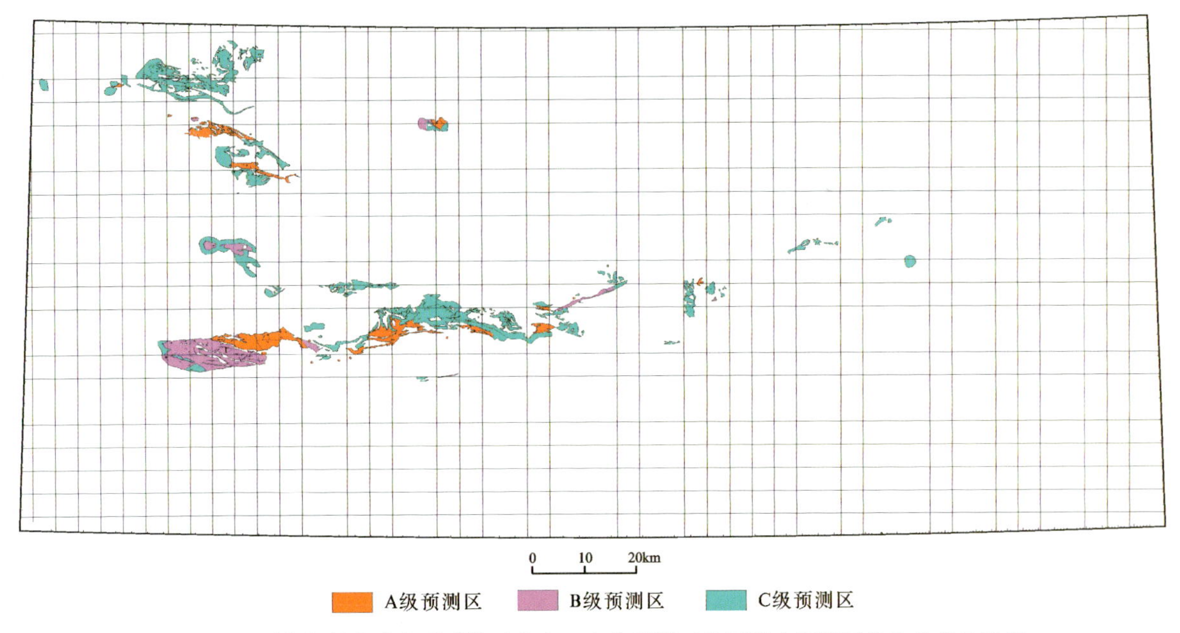

图11-5 贾格尔其庙式变质型铁矿集宁—包头预测工作区最小预测区优选分布示意图

表11-5 贾格尔其庙式变质型铁矿集宁—包头预测工作区最小预测区综合信息表

最小预测区编号	最小预测区名称	综合信息（航磁单位为nT，重力单位为$\times10^{-5}m/s^2$）
A1501303003	泥尔图沟	该最小预测区主要赋存在中太古界乌拉山岩群哈达门沟岩组角闪斜长片麻岩组合中，该区内有小型矿产地1处。分布有2处推断的矿致航磁异常区，航磁化极等值线起始值在0以上；重力剩余异常起始值在0以上；预测区局部及下游存在铁重砂异常。该最小预测区找矿潜力极大
A1501303004	达拉盖	该最小预测区主要赋存在中太古界乌拉山岩群哈达门沟岩组角闪斜长片麻岩组合中，该区内有小型矿产地1处。分布于推断的矿致航磁异常区内，航磁化极等值线起始值在600以上；重力剩余异常起始值在9以上；预测区局部及下游存在铁重砂异常。因此该最小预测区找矿潜力极大
A1501303005	巴音高勒	该最小预测区主要赋存在中太古界乌拉山岩群哈达门沟岩组角闪斜长片麻岩组合中，该区内有小型矿产地1处。航磁化极等值线起始值在100以上；重力剩余异常起始值在−7以上；预测区局部及下游存在铁重砂异常
A1501303006	南圪妥	该最小预测区主要赋存在中太古界乌拉山岩群哈达门沟岩组角闪斜长片麻岩组合中，区内有小型矿产地1处。航磁化极等值线起始值在200以上；重力剩余异常起始值在−2以上；预测区局部及下游存在铁重砂异常。因此该最小预测区找矿潜力极大
A1501303007	敖包山	该最小预测区主要赋存在中太古界乌拉山岩群哈达门沟岩组角闪斜长片麻岩组合中，区内有小型矿产地1处。航磁化极等值线起始值在100以上；重力剩余异常起始值在0以上。因此该最小预测区找矿潜力极大
A1501303008	乌日图高勒嘎查北西	该最小预测区主要赋存在中太古界乌拉山岩群哈达门沟岩组角闪斜长片麻岩组合中，该区内地表见有铁矿脉。航磁化极等值线起始值在100以上；重力剩余异常起始值在0以上。因此该最小预测区找矿潜力极大

续表 11-5

最小预测区编号	最小预测区名称	综合信息(航磁单位为 nT,重力单位为$\times10^{-5}m/s^2$)
A1501303009	乌日图高勒嘎查北	该最小预测区主要赋存在中太古界乌拉山岩群哈达门沟岩组角闪斜长片麻岩组合中,该区内地表见有铁矿脉。分布于推断的矿致航磁异常区内,航磁化极等值线起始值在 0 以上;重力剩余异常起始值在 1 以上;预测区局部及下游存在铁重砂异常。因此该最小预测区找矿潜力极大
A1501303010	大不产沟	该最小预测区主要赋存在中太古界乌拉山岩群哈达门沟岩组角闪斜长片麻岩组合中,该区内有小型矿产地 1 处。边部分布有推断的矿致航磁异常区,航磁化极等值线起始值在 700 以上;重力剩余异常起始值在 0 以上。因此该最小预测区找矿潜力极大
A1501303011	五道沟村西	该最小预测区主要赋存在中太古界乌拉山岩群哈达门沟岩组角闪斜长片麻岩组合中,该区内地表见有铁矿脉。航磁化极等值线起始值在 200 以上;重力剩余异常起始值在 3 以上。因此该最小预测区找矿潜力极大
A1501303012	和尔格楚鲁	该最小预测区主要赋存在中太古界乌拉山岩群哈达门沟岩组角闪斜长片麻岩组合中,该区内有小型矿产地 1 处,地表见有铁矿脉。航磁化极等值线起始值在 0 以上;重力剩余异常起始值在 6 以上;预测区局部及下游存在铁重砂异常。因此该最小预测区找矿潜力极大
A1501303013	莫若格钦	该最小预测区主要赋存在中太古界乌拉山岩群哈达门沟岩组角闪斜长片麻岩组合中,该区内地表见有铁矿脉。航磁化极等值线起始值在 0 以上;重力剩余异常起始值在 2 以上。因此该最小预测区找矿潜力极大
A1501303014	沙尔楚鲁西	该最小预测区主要赋存在中太古界乌拉山岩群哈达门沟岩组角闪斜长片麻岩组合中,该区内地表见有铁矿脉。航磁化极等值线起始值在 0 以上;重力剩余异常起始值在 0 以上。因此该最小预测区找矿潜力极大
A1501303015	敦德萨拉	该最小预测区主要赋存在中太古界乌拉山岩群哈达门沟岩组角闪斜长片麻岩组合中,该区内地表见有铁矿脉。航磁化极等值线起始值在 0 以上;重力剩余异常起始值在 1 以上。因此该最小预测区找矿潜力极大
A1501303016	哈日温都尔	该最小预测区主要赋存在中太古界乌拉山岩群哈达门沟岩组角闪斜长片麻岩组合中,该区内地表见有铁矿脉。航磁化极等值线起始值在 0 以上;重力剩余异常起始值在 0 以上。因此该最小预测区找矿潜力极大
A1501303017	小毛忽洞	该最小预测区主要赋存在中太古界乌拉山岩群哈达门沟岩组角闪斜长片麻岩组合中,地表见有铁矿脉。航磁化极等值线起始值在 100 以上;重力剩余异常起始值在 0 以上。因此该最小预测区找矿潜力极大
A1501303018	莫圪内	该最小预测区主要赋存在中太古界乌拉山岩群哈达门沟岩组角闪斜长片麻岩组合中,该区内有小型矿产地 1 处,地表见有铁矿脉。航磁化极等值线起始值在 0 以上;重力剩余异常起始值在 0 以上。因此该最小预测区找矿潜力极大
A1501303019	哈太嘎	该最小预测区主要赋存在中太古界乌拉山岩群哈达门沟岩组角闪斜长片麻岩组合中,该区内有地表见有铁矿脉。航磁化极等值线起始值在 0 以上;重力剩余异常起始值在－5 以上;预测区局部及下游存在铁重砂异常。因此该最小预测区找矿潜力极大
A1501303020	呼仁陶勒盖	该最小预测区主要赋存在中太古界乌拉山岩群哈达门沟岩组角闪斜长片麻岩组合中,该区内有小型矿产地 1 处。航磁化极等值线起始值在 0 以上;重力剩余异常起始值在 4 以上;预测区局部及下游存在铁重砂异常。因此该最小预测区找矿潜力极大
A1501303021	乌日图高勒嘎查北	该最小预测区主要赋存在中太古界乌拉山岩群哈达门沟岩组角闪斜长片麻岩组合中,该区内有小型矿产地 1 处。分布于推断的矿致航磁异常区内,见有重砂铁异常,航磁化极等值线起始值在 500 以上;重力剩余异常起始值在 10 以上;预测区局部及下游存在铁重砂异常。因此该最小预测区找矿潜力极大
A1501303022	牛场坝南	该最小预测区主要赋存在中太古界乌拉山岩群哈达门沟岩组角闪斜长片麻岩组合中,该区内有矿点 1 处。航磁化极等值线起始值在 400 以上;重力剩余异常起始值在 5 以上;预测区局部及下游存在铁重砂异常。因此该最小预测区找矿潜力极大

续表 11-5

最小预测区编号	最小预测区名称	综合信息（航磁单位为 nT，重力单位为 $\times10^{-5}m/s^2$）
A1501303023	阿嘎如泰苏木北东	该最小预测区主要赋存在中太古界乌拉山岩群哈达门沟岩组角闪斜长片麻岩组合中，该区内有小型矿产地 1 处。分布于推断的矿致航磁异常区内，航磁化极等值线起始值在 300 以上；重力剩余异常起始值在 2 以上；预测区局部及下游存在铁重砂异常。因此该最小预测区找矿潜力极大
A1501303024	杨树沟	该最小预测区主要赋存在中太古界乌拉山岩群哈达门沟岩组角闪斜长片麻岩组合中，该区内有小型矿产地 1 处。分布于推断的矿致航磁异常区内，航磁化极等值线起始值在 500 以上；重力剩余异常起始值在 4 以上；预测区局部及下游存在铁重砂异常。因此该最小预测区找矿潜力极大
A1501303025	乌兰此老	该最小预测区主要赋存在中太古界乌拉山岩群哈达门沟岩组角闪斜长片麻岩组合中，该区内有小型矿产地 1 处。航磁化极等值线起始值在 0 以上；重力剩余异常起始值在 5 以上；预测区局部及下游存在铁重砂异常。因此该最小预测区找矿潜力极大
A1501303026	后石花北	该最小预测区主要赋存在中太古界乌拉山岩群哈达门沟岩组角闪斜长片麻岩组合中，该区内有小型矿产地 1 处。航磁化极等值线起始值在 200 以上；重力剩余异常起始值在 2 以上。因此该最小预测区找矿潜力极大
A1501303027	乌布拉	该最小预测区主要赋存在中太古界乌拉山岩群哈达门沟岩组角闪斜长片麻岩组合中，该区内有小型矿产地 4 处，地表见有铁矿脉。分布于推断的矿致航磁异常区内，航磁化极等值线起始值在 200 以上；重力剩余异常起始值在 9 以上；预测区局部及下游存在铁重砂异常。因此该最小预测区找矿潜力极大
A1501303028	白彦沟林	该最小预测区主要赋存在中太古界乌拉山岩群哈达门沟岩组角闪斜长片麻岩组合中，地表见有铁矿脉。航磁化极等值线起始值在 300 以上；重力剩余异常起始值在 0 以上；预测区局部及下游存在铁重砂异常。因此该最小预测区找矿潜力极大
A1501303029	沿海沟	该最小预测区主要赋存在中太古界乌拉山岩群哈达门沟岩组角闪斜长片麻岩组合中，该区内地表见有铁矿脉。分布于推断的矿致航磁异常区内，航磁化极等值线起始值在 100 以上；重力剩余异常起始值在 −2 以上；预测区局部及下游存在铁重砂异常。因此该最小预测区找矿潜力极大
A1501303030	泥尔图沟南	该最小预测区主要赋存在中太古界乌拉山岩群哈达门沟岩组角闪斜长片麻岩组合中，该区内地表见有铁矿脉。边部分布有推断的矿致航磁异常区，航磁化极等值线起始值在 0 以上；重力剩余异常起始值在 0 以上；预测区存在铁重砂异常。因此该最小预测区找矿潜力极大
A1501303031	乌尔土沟掌子南	该最小预测区主要赋存在中太古界乌拉山岩群哈达门沟岩组角闪斜长片麻岩组合中，该区内有小型矿产地 1 处。航磁化极等值线起始值在 0 以上；重力剩余异常起始值在 8 以上。因此该最小预测区找矿潜力极大
B1501303031	达拉盖	该最小预测区主要赋存在中太古界乌拉山岩群哈达门沟岩组角闪斜长片麻岩组合中。在推断矿致航磁异常内，航磁化极等值线起始值在 400 以上；重力剩余异常起始值在 10 以上。该最小预测区有一定的找矿潜力
B1501303032	哈尔哈达东	该最小预测区主要赋存在中太古界乌拉山岩群哈达门沟岩组角闪斜长片麻岩组合中。在推断矿致航磁异常内，航磁化极等值线起始值在 400 以上；重力剩余异常起始值在 10 以上。该最小预测区有一定的找矿潜力
B1501303033	乌拉山镇	该最小预测区主要赋存在中太古界乌拉山岩群哈达门沟岩组角闪斜长片麻岩组合中。有 1 处推断矿致航磁异常存在，航磁化极等值线起始值在 0 以上；重力剩余异常起始值在 0 以上。该最小预测区有一定的找矿潜力
B1501303034	小海留素沟	该最小预测区主要赋存在中太古界乌拉山岩群哈达门沟岩组角闪斜长片麻岩组合中。边部有 1 处推断矿致航磁异常存在，航磁化极等值线起始值在 0 以上；重力剩余异常起始值在 0 以上。该最小预测区有一定的找矿潜力
B1501303035	宽滩子南	该最小预测区主要赋存在中太古界乌拉山岩群哈达门沟岩组角闪斜长片麻岩组合中。有 1 处推断矿致航磁异常存在，航磁化极等值线起始值在 0 以上；重力剩余异常起始值在 6 以上。该最小预测区有一定的找矿潜力

续表 11-5

最小预测区编号	最小预测区名称	综合信息（航磁单位为 nT，重力单位为 $\times10^{-5}m/s^2$）
B1501303036	打不亥	该最小预测区主要赋存在中太古界乌拉山岩群哈达门沟岩组角闪斜长片麻岩组合中。有 1 处推断矿致航磁异常存在，航磁化极等值线起始值在 0 以上；重力剩余异常起始值在 0 以上。该最小预测区有一定的找矿潜力
B1501303037	东那林沟	该最小预测区主要赋存在中太古界乌拉山岩群哈达门沟岩组角闪斜长片麻岩组合中。边部有已知矿体存在，航磁化极等值线起始值在 0 以上；重力剩余异常起始值在 6 以上。该最小预测区有一定的找矿潜力
B1501303038	南塔坝	该最小预测区主要赋存在推断的中太古界乌拉山岩群哈达门沟岩组角闪斜长片麻岩组合中，地表为覆盖，边部有已知铁矿床和铁矿脉存在。航磁化极等值线起始值在 0 以上；重力剩余异常起始值在 6 以上。该最小预测区有一定的找矿潜力
B1501303039	中高腰海	该最小预测区主要赋存在推断的中太古界乌拉山岩群哈达门沟岩组角闪斜长片麻岩组合中，地表无地层出露，有一中型矿床存在。航磁化极等值线起始值在 100 以上；重力剩余异常起始值在 −2 以上。该最小预测区有一定的找矿潜力
B1501303040	瓦窑滩东	该最小预测区主要赋存在中太古界乌拉山岩群哈达门沟岩组角闪斜长片麻岩组合中。在推断矿致航磁异常内，航磁化极等值线起始值在 0 以上；重力剩余异常起始值在 0 以上。该最小预测区有一定的找矿潜力
B1501303041	石门子	该最小预测区主要赋存在中太古界乌拉山岩群哈达门沟岩组角闪斜长片麻岩组合中。有 2 处推断矿致航磁异常存在，航磁化极等值线起始值在 0 以上；重力剩余异常起始值在 3 以上。该最小预测区有一定的找矿潜力
B1501303042	石门子	该最小预测区主要赋存在中太古界乌拉山岩群哈达门沟岩组角闪斜长片麻岩组合中。在推断矿致航磁异常内，航磁化极等值线起始值在 −100 以上；重力剩余异常起始值在 8 以上。该最小预测区有一定的找矿潜力
B1501303043	莫若格钦南	该最小预测区主要赋存在推断的中太古界乌拉山岩群哈达门沟岩组角闪斜长片麻岩组合中，地表为覆盖，边部有已知的铁矿脉存在。航磁化极等值线起始值在 0 以上；重力剩余异常起始值在 2 以上。该最小预测区有一定的找矿潜力
B1501303044	巴亚尔图	该最小预测区主要赋存在中太古界乌拉山岩群哈达门沟岩组角闪斜长片麻岩组合中。有 1 处推断矿致航磁异常存在，航磁化极等值线起始值在 0 以上；重力剩余异常起始值在 10 以上。该最小预测区有一定的找矿潜力
B1501303045	海勒斯廷阿木	该最小预测区主要赋存在中太古界乌拉山岩群哈达门沟岩组角闪斜长片麻岩组合中。有 1 处推断矿致航磁异常存在，航磁化极等值线起始值在 0 以上；重力剩余异常起始值在 10 以上。该最小预测区有一定的找矿潜力
B1501303046	乌日图高勒嘎查	该最小预测区主要赋存在中太古界乌拉山岩群哈达门沟岩组角闪斜长片麻岩组合中。有 3 处推断矿致航磁异常存在，航磁化极等值线起始值在 400 以上；重力剩余异常起始值在 10 以上。该最小预测区有一定的找矿潜力
B1501303047	大坝沟	该最小预测区主要赋存在中太古界乌拉山岩群哈达门沟岩组角闪斜长片麻岩组合中。有 1 处推断矿致航磁异常存在，航磁化极等值线起始值在 100 以上；重力剩余异常起始值在 10 以上。该最小预测区有一定的找矿潜力
B1501303048	诺尔音高勒	该最小预测区主要赋存在中太古界乌拉山岩群哈达门沟岩组角闪斜长片麻岩组合中。有 2 处推断矿致航磁异常存在，航磁化极等值线起始值在 100 以上；重力剩余异常起始值在 0 以上。该最小预测区有一定的找矿潜力
C1501303040	诺尔音高勒北	该最小预测区主要赋存在中太古界乌拉山岩群哈达门沟岩组角闪斜长片麻岩组合中。航磁化极等值线起始值在 100 以上；重力剩余异常起始值在 10 以上。该最小预测区可能有一定的找矿潜力
C1501303041	乌兰树大坝	该最小预测区主要赋存在中太古界乌拉山岩群哈达门沟岩组角闪斜长片麻岩组合中。航磁化极等值线起始值在 2 以上；重力剩余异常起始值在 100 以上。该最小预测区可能有一定的找矿潜力
C1501303042	乌日图高勒嘎查北	该最小预测区主要赋存在中太古界乌拉山岩群哈达门沟岩组角闪斜长片麻岩组合中。航磁化极等值线起始值在 100 以上；重力剩余异常起始值在 −1 以上。该最小预测区可能有一定的找矿潜力

续表 11-5

最小预测区编号	最小预测区名称	综合信息(航磁单位为 nT,重力单位为$\times10^{-5}m/s^2$)
C1501303043	哈尔达巴	该最小预测区主要赋存在中太古界乌拉山岩群哈达门沟岩组角闪斜长片麻岩组合中。航磁化极等值线起始值在 300 以上;重力剩余异常起始值在 1 以上。该最小预测区可能有一定的找矿潜力
C1501303044	金城五分子	该最小预测区主要赋存在中太古界乌拉山岩群哈达门沟岩组角闪斜长片麻岩组合中。航磁化极等值线起始值在 100 以上;重力剩余异常起始值在 1 以上。该最小预测区可能有一定的找矿潜力
C1501303045	管牛俱村	该最小预测区主要赋存在中太古界乌拉山岩群哈达门沟岩组角闪斜长片麻岩组合中。航磁化极等值线起始值在 100 以上;重力剩余异常起始值在 1 以上。该最小预测区可能有一定的找矿潜力
C1501303046	营盘湾镇	该最小预测区主要赋存在中太古界乌拉山岩群哈达门沟岩组角闪斜长片麻岩组合中。航磁化极等值线起始值在-100 以上;重力剩余异常起始值在-1 以上。该最小预测区可能有一定的找矿潜力
C1501303047	前羊忽晒	该最小预测区主要赋存在中太古界乌拉山岩群哈达门沟岩组角闪斜长片麻岩组合中。航磁化极等值线起始值在 100 以上;重力剩余异常起始值在 2 以上。该最小预测区可能有一定的找矿潜力
C1501303048	郭罗渠	该最小预测区主要赋存在中太古界乌拉山岩群哈达门沟岩组角闪斜长片麻岩组合中。航磁化极等值线起始值在 200 以上;重力剩余异常起始值在-2 以上。该最小预测区可能有一定的找矿潜力
C1501303049	后乱察沟	该最小预测区主要赋存在中太古界乌拉山岩群哈达门沟岩组角闪斜长片麻岩组合中。航磁化极等值线起始值在 100 以上;重力剩余异常起始值在 1 以上。该最小预测区可能有一定的找矿潜力
C1501303050	小南沟	该最小预测区主要赋存在中太古界乌拉山岩群哈达门沟岩组角闪斜长片麻岩组合中。航磁化极等值线起始值在-100 以上;重力剩余异常起始值在-1 以上。该最小预测区可能有一定的找矿潜力
C1501303051	西壕	该最小预测区主要赋存在中太古界乌拉山岩群哈达门沟岩组角闪斜长片麻岩组合中。航磁化极等值线起始值在 100 以上;重力剩余异常起始值在 1 以上。该最小预测区可能有一定的找矿潜力
C1501303052	田家渠村	该最小预测区主要赋存在中太古界乌拉山岩群哈达门沟岩组角闪斜长片麻岩组合中。航磁化极等值线起始值在 200 以上;重力剩余异常起始值在-4 以上。该最小预测区可能有一定的找矿潜力
C1501303053	梁前村	该最小预测区主要赋存在中太古界乌拉山岩群哈达门沟岩组角闪斜长片麻岩组合中。航磁化极等值线起始值在 100 以上;重力剩余异常起始值在-4 以上。该最小预测区可能有一定的找矿潜力
C1501303054	白彦楞嘎查	该最小预测区主要赋存在中太古界乌拉山岩群哈达门沟岩组角闪斜长片麻岩组合中。航磁化极等值线起始值在 200 以上;重力剩余异常起始值在-4 以上。该最小预测区可能有一定的找矿潜力
C1501303055	梁前村南	该最小预测区主要赋存在中太古界乌拉山岩群哈达门沟岩组角闪斜长片麻岩组合中。航磁化极等值线起始值在-100 以上;重力剩余异常起始值在 3 以上。该最小预测区可能有一定的找矿潜力
C1501303056	水涧沟东	该最小预测区主要赋存在中太古界乌拉山岩群哈达门沟岩组角闪斜长片麻岩组合中。航磁化极等值线起始值在 100 以上;重力剩余异常起始值在-4 以上。该最小预测区可能有一定的找矿潜力
C1501303057	脑包兔	该最小预测区主要赋存在中太古界乌拉山岩群哈达门沟岩组角闪斜长片麻岩组合中。航磁化极等值线起始值在-100 以上;重力剩余异常起始值在-8 以上。该最小预测区可能有一定的找矿潜力
C1501303058	脑包兔南	该最小预测区主要赋存在中太古界乌拉山岩群哈达门沟岩组角闪斜长片麻岩组合中。航磁化极等值线起始值在 100 以上;重力剩余异常起始值在-4 以上。该最小预测区可能有一定的找矿潜力

续表 11-5

最小预测区编号	最小预测区名称	综合信息(航磁单位为 nT,重力单位为 $\times10^{-5}m/s^2$)
C1501303059	土城子村	该最小预测区主要赋存在中太古界乌拉山岩群哈达门沟岩组角闪斜长片麻岩组合中。航磁化极等值线起始值在 200 以上;重力剩余异常起始值在 −4 以上。该最小预测区可能有一定的找矿潜力
C1501303060	后老李沟	该最小预测区主要赋存在中太古界乌拉山岩群哈达门沟岩组角闪斜长片麻岩组合中。航磁化极等值线起始值在 −100 以上;重力剩余异常起始值在 1 以上。该最小预测区可能有一定的找矿潜力
C1501303061	卧牛弯	该最小预测区主要赋存在中太古界乌拉山岩群哈达门沟岩组角闪斜长片麻岩组合中。航磁化极等值线起始值在 100 以上;重力剩余异常起始值在 1 以上。该最小预测区可能有一定的找矿潜力
C1501303062	李二沟	该最小预测区主要赋存在中太古界乌拉山岩群哈达门沟岩组角闪斜长片麻岩组合中。航磁化极等值线起始值在 100 以上;重力剩余异常起始值在 6 以上。该最小预测区可能有一定的找矿潜力
C1501303063	二道井北	该最小预测区主要赋存在中太古界乌拉山岩群哈达门沟岩组角闪斜长片麻岩组合中。航磁化极等值线起始值在 100 以上;重力剩余异常起始值在 −5 以上。该最小预测区可能有一定的找矿潜力
C1501303064	白彦楞嘎查	该最小预测区主要赋存在中太古界乌拉山岩群哈达门沟岩组角闪斜长片麻岩组合中。航磁化极等值线起始值在 200 以上;重力剩余异常起始值在 −4 以上。该最小预测区可能有一定的找矿潜力
C1501303065	水涧沟北	该最小预测区主要赋存在中太古界乌拉山岩群哈达门沟岩组角闪斜长片麻岩组合中。航磁化极等值线起始值在 200 以上;重力剩余异常起始值在 −4 以上。该最小预测区可能有一定的找矿潜力
C1501303066	二道井西	该最小预测区主要赋存在中太古界乌拉山岩群哈达门沟岩组角闪斜长片麻岩组合中。航磁化极等值线起始值在 100 以上;重力剩余异常起始值在 −4 以上。该最小预测区可能有一定的找矿潜力
C1501303067	大路壕村	该最小预测区主要赋存在中太古界乌拉山岩群哈达门沟岩组角闪斜长片麻岩组合中。航磁化极等值线起始值在 200 以上;重力剩余异常起始值在 −3 以上。该最小预测区可能有一定的找矿潜力
C1501303068	水涧沟	该最小预测区主要赋存在中太古界乌拉山岩群哈达门沟岩组角闪斜长片麻岩组合中。航磁化极等值线起始值在 200 以上;重力剩余异常起始值在 −4 以上。该最小预测区可能有一定的找矿潜力
C1501303069	乌兰乌素村北	该最小预测区主要赋存在中太古界乌拉山岩群哈达门沟岩组角闪斜长片麻岩组合中。航磁化极等值线起始值在 200 以上;重力剩余异常起始值在 −3 以上。该最小预测区可能有一定的找矿潜力
C1501303070	前塔坝	该最小预测区主要赋存在中太古界乌拉山岩群哈达门沟岩组角闪斜长片麻岩组合中。航磁化极等值线起始值在 300 以上;重力剩余异常起始值在 2 以上。该最小预测区可能有一定的找矿潜力
C1501303071	公盖壕	该最小预测区主要赋存在中太古界乌拉山岩群哈达门沟岩组角闪斜长片麻岩组合中。航磁化极等值线起始值在 100 以上;重力剩余异常起始值在 −1 以上。该最小预测区可能有一定的找矿潜力
C1501303072	黑山湾	该最小预测区主要赋存在中太古界乌拉山岩群哈达门沟岩组角闪斜长片麻岩组合中。航磁化极等值线起始值在 200 以上;重力剩余异常起始值在 3 以上。该最小预测区可能有一定的找矿潜力
C1501303073	公盖壕	该最小预测区主要赋存在中太古界乌拉山岩群哈达门沟岩组角闪斜长片麻岩组合中。航磁化极等值线起始值在 100 以上;重力剩余异常起始值在 1 以上。该最小预测区可能有一定的找矿潜力

续表 11-5

最小预测区编号	最小预测区名称	综合信息(航磁单位为 nT,重力单位为$\times10^{-5}m/s^2$)
C1501303074	板申图村	该最小预测区主要赋存在中太古界乌拉山岩群哈达门沟岩组角闪斜长片麻岩组合中。航磁化极等值线起始值在 200 以上;重力剩余异常起始值在 4 以上。该最小预测区可能有一定的找矿潜力
C1501303075	红崖结	该最小预测区主要赋存在中太古界乌拉山岩群哈达门沟岩组角闪斜长片麻岩组合中。航磁化极等值线起始值在 400 以上;重力剩余异常起始值在 5 以上。该最小预测区可能有一定的找矿潜力
C1501303076	呼和温都尔嘎查	该最小预测区主要赋存在中太古界乌拉山岩群哈达门沟岩组角闪斜长片麻岩组合中。航磁化极等值线起始值在 100 以上;重力剩余异常起始值在 3 以上。该最小预测区可能有一定的找矿潜力
C1501303077	甲浪沟牧场	该最小预测区主要赋存在中太古界乌拉山岩群哈达门沟岩组角闪斜长片麻岩组合中。航磁化极等值线起始值在 200 以上;重力剩余异常起始值在 2 以上。该最小预测区可能有一定的找矿潜力
C1501303078	东林沟	该最小预测区主要赋存在中太古界乌拉山岩群哈达门沟岩组角闪斜长片麻岩组合中。航磁化极等值线起始值在－100 以上;重力剩余异常起始值在 3 以上。该最小预测区可能有一定的找矿潜力
C1501303079	圪笨沟	该最小预测区主要赋存在中太古界乌拉山岩群哈达门沟岩组角闪斜长片麻岩组合中。航磁化极等值线起始值在 100 以上;重力剩余异常起始值在 7 以上。该最小预测区可能有一定的找矿潜力
C1501303080	山和园沟	该最小预测区主要赋存在中太古界乌拉山岩群哈达门沟岩组角闪斜长片麻岩组合中。航磁化极等值线起始值在 100 以上;重力剩余异常起始值在 7 以上。该最小预测区可能有一定的找矿潜力
C1501303081	水泉沟	该最小预测区主要赋存在中太古界乌拉山岩群哈达门沟岩组角闪斜长片麻岩组合中。航磁化极等值线起始值在－100 以上;重力剩余异常起始值在 1 以上。该最小预测区可能有一定的找矿潜力
C1501303082	东管井	该最小预测区主要赋存在中太古界乌拉山岩群哈达门沟岩组角闪斜长片麻岩组合中。航磁化极等值线起始值在 100 以上;重力剩余异常起始值在 4 以上。该最小预测区可能有一定的找矿潜力
C1501303083	东柳树沟	该最小预测区主要赋存在中太古界乌拉山岩群哈达门沟岩组角闪斜长片麻岩组合中。航磁化极等值线起始值在 100 以上;重力剩余异常起始值在 2 以上。该最小预测区可能有一定的找矿潜力
C1501303084	兰旗村	该最小预测区主要赋存在中太古界乌拉山岩群哈达门沟岩组角闪斜长片麻岩组合中。航磁化极等值线起始值在 300 以上;重力剩余异常起始值在 1 以上。该最小预测区可能有一定的找矿潜力
C1501303085	寿阳营村	该最小预测区主要赋存在中太古界乌拉山岩群哈达门沟岩组角闪斜长片麻岩组合中。航磁化极等值线起始值在 100 以上;重力剩余异常起始值在 4 以上。该最小预测区可能有一定的找矿潜力
C1501303086	寿阳营村东	该最小预测区主要赋存在中太古界乌拉山岩群哈达门沟岩组角闪斜长片麻岩组合中。航磁化极等值线起始值在－100 以上;重力剩余异常起始值在 9 以上。该最小预测区可能有一定的找矿潜力
C1501303087	聚宝庄西北	该最小预测区主要赋存在中太古界乌拉山岩群哈达门沟岩组角闪斜长片麻岩组合中。航磁化极等值线起始值在 200 以上;重力剩余异常起始值在 4 以上。该最小预测区可能有一定的找矿潜力
C1501303088	纳令沟村	该最小预测区主要赋存在中太古界乌拉山岩群哈达门沟岩组角闪斜长片麻岩组合中。航磁化极等值线起始值在－100 以上;重力剩余异常起始值在 4 以上。该最小预测区可能有一定的找矿潜力

续表 11-5

最小预测区编号	最小预测区名称	综合信息(航磁单位为 nT,重力单位为$\times10^{-5}m/s^2$)
C1501303089	大车沟东	该最小预测区主要赋存在中太古界乌拉山岩群哈达门沟岩组角闪斜长片麻岩组合中。航磁化极等值线起始值在-100以上;重力剩余异常起始值在6以上。该最小预测区可能有一定的找矿潜力
C1501303090	大有成村东	该最小预测区主要赋存在中太古界乌拉山岩群哈达门沟岩组角闪斜长片麻岩组合中。航磁化极等值线起始值在-100以上;重力剩余异常起始值在7以上。该最小预测区可能有一定的找矿潜力
C1501303091	前北沟	该最小预测区主要赋存在中太古界乌拉山岩群哈达门沟岩组角闪斜长片麻岩组合中。航磁化极等值线起始值在-100以上;重力剩余异常起始值在4以上。该最小预测区可能有一定的找矿潜力
C1501303092	大兴有村南	该最小预测区主要赋存在中太古界乌拉山岩群哈达门沟岩组角闪斜长片麻岩组合中。航磁化极等值线起始值在100以上;重力剩余异常起始值在3以上。该最小预测区可能有一定的找矿潜力
C1501303093	魏家窑子	该最小预测区主要赋存在中太古界乌拉山岩群哈达门沟岩组角闪斜长片麻岩组合中。航磁化极等值线起始值在100以上;重力剩余异常起始值在8以上。该最小预测区可能有一定的找矿潜力
C1501303094	巴音呼都格嘎查	该最小预测区主要赋存在中太古界乌拉山岩群哈达门沟岩组角闪斜长片麻岩组合中。航磁化极等值线起始值在100以上;重力剩余异常起始值在4以上。该最小预测区可能有一定的找矿潜力
C1501303095	冯家窑子北	该最小预测区主要赋存在中太古界乌拉山岩群哈达门沟岩组角闪斜长片麻岩组合中。航磁化极等值线起始值在100以上;重力剩余异常起始值在4以上。该最小预测区可能有一定的找矿潜力
C1501303096	老爷庙	该最小预测区主要赋存在中太古界乌拉山岩群哈达门沟岩组角闪斜长片麻岩组合中。航磁化极等值线起始值在100以上;重力剩余异常起始值在3以上。该最小预测区可能有一定的找矿潜力
C1501303097	前坝底东	该最小预测区主要赋存在中太古界乌拉山岩群哈达门沟岩组角闪斜长片麻岩组合中。航磁化极等值线起始值在100以上;重力剩余异常起始值在8以上。该最小预测区可能有一定的找矿潜力
C1501303098	讨合气村	该最小预测区主要赋存在中太古界乌拉山岩群哈达门沟岩组角闪斜长片麻岩组合中。航磁化极等值线起始值在-100以上;重力剩余异常起始值在10以上。该最小预测区可能有一定的找矿潜力
C1501303099	兵州亥乡	该最小预测区主要赋存在中太古界乌拉山岩群哈达门沟岩组角闪斜长片麻岩组合中。航磁化极等值线起始值在-100以上;重力剩余异常起始值在10以上。该最小预测区可能有一定的找矿潜力
C1501303100	大路壕村	该最小预测区主要赋存在中太古界乌拉山岩群哈达门沟岩组角闪斜长片麻岩组合中。航磁化极等值线起始值在-100以上;重力剩余异常起始值在1以上。该最小预测区可能有一定的找矿潜力
C1501303101	枣沟梁	该最小预测区主要赋存在中太古界乌拉山岩群哈达门沟岩组角闪斜长片麻岩组合中。航磁化极等值线起始值在200以上;重力剩余异常起始值在5以上。该最小预测区可能有一定的找矿潜力
C1501303102	大西沟	该最小预测区主要赋存在中太古界乌拉山岩群哈达门沟岩组角闪斜长片麻岩组合中。航磁化极等值线起始值在200以上;重力剩余异常起始值在3以上。该最小预测区可能有一定的找矿潜力
C1501303103	浩尧尔呼都格南	该最小预测区主要赋存在中太古界乌拉山岩群哈达门沟岩组角闪斜长片麻岩组合中。航磁化极等值线起始值在-100以上;重力剩余异常起始值在2以上。该最小预测区可能有一定的找矿潜力
C1501303104	塔班陶勒盖	该最小预测区主要赋存在中太古界乌拉山岩群哈达门沟岩组角闪斜长片麻岩组合中。航磁化极等值线起始值在-100以上;重力剩余异常起始值在3以上。该最小预测区可能有一定的找矿潜力

续表 11-5

最小预测区编号	最小预测区名称	综合信息(航磁单位为 nT,重力单位为$\times10^{-5}$ m/s^2)
C1501303105	浩尧尔呼都格	该最小预测区主要赋存在中太古界乌拉山岩群哈达门沟岩组角闪斜长片麻岩组合中。航磁化极等值线起始值在－100 以上;重力剩余异常起始值在 3 以上。该最小预测区可能有一定的找矿潜力
C1501303106	那林海勒斯	该最小预测区主要赋存在中太古界乌拉山岩群哈达门沟岩组角闪斜长片麻岩组合中。航磁化极等值线起始值在－100 以上;重力剩余异常起始值在 4 以上。该最小预测区可能有一定的找矿潜力
C1501303107	阿勒赛勒木东南	该最小预测区主要赋存在中太古界乌拉山岩群哈达门沟岩组角闪斜长片麻岩组合中。航磁化极等值线起始值在 100 以上;重力剩余异常起始值在 2 以上。该最小预测区可能有一定的找矿潜力
C1501303108	扎拉嘎东	该最小预测区主要赋存在中太古界乌拉山岩群哈达门沟岩组角闪斜长片麻岩组合中。航磁化极等值线起始值在 100 以上;重力剩余异常起始值在 2 以上。该最小预测区可能有一定的找矿潜力
C1501303109	查干好饶	该最小预测区主要赋存在中太古界乌拉山岩群哈达门沟岩组角闪斜长片麻岩组合中。航磁化极等值线起始值在－100 以上;重力剩余异常起始值在 0 以上。该最小预测区可能有一定的找矿潜力
C1501303110	巴润布尔嘎斯太	该最小预测区主要赋存在中太古界乌拉山岩群哈达门沟岩组角闪斜长片麻岩组合中。航磁化极等值线起始值在－100 以上;重力剩余异常起始值在 0 以上。该最小预测区可能有一定的找矿潜力
C1501303111	巴润布尔嘎斯太东	该最小预测区主要赋存在中太古界乌拉山岩群哈达门沟岩组角闪斜长片麻岩组合中。航磁化极等值线起始值在－100 以上;重力剩余异常起始值在 0 以上。该最小预测区可能有一定的找矿潜力
C1501303112	巴润布尔嘎斯太南	该最小预测区主要赋存在中太古界乌拉山岩群哈达门沟岩组角闪斜长片麻岩组合中。航磁化极等值线起始值在－100 以上;重力剩余异常起始值在 0 以上。该最小预测区可能有一定的找矿潜力
C1501303113	敏达斯东	该最小预测区主要赋存在中太古界乌拉山岩群哈达门沟岩组角闪斜长片麻岩组合中。航磁化极等值线起始值在－100 以上;重力剩余异常起始值在 0 以上。该最小预测区可能有一定的找矿潜力
C1501303114	敏达斯东	该最小预测区主要赋存在中太古界乌拉山岩群哈达门沟岩组角闪斜长片麻岩组合中。航磁化极等值线起始值在－100 以上;重力剩余异常起始值在 0 以上。该最小预测区可能有一定的找矿潜力
C1501303115	珠勒格太	该最小预测区主要赋存在中太古界乌拉山岩群哈达门沟岩组角闪斜长片麻岩组合中。航磁化极等值线起始值在－100 以上;重力剩余异常起始值在－2 以上。该最小预测区可能有一定的找矿潜力
C1501303116	敏达斯西	该最小预测区主要赋存在中太古界乌拉山岩群哈达门沟岩组角闪斜长片麻岩组合中。航磁化极等值线起始值在－100 以上;重力剩余异常起始值在 0 以上。该最小预测区可能有一定的找矿潜力
C1501303117	敏达斯西	该最小预测区主要赋存在中太古界乌拉山岩群哈达门沟岩组角闪斜长片麻岩组合中。航磁化极等值线起始值在－100 以上;重力剩余异常起始值在 0 以上。该最小预测区可能有一定的找矿潜力
C1501303118	哈日萨其西	该最小预测区主要赋存在中太古界乌拉山岩群哈达门沟岩组角闪斜长片麻岩组合中。航磁化极等值线起始值在－100 以上;重力剩余异常起始值在 0 以上。该最小预测区可能有一定的找矿潜力
C1501303119	乌兰陶勒盖	该最小预测区主要赋存在中太古界乌拉山岩群哈达门沟岩组角闪斜长片麻岩组合中。航磁化极等值线起始值在－100 以上;重力剩余异常起始值在－1 以上。该最小预测区可能有一定的找矿潜力
C1501303120	布尔其敖包	该最小预测区主要赋存在中太古界乌拉山岩群哈达门沟岩组角闪斜长片麻岩组合中。航磁化极等值线起始值在－100 以上;重力剩余异常起始值在－1 以上。该最小预测区可能有一定的找矿潜力

续表 11-5

最小预测区编号	最小预测区名称	综合信息(航磁单位为 nT,重力单位为$\times10^{-5}m/s^2$)
C1501303121	哈日萨其	该最小预测区主要赋存在中太古界乌拉山岩群哈达门沟岩组角闪斜长片麻岩组合中。航磁化极等值线起始值在－100 以上;重力剩余异常起始值在－1 以上。该最小预测区可能有一定的找矿潜力
C1501303122	哈日萨其东	该最小预测区主要赋存在中太古界乌拉山岩群哈达门沟岩组角闪斜长片麻岩组合中。航磁化极等值线起始值在－100 以上;重力剩余异常起始值在 0 以上。该最小预测区可能有一定的找矿潜力
C1501303123	乌兰陶勒盖南	该最小预测区主要赋存在中太古界乌拉山岩群哈达门沟岩组角闪斜长片麻岩组合中。航磁化极等值线起始值在－100 以上;重力剩余异常起始值在－1 以上。该最小预测区可能有一定的找矿潜力
C1501303124	陶斯图	该最小预测区主要赋存在中太古界乌拉山岩群哈达门沟岩组角闪斜长片麻岩组合中。航磁化极等值线起始值在－100 以上;重力剩余异常起始值在 1 以上。该最小预测区可能有一定的找矿潜力
C1501303125	巴音呼都格嘎查	该最小预测区主要赋存在中太古界乌拉山岩群哈达门沟岩组角闪斜长片麻岩组合中。航磁化极等值线起始值在－100 以上;重力剩余异常起始值在－2 以上。该最小预测区可能有一定的找矿潜力
C1501303126	敦德萨拉	该最小预测区主要赋存在中太古界乌拉山岩群哈达门沟岩组角闪斜长片麻岩组合中。航磁化极等值线起始值在 100 以上;重力剩余异常起始值在 1 以上。该最小预测区可能有一定的找矿潜力
C1501303127	沙尔楚鲁西	该最小预测区主要赋存在中太古界乌拉山岩群哈达门沟岩组角闪斜长片麻岩组合中。航磁化极等值线起始值在－100 以上;重力剩余异常起始值在 1 以上。该最小预测区可能有一定的找矿潜力
C1501303128	布尔嘎斯台	该最小预测区主要赋存在中太古界乌拉山岩群哈达门沟岩组角闪斜长片麻岩组合中。航磁化极等值线起始值在 100 以上;重力剩余异常起始值在 1 以上。该最小预测区可能有一定的找矿潜力
C1501303129	乌兰陶勒盖	该最小预测区主要赋存在中太古界乌拉山岩群哈达门沟岩组角闪斜长片麻岩组合中。航磁化极等值线起始值在－100 以上;重力剩余异常起始值在－8 以上。该最小预测区可能有一定的找矿潜力
C1501303130	二牛湾	该最小预测区主要赋存在中太古界乌拉山岩群哈达门沟岩组角闪斜长片麻岩组合中。航磁化极等值线起始值在－100 以上;重力剩余异常起始值在 3 以上。该最小预测区可能有一定的找矿潜力
C1501303131	毛忽洞	该最小预测区主要赋存在中太古界乌拉山岩群哈达门沟岩组角闪斜长片麻岩组合中。航磁化极等值线起始值在－100 以上;重力剩余异常起始值在 7 以上。该最小预测区可能有一定的找矿潜力
C1501303132	沙尔楚鲁	该最小预测区主要赋存在推测的中太古界乌拉山岩群哈达门沟岩组角闪斜长片麻岩组合中。航磁化极等值线起始值在－100 以上;重力剩余异常起始值在－1 以上。该最小预测区可能有一定的找矿潜力
C1501303133	德日善旦	该最小预测区主要赋存在推测的中太古界乌拉山岩群哈达门沟岩组角闪斜长片麻岩组合中。航磁化极等值线起始值在 100 以上;重力剩余异常起始值在 5 以上。该最小预测区可能有一定的找矿潜力,定为 C 级区,预测深度 950m 时资源储量 334-2 为 2.70×10^4 t
C1501303134	乌兰陶勒盖	该最小预测区主要赋存在推测的中太古界乌拉山岩群哈达门沟岩组角闪斜长片麻岩组合中。航磁化极等值线起始值在－100 以上;重力剩余异常起始值在 1 以上。该最小预测区可能有一定的找矿潜力
C1501303135	楚鲁图乡	该最小预测区主要赋存在推测的中太古界乌拉山岩群哈达门沟岩组角闪斜长片麻岩组合中。航磁化极等值线起始值在－100 以上;重力剩余异常起始值在 4 以上。该最小预测区可能有一定的找矿潜力

续表 11-5

最小预测区编号	最小预测区名称	综合信息(航磁单位为 nT,重力单位为$\times10^{-5}m/s^2$)
C1501303136	哈德音阿木	该最小预测区主要赋存在中太古界乌拉山岩群哈达门沟岩组角闪斜长片麻岩组合中。航磁化极等值线起始值在－100 以上;重力剩余异常起始值在 0 以上。该最小预测区可能有一定的找矿潜力
C1501303137	呼和冈干西	该最小预测区主要赋存在中太古界乌拉山岩群哈达门沟岩组角闪斜长片麻岩组合中。航磁化极等值线起始值在－100 以上;重力剩余异常起始值在－3 以上。该最小预测区可能有一定的找矿潜力
C1501303138	黑伊东	该最小预测区主要赋存在中太古界乌拉山岩群哈达门沟岩组角闪斜长片麻岩组合中。航磁化极等值线起始值在－100 以上;重力剩余异常起始值在－10 以上。该最小预测区可能有一定的找矿潜力
C1501303139	霍布	该最小预测区主要赋存在中太古界乌拉山岩群哈达门沟岩组角闪斜长片麻岩组合中。航磁化极等值线起始值在－100 以上;重力剩余异常起始值在－6 以上。该最小预测区可能有一定的找矿潜力
C1501303140	查干哈达	该最小预测区主要赋存在中太古界乌拉山岩群哈达门沟岩组角闪斜长片麻岩组合中。航磁化极等值线起始值在－100 以上;重力剩余异常起始值在 1 以上。该最小预测区可能有一定的找矿潜力
C1501303141	角力格太	该最小预测区主要赋存在中太古界乌拉山岩群哈达门沟岩组角闪斜长片麻岩组合中。重力剩余异常起始值在－3 以上。该最小预测区可能有一定的找矿潜力
C1501303142	莫日格其格	该最小预测区主要赋存在中太古界乌拉山岩群哈达门沟岩组角闪斜长片麻岩组合中。航磁化极等值线起始值在－100 以上;重力剩余异常起始值在－3 以上。该最小预测区可能有一定的找矿潜力
C1501303143	纳胜	该最小预测区主要赋存在中太古界乌拉山岩群哈达门沟岩组角闪斜长片麻岩组合中。航磁化极等值线起始值在－100 以上;重力剩余异常起始值在－1 以上。该最小预测区可能有一定的找矿潜力
C1501303144	前水库	该最小预测区主要赋存在中太古界乌拉山岩群哈达门沟岩组角闪斜长片麻岩组合中。航磁化极等值线起始值在－100 以上;重力剩余异常起始值在 5 以上。该最小预测区可能有一定的找矿潜力
C1501303145	泉胜西沟	该最小预测区主要赋存在中太古界乌拉山岩群哈达门沟岩组角闪斜长片麻岩组合中。航磁化极等值线起始值在－100 以上;重力剩余异常起始值在 4 以上。该最小预测区可能有一定的找矿潜力
C1501303146	煤窑沟南	该最小预测区主要赋存在中太古界乌拉山岩群哈达门沟岩组角闪斜长片麻岩组合中。航磁化极等值线起始值在－100 以上;重力剩余异常起始值在－3 以上。该最小预测区可能有一定的找矿潜力
C1501303147	色麻沟	该最小预测区主要赋存在中太古界乌拉山岩群哈达门沟岩组角闪斜长片麻岩组合中。航磁化极等值线起始值在－100 以上;重力剩余异常起始值在－6 以上。该最小预测区可能有一定的找矿潜力
C1501303148	乌兰忽洞村	该最小预测区主要赋存在中太古界乌拉山岩群哈达门沟岩组角闪斜长片麻岩组合中。航磁化极等值线起始值在－100 以上;重力剩余异常起始值在－6 以上。该最小预测区可能有一定的找矿潜力
C1501303149	吼黑以列克	该最小预测区主要赋存在中太古界乌拉山岩群哈达门沟岩组角闪斜长片麻岩组合中。航磁化极等值线起始值在 100 以上;重力剩余异常起始值在 4 以上。该最小预测区可能有一定的找矿潜力
C1501303150	布音图	该最小预测区主要赋存在中太古界乌拉山岩群哈达门沟岩组角闪斜长片麻岩组合中。航磁化极等值线起始值在 100 以上;重力剩余异常起始值在 7 以上。该最小预测区可能有一定的找矿潜力
C1501303151	营洞山	该最小预测区主要赋存在中太古界乌拉山岩群哈达门沟岩组角闪斜长片麻岩组合中。航磁化极等值线起始值在 700 以上;重力剩余异常起始值在 1 以上。该最小预测区可能有一定的找矿潜力

续表 11-5

最小预测区编号	最小预测区名称	综合信息（航磁单位为 nT，重力单位为 $\times10^{-5}m/s^2$）
C1501303152	巴亚尔图	该最小预测区主要赋存在中太古界乌拉山岩群哈达门沟岩组角闪斜长片麻岩组合中。航磁化极等值线起始值在 100 以上；重力剩余异常起始值在 −1 以上。该最小预测区可能有一定的找矿潜力
C1501303153	杨树坝	该最小预测区主要赋存在中太古界乌拉山岩群哈达门沟岩组角闪斜长片麻岩组合中。航磁化极等值线起始值在 100 以上；重力剩余异常起始值在 −3 以上。该最小预测区可能有一定的找矿潜力
C1501303154	前窑子村	该最小预测区主要赋存在中太古界乌拉山岩群哈达门沟岩组角闪斜长片麻岩组合中。航磁化极等值线起始值在 −200 以上；重力剩余异常起始值在 −1 以上。该最小预测区可能有一定的找矿潜力
C1501303155	冯家窑子南	该最小预测区主要赋存在中太古界乌拉山岩群哈达门沟岩组角闪斜长片麻岩组合中。航磁化极等值线起始值在 100 以上；重力剩余异常起始值在 8 以上。该最小预测区可能有一定的找矿潜力
C1501303156	巴音村	该最小预测区主要赋存在中太古界乌拉山岩群哈达门沟岩组角闪斜长片麻岩组合中。航磁化极等值线起始值在 100 以上；重力剩余异常起始值在 2 以上。该最小预测区可能有一定的找矿潜力
C1501303157	寿阳营村东	该最小预测区主要赋存在中太古界乌拉山岩群哈达门沟岩组角闪斜长片麻岩组合中。航磁化极等值线起始值在 −100 以上；重力剩余异常起始值在 9 以上。该最小预测区可能有一定的找矿潜力
C1501303158	厂汗以力更	该最小预测区主要赋存在中太古界乌拉山岩群哈达门沟岩组角闪斜长片麻岩组合中。航磁化极等值线起始值在 −100 以上；重力剩余异常起始值在 5 以上。该最小预测区可能有一定的找矿潜力
C1501303159	三道沟	该最小预测区主要赋存在中太古界乌拉山岩群哈达门沟岩组角闪斜长片麻岩组合中。航磁化极等值线起始值在 100 以上；重力剩余异常起始值在 5 以上。该最小预测区可能有一定的找矿潜力
C1501303160	二牛河	该最小预测区主要赋存在中太古界乌拉山岩群哈达门沟岩组角闪斜长片麻岩组合中。航磁化极等值线起始值在 −100 以上；重力剩余异常起始值在 2 以上。该最小预测区可能有一定的找矿潜力
C1501303161	布尔其敖包	该最小预测区主要赋存在中太古界乌拉山岩群哈达门沟岩组角闪斜长片麻岩组合中。航磁化极等值线起始值在 −100 以上；重力剩余异常起始值在 −2 以上。该最小预测区可能有一定的找矿潜力
C1501303162	准萨拉	该最小预测区主要赋存在中太古界乌拉山岩群哈达门沟岩组角闪斜长片麻岩组合中。航磁化极等值线起始值在 −100 以上；重力剩余异常起始值在 1 以上。该最小预测区可能有一定的找矿潜力
C1501303163	哈尔黑尔其	该最小预测区主要赋存在中太古界乌拉山岩群哈达门沟岩组角闪斜长片麻岩组合中。航磁化极等值线起始值在 −100 以上；重力剩余异常起始值在 −2 以上。该最小预测区可能有一定的找矿潜力
C1501303164	千二营村	该最小预测区主要赋存在中太古界乌拉山岩群哈达门沟岩组角闪斜长片麻岩组合中。航磁化极等值线起始值在 200 以上；重力剩余异常起始值在 3 以上。该最小预测区可能有一定的找矿潜力

3. 迭布斯格预测工作区

本次用综合信息地质单元法，根据各要素边界圈定最小预测区，并进行优选，A 级为地表有中太古界乌拉山岩群或叠布斯格岩群或雅布赖岩群含铁建造出露，已知的矿床（矿点）或铁矿脉存在，推测的航磁矿致异常存在。B 级为地表有中太古界乌拉山岩群或叠布斯格岩群或雅布赖岩群含铁建造，推测的航磁矿致异常存在。C 级为地表有中太古界乌拉山岩群或叠布斯格岩群或雅布赖岩群含铁建造出露

(或推测有)。

共圈定最小预测区58个(图11-6),其中A级区7个,面积88.43km²;B级区24个,面积472.94km²;C级区27个,面积615.92km²。综合信息见表11-6。

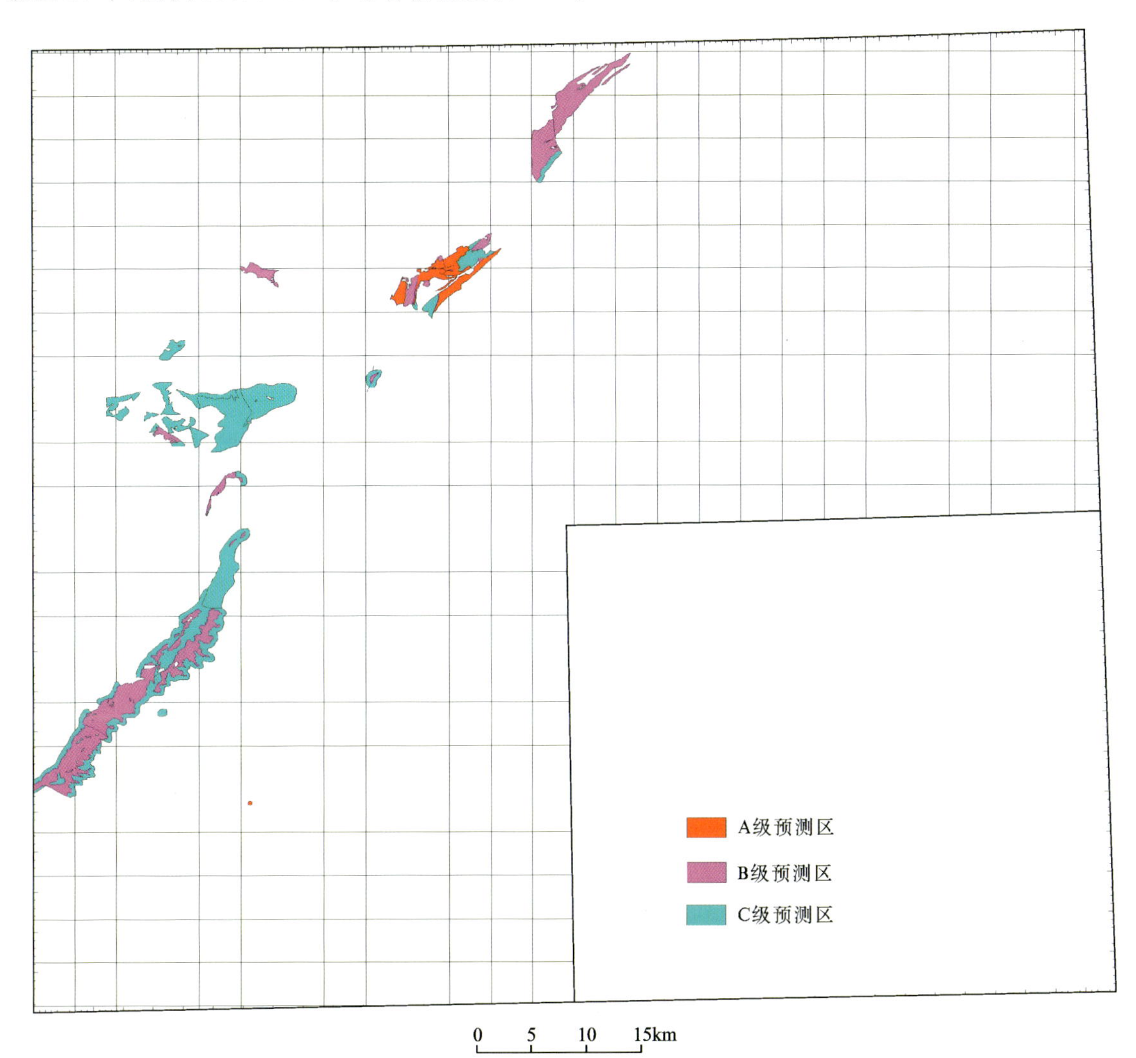

图11-6　贾格尔其庙式变质型铁矿迭布斯格预测工作区最小预测区优选分布示意图

表11-6　贾格尔其庙式变质型铁矿迭布斯格预测工作区最小预测区综合信息表

最小预测区编号	最小预测区名称	综合信息(航磁单位为nT,重力单位为$\times10^{-5}m/s^2$)
A1501303032	伊克乌苏	该最小预测区主要赋存在中太古界叠布斯格岩群中,该区内有中型矿产地1处、小型矿产地2处、矿点1处。分布于推断的矿致航磁异常区内,航磁化极等值线起始值在200以上;重力剩余异常起始值在3以上;预测区局部及下游存在铁重砂异常。因此该最小预测区找矿潜力极大
A1501303033	巴彦哈日嘎查	该最小预测区主要赋存在中太古界叠布斯格岩群中,该区内有小型矿产地1处、矿点1处。分布于推断的矿致航磁异常区内,航磁化极等值线起始值在0以上;重力剩余异常起始值在−4以上;预测区局部及下游存在铁重砂异常。因此该最小预测区找矿潜力极大
A1501303034	哈拉陶勒盖北	该最小预测区主要赋存在中太古界叠布斯格岩群中,该区内有小型矿产地1处、矿点1处。分布于推断的矿致航磁异常区内,航磁化极等值线起始值在100以上;重力剩余异常起始值在2以上;预测区下游存在铁重砂异常。因此该最小预测区找矿潜力极大

续表 11-6

最小预测区编号	最小预测区名称	综合信息(航磁单位为 nT,重力单位为 $\times10^{-5}m/s^2$)
A1501303035	乌和尔楚鲁希勒	该最小预测区主要赋存在中太古界叠布斯格岩群中,该区内有中型矿产地 1 处、矿点 1 处。分布于推断的矿致航磁异常区内,航磁化极等值线起始值在 0 以上;重力剩余异常起始值在 0 以上;预测区下游存在铁重砂异常。因此该最小预测区找矿潜力极大
A1501303036	查干木哈尔东	该最小预测区主要赋存在中太古界叠布斯格岩群中。该区内有小型矿产地 1 处。分布于推断的矿致航磁异常区内,航磁化极等值线起始值在 0 以上;重力剩余异常起始值在 0 以上;预测区下游存在铁重砂异常。因此该最小预测区找矿潜力极大
A1501303037	乌和尔楚鲁希勒南	该最小预测区主要赋存在中太古界叠布斯格岩群中,该区边部内有矿点 1 处。分布于推断的矿致航磁异常区内,航磁化极等值线起始值在 0 以上;重力剩余异常起始值在－2 以上;预测区下游存在铁重砂异常。因此该最小预测区找矿潜力极大
A1501303038	于咀陶	地表覆盖,钻孔揭露存在中太古界叠布斯格岩群,该区内有矿点 1 处。分布于推断的矿致航磁异常区内,航磁化极等值线起始值在 700 以上;重力剩余异常起始值在 10 以上;预测区下游存在铁重砂异常。因此该最小预测区找矿潜力极大
B1501303049	1255 高程点东北	该最小预测区主要赋存在中太古界雅布赖岩群中。分布于推断的矿致航磁异常区内,航磁化极等值线起始值在－100 以上;重力剩余异常起始值在 5 以上。该最小预测区有一定的找矿潜力
B1501303050	1255 高程点西南	该最小预测区主要赋存在中太古界雅布赖岩群中。分布于推断的矿致航磁异常区内,航磁化极等值线起始值在－100 以上;重力剩余异常起始值在 5 以上。该最小预测区有一定的找矿潜力
B1501303051	希勃图山	该最小预测区主要赋存在中太古界雅布赖岩群中。局部有推断的矿致航磁异常区,航磁化极等值线起始值在 0 以上;重力剩余异常起始值在 6 以上。该最小预测区有一定的找矿潜力
B1501303052	查干乌拉	该最小预测区主要赋存在中太古界雅布赖岩群中。分布于推断的矿致航磁异常区内,航磁化极等值线起始值在 0 以上;重力剩余异常起始值在 1 以上。该最小预测区有一定的找矿潜力
B1501303053	查干乌拉南	该最小预测区主要赋存在中太古界雅布赖岩群中。分布于推断的矿致航磁异常区内,航磁化极等值线起始值在 100 以上;重力剩余异常起始值在 4 以上。该最小预测区有一定的找矿潜力
B1501303054	哈尔阿塔尔干	该最小预测区主要赋存在中太古界雅布赖岩群中。分布于推断的矿致航磁异常区内,航磁化极等值线起始值在 100 以上;重力剩余异常起始值在 3 以上。该最小预测区有一定的找矿潜力
B1501303055	哈尔阿塔尔干南	该最小预测区主要赋存在中太古界雅布赖岩群中。分布于推断的矿致航磁异常区内,航磁化极等值线起始值在 0 以上;重力剩余异常起始值在 2 以上。该最小预测区有一定的找矿潜力
B1501303056	巴彦乌拉山	该最小预测区主要赋存在中太古界雅布赖岩群中。分布于推断的矿致航磁异常区内,航磁化极等值线起始值在－100 以上;重力剩余异常起始值在 0 以上,局部有三级重砂铁异常。该最小预测区有一定的找矿潜力
B1501303057	阿贵庙东	该最小预测区主要赋存在中太古界乌拉山岩群哈达门沟岩组角闪斜长片麻岩组合中。分布于推断的矿致航磁异常区内,航磁化极等值线起始值在－100 以上;重力剩余异常起始值在 5 以上。该最小预测区有一定的找矿潜力
B1501303058	那尔特西	该最小预测区主要赋存在中太古界叠布斯格岩群中。分布于推断的矿致航磁异常区内,航磁化极等值线起始值在 200 以上;重力剩余异常起始值在 0 以上。该最小预测区有一定的找矿潜力
B1501303059	浩尧尔毛德西南	该最小预测区主要赋存在中太古界叠布斯格岩群中。分布于推断的矿致航磁异常区内,航磁化极等值线起始值在 200 以上;重力剩余异常起始值在 4 以上。该最小预测区有一定的找矿潜力
B1501303060	特额日英廷乌兰南	该最小预测区主要赋存在中太古界叠布斯格岩群中。分布于推断的矿致航磁异常区内,航磁化极等值线起始值在 0 以上;重力剩余异常起始值在 8 以上。该最小预测区有一定的找矿潜力

续表 11-6

最小预测区编号	最小预测区名称	综合信息（航磁单位为 nT，重力单位为 $\times10^{-5}m/s^2$）
B1501303061	阿拉苏计东南	该最小预测区主要赋存在中太古界雅布赖岩群中。分布于推断的矿致航磁异常区的边部，航磁化极等值线起始值在－200 以上；重力剩余异常起始值在 0 以上。该最小预测区有一定的找矿潜力
B1501303062	乌和尔楚鲁希勒东北	该最小预测区主要赋存在中太古界叠布斯格岩群中。分布于推断的矿致航磁异常区内，航磁化极等值线起始值在 100 以上；重力剩余异常起始值在 2 以上。该最小预测区有一定的找矿潜力
B1501303063	乌和尔楚鲁希勒西	该最小预测区主要赋存在中太古界叠布斯格岩群中。分布于推断的矿致航磁异常区内，航磁化极等值线起始值在 0 以上；重力剩余异常起始值在 0 以上。该最小预测区有一定的找矿潜力
B1501303064	乌和尔楚鲁希勒西南	该最小预测区主要赋存在中太古界叠布斯格岩群中。分布于推断的矿致航磁异常区内，航磁化极等值线起始值在 0 以上；重力剩余异常起始值在 0 以上。该最小预测区有一定的找矿潜力
B1501303065	乌和尔楚鲁希勒西南	该最小预测区主要赋存在中太古界叠布斯格岩群中。分布于推断的矿致航磁异常区内，航磁化极等值线起始值在 0 以上；重力剩余异常起始值在 1 以上。该最小预测区有一定的找矿潜力
B1501303066	乌和尔楚鲁希勒西南	该最小预测区主要赋存在中太古界叠布斯格岩群中。分布于推断的矿致航磁异常区内，航磁化极等值线起始值在 0 以上；重力剩余异常起始值在 1 以上。该最小预测区有一定的找矿潜力
B1501303067	希力斯台乌拉东	该最小预测区主要赋存在中太古界雅布赖岩群中。分布于推断的矿致航磁异常区内，航磁化极等值线起始值在 100 以上；重力剩余异常起始值在 0 以上。该最小预测区有一定的找矿潜力
B1501303068	1859 高程点西	该最小预测区主要赋存在中太古界雅布赖岩群中。分布于推断的矿致航磁异常区内，航磁化极等值线起始值在 0 以上；重力剩余异常起始值在 0 以上。该最小预测区有一定的找矿潜力
B1501303069	空德山西	该最小预测区主要赋存在中太古界雅布赖岩群中。分布于推断的矿致航磁异常区内，航磁化极等值线起始值在 0 以上；重力剩余异常起始值在 0 以上。该最小预测区有一定的找矿潜力
B1501303070	玻璃庙沟南	该最小预测区主要赋存在中太古界乌拉山岩群哈达门沟岩组角闪斜长片麻岩组合中。分布于推断的矿致航磁异常区内，航磁化极等值线起始值在－100 以上；重力剩余异常起始值在 0 以上。该最小预测区有一定的找矿潜力
B1501303071	1687 高程点处	该最小预测区主要赋存在中太古界乌拉山岩群哈达门沟岩组角闪斜长片麻岩组合中。分布于推断的矿致航磁异常区内，航磁化极等值线起始值在 100 以上；重力剩余异常起始值在 11 以上。该最小预测区有一定的找矿潜力
B1501303072	达尔茨格·陶勒盖	该最小预测区主要赋存在中太古界雅布赖岩群中。有 2 处推断的矿致航磁异常区，航磁化极等值线起始值在 0 以上；重力剩余异常起始值在 2 以上。该最小预测区有一定的找矿潜力
C1501303165	1399 高程点西南	地表覆盖，主要赋存在推断的中太古界雅布赖岩群中。航磁化极等值线起始值在－100 以上；重力剩余异常起始值在 5 以上。可能有找矿潜力
C1501303166	达尔茨格陶勒盖山北	该最小预测区主要赋存在推断的中太古界雅布赖岩群中。航磁化极等值线起始值在 0 以上；重力剩余异常起始值在 6 以上。可能有找矿潜力
C1501303167	1582 高程点处	该最小预测区床主要赋存在中太古界叠布斯格岩群中。航磁化极等值线起始值在 0 以上；重力剩余异常起始值在－2 以上。可能有找矿潜力
C1501303168	哈尔楚鲁东北	该最小预测区主要赋存在中太古界雅布赖岩群中。航磁化极等值线起始值在－100以上；重力剩余异常起始值在 0 以上。该最小预测区可能有找矿潜力
C1501303169	敖日格呼嘎查西北	该最小预测区主要赋存在中太古界雅布赖岩群中。航磁化极等值线起始值在－100以上；重力剩余异常起始值在－2 以上。可能有找矿潜力

续表 11-6

最小预测区编号	最小预测区名称	综合信息(航磁单位为 nT,重力单位为$\times10^{-5}m/s^2$)
C1501303170	哈尔楚鲁南	该最小预测区主要赋存在中太古界雅布赖岩群中。航磁化极等值线起始值在 0 以上;重力剩余异常起始值在−1 以上。该最小预测区可能有找矿潜力
C1501303171	阿尔嘎勒	该最小预测区主要赋存在中太古界雅布赖岩群中。航磁化极等值线起始值在−100以上;重力剩余异常起始值在 1 以上。该最小预测区可能有找矿潜力
C1501303172	哈尔楚鲁南	该最小预测区主要赋存在中太古界雅布赖岩群中。航磁化极等值线起始值在 0 以上;重力剩余异常起始值在−1 以上。该最小预测区可能有找矿潜力
C1501303173	希莫勒北	该最小预测区主要赋存在推断的中太古界雅布赖岩群中。航磁化极等值线起始值在 0 以上;重力剩余异常起始值在 0 以上。可能有找矿潜力
C1501303174	阿贵庙东	该最小预测区主要赋存在推断的中太古界乌拉山岩群哈达门沟岩组角闪斜长片麻岩组合中,分布于推断的矿致航磁异常区内。航磁化极等值线起始值在−100 以上;重力剩余异常起始值在 3 以上。该最小预测区可能有找矿潜力
C1501303175	1582 高程点西南	该最小预测区主要赋存在推断的中太古界叠布斯格岩群中。分布于推断的矿致航磁异常区内,航磁化极等值线起始值在 0 以上;重力剩余异常起始值在 0 以上。该最小预测区可能有找矿潜力
C1501303176	希力斯台乌拉	地表覆盖,主要赋存在推断的中太古界雅布赖岩群中。分布于推断的矿致航磁异常区内,航磁化极等值线起始值在 100 以上;重力剩余异常起始值在 0 以上。该最小预测区可能有找矿潜力
C1501303177	沙拉嘎绍	该最小预测区主要赋存在中太古界雅布赖岩群中。航磁化极等值线起始值在−100以上;重力剩余异常起始值在−2 以上。该最小预测区可能有找矿潜力
C1501303178	1859 高程点南	该最小预测区主要赋存在推断的中太古界雅布赖岩群中。航磁化极等值线起始值在 0 以上;重力剩余异常起始值在−3 以上。可能有找矿潜力
C1501303179	迭布斯格东	该最小预测区主要赋存在推断的中太古界雅布赖岩群中。航磁化极等值线起始值在−200 以上;重力剩余异常起始值在 0 以上。可能有找矿潜力
C1501303180	空德山	该最小预测区主要赋存在推断的中太古界雅布赖岩群中。分布于推断的矿致航磁异常区内。航磁化极等值线起始值在 0 以上;重力剩余异常起始值在 2 以上。该最小预测区可能有找矿潜力
C1501303181	额很则尔毛德北	该最小预测区主要赋存在推断的中太古界雅布赖岩群中。航磁化极等值线起始值在 0 以上;重力剩余异常起始值在 2 以上。可能有找矿潜力
C1501303182	浩尧尔哈尔东	该最小预测区主要赋存在推断的中太古界雅布赖岩群中。航磁化极等值线起始值在 0 以上;重力剩余异常起始值在 7 以上。可能有找矿潜力
C1501303183	乌兰呼都格	地表覆盖,主要赋存在推断的中太古界叠布斯格岩群中。分布于推断的矿致航磁异常区内,航磁化极等值线起始值在 100 以上;重力剩余异常起始值在 5 以上。该最小预测区可能有找矿潜力
C1501303184	巴彦乌拉山北	该最小预测区主要赋存在推断的中太古界雅布赖岩群中。存在推断的矿致航磁异常中。航磁化极等值线起始值在 100 以上;重力剩余异常起始值在 0 以上。该最小预测区可能有找矿潜力
C1501303185	呼和陶勒盖	该最小预测区主要赋存在推断的中太古界雅布赖岩群中。航磁化极等值线起始值在−100 以上;重力剩余异常起始值在 3 以上。可能有找矿潜力
C1501303186	哈乌拉山	该最小预测区主要赋存在推断的中太古界雅布赖岩群中。航磁化极等值线起始值在−100 以上;重力剩余异常起始值在−1 以上。可能有找矿潜力
C1501303187	可可乌珠尔北	该最小预测区主要赋存在中太古界雅布赖岩群中。航磁化极等值线起始值在−100以上;重力剩余异常起始值在 0 以上。该最小预测区可能有找矿潜力
C1501303188	其尔格南	该最小预测区主要赋存在推断的中太古界雅布赖岩群中。局部存在推断的矿致航磁异常。航磁化极等值线起始值在 0 以上;重力剩余异常起始值在 2 以上。该最小预测区可能有找矿潜力

续表 11-6

最小预测区编号	最小预测区名称	综合信息(航磁单位为nT,重力单位为$\times10^{-5}m/s^2$)
C1501303189	陶勒西	该最小预测区主要赋存在中太古界乌拉山岩群哈达门沟岩组角闪斜长片麻岩组合中,局部存在推断的矿致航磁异常。航磁化极等值线起始值在-100以上;重力剩余异常起始值在5以上。该最小预测区可能有找矿潜力
C1501303190	哈尔乌珠尔	该最小预测区主要赋存在推断的中太古界乌拉山岩群哈达门沟岩组角闪斜长片麻岩组合中,局部存在推断的矿致航磁异常。航磁化极等值线起始值在0以上;重力剩余异常起始值在5以上。该最小预测区可能有找矿潜力
C1501303191	乌尔图东	该最小预测区主要赋存在推断的中太古界雅布赖岩群中,局部存在推断的矿致航磁异常。航磁化极等值线起始值在0以上;重力剩余异常起始值在0以上。该最小预测区可能有找矿潜力

二、综合信息地质体积法估算资源量

1. 典型矿床深部及外围资源量估算

查明资源量、体重、全铁品位、延深均来源于1978年7月内蒙古地质局105地质队编写的《内蒙古乌拉特前旗贾格尔其庙铁矿点普查检查报告》,贾格尔其庙铁矿全矿区铁矿石资源量542.40×10^4t,密度3.4t/m^3,品位(平均值)34.61%,延深为230m。

矿床面积为该矿床各矿体、矿脉区边界范围的面积,采用乌拉特前旗白彦花公社贾格尔其庙铁矿地质草图(1∶2 000),在MapGIS软件下读取数据,然后依据比例尺计算出实际面积为0.092 3km^2。

贾格尔其庙铁矿典型矿床深部及外围资源量估算结果见表11-7。

表11-7 贾格尔其庙式变质型铁矿典型矿床深部及外围资源量估算一览表

典型矿床		深部及外围		
已查明资源量(×10^4t)	542.40	深部	面积(km^2)	0.092 3
面积(km^2)	0.092 3		深度(m)	100
深度(m)	230	外围	面积(km^2)	0.12
品位(%)	34.61 (平均)		深度(m)	330
密度(t/m^3)	3.4	预测资源量(×10^4t)		1 250.05
体积含矿率(t/m^3)	0.256	典型矿床资源总量(×10^4t)		1 792.45

2. 模型区的确定、资源量及估算参数

模型区内无其他矿床,模型区资源量为典型矿床总资源量(查明资源量+预测资源量),即1 792.45×10^4t(矿石量)(表11-8)。

表11-8 贾格尔其庙式变质型铁矿模型区预测资源量及其估算参数表

编号	名称	模型区预测资源量(×10^4t)	模型区面积(km^2)	延深(m)	含矿地质体面积(km^2)	含矿地质体面积参数	含矿地质体含矿系数
A1501303021	乌日图高勒嘎查北	1 792.45	18.53	330	18.42	1	0.002 95

3. 最小预测区预测资源量

贾格尔其庙式变质型铁矿共3个预测工作区,最小预测区资源量定量估算采用地质体积法进行估算。

1)估算参数的确定

最小预测区的面积($S_{预}$),在 MapGIS 软件下读取面积,然后换算成实际面积;延深的确定是在分析最小预测区含矿地质体地质特征,结合预测区内已知矿床深部资料,经专家综合分析,确定各个最小预测区含矿地质体的延深($H_{预}$),大面积出露的含矿地质体确定延深为800m或950m,孤立的小含矿地质体延深取其地表沿走向出露(或推测出露)长度的1/2;品位;最小预测区相似系数(α)为专家结合相关预测区相似系数,综合研究后确定。

2)最小预测区预测资源量估算结果

本次共3个预测工作区,预测资源总量为139 346.40×10^4t(不包括已查明资源储量),其中赤峰预测区预测资源总量为11 710.20×10^4t,包头—集宁预测区预测资源总量为69 921.50×10^4t,迭布斯格预测区预测资源总量为57 714.7×70^4t。不包括已探明量37 476.26×10^4t。各最小预测区预测资源量见表11-9、表11-10、表11-11。

表11-9　贾格尔其庙式变质型铁矿赤峰预测工作区最小预测区预测资源量表

最小预测区编号	最小预测区名称	$S_{预}$ (km^2)	$H_{预}$ (m)	K	α	$Z_{预}$ (×10^4t)	资源量级别
A1501303001	喀喇沁镇南东	5.76	800	0.002 95	0.22	102.30	334-3
A1501303002	金厂沟梁镇北西	0.43	800	0.002 95	0.22	22.30	334-2
B1501303001	大庙镇南东	20.59	800	0.002 95	0.20	971.80	334-3
B1501303002	老府镇北东	17.54	800	0.002 95	0.20	827.90	334-3
B1501303003	老府镇	19.32	800	0.002 95	0.20	911.90	334-3
B1501303004	平顶坑西	1.15	800	0.002 95	0.20	54.30	334-3
B1501303005	初头郎镇北	4.61	800	0.002 95	0.20	217.60	334-3
B1501303006	猫耳山东	0.3	650	0.002 95	0.20	11.50	334-3
B1501303007	猫耳山西	1.17	800	0.002 95	0.20	55.20	334-3
B1501303008	魏家沟	13.12	800	0.002 95	0.20	448.40	334-2
B1501303009	大光顶子	0.19	800	0.002 95	0.20	9.00	334-3
B1501303010	砬子沟梁顶	46.1	800	0.002 95	0.20	2 053.20	334-2
B1501303011	袋王山北	5.56	800	0.002 95	0.20	262.40	334-3
B1501303012	金厂沟梁北东东	7.24	800	0.002 95	0.20	341.70	334-2
B1501303013	后坟北山东	1.76	800	0.002 95	0.20	83.10	334-2
B1501303014	鸡冠子山北北西	7.5	800	0.002 95	0.20	354.00	334-2
B1501303015	于寺镇北西	3.98	800	0.002 95	0.20	187.90	334-2
B1501303016	杜力营子南西	3.59	800	0.002 95	0.20	169.40	334-2
B1501303017	鸡冠子山北北东	14.70	800	0.002 95	0.20	569.20	334-3
B1501303018	后坟北山南	10.08	800	0.002 95	0.20	475.80	334-2
B1501303019	后坟北山	3.45	800	0.002 95	0.20	162.80	334-2
B1501303020	金厂沟梁北东	2.27	800	0.002 95	0.20	107.10	334-2
B1501303021	平顶山西	0.94	800	0.002 95	0.20	44.40	334-2

续表 11-9

最小预测区编号	最小预测区名称	$S_{预}$（km^2）	$H_{预}$（m）	K	α	$Z_{预}$（$\times10^4$ t）	资源量级别
B1501303022	平顶山北	3.38	800	0.002 95	0.20	159.50	334-2
B1501303023	下巴沟	0.69	800	0.002 95	0.20	32.60	334-2
B1501303024	朱力科镇北东	0.12	800	0.002 95	0.20	5.70	334-3
B1501303025	大青山西	19.26	800	0.002 95	0.20	481.90	334-3
B1501303026	东五家子	3.24	800	0.002 95	0.20	108.10	334-3
B1501303027	四家子镇南东	17.32	800	0.002 95	0.20	13.20	334-3
B1501303028	金厂沟梁镇北	22.22	800	0.002 95	0.20	244.50	334-2
B1501303029	金厂沟梁镇南西	0.17	800	0.002 95	0.20	8.00	334-3
B1501303030	红花沟镇东	12.43	800	0.002 95	0.20	586.70	334-3
C1501303001	红花沟镇北西	0.57	450	0.002 95	0.02	1.50	334-3
C1501303002	盔钾山北东	62.17	800	0.002 95	0.02	293.40	334-3
C1501303003	盔钾山北	5.59	800	0.002 95	0.02	26.40	334-3
C1501303004	羊草洼梁顶	1.89	800	0.002 95	0.02	8.90	334-3
C1501303005	初头郎镇西	0.43	800	0.002 95	0.02	2.00	334-3
C1501303006	大明镇	49.33	800	0.002 95	0.02	232.80	334-3
C1501303007	代王山	11.55	800	0.002 95	0.02	54.50	334-3
C1501303008	桥北镇	0.91	700	0.002 95	0.02	3.80	334-3
C1501303009	平顶坑南	0.46	800	0.002 95	0.02	2.20	334-3
C1501303010	初头郎镇北西	0.4	800	0.002 95	0.02	1.90	334-3
C1501303011	盔钾山南	0.06	650	0.002 95	0.02	0.20	334-3
C1501303012	盔钾山南东	0.15	800	0.002 95	0.02	0.70	334-3
C1501303013	初头郎镇南西	9.29	800	0.002 95	0.02	43.80	334-3
C1501303014	哈大图	0.37	800	0.002 95	0.02	1.70	334-2
C1501303015	平顶坑南西	1.36	800	0.002 95	0.02	6.40	334-3
C1501303016	桥头镇	38.91	800	0.002 95	0.02	183.70	334-3
C1501303017	八里罕镇	20.72	800	0.002 95	0.02	97.80	334-3
C1501303018	鸡冠子山北东	2.14	800	0.002 95	0.02	10.10	334-2
C1501303019	四道营子大山东	0.7	600	0.002 95	0.02	2.50	334-2
C1501303020	金厂沟梁北北东	2.11	800	0.002 95	0.02	10.00	334-2
C1501303021	建平镇东	8.54	800	0.002 95	0.02	40.30	334-3
C1501303022	建平镇北东	0.72	800	0.002 95	0.02	3.40	334-3
C1501303023	金厂沟梁镇西	5.34	800	0.002 95	0.02	25.20	334-3
C1501303024	四家子镇北	4.81	800	0.002 95	0.02	22.70	334-3
C1501303025	鸡冠子山西	5.8	800	0.002 95	0.02	27.50	334-3

续表 11-9

最小预测区编号	最小预测区名称	$S_{预}$ (km^2)	$H_{预}$ (m)	K	α	$Z_{预}$ ($\times 10^4$ t)	资源量级别
C1501303026	鸡冠子山西	7.37	800	0.002 95	0.02	34.80	334-3
C1501303027	杜力营子西	0.58	800	0.002 95	0.02	2.70	334-2
C1501303028	于寺镇北北西	6.65	800	0.002 95	0.02	5.30	334-2
C1501303029	鸡冠子山北东	18.32	800	0.002 95	0.02	49.50	334-3
C1501303030	后坟北山南东	11.29	800	0.002 95	0.02	53.30	334-2
C1501303031	平顶山	38.11	800	0.002 95	0.02	100.00	334-2
C1501303032	大庙西	0.66	800	0.002 95	0.02	3.10	334-3
C1501303033	喀喇沁镇	43.76	800	0.002 95	0.02	10.30	334-3
C1501303034	四家子镇南	5.17	800	0.002 95	0.02	24.40	334-3
C1501303035	金厂沟梁镇	3.77	800	0.002 95	0.02	17.80	334-2
C1501303036	平顶山北西	0.72	800	0.002 95	0.02	3.40	334-3
C1501303037	红花沟镇南	12.58	800	0.002 95	0.02	59.40	334-3
C1501303038	牛营子镇	13.2	800	0.002 95	0.02	62.30	334-3
C1501303039	明安山	20.57	800	0.002 95	0.02	97.10	334-2
合计						11 710.20	

表 11-10　贾格尔其庙式变质型铁矿包头—集宁预测工作区最小预测区预测资源量表

最小预测区编号	最小预测区名称	$S_{预}$ (km^2)	$H_{预}$ (m)	K	α	$Z_{预}$ ($\times 10^4$ t)	资源量级别
A1501303003	泥尔图沟	69.34	950	0.002 95	0.190 8	3 707.70	334-3
A1501303004	达拉盖	3.22	950	0.002 95	0.190 8	172.20	334-3
A1501303005	巴音高勒	14.65	950	0.002 95	0.190 8	48.20	334-2
A1501303006	南圪妥	27.47	950	0.002 95	0.190 8	1 441.60	334-2
A1501303007	敖包山	5.06	950	0.002 95	0.021 3	30.20	334-2
A1501303008	乌日图高勒嘎查北西	19.36	950	0.002 95	0.190 8	1 035.20	334-2
A1501303009	乌日图高勒嘎查北	5.91	950	0.002 95	0.021 3	35.30	334-2
A1501303010	大不产沟	23.67	950	0.002 95	0.021 3	79.00	334-2
A1501303011	五道沟村西	4.65	950	0.002 95	0.190 8	248.60	334-2
A1501303012	和尔格楚鲁	5.48	950	0.002 95	0.190 8	72.70	334-3
A1501303013	莫若格钦	1.13	950	0.002 95	0.190 8	60.40	334-2
A1501303014	沙尔楚鲁西	2.49	950	0.002 95	0.021 3	14.90	334-2
A1501303015	敦德萨拉	1.42	950	0.002 95	0.021 3	8.50	334-2
A1501303016	哈日温都尔	14.55	950	0.002 95	0.021 3	86.90	334-2
A1501303017	小毛忽洞	53.51	950	0.002 95	0.30	112.20	334-2

续表 11-10

最小预测区编号	最小预测区名称	$S_{预}$ (km²)	$H_{预}$ (m)	K	α	$Z_{预}$ (×10⁴t)	资源量级别
A1501303018	莫圪内	47.93	950	0.002 95	0.190 8	2 523.90	334-2
A1501303019	哈太嘎	71.10	950	0.002 95	0.021 3	394.70	334-2
A1501303020	呼仁陶勒盖	3.83	950	0.002 95	0.190 8	204.80	334-3
A1501303021	乌日图高勒嘎查北	26.26	950	0.002 95	1	1 250.00	334-1
						5 141.50	334-3
A1501303022	牛场坝南	0.77	490	0.002 95	0.190 8	21.20	334-2
A1501303023	阿嘎如泰苏木北东	6.35	490	0.002 95	0.190 8	21.20	334-2
A1501303024	杨树沟	2.81	490	0.002 95	0.190 8	21.20	334-2
A1501303025	乌兰此老	2.61	490	0.002 95	0.190 8	21.20	334-2
A1501303026	后石花北	0.77	490	0.002 95	0.190 8	21.20	334-2
A1501303027	乌布拉	83.61	950	0.002 95	0.190 8	4 354.70	334-3
A1501303028	白彦沟林	80.09	950	0.002 95	0.021 3	478.10	334-2
A1501303029	沿海沟	41.09	950	0.002 95	0.021 3	245.30	334-2
A1501303030	泥尔图沟南	11.91	950	0.002 95	0.190 8	183.90	334-30
A1501303031	乌尔土沟掌子南	9.86	490	0.002 95	0.021 3	2.40	334-3
B1501303031	达拉盖	1.35	950	0.002 95	0.190 8	72.20	334-3
B1501303032	哈尔哈达东	1.02	950	0.002 95	0.190 8	54.50	334-3
B1501303033	乌拉山镇	46.83	950	0.002 95	0.021 3	279.50	334-3
B1501303034	小海留素沟	2.68	950	0.002 95	0.190 8	143.30	334-2
B1501303035	宽滩子南	1.08	950	0.002 95	0.190 8	57.70	334-2
B1501303036	打不亥	27.39	950	0.002 95	0.021 3	163.50	334-2
B1501303037	东那林沟	19.73	950	0.002 95	0.190 8	949.10	334-2
B1501303038	南塔坝	0.14	950	0.002 95	0.021 3	0.80	334-3
B1501303039	中高腰海	43.61	950	0.002 95	0.190 8	998.90	334-2
B1501303040	瓦窑滩东	15.35	950	0.002 95	0.190 8	820.80	334-3
B1501303041	石门子	35.83	950	0.002 95	0.021 3	213.90	334-3
B1501303042	石门子	0.44	950	0.002 95	0.021 3	2.60	334-3
B1501303043	莫若格钦南	3.48	950	0.002 95	0.190 8	186.10	334-2
B1501303044	巴亚尔图	82.53	950	0.002 95	0.021 3	388.80	334-3
B1501303045	海勒斯廷阿木	84.13	950	0.002 95	0.190 8	4 455.80	334-3
B1501303046	乌日图高勒嘎查	75.37	950	0.002 95	0.021 3	323.20	334-3
B1501303047	大坝沟	43.15	950	0.002 95	0.021 3	257.60	334-3
B1501303048	诺尔音高勒	81.73	950	0.002 95	0.021 3	487.90	334-3
C1501303040	诺尔音高勒北	0.77	950	0.002 95	0.021 3	4.60	334-3
C1501303041	乌兰树大坝	0.85	950	0.002 95	0.021 3	5.10	334-2

续表 11-10

最小预测区编号	最小预测区名称	$S_{预}$ (km²)	$H_{预}$ (m)	K	α	$Z_{预}$ (×10⁴t)	资源量级别
C1501303042	乌日图高勒嘎查北	0.05	230	0.002 95	0.021 3	0.10	334-3
C1501303043	哈尔达巴	20.56	950	0.002 95	0.021 3	122.70	334-3
C1501303044	金城五分子	0.85	950	0.002 95	0.021 3	5.10	334-2
C1501303045	管牛俱村	20.49	950	0.002 95	0.021 3	122.30	334-2
C1501303046	营盘湾镇	5.69	950	0.002 95	0.021 3	34.00	334-2
C1501303047	前羊忽晒	1.02	900	0.002 95	0.021 3	5.80	334-2
C1501303048	郭罗渠	97.56	950	0.002 95	0.021 3	582.40	334-2
C1501303049	后乱察沟	0.49	950	0.002 95	0.021 3	2.90	334-2
C1501303050	小南沟	45.25	950	0.002 95	0.021 3	270.10	334-2
C1501303051	西壕	65.55	950	0.002 95	0.021 3	391.30	334-2
C1501303052	田家渠村	4.85	950	0.002 95	0.021 3	29.00	334-2
C1501303053	梁前村	0.22	500	0.002 95	0.021 3	0.70	334-2
C1501303054	白彦楞嘎查	38.26	950	0.002 95	0.021 3	228.40	334-2
C1501303055	梁前村南	0.78	900	0.002 95	0.021 3	4.40	334-2
C1501303056	水涧沟东	0.16	450	0.002 95	0.021 3	0.50	334-2
C1501303057	脑包兔	0.04	250	0.002 95	0.021 3	0.10	334-2
C1501303058	脑包兔南	0.17	500	0.002 95	0.021 3	0.50	334-2
C1501303059	土城子村	13.93	950	0.002 95	0.021 3	83.20	334-2
C1501303060	后老李沟	15.86	950	0.002 95	0.021 3	94.70	334-2
C1501303061	卧牛弯	43.74	950	0.002 95	0.021 3	261.10	334-2
C1501303062	李二沟	2.89	950	0.002 95	0.021 3	17.30	334-2
C1501303063	二道井北	0.21	800	0.002 95	0.021 3	1.10	334-2
C1501303064	白彦楞嘎查	0.16	950	0.002 95	0.021 3	1.00	334-2
C1501303065	水涧沟北	0.38	800	0.002 95	0.021 3	1.90	334-2
C1501303066	二道井西	0.12	430	0.002 95	0.021 3	0.30	334-2
C1501303067	大路壕村	0.19	300	0.002 95	0.021 3	0.40	334-2
C1501303068	水涧沟	0.3	430	0.002 95	0.021 3	0.80	334-2
C1501303069	乌兰乌素村北	2.11	950	0.002 95	0.021 3	12.60	334-2
C1501303070	前塔坝	32.39	950	0.002 95	0.021 3	193.30	334-2
C1501303071	公盖壕	0.26	550	0.002 95	0.021 3	0.90	334-2
C1501303072	黑山湾	22.22	950	0.002 95	0.190 8	1 188.10	334-2
C1501303073	公盖壕	4.56	950	0.002 95	0.021 3	27.20	334-2
C1501303074	板申图村	36.89	950	0.002 95	0.190 8	1 972.60	334-2
C1501303075	红崖结	1.28	950	0.002 95	0.190 8	68.40	334-2

续表 11-10

最小预测区编号	最小预测区名称	$S_{预}$（km^2）	$H_{预}$（m）	K	α	$Z_{预}$（$\times10^4$ t）	资源量级别
C1501303076	呼和温都尔嘎查	1.11	230	0.002 95	0.190 8	14.40	334-2
C1501303077	甲浪沟牧场	44.64	950	0.002 95	0.021 3	266.50	334-2
C1501303078	东林沟	7.13	950	0.002 95	0.190 8	381.30	334-2
C1501303079	圪笨沟	3.55	950	0.002 95	0.190 8	189.80	334-2
C1501303080	山和园沟	1.41	950	0.002 95	0.190 8	75.40	334-2
C1501303081	水泉沟	29.55	950	0.002 95	0.021 3	176.40	334-2
C1501303082	东管井	19.42	950	0.002 95	0.190 8	1 038.40	334-2
C1501303083	东柳树沟	1.47	950	0.002 95	0.021 3	8.80	334-2
C1501303084	兰旗村	2.29	950	0.002 95	0.021 3	13.70	334-3
C1501303085	寿阳营村	5.08	950	0.002 95	0.190 8	271.60	334-2
C1501303086	寿阳营村东	1.6	850	0.002 95	0.190 8	76.50	334-2
C1501303087	聚宝庄西北	16.2	950	0.002 95	0.190 8	866.20	334-2
C1501303088	纳令沟村	8.92	950	0.002 95	0.190 8	477.00	334-2
C1501303089	大车沟东	3.84	950	0.002 95	0.190 8	205.30	334-2
C1501303090	大有成村东	1.73	950	0.002 95	0.190 8	92.50	334-2
C1501303091	前北沟	3.03	950	0.002 95	0.190 8	162.00	334-2
C1501303092	大兴有村南	3.09	950	0.002 95	0.190 8	165.20	334-2
C1501303093	魏家窑子	15.11	950	0.002 95	0.190 8	808.00	334-2
C1501303094	巴音呼都格嘎查	0.38	400	0.002 95	0.021 3	1.00	334-2
C1501303095	冯家窑子北	0.43	520	0.002 95	0.021 3	1.40	334-2
C1501303096	老爷庙	2.14	950	0.002 95	0.190 8	114.40	334-2
C1501303097	前坝底东	0.34	520	0.002 95	0.190 8	10.00	334-2
C1501303098	讨合气村	0.31	950	0.002 95	0.190 8	16.60	334-2
C1501303099	兵州亥乡	3.84	950	0.002 95	0.190 8	205.30	334-2
C1501303100	大路壕村	8.99	950	0.002 95	0.021 3	53.70	334-2
C1501303101	枣沟梁	43.51	950	0.002 95	0.190 8	2 326.60	334-2
C1501303102	大西沟	0.52	850	0.002 95	0.021 3	2.80	334-2
C1501303103	浩尧尔呼都格南	0.3	700	0.002 95	0.190 8	11.80	334-3
C1501303104	塔班陶勒盖	0.8	950	0.002 95	0.190 8	42.80	334-3
C1501303105	浩尧尔呼都格	0.26	800	0.002 95	0.190 8	11.70	334-3
C1501303106	那林海勒斯	38.05	950	0.002 95	0.190 8	2 034.60	334-3
C1501303107	阿勒赛勒木东南	5.05	950	0.002 95	0.021 3	30.10	334-3
C1501303108	扎拉嘎东	0.35	610	0.002 95	0.021 3	1.30	334-3
C1501303109	查干好饶	2.22	950	0.002 95	0.021 3	13.30	334-2

续表 11-10

最小预测区编号	最小预测区名称	$S_{预}$ (km^2)	$H_{预}$ (m)	K	α	$Z_{预}$ ($\times 10^4$ t)	资源量级别
C1501303110	巴润布尔嘎斯太	0.15	230	0.002 95	0.021 3	0.20	334-2
C1501303111	巴润布尔嘎斯太东	0.27	450	0.002 95	0.021 3	0.80	334-2
C1501303112	巴润布尔嘎斯太南	1.59	950	0.002 95	0.021 3	9.50	334-2
C1501303113	敏达斯东	0.25	550	0.002 95	0.021 3	0.90	334-2
C1501303114	敏达斯东	0.74	820	0.002 95	0.021 3	3.80	334-2
C1501303115	珠勒格太	0.03	150	0.002 95	0.021 3	0.01	334-3
C1501303116	敏达斯西	0.17	320	0.002 95	0.021 3	0.30	334-2
C1501303117	敏达斯西	0.44	500	0.002 95	0.021 3	1.40	334-2
C1501303118	哈日萨其西	0.76	950	0.002 95	0.021 3	4.50	334-2
C1501303119	乌兰陶勒盖	4.32	950	0.002 95	0.021 3	25.80	334-2
C1501303120	布尔其敖包	0.08	220	0.002 95	0.021 3	0.10	334-3
C1501303121	哈日萨其	1.85	950	0.002 95	0.021 3	11.00	334-2
C1501303122	哈日萨其东	0.18	400	0.002 95	0.021 3	0.50	334-2
C1501303123	乌兰陶勒盖南	0.09	400	0.002 95	0.021 3	0.20	334-2
C1501303124	陶斯图	79.49	950	0.002 95	0.190 8	4 250.50	334-2
C1501303125	巴音呼都格嘎查	15.01	950	0.002 95	0.021 3	89.60	334-3
C1501303126	敦德萨拉	8.72	950	0.002 95	0.021 3	52.10	334-2
C1501303127	沙尔楚鲁西	0.09	300	0.002 95	0.021 3	0.20	334-2
C1501303128	布尔嘎斯台	0.54	950	0.002 95	0.021 3	3.20	334-2
C1501303129	乌兰陶勒盖	0.27	420	0.002 95	0.021 3	0.70	334-2
C1501303130	二牛湾	19.88	950	0.002 95	0.190 8	1 063.00	334-2
C1501303131	毛忽洞	0.79	750	0.002 95	0.190 8	33.30	334-2
C1501303132	沙尔楚鲁	0.26	950	0.002 95	0.021 3	1.60	334-2
C1501303133	德日善旦	0.46	950	0.002 95	0.021 3	2.70	334-2
C1501303134	乌兰陶勒盖	21.01	950	0.002 95	0.021	123.60	334-2
C1501303135	楚鲁图乡	49.52	950	0.002 95	0.190 8	2 647.90	334-2
C1501303136	哈德音阿木	6.83	950	0.002 95	0.190 8	365.20	334-3
C1501303137	呼和冈干西	10.62	950	0.002 95	0.021 3	63.40	334-2
C1501303138	黑伊东	14.78	950	0.002 95	0.190 8	790.30	334-3
C1501303139	霍布	6.38	950	0.002 95	0.021 3	38.10	334-3
C1501303140	查干哈达	88.34	950	0.002 95	0.021 3	527.30	334-2
C1501303141	角力格太	8.16	950	0.002 95	0.021 3	48.70	334-3
C1501303142	莫日格其格	40.71	950	0.002 95	0.190 8	2 176.80	334-3
C1501303143	纳胜	0.09	440	0.002 95	0.190 8	2.20	334-2

续表 11-10

最小预测区编号	最小预测区名称	$S_{预}$ (km²)	$H_{预}$ (m)	K	α	$Z_{预}$ (×10⁴t)	资源量级别
C1501303144	前水库	55.11	950	0.002 95	0.021 3	329.00	334-3
C1501303145	泉胜西沟	82.03	950	0.002 95	0.021 3	489.70	334-3
C1501303146	煤窑沟南	6.21	950	0.002 95	0.190 8	332.10	334-2
C1501303147	色麻沟	1.68	950	0.002 95	0.190 8	89.80	334-2
C1501303148	乌兰忽洞村	9.84	950	0.002 95	0.021 3	58.70	334-2
C1501303149	吼黑以列克	17.73	950	0.002 95	0.021 3	105.80	334-2
C1501303150	布音图	7.65	950	0.002 95	0.021 3	45.70	334-2
C1501303151	营洞山	0.28	950	0.002 95	0.021 3	1.70	334-2
C1501303152	巴亚尔图	49.32	950	0.002 95	0.021 3	294.40	334-2
C1501303153	杨树坝	10.16	950	0.002 95	0.021 3	60.60	334-2
C1501303154	前窑子村	1.66	950	0.002 95	0.021 3	9.90	334-2
C1501303155	冯家窑子南	0.35	950	0.002 95	0.021 3	2.10	334-2
C1501303156	巴音村	20.69	950	0.002 95	0.021 3	123.50	334-3
C1501303157	寿阳营村东	1.96	950	0.002 95	0.190 8	104.80	334-3
C1501303158	厂汗以力更	0.59	480	0.002 95	0.190 8	15.90	334-2
C1501303159	三道沟	60.44	950	0.002 95	0.190 8	3 231.80	334-2
C1501303160	二牛河	13.49	950	0.002 95	0.190 8	339.10	334-2
C1501303161	布尔其敖包	51	950	0.002 95	0.190 8	2 727.10	334-2
C1501303162	准萨拉	75.85	950	0.002 95	0.021 3	452.80	334-2
C1501303163	哈尔黑尔其	90.2	950	0.002 95	0.021 3	538.40	334-3
C1501303164	千二营村	8	950	0.002 95	0.193 0	432.70	334-3
合计						69 921.50	

表 11-11　贾格尔其庙式变质型铁矿迭布斯格预测工作区最小预测区预测资源量表

最小预测区编号	最小预测区名称	$S_{预}$ (km²)	$H_{预}$ (m)	K	α	$Z_{预}$ (×10⁴t)	资源量级别
A1501303032	伊克乌苏	32.91	950	0.002 95	0.422	1 705.39	334-2
A1501303033	巴彦哈日嘎查	27.48	950	0.002 95	0.275	2 117.85	334-2
A1501303034	哈拉陶勒盖北	15.55	950	0.002 95	0.422	1 675.82	334-2
A1501303035	乌和尔楚鲁希勒	17.35	950	0.002 95	0.422	2 051.91	334-2
A1501303036	查干木哈尔东	15.24	950	0.002 95	0.275	946.40	334-3
A1501303037	乌和尔楚鲁希勒南	1.96	950	0.002 95	0.089	48.89	334-2
A1501303038	于咀陶	0.77	950	0.002 95	0.422	91.06	334-3
B1501303049	1255 高程点东北	0.92	950	0.002 95	0.236	60.85	334-3

续表 11-11

最小预测区编号	最小预测区名称	$S_{预}$ (km²)	$H_{预}$ (m)	K	α	$Z_{预}$ (×10⁴t)	资源量级别
B1501303050	1255 高程点西南	0.78	950	0.002 95	0.236	51.59	334-3
B1501303051	希勃图山	59.59	950	0.002 95	0.236	3 941.22	334-3
B1501303052	查干乌拉	12.14	950	0.002 95	0.236	802.93	334-3
B1501303053	查干乌拉南	0.7	950	0.002 95	0.236	46.30	334-3
B1501303054	哈尔阿塔尔干	5.88	950	0.002 95	0.236	388.90	334-3
B1501303055	哈尔阿塔尔干南	0.89	950	0.002 95	0.236	58.86	334-3
B1501303056	巴彦乌拉山	95.17	950	0.002 95	0.236	6 294.45	334-3
B1501303057	阿贵庙东	53.6	950	0.002 95	0.089	1 336.90	334-2
B1501303058	那尔特西	8.13	950	0.002 95	0.236	537.71	334-2
B1501303059	浩尧尔毛德西南	1.23	950	0.002 95	0.236	81.35	334-2
B1501303060	特额日英廷乌兰南	0.79	950	0.002 95	0.422	93.43	334-2
B1501303061	阿拉苏计东南	17.17	950	0.002 95	0.089	428.26	334-2
B1501303062	乌和尔楚鲁希勒东北	0.35	950	0.002 95	0.236	23.15	334-2
B1501303063	乌和尔楚鲁希勒西	0.58	700	0.002 95	0.089	10.66	334-2
B1501303064	乌和尔楚鲁希勒西南	1.86	950	0.002 95	0.089	46.39	334-2
B1501303065	乌和尔楚鲁希勒西南	1.12	950	0.002 95	0.089	27.94	334-3
B1501303066	乌和尔楚鲁希勒西南	12.75	950	0.002 95	0.089	318.01	334-3
B1501303067	希力斯台乌拉东	1.81	950	0.002 95	0.089	45.15	334-3
B1501303068	1859 高程点西	8.42	950	0.002 95	0.089	210.01	334-3
B1501303069	空德山西	11.87	950	0.002 95	0.089	296.06	334-3
B1501303070	玻璃庙沟南	79.48	950	0.002 95	0.236	5 256.73	334-2
B1501303071	1687 高程点处	3.38	950	0.002 95	0.089	84.30	334-2
B1501303072	达尔茨格.陶勒盖	94.33	950	0.002 95	0.236	6 238.89	334-3
C1501303165	1399 高程点西南	0.53	950	0.002 95	0.051	7.58	334-3
C1501303166	达尔茨格陶勒盖山北	4.2	950	0.002 95	0.051	60.03	334-3
C1501303167	1582 高程点处	9.51	950	0.002 95	0.050	133.26	334-3
C1501303168	哈尔楚鲁东北	3.18	950	0.002 95	0.050	44.56	334-3
C1501303169	敖日格呼嘎查西北	24.74	950	0.002 95	0.050	346.67	334-3
C1501303170	哈尔楚鲁南	1.89	950	0.002 95	0.050	26.48	334-3
C1501303171	阿尔嘎勒	88.71	950	0.002 95	0.051	1 267.91	334-3
C1501303172	哈尔楚鲁南	0.25	950	0.002 95	0.089	6.24	334-3

续表 11-11

最小预测区编号	最小预测区名称	$S_{预}$（km^2）	$H_{预}$（m）	K	α	$Z_{预}$（$\times 10^4$t）	资源量级别
C1501303173	希莫勒北	0.43	950	0.002 95	0.089	10.73	334-3
C1501303174	阿贵庙东	9.09	950	0.002 95	0.236	601.20	334-2
C1501303175	1582 高程点西南	1.34	950	0.002 95	0.089	33.42	334-3
C1501303176	希力斯台乌拉	8.49	950	0.002 95	0.089	211.76	334-3
C1501303177	沙拉嘎绍	13.95	950	0.002 95	0.050	195.47	334-3
C1501303178	1859 高程点南	2.79	950	0.002 95	0.089	69.59	334-3
C1501303179	迭布斯格东	16.28	950	0.002 95	0.050	228.12	334-3
C1501303180	空德山	4.7	950	0.002 95	0.089	117.23	334-3
C1501303181	额很则尔毛德北	1.36	950	0.002 95	0.051	19.44	334-3
C1501303182	浩尧尔哈尔东	23.2	950	0.002 95	0.236	1 534.42	334-3
C1501303183	乌兰呼都格	26.36	950	0.002 95	0.422	2 718.92	334-2
C1501303184	巴彦乌拉山北	7.14	950	0.002 95	0.089	178.09	334-3
C1501303185	呼和陶勒盖	3.41	950	0.002 95	0.051	48.74	334-3
C1501303186	哈乌拉山	92.01	950	0.002 95	0.051	1 315.08	334-3
C1501303187	可可乌珠尔北	20.57	950	0.002 95	0.050	288.24	334-3
C1501303188	其尔格南	21.77	950	0.002 95	0.236	1 439.85	334-3
C1501303189	陶勒西	76.03	950	0.002 95	0.051	1 086.68	334-3
C1501303190	哈尔乌珠尔	78.41	950	0.002 95	0.236	5 185.96	334-3
C1501303191	乌尔图东	78.95	950	0.002 95	0.236	5 221.67	334-3
合计						57 714.70	

4. 预测工作区资源总量成果汇总

根据矿产潜力评价预测资源量汇总标准，贾格尔其庙变质型铁矿预测工作区按精度、预测深度、可利用性、可信度统计分析结果见表 11-12、表 11-13、表 11-14。

表 11-12　贾格尔其庙式变质型铁矿赤峰预测工作区预测资源量统计分析表（$\times 10^4$t）

精度	深度		可利用性		可信度			合计
	500m 以浅	1 000m 以浅	可利用	暂不可利用	$x \geqslant 0.75$	$0.75 > x \geqslant 0.5$	$0.5 > x \geqslant 0.25$	
334-1	—	—	—	—	—	—	—	—
334-2	3 242.56	5 187.20	5 187.20	—	—	3 572.60	1 614.60	5 187.20
334-3	4 079.62	6 523.00	6 523.00	—	—	3 642.40	2 880.60	6 523.00
合计								11 710.20

表 11-13 贾格尔其庙式变质型铁矿包头—集宁预测工作区预测资源量统计分析表（×10⁴t）

精度	深度		可利用性		可信度			合计
	500m以浅	1 000m以浅	可利用	暂不可利用	$x\geqslant0.75$	$0.75>x\geqslant0.5$	$0.5>x\geqslant0.25$	
334-1	1 250.00	1 250.0	1 250.00	—	1 250.00	—	—	1 250.00
334-2	21 019.30	39 673.60	39 673.60	—	—	7 898.10	31 775.50	39 673.60
334-3	15 257.30	28 997.90	28 997.90	—	5 141.50	8 698.40	15 158.00	28 997.90
合计								69 921.50

表 11-14 贾格尔其庙式变质型铁矿迭布斯格预测工作区预测资源量统计分析表（×10⁴t）

精度	深度		可利用性		可信度			合计
	500m以浅	1 000m以浅	可利用	暂不可利用	$x\geqslant0.75$	$0.75>x\geqslant0.5$	$0.5>x\geqslant0.25$	
334-1	—	—	—	—	—	—	—	—
334-2	9 906.66	18 818.90	18 818.90	—	—	7 599.90	11 219.00	18 818.90
334-3	20 471.49	38 895.80	38 895.80	—	—	1 037.40	37 858.40	38 895.80
合计								57 714.70

第十二章　梨子山式矽卡岩型铁矿预测成果

第一节　典型矿床特征

一、典型矿床地质特征

梨子山铁矿行政区划属呼伦贝尔市。

1. 矿区地质

出露地层主要有奥陶系多宝山组、石炭系—二叠系、侏罗系及第四系。与矿床关系密切的为奥陶系多宝山组，近东西向条带状断续出露于矿区中东部，倾向南偏东，倾角65°左右的单斜构造层，自下而上分为5层：①角岩化片岩、云母石英片岩夹变质砂岩、灰黑色—灰白色条带状大理岩(O_2d^1)，厚约40m；②黄绿色、褐灰色含砾变质砂岩夹灰白色石英角岩(O_2d^2)，厚约39m；③灰白色—灰色、黑色条带状大理岩(O_2d^3)，发育于1、2号矿体北侧，是矿区内含矿矽卡岩的主要介质，常伴有磁铁矿化、镜铁矿化和黄铁矿化现象，厚200m；④黑云母石英角岩夹黄绿色角岩(O_2d^4)，发育在矿体上盘，近矿体附近普遍发育有黄铁矿化现象，厚约260m；⑤绢云母绿泥石石英片岩夹黑云母石英片岩及薄层条带状大理岩，局部相变为钠长石化透闪石片岩(O_2d^5)，厚达48m。

侵入岩出露广泛，北西和南东为黑云母花岗岩($\gamma\beta_4^{3-1}$)，北东与南西为白岗质花岗岩($\gamma_4^{1,3-2}$)。酸性脉岩为花岗斑岩($\gamma\pi$)、石英斑岩($\lambda\pi$)、霏细斑岩($\tau\pi$)、细晶岩(υ)等；中基性脉岩为闪长玢岩($\delta\mu$)、安山玢岩($\alpha\mu$)等。该岩浆岩均属海西晚期的产物，分为2个侵入阶段，白岗质花岗岩与矿化活动有着密切的成因联系。脉岩为岩浆活动的晚期派生产物，为二分脉岩，酸性脉岩在成矿前形成，中基性脉岩则形成于成矿后。

矿区以断裂构造为主。断裂对成矿控制作用十分明显。北东东转北东向的张扭-压扭性层间断裂带是矿区的控矿构造带。1、2号铁矿体赋存其中。北西340°～360°张性正断层：在成矿前已被霏细斑岩贯入，沿断层面上盘有规模不大的磁铁矿体和矽卡岩生成。

广泛发育矽卡岩化，从南西向北东矽卡岩化变弱，随之矿化减弱。本区矽卡岩属于简单钙质矽卡岩，当出现石榴石矽卡岩与透辉石矽卡岩，磁铁矿化随之出现，出现符山石石榴石矽卡岩时，有色金属钼、铅、锌等发生矿化。

2. 矿床地质

铁矿主要由1、2号两个矿体组成，分布在东西长1 100m、南北宽20～70m的狭长矽卡岩带内。矿体分布与矿区构造方向一致，1号矿体呈弧顶向北的新月形分布。1、2号矿体深部被花岗岩隔断，地表由矽卡岩相连。铁矿体平面上呈透镜状、脉状、似薄层状；剖面上呈楔状、镰刀状。1号矿体主要赋存在花岗岩与矽卡岩接触带附近矽卡岩一侧，2号矿体则主要赋存于角岩与大理岩的层间裂隙带内。1号矿体于 0～5 线之间，地表长 265m，最厚 20.20m，一般介于 7.7～13.1m 之间，最大延深 186m。2 号矿体分布于 6～22 线之间，全长约 770m，最厚 20.95m，一般介于 3.35～15.09m 之间，最大延深 350m。

钼矿体主要分布在 1 号矿体 0～5 线、2 号矿体 10～18 线之间。1 号矿体钼主要赋存于 960～1 040m标高范围内的铁矿体顶、底板围岩及铁矿体内，尤以顶板围岩中钼矿体规模相对较大，最大延长 290m，最大水平厚度 19.60m，最高品位 0.562%，底板围岩及铁矿体内的钼矿体规模较小。2 号矿体钼主要赋存在 950～1 080m 标高范围内，矿体顶板围岩中钼矿体规模最大，铁矿体次之，底板则少见，矿体最大延长 440m，最大水平厚度 4.51m，最高品位 0.270%。

矿体存在垂直分带，地表为低硫富铁矿，深部为高硫富铁矿，钼矿标高最低。

工业类型为富磁铁矿石、贫磁铁矿石、铁钼矿石；自然类型分为致密块状矿石、非致密块状矿石；有用矿物有磁铁矿、赤铁矿、辉钼矿、黄铁矿、闪锌矿、镜铁矿、褐铁矿、针铁矿、黄铜矿、方铅矿等；脉石矿物有透辉石、石榴石、方解石、石英、金云母、绿帘石、绿泥石、符山石等。

矿石结构有他形—半自形粒状结构、他形晶粒状结构、细脉填充结构、交代残余结构、乳滴状结构、斑状角砾结构。矿石构造主要有块状构造、条带状构造、浸染状构造、细脉状构造、窝状构造、土状构造。

1 号矿体低硫富矿 TFe 品位 52.79%～55.45%，高硫富矿平均品位 49.42%。2 号矿体低硫富矿 TFe 品位 51.15%～51.86%，高硫富矿品位 49.49%～55.46%。铁矿石中钼含量一般为 0.001%～0.022%，最高 0.64%；矽卡岩中钼含量一般为 0.16%～0.05%，最高 0.785%；近矿蚀变花岗岩中钼含量一般为 0.008%～0.032%，最高 0.66%。有害组分砷、磷、铜、铅、钛等均低于允许含量，只有硫和锌含量较高。硫含量一般不超过 0.1%，深部逐渐增高，在 0.5%～3%之间，最高达 22.03%。锌的主要赋存状态为闪锌矿，含量变化较大，一般为 0.03%～0.35%，最高达 0.71%。

3. 矿床成因及成矿阶段

根据矿床的主要控矿因素、成矿作用特征等，矿床成因类型为矽卡岩型，除岩体直接控制矿床的分布外，岩体的外接触带及围岩的碳酸盐地层也是重要因素。成矿时代为海西期。

矿床的成矿阶段大致分为下面几个阶段：①矽卡岩阶段：是成矿作用的前奏，开始含矿溶液处在较高温的气成阶段，铁的浓度很小，主要沿黑云母花岗岩与大理岩以及大理岩与角岩的接触构造带活动，并主要交代了大理岩，形成了简单的矽卡岩；②磁铁矿阶段：随着矽卡岩的形成，进入了气成热液阶段，来自深部的含矿溶液的浓度不断加大，沿着北东东转北东向张扭-压扭性层间裂隙控矿带交代贯入，形成本矿床的 1、2 号磁铁矿体；③热液硫化物阶段：该阶段与磁铁矿阶段没有明显的时间间隔，仅是在磁铁矿沉淀之后，含硫化物开始沉淀，此阶段开始因温度较高，先有含辉钼矿的热液广泛活动并沉淀成辉钼矿，继之有其他金属硫化物沉淀；④石英-方解石阶段：此阶段矿化作用基本结束，仅有残余热液活动，已固结的矽卡岩及矿石又经构造破裂，广泛为石英-方解石充填，同时有镜铁矿和更晚期的水赤铁矿沉淀；⑤绢云母-碳酸盐阶段：矿化作用已近尾声，处在低温阶段，残余溶液继续活动，主要表现矿带下盘的黑云母花岗岩广泛绢云母化、碳酸盐化以及绿泥石化、黄铁矿化，远离矿带的高岭土-碳酸盐-绿泥石化等，再后即进入表生作用的氧化阶段。

二、典型矿床地球物理特征

1. 矿床所在区域重磁场特征

梨子山铁矿区域重力场显示为相对重力低异常，磁场为低缓负磁场背景，异常走向北东，重磁场特征显示有北东向断裂通过该区域(图 12-1、图 12-2)。

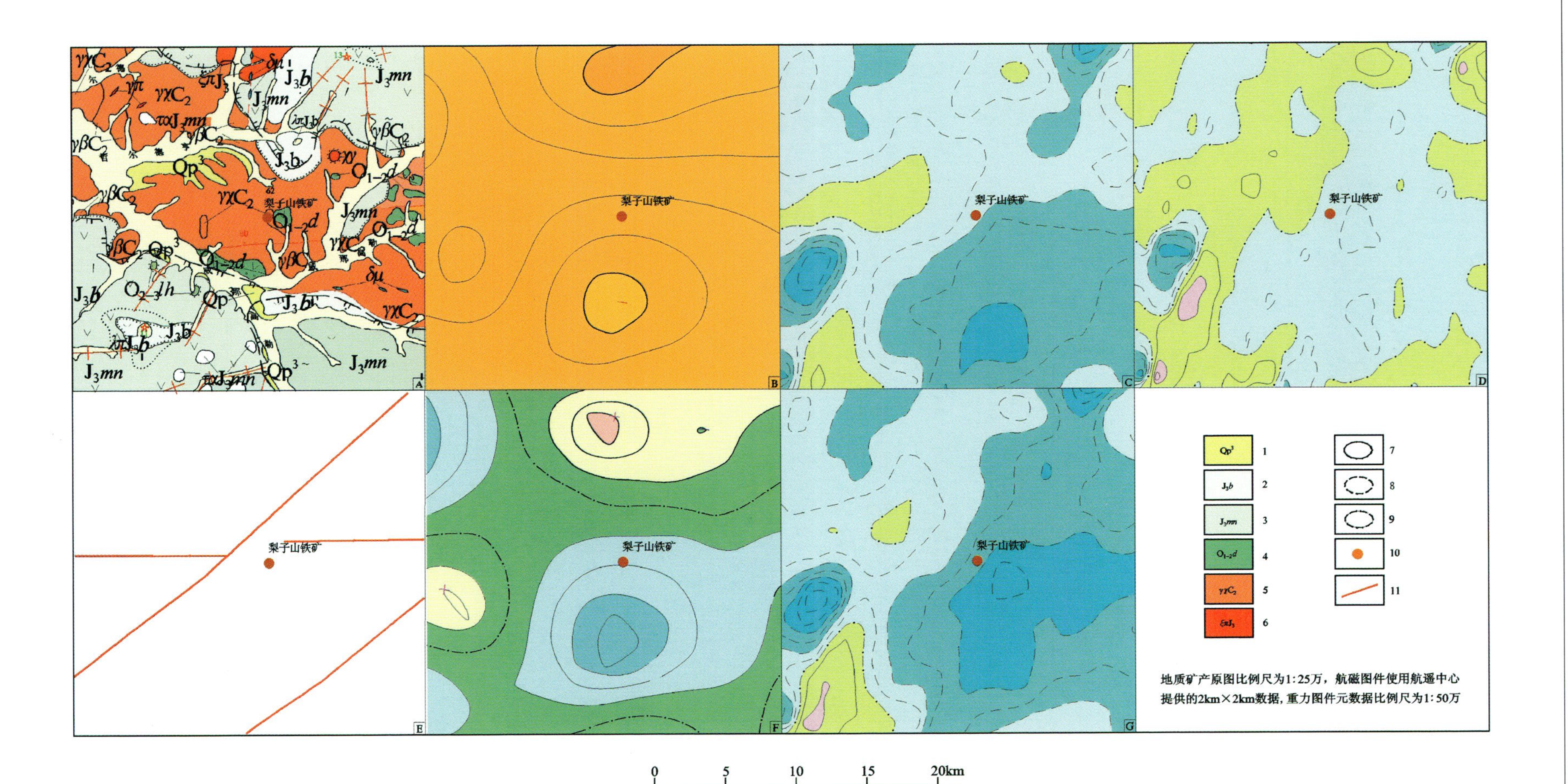

图 12-1 梨子山铁矿1：25万地质及物探剖析图示意图

A.地质矿产图；B.布格重力异常图；C.航磁ΔT等值线平面图；D.航磁ΔT化极垂向一阶导数等值线平面图；E.重磁推断地质构造图；F.剩余重力异常图；G.航磁ΔT化极等值线平面图

1.亚黏土、砂砾石层砂砾，细砂，含砂黏土；2.白音高老组：流纹岩，流纹质凝灰岩；3.玛尼吐组：安山岩，安山质凝灰岩；4.多宝山组：安山岩及凝灰岩夹粉砂岩；5.白岗质花岗岩；6.正长斑岩；7.正等值线及注记；8.负等值线及注记；9.零等值线及注记；10.梨子山铁矿；11.推断三级断裂

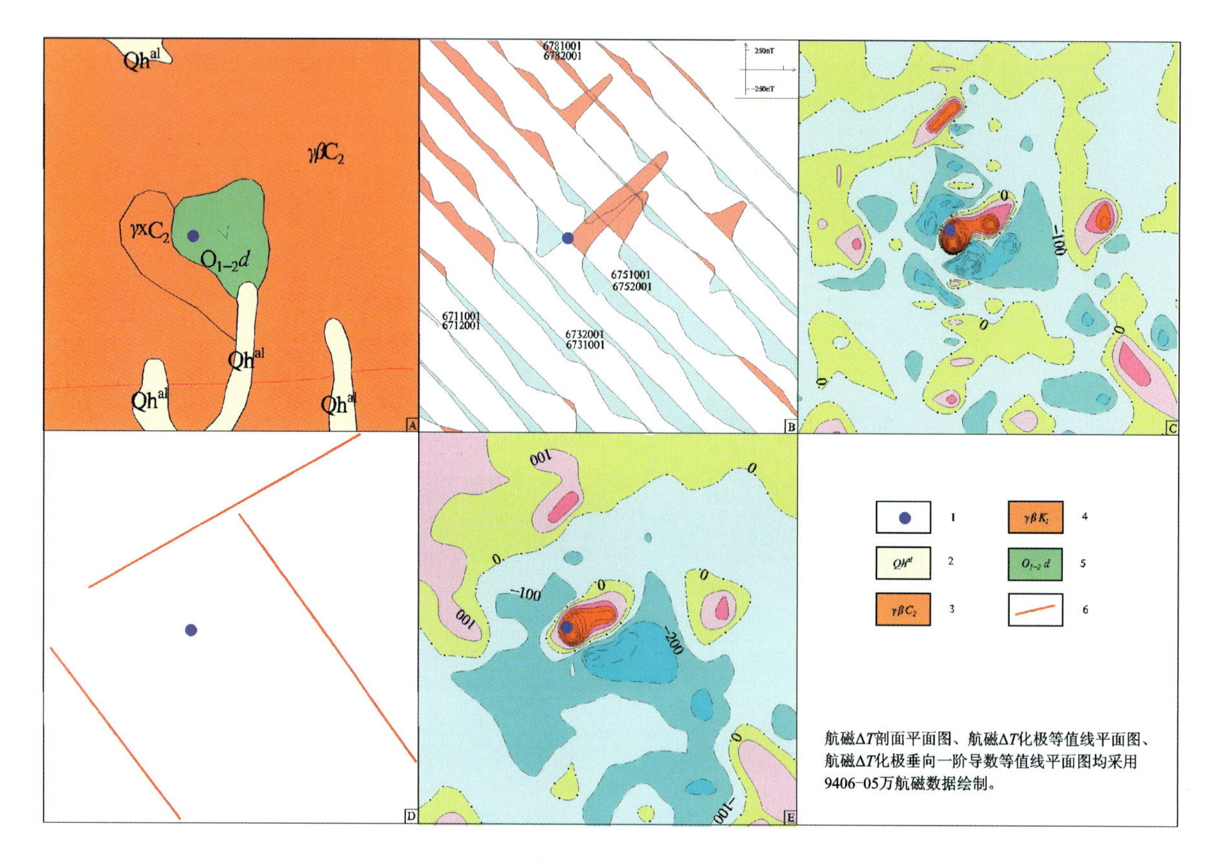

图 12-2　梨子山铁矿 1：5 万地质及物探剖析图

A. 地质矿产图；B. 航磁 ΔT 剖面平面图；C. 航磁 ΔT 化极垂向一阶导数等值线平面图；D. 磁法推断地质构造图；E. 航磁 ΔT 化极等值线平面图；1. 梨子山典型矿床矿点；2. 冲积砂砾、亚砂土、亚黏土；3. 黑云母花岗岩；4. 白岗质花岗岩；5. 多宝山组：安山岩及凝灰岩夹粉砂岩；6. 推断三级断裂

2. 矿床所在区域重力特征

在布格重力异常图上，梨子山铁矿位于布格重力异常相对低值区，其东侧为大兴安岭北北东向梯级带，西侧是布格重力异常相对高值区。在剩余重力异常图上，梨子山铁矿位于等轴状负异常区北侧边部，该负异常区与石炭纪酸性侵入岩有关，在其边部有奥陶纪地层零星出露。主要是对酸性侵入岩及断裂构造的反映，对奥陶纪地层因其规模较小无明显的指示作用。

3. 矿床的地球物理特征

梨子山铁矿区（M-1），铁矿异常位于梨子山的南部，异常长 1 100m，平均宽 30～40m，最宽达 80m，东西走向，倾向南，此区铁矿异常峰值很高，梯度变化很大且很陡，与围岩异常有极明显的区别，同时在异常的伴生之下也有很大的负值出现，其负值产生的原因认为由于矿体向下延伸不深，磁秤受到铁矿另一极的影响所致。整个异常可分东西两部分，西边异常高达 10 000nT 以上，平均宽 50m，梯度变化大，异常反映明显。东边异常较低，但异常规律反映也很明显，异常一般为 6 000nT，平均宽 30m。

三、典型矿床预测要素

根据典型矿床成矿要素和矿区地磁资料以及区域重力资料，确定典型矿床预测要素（表 12-1）。

表 12-1　梨子山式矽卡岩型铁矿典型矿床预测要素表

预测要素		描述内容			要素类别
储量		6 907 000t	平均品位	TFe 34.84%	
特征描述		矽卡岩型铁矿床			
地质环境	岩石类型	多宝山组为一套片岩、变质砂岩、大理岩及角岩等 与成矿关系密切的为海西晚期的黑云母花岗岩和白岗质花岗岩			重要
	岩石结构	沉积岩为碎屑结构和变晶结构，侵入岩为中细粒结构			次要
	成矿时代	海西晚期			必要
	地质背景	大兴安岭弧盆系，扎兰屯-多宝山岛弧			重要
矿床特征	矿物组合	金属矿物为磁铁矿、赤铁矿、辉钼矿、黄铁矿、闪锌矿、镜铁矿、褐铁矿、针铁矿、黄铜矿、方铅矿等；脉石矿物主要为透辉石、石榴石、方解石、石英			重要
	结构构造	结构：他形—半自形粒状结构、他形晶粒状结构、细脉填充结构、交代残余结构、乳滴状结构、斑状角砾结构； 构造：块状构造、条带状构造、浸染状构造、细脉状构造、窝状构造、土状构造			次要
	蚀变	矽卡岩化			重要
	控矿条件	北东东转北东向的扭张-压扭性层间裂隙控矿构造带			重要
物探特征	地磁特征	$\Delta T>4\ 000$nT			重要
	重力特征	重力梯度带偏低一侧			次要

第二节　预测工作区研究

罕达盖—梨子山预测工作区共涉及 7 个 1∶25 万图幅：牙克石市幅、小乌尔旗汉林场幅、辉河幅、苏格河幅、扎兰屯市幅、阿尔山幅和柴河镇幅。行政区划隶属于内蒙古自治区兴安盟和呼伦贝尔市管辖，地理坐标为东经 118°30″～122°00″，北纬 47°00″～50°00″。

一、区域地质矿产特征

预测区区域大地构造位置位于天山兴蒙造山系（Ⅰ）大兴安岭弧盆系（Ⅰ-1）扎兰屯-多宝山岛弧（Pz_2）。成矿区带为滨太平洋成矿域大兴安岭成矿省东乌旗-多宝山成矿带。

区内地层从震旦系到中新生界均有不同程度的出露。与梨子山式矽卡岩型铁矿关系密切的地层主要为奥陶系多宝山组和裸河组，次为泥盆系大民山组及震旦系额尔古纳河组。多宝山组主要为一套岛弧型中性—中酸性火山岩夹碎屑岩及碳酸盐岩建造；裸河组为碎屑岩夹碳酸盐岩建造；大民山组为一套火山岩夹碎屑岩及碳酸盐岩建造；额尔古纳河组为片岩夹大理岩建造。

侵入岩比较发育，以海西期和燕山期为主。海西期尤其是石炭纪花岗岩（白岗岩、正长花岗岩、花岗闪长岩等）和二长闪长岩与梨子山式矽卡岩型铁矿关系密切。多呈大的岩基出露。燕山期侵入岩多以小岩株或次火山岩产出。

区域上本区位于蒙古弧形构造的南东翼，构造以北东向为主，古生代地层和海西期岩体总体上呈北东向分布。中生代呈隆起和盆地相间的格局。

区内矿产比较单一，古生代主要为矽卡岩型铁铜和铁锌，中生代矿产发现的比较少，主要为钼和银。

区域成矿模式：在海拉尔-呼玛弧后盆地闭合的构造背景下，石炭纪白岗质花岗岩、花岗闪长岩、二长闪长岩等侵位到石炭纪以前的地质体中，在夹有碳酸盐的地层中，在接触带形成矽卡岩并伴有铁、铜、钼的矿化（图 12-3）。

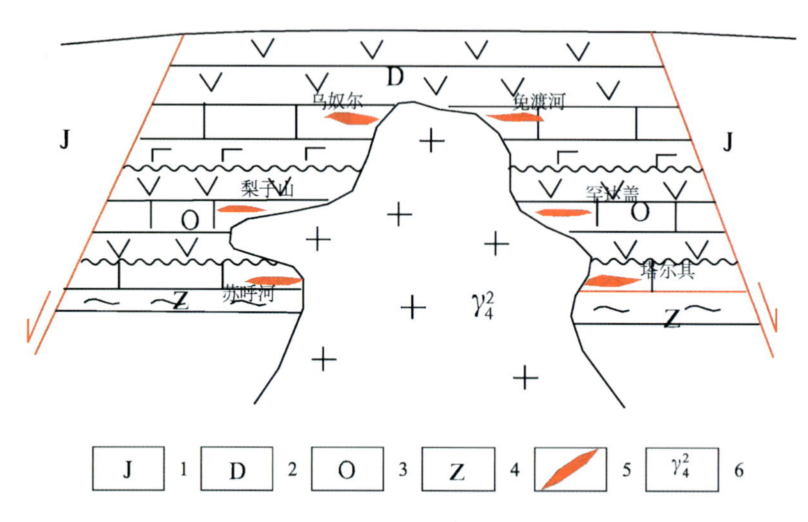

图 12-3　梨子山式矽卡岩型铁矿区域成矿模式图

1.侏罗系；2.泥盆系；3.奥陶系；4.震旦系；5.铁矿体；6.花岗岩

二、区域地球物理特征

1. 磁法

由于预测区面积大，磁场变化复杂，大致以区域性大断裂伊列克得-鄂伦春断裂 F7 为界，分东西两个区叙述如下。

伊列克得-鄂伦春断裂 F7 以西：磁场以－200～0nT 的负磁场为背景，总体磁场明显低于 F7 以东，磁异常轴向以北东东向和北东向为主，磁异常形态各异，场值最高 1 000nT 以上，地表为大面积第四系全新统、更新统覆盖，零星出露的上侏罗统满克头鄂博组凝灰熔岩和石炭系新依根河组砂岩粉砂岩，无磁性，磁场表现为较稳定的负磁场。其间分布的正磁异常是零星出露的玄武岩、英安岩地层和具磁性的侵入岩体引起。

伊列克得-鄂伦春断裂 F7 以东：磁场以 0～200nT 的正磁场为背景，磁场明显高于 F7 以西，磁异常形态杂乱无章，磁异常轴向以北东东向和北东向为主，地层出露情况比 F7 以西复杂很多，以上侏罗统为主，其间三叠系、二叠系、石炭系、泥盆系、志留系及新元古界均有零星出露，不同时期的侵入岩侵入其中。本区磁异常都与北东东向和北东向断裂有关，多为各类侵入岩体引起。

预测区内共有甲类航磁异常 15 个，乙类航磁异常 113 个，丙类航磁异常 117 个，丁类航磁异常 223 个。

甲类已知矿航磁异常走向主要为北东向，异常均处在较低磁异常背景上，相对异常形态较为规则，除 M05－11 为尖峰状、M16 为串珠状，多数为孤立异常，两翼对称，北侧伴有微弱负值。异常极值大多数都不高，异常多处在磁测推断的北东向断裂带上或其两侧的次级断裂上，以及侵入岩体上或岩体与岩体、岩体与地层的接触带上，其中多数落在晚石炭世白岗质花岗岩和黑云母花岗岩上。

2. 重力

该区域北东侧已完成 1∶20 万重力测量工作，南东部只进行了 1∶50 万重力测量，所以在区域布格重力异常图上，预测区西北部等值线较密集，而东南部较稀疏。预测区位于大兴安岭北北东向梯级带的西侧，布格重力异常相对高值区，异常总体走向为北东向。

剩余重力正负异常呈椭圆状或条带状相伴出现，总体沿北东向展布。在预测区的西北部负异常主要与中新生代的盆地有关，正异常主要是古生界基底隆起所致，只南西侧边部几处正异常与中基性岩分布有关。在预测区东南部，异常形态呈不规则状，负异常主要是酸性侵入岩引起，正异常多与古生代基底隆起有关。区内只中部和北侧边部两处正异常因古元古界基底隆起所致。

区域上梨子山铁矿位于布格重力异常相对低值区，对应存在剩余重力负异常，是对酸性侵入岩的反映。

预测区内剩余重力异常 G 蒙-106 对应于古生界(D_{2-3})基底隆起区，可作为找矿靶区。

三、区域遥感解译特征

该预测区共解译线要素 669 条，都为断裂构造，主要呈近南北向和北北东向，局部有北东向和北西向，形成了该预测区“两山夹一沟谷”地貌特征。

额尔古纳断裂：方向北东，压性断面西倾。额尔古纳中古生代岩石破碎，形成2～5km宽的破碎带及糜棱岩化带，显示断裂具有明显的多期活动，控制着得耳布尔多金属成矿带。

额尔齐斯-得耳布尔断裂：额尔古纳岛弧与海拉尔-呼玛弧后盆地界线，总体上呈北北东向狭长形状，从影像上可以看出，盆地局部北西向构造也较为发育，受到了北西向构造的干扰、叠加，使预测区内线性构造形成网格状。

预测区内一共解译了 27 个环，其中 1 个规模较大，为中生代岩体引起，椭圆，轴向北东，界线为环形沟谷，内外地貌有明显差异。

区域内 5 块色调异常区，均为绢云母化、硅化色异常。

四、区域预测要素

根据预测工作区区域成矿要素和航磁、重力、遥感及自然重砂特征，建立了本预测区的区域预测要素(表 12-2)。

表 12-2 梨子山式矽卡岩型铁矿预测工作区预测要素表

区域预测要素		描述内容	要素类别
地质环境	构造背景	大兴安岭弧盆系，扎兰屯-多宝山岛弧	必要
	成矿环境	滨太平洋成矿域(叠加在古亚洲成矿域之上)，Ⅱ-12 大兴安岭成矿省，Ⅲ-6 东乌旗-嫩江 Cu-Mo-Pb-Zn-Au-W-Sn-Cr 成矿亚带	必要
	成矿时代	海西中期	必要
控矿地质条件	控矿构造	北东东转北东向的扭张-压扭性层间裂隙控矿构造带	重要
	赋矿地层	主要为多宝山组，其次有裸河组、大民山组、额尔古纳河组	必要
	控矿侵入岩	海西中期石炭纪白岗岩、花岗岩、石英二长闪长岩等	必要

续表 12-2

区域预测要素		描述内容	要素类别
区域成矿类型及成矿期		海西中期矽卡岩型	
预测区矿点		区内有 10 个矿点	重要
物化探特征	重力	重力低负异常	重要
	航磁	航磁高异常	重要

第三节 矿产预测

一、综合地质信息定位预测

利用证据权重法，采用 2.5km×2.5km 规则网格单元，在 MRAS2.0 下进行预测区的圈定与优选。然后在 MapGIS 下，根据优选结果人工圈定成为不规则形状。

最终圈定 43 个最小预测区，其中 A 级区 3 个，B 级区 9 个，C 级区 31 个(图 12-4)。综合信息见表 12-3。

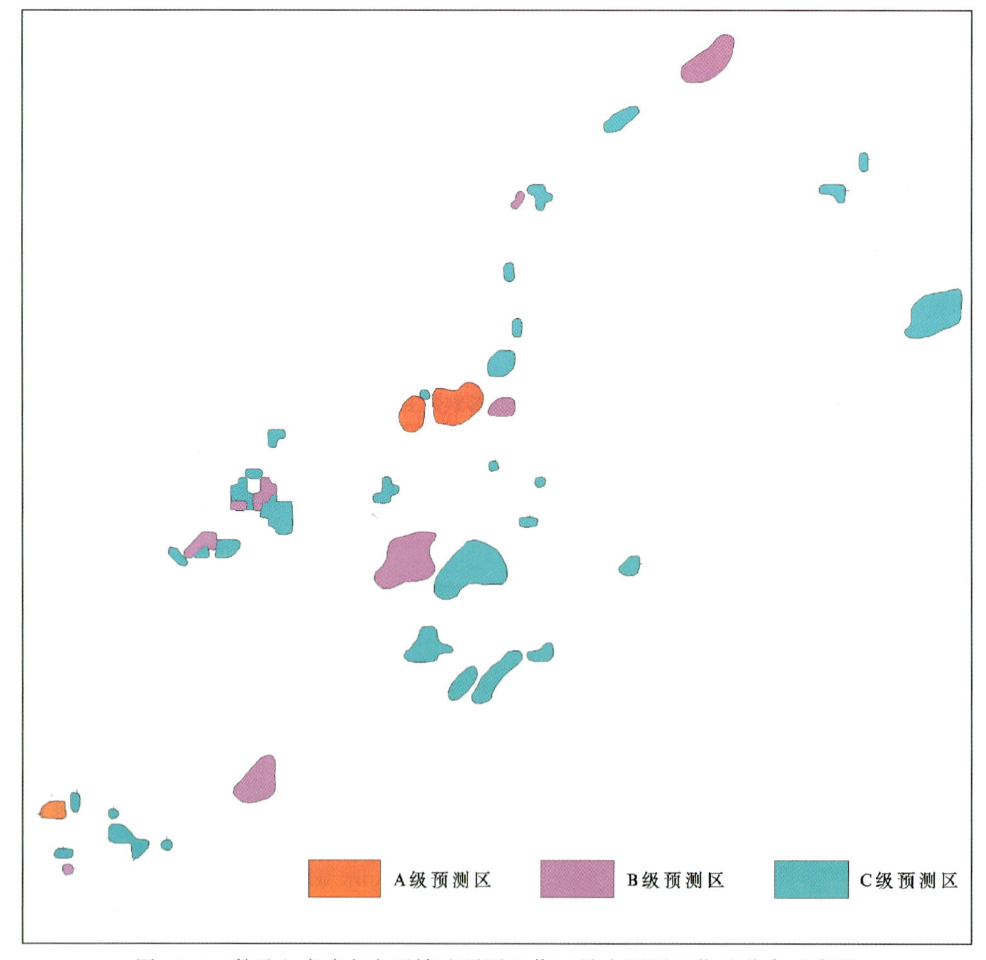

图 12-4 梨子山式矽卡岩型铁矿预测工作区最小预测区优选分布示意图

表 12-3 梨子山式矽卡岩型铁矿预测工作区最小预测区综合信息表

最小预测区编号	最小预测区名称	综合信息
A1501201001	罕达盖林场	出露有石炭纪花岗闪长岩、奥陶系多宝山组和裸河组。位于剩余重力高值区。航磁化极值不高，整体处于负值区。区内发现小型铁铜矿床一处
A1501201002	梨子山	出露有石炭纪白岗岩、黑云母花岗岩，奥陶系多宝山组。剩余重力梯度带。有航磁甲类异常3处。铁矿床1处
A1501201003	绰源局一队	出露有石炭纪白岗岩、黑云母花岗岩，奥陶系多宝山组。剩余重力梯度带。有航磁乙类异常2处，铁矿床、矿点2处
B1501201001	朝古拉干特音那尔斯	出露有奥陶系裸河组、泥盆系泥鳅河组，石炭纪黑云母花岗岩，在侵入岩和奥陶系接触带附近发育矽卡岩化。位于剩余重力低值区。区内见矿点1处
B1501201002	乌奴尔镇西	出露奥陶系多宝山组，石炭纪黑云母花岗岩、花岗闪长岩。位于剩余重力梯度带，航磁正值区。有矿点1处
B1501201003	大牛圈西南	出露有奥陶系多宝山组、石炭纪黑云母花岗岩和白岗岩。接触带附近见云英岩化。见1个航磁乙类异常。剩余重力梯度带
B1501201004	绰源局一队东	出露奥陶系多宝山组，石炭纪钾长花岗岩、花岗闪长岩、白岗岩。位于剩余重力梯度带，航磁高值区。有矿点1处
B1501201005	大牛圈西南	出露有奥陶系多宝山组、石炭纪黑云母花岗岩和白岗岩。有1个航磁甲类异常。剩余重力梯度带
B1501201006	1065高地	出露震旦系额尔古纳河组、石炭纪白岗岩和黑云母花岗岩。位于剩余重力梯度带。区内见航磁甲类异常1处
B1501201007	全胜林场北（塔尔其）	出露震旦系额尔古纳河组、石炭纪黑云母花岗岩。有2个航磁丙类异常。剩余重力高值区。有小型铁矿床1处
B1501201008	苏河屯	出露有奥陶系裸河组、石炭系泥鳅河组。位于航磁极高值区、剩余重力梯度带。区内见4处航磁乙类异常和1处丙类异常。已发现小型矿床1处
B1501201009	三根河林场	出露泥盆系大民山组、石炭纪钾长花岗岩和花岗闪长岩。位于重力梯度带、航磁高值区。有2个航磁甲类异常、矿点1处
C1501201001	1205高地西	出露多宝山组、石炭纪黑云母花岗岩。位于剩余重力梯度带
C1501201002	松树沟青年点北	出露奥陶系多宝山组，石炭纪花岗岩。位于剩余重力高值区，航磁正值区
C1501201003	苏格河北	出露奥陶系多宝山组，石炭纪花岗岩。位于剩余重力高值区，航磁正值区
C1501201004	伊尔施林场北	出露裸河组和石炭纪黑云母花岗岩。位于剩余重力高值区，航磁负值区
C1501201005	伊尔施林场东	出露奥陶系多宝山组。位于剩余重力高值区，航磁负值区。附近分布有航磁乙类及丙类异常
C1501201006	983高地东	出露震旦系额尔古纳河组、石炭纪白岗岩和黑云母花岗岩。位于剩余重力梯度带。区内见航磁甲类异常1处
C1501201007	1012高地北	出露有奥陶系多宝山组、石炭纪黑云母花岗岩和白岗岩。剩余重力高值区，航磁正值区
C1501201008	1168高地	出露奥陶系裸河组、石炭纪黑云母花岗岩。位于剩余重力高值区，航磁正值区
C1501201009	玉镇山林场南	出露奥陶系多宝山组，石炭纪花岗岩。位于剩余重力梯度带，航磁正值区
C1501201010	署秋牧场北	出露奥陶系多宝山组、石炭纪花岗闪长岩及燕山期侵入岩。位于剩余重力高值区，航磁负值区
C1501201011	署秋青年农牧场	出露奥陶系裸河组、石炭纪黑云母花岗岩。位于剩余重力梯度带
C1501201012	苏格河南	出露奥陶系裸河组、石炭纪白岗岩。位于剩余重力梯度带，航磁高值区
C1501201013	高吉山林场南	出露奥陶系裸河组、泥盆系大民山组，石炭纪花岗岩。位于重力高值区，航磁高值区

续表 12-3

最小预测区编号	最小预测区名称	综合信息
C1501201014	983 高地西	出露奥陶系裸河组、震旦系额尔古纳河组、石炭纪白岗岩。位于剩余重力过渡带,航磁负值区
C1501201015	986 高地	出露奥陶系裸河组、石炭纪黑云花岗岩、白岗岩。位于重力高值区,航磁正值区
C1501201016	古营河林场10 队东	出露奥陶系裸河组、石炭纪黑云母花岗岩。位于剩余重力过渡带,航磁正值区
C1501201017	905 高地	出露奥陶系裸河组、石炭纪黑云母花岗岩。位于剩余重力过渡带,航磁正值区
C1501201018	南木	出露奥陶纪裸河组、多宝山组。位于重力高值区,航磁高值区
C1501201019	乌奴尔镇	出露奥陶纪裸河组、泥盆系大民山组,石炭纪花岗岩。位于剩余重力高值区,航磁正值区
C1501201020	1004 高地	出露震旦系额尔古纳河组、石炭纪白岗岩和黑云母花岗岩。位于剩余重力梯度带,航磁正值区
C1501201021	1250 高地西	出露奥陶系裸河组、石炭纪白岗岩。位于剩余重力高值区,航磁高值区
C1501201022	大牛圈西南	出露奥陶系多宝山组、石炭纪黑云母花岗岩和白岗岩。剩余重力梯度带,航磁正值区
C1501201023	四十八公里西南	出露奥陶系裸河组、泥盆系大民山组,石炭纪钾长花岗岩。位于剩余重力高值区,航磁正值区
C1501201024	河中林场东南	出露奥陶系裸河组、多宝山组。位于重力梯度带,航磁高值区
C1501201025	密林林场南	出露奥陶系多宝山组,石炭纪黑云母花岗岩、花岗闪长岩。位于剩余重力梯度带,航磁正值区
C1501201026	伊尔施林场北	出露奥陶系裸河组、泥盆系泥鳅河组,石炭纪黑云母花岗岩。位于剩余重力梯度带,航磁低值区。见航磁乙类异常 1 处
C1501201027	三道桥西	出露有奥陶系多宝山组、石炭纪黑云母花岗岩和白岗岩。剩余重力梯度带,航磁高值区
C1501201028	河中林场	出露奥陶系多宝山组、石炭纪花岗岩。剩余重力梯度带,航磁正值区
C1501201029	二支沟林场西	出露奥陶系裸河组、多宝山组。位于重力高值区,航磁正值区
C1501201030	腰站鹿场西	出露奥陶系多宝山组、石炭纪黑云母二长花岗岩。位于剩余重力梯度带,航磁正值区
C1501201031	塔尔气镇西	出露震旦系额尔古纳河组、石炭纪花岗岩。有航磁丙类异常 1 处。位于剩余重力过渡带

二、综合信息地质体积法估算资源量

1. 典型矿床深部及外围资源量估算

梨子山铁矿典型矿床已查明资源量、体重及全铁品位依据内蒙古有色地质勘探公司七队 1988 年 12 月提交的《内蒙古鄂温克旗梨子山铁矿床补充工作地质报告》。矿床面积($S_{总}$)是根据 1∶1 万矿区综合地质图,在 MapGIS 软件下读取数据;矿体延深($L_{查}$)依据控制矿体最深的 14 勘探线剖面图确定。

根据梨子山铁矿区 15 条勘探线剖面图,垂深 300m 矿体均已控制,但 300m 以下含矿矽卡岩仍存在,经统计一般可下推 50m($L_{预}$),计算矿区深部预测资源量。梨子山铁矿典型矿床深部及外围资源量估算结果见表 12-4。

表 12-4　梨子山式矽卡岩型铁矿典型矿床深部及外围资源量估算一览表

典型矿床		深部及外围		
已查明资源量(t)	6 907 000	深部	面积(m^2)	23 608
面积(m^2)	23 608		深度(m)	50
深度(m)	300	外围	面积(m^2)	9 075
品位(%)	48.32		深度(m)	350
密度(t/m^3)	4.30	预测资源量(t)		4 247 734
体积含矿率(t/m^3)	0.975	典型矿床资源总量(t)		11 154 734

2. 模型区的确定、资源量及估算参数

梨子山模型区内没有其他矿床、矿(化)点,模型区总资源量=查明资源量+预测资源量=6 907 000+4 247 734=11 154 734(t),模型区延深与典型矿床一致;模型区面积为依托 MRAS 软件采用少模型工程神经网络法优选后圈定,延伸根据典型矿床最大预测深度确定。模型区圈定时参照了含矿建造地质体,因此含矿地质体面积参数为 1。由此计算含矿地质体含矿系数(表 12-5)。

表 12-5　梨子山式矽卡岩型铁矿模型区预测资源量及其估算参数表

编号	名称	模型区资源量(t)	模型区面积(m^2)	延深(m)	含矿地质体面积(m^2)	含矿地质体面积参数	含矿地质体含矿系数 K
A1501201001	梨子山	11 154 734	42 233 029	350	42 233 029	1	0.000 75

3. 最小预测区预测资源量

梨子山式矽卡岩型铁矿预测工作区最小预测区资源量定量估算采用地质体积法进行估算。

最小预测区面积是依据综合地质信息定位优选的结果;延深的确定是在研究最小预测区含矿地质体地质特征、含矿地质体的形成深度、断裂特征、矿化类型的基础上,并对比典型矿床特征的基础上综合确定的;相似系数(α)的确定,主要依据 MRAS 生成的成矿概率及与模型区的比值,参照最小预测区地质体出露情况、化探及重砂异常规模及分布、物探解译隐伏岩体分布信息等进行修正。

求得最小预测区资源量。本次预测资源总量为 27 857.53t(表 12-6)。

表 12-6　梨子山式矽卡岩型铁矿预测工作区最小预测区预测资源量表

最小预测区编号	最小预测区名称	$S_{预}$ (m^2)	$H_{预}$ (m)	K_S	K (t/m^3)	α	$Z_{预}$ ($\times 10^4$ t)	资源量级别
A1501201001	罕达盖林场	26 962 216	1 000	1	0.000 75	0.75	1 416.62	334-2
A1501201002	梨子山	42 494 095	350	1	0.000 75	1	424.77	334-1
A1501201003	绰源局一队	109 986 299	350	1	0.000 75	0.75	2 165.36	334-3
B1501201001	朝古拉干特音那尔斯	6 247 041	350	1	0.000 75	0.65	106.59	334-3
B1501201002	乌奴尔镇西	9 025 238	350	1	0.000 75	0.65	153.99	334-3
B1501201003	大牛圈西南	9 967 657	350	1	0.000 75	0.65	170.07	334-3
B1501201004	绰源局一队东	27 188 619	350	1	0.000 75	0.65	463.91	334-3

续表 12-6

最小预测区编号	最小预测区名称	$S_{预}$ (m^2)	$H_{预}$ (m)	K_S	K (t/m^3)	α	$Z_{预}$ ($\times 10^4$ t)	资源量级别
B1501201005	大牛圈西南	30 481 639	350	1	0.000 75	0.95	49.44	334-2
B1501201006	1065 高地	32 020 742	500	1	0.000 75	0.75	706.48	334-2
B1501201007	全胜林场北	248 385 347	350	0.8	0.000 75	0.65	2 679.76	334-3
B1501201008	苏河屯	93 771 135	350	1	0.000 75	0.65	1 405.87	334-3
B1501201009	三根河林场	84 349 069	350	1	0.000 75	0.65	1 439.21	334-3
C1501201001	1205 高地西	5 227 627	350	1	0.000 75	0.6	82.34	334-3
C1501201002	松树沟青年点北	5 362 096	1 000	1	0.000 75	0.6	241.29	334-3
C1501201003	苏格河北	5 859 037	1 000	1	0.000 75	0.6	263.66	334-3
C1501201004	伊尔施林场北	5 939 896	350	1	0.000 75	0.6	93.55	334-3
C1501201005	伊尔施林场东	6 286 351	350	1	0.000 75	0.6	99.01	334-3
C1501201006	983 高地东	8 350 029	350	1	0.000 75	0.6	131.51	334-3
C1501201007	1012 高地北	10 032 913	500	1	0.000 75	0.6	225.74	334-3
C1501201008	1168 高地	10 225 266	350	1	0.000 75	0.6	161.05	334-3
C1501201009	玉镇山林场南	10 324 372	350	1	0.000 75	0.6	162.61	334-3
C1501201010	署秋牧场北	10 640 679	300	1	0.000 75	0.6	143.65	334-3
C1501201011	署秋青年农牧场	10 839 452	300	1	0.000 75	0.6	146.33	334-3
C1501201012	苏格河南	10 911 673	350	1	0.000 75	0.6	171.86	334-3
C1501201013	高吉山林场南	11 387 229	1 000	1	0.000 75	0.6	512.43	334-3
C1501201014	983 高地西	12 569 673	500	1	0.000 75	0.6	282.82	334-3
C1501201015	986 高地	15 264 759	350	1	0.000 75	0.6	240.42	334-3
C1501201016	古营河林场 10 队东	19 884 312	300	1	0.000 75	0.6	268.44	334-3
C1501201017	905 高地	21 156 637	350	1	0.000 75	0.6	333.22	334-3
C1501201018	南木	22 187 348	350	1	0.000 75	0.6	349.45	334-3
C1501201019	乌奴尔镇	24 390 038	350	1	0.000 75	0.6	384.14	334-3
C1501201020	1004 高地	24 756 716	300	1	0.000 75	0.6	334.22	334-3
C1501201021	1250 高地西	27 860 317	350	1	0.000 75	0.6	399.40	334-3
C1501201022	大牛圈西南	29 057 295	500	1	0.000 75	0.6	653.79	334-3
C1501201023	四十八公里西南	33 302 589	1 000	1	0.000 75	0.6	1 498.62	334-3
C1501201024	河中林场东南	37 590 218	350	1	0.000 75	0.6	592.05	334-3
C1501201025	密林林场南	38 204 155	350	1	0.000 75	0.6	601.72	334-3
C1501201026	伊尔施林场北	44 269 138	350	1	0.000 75	0.6	697.24	334-3
C1501201027	三道桥西	58 138 598	350	1	0.000 75	0.6	915.68	334-3
C1501201028	河中林场	65 695 029	300	1	0.000 75	0.6	886.88	334-3
C1501201029	二支沟林场西	66 627 183	350	1	0.000 75	0.6	1 049.38	334-3

续表 12-6

最小预测区编号	最小预测区名称	$S_{预}$ (m^2)	$H_{预}$ (m)	K_S	K (t/m^3)	α	$Z_{预}$ ($\times10^4$ t)	资源量级别
C1501201030	腰站鹿场西	128 767 433	350	1	0.000 75	0.6	2 028.09	334-3
C1501201031	塔尔气镇西	173 007 341	350	1	0.000 75	0.6	2 724.87	334-3
合计							27 857.53	

4. 预测工作区资源总量成果汇总

根据矿产潜力评价预测资源量汇总标准，梨子山式铁矿预测工作区按精度、预测深度、可利用性、可信度统计分析结果见表 12-7。

表 12-7　梨子山式矽卡岩型铁矿预测工作区预测资源量统计分析表($\times10^4$ t)

深度	精度	可利用性		可信度			合计
		可利用	暂不可利用	$x\geqslant0.75$	$0.75>x\geqslant0.5$	$0.5>x\geqslant0.25$	
500m以浅	334-1	424.77	—	424.77	—	—	424.77
	334-2	2 172.54	—	755.92	1416.62	—	2 172.54
	334-3	8 414.69	16 845.53	2 165.36	6 249.33	16 845.53	25 260.22
合计							27 857.53

第十三章　朝不楞式矽卡岩型铁矿预测成果

第一节　典型矿床特征

一、典型矿床地质特征

朝不楞铁矿床隶属内蒙古自治区锡林郭勒盟东乌珠穆沁旗满都呼宝力格镇管辖。地理坐标为东经118°30′～118°44′20，北纬46°27′30″～46°36′30″。

1. 矿区地质

矿区主要发育中上泥盆统塔尔巴格特组，周边所见地层除新生界外，还零星出露晚侏罗世白音高老组酸性火山岩。

中上泥盆统塔尔巴格特组为一套浅海相泥砂质岩石夹灰岩及火山碎屑岩，主要受不同程度的热接触变质和接触交代变质作用。分下岩段和上岩段，下岩段($D_{2-3}t^1$)，主要由大理岩、砂质板岩、变质粉砂岩、变质砂岩、变质长英砂岩和变质砂砾岩等组成，与花岗岩体接触交代变质作用形成矽卡岩型铁多金属矿床的直接围岩地层。上岩段($D_{2-3}t^2$)，仅出露于矿区东北端，主要为变质长英砂岩夹变质粉砂岩及灰黑色板岩等。

中生界仅出露上侏罗统白音高老组，由酸性火山熔岩及其碎屑岩组成；新生界新近系出露上新统宝格达乌拉组砂岩、砂砾石等；第四系全新统出露有冲积物、洪冲积物等松散堆积。

区内侵入岩主要为燕山早期的黑云母花岗岩、石英闪长岩、闪长岩及其派生脉岩等；细粒—粗粒黑云母花岗岩类(朝不楞花岗岩体)规模最大，也是成矿母岩，出露面积90km^2，岩体顶部凹凸不平，现代侵蚀面呈不规则的“E”字形，在“E”字形中间的泥盆系老地层被侵蚀成残留顶盖。

矿区露头少，覆盖厚，构造只能根据零星出露结合推断，褶皱构造走向与区域构造线方向基本一致，可能存在3个倒转背斜和2个倒转向斜。长期多次活动的北东向断裂构造为本区主要的成矿控矿构造，北西向断裂构造为成矿后构造，对矿体的破坏较大。

2. 矿床地质

矿区分为南矿带(一、二矿带)，北矿带(三、四矿带)和西矿带(磁异常区)。在南北矿带中，一矿带规模最大，三矿带次之，二矿带最小。一、三矿带的矿体均产于顺泥盆纪地层层理或层间裂隙的矽卡岩内，四矿带主要矿体分布于花岗岩与大理岩接触面矽卡岩中。西矿带矿体产于变质粉砂岩与大理岩接触层面，另一些小矿体沿构造裂隙充填。总体产状走向北东50°左右，倾向南东，倾角陡立(图13-1)。

矿体呈扁豆体、条带状及豆荚状成群成带平行断续分布，在平面上呈雁行状排列，剖面上呈重叠扁豆状和不规则筒状。矿体规模一般长数十米至100余米，个别达300～400m，厚10cm～17m。四矿带矿体长达千余米，但厚度仅2～4m，矿体产状走向50°～73°，倾向南东，倾角70°～80°。

矿石工业类型为铁矿石、铁锌矿石、铁锌铋矿石、铁铜矿石；自然类型分磁铁贫矿和富矿两种。矿石

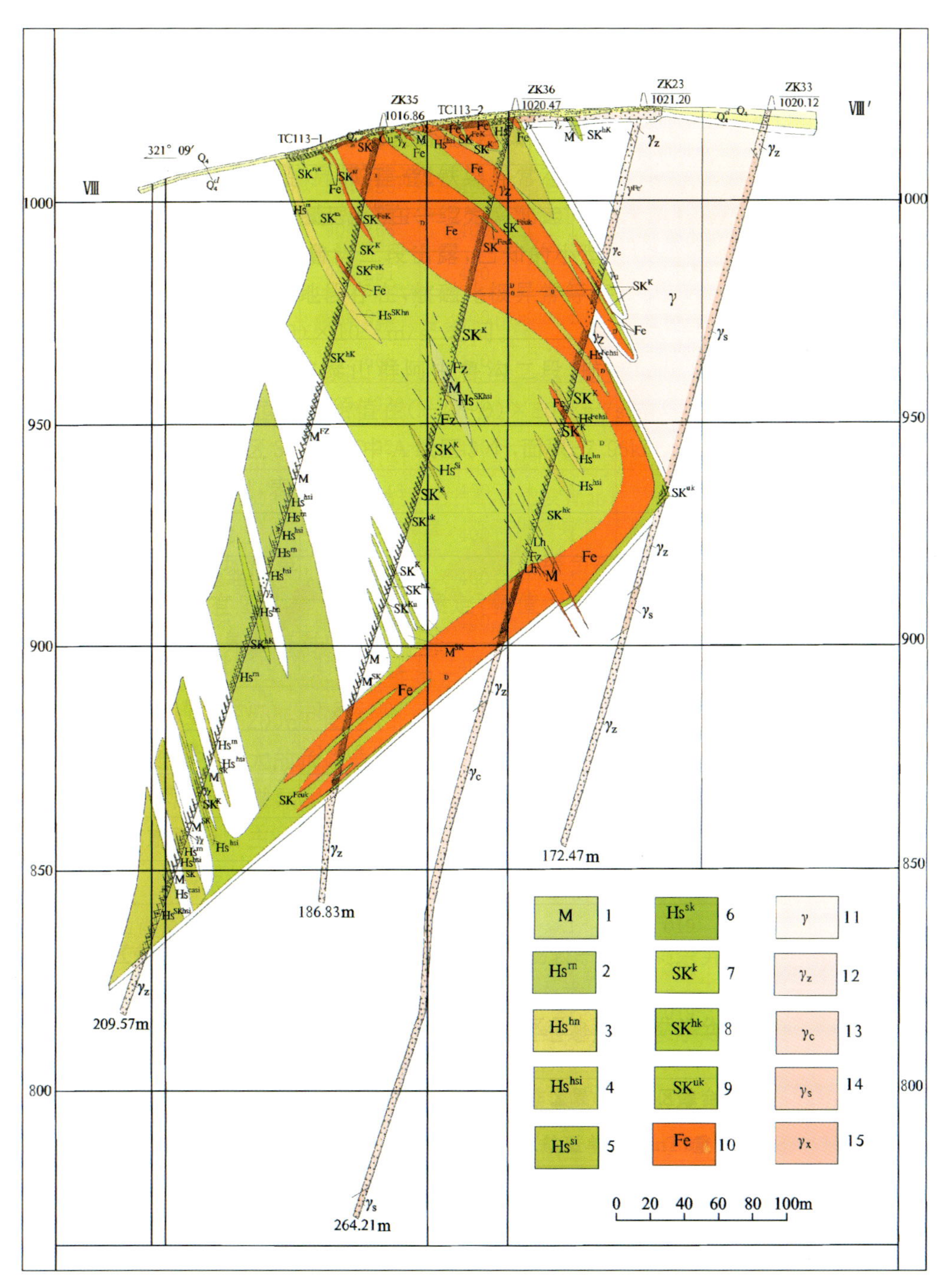

图 13-1　朝不楞铁矿区第Ⅷ线勘探线剖面图

1.大理岩；2.黑云母长英质角岩；3.透辉石长英质角岩；4.透辉石硅质角岩；5.硅质角岩；6.矽卡岩化角岩；7.石榴石矽卡岩；8.透辉石石榴石矽卡岩；9.绿帘石石榴石矽卡岩；10.铁矿体；11.花岗岩(未分)；12.中粒花岗岩；13.粗粒花岗岩；14.似理状花岗岩；15.细粒花岗岩

矿物以磁铁矿为主，闪锌矿少量，次要矿物有赤铁矿、镜铁矿、褐铁矿、磁黄铁矿、黄铁矿，白铁矿、黄铜矿等；脉石矿物以钙铁石榴子石为主，透辉石次之，次要矿物还有黑云母、角闪石、石英等。

矿石结构主要有他形晶结构、半自形晶结构、自形晶结构、反应边结构、压碎结构、固熔体分解结构等。矿石构造主要为浸染状构造、条带状构造、斑杂状构造、斑点状构造、块状构造、角砾状构造等。

围岩蚀变见矽卡岩化、角岩化。

元素含量：铁(TFe)最高 63.23%，最低 20.06%，平均 36.30%；锌(Zn)最高 30.87%，最低0.502%，平

均 3.533%；硫(S)最高为 26.05%，最低为 8.355%，平均 16.585；伴生的还有金、银等多金属矿。

3. 矿床成因及成矿时代

矿床成因为接触交代矽卡岩型、层控矽卡岩型。花岗岩与塔尔巴格特组的接触带及北东向断裂构造控矿。

成矿时代为燕山晚期。辉钼矿 Re-Os 年龄为(140.7±1.8)Ma(聂凤军等，2007)，黑云母花岗岩 SHRIMP 锆石 U-Pb 年龄为(136.9±1.5)Ma(许立权等，2008)。

4. 矿床成矿模式

矽卡岩的形成与花岗岩体的期后热液活动密切有关，当花岗岩侵入体的边部已经凝固，存在深部富含铁钙的铝硅酸盐残浆汽水热液，在地质构造力的作用下，沿灰岩、钙质砂岩等与辉长岩的脆弱接触带注入，使围岩发生反应，冲破和交代了二者部分岩性，导致矽卡岩的形成。对于未交代完全者形成了矽卡岩中的残留包体。由于热液成分和被交代物质的不同，以及同化交代作用的专属性与物质成分的相互交换，促使了不同矿物组合的矽卡岩出现。随着汽水热液向两端的不断渗透，使花岗岩程度不同地发生了矽卡岩化和边部出现矽卡岩脉，热力作用亦使灰岩、砂岩等产生了角岩和角岩化砂岩等两个热力变质晕圈。随着矽卡岩化作用的进行，SiO_2、Al_2O_3 和 MgO 的大量消耗，热液中逐渐富含铁质，铁质对已形成的矽卡岩矿物进行交代，形成了铁矿。随着铁质的减少，热液中富含锌、铜等残余热液，在挥发组分 S、As 等的参与活动下，重叠浸染于上述岩矿之中，交代溶蚀了磁铁矿和所有矽卡岩矿物，局部形成了铜、锌的富集和铁矿、磁黄铁矿等大量出现。由于热液分泌的不均衡性和脉动式上升的结果，促使第二世代磁铁矿细脉的形成和多种矽卡岩脉的相继贯入，互相包裹，形成角砾。随着温度的降低，热液活动加强，铁、硫组分沿已形成的节理裂隙贯入。形成了互相交错的黄铁矿脉、磁黄铁矿脉和少量黄铜矿。热液活动的最后阶段是以毒砂、方铅矿的浸染和碳酸盐脉的大量活动而告终(图 13-2)。

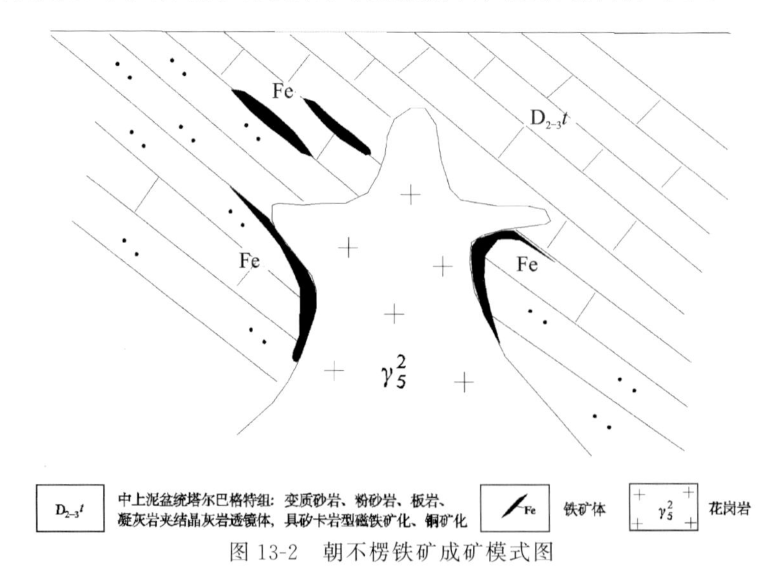

图 13-2 朝不楞铁矿成矿模式图

二、典型矿床地球物理特征

1. 矿床所在区区域重磁场特征

朝不楞铁矿区域重力场显示为重力异常过渡带或梯级带，剩余重力异常显示为相对重力低异常，异常轴向及等值线延伸为北东向，北侧为相对剩余重力高异常，磁场显示为平缓正磁背景场中的正磁异常带，走向北东东向，重磁场特征反映该区有北东东向和北北东向断裂通过(图 13-3)。

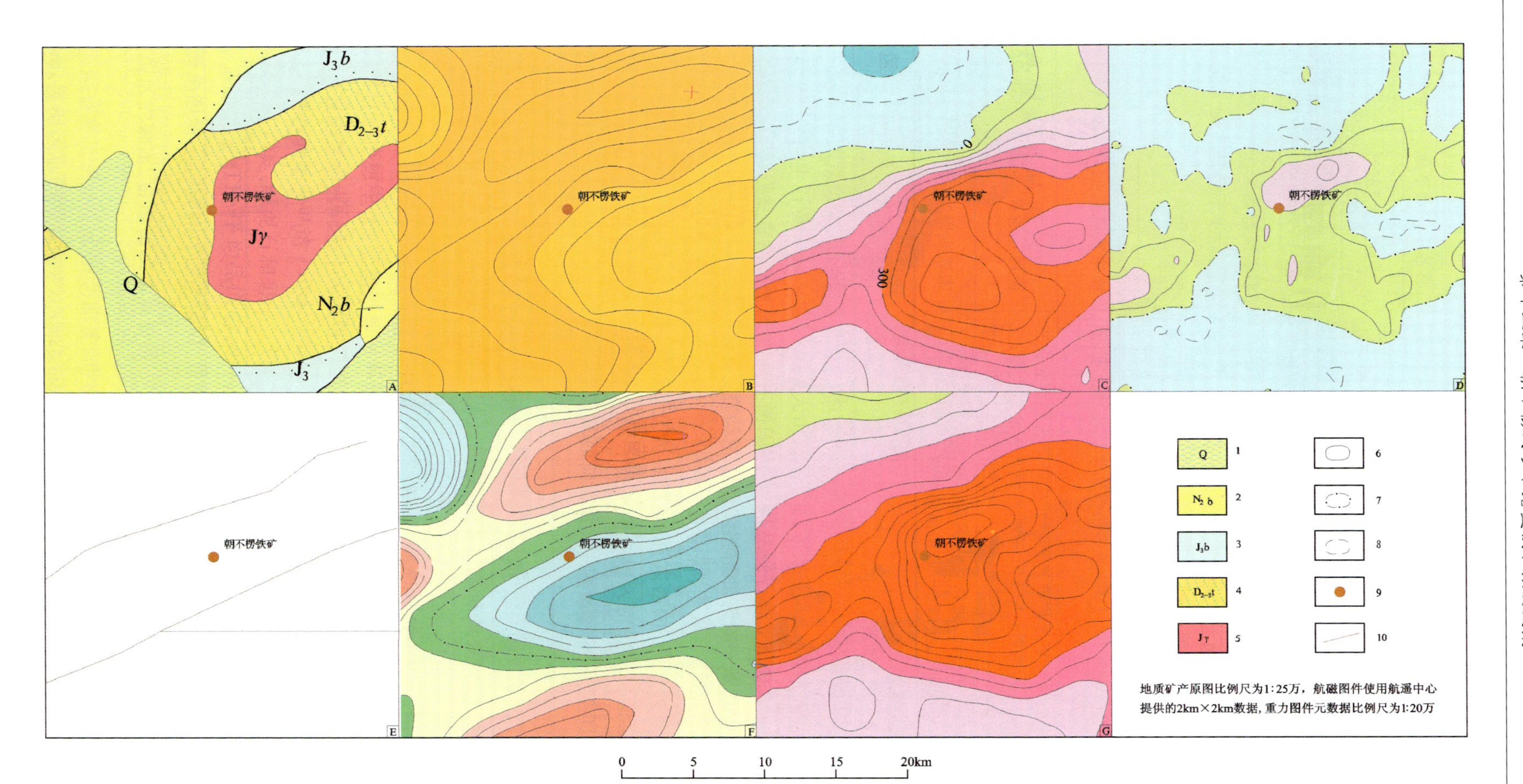

图 13-3　朝不楞铁矿床1:25万物探剖析图示意图

A.地质矿产图；B.布格重力异常图；C.航磁ΔT等值线平面图；D.航磁ΔT化极垂向一阶导数等值线平面图；E.重磁推断地质构造图；F.剩余重力异常图；G.航磁ΔT化极等值线平面图；1.第四系：冲洪积层；2.宝格达乌拉组：砖红色砂质泥岩、砂岩、砂砾岩、局部含钙质结核；3.白音高老组：酸性火山熔岩、火山碎屑岩、火山碎屑沉积岩；4.塔尔巴格特组：粉砂岩、板岩、长石砂岩、杂砂岩；5.花岗岩；6.正等值线及注记；7.零等值线及注记；8.负等值线及注记；9.朝不楞铁矿；10.推断三级断裂

2. 矿床所在位置航磁特征

南北矿带的磁场以正值为主，只在矿区东北部出现较大范围的负值，有些局部异常的两侧伴有较大的负异常，背景场较平稳，总的趋势是西高东低。西背景值为500nT左右，东端由100nT左右向负值过渡。背景场的变化与岩石的分布有关，高背景值区往往与花岗岩类分布相对应，低值和负值区与泥盆系和侏罗系分布区相对应。在背景场上出现与南、北矿带相对应的异常带，异常带近似平行，走向北东50°左右，异常连续性差，断续分布，这一特征正好反映出本区磁铁矿体的分布特征。西矿带磁异常的磁场是以正值为主的低缓异常，极大值在750nT左右，以200nT圈定的等值线分布范围长1.7km，宽100～150m，西部稍膨大，中部变窄，异常形态规则，连续性好(图13-4)。

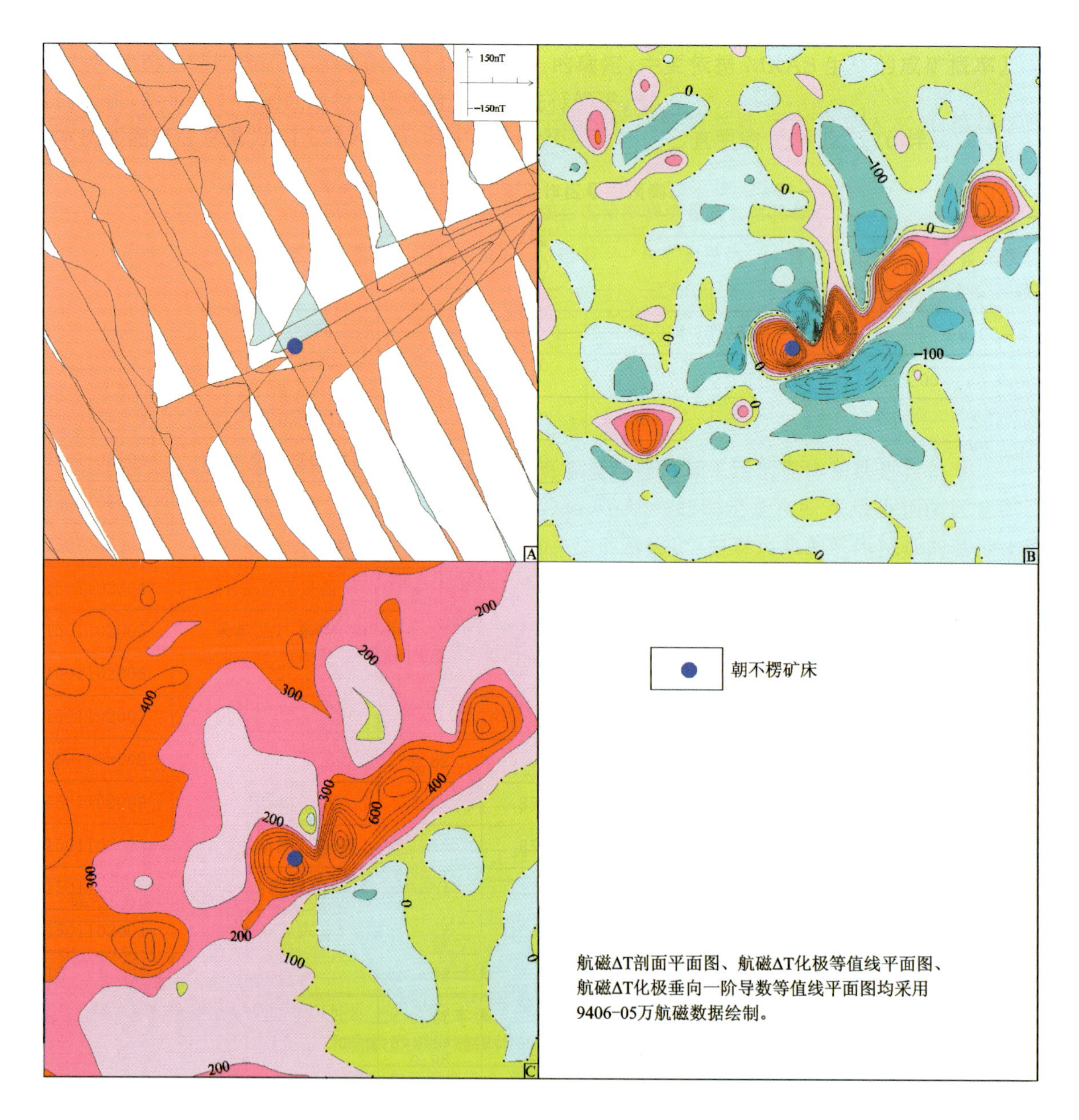

图13-4　朝不楞铁矿床所在位置物化探剖析图

A.航磁 ΔT 剖面平面图；B.航磁 ΔT 化极垂向一阶导数等值线平面图；C.航磁 ΔT 化极等值线平面图

三、典型矿床预测要素

以典型矿床成矿要素为基础，综合研究重力、航磁、化探、遥感、自然重砂等综合致矿信息，总结典型矿床预测要素表(表 13-1)。

表 13-1　朝不楞式矽卡岩型铁矿典型矿床预测要素表

预测要素		描述内容	要素类别
储量		18 879 300t，平均品位 TFe36.30%	
特征描述		矽卡岩型铁矿床	
地质环境	岩石类型	塔尔巴格特组为一套泥砂质岩石夹灰岩等燕山早期黑云母花岗岩	重要
	岩石结构	沉积岩为碎屑结构，侵入岩为不等粒结构	次要
	成矿时代	燕山期	必要
	地质背景	大兴安岭弧盆系，扎兰屯-多宝山岛弧	重要
矿床特征	矿物组合	矿石矿物以磁铁矿为主，闪锌矿少量，次要矿物有赤铁矿、镜铁矿、褐铁矿、磁黄铁矿、黄铁矿、白铁矿、黄铜矿等；脉石矿物以钙铁石榴子石为主，透辉石次之，次要矿物还有黑云母、角闪石、石英等	重要
	结构构造	矿石结构主要有他形晶结构、半自形晶结构、自形晶结构、反应边结构、压碎结构等、固熔体分解结构；矿石构造主要为浸染状构造、条带状构造、斑杂状构造、斑点状构造、块状构造、角砾状构造等	次要
	蚀变	矽卡岩化	重要
	控矿条件	北东向矽卡岩带及层间破碎带	重要
物探特征	磁法特征	$\Delta T > 100$nT	重要
	重力特征	重力异常过渡带或梯级带	次要

第二节　预测工作区研究

预测工作区范围为东经 117°00′～120°00′，北纬 45°00′～47°00′。

一、区域地质矿产特征

该区属西伯利亚板块南东缘晚古生代陆缘增生带，褶皱构造比较发育，主要褶皱期有加里东中、晚期，海西早、晚期及燕山早期，其中以海西早期的构造最发育；断裂构造也较发育，大致可分为北东向、北北东向和北西向 3 组，其中以北东向最发育，多发生在加里东期和海西期，而北北东向和北西向多发生在燕山期。

区域上大面积被新生界覆盖，古生代地层发育中上泥盆统塔尔巴格特组，周边所见地层除少量奥陶系、志留系外，还出露上侏罗统满克头鄂博组、玛尼吐组、白音高老组火山岩等地层。北东向长期多次活动的区域性断裂，控制了燕山期中—酸性侵入岩的侵位及其展布方向。

区域上北东向断裂是花岗岩体岩浆上涌侵位的通道。而与其有成生联系的次断裂或裂隙构造带往往就是成矿物质沉淀定位的空间。另一方面，这些深断裂构造带具有活动时间长的特点，所以在其一侧或两旁常分布形成不同期次的铁多金属矿床。

工作区内相同类型的矿床有 2 处。

二、区域地球物理特征

1. 磁法

磁场值总体处在－100～0nT 的负磁场背景上，磁场值变化范围在－1 000～1 300nT 之间。预测区磁场较杂乱，磁异常轴向以北东东向为主，磁异常形态各异。磁场特征反映出预测区主要构造方向为北东东向。已知矿航磁异常走向以北东向、东西向为主，异常多数处在较低磁异常背景上，磁场变化复杂，异常多处在磁测推断的北东向断裂带上或其两侧的次级断裂上，磁异常均处在侵入岩体上或岩体与岩体、岩体与地层的接触带上。

2. 重力

已完成了 1∶20 万区域重力测量工作。区域布格重力异常图上，预测区位于东乌珠穆沁旗重力高异常带上，朝不楞铁矿所在区为重力相对高异常区，位于古生界基底隆起区与花岗岩体接触带上。预测区剩余重力异常呈正负相伴的形式分布，总体展布方向呈北东向和近东西向。预测区北西侧剩余重力正异常多与泥盆纪、奥陶纪基底隆起有关，南东侧的剩余重力正异常多因二叠纪基底隆起所致。区内规模较小、形状不规则的剩余重力负异常多为酸性侵入岩引起，主要位于预测区北西侧，规模较大，异常形态较规则的剩余重力负异常多与中生代盆地有关。

朝不楞铁矿预测区较大，与朝不楞铁矿所在区域的重力场特征类比。选择两处剩余重力异常，作为寻找铁矿的靶区。G 蒙-176 异常呈近东西向带状展布，异常区出露有奥陶系(O_{1-2})、志留系(S_3)、泥盆系(D_3)，在其南北两侧均分布有剩余重力负异常，是对酸性侵入岩的反映。G 蒙-159，该异常与泥盆系(D_3)分布有关，在其北侧的负异常则是因酸性侵入岩引起。

三、区域遥感解译特征

预测工作区内解译出 3 条深大断裂(带)，分别为查干敖包-阿荣旗深断裂带、二连-贺根山深大断裂带、白音乌拉-乌兰哈达深断裂带。查干敖包-阿荣旗深断裂带：由两条主要断裂和数条与之平行的断裂组成，切割自元古宙至白垩纪地层及岩体，西南段晚侏罗世辉长岩岩株成群分布，该断裂带呈北东向斜穿预测工作区。白音乌拉-乌兰哈达深断裂带：该断裂带主要由多条断裂组成，构成白音乌拉-乌兰哈达断陷盆地之西北侧和东南侧边缘挤压性断裂，控制新元古代—古生代地层沉积，南段限制满都胡宝拉格苏木中生代火山洼地的西北缘，该断裂带与北西向断裂交汇部位为金属矿成矿有利地段，该断裂带呈北东向通过预测工作区。二连-贺根山深大断裂带：该带内分布有多处金、铜矿床(点)，该断裂带呈北东向分布于预测工作区东南部。

预测工作区内的中小型断裂以北东向和北西向为主，次为近南北向和近东西向小型断裂，其中北西向断裂多表现为张性特点，其他方向断裂多为逆断层。

预测工作区内的环形构造比较发育，共圈出 36 个环形构造。集中地分布于预测区的中部并呈东北条带状分布。按其成因类型分为 2 类，其中与隐伏岩体有关的环形构造 25 个、古生代花岗岩类引起的环形构造 11 个。区内的铁矿点多分布于环形构造内部或边部。

四、区域预测要素

根据预测工作区区域成矿要素和航磁、重力及自然重砂等特征，建立了本预测区的区域预测要素（表 13-2）。

表 13-2　朝不楞式矽卡岩型铁矿预测工作区预测要素表

区域预测要素		描述内容	要素类别
地质环境	构造背景	天山-兴蒙造山系，大兴安岭弧盆系，扎兰屯-多宝山岛弧	必要
	成矿环境	Ⅰ滨太平洋成矿域（叠加在古亚洲成矿域之上），Ⅱ大兴安岭成矿省，Ⅲ东乌珠穆沁旗-嫩江（中强挤压区）Cu-Mo-Pb-Zn-Au-W-Sn-Cr 成矿带	必要
	成矿时代	燕山晚期	必要
控矿地质条件	控矿构造	北东向长期活动的断裂构造及其边部的次级羽状断裂	必要
	赋矿地层	中上泥盆统塔尔巴格特组	必要
	控矿侵入岩	燕山期（侏罗纪）花岗岩类	必要
区域成矿类型成矿区		燕山晚期（侏罗纪）花岗岩类与塔尔巴格特组接触交代的外接触带（矽卡岩）型	必要
预测区矿床（点）		2 个矿床（点）	必要
物探特征	重力	重力异常过渡带或梯级带，剩余重力异常显示为相对重力低异常，异常轴向及等值线延伸为北东向	必要
	航磁	带状磁异常，北东东或近东西向，磁场显示为平缓正磁背景场中的正磁异常带	必要

第三节　矿产预测

一、综合地质信息定位预测

根据典型矿床及预测工作区研究成果，本次选择网格单元法作为预测单元，根据预测底图比例尺确定网格间距为 500m×500m。由于预测工作区内只有 2 个同预测类型的矿床，故采用少模型预测工程进行预测，预测过程中先后采用了数量化理论Ⅲ、聚类分析、神经网络分析等方法进行空间评价，形成的色块图，叠加各预测要素，对色块图进行人工筛选，圈定最小预测区分布图，并进行优选分级。A 级：地表主要有塔尔巴格特组、多宝山组，与成矿有直接成因联系的燕山期花岗岩以及二者侵入接触产生的矽卡岩带；已知有中型矿床及矿点分布；遥感局部有一级铁染异常；航磁化极异常值在 600nT 以内；剩余重力异常等值线起始值在$(-2\sim10)\times10^{-5}m/s^2$之间；这些地段找矿潜力大。B 级：地表有中上泥盆统塔尔巴格特组及与成矿有直接成因联系的燕山期花岗岩类以及二者侵入接触产生的矽卡岩带、角岩化带；个别有矿（化）点；航磁化极异常多低缓，剩余重力异常值高低不一；多数区段有一定的找矿潜力。C 级：地表出露或推测有中上泥盆统塔尔巴格特组、燕山期中—酸性侵入岩；部分有低缓航磁化极异常，局部高，最高值 600nT；多数区段重力低；找矿潜力差。

本次用综合信息网格单元法进行预测区的圈定，共圈定45块最小预测区。其中：A级预测区有5处；B级预测区划分15处；C级预测区25处(图13-5)。各预测区综合信息见表13-3。

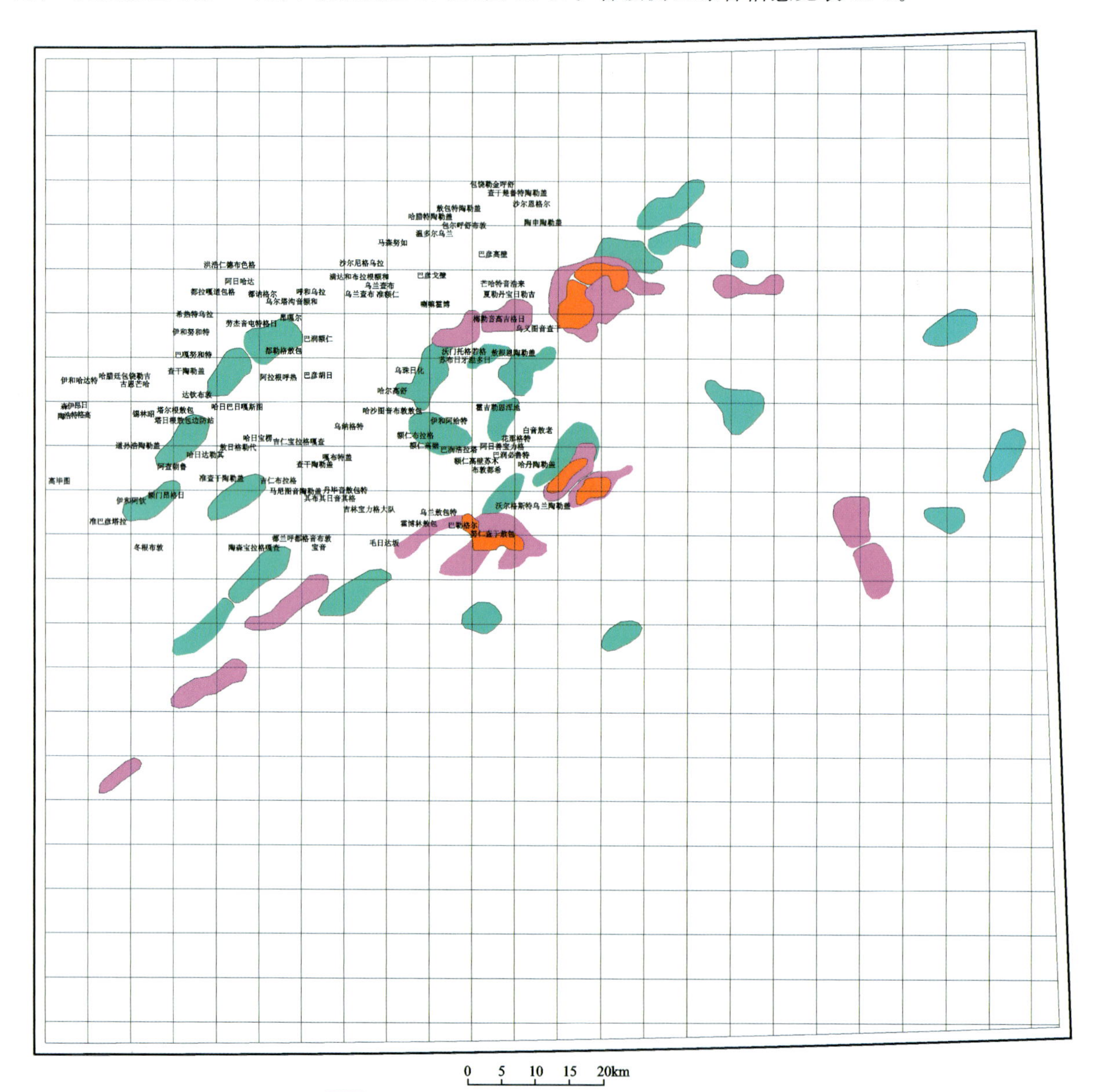

图13-5　朝不楞式矽卡岩型铁矿预测工作区最小预测区优选分布示意图

表13-3　朝不楞式矽卡岩型铁矿预测工作区最小预测区综合信息表

最小预测区编号	最小预测区名称	综合信息	评价
A1501202001	朝不楞	主要发育中上泥盆统塔尔巴格特组及燕山早期的黑云母花岗岩、石英闪长岩、闪长岩等侵入岩。矿区内发育北东向长期多次活动的区域性断裂，该断裂控制了燕山早期侵入岩的侵位及其展布方向。该区与A1501208002区地质条件一致，在上泥盆统塔尔巴格特组与中—酸性侵入岩接触带中有形成矽卡岩型铁多金属矿床的可能。航磁化极异常3处，最高值400nT；重力低	成矿条件有利，找矿潜力大

续表 13-3

最小预测区编号	最小预测区名称	综合信息	评价
A1501202002	朝不楞南	矿区主要发育中上泥盆统塔尔巴格特组，燕山早期的黑云母花岗岩、石英闪长岩、闪长岩等侵入岩。矿区内发育1条北东向长期多次活动的区域性断裂，该断裂控制了的岩体的侵位及其展布方向。在上泥盆统塔尔巴格特组与侵入岩接触带中形成了本矿区矽卡岩型的铁多金属矿床。航磁化极异常3处，最高值400nT；矿区北部重力高，南部重力低	继续工作可扩大铁多金属矿规模
A1501202003	哈丹陶勒盖东	主要出露中下奥陶统多宝山组海相碎屑岩及岛弧火山岩，侵入岩为燕山期花岗岩类，仅小面积分布在该区中部，区内发育北东向长期多次活动的区域性断裂及北西向断裂构造。航磁化极异常2处，北东向串珠状分布，最高值500nT；北东部重力低，南西部重力高	找矿潜力大
A1501202004	哈丹陶勒盖东	中下奥陶统多宝山组海相碎屑岩及岛弧火山岩零星分布于断续出露的燕山期花岗岩类的外围，区内发育北东向长期多次活动的区域性断裂及北西向断裂构造。航磁化极异常最高值100nT；重力低；中部具北东向低缓磁异常带	找矿潜力大
A1501202005	努仁查干敖包	西部主要出露中下奥陶统多宝山组及少量中上泥盆统塔尔巴格特组，东部主要出露燕山早期的黑云母花岗岩、石英闪长岩、闪长岩等侵入岩。区内有铁锰矿床1处。区内发育北东向、北西向长期多次活动的区域性断裂，是矿液运移及富集的场所。该区东端航磁化极异常最高值为500nT，其余地段值低；总体重力低，最低值为8；东西向低缓磁异常3处	找矿潜力大
B1501202001	朝不楞	地处A1501208001、A1501208002区外围，主要发育中上泥盆统塔尔巴格特组，处于发育北东向长期多次活动的区域性断裂的南测，有石英闪长岩、闪长岩等侵入岩的侵位。在塔尔巴格特组与中—酸性侵入岩接触带中有形成矽卡岩型的铁多金属矿床的可能。其西段航磁化极异常最高值为500nT，其余地段值低；全区总体重力低，仅有北部局部边缘重力高	有一定的找矿潜力
B1501202002	朝不楞南	地处A1501208001、A1501208002区南侧，发育中上泥盆统塔尔巴格特组及燕山早期的黑云母花岗岩、石英闪长岩、闪长岩等侵入岩。区内北东向、北西向长期多次活动的区域性断裂发育，断裂控制了燕山侵入岩的侵位及其展布方向。在上泥盆统塔尔巴格特组与中—酸性侵入岩接触带中有形成矽卡岩型的铁多金属矿床的可能。区南部东端具有航磁化极异常，最高值500nT；全区重力低	有一定的找矿潜力
B1501202003	乌义图音查干	发育中上泥盆统塔尔巴格特组，北东向及北西向长期多次活动的区域性断裂发育。北东端有航磁化极异常2处，最高值500nT；仅北西端重力较高，其余地段重力低	航磁化极异常区有找矿前景
B1501202004	梅勒音高吉格日	发育中上泥盆统塔尔巴格特组，北东向及北西向长期多次活动的区域性断裂发育。南西端具航磁化极异常，最高值500nT；该区中部重力高，北北东向展布，与航磁化极异常高值区套合性差	找矿前景一般
B1501202005	沙巴尔台高勒北	地表新生界覆盖。两端有航磁化极异常2处，最高值500nT；由东到西重力由低到高变化；磁异常2处，与2处航磁化极异常套合性好	磁异常区有找矿前景
B1501202006	雅日盖图	发育燕山早期的黑云母花岗岩类，推测发育北东向长期多次活动的区域性断裂构造。航磁化极异常2处	找矿前景一般
B1501202007	巴彦乌拉	零星分布燕山早期的黑云母花岗岩类，其余地段被新生界掩盖，推测北东向隐伏断裂发育，并控制花岗岩类侵位。航磁化极异常2处，最高值达600nT；重力低	磁异常区有找矿前景

续表 13-3

最小预测区编号	最小预测区名称	综合信息	评价
B1501202008	宝音南	零星分布燕山早期的黑云母花岗岩类，其余地段被新生界掩盖，推测北东向隐伏断裂发育，并控制花岗岩类侵位。小面积航磁化极异常3处，最高值达500nT；重力低	磁异常区有找矿前景
B1501202009	巴勒格尔	西段零星分布中下奥陶统多宝山组海相碎屑岩及岛弧火山岩，东段零星分布燕山期花岗岩类。北东向、北西向长期多次活动的区域性断裂发育。具低缓的航磁化极异常；重力低	找矿前景差
B1501202010	巴勒格尔南	仅中部见有小面积分布中下奥陶统多宝山组海相碎屑岩及岛弧火山岩。推测发育北东向、北西向长期多次活动的区域性断裂。全区具航磁化极异常，最高值达600nT；重力低	磁异常区有找矿前景
B1501202011	沃尔格斯特南	零星见有中下奥陶统多宝山组海相碎屑岩及岛弧火山岩，大面积分布燕山期中—酸性侵入岩，北东向、北西向长期多次活动的区域性断裂发育。有4处航磁化极异常，最高值达600nT；重力低	磁异常区有找矿前景
B1501202012	哈丹陶勒盖东	北东段分布有中下奥陶统多宝山组海相碎屑岩及岛弧火山岩及燕山期中—酸性侵入岩，其他为新生界覆盖。推测发育北东向、北西向长期多次活动的区域性断裂。中部覆盖区有航磁化极异常。总体重力低	磁异常区有找矿前景
B1501202013	查干诺尔北	北西段零星见有燕山期中—酸性侵入岩，推测发育北东向、北西向长期多次活动的区域性断裂。航磁化极异常主要有2处，最高值达600nT；北西段重力高，其他地区重力低	磁异常区有找矿前景
B1501202014	乌拉盖河	地表无基岩出露，全区具航磁化极异常，最高值达600nT；重力低	深部有找矿前景
B1501202015	沃尔格斯特东	有中下奥陶统多宝山组海相碎屑岩及岛弧火山岩及燕山期中—酸性侵入岩，推测发育北东向、北西向长期多次活动的区域性断裂。有航磁化极异常；总体重力低	找矿意义差
C1501202001	陶申陶勒盖东(北)	分布中上泥盆统塔尔巴格特组，发育北东向、北西向长期多次活动的区域性断裂。全区具低缓的航磁化极异常；重力低	找矿意义差
C1501202002	陶申陶勒盖东(中)	分布中上泥盆统塔尔巴格特组，发育北东向、北西向长期多次活动的区域性断裂。全区具低缓的航磁化极异常；重力低	找矿意义差
C1501202003	陶申陶勒盖东(南)	主要分布中上泥盆统塔尔巴格特组，并有少量燕山期中—酸性侵入岩分布，发育北东向、北西向长期多次活动的区域性断裂。全区具低缓的航磁化极异常；重力低	找矿意义差
C1501202004	沙巴尔台高勒北	零星见有中上泥盆统塔尔巴格特组。具低缓的航磁化极异常；重力低	找矿意义差
C1501202005	敖根恩陶勒盖	中上泥盆统塔尔巴格特组不规则分布。具低缓的航磁化极异常；重力低	找矿意义差
C1501202006	敖根恩陶勒盖东	中上泥盆统塔尔巴格特组不规则零星分布。具低缓的航磁化极异常；北东端具较高的重力异常	有找矿意义
C1501202007	花那格特	零星见有中上泥盆统塔尔巴格特组。重力异常值低；航磁化极异常1处，在该区南西端	可做找矿线索
C1501202008	伊和阿给特	大面积分布中上泥盆统塔尔巴格特组。具低缓的航磁化极异常；重力异常值低	可做找矿线索
C1501202009	苏布日牙温多日	大面积分布中上泥盆统塔尔巴格特组，北东向断裂构造发育。重力异常值低；中部具较高的航磁化极异常	可做找矿线索
C1501202010	都勒格敖包	地表无基岩分布，中部具航磁化极异常，最高值达500nT；重力低	有找矿意义
C1501202011	都勒格敖包南	地有仅脉状分布燕山期中—酸性侵入岩，重力低；航磁化极异常值高，最高值达500nT，分布区与燕山期中—酸性侵入岩套合好	有找矿意义

续表 13-3

最小预测区编号	最小预测区名称	综合信息	评价
C1501202012	哈日达勒其	地表覆盖，无基岩分布。有较高的航磁化极异常1处，最高值达500nT；全区重力低	深部有找矿意义
C1501202013	马尼图音陶勒盖	地表覆盖，无基岩分布。全区重力低；具低缓的航磁化极异常	有找矿意义
C1501202014	额门昂格日	地表第四系覆盖。航磁化极异常北东向分布，最高值达500nT；重力异常低	有找隐伏矿体的可能
C1501202015	巴彦乌拉北	地表零星有花岗岩、石英闪长岩等分布。航磁化极异常，最高值400nT；重力低	有找矿意义
C1501202016	都兰呼都格音布敦	地表无基岩分布。北东段具航磁化极异常，最高值300nT；重力低	找矿意义差
C1501202017	毛日达坂	地表零星有中下奥陶统多宝山组海相碎屑岩及岛弧火山岩及燕山期花岗岩、闪长岩等分布。具低缓的航磁化极异常；中部及南西段重力高	有找矿意义
C1501202018	宝塔音敖包	地表零星有花岗岩分布，中部有北东向条带状弱磁异常。航磁化极异常2处，最高值400nT；全区重力低	找矿意义差
C1501202019	乌拉德扎很	北东向断续分布燕山期花岗岩。具强的航磁化极异常，最高值500nT；重力低	有找矿意义
C1501202020	沃尔格斯特东	出露中下奥陶统多宝山组海相碎屑岩及岛弧火山岩，燕山期花岗岩类。邻区在二者接触带形成矽卡岩型铁锰矿床，本区条件与其相似。航磁化极异常低；重力异常值高	具有一定的找矿前景
C1501202021	哈丹陶勒盖东	零星出露中下奥陶统多宝山组海相碎屑岩及岛弧火山岩，燕山期花岗岩类大面积分布。二者接触带有形成矽卡岩型铁锰矿床的可能。航磁化极异常低，异常带北东向展布；重力异常值也较低，呈北西向展布	具有一定的找矿前景
C1501202022	格都尔格诺尔	零星出露中下奥陶统多宝山组海相碎屑岩及岛弧火山岩，燕山期花岗岩类大面积分布。航磁化极异常2处，最高值600nT；重力异常不明显	具有一定的找矿前景
C1501202023	乌尔浑河东	地表被第四系掩盖。航磁化极异常6处，最高值600nT；重力低	寻找隐伏矿体
C1501202024	乌拉河东	地表被第四系掩盖。航磁化极异常2处，最高值600nT；重力异常低；磁异常呈北东向串珠状分布，是寻找隐伏矿体的有利地段	寻找隐伏矿体
C1501202025	乌科河	地表被第四系掩盖。航磁化极异常2处，近东西向分布，最高值500nT；重力低	寻找隐伏矿体

二、综合信息地质体积法估算资源量

1. 典型矿床深部及外围资源量估算

朝不楞铁矿典型矿床查明资源储量、延深、品位、体重等数据来源于2005年11月内蒙古自治区内蒙古物华天宝矿物资源有限公司编写的《内蒙古自治区东乌珠穆沁旗朝不楞矿区一矿带铁锌多金属矿补充详查报告》。面积为该矿点各矿体、矿脉聚积区边界范围的面积，采用朝不楞矿区一矿带地形地质图(比例尺1∶25 000)在MapGIS软件下读取数据，然后依据比例尺计算出实际面积1.244km^2。朝不楞铁矿典型矿床深部及外围资源量估算结果见表13-4。

表 13-4　朝不楞式矽卡岩型铁矿典型矿床深部及外围资源量估算一览表

典型矿床		深部及外围		
已查明资源量($\times10^4$t)	2 276.3	深部	面积(m^2)	1 244 000
面积(km^2)	1 244 000		深度(m)	660
深度(m)	340	外围	面积(m^2)	2 489 000
品位($\times10^{-6}$)	36.3		深度(m)	1 000
密度(t/m^3)	3.96	预测资源量($\times10^4$t)		14 895.18
体积含矿率(t/m^3)	0.045	典型矿床资源总量($\times10^4$t)		17 171.48

2. 模型区的确定、资源量及估算参数

模型区内无其他矿床，因此，模型区资源总量等于典型矿床资源总量，为 171 714 800t，模型区延深与典型矿床一致(表 13-5)。

表 13-5　朝不楞式矽卡岩型铁矿模型区预测资源量及其估算参数

编号	名称	模型区总资源量(t)	模型区面积(m^2)	延深(m)	含矿地质体面积(m^2)	含矿地质体面积参数	含矿地质体含矿系数
A1501202001	朝不楞	171 714 800	52 034 787.88	1 000	52 034 787.88	1	0.003 3

3. 最小预测区预测资源量

朝不楞式矽卡岩型铁矿预测工作区最小预测区资源量定量估算采用地质体积法进行估算。

最小预测区面积是依据综合地质信息定位优选的结果；延深的确定是在研究最小预测区含矿地质体地质特征、含矿地质体的形成深度、断裂特征、矿化类型的基础上，并对比典型矿床特征的基础上综合确定的；相似系数的确定，主要依据 MRAS 生成的成矿概率及与模型区的比值，参照最小预测区地质体出露情况、化探及重砂异常规模及分布、物探解译隐伏岩体分布信息等进行修正。根据最小预测区预测资源量估算结果，共预测资源量 74 546.98×10^4t，见表 13-6。

表 13-6　朝不楞式矽卡岩型铁矿预测工作区最小预测区预测资源量表

最小预测区编号	最小预测区名称	$S_{预}$(m^2)	$H_{预}$(m)	K(t/m^3)	α	$Z_{预}$($\times10^4$t)	资源量级别
A1501202001	朝不楞	52 034 787.88	1 000	0.003 3	1	14 895.18	334-1
A1501202002	朝不楞南	66 597 826.25	1 000	0.003 3	0.9	19 779.55	334-2
A1501202003	哈丹陶勒盖东	29 836 766.88	1 000	0.003 3	0.8	6 301.53	334-2
A1501202004	哈丹陶勒盖东	32 330 451.25	1 000	0.003 3	0.8	6 828.19	334-2
A1501202005	努仁查干敖包	61 268 114.48	1 000	0.003 3	0.9	17 130.28	334-1
B1501202001	朝不楞	88 151 425.63	600	0.003 3	0.4	1 396.32	334-3
B1501202002	朝不楞南	91 487 331.88	600	0.003 3	0.4	1 449.16	334-3
B1501202003	乌义图音查干	68 045 781.25	600	0.003 3	0.2	269.46	334-3
B1501202004	梅勒音高吉格日	56 319 702.5	600	0.003 3	0.2	223.03	334-3
B1501202005	沙巴尔台高勒北	57 908 730	600	0.003 3	0.2	229.32	334-3

续表 13-6

最小预测区编号	最小预测区名称	$S_{预}$ (m^2)	$H_{预}$ (m)	K (t/m^3)	α	$Z_{预}$ ($\times 10^4 t$)	资源量级别
B1501202006	雅日盖图	32 983 008.75	600	0.003 3	0.2	130.61	334-3
B1501202007	巴彦乌拉	83 591 093.13	600	0.003 3	0.2	331.02	334-3
B1501202008	宝音南	89 431 943.75	600	0.003 3	0.2	354.15	334-3
B1501202009	巴勒格尔	51 012 485.63	600	0.003 3	0.4	808.04	334-3
B1501202010	巴勒格尔南	51 545 416.88	600	0.003 3	0.4	816.48	334-3
B1501202011	沃尔格斯特南	89 352 710	600	0.003 3	0.4	1 415.35	334-3
B1501202012	哈丹陶勒盖东	41 860 690.63	600	0.003 3	0.4	663.07	334-3
B1501202013	查干诺尔北	80 015 460.63	600	0.003 3	0.2	316.86	334-3
B1501202014	乌拉盖河	81 750 124.38	600	0.003 3	0.2	323.73	334-3
B1501202015	沃尔格斯特东	34 856 342.5	600	0.003 3	0.4	552.12	334-3
C1501202001	陶申陶勒盖东(北)	82 203 058.75	600	0.003 3	0.1	16.28	334-3
C1501202002	陶申陶勒盖东(中)	54 485 572.5	600	0.003 3	0.1	10.79	334-3
C1501202003	陶申陶勒盖东(南)	71 449 003.75	600	0.003 3	0.1	14.15	334-3
C1501202004	沙巴尔台高勒北	13 468 183.75	600	0.003 3	0.1	2.67	334-3
C1501202005	敖根恩陶勒盖	31 399 643.75	600	0.003 3	0.1	6.22	334-3
C1501202006	敖根恩陶勒盖东	77 153 460.63	600	0.003 3	0.1	15.28	334-3
C1501202007	花那格特	46 940 880.63	600	0.003 3	0.1	9.29	334-3
C1501202008	伊和阿给特	94 257 813.75	600	0.003 3	0.1	18.66	334-3
C1501202009	苏布日牙温多日	95 281 825	600	0.003 3	0.1	18.87	334-3
C1501202010	都勒格敖包	92 753 715.63	600	0.003 3	0.1	18.37	334-3
C1501202011	都勒格敖包南	71 060 410	600	0.003 3	0.1	14.07	334-3
C1501202012	哈日达勒其	79 081 971.25	600	0.003 3	0.1	15.66	334-3
C1501202013	马尼图音陶勒盖	76 079 298.75	600	0.003 3	0.1	15.06	334-3
C1501202014	额门昂格日	64 095 659.38	600	0.003 3	0.1	12.69	334-3
C1501202015	巴彦乌拉北	74 688 405	600	0.003 3	0.1	14.79	334-3
C1501202016	都兰呼都格音布敦	84 556 577.5	600	0.003 3	0.1	16.74	334-3
C1501202017	毛日达坂	85 738 673.13	600	0.003 3	0.1	16.98	334-3
C1501202018	宝塔音敖包	48 903 836.25	600	0.003 3	0.1	9.68	334-3
C1501202019	乌拉德扎很	42 248 121.88	600	0.003 3	0.1	8.37	334-3
C1501202020	沃尔格斯特东	47 304 680	600	0.003 3	0.1	9.37	334-3
C1501202021	哈丹陶勒盖东	76 847 406.88	600	0.003 3	0.1	15.22	334-3
C1501202022	格都尔格诺尔	96 137 170	600	0.003 3	0.1	19.04	334-3
C1501202023	乌尔浑河东	68 637 896.88	600	0.003 3	0.1	13.59	334-3
C1501202024	乌拉河东	67 445 162.5	600	0.003 3	0.1	13.35	334-3
C1501202025	乌科河	42 129 673.75	600	0.003 3	0.1	8.34	334-3
合计						74 546.98	

4. 预测工作区资源总量成果汇总

根据矿产潜力评价预测资源量汇总标准，朝不楞矽卡岩型铁矿预测工作区按精度、预测深度、可利用性、可信度统计分析结果见表 13-7。

表 13-7　朝不楞式矽卡岩型铁矿预测工作区预测资源量统计分析表（$\times 10^4$ t）

精度	深度		可利用性		可信度			合计
	500m以浅	1 000m以浅	可利用	暂不可利用	$x \geq 0.75$	$0.75 > x \geq 0.5$	$0.5 > x \geq 0.25$	
334-1	16 012.73	32 025.46	32 025.46	—	32 025.46	—	—	32 025.46
334-2	16 454.64	32 909.27	32 909.27	—	19 779.55	—	13 129.72	32 909.27
334-3	8 010.21	9 612.25	8 860.53	751.72	—	2 845.48	6 766.77	9 612.25
合计								74 546.98

第十四章　黄岗梁式矽卡岩型铁矿预测成果

第一节　典型矿床特征

一、典型矿床地质特征

黄岗梁铁锡矿位于赤峰市克什克腾旗境内，大地构造属于内蒙古中部锡林浩特岩浆弧，黄岗-甘珠尔庙复式背斜的北西翼。西拉木伦断裂北约60km。

1. 矿区地质

地层出露有石炭系、二叠系，北东-南西向带状分布。此外还广泛分布有侏罗纪火山岩。酒局子组(C_1j)岩性为一套砂泥质碎屑沉积；大石寨组(P_1ds)下部东段为火山碎屑岩，向西逐渐相变成海底火山喷发熔岩，上部底为黑色凝灰质碎屑岩与安山质晶屑凝灰岩互层，顶以灰绿色厚层状安山岩及辉石安山岩为主。哲斯组(P_2zs)主要分布在矿区中部偏北侧，下部为厚层状白色大理岩、灰岩、含砾结晶灰岩、硅质大理岩夹薄层凝灰岩、碎屑岩，上部为黑色、灰黑色厚层状粉砂岩、含钙凝灰质粉砂岩夹砂砾岩、砾岩、凝灰质角砾岩、凝灰岩、中基性火山岩薄层。林西组(P_3l)零星出露，岩性为灰黑色、灰绿色砂岩、粉砂岩及凝灰质粉砂岩(图14-1)。

岩体主要为燕山早期第二阶段第二次侵入的正长花岗岩、少量黑云母正长花岗岩。脉岩不发育。

矿区位于黄岗梁复式背斜北西翼，属单斜构造，与区域构造线基本一致，总体倾向北西，倾角50°～82°。区内断裂构造发育，北东向压性兼扭性断裂具多期活动，为本区成岩、成矿提供了有利条件，是控矿、导矿、容矿的主要构造。

2. 矿床地质

矿体产于正长花岗岩与大石寨组上部火山岩和哲斯组下部大理岩、上部含钙凝灰质粉砂岩接触带矽卡岩中(图14-2)。矿带呈北东向展布，含矿带长19km，宽0.2～2.5km，划分为7个矿段，圈出铁矿体67个，铁锡矿体84个，铁锡钨矿体24个，锡矿体64个，其中Ⅰ矿段和Ⅲ矿段矿体最集中，且规模大。矿体呈似层状、透镜状、马鞍状及楔状。矿体一般长300～400m，最长达1 475m，厚几米至数十米。矿体多集中分布在海拔1 000～1 400m之间，分段成群出现。

矿石矿物已查明约有60多种，金属矿物以磁铁矿、锡石、锡酸矿、闪锌矿、黄铜矿、斜方砷铁矿、白钨矿、辉钼矿为主，其次是毒砂、辉铜矿、斑铜矿、辉铋矿、方铅矿、黄铁矿。非金属矿物主要有石榴石、透辉石、角闪石，其次为萤石、云母类、绿泥石、石英、方解石、符山石等。

根据矿石化学全分析及光谱分析资料可知约有40余种元素，除铁、锡、钨为本区主要元素外，含量较高的伴生元素尚有锌、砷、铅、铜、钼、铋以及稀有分散元素镓、铟、镉、铍等。镉、铟在闪锌矿中富集。镓、铍、铟、镉、铋呈分散状态赋存于透辉石、普通角闪石、石榴石等硅酸盐矿物中。全铁含量在各矿体含

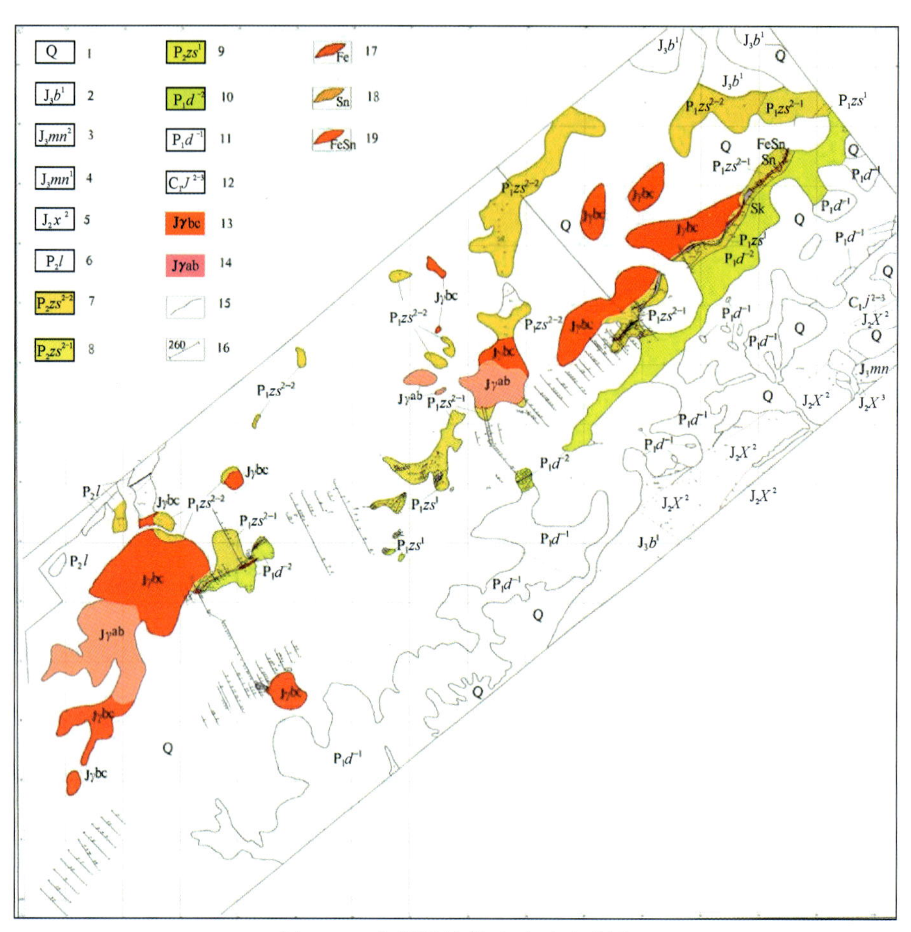

图 14-1　黄岗梁铁锡矿矿区地质图

1.第四系;2.白音高老组下段;3.玛尼吐组上段;4.玛尼吐组下段;5.新民组二段;6.林西组;7.哲斯组上段上部;8.哲斯组上段下部;9.哲斯组下段;10.大石寨组上部;11.大石寨组下部;12.酒局子组中上段;13.侏罗纪中粗粒正长花岗岩;14.侏罗纪中细粒钾长花岗岩;15.地质界线;16.勘探线及编号;17.磁铁矿体;18.锡矿体;19.铁锡矿体

量不均,最高平均达 45.23%,一般在 40%左右;锡在铁矿石中占 56.8%,在含锡硅酸盐中占 22.3%,在矽卡岩中占 91.5%,次为单体锡石,占 65%;钨平均为 0.17%。

矿石工业类型属需选矿石,进一步分为磁铁矿矿石、铁锡矿矿石、铁锡钨矿矿石、含锡矽卡岩矿石。矿石自然类型按脉石及金属矿物组合分 7 种类型:硅酸盐-磁铁矿矿石、锡石-磁铁矿矿石、硫化物-磁铁矿矿石、白钨矿-磁铁矿矿石、萤石-磁铁矿矿石、碳酸盐-磁铁矿矿石、锡石-矽卡岩矿石。按结构构造分 5 种类型:块状及致密块状矿石、浸染状及稠密浸染状矿石、条带状矿石、角砾状矿石、斑杂状矿石。

矿石结构构造:根据磁铁矿结晶程度和粒级分全自形粒状、半自形粒状、他形—半自形粒状结构;根据磁铁矿形成方式分交代残余、假象结构。构造有块状、浸染状、条带状、角砾状、斑杂状构造。

区内矽卡岩化强烈,钠长石化广泛,角岩化普遍。其次有绿帘石化、绿泥石化、硅化、萤石化、碳酸盐化、蛇纹石化等多种蚀变。

3. 成矿物理化学条件

石英包裹体均一温度:矽卡岩阶段 T=460~660℃,P<1 000×10^{-5} Pa;氧化物阶段 T=303~504℃;硫化物阶段 T=210~370℃,P=600×10^{-5} Pa。成矿流体 pH 值为 4.04~4.49。

闪锌矿 $\delta^{34}S$ 值为-1.5‰~+2.2‰,黄铜矿 $\delta^{34}S$ 为-4.0‰~+3.4‰,方铅矿 $\delta^{34}S$ 值为-1.3‰~-0.2‰,黄铁矿 $\delta^{34}S$ 值为+3.4‰,毒砂 $\delta^{34}S$ 为+1.0‰,它们的 $\delta^{34}S$ 值变化于-4.0‰~+3.4‰范围,均值为+0.33‰。磁铁矿 $\delta^{18}O$ 值为-1.7‰~3.9‰,锡石 $\delta^{18}O$ 为+1.1‰,石英 $\delta^{18}O$ 值为+6.8‰~

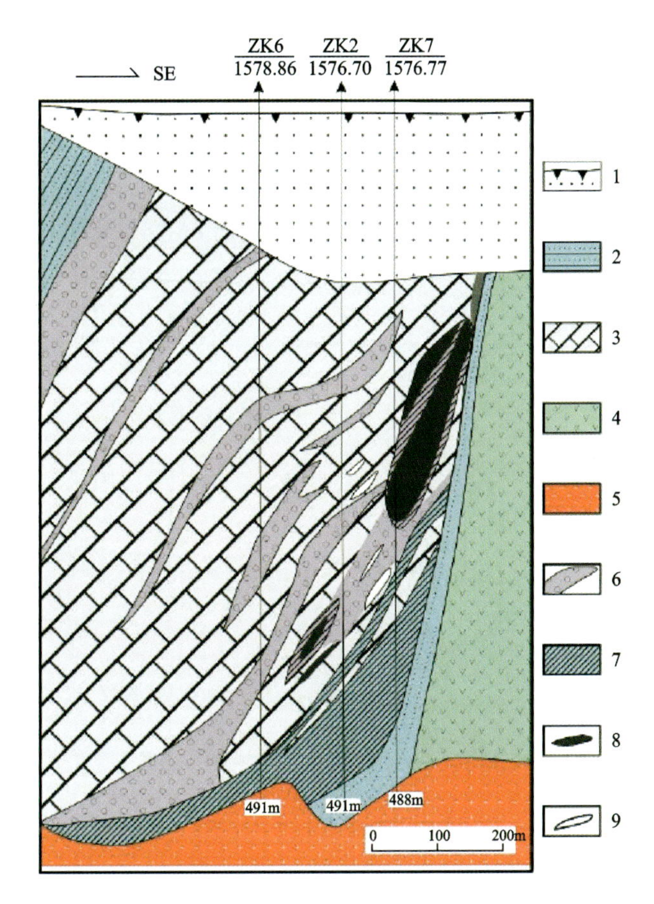

图 14-2　黄岗梁铁锡矿 418 线剖面图(转引自周振华,2010)

1. 第四系砂砾岩;2. 下二叠统凝灰质粉砂岩;3. 下二叠统大理岩;4. 下二叠统安山岩;
5. 花岗岩;6. 矽卡岩;7. 锡矿体;8. 铁锡矿体;9. 钨矿体

+9.6‰。$^{206}Pb/^{204}Pb$ 值为 18.183～18.414，$^{207}Pb/^{204}Pb$ 值为 15.448～15.690，$^{208}Pb/^{204}Pb$ 值为 37.897～38.632(转引自邵和明,2002)。

4. 成因类型及成矿时代

①矽卡岩阶段:高温(460～660℃)、高盐度、偏碱性的热流体,与富钙质围岩反应,首先形成钙铁榴石、透辉石-钙铁辉石及少量磁铁矿。其后流体碱度降低,出现角闪石、阳起石、绿帘石,磁铁矿矿物组合,锡主要呈锡酸矿赋存于矽长岩矿物及磁铁矿中。②高温热液阶段:高温(303～504℃),盐度减小,形成石英、磁铁矿、锡石、萤石、毒砂(或斜方砷铁矿)组合,叠加于矽卡岩铁矿体上或它的外侧矽卡岩中。局部呈脉状,穿入离岩体较远的砂岩中,形成锡石石英脉。③硫化物阶段:随流体不断向外渗流,其温度降低(215～375℃),酸度增高(pH=4.04～4.49),盐度降低,出现石英、方解石、闪锌矿、黄铜矿等矿物组合,主要叠加于外侧矽卡岩铁锡矿体上。成矿介质水主要来自岩浆,只是在硫化物阶段有少量雨水渗入。因此,从某种意义上来说,矿床是一个复合成因的矽卡岩型铁锡多金属矿床。其铁质主要来自早二叠世海底火山作用,锡主要来自燕山期岩浆作用(地层也提供少量的锡)。

岩体 Rb-Sr 等时线年龄为 140.7Ma，$^{87}Sr/^{86}Sr$ 初始比值为 0.702 8,矽卡岩中角闪石的 K-Ar 年龄为 140～122Ma(裴荣富等,1995);周振华(2010)获得辉钼矿 Re-Os 模式年龄为(136.5±1.9)～(134.6±2.0)Ma,加权平均年龄为(135.31±0.85)Ma;张梅等(2011)获得黄岗梁矿区 2 件辉钼矿样品模式年龄介于(141.2±4.3)～(133.6±1.8)Ma 之间;翟德高(2012)获得花岗岩锆石 LA-ICP-MS 年龄为(139.96±0.87)Ma,辉钼矿 Re-Os 等时线年龄为(134.9±5.2)Ma;主成矿期为燕山晚期。

5. 矿床成矿模式

矿床的成矿作用分为二叠纪预富集和燕山期定型两个过程。早二叠世海槽中的玄武质岩浆海底喷发过程中，形成与海相中基性火山喷发作用有关的贫铁矿层，并且在下二叠统火山喷发沉积岩中锡、砷丰度较高。因此，早二叠世海底火山作用不仅为燕山期热液成矿作用准备了足够的铁质，也提供了一定的锡。燕山期陆壳强烈活化。在基底(二叠系)隆起区含锡花岗岩浆沿区域大断裂上升并侵入于早二叠世地层中。岩浆期后高温热流体与围岩交代形成钙矽卡岩，并改造或汲取早二叠世火山岩中的贫铁矿层及锡金属，形成铁锡多金属的富集(图 14-3)。

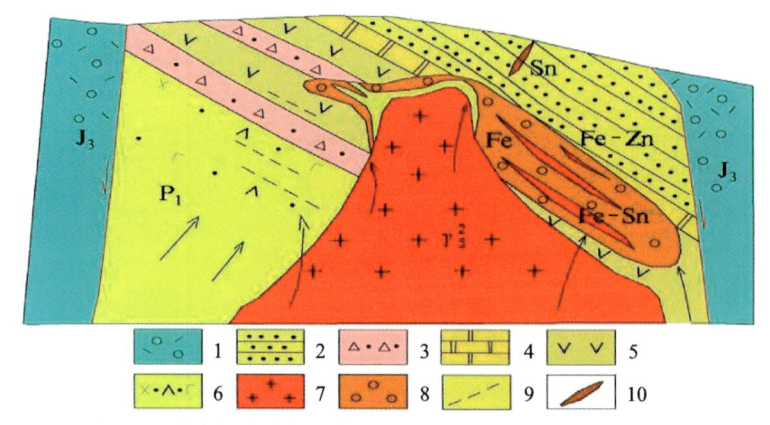

图 14-3　黄岗梁式铁锡矿床成矿模式图(据裴荣富，1995，修改)

1.晚侏罗世断陷盆地中火山岩；2～6.基底地层(Pt)(2.砂岩；3.火山碎屑岩；4.大理岩；5.安山岩；6.细碧角斑岩)；7.燕山早期花岗岩；8.矽卡岩；9.早二叠世火山喷发沉积贫铁矿层；10.铁锡多金属矿体

二、典型矿床地球物理特征

黄岗梁铁锡矿区域磁场为低缓磁场背景上的平稳正磁异常，异常走向北东向，磁场特征显示有北东向和北西向断裂通过该区域(图 14-4)。

黄岗梁铁锡矿位于布格重力异常相对低值带与高值带的梯度带上，相对重力低值带与酸性侵入岩有关，而梯级带是岩体产状由陡变缓的反映。在剩余重力异常图上黄岗梁铁锡矿位于剩余重力负异常 L 蒙-420 与正异常 G 蒙-415 的交界处。

黄岗梁铁锡矿与燕山期酸性岩体有关，岩体由陡变缓处和顶面的凸凹部位是矿体赋存的有利部位，区内北东向压性、扭性断裂是主要的成岩、导矿、储矿、容矿构造。

由以上特征可见，与岩体有关的相对低的布格异常梯级带或剩余重力正负异常的交界处，一定程度上反映了有利的成矿地质环境。

三、典型矿床预测要素

以典型矿床成矿要素图为基础，综合研究重力、航磁、化探、遥感、自然重砂等综合致矿信息，总结典型矿床预测要素(表 14-1)。

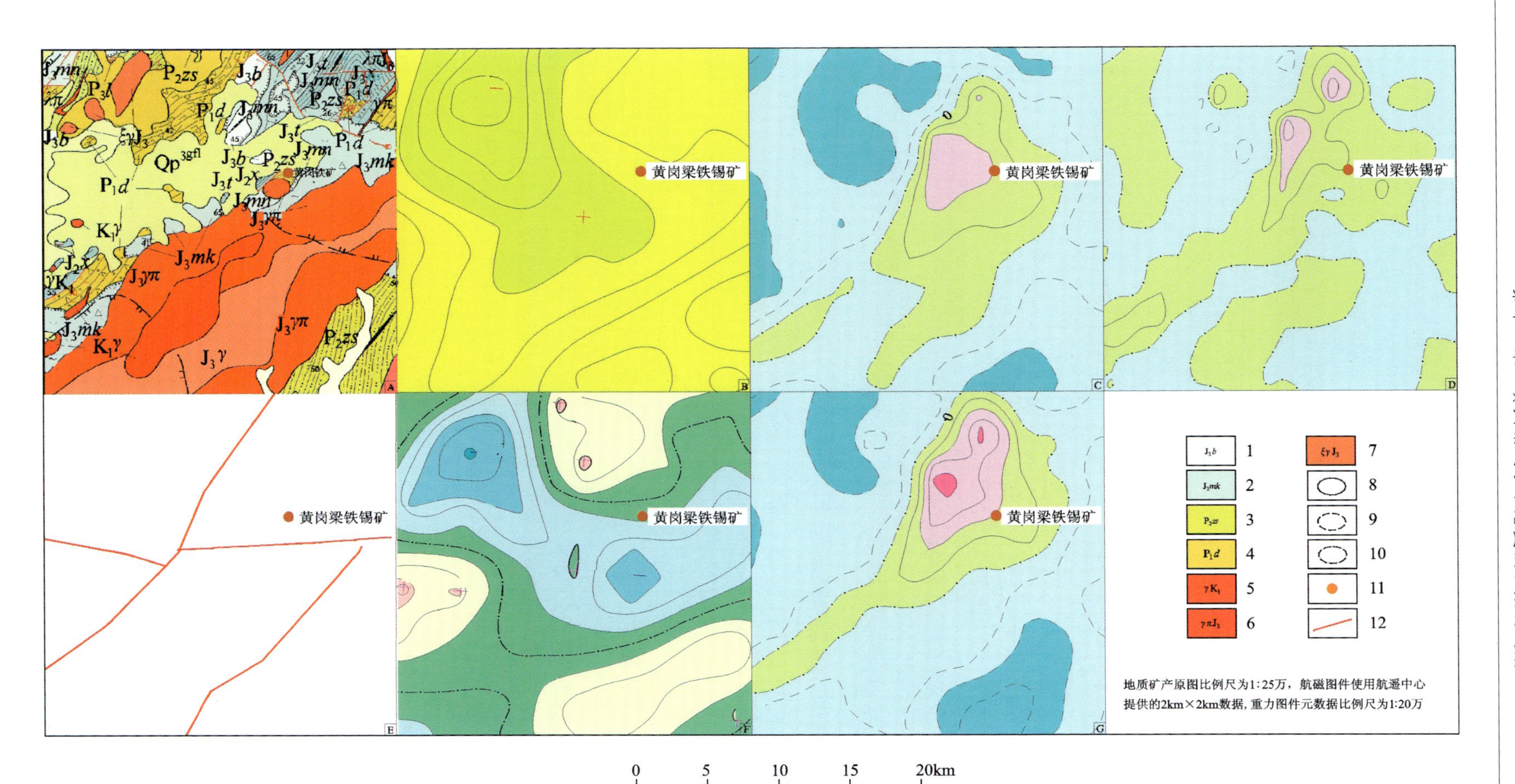

图 14-4　黄岗梁铁锡矿1:25万地质及物探剖析图示意图

A.地质矿产图；B.布格重力异常图；C.航磁ΔT等值线平面图；D.航磁ΔT化极垂向一阶导数等值线平面图；E.重磁推断地质构造图；F.剩余重力异常图；G.航磁ΔT化极等值线平面图；1. 白音高老组；2. 满克头鄂博组；3. 哲斯组；4. 大石寨组；5. 花岗岩；6. 花岗斑岩；7. 正长花岗岩；8. 正等值线及注记；9. 负等值线及注记；10. 零等值线及注记；11. 黄岗梁铁锡矿；12. 推断三级断裂

表 14-1　黄岗梁式矽卡岩型铁矿典型矿床预测要素表

<table>
<tr><td colspan="2" rowspan="3">预测要素</td><td colspan="4">描述内容</td><td rowspan="3">要素类别</td></tr>
<tr><td>储量</td><td>18 065×10^{4}t</td><td>平均品位</td><td>TFe 34.84%</td></tr>
<tr><td>特征描述</td><td colspan="3">矽卡岩型铁矿床</td></tr>
<tr><td rowspan="5">地质环境</td><td>岩石类型</td><td colspan="4">下二叠统大石寨组上部安山岩和中二叠统哲斯组碳酸盐岩，燕山早期（黑云母）正长花岗岩</td><td>必要</td></tr>
<tr><td>岩石结构</td><td colspan="4">沉积岩为碎屑结构和变晶结构，侵入岩为中细粒结构</td><td>次要</td></tr>
<tr><td>成矿时代</td><td colspan="4">燕山早期</td><td>必要</td></tr>
<tr><td>地质背景</td><td colspan="4">大兴安岭弧盆系，锡林浩特岩浆弧</td><td>必要</td></tr>
<tr><td>构造环境</td><td colspan="4">环太平洋火山岩带的内带</td><td>重要</td></tr>
<tr><td rowspan="4">矿产特征</td><td>矿物组合</td><td colspan="4">金属矿物：磁铁矿、锡石、锡酸矿、黄铜矿、闪锌矿、斜方砷铁矿、白钨矿、辉钼矿、毒砂、辉铜矿等 60 余种；脉石矿物主要为透辉石、石榴石、方解石、石英</td><td>重要</td></tr>
<tr><td>结构构造</td><td colspan="4">结构：他形—半自形粒状结构、他形晶状结构、细脉填充结构、交代残余结构、乳滴粒状结构、斑状角粒结构；
构造：块状结构、条带状构造、浸染状构造、细脉状构造、窝状构造、土状构造</td><td>次要</td></tr>
<tr><td>蚀　变</td><td colspan="4">矽卡岩化</td><td>重要</td></tr>
<tr><td>控矿条件</td><td colspan="4">北东向的压性-扭性断裂</td><td>重要</td></tr>
<tr><td rowspan="2">物探特征</td><td>地磁特征</td><td colspan="4">ΔT>1 000nT</td><td>重要</td></tr>
<tr><td>重力特征</td><td colspan="4">重力梯度带，剩余重力正负异常的交界处</td><td>次要</td></tr>
</table>

第二节　预测工作区研究

预测工作区行政区划隶属于内蒙古自治区赤峰市、通辽市和锡林郭勒盟管辖，地理坐标为东经 117°00″～120°00″，北纬 43°00″～45°00″。共涉及昆都幅、林西县幅和巴林右旗幅 3 个 1∶25 万图幅。

一、区域地质矿产特征

该预测工作区位于天山-兴蒙造山系（Ⅰ）大兴安岭弧盆系（Ⅰ-1）锡林浩特岩浆弧（Ⅰ-1-6）。成矿区带位于滨太平洋成矿域（Ⅰ-4）大兴安岭成矿省（Ⅱ-12）突泉-翁牛特旗 Pb-Zn-Ag-Cu-Fe-Sn-REE 成矿带（Ⅲ-8）索伦镇-黄岗 Fe-Sn-Cu-Pb-Zn-Ag 成矿亚带。

区内主要出露上古生界和中新生界，中、下二叠统（大石寨组和哲斯组）为海相碎屑岩夹灰岩和中基性火山角砾凝灰岩，上二叠统（林西组）为陆相一海陆交互相碎屑岩夹泥灰岩。侏罗系和白垩系为火山角砾凝灰岩、安山流纹质熔岩、玄武安山岩、英安岩、流纹岩等。区域上大石寨组、哲斯组及林西组中 Sn、Cu、Pb、Zn 等元素含量很高，具初始富集特征，是该区重要矿源层，也是重要的赋矿围岩，可为区内成矿提供丰富成矿物质。

区内岩浆活动十分强烈。除大量的火山喷发外，侵入作用也十分强烈。根据其活动特点和演化规律，可分为海西期、燕山早中期和燕山晚期 3 个旋回。海西期岩体受东西向基底构造控制，从早期到晚期岩石类型由辉长岩（玄武岩）向花岗闪长岩（安山岩、英安岩）变化，化学成分由基性向酸碱度增加的方向演化。燕山早中期岩浆旋回以中酸性为主，从早到晚由中性、中酸性—酸性、超酸性，向富硅富碱方向演化。燕山晚期岩浆旋回以黑云母花岗岩、正长花岗岩为主，从早到晚硅碱组分有所降低。成矿主要与燕山晚期岩浆岩关系密切。

区内构造以东西向和北东向为主。东西向构造为基底断裂，形成于海西期，燕山期又继续活动。北东向构造是区内主干构造，为相互平行的复背斜、复向斜及与其伴生的断裂。黄岗梁-甘珠尔庙复背斜和林西-陶海营子复向斜横贯全区。此外，北西向断裂也较发育。断裂构造海西晚期开始活动，燕山期又进一步加强。

区内目前发现的矿产以有色金属和贵金属为主，次为黑色金属和非金属。如拜仁达坝铅锌银矿、道伦大坝铜多金属矿、黄岗梁铁锡矿等。

区域成矿模式：燕山期，沿黄岗梁-甘珠尔庙复背斜及林西-陶海营子复向斜发生的大面积岩浆侵入、火山喷发，为矿床的形成提供了丰富的物源，岩浆多旋回、多期次活动使矿质多次富集成矿。矿质主要来自于本区地壳、上地幔两大富矿构造单元的两大系列岩浆。成矿流体主要有岩浆水和大气降水两个来源，成矿晚期岩浆水-大气降水循环对流系统的建立使地层中部分矿质活化转入热液参与成矿。在流体演化过程中流体的盐度、密度、氧逸度、pH、Eh值等发生规律性变化，大气降水、岩浆水的比例也在发生规律性变化，在一定的物化条件下沉淀形成了矿石（图14-5）。

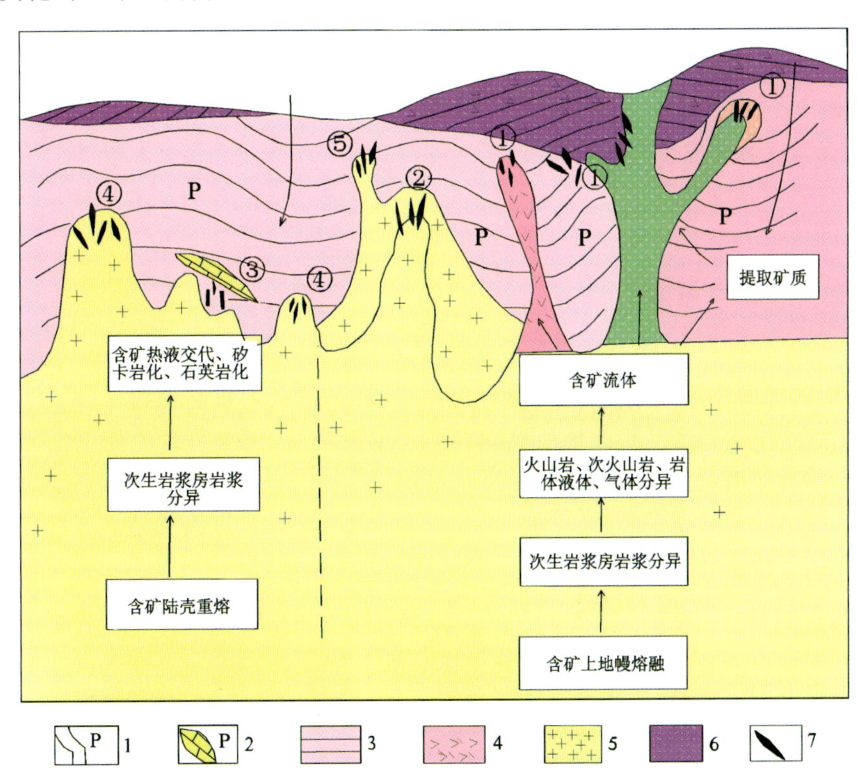

图14-5　黄岗梁式矽卡岩型铁锡矿区域成矿模式图

1.二叠纪碎屑岩夹中酸性火山岩；2.二叠纪碎屑岩夹碳酸盐透镜体；3.侏罗纪火山岩；4.矽卡岩；5.花岗岩；6.英安斑岩；7.矿体；①大井式②孟恩式③黄岗式④宝盖沟式⑤胡家店式

二、区域地球物理特征

1. 磁法

预测区磁场值总体处在正负磁场互现的－100～100nT磁场背景上，磁场值变化范围在－1 000～

2 500nT之间。预测区磁场西北部场值低于东南部，东南部磁异常也较西北部杂乱，磁异常轴向以北东东向和北东向为主，磁异常形态各异。磁异常等值线也呈北东东向、北东向延伸。磁场特征反映出该预测区主要构造方向为北东东向和北东向。

预测区内共有甲类航磁异常 20 个，乙类航磁异常 79 个，丙类航磁异常 120 个，丁类航磁异常 665 个。

甲类已知矿航磁异常走向以北东向为主，其次为东西向，异常多数处在较低磁异常背景上，磁场变化复杂，异常多处在磁测推断的北东向断裂带上或其两侧的次级断裂上，磁异常均处在侵入岩体上或岩体与岩体、岩体与地层的接触带上。

2. 重力

预测区位于克什克腾旗-阿鲁科尔沁旗布格重力高异常带上。剩余重力异常图上，预测区内正负相伴的剩余重力异常交替出现，形成各种形状的正异常与负异常相互伴生的复杂构造格局。剩余异常总体走向呈北东向，但在预测区北侧，部分剩余重力异常呈北西向。区内宽缓不规则的剩余重力负异常多为酸性岩体引起，密集规则的多为与盆地有关。剩余重力正异常大多都因古生代基底隆起(主要是二叠纪地层，其次是泥盆纪、志留纪地层)引起，只有南侧部分剩余重力正异常与元古宙、太古宙基底隆起有关。

在黄岗铁矿预测区选择 1 处剩余重力异常，作为找矿靶区，G 蒙-290 与 L 蒙-289 的交接带上。前者与古生界基底隆起(主要是二叠纪地层)有关，后者为花岗岩体引起，推断可能与中深部铁多金属矿有关。

总之在该区应当注意剩余重力正负异常的交接部位，或布格异常由低到高变化的梯级带部位，是成矿的有利地段。

三、区域遥感解译特征

预测工作区内解译解译出 3 条大型断裂带：①额尔格图-巴林右旗断裂带呈北东东—东西向展布，是艾力格庙-锡林浩特中间地块与华北板块缝合线。②索伦敖包-阿鲁科尔沁旗深断裂带，该断裂带横贯该预测区南部，呈近东西向展布。南侧为加里东板块增生带，北侧为华力西板块增生带，是板块古俯冲带。③大兴安岭-林西深断裂带，北东向展布，由数十条近于平行的断裂构造组成，为一中段窄两端宽的较大型断裂构造带，中部较宽部位是重要的铁矿成矿带。

本区内共解译出 2 条中型断裂(带)：新林-白音特拉断裂带和翁图苏木-沙巴尔诺尔断裂带。新林-白音特拉断裂带为一条北东向较大型波状断裂带，切割自太古宙—侏罗纪的地层及岩体，控制中元古界、新元古界和古生界的沉积，该断裂带与其他方向断裂交汇部位，为金-多金属矿产形成的有利部位。翁图苏木-沙巴尔诺尔断裂带为北东东向，是重要的铁矿成矿带。

小型断裂以北西向和北东向为主，次为近南北向断裂，局部见近东西向断裂。其中北西向小型断裂多显示张性特点，其他方向小型断裂多为压性断层，不同方向断裂交汇部位是重要的铁、金成矿地段。

脆韧变形趋势带比较发育，共解译出 3 条，全部为区域性规模脆韧性变形构造。构成与地槽褶皱带相伴生的脆韧性变形构造带，该带与铁矿、金矿均有较密切的关系。

预测工作区内的环形构造比较发育，共圈出 114 个环形构造。它们在空间分布上有明显的规律，主要分布在不同方向断裂交汇部位。按其成因类型分为 4 类，其中由中生代花岗岩类引起的环形构造 14 个，火山机构或通道引起的环形构造 2 个，成因不明的环形构造 4 个，隐伏岩体有关的环形构造 94 个。这些环形构造与铁矿、金矿均有较密切的关系。

已知矿点与本预测区中的羟基异常吻合的有：浩布高铜铅锌矿、白音诺尔铅锌矿、桃山萤石矿、龙头山水晶矿、巴林石矿、苏达勒萤石矿。

已知矿点与本预测区中的铁染异常吻合的有：白音诺尔铅锌金矿、敖脑大坝铜多金属矿、水头萤石矿。

四、区域预测要素

根据预测工作区区域成矿要素和航磁、重力、遥感及自然重砂特征，建立了本预测区的区域预测要素(表14-2)。

表14-2　黄岗梁式矽卡岩型铁矿预测工作区预测要素表

区域预测要素		描述内容	要素类别
地质环境	构造背景	大兴安岭弧盆系，锡林浩特岩浆弧	必要
	成矿环境	大兴安岭成矿省，Ⅱ-12突泉-翁牛特旗Pb-Zn-Ag-Cu-Fe-Sn-REE成矿带，Ⅲ-8索伦镇-黄岗Fe-Sn-Cu-Pb-Zn-Ag成矿亚带	必要
	成矿时代	燕山晚期	必要
控矿地质条件	控矿构造	北东向的一组压性为主兼扭性断裂及其所形成的层间裂隙是控矿的有利部位；北西向张性为主兼扭性断裂控矿性能较差	重要
	赋矿地层	下二叠系哲斯组，中二叠统大石寨组三段	重要
	控矿侵入岩	富含碱质及挥发组分的正长花岗岩及期后气水溶液交代了围岩中有益成分并在有利部位富集成矿	必要
区域成矿类型及成矿区		燕山晚期接触交代(矽卡岩)型	重要
预测区矿点		成矿区带内14个矿点、矿化点	重要
物探特征	重力	剩余重力正负异常的交接部位，或布格异常由低到高变化的梯级带部位，是成矿的有利地段	重要
	航磁	航磁高异常	重要
遥感		由中生代岩体或火山机构引起的环形构造，铁染及羟基一级异常	重要

第三节　矿产预测

一、综合地质信息定位预测

根据典型矿床及预测工作区研究成果，选择网格单元法作为预测单元，网格单元大小为2.5km×2.5km。采用特征分析方法进行预测区的优选。

本次工作共圈定最小预测区70个，其中A级区8个，B级区19个，C级区43个(图14-6)。综合信息见表14-3。

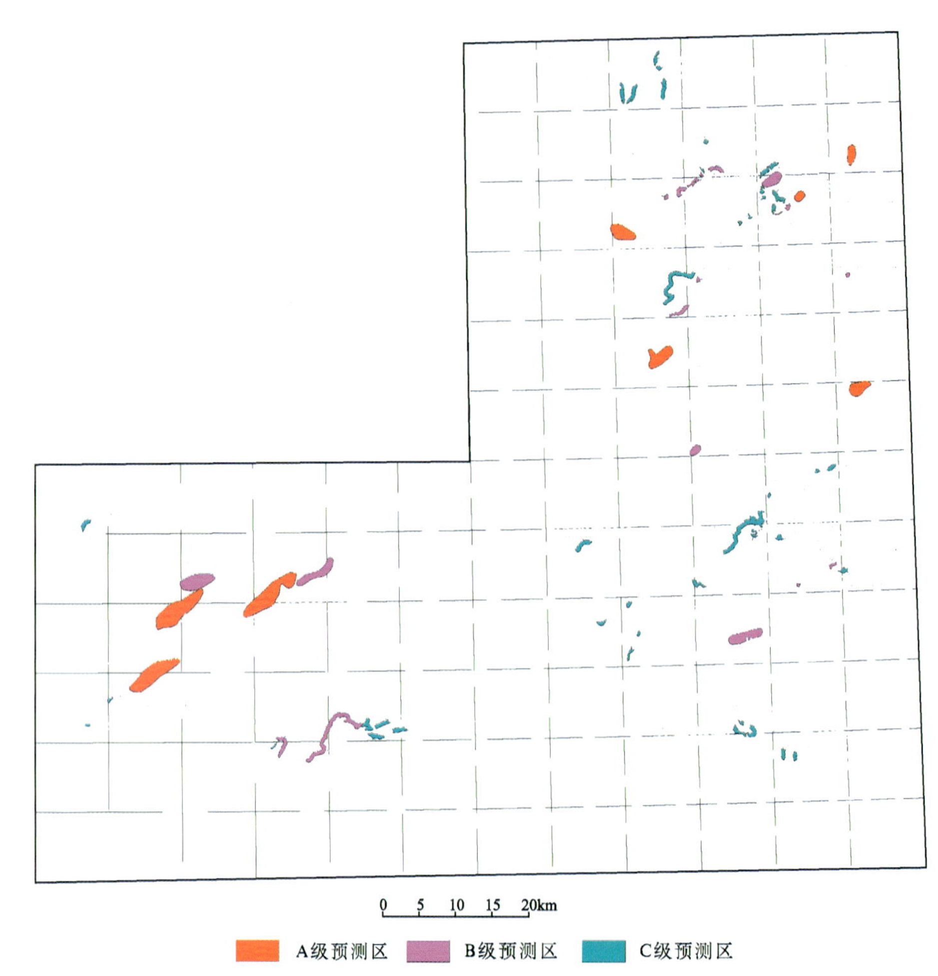

图 14-6　黄岗梁式矽卡岩型铁锡矿预测工作区最小预测区优选分布示意图

表 14-3　黄岗梁式矽卡岩型铁锡矿预测工作区最小预测区综合信息表

最小预测区编号	最小预测区名称	综合信息
A1501209001	查干格日格南	出露有早白垩世黑云母花岗岩小岩株、二叠系大石寨组火山岩夹碎屑岩建造和哲斯组碎屑岩-碳酸盐岩建造。位于剩余重力低值区。分布有丙类磁异常 1 处
A1501209002	哈日淖尔西	出露有早白垩世黑云母花岗岩、二叠系大石寨组火山岩夹碎屑岩建造,接触带附近见硅化、矽卡岩化。位于剩余重力梯度带。分布有乙类磁异常 2 处。区内已发现矿点 1 处
A1501209003	胜利村西	出露有早白垩世黑云母花岗岩、二叠系哲斯组碎屑岩-碳酸盐岩建造。接触带附近见硅化。位于剩余重力梯度带。分布有乙类磁异常 1 处。区内已发现矿点 2 处
A1501209004	乃林坝牧场	出露有早白垩世黑云母花岗岩、二叠系林西组碎屑岩。位于剩余重力梯度带。分布有甲类磁异常 1 处。区内已发现矿点 1 处
A1501209005	碧流台乡	出露有早白垩世黑云母花岗岩,二叠系大石寨组、哲斯组和林西组。位于剩余重力梯度带。分布有乙类磁异常 1 处,丁类磁异常 1 处
A1501209006	红光牧场东	出露有早白垩世花岗岩和晚侏罗世花岗斑岩及二叠系大石寨组火山岩夹碎屑岩建造。位于剩余重力梯度带。区内分布有丙类磁异常 1 处
A1501209007	刘家营子	出露有晚侏罗世正长花岗岩、二叠系大石寨组火山岩夹碎屑岩建造。接触带附近发育矽卡岩化、角岩化、绿泥石化等。位于剩余重力低值区。区内分布有 1 个乙类磁异常和 3 个丙类磁异常。已发现矿点矿化点 3 处

续表 14-3

最小预测区编号	最小预测区名称	综合信息
A1501209008	黄岗梁	出露有晚侏罗世正长花岗岩、二叠纪大石寨组火山岩夹碎屑岩建造和哲斯组碎屑岩-碳酸盐岩建造。在接触带上发育有矽卡岩化、角岩化。位于剩余重力梯度带。区内分布有甲类磁异常7个，丙类异常1个。区内已发现大型黄岗梁铁锡矿产地1处，铁矿资源量达 1.8×10^{8} t
B1501209001	乌兰达坝东	出露有早白垩世黑云母花岗岩、二叠系哲斯组碎屑岩-碳酸盐岩建造。位于剩余重力低值区
B1501209002	浩布高嘎查东	出露有早白垩世黑云母正长花岗岩、二叠系大石寨组。位于剩余重力低值区
B1501209003	修家湾南	出露有早白垩世黑云母花岗岩、二叠系哲斯组碎屑岩-碳酸盐岩建造。位于剩余重力低值区
B1501209004	迷力营子	出露有早白垩世黑云母正长花岗岩、二叠系大石寨组。位于剩余重力梯度带
B1501209005	乌兰坝西	出露有早白垩世黑云母正长花岗岩、二叠系大石寨组。位于剩余重力低值区
B1501209006	兴隆村北	出露有早白垩世黑云母花岗岩、二叠系大石寨组火山岩夹碎屑岩建造。位于剩余重力低值区。分布有丁类磁异常1处
B1501209007	乌兰达坝东	出露有早白垩世黑云母花岗岩、二叠系哲斯组碎屑岩-碳酸盐岩建造。位于剩余重力低值区
B1501209008	浩布高嘎查	出露有早白垩世黑云母正长花岗岩、二叠系大石寨组。位于剩余重力梯度带
B1501209009	乌兰坝鹿场西	出露有早白垩世黑云母正长花岗岩、二叠系大石寨组火山岩夹碎屑岩建造。位于剩余重力梯度带
B1501209010	乌兰坝	出露有早白垩世黑云母正长花岗岩、二叠系大石寨组。位于剩余重力低值区。分布有丁类磁异常1处
B1501209011	老万营子	出露有早白垩世黑云母正长花岗岩、二叠系大石寨组。位于剩余重力梯度带接触带附近见硅化
B1501209012	新房身村东	出露有早白垩世黑云母花岗岩、二叠系林西组。位于剩余重力梯度带。分布有乙类磁异常1处。区内已发现矿点1处
B1501209013	权吉牧场南	出露有晚侏罗世花岗岩和二叠系大石寨组。附近见航磁丁类异常1处。位于剩余重力梯度带和航磁高值区
B1501209014	蒙古营子东	出露有早白垩世黑云母花岗岩、二叠系哲斯组碎屑岩-碳酸盐岩建造。接触带见角岩化。位于剩余重力梯度带和航磁正值区
B1501209015	鼻阻马场南	出露有早白垩世黑云母花岗岩、二叠系大石寨组火山岩夹碎屑岩建造和哲斯组碎屑岩-碳酸盐岩建造。位于剩余重力梯度带
B1501209016	太平村	出露晚侏罗世花岗岩。位于重力梯度带。分布有两个丁类磁异常。已发现矿点1处
B1501209017	三楞山	位于A1501209007区的北东延伸方向。出露有晚侏罗世正长花岗岩、二叠系大石寨组和哲斯组。接触带发育矽卡岩化、角岩化、云英岩化。位于重力梯度带。见航磁丙类异常2处
B1501209018	刘营子	出露有白垩纪花岗岩和黑云母花岗岩和二叠系哲斯组碎屑岩建造。接触带发育有角岩化、阳起石化等。位于剩余重力梯度带和低值区、航磁局部高值区。见航磁丁类异常2处
B1501209019	四号义马厂东	出露有晚侏罗世正长花岗岩、二叠系大石寨组和哲斯组。接触带发育矽卡岩化、绿帘石化。位于剩余重力过渡带。区内见航磁乙类异常1处。已发现铁矿点2处
C1501209001	蒙古营子北	出露有早白垩世黑云母花岗岩、二叠系哲斯组碎屑岩-碳酸盐岩建造。位于剩余重力梯度带和航磁负值区
C1501209002	乌兰达坝苏木西北	出露有早白垩世黑云母花岗岩、二叠系大石寨组火山岩夹碎屑岩建造。位于剩余重力低值区

续表 14-3

最小预测区编号	最小预测区名称	综合信息
C1501209003	浩尔吐嘎查东	出露有早白垩世黑云母花岗岩、二叠系大石寨组火山岩夹碎屑岩建造。位于剩余重力低值区
C1501209004	乌兰坝鹿场西	出露有早白垩世黑云母正长花岗岩、二叠系大石寨组。位于剩余重力低值区
C1501209005	乌兰达坝苏木西	出露有早白垩世黑云母花岗岩、二叠系哲斯组碎屑岩-碳酸盐岩建造。位于剩余重力低值区
C1501209006	五星台牧场南	出露有早白垩世花岗岩、二叠系大石寨组火山岩夹碎屑岩建造。位于剩余重力梯度带。航磁正、负值过渡区
C1501209007	张家店村南	出露有早白垩世黑云母花岗岩、二叠系哲斯组碎屑岩-碳酸盐岩建造。位于剩余重力梯度带
C1501209008	双井北	出露有早白垩世黑云母花岗岩、二叠系哲斯组碎屑岩-碳酸盐岩建造。位于剩余重力低值区,航磁化极等值线低值区
C1501209009	索贝山村	出露有早白垩世黑云母花岗岩、二叠系哲斯组碎屑岩-碳酸盐岩建造。位于剩余重力低值区
C1501209010	上洼村北	出露有早白垩世黑云母花岗岩、二叠系大石寨组火山岩夹碎屑岩建造。位于剩余重力梯度带
C1501209011	五星台牧场东	出露有早白垩世花岗岩、晚侏罗世花岗斑岩、二叠系大石寨组火山岩夹碎屑岩建造。位于剩余重力梯度带。航磁正值区
C1501209012	上洼村	出露有早白垩世黑云母花岗岩、二叠系大石寨组火山岩夹碎屑岩建造。位于剩余重力梯度带
C1501209013	巴彦查干牧场	出露有晚侏罗世花岗岩和二叠系大石寨组。附近见航磁丁类异常1处。位于剩余重力梯度带和航磁高值区
C1501209014	巴林左旗鹿场北	出露有早白垩世黑云母正长花岗岩、二叠系大石寨组。接触带附近见绿泥石、绿帘石化。位于剩余重力梯度带
C1501209015	乌拉根坂护林场北	出露有早白垩世黑云母正长花岗岩、二叠系哲斯组碎屑岩-碳酸盐岩建造。位于剩余重力梯度带
C1501209016	浩尔吐嘎查东	出露有早白垩世黑云母花岗岩、二叠系大石寨组火山岩夹碎屑岩建造。位于剩余重力低值区
C1501209017	巴彦宝力格西	出露侏罗纪花岗岩和二叠系大石寨组。位于剩余重力高值区
C1501209018	上洼村东	出露有早白垩世黑云母花岗岩、二叠系哲斯组碎屑岩建造。位于剩余重力梯度带
C1501209019	乌兰达坝东	出露有早白垩世黑云母花岗岩、二叠系大石寨组和哲斯组。位于剩余重力低值区
C1501209020	兴隆村南	出露有早白垩世黑云母花岗岩、二叠系大石寨组火山岩夹碎屑岩建造。位于剩余重力梯度带。见丁类磁异常1处
C1501209021	河东营子南	出露有早白垩世黑云母花岗岩、二叠系哲斯组碎屑岩-碳酸盐岩建造。位于剩余重力低值区
C1501209022	罗布格	出露有早白垩世黑云母花岗岩、二叠系哲斯组碎屑岩-碳酸盐岩建造。位于剩余重力梯度带,航磁化极等值线高值区
C1501209023	倪家段村西	出露有早白垩世黑云母花岗岩、二叠系哲斯组碎屑岩-碳酸盐岩建造。位于剩余重力低值区

续表 14-3

最小预测区编号	最小预测区名称	综合信息
C1501209024	西拉西庙	出露有早白垩世黑云母花岗岩、二叠系哲斯组碎屑岩-碳酸盐岩建造。位于剩余重力梯度带和航磁高值区
C1501209025	鼻阻马场北东	出露有早白垩世黑云母花岗岩、二叠系大石寨组火山岩夹碎屑岩建造。位于剩余重力梯度带
C1501209026	乌拉根坂护林场北	出露有早白垩世黑云母正长花岗岩、二叠系哲斯组碎屑岩-碳酸盐岩建造。位于剩余重力梯度带
C1501209027	西拉西庙北	出露有早白垩世黑云母花岗岩、二叠系哲斯组碎屑岩-碳酸盐岩建造。位于剩余重力梯度带和航磁高值区
C1501209028	鼻阻马场	出露有早白垩世黑云母花岗岩、二叠系大石寨组火山岩夹碎屑岩建造。位于剩余重力梯度带
C1501209029	巴音查干牧场南	出露有晚侏罗世花岗岩和二叠系大石寨组。附近见航磁丁类异常1处。位于剩余重力梯度带和航磁高值区
C1501209030	盖家店村南	出露有早白垩世黑云母花岗岩、二叠系哲斯组碎屑岩-碳酸盐岩建造。位于剩余重力梯度带
C1501209031	依里嘎吐东	出露侏罗纪正长花岗岩、二叠系大石寨组火山岩。位于剩余重力低值区和航磁正值区(0～100)
C1501209032	水泉沟南	出露有白垩纪纪花岗岩和黑云母花岗岩和二叠纪哲斯组碎屑岩建造。接触带发育有角岩化。位于剩余重力梯度带和航磁高值区。附近见航磁丙类异常1处
C1501209033	新城子镇南	出露有白垩纪纪花岗岩和黑云母花岗岩和二叠纪哲斯组碎屑岩建造。接触带发育有角岩化。位于剩余重力梯度带和航磁高值区。区内见航磁丙类异常1处
C1501209034	莲花山村	出露有白垩纪纪花岗岩和黑云母花岗岩和二叠纪哲斯组碎屑岩建造。接触带发育有角岩化。位于剩余重力梯度带和航磁高值区。附近见航磁丙类和丁类异常各1处
C1501209035	巴音查干牧场南东	出露有晚侏罗世花岗岩和二叠系大石寨组。附近见航磁丁类异常1处。位于剩余重力梯度带和航磁高值区
C1501209036	浩尔吐嘎查东	出露有早白垩世黑云母花岗岩、二叠系大石寨组火山岩夹碎屑岩建造。位于剩余重力低值区。接触带附近发育硅化
C1501209037	乌力牙斯台分场南	出露有早白垩世黑云母正长花岗岩、二叠系哲斯组碎屑岩-碳酸盐岩建造。位于剩余重力梯度带
C1501209038	大金沟	出露有白垩纪纪花岗岩和黑云母花岗岩和二叠纪哲斯组碎屑岩建造。接触带发育有角岩化。位于剩余重力低值区和航磁高值区。附近见航磁丙类异常1处
C1501209039	幸福之路乡西	出露侏罗纪花岗岩和二叠系哲斯组。位于重力梯度带
C1501209040	乌力牙斯台分场南	出露有早白垩世黑云母正长花岗岩、二叠系哲斯组碎屑岩-碳酸盐岩建造。位于剩余重力梯度带
C1501209041	乌拉根坂场北	出露有早白垩世黑云母正长花岗岩、二叠系哲斯组碎屑岩-碳酸盐岩建造和大石寨组火山岩。位于剩余重力梯度带
C1501209042	二道井子村	出露有早白垩世黑云母正长花岗岩、二叠系大石寨组火山岩、哲斯组碎屑岩-碳酸盐岩建造。位于剩余重力梯度带、航磁正值区
C1501209043	双庙村南	出露有早白垩世黑云母花岗岩、二叠系大石寨组火山岩夹碎屑岩建造。位于剩余重力梯度带

二、综合信息地质体积法估算资源量

1. 典型矿床深部及外围资源量估算

黄岗梁铁矿查明资源量、体重及全铁品位均来源于内蒙古地质局第三地质队1983年9月提交的《内蒙古克什克腾旗黄冈梁铁锡矿区详细普查地质报告》。矿床面积($S_{总}$)是根据1∶1万矿区综合地质图在MapGIS软件下读取数据;矿体延深($L_{查}$)依据控制矿体最深的14勘探线剖面图确定。根据黄岗梁铁矿区勘探线剖面图已见矿钻孔资料及推测矿体的封闭情况,向深部推测260m,计算矿区深部预测资源量。

根据已知矿体走向、赋存层位、勘探线剖面图中矿体的封闭情况及矿区外围零星出露的矿体,圈定外围预测范围,预测深度根据钻孔中矿体产状,沿最深深度下推260m,即700m计算。

黄岗梁铁矿典型矿床深部及外围资源量估算结果见表14-4。

表14-4　黄岗梁式矽卡岩型铁矿典型矿床深部及外围资源量估算一览表

典型矿床		深部及外围		
已查明资源量(矿石量,t)	180 646 000	深部	面积(m^2)	4 191 677
面积(km^2)	4 191 677		深度(m)	260
深度(m)	440	外围	面积(m^2)	372 525
TFe品位(%)	39.58		深度(m)	700
密度(t/m^3)	3.85	预测资源量(t)		83 112 369
体积含矿率(t/m^3)	0.098	典型矿床资源总量(t)		263 758 369

2. 模型区的确定、资源量及估算参数

黄岗梁模型区内没有其他矿床,模型区总资源量为263 758 369t,模型区延深与典型矿床一致,模型区含矿地质体面积与模型区面积一致。延深根据典型矿床最大预测深度确定。模型区圈定时参照了含矿建造地质体,因此含矿地质体面积参数为1。由此计算含矿地质体含矿系数(表14-5)。

表14-5　黄岗梁式矽卡岩型铁锡矿模型区预测资源量及其估算参数表

编号	名称	模型区总资源量(t)	模型区面积(m^2)	延深(m)	含矿地质体面积(m^2)	含矿地质体面积参数	含矿地质体含矿系数K
A1501203008	黄岗梁	263 758 369	84 864 340	700	84 864 340	1	0.004 44

3. 最小预测区预测资源量

黄岗梁式矽卡岩型铁矿预测工作区最小预测区资源量定量估算采用地质体积法进行估算。

1)估算参数的确定

最小预测区面积是依据综合地质信息定位优选的结果;延深的确定是在研究最小预测区含矿地质体地质特征、含矿地质体的形成深度、断裂特征、矿化类型的基础上,并对比典型矿床特征的基础上综合确定的;相似系数的确定,主要依据MRAS生成的成矿概率及与模型区的比值,参照最小预测区地质体出露情况、化探及重砂异常规模及分布、物探解译隐伏岩体分布信息等进行修正。

2)最小预测区预测资源量估算结果

求得最小预测区资源量,预测总资源量 30 816.53×10^4 t,其中不包括已查明资源量 11 529.75×10^4 t,详见表 14-6。

表 14-6　黄岗梁式矽卡岩型铁矿预测工作区最小预测区预测资源量表

编号	名称	$S_{预}$ (m^2)	$H_{预}$ (m)	K (t/m^3)	α	$Z_{预}$ (×10^4 t)	资源量级别
A1501203001	查干格日格南	5 953 644	700	0.004 44	0.2	370.08	334-3
A1501203002	哈日淖尔西	8 775 063	700	0.004 44	0.2	545.46	334-2
A1501203003	胜利村西	13 524 000	700	0.004 44	0.2	840.65	334-2
A1501203004	乃林坝牧场	21 217 750	700	0.004 44	0.2	1 318.90	334-2
A1501203005	碧流台乡	23 616 500	700	0.004 44	0.2	1 468.00	334-3
A1501203006	红光牧场东	51 401 125	700	0.004 44	0.2	3 195.09	334-3
A1501203007	刘家营子	58 966 859	700	0.004 44	0.2	3 653.38	334-2
A1501203008	黄岗梁	84 864 340	700	0.004 44	1	8 311.24	334-1
B1501203001	乌兰达坝东	586 874	700	0.004 44	0.15	27.36	334-3
B1501203002	浩布高嘎查东	724 269	700	0.004 44	0.15	33.77	334-3
B1501203003	修家湾南	838 650	700	0.004 44	0.15	39.10	334-3
B1501203004	迷力营子	1 116 475	700	0.004 44	0.15	52.05	334-3
B1501203005	乌兰坝西	1 214 088	700	0.004 44	0.15	56.60	334-3
B1501203006	兴隆村北	1 499 619	700	0.004 44	0.15	69.91	334-3
B1501203007	乌兰达坝东	1 604 531	700	0.004 44	0.15	74.80	334-3
B1501203008	浩布高嘎查	2 768 181	700	0.004 44	0.15	129.05	334-3
B1501203009	乌兰坝鹿场西	3 907 900	700	0.004 44	0.15	182.19	334-3
B1501203010	乌兰坝	24 021 021	700	0.004 44	0.15	185.26	334-3
B1501203011	老万营子	4 690 475	700	0.004 44	0.15	218.67	334-3
B1501203012	新房身村东	5 942 094	700	0.004 44	0.15	277.02	334-2
B1501203013	权吉牧场南	844 975	700	0.004 44	0.15	39.39	334-3
B1501203014	蒙古营子东	6 509 438	700	0.004 44	0.15	303.47	334-3
B1501203015	鼻阻马场南	12 215 063	700	0.004 44	0.15	569.47	334-3
B1501203016	太平村	20 204 063	700	0.004 44	0.15	941.91	334-2
B1501203017	三楞山	22 335 313	700	0.004 44	0.15	1 041.27	334-3
B1501203018	刘营子	26 637 750	700	0.004 44	0.15	1 241.85	334-3
B1501203019	四号义马厂东	29 852 813	700	0.004 44	0.15	1 391.74	334-2
C1501203001	蒙古营子北	595 232	700	0.004 44	0.1	18.50	334-3
C1501203002	乌兰达坝苏木西北	637 794	700	0.004 44	0.1	19.82	334-3
C1501203003	浩尔吐嘎查东	638 563	700	0.004 44	0.1	19.85	334-3
C1501203004	乌兰坝鹿场西	646 069	700	0.004 44	0.1	20.08	334-3

续表 14-6

编号	名称	$S_{预}$ (m^2)	$H_{预}$ (m)	K (t/m^3)	α	$Z_{预}$ ($\times 10^4$ t)	资源量级别
C1501203005	西乌兰达坝苏木西北	682 700	700	0.004 44	0.1	21.22	334-3
C1501203006	五星台牧场南	789 694	700	0.004 44	0.1	24.54	334-3
C1501203007	张家店村南	815 369	700	0.004 44	0.1	25.34	334-3
C1501203008	双井北	844 663	700	0.004 44	0.1	26.25	334-3
C1501203009	索贝山村	868 169	700	0.004 44	0.1	26.98	334-3
C1501203010	上洼村北	917 144	700	0.004 44	0.1	28.50	334-3
C1501203011	五星台牧场东	940 969	700	0.004 44	0.1	29.25	334-3
C1501203012	上洼村	1 002 181	700	0.004 44	0.1	31.15	334-3
C1501203013	巴彦查干牧场	1 015 313	700	0.004 44	0.1	31.56	334-3
C1501203014	巴林左旗鹿场北	1 108 588	700	0.004 44	0.1	34.45	334-3
C1501203015	乌拉根坂护林场北	1 246 075	700	0.004 44	0.1	38.73	334-3
C1501203016	浩尔吐嘎查东	1 536 125	700	0.004 44	0.1	47.74	334-3
C1501203017	巴彦宝力格西	1 554 681	700	0.004 44	0.1	48.32	334-3
C1501203018	上洼村东	1 847 444	700	0.004 44	0.1	57.42	334-3
C1501203019	乌兰达坝东	1 906 500	700	0.004 44	0.1	59.25	334-3
C1501203020	兴隆村南	1 915 438	700	0.004 44	0.1	59.53	334-3
C1501203021	河东营子南	1 950 681	700	0.004 44	0.1	60.63	334-3
C1501203022	罗布格	1 990 788	700	0.004 44	0.1	61.87	334-3
C1501203023	倪家段村西	2 182 950	700	0.004 44	0.1	67.85	334-3
C1501203024	西拉西庙	2 187 706	700	0.004 44	0.1	67.99	334-3
C1501203025	鼻阻马场北东	2 589 438	700	0.004 44	0.1	80.48	334-3
C1501203026	乌拉根坂护林场北	2 614 769	700	0.004 44	0.1	81.27	334-3
C1501203027	西拉西庙北	2 708 281	700	0.004 44	0.1	84.17	334-3
C1501203028	鼻阻马场	2 894 381	700	0.004 44	0.1	89.96	334-3
C1501203029	巴音查干牧场南	3 188 331	700	0.004 44	0.1	99.09	334-3
C1501203030	盖家店村南	3 290 831	700	0.004 44	0.1	102.28	334-3
C1501203031	依里嘎吐东	3 330 356	700	0.004 44	0.1	103.51	334-3
C1501203032	水泉沟南	3 637 444	700	0.004 44	0.1	113.05	334-3
C1501203033	新城子镇南	3 944 025	700	0.004 44	0.1	122.58	334-3
C1501203034	莲花山村	4 183 925	700	0.004 44	0.1	130.04	334-3
C1501203035	巴音查干牧场南东	4 358 150	700	0.004 44	0.1	135.45	334-3
C1501203036	浩尔吐嘎查东	4 497 994	700	0.004 44	0.1	139.80	334-3
C1501203037	乌力牙斯台分场南	4 591 219	700	0.004 44	0.1	142.70	334-3
C1501203038	大金沟	4 926 931	700	0.004 44	0.1	153.13	334-3

续表 14-6

编号	名称	$S_{预}$ (m^2)	$H_{预}$ (m)	K (t/m^3)	α	$Z_{预}$ ($\times 10^4 t$)	资源量级别
C1501203039	幸福之路乡西	5 047 631	700	0.004 44	0.1	156.88	334-3
C1501203040	乌力牙斯台分场南	5 118 250	700	0.004 44	0.1	159.08	334-3
C1501203041	乌拉根坂护林场北	5 367 575	700	0.004 44	0.1	166.82	334-3
C1501203042	二道井子村	17 456 188	700	0.004 44	0.1	542.54	334-3
C1501203043	双庙村南	22 801 480	700	0.004 44	0.1	708.67	334-3
合计						30 816.53	

4. 预测工作区资源总量成果汇总

根据矿产潜力评价预测资源量汇总标准，黄岗梁式矽卡岩型铁矿预测工作区按精度、预测深度、可利用性、可信度统计分析结果见表 14-7。

表 14-7　黄岗梁式矽卡岩型铁矿预测工作区预测资源量统计分析表($\times 10^4 t$)

精度	深度		可利用性		可信度			合计
	500m以浅	1 000m以浅	可利用	暂不可利用	$x \geq 0.75$	$0.75 > x \geq 0.5$	$0.5 > x \geq 0.25$	
334-1	5 830.48	8 329.26	8 329.26	—	8 329.26	—	—	8 329.26
334-2	6 406.47	8 969.06	8 969.06	—	—	6 358.39	2 610.67	8 969.06
334-3	9 655.86	13 518.21	—	13 518.21	—	5 033.17	8 485.04	13 518.21
合计								30 816.53

第十五章　额里图式矽卡岩型铁矿预测成果

第一节　典型矿床特征

一、典型矿床地质特征

额里图矽卡岩型铁矿床分布于内蒙古自治区正镶白旗境内。地理坐标为东经115°16′15″～115°17′45″，北纬42°08′15″～42°09′00″。

1. 矿区地质

南部地层以中太古界乌拉山岩群深变质岩为主，北部以上古生界二叠系海陆交互相火山岩及沉积岩为主。中太古界乌拉山岩群岩性为角闪黑云斜长变粒岩、石榴黑云斜长变粒岩、石榴斜长浅粒岩夹斜长角闪岩、透辉石大理岩；上古生界分为额里图组及三面井组，额里图组岩性为蚀变安山岩、英安岩、安山质角砾凝灰岩、英安质熔结凝灰岩夹绿色泥岩；三面井组岩性为深灰色变质细砂岩、砂岩及粉砂质泥岩、细砾岩夹凝灰质砂岩、生物碎屑灰岩。中生界上侏罗统火山岩均出露于矿区以北及以西地区。

区内燕山早期中酸性岩浆活动较为频繁，主要有两种岩石类型，其一为闪长玢岩，其二为流纹斑岩。特别是闪长(玢)岩对成矿有利，即岩体与中太古界乌拉山岩群深变质岩中的大理岩或碳酸盐岩作用交代而产生的矽卡岩带为该区成矿有利地区。

区内构造复杂。中太古界乌拉山岩群深变质岩为华北陆块基底，褶皱轴向复杂，总体方向为北东东向。区内断裂主要以北西向和近东西向为主，近东西向受多期构造影响表现为硅化破碎带，规模一般较大，长者达5 000余米，宽20余米，带内铁锰矿化及铜矿化可见。为区内主要导矿控矿构造。

2. 矿床特征

矿体走向近东西，倾向南，倾角68°～80°，为盲矿体，埋深近百米，长760m，平均厚9m，倾向延深400m，为透镜状、似透镜状(图15-1)。

围岩矽卡岩化、硅化、磁铁矿化强烈。

主元素含量：SFe＝28％～52.85％，SiO_2＝10.98％～37.24％，S＝0.1％，P＝0.01％～0.05％。

矿石主要组分是铁，伴生有益组分有钴和镓等，造渣组分为二氧化硅、三氧化二铝、氧化钙、氧化镁等。有害元素有硫、磷、砷、铅、锌等。

矿石工业类型为磁铁矿石。自然类型分为4个类型：石榴矽卡岩-磁铁矿、石榴透辉矽卡岩-磁铁矿、方解石绿帘透辉矽卡岩-磁铁矿、阳起透辉矽卡岩-磁铁矿。

金属矿物有磁铁矿、赤铁矿、黄铁矿；非金属矿物有石榴石、透辉石、绿帘石、方解石、透闪石、石英、长石、角闪石。

矿石结构为半自形—他形结构、粒状结构，构造有带状、团块状、浸染状、不规则状及角砾状等构造。

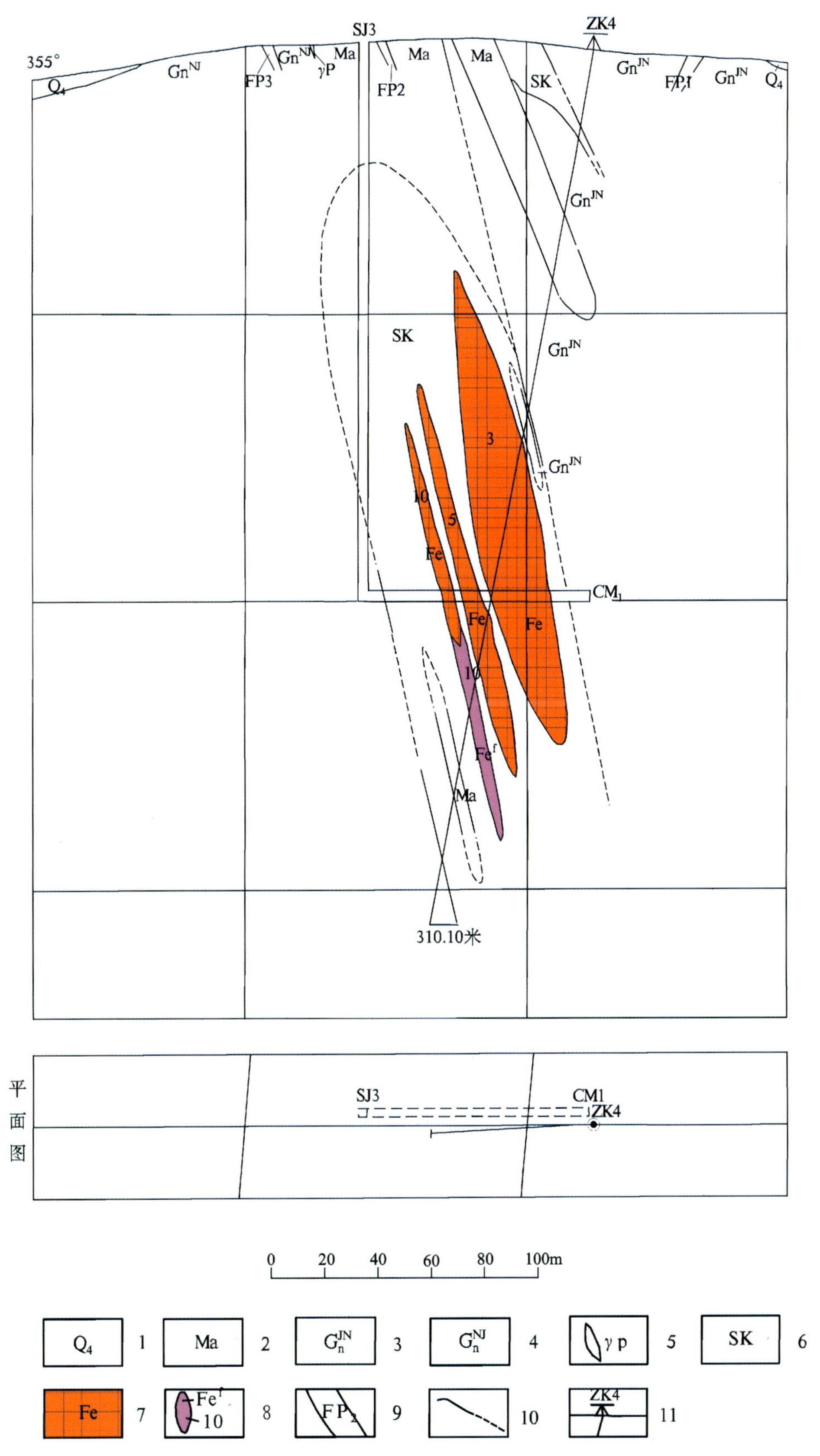

图 15-1 额里图铁矿矿区Ⅲ—Ⅲ线地质剖面图

1.腐殖砂土;2.大理岩;3.角闪斜长片麻岩;4.斜长角闪片麻岩;5.花岗伟晶岩;6.矽卡岩;7.磁铁矿透镜体;8.非工业铁矿体及编号;9.硅化破碎带及编号;10.实测及推测地质界线;11.剖面图钻孔位置及编号

3. 矿床成因及成矿时代

矿床成因为矽卡岩型，成矿时代为燕山早期。

二、典型矿床地球物理特征

1. 矿床所在区域重力特征

额里图矽卡岩型铁矿在区域布格重力异常图上位于北东向展布的条状相对重力高值带上。剩余重力异常图上，位于呈北东向带状展布的G蒙-467剩余重力正异常的北东侧边部。异常区局部出露太古宙的深变质岩(Ar_2)(图15-2)。

2. 额里图铁矿航磁异常特征

磁场显示为北东走向的正磁异常，重磁场特征反映该区域有东西向和北东向断裂通过。矿床1∶5万物探剖析见图15-3。

三、典型矿床预测要素

以典型矿床成矿要素图为基础，综合研究重力、航磁、化探、遥感、自然重砂等综合致矿信息，总结典型矿床预测要素(表15-1)。

表15-1　额里图式矽卡岩型铁矿典型矿床预测要素

<table>
<tr><td colspan="2">预测要素</td><td colspan="4">描述内容</td><td rowspan="3">要素类别</td></tr>
<tr><td colspan="2">储量</td><td>3 256 700t</td><td>平均品位</td><td colspan="2">TFe 34.84%</td></tr>
<tr><td colspan="2">特征描述</td><td colspan="4">矽卡岩型铁矿床</td></tr>
<tr><td rowspan="5">地质环境</td><td>岩石类型</td><td colspan="4">为一套片麻岩夹大理岩</td><td>重要</td></tr>
<tr><td>岩石结构</td><td colspan="4">变晶结构，片麻状构造、块状构造</td><td>次要</td></tr>
<tr><td>成矿时代</td><td colspan="4">燕山早期</td><td>必要</td></tr>
<tr><td>地质背景</td><td colspan="4">华北陆块区狼山-阴山陆块之狼山-白云鄂博裂谷与天山-兴蒙造山系包尔汉图-温都尔庙弧盆系的交界处</td><td>必要</td></tr>
<tr><td>构造环境</td><td colspan="4">晚古生代陆缘弧</td><td>重要</td></tr>
<tr><td rowspan="4">矿床特征</td><td>矿物组合</td><td colspan="4">金属矿物：磁铁矿、赤铁矿、黄铁矿；脉石矿物主要为：石榴石、透辉石、绿帘石、方解石、透闪石、石英、长石、角闪石</td><td>重要</td></tr>
<tr><td>结构构造</td><td colspan="4">结构：半自形—他形结构、粒状结构；构造：带状、团块状、浸染状、不规则状及角砾状等构造</td><td>次要</td></tr>
<tr><td>蚀变</td><td colspan="4">矽卡岩化、硅化、磁铁矿化</td><td>重要</td></tr>
<tr><td>控矿条件</td><td colspan="4">近东西向构造为区内主要导矿构造，接触带</td><td>重要</td></tr>
<tr><td rowspan="2">物探特征</td><td>地磁特征</td><td colspan="4">ΔT>200nT，异常曲线呈宽缓的穹型，最高2 500nT</td><td></td></tr>
<tr><td>重力特征</td><td colspan="4">重力梯度带，剩余重力正异常</td><td></td></tr>
</table>

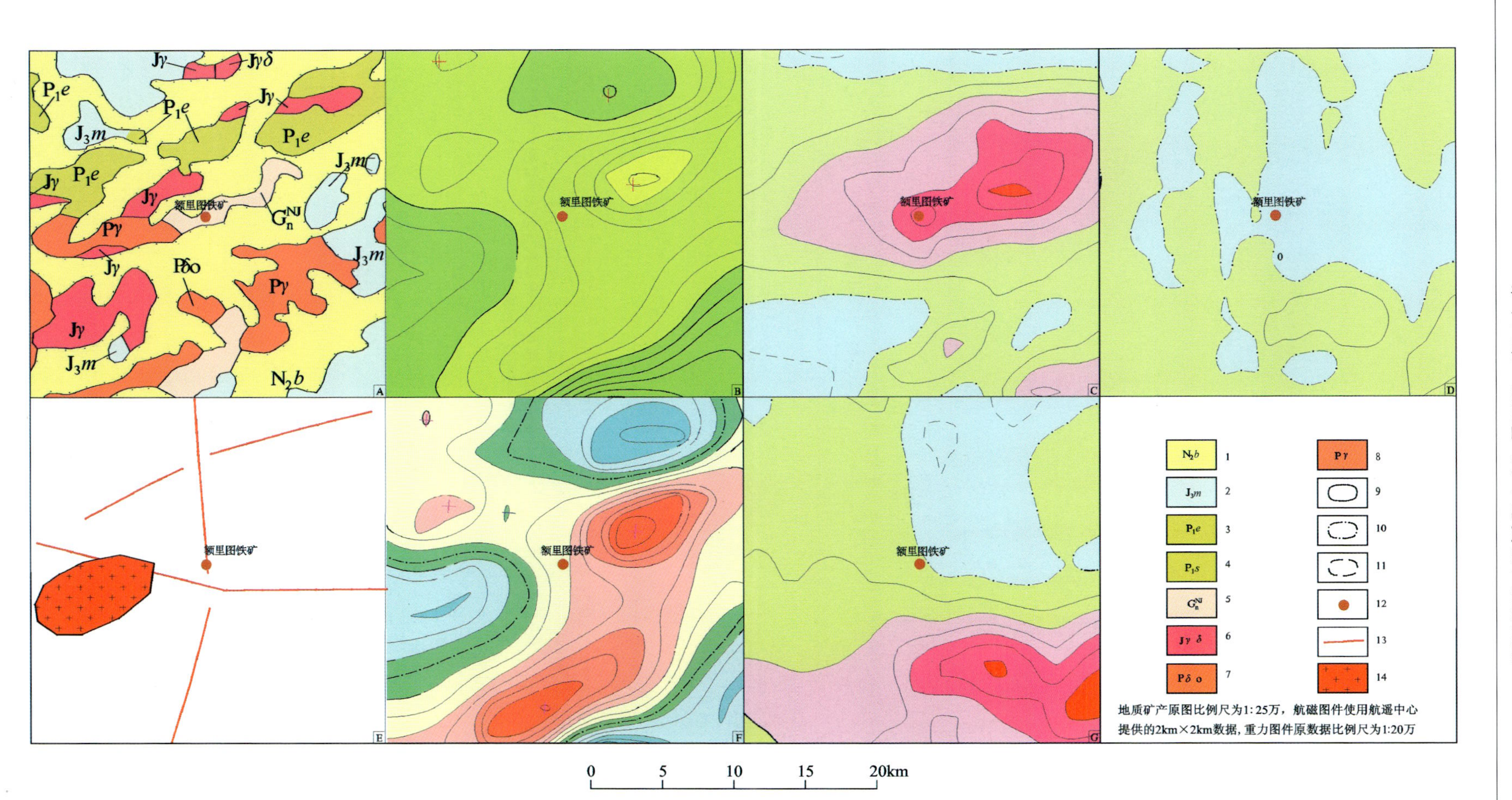

图 15-2　额里图铁矿床1：25万地质及物探剖析图示意图

A.地质矿产图；B.布格重力异常图；C.航磁△T等值线平面图；D.航磁ΔT化极垂向一阶导数等值线平面图；E.重磁推断地质构造图；F.剩余重力异常图；G.航磁ΔT化极等值线平面图；1. 宝格达乌拉组；2. 满克头鄂博组；3. 额里图组；4. 三面井组；5. 乌拉山岩群斜长角闪片麻岩；6. 花岗闪长岩；7. 石英闪长岩；8. 花岗岩；9. 正等值线及注记；10. 零等值线及注记；11. 负等值线及注记；12. 额里图铁矿；13. 推断三级断裂；14. 推断酸性岩体

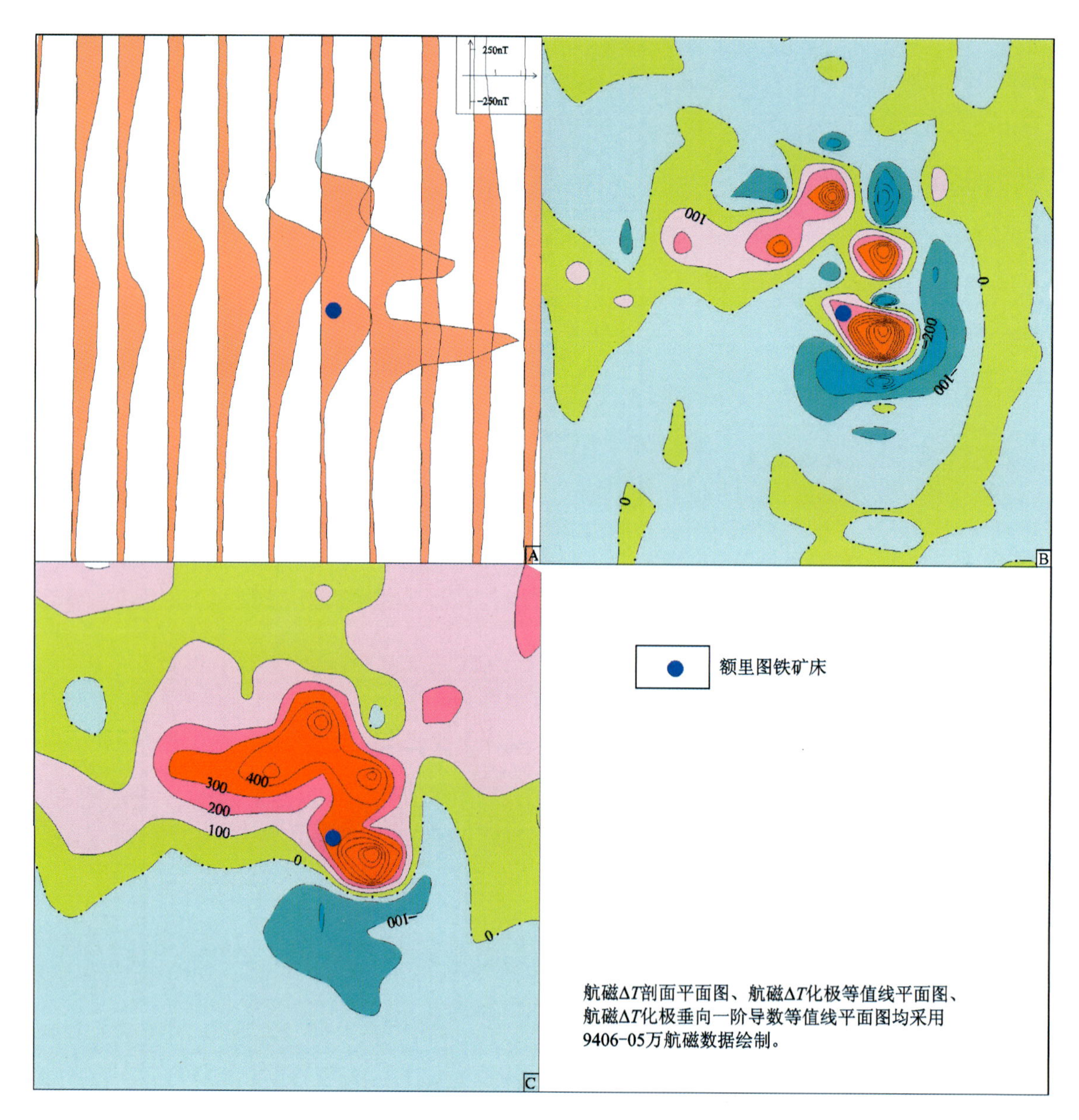

图 15-3　额里图铁矿床 1∶5 万物探剖析图

A. 航磁 ΔT 剖面平面图；B. 航磁 ΔT 化极垂向一阶导数等值线平面图；C. 航磁 ΔT 化极等值线平面图

第二节　预测工作区研究

预测工作区范围为东经 114°00′～117°00′，北纬 41°00′～43°00′。

一、区域地质矿产特征

本区大地构造位置处于华北陆块区狼山-阴山陆块之狼山-白云鄂博裂谷与天山-兴蒙造山系包尔汉图-温都尔庙弧盆系的交界处，相应的成矿区带属华北成矿省华北陆块北缘西段 Au-Fe-Nb-REE-Cu-

Pb-Zn-Ag-Ni-Pt-W-石墨-白云母成矿带和大兴安岭成矿省突泉-翁牛特旗 Pb-Zn-Ag-Cu-Fe-Sn-REE 成矿带。

与成矿有关的地层为中太古界乌拉山岩群深变质岩、上古生界二叠系海陆交互相火山岩及沉积岩。中生界上侏罗统火山岩均出露于预测区外围。

燕山早期中酸性岩浆活动较为频繁，有花岗岩、闪长岩、闪长玢岩、流纹斑岩等。研究区构造复杂，中太古界乌拉山岩群深变质岩为华北陆块基底，褶皱轴向复杂，总体方向为北东东向。断裂主要以北西向和近东西向为主，近东西向受多期构造影响表现为硅化破碎带，规模一般较大。

侵入岩与中太古界乌拉山岩群、额里图组、三面井组中的大理岩或碳酸盐岩作用交代而产生的矽卡岩带为成矿有利地区。相同类型的矿床(点)有 2 处。

二、区域地球物理特征

1. 重力特征

预测区南部完成了 1∶20 万区域重力测量，占预测区的 1/4，北侧边部只开展了 1∶50 万重力测量。

区域布格重力异常图上，预测区位于善都-那日图重力高异常带上。剩余重力异常图上，预测区大部分为片状带状负异常，部分为条带状正异常。预测区东部的负异常多与中生界盆地有关，西南侧的负异常多因酸性侵入岩引起。正异常则与古生代和太古宙的基底隆起有关。

G 蒙-474 号剩余重力异常为太古宙基底隆起区，有中深部形成铁矿的潜力。

2. 磁场特征

预测区磁场值总体处在正负磁场互现的－100～100nT 磁场背景上，磁场值变化范围在－1 300～1 500nT之间。预测区磁场较杂乱，磁异常轴向以北东东向和东西向为主，磁异常形态各异。磁场特征反映出预测区主要构造方向为东西向和北东东向。

已知铁矿航磁异常走向以北东向、东西向为主，异常多数处在较低磁异常背景上，磁场变化复杂，异常多处在磁测推断的北东向断裂带上或其两侧的次级断裂上，磁异常均处在侵入岩体上或岩体与岩体、岩体与地层的接触带上。

三、遥感特征

预测工作区内解译出 2 条巨型断裂带即高家窑-乌拉特后旗-化德-赤峰断裂带和索伦敖包-阿鲁科尔沁旗深断裂带，分布在预测区中部和北部边缘，近东西向展布，基本横跨整个预测区；构造在该区域显示明显的断续东西向延伸特点，线型构造两侧地层体较复杂，线型构造经过多套地层体。

解译出 1 条中型断裂(带)，为新林-白音特拉断裂带，该断裂带呈北西向通过预测工作区东北部。带内分布有多处金、铜矿床(点)。

小型断裂以北东向和近南北向为主，次为北西向及北东东向小型断裂。其中北西向小型断裂多显示张性特点，其他方向小型断裂多为压性断层，不同方向断裂交汇部位是重要的铁、钨成矿地段。

预测工作区内共圈出 9 个环形构造。它们在空间分布上有明显的规律，主要分布在不同方向断裂交汇部位。其成因类型全部为与隐伏岩体有关的环形构造。

四、区域预测要素

根据预测工作区区域成矿要素和航磁、重力及自然重砂等，建立了本预测区的区域预测要素(表 15-2)。

表 15-2　额里图式矽卡岩型铁矿预测工作区预测要素表

区域预测要素		描述内容	要素类别
地质环境	构造背景	华北陆块区狼山-阴山陆块之狼山-白云鄂博裂谷与天山-兴蒙造山系包尔汉图-温都尔庙弧盆系的交界处	重要
	成矿环境	华北成矿省华北华北陆块北缘西段 Au-Fe-Nb-REE-Cu-Pb-Zn-Ag-Ni-Pt-W-石墨-白云母成矿带和大兴安岭成矿省突泉-翁牛特旗 Pb-Zn-Ag-Cu-Fe-Sn-REE 成矿带	重要
	成矿时代	燕山早期	重要
控矿地质条件	控矿构造	近东西向断裂构造，地表规模大的硅化破碎带	重要
	赋矿地层	中太古界乌拉山岩群深变质岩	重要
	控矿侵入岩	燕山早期中酸性岩浆岩	重要
区域成矿类型及成矿区		燕山早期中酸性侵入岩与中太古界乌拉山岩群深变质岩接触交代的外接触带(矽卡岩)型	
预测区矿点		2 个矿床(点)	重要
物探特征	重力	布格重力高异常带，剩余重力正异常	次要
	航磁	北东走向的正磁异常带或椭圆形磁异常	重要
遥感		环形构造	重要

第三节　矿产预测

一、综合地质信息定位预测

根据典型矿床成矿要素及预测要素，本次选择网格单元法作为预测单元。采用少模型预测工程进行预测，预测过程中先后采用了数量化理论 III、聚类分析、神经网络分析等方法进行空间评价，形成色块图，叠加各预测要素，对色块图进行人工筛选，圈定最小预测区分布图(图 15-4)。

A 级预测区：地表有中太古界乌拉山岩群深变质岩、额里图组、三面井组及与成矿有直接成因联系的燕山早期中酸性岩浆岩出露；北东向、近东西向导矿或控矿构造发育；已知的小型矿床及矿点存在；遥感局部有一级铁染异常存在；有航磁化极异常，最高值 500nT；重力高，剩余重力异常等值线起始值在 $(0\sim10)\times10^{-5}\text{m/s}^2$ 之间。成矿地、物、化、遥条件有利，找矿潜力大。

B 级预测区：地表有中太古界乌拉山岩群深变质岩、额里图组火山岩、三面井组碎屑岩，多数出露与成矿有直接成因联系的燕山早期中酸性岩浆岩；有铁染异常；有小型矿床及矿点存在；多具低缓的航磁化极异常，少数航磁化极异常值高；重力高或重力低不均匀分布。多数成矿地、物、化、遥条件有利，具有找矿潜力。

C级预测区：少数出露中太古界乌拉山岩群深变质岩、额里图组火山岩、三面井组碎屑岩及与成矿有直接成因联系的燕山早期中酸性岩浆岩；多具低缓的航磁化极异常；重力异常复杂；零星分布铁染异常，多数找矿潜力差。

本次工作共圈定各级异常区33个，其中A级5个，总面积291.42km²；B级8个，总面积341.95km²；C级20个，总面积1 366.61km²，综合信息见表15-3。

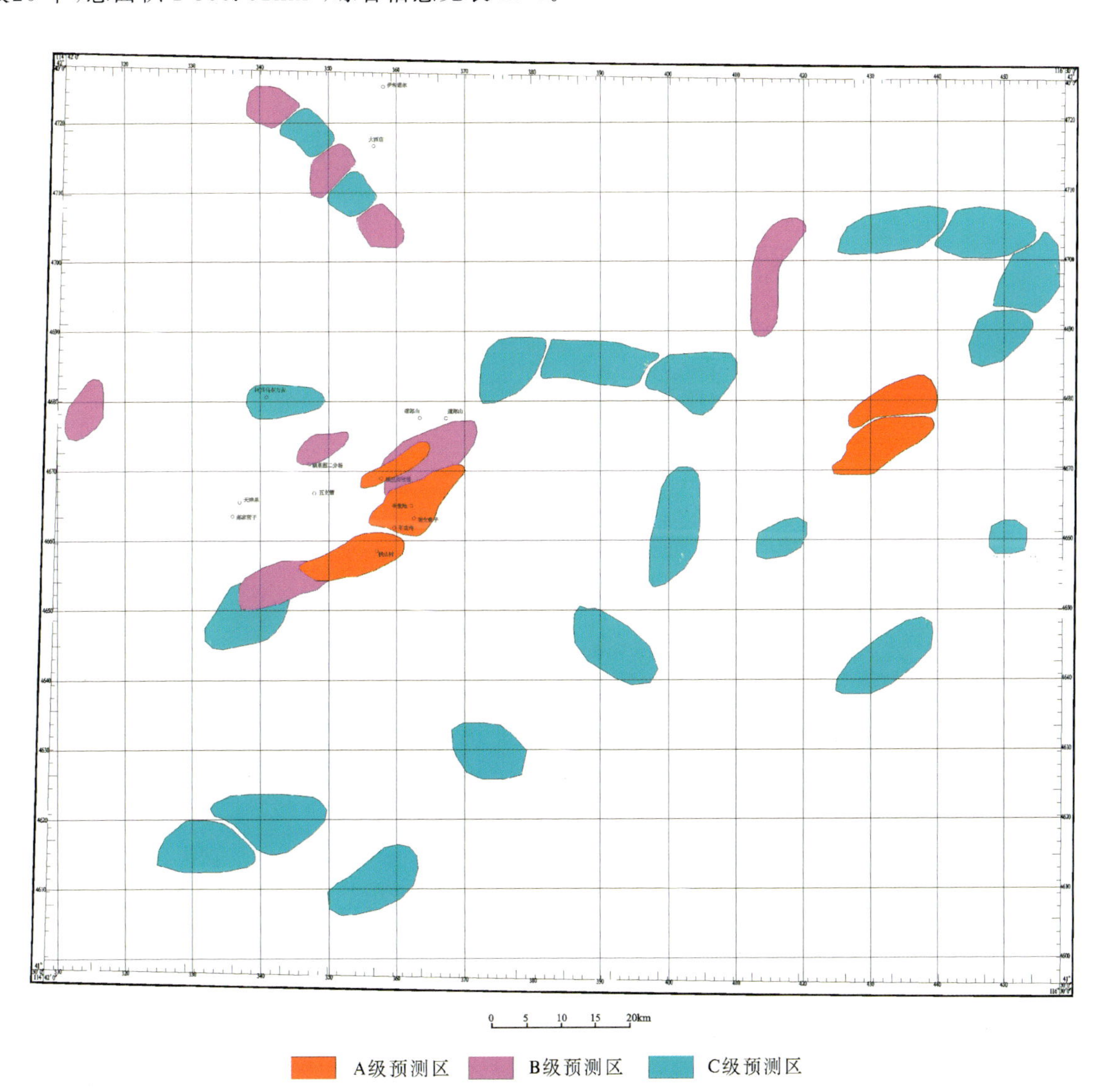

图15-4　额里图式矽卡岩型铁矿预测工作区最小预测区优选分布示意图

表15-3　额里图式矽卡岩型铁矿预测工作区最小预测区综合信息表

最小预测区编号	最小预测区名称	综合信息	评价
A1501204001	铁山村	该区出露中太古界乌拉山岩群深变质岩，侏罗纪二云母花岗岩。断裂主要以北东向和近东西向为主。区内有矿点1处。该区仅矿点处及其东侧有小范围航磁化极异常，最高值300nT；重力异常带北东向分布，中间重力高，向南东、北西变低	找矿潜力大

续表 15-3

最小预测区编号	最小预测区名称	综合信息	评价
A1501204002	刘大营子	南西边缘出露中太古界乌拉山岩群深变质岩，中部大面积分布侏罗纪二云母花岗岩，北东端出露满克头鄂博组酸性火山岩，该区岩浆活动强烈，对成矿有利。北东向、北西向断裂构造发育。重力异常不明显，具低缓的航磁化极异常	有一定的找矿潜力
A1501204003	额里图牧场	出露中太古界乌拉山岩群深变质岩，边部出露上古生界二叠系额里图组及三面井组海陆交互相火山岩及沉积岩。区内燕山早期中酸性岩浆岩特别是闪长(玢)岩对成矿有利；断裂主要以北西向和近东西向为主，近东西向受多期构造影响表现为硅化破碎带，规模一般较大，带内铁锰矿化及铜矿化可见，为区内主要导矿控矿构造。矿床1处。航磁化极异常2处，北东向展布，最高值500nT；矿点北东重力高，矿点处及南西段重力低。重力高区与航磁化极异常区套合好，是进一步寻找盲矿的有利地区	重力高、航磁化极异常区，是进一步寻找盲矿的有利地区
A1501204004	小河	主要出露上古生界额里图组中性火山岩及三面井组变质细砂岩、泥岩、生物碎屑灰岩。中生界上侏罗统火山岩均出露于矿区以北及以西地区。侵入岩有石英二长斑岩、花岗斑岩等，在侵入岩与额里图组及三面井组接触带处有矿点1处，矽卡岩型。区内北东向、北西向断裂构造极其发育。铁染异常北西向分布；西部航磁化极异常值高，最高值500nT，东部低缓。总体重力高	重力高、航磁化极异常区，是进一步寻找盲矿的有利地区
A1501204005	小河北	西边出露额里图组，东侧出露满克头鄂博组，晚侏罗世花岗斑岩零星出露。区内近东西向、北西向断裂构造发育。具低缓的航磁化极异常；重力高；各别地段具铁染异常	是进一步寻找盲矿的有利地区
B1501204001	阿日乌布力吉西	主要出露上古生界额里图组中性火山岩及三面井组变质细砂岩、泥岩、生物碎屑灰岩。中生界上侏罗统火山岩均出露于外围。具低缓的航磁化极异常；重力低	找矿潜力差
B1501204002	好老陶诺尔东	该区西边小面积分布三面井组砂岩、灰岩等，岩浆岩为晚侏罗世斜长花岗岩，呈小岩株状或脉状出露，其余大部分地区被新生界掩盖。三面井组出露区南侧铁染异常强烈；该区重力高；具低缓的航磁化极异常	是进一步寻找盲矿的有利地区
B1501204003	大西庙西	出露中太古界乌拉山岩群深变质岩，侵入岩有晚侏罗世斜长花岗、正长斑岩、闪长玢岩，呈小岩株状或脉状出露，北东向断裂构造发育。局部具铁染异常；南部航磁化极异常值高，最高值500nT，北部区低缓；中部区重力高	是进一步寻找盲矿的有利地区
B1501204004	花诺尔	该区大面积分布三面井组砂岩、灰岩等，岩浆岩为晚侏罗世斜长花岗岩，闪长玢岩呈小岩株状或脉状出露，其余部分地区被新生界掩盖。北东向、北西向断裂构造发育，该区重力高；具低缓的航磁化极异常	是进一步寻找盲矿的有利地区
B1501204005	红旗滩东	出露中太古界乌拉山岩群深变质岩，侵入岩有晚侏罗世二长黑云母长花岗、花岗斑岩、石英脉等，呈小岩株状或脉状出露，北东向及近东西向断裂构造发育。具低缓的航磁化极异常；重力低	是进一步寻找盲矿的有利地区
B1501204006	额里图二分场	分布三面井组砂岩、灰岩等，侵入岩为石英斑岩、闪长玢岩等，呈岩株、岩脉状产出。接触带有形成矽卡岩的可能。重力较高；具低缓的航磁化极异常	有一定的找矿潜力
B1501204007	额里图牧场	北部出露上古生界额里图组中性火山岩及三面井组变质细砂岩、泥岩、生物碎屑灰岩；中部零星出露中太古界乌拉山岩群深变质岩。零星出露晚侏罗世花岗岩类。该区北东向断裂构造发育。中部具航磁化极异常，最高值500nT；重力高，二者套合性好。零星分布铁染异常。可见该区成矿条件好	找矿潜力大

续表 15-3

最小预测区编号	最小预测区名称	综合信息	评价
B1501204008	那仁郭勒	中部出露上古生界额里图组中性火山岩及三面井组变质细砂岩、泥岩、生物碎屑灰岩;边部分布满克头鄂博组酸性火山岩及花岗斑岩等侵入岩,北东东向构造发育。零星分布铁染异常。重力偏高;具低缓的航磁化极异常	有一定的找矿潜力
C1501204001	大西庙西	零星分布晚侏罗世斜长花岗岩,大部地段被新生界掩盖。岩体边部有铁染异常。具低缓的航磁化极异常;重力高	找矿潜力差
C1501204002	大西庙南	零星分布中太古界乌拉山岩群深变质岩,侵入岩有晚侏罗世二长黑云母长花岗、花岗斑岩、石英脉等,呈小岩株状或脉状出露,北东向及近东西向断裂构造发育。铁染异常明显;重力低;航磁化极异常3处,最高值500nT	有一定的找矿潜力
C1501204003	阿日乌布力吉	零星出露上古生界三面井组变质细砂岩、泥岩、生物碎屑灰岩;大面积分布满克头鄂博组酸性火山岩。发育北东向断裂构造。具低缓的航磁化极异常;西部重力较高	找矿潜力差
C1501204004	王宝坑北西	西部边缘分布上古生界额里图组中性火山岩。其余大部地段被新生界掩盖。重力较高;具低缓的航磁化极异常	找矿潜力差
C1501204005	王宝坑北东	出露上侏罗统白音高老组酸性火山岩。具低缓的航磁化极异常;重力高	找矿潜力差
C1501204006	子槽河	部分地区出露上侏罗统白音高老组酸性火山岩,其他地段被新生界掩盖。东段重力高,最高值为$10\times10^{-5}m/s^2$;具低缓的航磁化极异常	有一定的找矿潜力
C1501204007	哈根诺尔南	主要分布燕山期二长花岗岩、花岗斑岩、二长斑岩等。边部出露上侏罗统白音高老组酸性火山岩。具低缓的航磁化极异常;中部及东部重力高。零星见铁染异常	找矿潜力差
C1501204008	巴彦诺日南	边缘零星分布满克头鄂博组酸性火山岩、玛尼吐组中性火山岩,其余大部地段被新生界掩盖。西部重力高;具低缓的航磁化极异常	找矿潜力差
C1501204009	达古图淖日南	大部地段分布满克头鄂博组酸性火山岩,其余大部地段被新生界掩盖。具低缓的航磁化极异常;重力高	找矿潜力差
C1501204010	上都高勒东	大部地段分布满克头鄂博组酸性火山岩,其余大部地段被新生界掩盖。具低缓的航磁化极异常;西部重力高	找矿潜力差
C1501204011	马群后沟里	局部出露上侏罗统白音高老组酸性火山岩,其他地段被新生界掩盖。北西向及近南北向断裂发育。具低缓的航磁化极异常;重力高	找矿潜力差
C1501204012	城皇庙	主要出露满克头鄂博组酸性火山碎屑岩及大面积分布该期次石英粗面斑岩。具强烈的铁染异常,北东向串珠状分布;重力高;航磁化极异常3处,最高值500nT	有一定的找矿潜力
C1501204013	大北沟北	零星分布满克头鄂博组、白音高老组酸性火山岩,东部有早白垩世正长斑岩出露。大部地段被新生界掩盖。低缓的航磁化极异常;重力较高	找矿潜力差
C1501204014	西账房山北	该区零星分布Ar_3片岩、片麻岩等老地质体;中生代仅见满克头鄂博组、白音高老组酸性火山岩;侵入岩有中三叠世黑云母二长花岗斑岩、晚侏罗世二长花岗岩等。区内近东西向断裂构造发育。成矿地质条件有利。铁染异常零星分布;南部、北部重力高,中间低,最高值为$15\times10^{-5}m/s^2$;中部有强的航磁化极异常,最高值500nT	找矿潜力大
C1501204015	西账房山	零星分布满克头鄂博组、白音高老组酸性火山岩及Ar_2片岩、片麻岩等老地质体;侵入岩有晚侏罗世花岗岩岩株、白垩纪石英正长斑岩。北东向、北西向断裂构造发育。零星有铁染异常;南东段重力高,其他地段重力低	找矿潜力差
C1501204016	马房子南	分布满克头鄂博组、白音高老组酸性火山岩及新生界。北西向断裂构造发育。西部具低缓的航磁化极异常;中部重力高	找矿潜力差

续表 15-3

最小预测区编号	最小预测区名称	综合信息	评价
C1501204017	察布诺南	地表基本无基岩，均被第四系覆盖。具低缓的航磁化极异常；北东端重力高	找矿潜力差
C1501204018	炮台营子	零星分布上侏罗统满克头鄂博组酸性火山岩及 Ar_2 片岩、片麻岩等老地质体。大部分地段被第四系掩盖。北西向断裂构造发育。重力较高；低缓的航磁化极异常	找矿潜力差
C1501204019	白家营子	零星分布 Ar_2 片岩、片麻岩等老地质体。大部分地段被宝格达乌拉组覆盖。北东向、北西向断裂构造极发育。侵入岩有辉绿玢岩脉、石英正长斑岩脉等。成矿地质条件有利。中部具有强的航磁化极异常，最高值 700nT；重力高	找矿潜力较大
C1501204020	红旗滩	零星分布上侏罗统满克头鄂博组酸性火山岩及燕山期二长花岗岩等，其余地段被第四系掩盖。具低缓的航磁化极异常；重力高	找矿潜力差

二、综合信息地质体积法估算资源量

1. 典型矿床深部及外围资源量估算

典型矿床资源量、品位、体重等数据来源于 2005 年 6 月内蒙古自治区第九地质矿产勘查开发院编写的《内蒙古自治区正镶白旗额里图矿区铁矿详查报告》。

延深分两个部分：一部分是已查明矿体的下延部分，已查明矿体的最大延深为 230m，结合磁异常，向下预测 100m；另一部分是已知矿体附近矽卡岩区预测部分，用已查明延深＋预测深度确定该延深为 330(＝230＋100)m，其中矿体倾角 69°～80°左右，矿体延深约等于垂深。

预测面积分两个部分：一部分为该矿点各矿体、矿脉聚积区边界范围的下延面积，采用矿区铁矿地质草图在 MapGIS 软件下读取数据(按上下面积基本一致)；另一部分为已知矿体附近矽卡岩区预测部分的实际面积。体积含矿率采用上表典型矿床已查明资源量的体积含矿率 0.459t/m^3。额里图式矽卡岩型铁矿典型矿床深部及外围资源量估算结果见表 15-4。

表 15-4 额里图式矽卡岩型铁矿典型矿床深部及外围资源量估算一览表

典型矿床		深部及外围		
已查明资源量($\times10^4$t)	325.67	深部	面积(m^2)	30 824
面积(m^2)	30 824		深度(m)	100
深度(m)	230	外围	面积(m^2)	23 508
TFe 品位(%)	40.43		深度(m)	330
密度(t/m^3)	4.07	预测资源量(t)		4 975 579
体积含矿率(t/m^3)	0.459	典型矿床资源总量(t)		8 232 279

2. 模型区的确定、资源量及估算参数

模型区无其他矿床，因此，该模型区资源总量等于典型矿床总资源量为 8 232 279t，模型区延深与典型矿床一致，模型区面积为依托 MRAS 软件采用少模型工程神经网络法优选后圈定(表 15-5)。

表 15-5　额里图式矽卡岩型铁矿模型区预测资源量及其估算参数表

编号	名称	模型区总资源量(t)	模型区面积(m^2)	延深(m)	含矿地质体面积(m^2)	含矿地质体面积参数	含矿地质体含矿系数 K
A1501204003	额里图牧场	8 232 279	25 671 000	330	25 671 000	1	0.001

3. 最小预测区预测资源量

额里图式矽卡岩型铁矿预测工作区最小预测区资源量定量估算采用地质体积法与磁法体积法进行估算。

1)估算参数的确定

最小预测区面积在 MapGIS 下读出；延深的确定是在研究最小预测区含矿地质体地质特征、岩体的形成深度、地球物理特征等，对比典型矿床特征的基础上综合确定的；相似系数(α)主要依据最小预测区内含矿地质体本身出露的大小、地质构造发育程度不同、磁异常强度、矿化蚀变发育程度及矿(化)点的多少等因素，由专家确定。

2)最小预测区预测资源量估算结果

求得最小预测区资源量。本次预测资源总量为 8 229.42×10^4 t，其中不包括预测工作区已查明资源总量 785.6×10^4 t，详见表 15-6。

表 15-6　额里图式矽卡岩型铁矿预测工作区最小预测区预测资源量表

最小预测区编号	最小预测区名称	$S_预$(m^2)	$H_预$(m)	K_S	K(t/m^3)	α	$Z_预$(×10^4 t)	资源量级别
A1501204001	铁山村	63 833 475.63	500	1	0.001	0.4	1 276.67	334-2
A1501204002	刘大营子	72 733 191.88	500	0.8	0.001	0.4	1 163.73	334-2
A1501204003	额里图牧场	25 671 000	330	1	0.001	1	521.48	334-1
A1501204004	小河	87 010 000	500	0.8	0.001	0.4	1 180.74	334-2
A1501204005	小河北	55 386 150.63	500	0.8	0.001	0.4	886.18	334-2
B1501204001	阿日乌布力吉西	34 669 816.25	400	0.6	0.001	0.2	166.42	334-3
B1501204002	好老陶诺尔东	32 750 491.88	400	0.6	0.001	0.2	157.20	334-3
B1501204003	大西庙西	32 053 106.25	400	0.6	0.001	0.2	153.85	334-3
B1501204004	花诺尔	31 652 393.75	400	0.6	0.001	0.2	151.93	334-3
B1501204005	红旗滩东	54 893 389.38	500	0.6	0.001	0.2	329.36	334-3
B1501204006	额里图二分场	22 783 385.63	400	0.6	0.001	0.2	109.36	334-3
B1501204007	额里图牧场	60 674 820	500	0.6	0.001	0.2	364.05	334-3
B1501204008	那仁郭勒	72 476 265.63	500	0.6	0.001	0.2	434.86	334-3
C1501204001	大西庙西	33 756 545	400	0.2	0.001	0.1	27.01	334-3
C1501204002	大西庙南	30 337 149.38	400	0.2	0.001	0.1	24.27	334-3
C1501204003	阿日乌布力吉	44 768 647.5	400	0.2	0.001	0.1	35.81	334-3
C1501204004	王宝坑北西	66 685 848.75	500	0.2	0.001	0.1	66.69	334-3
C1501204005	王宝坑北东	87 636 490.63	500	0.2	0.001	0.1	87.64	334-3

续表 15-6

最小预测区编号	最小预测区名称	$S_{预}$ (m^2)	$H_{预}$ (m)	K_S	K (t/m^3)	α	$Z_{预}$ ($\times 10^4$ t)	资源量级别
C1501204006	子槽河	82 929 716.88	500	0.2	0.001	0.1	82.93	334-3
C1501204007	哈根诺尔南	80 413 925	500	0.2	0.001	0.1	80.41	334-3
C1501204008	巴彦诺日南	84 072 136.25	500	0.2	0.001	0.1	84.07	334-3
C1501204009	达古图淖日南	74 389 740	500	0.2	0.001	0.1	74.39	334-3
C1501204010	上都高勒东	8 083 200	500	0.5	0.001	0.15	54.61	334-3
C1501204011	马群后沟里	23 525 465	400	0.2	0.001	0.1	18.82	334-3
C1501204012	城皇庙	88 239 515.63	500	0.2	0.001	0.1	88.24	334-3
C1501204013	大北沟北	32 762 177.5	400	0.2	0.001	0.1	26.21	334-3
C1501204014	西账房山北	94 649 672.5	500	0.2	0.001	0.1	94.65	334-3
C1501204015	西账房山	86 938 463.13	500	0.2	0.001	0.1	86.94	334-3
C1501204016	马房子南	70 838 888.75	500	0.2	0.001	0.1	70.84	334-3
C1501204017	察布诺南	84 187 992.5	500	0.2	0.001	0.1	84.19	334-3
C1501204018	炮台营子	99 692 433.75	500	0.2	0.001	0.1	99.69	334-3
C1501204019	白家营子	82 724 648.13	500	0.2	0.001	0.1	82.72	334-3
C1501204020	红旗滩	63 448 504.38	500	0.2	0.001	0.1	63.45	334-3
合计							8 229.42	

4. 预测工作区资源总量成果汇总

根据矿产潜力评价预测资源量汇总标准，额里图铁矿预测工作区按精度、预测深度、可利用性、可信度统计分析结果见表 15-7。

表 15-7　额里图式矽卡岩型铁矿预测工作区预测资源量统计分析表($\times 10^4$ t)

深度	精度	可利用性		可信度			合计
		可利用	暂不可利用	$x \geqslant 0.75$	$0.75 > x \geqslant 0.5$	$0.5 > x \geqslant 0.25$	
500m以浅	334-1	521.49	—	521.49	—	—	521.49
	334-2	4507.32	—	—	4 507.32	—	4 507.32
	334-3	364.05	2 836.56	—	364.05	2 836.56	3 200.61
合计							8 229.42

第十六章　哈拉火烧矽卡岩型铁矿预测成果

第一节　典型矿床特征

一、典型矿床地质特征

哈拉火烧铁矿隶属通辽市库伦旗白音花镇。地理坐标为东经121°36′00″,北纬42°35′00″。

1. 矿区地质

出露地层主要为上石炭统石嘴子组(C_2s)薄层灰岩、结晶灰岩,燕山期花岗岩侵入之,形成矽卡岩。构造为一略向南西倾伏的小型背斜,略具波状起伏,主要轴向为250°左右。

2. 矿床特征

矿区全部为第四系覆盖,根据磁参数测定,除磁铁矿外,其余岩石均无磁性或具弱磁性,故所有异常均为铁矿引起,发现有8个较好的磁异常。Ⅰ号异常(C2-1):位于矿区西北部山顶,长约60m,异常形态简单,水平梯度大,极大值约3 000nT,走向300°,倾向南西,钻孔验证见矿,全铁品位大于20%,矿体产于角闪石石榴石矽卡岩中。Ⅱ号异常(C2-2):位于矿区南部,呈近东西向略向南凸之弧形,倾向南,异常形态简单,曲线圆滑,连续性好,长约255m,极大值1 900nT,向两端缓慢变低,尤其东段异常值仅300～400nT,钻孔验证见矿,共有6个较好的矿体,一、二号矿体产于角闪矽卡岩中,其余矿体均产于绿泥石石榴石矽卡岩中。Ⅲ号异常(C2-3):位于矿区东北部河床中,呈东西向分布,为本区最好的异常,水平梯度大,形态简单,极大值19 000nT,钻孔验证见矿,平均品位全铁32.17%,围岩为石榴石矽卡岩。Ⅳ号异常(C2-4):位于矿区中部,走向近东西,倾向南,形态简单,曲线近对称,长约60m,极大值7 000nT,钻孔验证见矿,平均品位全铁27.55%,矿体赋存在角闪矽卡岩中。Ⅴ号异常(C2-5):位于矿区西北部山顶Ⅰ号异常之北,为点异常,推测长度约20m,极大值4 000nT,钻孔见矿,铁矿品位平均30.24%。Ⅵ号异常(C2-6):位于矿区北部河南缘陡壁下旧采坑附近,为点异常,推测长度20m,极大值约6 000nT,全铁品位57.67%。Ⅶ号异常(C2-7):为点异常,位于矿区东北部河床中,推测长度30m,极大值4 500nT。Ⅷ号异常(C2-8):位于矿区北部河床中,曲线形态不佳,变化较大,长约100m,异常值一般200～300nT,钻孔验证,仅见矽卡岩而未见矿。

矿床产状走向与地层走向斜交,出露于背斜两翼,矿体形态为层状、扁豆状。矿石自然类型为浸染状、条带状、扁豆状磁铁矿。

3. 矿床成因及成矿时代

矿床成因为接触交代(矽卡岩)型,上石炭统石嘴子组(C_2s)灰岩与早白垩世花岗斑岩、黑云母花岗岩、白岗岩、石英闪长岩、闪长岩侵入形成的矽卡岩带直接控制了矿床的分布,构造对其有一定的影响。成矿时代为燕山期。

二、典型矿床地球物理特征

矿床所在区域重磁场特征见图16-1。

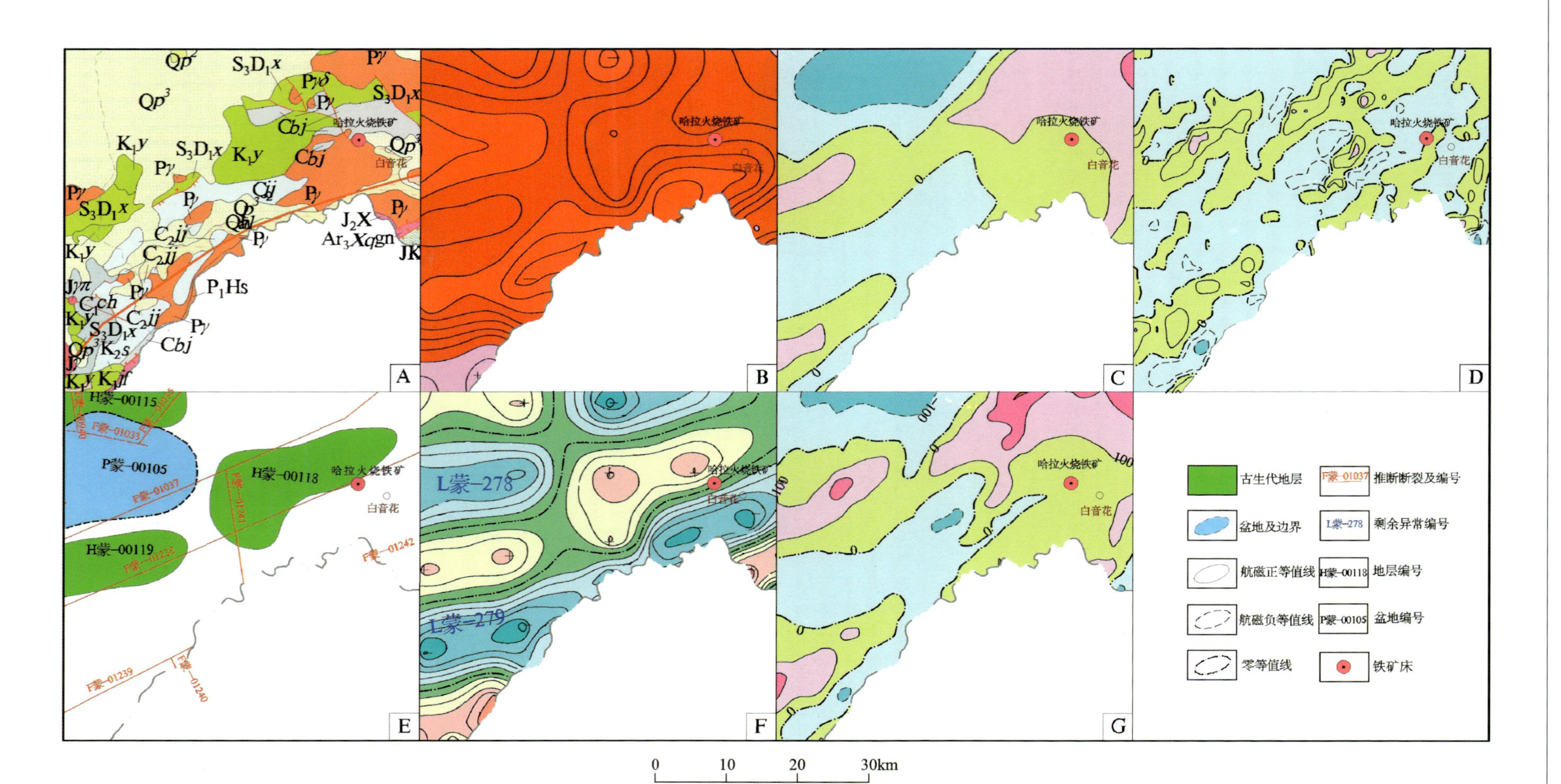

图 16-1 哈拉火烧铁矿1：5万地质及物探剖析图示意图

A.地质矿产图；B.布格重力异常图；C.航磁ΔT等值线平面图；D.航磁ΔT化极垂向一阶导数等值线平面图；E.重磁推断地质构造图；F.剩余重力异常图；G.航磁ΔT化极等值线平面图

哈拉火烧铁矿区域重力场显示为重力高背景，区域磁场为较平稳的正磁异常场，重力异常与磁异常轴向均为北东东向，区域重磁场特征显示有东西向、北东东向3条断裂通过该区域。

哈拉火烧铁矿位于布格重力异常的梯级带上，北东侧重力值相对较高，南西侧相对较低。在剩余异常图上，哈拉火烧铁矿位于正负异常的交界处，北西侧剩余重力正异常区极值，对应于古生代基底隆起区。东南侧边缘为负异常，是白垩纪、二叠纪花岗岩类分布区。

三、典型矿床预测要素

根据典型矿床成矿要素和地球物理、遥感、自然重砂特征，确定典型矿床预测要素(表16-1)。

表16-1　哈拉火烧式矽卡岩型铁矿典型矿床预测要素表

预测要素		描述内容			成矿要素分级
储量		410 780t	平均品位	TFe 33.83%	
特征描述		矽卡岩型铁矿床			
地质环境	岩石类型	石嘴子组薄层灰岩、结晶灰岩，燕山期岩体有花岗岩和闪长岩			重要
	岩石结构	沉积岩为碎屑结构和变晶结构，侵入岩为细粒结构			次要
	成矿时代	燕山期			必要
	地质背景	天山-兴蒙造山系包尔汉图-温都尔庙弧盆系，叠加中生代火山岩			重要
矿床特征	矿物组合	矿石矿物：磁铁矿			重要
	结构构造	粒状变晶结构，块状构造			次要
	围岩蚀变	矽卡岩化			重要
	控矿条件	东西向断裂，接触带控矿			重要
物探遥感特征	航磁	$\Delta T>4\ 000$nT			重要
	重力	剩余重力矿点分布区起始值在$(-2\sim0)\times10^{-5}\mathrm{m/s^2}$之间			重要
	遥感	一级铁染异常			重要

第二节　预测工作区研究

预测区范围在东经120°00′～123°00′，北纬42°00′～43°00′。行政区划隶属于内蒙古自治区赤峰市和通辽市管辖，南邻河北省和辽宁省。

一、区域地质矿产特征

预测工作区位于天山-兴蒙造山系包尔汉图-温都尔庙弧盆系，成矿区带属吉黑成矿省松辽盆地石油-天然气-铀成矿区库里吐-汤家杖子Mo-Cu-Pb-Zn-W-Au成矿亚带。

区域地层以古生界、中生界为主，北侧大面积被新生界覆盖。与哈拉火烧矽卡岩型铁矿关系密切的地层是上石炭统石嘴子组碎屑岩夹碳酸盐岩建造。

侵入岩比较发育，以海西期和燕山期为主，岩性以中酸性、酸性为主，燕山期中酸性侵入岩与成矿作用关系密切。

预测区南部有槽台边界断裂通过，该断裂长期活动，是重要的控岩控矿构造。遥感解译的环形构造也比较发育。

区内相同类型的铁矿床(点)有 2 处。

二、区域地球物理特征

1. 预测工作区磁场特征

预测区磁场值总体处在负磁场背景上，磁场值变化范围在－400～700nT 之间。该区磁场西北角场值相对较高，磁异常轴向以北东东向和北东向为主，其次为东西向、北西向，磁异常形态各异。磁异常等值线呈北东东向、北东向延伸。磁场特征反映出该预测区主要构造方向为北东东向和北东向。

该预测区北部地表为大面积第四系覆盖，南部出露无磁性的石炭系砂岩、砂砾岩及砂质板岩，弱磁性的侏罗系和白垩系凝灰岩，因此本区磁场以负磁场为背景，其间的正磁异常是由磁性矿体、各类侵入岩体(花岗岩、二长花岗岩、花岗斑岩、流纹斑岩、石英闪长岩、白岗岩等)的磁性不均和构造引起地层、岩体磁性矿物局部富集而引起。

预测区内共有甲类航磁异常 8 个，乙类航磁异常 38 个，丙类航磁异常 9 个，丁类航磁异常 159 个。

甲类已知矿航磁异常走向主要为北东向，异常均处在较低磁异常背景上，相对异常形态较为规则，除 C-627 为尖峰状、吉 C-73-667 为串珠状外，多数为两翼对称、孤立异常，北侧伴有微弱负值。除 C-648 异常极值为 1 300nT、C-627 异常极值为 2 050nT 外，其他异常极值均较低，异常多处在磁测推断的北东向断裂带上或其两侧，3 个异常处在太古宙乌拉山岩群地层上，1 个处在上石炭统石嘴子组碎屑岩和下白垩统义县组安山岩与中二叠世花岗岩接触带上，其余几个异常均处在侵入岩体上或岩体与岩体的接触带上。

2. 重力

区域布格重力异常图上，位于大兴安岭重力梯级带东侧，为重力相对高值区。由西南到北东整体呈增高趋势。在剩余重力异常图上，预测区内单个异常规模较小，形态呈蠕虫状，整体呈北东向条带状展布。正负剩余重力异常相互伴生分布。剩余重力正异常为古生代基底隆起所致，负异常与中生代盆地有关。

哈拉火烧铁矿位于剩余重力正负异常的交界处，反映的是北西侧古生代基底隆起区与东南侧边缘白垩纪、二叠纪花岗岩类分布区的接触带。

三、区域预测要素

根据预测工作区成矿要素和地球物理、遥感、自然重砂特征，建立区域预测要素(表 16-2)。

表 16-2 哈拉火烧式矽卡岩型铁矿预测工作区预测要素表

区域预测要素		描述内容	要素类别
地质环境	构造背景	天山-兴蒙造山系包尔汉图-温都尔庙弧盆系	重要
	成矿环境	吉黑成矿省松辽盆地石油-天然气-铀成矿区库里吐-汤家杖子 Mo-Cu-Pb-Zn-W-Au 成矿亚带	重要
	成矿时代	燕山早期	重要

续表 16-2

预测要素		描述内容	要素类别
控矿地质条件	控矿构造	近东西向断裂构造，由中生代侵入岩或火山岩引起的环形构造	重要
	赋矿地层	石嘴子组薄层灰岩、结晶灰岩	重要
	控矿侵入岩	燕山期中酸性侵入岩	重要
区域成矿类型及成矿区		燕山早期中酸性侵入岩与石嘴子组接触交代的外接触带（矽卡岩）型	
预测区矿点		2 个矿床（点）	重要
物探特征	重力	布格重力高异常带，剩余重力正负异常交界处	次要
	航磁	正磁异常	重要
遥感		铁染一级异常、解译的环形构造	重要

第三节　矿产预测

一、综合地质信息定位预测

本次采用综合信息地质单元法进行预测区的圈定，即利用 MRAS 软件中的建模功能，通过成矿要素的叠加圈定预测区，之后经人工圈定后，形成最小预测区。

依据最小预测区地质、重力、航磁、化探、遥感、自然重砂等综合致矿信息，并结合资源量估算和预测区优选结果，将最小预测区划分为 A 级、B 级和 C 级 3 个等级，

总面积 48.67km^2，其中 A 级 5 个，B 级 6 个，C 级 7 个，分布示意图见图 16-2。各最小预测区综合信息见表 16-3。

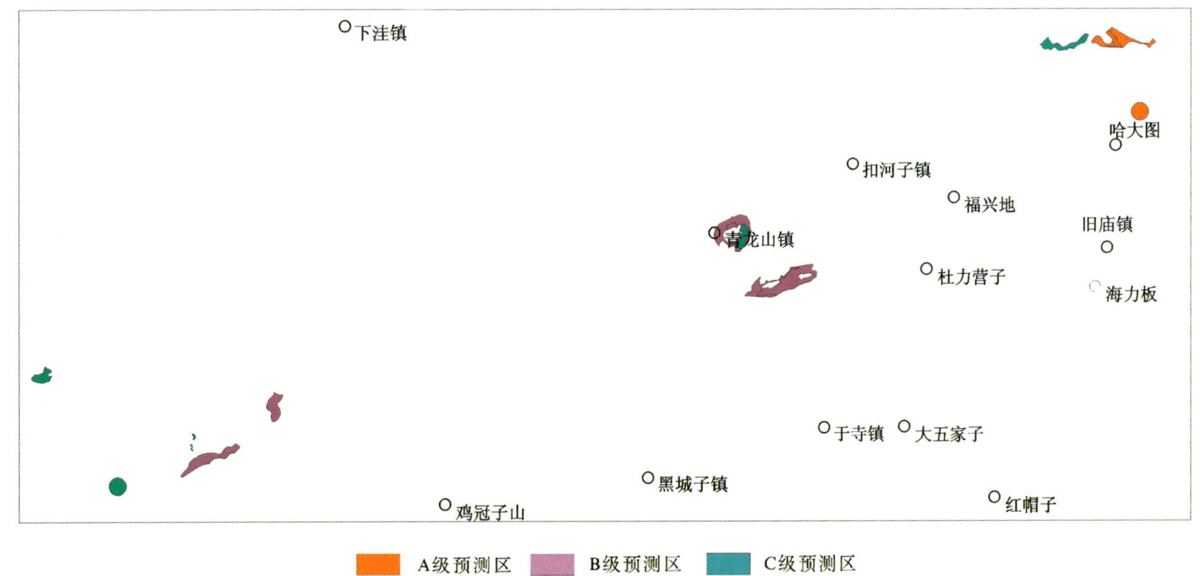

图 16-2　哈拉火烧式矽卡岩型铁矿预测工作区最小预测区优选分布示意图

表 16-3　哈拉火烧式矽卡岩型铁矿预测工作区最小预测区综合信息表

预测区编号	最小预测区名称	综合信息
A1501209001	马拉亲	该最小预测区是一小型铁矿床直径为1km的缓冲区，地表为第四系冲洪积砂砾，根据遥感资料为一北东向推测断层通过处，存在航磁异常和重力剩余异常，具较好的找矿潜力
A1501209002	巴雅尔图嘎查	该最小预测区矽卡岩型小型铁矿床赋存在早白垩世石英闪长岩和二长花岗岩与上石炭统石嘴子组灰岩接触形成的矽卡岩带上，并根据遥感资料为一北东向推测断层通过处，存在航磁异常和重力剩余异常，具较好的找矿潜力
A1501209003	坤地嘎查	该最小预测区矽卡岩型小型铁矿床赋存在早白垩世石英闪长岩和二长花岗岩与上石炭统石嘴子组灰岩接触形成的矽卡岩带上，并根据遥感资料为一北东向推测断层通过处，存在航磁异常和重力剩余异常，具较好的找矿潜力
A1501209004	道仑格日	该最小预测区矽卡岩型小型铁矿床赋存在早白垩世石英闪长岩和二长花岗岩与上石炭统石嘴子组灰岩接触形成的矽卡岩带上，并根据遥感资料为一北东向推测断层通过处，存在航磁异常和重力剩余异常，具较好的找矿潜力
A1501209005	白音花苏木	该最小预测区矽卡岩型小型铁矿床赋存在早白垩世石英闪长岩和二长花岗岩与上石炭统石嘴子组灰岩接触形成的矽卡岩带上，并根据遥感资料为一北东向推测断层通过处，存在航磁异常和重力剩余异常，具较好的找矿潜力
B1501209001	贝子府镇	该最小预测区是早白垩世石英闪长岩和二长花岗岩与上石炭统石嘴子组灰岩接触形成的矽卡岩带，并根据遥感资料为一北东向推测断层通过处，存在重力剩余异常，具较好的找矿潜力
B1501209002	王家营子乡东	该最小预测区是早白垩世石英闪长岩和二长花岗岩与上石炭统石嘴子组灰岩接触形成的矽卡岩带，存在航磁异常、重力剩余异常和重砂异常，具较好的找矿潜力
B1501209003	青龙山镇北东	该最小预测区是早白垩世石英闪长岩和二长花岗岩与上石炭统石嘴子组灰岩接触形成的矽卡岩带，存在航磁异常，具较好的找矿潜力
B1501209004	青龙山镇	该最小预测区是早白垩世石英闪长岩和二长花岗岩与上石炭统石嘴子组灰岩接触形成的矽卡岩带，存在航磁异常，具较好的找矿潜力
B1501209005	太平乡北西	该最小预测区是早白垩世石英闪长岩和二长花岗岩与上石炭统石嘴子组灰岩接触形成的矽卡岩带，存在重力异常和北东向断层，具较好的找矿潜力
B1501209006	太平乡北	该最小预测区是早白垩世石英闪长岩和二长花岗岩与上石炭统石嘴子组灰岩接触形成的矽卡岩带，存在重力异常和北东向断层，具较好的找矿潜力
C1501209001	贝子府镇北西	该最小预测区是早白垩世石英闪长岩和二长花岗岩与上石炭统石嘴子组灰岩接触形成的矽卡岩带，存在重力异常，找矿潜力一般
C1501209002	克力代乡北东	该最小预测区是早白垩世石英闪长岩和二长花岗岩与上石炭统石嘴子组灰岩接触形成的矽卡岩带，存在重力异常，找矿潜力一般
C1501209003	丰收乡	该最小预测区是早白垩世石英闪长岩和二长花岗岩与上石炭统石嘴子组灰岩接触形成的矽卡岩带，存在重力异常，找矿潜力一般
C1501209004	克力代乡东	该最小预测区是早白垩世石英闪长岩和二长花岗岩与上石炭统石嘴子组灰岩接触形成的矽卡岩带，存在重力异常，找矿潜力一般
C1501209005	下库力图嘎查	该最小预测区是早白垩世石英闪长岩和二长花岗岩与上石炭统石嘴子组灰岩接触形成的矽卡岩带，存在重力异常，找矿潜力一般
C1501209006	克力代乡南西	该最小预测区是一矿点的直径为1km的缓冲区，存在推测断层，找矿潜力一般
C1501209007	青龙山镇东	该最小预测区是上石炭统石嘴子组灰岩揭盖区，推测是早白垩世石英闪长岩和二长花岗岩与上石炭统石嘴子组灰岩接触形成的矽卡岩带，存在重力异常，找矿潜力一般

二、综合信息地质体积法估算资源量

1. 典型矿床深部及外围资源量估算

哈拉火烧侵入岩体型铁矿典型矿床储量、品位、小体重来源于《吉林省哲里木盟库伦旗哈拉火烧铁矿普查评价报告》。矿体深部推深 $H_{推}=50\text{m}$，H 源于分析现有矿区勘探线剖面图及近期矿区勘查报告（表 16-4）。

表 16-4　哈拉火烧式矽卡岩型铁矿典型矿床深部及外围资源量估算一览表

典型矿床		深部及外围		
已查明资源量（$\times10^4$t）	20.30	深部	面积（km^2）	0.63
面积（km^2）	0.63		深度（m）	50
深度（m）	80	外围	面积（km^2）	0.88
TFe 品位（%）	33.83		深度（m）	130
密度（t/m^3）	4.50	预测资源量（$\times10^4$t）		58.276
体积含矿率（t/m^3）	0.004	典型矿床资源总量（$\times10^4$t）		78.58

2. 模型区的确定、资源量及估算参数

模型区内无其他成型铁矿，所以模型区总资源量（$Q_{模}$）＝典型矿床总资源量（$Q_{典}$）＝78.58×10^4t（表 16-5）。

表 16-5　哈拉火烧式矽卡岩型铁矿模型区预测资源量及其估算参数

模型区编号	名称	模型区总资源量（$\times10^4$t）	模型区面积（km^2）	延深（m）	含矿地质体面积（m^2）	含矿地质体面积参数 K_S	含矿地体含矿系数 K
1501205001	哈拉火烧	78.58	3 929 000	1 000	3 929 000	1	0.000 2

3. 最小预测区预测资源量

哈拉火烧铁矿预测工作区最小预测区资源量定量估算采用地质体积法进行估算。

1）估算参数的确定

最小预测区面积是在 MapGIS 下计算出；延深的确定是在研究最小预测区含矿地质体地质特征、矿体深部延伸趋势、岩体的形成深度、矿化蚀变、矿化类型的基础上，并对比典型矿床特征综合确定的，部分由成矿带模型类比或专家估计给出；相似系数的确定，主要取自 MRAS 软件预测中最小预测区内含矿地质体成矿概率值。

2）最小预测区预测资源量估算结果

本次预测资源总量约为 189.28×10^4t，不含已探明的资源量 20.3×10^4t，详见表 16-6。

表 16-6　哈拉火烧式矽卡岩型铁矿预测工作区最小预测区预测资源量表

最小预测区编号	最小预测区名称	$S_{预}$(km²)	$H_{预}$(m)	K_S	K(t/m³)	α	$Z_{预}$(t)	资源量级别
A1501205001	马拉亲	3.93	1 000	1	0.000 2	0.41	582 800	334-1
A1501205002	巴雅尔图嘎查	1.49	600	1	0.000 2	0.30	53 601	334-2
A1501205003	坤地嘎查	0.99	400	1	0.000 2	0.30	23 726	334-2
A1501205004	道仑格日	3.27	1 000	1	0.000 2	0.31	202 424	334-2
A1501205005	白音花苏木	0.16	200	1	0.000 2	0.37	2 364	334-2
B1501205001	贝子府镇	6.06	1 000	1	0.000 2	0.18	218 197	334-3
B1501205002	王家营子乡东	3.43	1 000	1	0.000 2	0.21	144 042	334-3
B1501205003	青龙山镇北东	0.53	500	1	0.000 2	0.14	7 482	334-3
B1501205004	青龙山镇	6.41	1 000	1	0.000 2	0.14	179 351	334-3
B1501205005	太平乡北西	3.21	1 000	1	0.000 2	0.18	115 638	334-3
B1501205006	太平乡北	8.88	1 000	1	0.000 2	0.11	195 295	334-3
C1501205001	贝子府镇北西	0.15	150	1	0.000 2	0.08	362	334-3
C1501205002	克力代乡北东	0.05	100	1	0.000 2	0.08	85	334-3
C1501205003	丰收乡	2.26	800	1	0.000 2	0.08	28 899	334-3
C1501205004	克力代乡东	0.04	100	1	0.000 2	0.08	70	334-3
C1501205005	下库力图嘎查	3.61	1 000	1	0.000 2	0.08	57 771	334-3
C1501205006	克力代乡南西	3.09	1 000	1	0.000 2	0.09	55 623	334-3
C1501205007	青龙山镇东	1.96	800	1	0.000 2	0.08	25 044	334-3
合计							1 892 774	

4. 预测工作区资源总量成果汇总

哈拉火烧矽卡岩型铁矿预测工作区按精度、预测深度、可利用性、可信度统计分析结果见表 16-7。

表 16-7　哈拉火烧式矽卡岩型铁矿预测工作区预测资源量统计分析表(×10⁴ t)

精度	深度		可利用性		可信度			合计
	500m以浅	1 000m以浅	可利用	暂不可利用	$x \geqslant 0.75$	$0.75 > x \geqslant 0.5$	$0.5 > x \geqslant 0.25$	
334-1	58.28	58.28	58.28	—	58.28	—	—	58.28
334-2	17.19	28.21	28.21	—	28.21	—	—	28.21
334-3	52.48	102.79	—	102.79	—	86.00	16.79	102.79
合计								189.28

第十七章　克布勒式矽卡岩型铁矿预测成果

第一节　典型矿床特征

一、典型矿床地质特征

克布勒矽卡岩型铁矿位于内蒙古自治区阿拉善盟阿拉善左旗。地理坐标为东经 105°23′10″，北纬 40°27′00″。

1. 矿区地质

矿区主要出露中元古界增隆昌组，还见有新生界和中太古界云母石英片岩、片麻岩、大理岩、千枚岩等老地层，组成本区的基底；侵入岩为晚石炭世石英闪长岩，形成了一条总体呈北东东向展布的岩浆岩带，长 30 余千米，宽近 6km。自早古生代以来，本区一直处于隆起状态。

增隆昌组为与成矿有关的主要地层，主要为长石石英砂岩、白云质灰岩、硅质条带结晶灰岩、硅质板岩、粉砂质板岩等。晚石炭世石英闪长岩侵入使该地层不同程度地受接触变质和热力变质，由接触带向外产生有矽卡岩、角岩及角岩化千枚岩，组成了含矿矽卡岩。矿床主要赋存在外接触带中。

区内北北东—近东西向断裂比较发育，为晚石炭世岩浆活动、成矿组分的运移提供了通道，为成矿前构造，对控矿有一定的影响；北西向断裂构造为成矿后构造，对矿体的破坏较大。

2. 矿床特征

矽卡岩带对矿体的控制作用明显，矿区分为 3 个矿带。

第一矿带，总体产状和接触带产状一致，均向南东倾。长 200 余米，主要由 4 个铜矿体、6 个铁矿体和 2 个硫铁矿体组成，以铁矿体为主。矿体赋存在接触带上的矽卡岩外侧及其附近围岩中，受断裂和层间剥离控制，多呈透镜状和豆荚状，顶底板围岩为矽卡岩和大理岩。

第二矿带，分布在两岩枝与主岩体夹持的“U”形坳谷中，有 2 个铜矿体、5 个铁矿体和 2 个硫铁矿体，是该矿床的主要成矿地段，90%以上的铜矿石和硫矿石，50%的铁矿石均集中在这里。多呈透镜状和似层状。

第三矿带，分布于矿区东部，由 1 个铜矿体和 4 个铁矿体组成，呈似层状和小透镜体状。

矿石类型以磁黄铁矿型和矽卡岩型为主，其次是磁铁矿型和大理岩型。工业类型分为块状硫化矿石、浸染状矿石、氧化矿石、混合矿石等。

铁矿石主要矿石矿物为磁铁矿，伴生成分以磁黄铁矿、黄铁矿为主，其次为黄铜矿、方铅矿、闪锌矿和毒砂等。次生矿物为孔雀石、蓝铜矿、赤铜矿和假象赤铁矿，还有褐铁矿和大量黄铁钾钒。脉石矿物为透辉石、符山石、蛇纹石、方解石和绿泥石。铜矿石为辉铜矿、斑铜矿、赤铜矿、孔雀石等，脉石矿物随岩石类型而异。硫铁矿石为磁黄铁矿，其次为磁铁矿、黄铁矿、黄铜矿等，磁黄铁矿和磁铁矿常常互为消长。

铁矿石以块状构造为主，局部具条带状或浸染状。

围岩蚀变以透辉石化、矽卡岩化、钠长石化、钾长石化、绿泥石化为主，其次是蛇纹石化、碳酸盐化、绢云母高岭石化，局部见有零星的云英岩化、电气石化和萤石化。这些蚀变发生的时间和作用的强度各不相同。有些地段几种蚀变彼此叠合在一起，将岩石原貌彻底改观。其中与铁、硫铁成矿有关的蚀变类型主要是透辉石化、矽卡岩化、钠长石化和绿泥石化。

主元素含量：TFe，第一矿带 38.92%～58.63%，第二矿带 44.24%～51.98%，第三矿带 32.13%～48.18%，平均品位 45.68%。有害成分以硫为主，其次为磷、砷。第一矿带硫含量平均为 1.83%，第二矿带小于 0.26%，第三矿带硫含量为 1.67%，磷含量甚低，平均不超过 0.08%，砷一般低于 0.72%。

克布勒矽卡岩型铁矿地球物理特征：区内航磁大多是磁性岩体、岩层及矽卡岩引起，其中 M112 分布在沙拉西别一带，面积约 $2km^2$，地面上分解为 7 个局部异常，这些局部异常也具多级叠加、形态复杂、高尖陡的特征。其中 M112－6 号磁异常东南面梯度突然变陡，平面形态呈一椭圆状，以 50nT 封闭宽 500m，长 700 余米，ΔZ_{max} 为 250nT 左右。

克布勒矽卡岩型铁矿小体重：高硫磁铁矿富矿石 $4.41t/m^3$，高硫磁铁矿贫矿石 $3.85t/m^3$，高硫磁铁矿表外矿石 $3.51t/m^3$，钴矿石 $3.38t/m^3$。

3. 矿床成因及成矿时代

克布勒矽卡岩型铁矿形成于增隆昌组碳酸盐岩地层与晚石炭世石英闪长岩外接触带，由接触带向外产生有矽卡岩、角岩及角岩化千枚岩，组成了含矿矽卡岩。

矿床成因为矽卡岩型，成矿时代为晚石炭世。

二、典型矿床地球物理特征

矿床区域磁场为负磁场或平稳背景场上的局部正磁异常。在区域布格重力异常图上克布勒铁矿处在布格重力异常相对低值区，其东侧即为因太古宙、元古宙基底隆起引起的北东向展布的布格重力异常相对高值带。在剩余异常图上，克布勒铁矿位于等轴状剩余重力负异常北侧边部，在其北侧为乘余重力正异常。该负异常主要是由酸性侵入岩引起，正异常与太古宙基底隆起及超基性岩侵入有关。地质及区域重磁特征均显示有北东向断裂通过矿区（图 17-1）。

三、典型矿床预测要素

以典型矿床成矿要素图为基础，综合研究重力、航磁、化探、遥感、自然重砂等综合致矿信息，总结典型矿床预测要素（表 17-1）。

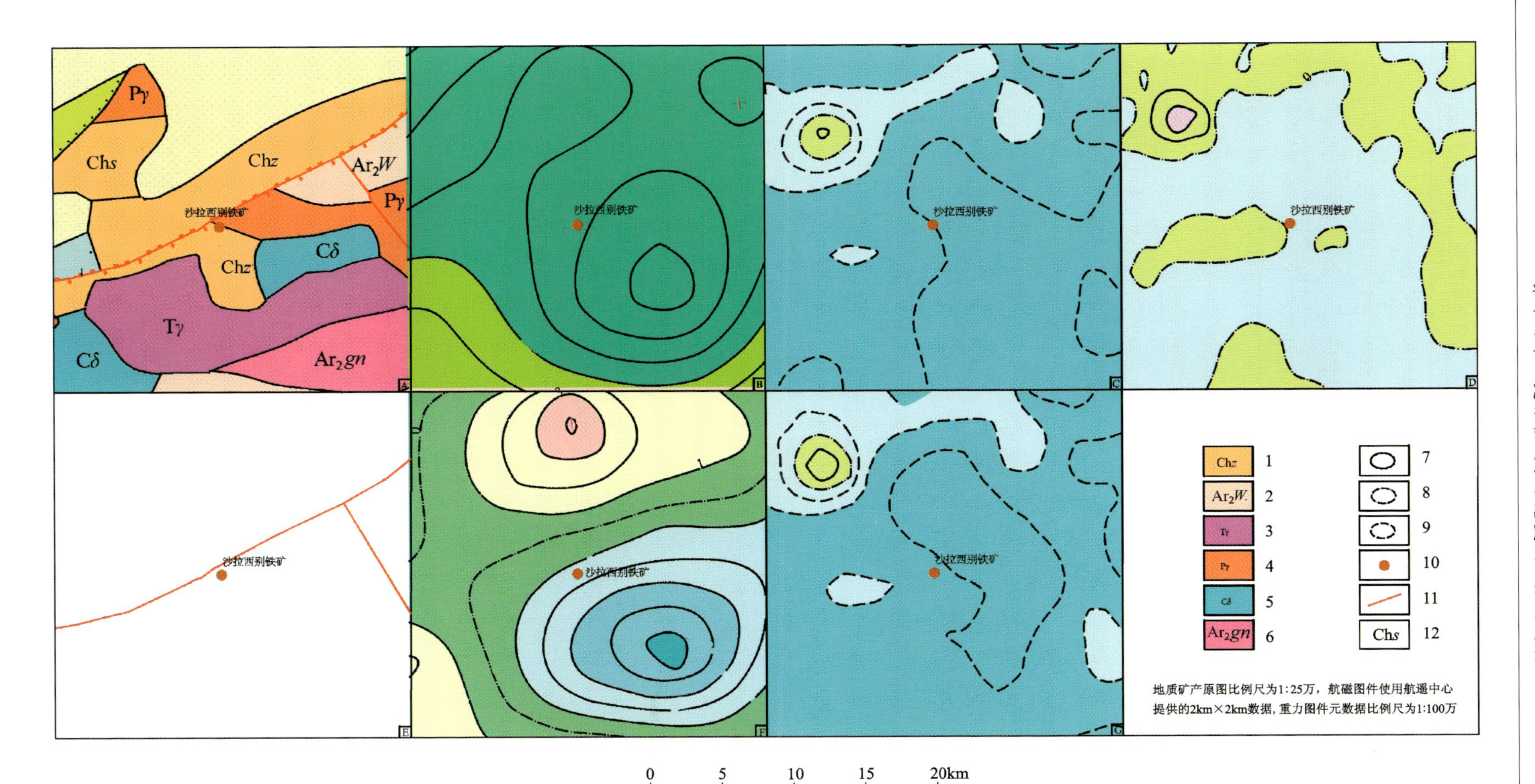

图 17-1 沙拉西别铁矿1:25万地质及物探剖析图示意图

A.地质矿产图；B.布格重力异常图；C.航磁ΔT等值线平面图；D.航磁ΔT化极垂向一阶导数等值线平面图；E.重磁推断地质构造图；F.剩余重力异常图；G.航磁ΔT化极等值线平面图；1.渣尔泰山群增隆昌组：砂岩、泥岩、结晶灰岩、白云质灰岩；2.乌拉山岩群：角闪斜长片麻岩、矽线石榴片麻岩；3.三叠纪花岗岩；4.二叠纪花岗岩；5.石炭纪闪长岩；6.中太古代变质深成侵入体灰色片麻岩、紫苏花岗岩；7.正等值线及注记；8.零等值线及注记；9.负等值线及注记；10.沙拉西别铁矿；11.推断三级断裂；12.书记沟组

表 17-1　克布勒式矽卡岩型铁矿典型矿床预测要素表

<table>
<tr><td colspan="2">预测要素</td><td colspan="3">描述内容</td><td rowspan="3">要素类别</td></tr>
<tr><td colspan="2">储量</td><td>780 000t</td><td>平均品位</td><td>TFe 45.68%</td></tr>
<tr><td colspan="2">特征描述</td><td colspan="3">矽卡岩型铁矿床</td></tr>
<tr><td rowspan="5">地质环境</td><td>岩石类型</td><td colspan="3">中新元古界长城系增隆昌组二岩段为大理岩、含灰质白云石大理岩，是本区铁矿的主要围岩。海西期中酸性侵入岩：以石英闪长岩、花英闪长岩、花岗闪长岩和斜长花岗岩为主，其次为含石英闪长岩</td><td>重要</td></tr>
<tr><td>岩石结构</td><td colspan="3">沉积岩为变余结构和变晶结构，侵入岩为中细粒结构</td><td>次要</td></tr>
<tr><td>成矿时代</td><td colspan="3">海西期</td><td>必要</td></tr>
<tr><td>地质背景</td><td colspan="3">华北陆块区阿拉善陆块叠布斯格岩浆弧</td><td>必要</td></tr>
<tr><td>构造环境</td><td colspan="3">古生代陆缘弧</td><td>重要</td></tr>
<tr><td rowspan="4">矿床特征</td><td>矿物组合</td><td colspan="3">金属矿物：磁铁矿，伴生成分以磁黄铁矿，黄铁矿为主，其次为黄铜矿、方铅矿、闪锌矿和毒砂等；脉石矿物主要为透辉石、符山石、蛇纹石、方解石和绿泥石</td><td>重要</td></tr>
<tr><td>结构构造</td><td colspan="3">构造：块状构造为主，局部具条带状或浸染状</td><td>次要</td></tr>
<tr><td>蚀变</td><td colspan="3">以透辉石化、矽卡岩化、钠长石化、钾长石化、绿泥石化为主，其次是蛇纹石化、碳酸盐化、绢云母高岭石化，局部见有零星的云英岩化、电气石化和萤石化</td><td>重要</td></tr>
<tr><td>控矿条件</td><td colspan="3">受纬向构造控制</td><td>重要</td></tr>
<tr><td rowspan="2">地球物理特征</td><td>磁法特征</td><td colspan="3">局部正磁异常</td><td>重要</td></tr>
<tr><td>重力特征</td><td colspan="3">布格重力低值区，剩余重力正负异常交界处</td><td>次要</td></tr>
</table>

第二节　预测工作区研究

预测工作区范围为东经 103°00′～106°30′，北纬 40°00′～41°00′。行政区划属阿拉善盟阿拉善左旗。

一、区域地质矿产特征

预测区地处华北陆块区阿拉善陆块之叠布斯格岩浆弧的北缘，与额济纳旗-北山弧盆系交界，区内主要出露中太古界雅布赖岩群、新太古界阿拉善岩群、中新元古界渣尔泰山群，此外还大面积分布有中新生界，古生界缺失。中新元古界渣尔泰山群增隆昌组是与成矿有关的主要地层，岩性为长石石英砂岩、白云质灰岩、硅质条带结晶灰岩、硅质板岩、粉砂质板岩等。与晚石炭世石英闪长岩接触带向外产生有矽卡岩、角岩及角岩化千枚岩，矿床主要赋存在外接触带中。

区内侵入岩比较发育，以海西期为主，少量燕山期，岩性从基性—中性—中酸性均有不同程度出露，晚石炭世石英闪长岩与成矿关系密切。

槽探边界深大断裂从预测区通过，具长期活动特点，是重要的控岩控矿构造。此外次级的北北东—近东西向断裂比较发育，为后期岩浆活动、成矿组分的运移提供了通道。北北东—近东西向断裂构造为成矿前构造，对控矿有一定的影响。

区内相同类型矿床(点)有3处。

二、区域地球物理特征

1. 磁场特征

航磁 ΔT 等值线平面图上磁场值总体处在－100～100nT的较平缓磁场背景上，磁场值变化范围在－1 000～1 300nT之间。预测区西部磁场以0～100nT的正磁场为主，东部磁场以－100～0nT的负磁场为主，磁异常形态各异，磁异常轴向以北东东向和近东西向为主。

已知矿航磁异常走向以北东向、东西向为主，异常多数处在较低磁异常背景上，磁场变化复杂，异常多处在磁测推断的北东向断裂带上或其两侧的次级断裂上，磁异常均处在侵入岩体上或岩体与岩体、岩体与地层的接触带上。

预测区内共有甲类航磁异常18个，乙类航磁异常18个，丙类航磁异常70个，丁类航磁异常130个。异常多为宽缓、北侧伴有负值或两翼对称异常。异常走向以东西向或北东向为主。

2. 重力

预测区中部开展了1∶20万重力测量工作，约占预测区总面积的1/3，其余地区只进行了1∶50万重力测量工作。

区域布格重力异常图上，预测区中西部为布格重力异常相对低值区，东侧分布有迭布斯格北东向重力高异常带，该高值区对应于太古宙、元古宙基底隆起区。在剩余重力异常图上，剩余重力正负异常呈椭圆状、条带状相间分布，其走向从西到东由近东西向转为北东向，与区域构造线方向一致。预测区北侧剩余重力正异常与古生代基底隆起有关，中南部的正异常则多因元古宙基底隆起所致。剩余重力负异常除北侧和南侧边部及克布勒铁矿附近的负异常由酸性侵入岩引起外，其余负异常都与中新生代盆地有关。

G蒙-698号异常为基性—超基性岩分布区，在该区域注意中深部铁铜矿体的寻找。

三、遥感异常分布特征

已知铁矿点与本预测区中羟基异常吻合的有：叠布斯格铁矿、克林哈达铁矿、查干陶勒盖铁矿。

已知其他矿点与预测区中羟基异常吻合的有：沙拉西别铁铜硫矿、朱拉扎嘎金矿。

四、区域预测要素

根据预测工作区区域成矿要素和航磁、重力及自然重砂等特征，建立了本预测区的区域预测要素(表17-2)。

表 17-2 克布勒式矽卡岩型铁矿预测工作区预测要素表

区域预测要素		描述内容	要素类别
地质环境	构造背景	华北陆块区阿拉善陆块之叠布斯格陆缘岩浆弧	必要
	成矿环境	华北(陆块)成矿省(最西部),阿拉善(台隆)Cu-Ni-Pt-Fe-REE-P-石墨-芒硝-盐类成矿带(Pt、Pz、Kz),雅布赖-沙拉西别 Fe-Cu-Pt-萤石-石墨-盐类-芒硝成矿亚带	必要
	成矿时代	晚石炭世	必要
控矿地质条件	控矿构造	近东西向长期活动的断裂构造及其边部的次级羽状断裂	重要
	赋矿地层	渣尔泰山群增隆昌组	重要
	控矿侵入岩	晚石炭世石英闪长岩	重要
区域成矿类型成矿区		晚石炭世石英闪长岩与增隆昌组接触交代的外接触带(矽卡岩)型	
预测区矿点		3个矿床(点)	重要
物探特征	重力	重力低,剩余重力异常边部有相对重力高异常	次要
	航磁	磁场为负磁场或平稳背景场上的局部正磁异常,北东向、东西向	重要
遥感		铁染一级异常	次要

第三节 矿产预测

一、综合地质信息定位预测

本次采用综合信息网格单元法进行预测区的圈定,即利用 MRAS 软件中的建模功能,通过成矿必要要素的叠加圈定预测区。并根据成矿有利度[含矿层位、矿(化)点、找矿线索及磁法异常]和其他相关条件,将工作区内最小预测区级别分为 A、B、C 3 个等级。A 级:地表有增隆昌组,晚石炭世闪长岩等出露,二者接触带形成矽卡岩带或角岩化带等;近东西向构造发育;已知有矿床、矿(化)点存在;重砂异常有黄铁矿、钼铅矿、自然铅等重矿物异常;遥感局部有一级铁染异常存在;多有低缓的航磁化极异常存在,重力高,二者套合性好,并与已知矿床或矿点存在对应关系,找矿潜力大。B 级:地表有增隆昌组,石炭纪、二叠纪花岗岩类分布;北东东向、北西向断层极发育,具低缓的航磁化极异常,重力高,并零星有矿点存在,有一定的找矿前景。C 级:地表出露或推测有增隆昌组,侵入岩有石炭纪石英闪长岩、英云闪长岩等,近东西向、北东向、北西向断裂构造极其发育;有的在地层与侵入岩接触部位形成宽而连续的角岩化、矽卡岩化带,大多部分有航磁化极异常,重力异常高低不一,多数成矿地质条件有利,具一定的找矿前景。

共圈定最小预测区 13 个(图 17-2),其中 A 级 4 个,B 级 5 个,C 级 4 个,最小预测区综合信息见表 17-3。

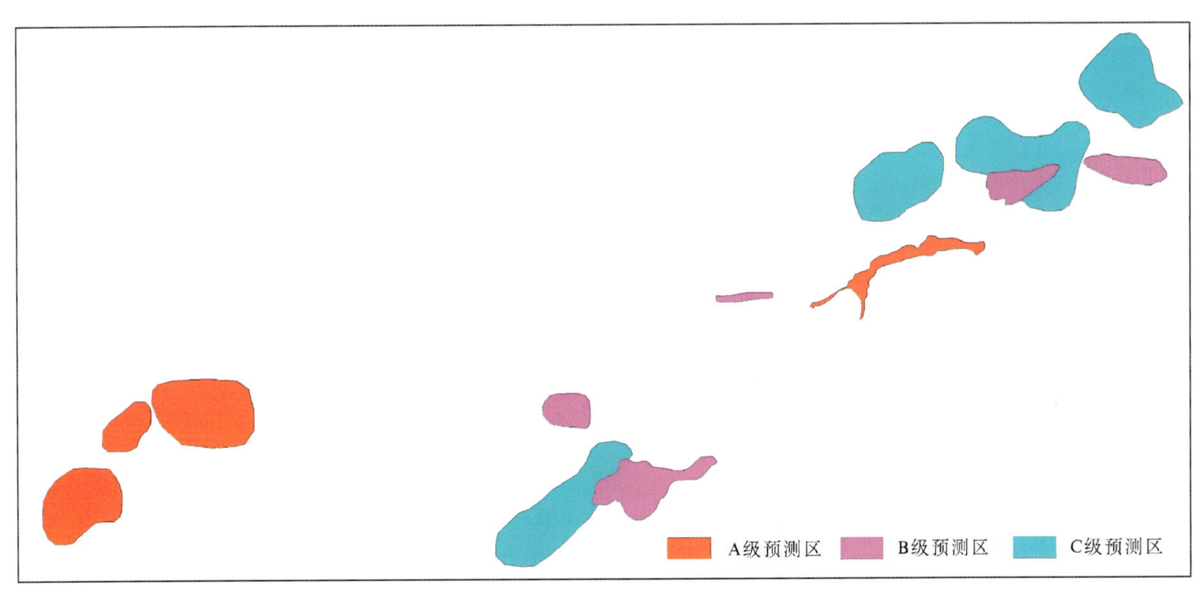

图 17-2 克布勒式矽卡岩型铁矿预测工作区最小预测区优选分布示意图

表 17-3 克布勒式矽卡岩型铁矿预测工作区最小预测区综合信息表

最小预测区编号	最小预测区名称	综合信息	评价
A1501212001	沙拉西别	出露增隆昌组和晚石炭世石英闪长岩。矿床 1 处。北东向断裂构造密集分布。具低缓的航磁化极异常;重力高	找矿潜力大
A1501212002	哈布达哈拉山东	出露增隆昌组。侵入岩较杂有元古宙辉长岩,三叠纪花岗岩、二长花岗岩、正长花岗岩及石英脉、花岗斑岩脉等,区内近东西向断裂构造发育。磁异常覆盖该区大部分,航磁化极异常有 3 处,面积小;重力高	找矿潜力大
A1501212003	哈布达哈拉山	地层主要为增隆昌组,侵入岩有三叠纪花岗岩及燕山期花岗斑岩脉等。在接触带形成矽卡岩型矿点 2 处。区内近东西向断裂构造发育。磁异常椭圆形,航磁化极异常低缓;重力异常由南向北由低到高	找矿潜力大
A1501212004	哈布达哈拉山南	南东部出露地层为增隆昌组。侵入岩为二叠纪花岗岩类,二者接触带形成宽的角岩化带。该区部分地段被新生界掩盖。具低缓的航磁化极异常;重力高	找矿潜力大
B1501212001	在勒陶勒盖东	小面积出露增隆昌组,侵入岩为元古宙辉长岩。东部有铁染异常分布;具低缓的航磁化极异常;重力高	找矿潜力差
B1501212002	巴彦毛道北	大面积出露增隆昌组,侵入岩有三叠纪黑云母花岗岩、燕山期闪长岩等。区内北北东向、北东东向断裂构造极其发育。该区重力高;航磁化极异常低,最小值为－100nT	有一定的找矿前景
B1501212003	道德乌兰额热格南	小面积分布增隆昌组,侵入岩为早二叠世正长花岗岩。航磁化极异常低;重力低	找矿潜力差
B1501212004	德斯特乌拉	出露地层为增隆昌组,侵入岩主要为二叠纪黑云母花岗岩类,该区北东东向断层极发育。具低缓的航磁化极异常;重力高	有一定的找矿前景
B1501212005	德斯特乌拉东	出露地层为增隆昌组,侵入岩主要为三叠纪黑云母花岗岩、二长花岗岩及英云闪长岩等,该区断裂构造呈向南突起的弧形分布。具低缓的航磁化极异常;重力低	有一定的找矿前景
C1501212001	在勒陶勒盖南	零星分布书记沟组,侵入岩有中石炭世石英闪长岩、花岗岩,二叠纪花岗岩等。大部分地段被新生界掩盖。具低缓的航磁化极异常;中部重力高,南西、北东两端重力低	有一定的找矿前景

续表 17-3

最小预测区编号	最小预测区名称	综合信息	评价
C1501212002	克克北	该区零星出露增隆昌组及书记沟组，侵入岩有石炭纪石英闪长岩、英云闪长岩。北东向构造发育，重力高；石英闪长岩分布区具有强的航磁化极异常，呈圆形，最大值为400nT	有一定的找矿前景
C1501212003	德斯特乌拉北	北部大部分被新生界掩盖，地层为增隆昌组，侵入岩有二叠纪黑云母花岗岩、中元古代闪长岩等，近东西向、北东向、北西向断裂构造极其发育。在地层与侵入岩接触部位形成宽而连续的角岩化、矽卡岩化带，具低缓的航磁化极异常；重力南边低，北面高	有一定的找矿前景
C1501212004	道都乌兰德南	仅小面积出露二叠纪花岗岩，大部分地段被新生界掩盖。具低缓的航磁化极异常；重力低	找矿潜力差

二、综合信息地质体积法估算资源量

1. 典型矿床深部及外围资源量估算

查明资源量、体重及全铁品位均来源于宁夏回族自治区地质局第一矿产地质调查队 1981 年 12 月提交的《内蒙古阿盟阿左旗沙拉西别—克布勒一带铁矿普查地质报告》。典型矿床面积（$S_{总}$）是根据 1∶2 000矿区地质图圈定，在 MapGIS 软件下读取数据；矿体延深（$L_{查}$）依据矿区Ⅳ—Ⅳ′勘探线剖面（ZK782）确定。

根据克布勒铁矿区Ⅴ—Ⅴ′勘探线剖面 ZK781 在垂深约 677m 附近仍见灰岩，其深部矿体未控制。Ⅳ—Ⅳ′勘探线剖面 ZK782 在垂深约 786.2m 附近灰岩见底。故可进行深部预测，预测由专家给出至 900m。

矽卡岩型铁矿克布勒预测工作区典型矿床深部及外围资源量估算结果见表 17-4。

表 17-4　克布勒式矽卡岩型铁矿典型矿床深部及外围资源量估算一览表

典型矿床		深部及外围		
已查明资源量(t)	780 000	深部	面积(m^2)	69 381.21
面积(m^2)	69 381.21		深度(m)	113.80
深度(m)	786.2	外围	面积(m^2)	59 525.09
TFe 品位(%)	45.68		深度(m)	900
密度(t/m^3)	4.07	预测资源量(t)		878 961.68
体积含矿率(t/m^3)	0.0143	典型矿床资源总量(t)		1 658 961.68

2. 模型区的确定、资源量及估算参数

模型区除克布勒铁矿外，还有沙拉西别铜铁矿，该矿查明铁矿资源量 333.38×10^4t，因此，该模型区资源总量＝1 658 961.68t＋3 333 800t＝4 992 761.68t。模型区延深与典型矿床一致，见表 17-5。

表 17-5　克布勒式矽卡岩型铁矿模型区预测资源量及其估算参数

编号	名称	模型区总资源量(t)	模型区面积(m^2)	延深(m)	含矿地质体面积(m^2)	含矿地质体面积参数 K_S	含矿地质体含矿系数 K
A1501212001	克布勒	4 992 761.68	27 549 695.19	900	4 992 761.68	1	0.000 201

3. 最小预测区预测资源量

克布勒式矽卡岩型铁矿预测工作区最小预测区资源量定量估算采用地质体积法进行估算。

1)估算参数的确定

最小预测区面积是依据综合地质信息定位优选的结果;延深的确定是根据模型区钻孔 ZK782 控制最大垂深为 786.2m,并在研究最小预测区含矿地质体地质特征、岩体的形成深度、矿化蚀变、矿化类型的基础上,并对比典型矿床特征的基础上综合确定的,部分由成矿带模型类比或专家估计给出;相似系数(α)的确定,主要依据最小预测区成矿概率与模型区的成矿概率比值,以模型区为 1,大于 1 者降为 1。

2)最小预测区预测资源量估算结果

本次预测资源总量为 12 362.58×10^4t,不包括已查明的 497.98×10^4t,详见表 17-6。

表 17-6　克布勒式矽卡岩型铁矿预测工作区最小预测区预测资源量表

最小预测区编号	最小预测区名称	$S_{预}$ (m^2)	$H_{预}$ (m)	K_S	K (t/m^3)	α	$Z_{预}$ (×10^4t)	资源量级别
A1501206001	沙拉西别	27.60	900.00	1	0.000 201	1.00	87.9	334-1
A1501206002	哈布达哈拉山东	86.93	1 250.00	1	0.000 201	0.83	1 726.26	334-2
A1501206003	哈布达哈拉山	23.42	750.00	1	0.000 201	0.83	294.77	334-2
A1501206004	哈布达哈拉山南	63.39	1 100.00	1	0.000 201	0.83	1 169.99	334-3
B1501206001	在勒陶勒盖东	19.71	650.00	1	0.000 201	1.00	257.95	334-2
B1501206002	巴彦毛道北	50.36	1 100.00	1	0.000 201	0.33	371.82	334-2
B1501206003	道德乌兰额热格南	5.32	600.00	1	0.000 201	0.50	32.15	334-2
B1501206004	德斯特乌拉	23.23	750.00	1	0.000 201	1.00	350.78	334-2
B1501206005	德斯特乌拉东	24.69	800.00	1	0.000 201	0.17	66.29	334-2
C1501206001	在勒陶勒盖南	89.77	1 350.00	1	0.000 201	0.83	2 033.49	334-2
C1501206002	克克北	70.06	1 200.00	1	0.000 201	0.83	1 410.73	334-3
C1501206003	德斯特乌拉北	97.77	1 500.00	1	0.000 201	1.00	2 953.19	334-2
C1501206004	道都乌兰德南	79.82	1 200.00	1	0.000 201	0.83	1 607.26	334-3
总计							12 362.58	

4. 预测工作区资源总量成果汇总

克布勒矽卡岩型铁矿预测工作区按精度、预测深度、可利用性、可信度统计分析结果见表 17-7。

表 17-7　克布勒式矽卡岩型铁矿预测工作区预测资源量统计分析表(×10^4t)

精度	深度			可利用性		可信度			合计
	500m以浅	1 000m以浅	2 000m以浅	可利用	暂不可利用	$x \geq 0.75$	$0.75 > x \geq 0.5$	$0.5 > x \geq 0.25$	
334-1	15.75	87.90	87.90	87.9		87.9			87.90
334-2	3 294.06	6 196.05	8 086.70	1 001.94	7 084.76	1726.26	1 307.46	5 052.98	8 086.70
334-3	1 789.31	3 578.62	4 187.98	1 169.99	3 017.99		1 169.99	3 017.99	4 187.98
合计									12 362.58

第十八章　卡休他他式矽卡岩型铁矿预测成果

第一节　典型矿床特征

一、典型矿床及成矿模式

卡休他他铁矿床位于内蒙古自治区阿拉善盟阿拉善右旗，是一个以铁为主，金、钴为伴生元素(局部富集)的中型矽卡岩型铁矿床，地理坐标为东经 101°36′24″，北纬 39°34′24″。

1. 矿区地质

矿区内出露的地层主要为第四系风成砂，在南部零星出露中元古界(原划震旦系)黑云母石英千枚岩夹大理岩透镜体，这些大理岩透镜体规模小，一般厚度约 0.1～0.5m，长 10m 左右。由于海西中期辉长岩的侵入，使该地层产生不同程度的接触变质作用，由接触带向外依次产出有矽卡岩、角岩化千枚岩及角岩 3 个变质晕带，与成矿关系密切。

矿区主要构造为近东西向断裂，其次为北东向、北西向断裂。东西向断裂生成最早，活动时间最长，延伸达 4km，总体产状南倾，倾角 60°～75°。早期活动充填有辉长岩、石英闪长岩及各种东西向展布的脉岩带，在有利地段形成宽大的矽卡岩带，为矿床主要容矿构造，依次充填有磁铁矿、硫砷化物等。北东向、北西向断裂均为成矿期后断裂，各由数条近似平行的断裂组成，均具走滑性质，使矿体在走向和倾向上产生不同程度的错动(图 18-1)。

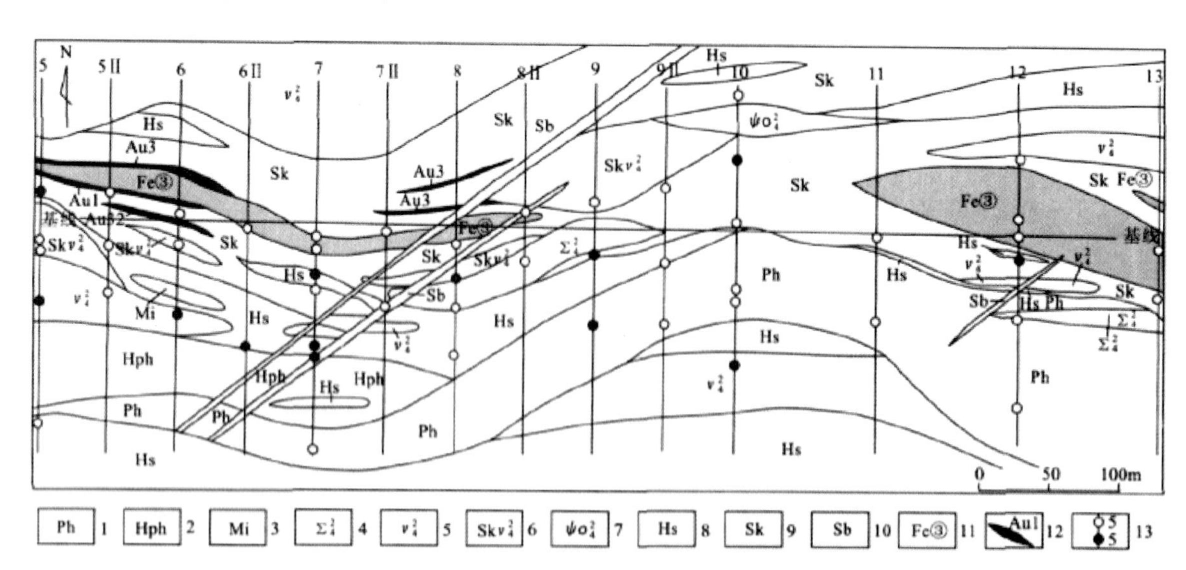

图 18-1　卡休他他铁矿区基岩地质简图(据陈其平等，2009)

1.震旦系千枚岩；2.震旦系角岩化千枚岩；3.震旦系混合岩；4.超基性岩；5.辉长岩；6.矽卡岩化辉长岩；7.斜长角闪岩；8.角岩；9.矽卡岩；10.构造角砾岩；11.铁矿体及编号；12.金矿体及编号；13.勘探线及钻孔

矿区所见侵入岩主要有海西中期的变辉长岩、辉长岩或辉长辉绿岩和石英闪长岩，以及海西晚期的含角闪石英二长岩和含角闪石英正长岩，在钻孔中还见有超基性岩。另有灰白色花岗斑岩、细粒花岗岩和石英脉岩等岩脉穿切产出，这些脉岩与成矿无关。辉长岩与成矿关系密切，其出露面积约占基岩区的1/5。辉长辉绿岩与辉长岩系同一岩体的不同岩相，两者无明显的界线。超基性岩在钻孔ZK12、ZK14、ZK17、ZK19可见，并在ΔZ磁异常图上形成强度达100～1 500nT，呈北西西向展布，宽80～470m的西窄东宽形似楔形的磁异常带，侵入于辉长岩(南)与含角闪二长岩(北)之间，向东有继续延伸的趋势。岩石属镁质超基性岩，并且$Cr_2O_3 > TiO_2 + Na_2O + K_2O$，有利于铬的成矿富集。

2. 矿床地质

1)铁矿体

卡休他他铁(金、钴)矿床由相距400m左右，走向北西西，近似平行的南、北2条矿带组成。其中，北矿带长1 800m，宽80～150m，矿体基本上与磁异常ΔZ1 000nT等值线范围一致；南矿带长700m，宽70～200m。北矿带产出铁矿体16个，以3号矿体为代表。南矿带由8个矿体组成，以赋存深度划分为上、下两层矿体，上层矿体赋存标高为1 330～1 160m，由平行排列的17、18、19号矿体组成，以18号矿体为代表；下层矿体赋存标高为1 160～880m，以22号矿体为代表。南、北矿带均南倾，倾角46°～76°，与区域近东西向断裂破碎带产状一致。3号矿体为北矿带最大矿体，纵贯全区，长1 300m，分布于3～16线之间，呈透镜状赋存于矽卡岩带中。矿体厚度变化大，最小厚度12.9m，最厚处达57m(12线1 253m水平)。矿体厚度变化系数达21.16%，长与厚度比为(25～100)∶1，长与斜深比为7∶1。矿体南倾，倾角46°～81°，由东向西倾角逐渐变缓，沿斜深亦为上陡下缓(图18-2)，向下变薄趋于尖灭，矿体两端高，中间低，成马鞍状凹陷，磁法ΔZ异常在此处呈低缓状。

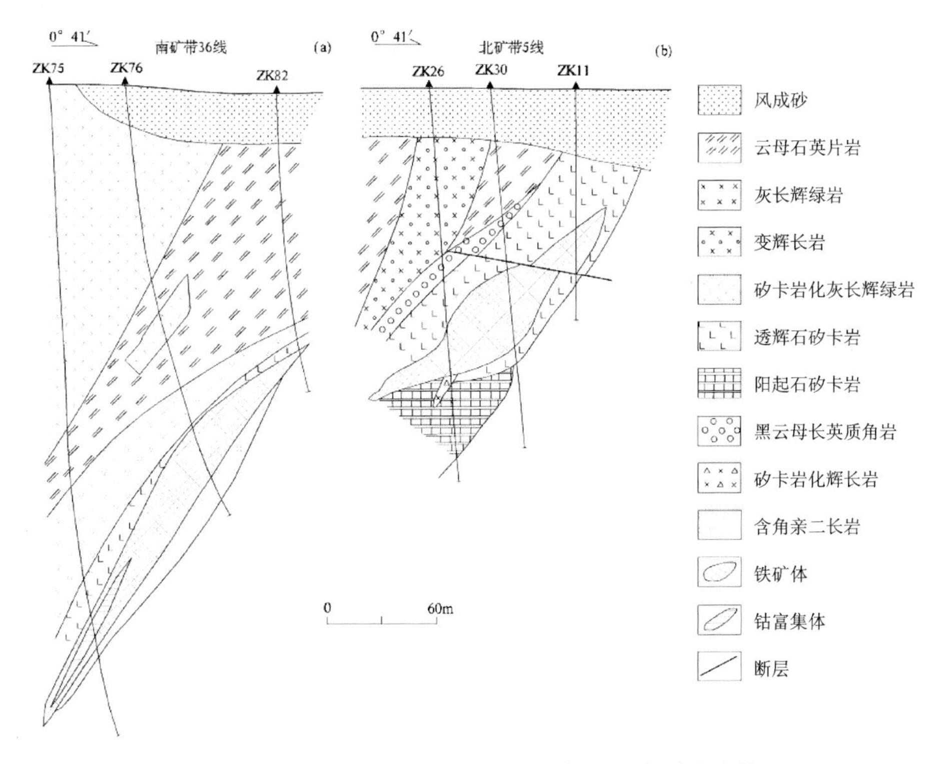

图18-2　卡休他他矿区南(a)、北(b)矿带地质剖面图(据许东青等，2006)

22号矿体为南矿带最大的矿体，属于盲矿体，呈似层状产于透辉石矽卡岩内，部分地段则与石榴石透辉矽卡岩、黑云母石英片岩或角闪二长岩直接接触。甘肃省地质六队认为该矿体纵贯全矿带，长770m，一般厚14.5～22m，最厚29.6m，最薄1.5m，平均15.4m。后经庆华公司阿右旗铁矿南矿带

1 090m水平地质探矿工程揭露，在22号矿体走向上自西向东由3个独立矿体呈串珠状不连续产出。其中32线处矿体呈透镜状产出，长轴方向为北东向，长52m，宽29m；34线西40～100m处矿体长轴方向变为北西向，长70m，最大水平厚度22m，矿体形态呈囊状，矿体上、下盘均见有含角闪二长岩不规则侵入接触；36线处矿体长轴方向呈北东向，长95m，最大水平宽度26m，最小16m，矿体下盘及矿体中均见有含角闪石英二长岩侵入接触。总之，南矿带下层矿体普遍受后期含角闪二长岩体的侵入、穿插和分割吞噬，矿体支离破碎。

铁矿石中主要金属矿物为磁铁矿，呈灰—钢灰色，半自形粒状结构，粒径0.01～0.25mm。另有少量红砷镍矿、磁黄铁矿、斜方砷钴矿、辉钴矿、镍质辉钴矿、镍黄铁矿、紫硫镍铁矿、钴毒砂、黄铜矿、黄铁矿等。脉石矿物主要有透辉石、石榴石和阳起石等。矿石构造以致密块状、稠密浸染状、浸染状为主，另有条带状、角砾状和块状等构造。

2)钴矿体

钴矿体在南、北矿带铁矿体和矿体外围的矽卡岩带中均有产出。在铁矿体中钴以独立富集体(平均含量0.04%)或伴生状态出现(平均含量0.01%)。矿体形态除少数呈透镜体外，多数为小矿条，沿走向及倾向极不稳定，规模小，埋深大，一般长75m左右，最大150m，厚度一般为1～3m，最厚8m，倾斜延伸一般50～60m，最大117m。在空间分布上，钴富集体多较有规律地成群产出，这可能与次一级的羽状裂隙有关。

钴主要赋存在斜方砷钴矿、辉钴矿、镍质辉钴矿和毒砂中(质量百分比为78.5%)，在其他金属矿物和脉石矿物中很少(共占13%)。这些单矿物常与黄铁矿、磁黄铁矿、红砷镍矿等金属硫砷化物相伴产出，多以星点状、浸染状、细脉浸染状等叠加于铁矿体及其上、下盘的各种矽卡岩中，尤其在铁矿体的中下部及其下盘的围岩中较多。

3)金矿体

金矿体均产出于北矿带矽卡岩带中，尤其集中于3号矿体上、下盘，分布宽约60m，长约1 300m(4～16线)，共发现29条矿化体，圈定11个金矿体，其中3号金矿体较大，走向长度225m，平均厚度2.3m，最厚达5.9m，倾斜延伸61m，位于铁矿体下凹部位的底部。

金矿石类型主要有含金磁铁矿型和含金矽卡岩型。金属矿物以磁铁矿为主，次为黄铁矿、毒砂、黄铜矿和磁黄铁矿，含有极少量的自然金、自然铋和辉铋矿等。自然金呈浅金黄色，形态不规则，粒径0.02～0.05mm，与自然铋连生，包于毒砂之中。脉石矿物有透辉石、阳起石和石榴石等。因此，可以判定金矿体形成于铁矿床接触交代成矿作用的硫砷化物阶段，由磁铁矿化后残余的岩浆热液中富含Bi、As、S、Fe和Au等元素，在热动力和挥发分的作用下沿构造薄弱带上升，叠加浸染于矽卡岩及磁铁矿中而成矿。

卡休他他铁(金、钴)矿体的产出受海西中期辉长岩与震旦纪地层所形成的接触变质带的控制。在空间上，自辉长岩向外依次可以见到矽卡岩带、角岩化千枚岩带(或角岩化矽卡岩)和角岩带，由之构成矿体的蚀变围岩。矽卡岩依产出空间位置分为2类：一类产出于辉长岩体与千枚岩外接触带，如北矿带(5～7线)；另一类产出于辉长岩体的内接触带，如南矿带(30～36线)和北矿带(8～16线)。

3. 同位素地球化学特征

卡休他他铁矿床硫化物的硫同位素分析结果表明，其$\delta^{34}S_{V_CDT}$值变化于－8.3‰～＋3.2‰之间，而且多数位于零值附近，由于辉长岩来源较深，通常来自下地壳或者上地幔，因此其$\delta^{34}S$值一般在0左右，与陨石硫接近(许东青等，2006)。而较低的$\delta^{34}S$负值，则很有可能来自老地层，即震旦系的浅变质岩。因此硫同位素分析结果表明，硫主要来自于岩浆岩，即辉长岩，只有少量来自于围岩地层。这可能说明，成矿物质也主要来自于辉长岩。

4. 成因类型及成矿时代

内蒙古阿右旗卡休他他铁金矿床属于矽卡岩型矿床。特定岩性、岩浆岩、构造是形成该种类型矿床的基本条件；辉长岩和石英闪长岩与围岩的接触带控制矿床的产出部位，岩体接触带的矽卡岩控制着铁、金矿体的分布范围，层间破碎带和构造裂隙带中则控制着铁、金矿体的形态。铁矿体产于中基性岩体和围岩接触的矽卡岩带中，金矿体产在富铁矿体及其附近的矽卡岩中，金矿和铁矿是同一地质作用过程中不同阶段的产物，矿床可能形成于海西中期。

二、典型矿床物探特征

1. 矿床所在区区域重磁场特征

卡休他他铁矿区域重力场显示为相对重力低异常，磁场为低缓磁场背景中的正磁异常带，异常走向北东向，重磁场特征显示有北东向、北北西向断裂通过该区域（图18-3）。

2. 矿床所在区域重力特征

在区域布格重力异常图上，卡休他他铁矿所在区域为相对较高的布格重力异常区。在剩余异常图上，卡休他他铁矿位于G蒙-808剩余重力正异常区的东部边缘，为震旦纪地层和超基性岩体分布区。

三、典型矿床预测要素

以典型矿床成矿要素图为基础，综合研究重力、航磁、化探、遥感、自然重砂等综合致矿信息，总结典型矿床预测要素（表18-1）。

表18-1　卡休他他式矽卡岩型铁矿典型矿床预测要素表

<table>
<tr><td colspan="2">预测要素</td><td colspan="3">内容描述</td><td rowspan="3">要素类别</td></tr>
<tr><td colspan="2">储量</td><td>1 202 944t</td><td>平均品位</td><td>TFe 41.06%</td></tr>
<tr><td colspan="2">特征描述</td><td colspan="3">矽卡岩型铁矿床</td></tr>
<tr><td rowspan="5">地质环境</td><td>岩石类型</td><td colspan="3">中元古界（原划震旦系）与成矿有关，主要为黑云母石英千枚岩，夹大理岩透镜体。海西期变辉长岩、辉长岩、石英闪长岩</td><td>重要</td></tr>
<tr><td>岩石结构</td><td colspan="3">沉积岩为碎屑结构和变晶结构，侵入岩为细粒结构</td><td>次要</td></tr>
<tr><td>成矿时代</td><td colspan="3">海西期</td><td>必要</td></tr>
<tr><td>地质背景</td><td colspan="3">天山-兴蒙造山系额济纳旗-北山弧盆系哈布其特岩浆弧</td><td>必要</td></tr>
<tr><td>构造环境</td><td colspan="3">古生代大陆边缘弧</td><td>重要</td></tr>
<tr><td rowspan="4">矿床特征</td><td>矿物组合</td><td colspan="3">金属矿物：以磁铁矿为主，斜方砷钴矿、辉钴矿、镍质辉钴矿、钴毒砂为含钴主要矿物；红砷镍矿、磁黄铁矿、黄铜矿、黄铁矿、镍黄铁矿、紫硫镍铁矿，分布交代而普遍，多与钴矿物共生。脉石矿物主要为透辉石、石榴石、阳起石、绿泥石等</td><td>重要</td></tr>
<tr><td>结构构造</td><td colspan="3">结构：半自形晶粒状结构、交代格架结构及交代残余结构；
构造：以致密块状、稠密浸染状、浸染状为主，次为稀疏浸染状、木纹状、条带状、角砾状、脉块状</td><td>次要</td></tr>
<tr><td>蚀变</td><td colspan="3">矽卡岩化</td><td>重要</td></tr>
<tr><td>控矿条件</td><td colspan="3">受近东西向断裂带、辉长岩与震旦系接触带控制</td><td>重要</td></tr>
<tr><td rowspan="2">地球物理特征</td><td>航磁</td><td colspan="3">航磁正异常，地磁大于500nT</td><td>重要</td></tr>
<tr><td>重力</td><td colspan="3">重力梯度带</td><td>次要</td></tr>
</table>

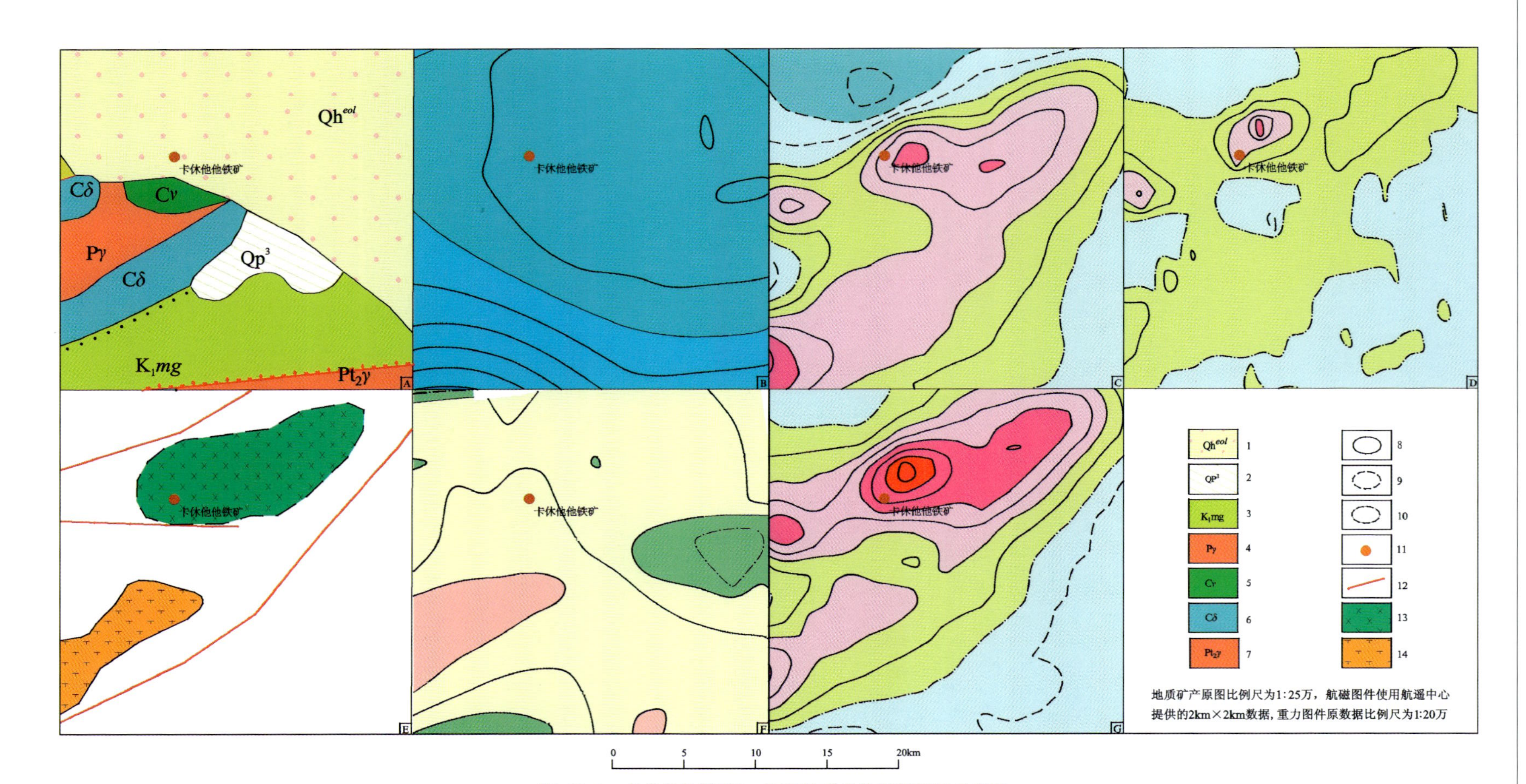

图 18-3　卡休他他铁矿1：25万地质及物探剖析图示意图

A.地质矿产图；B.布格重力异常图；C.航磁ΔT等值线平面图；D.航磁ΔT化极垂向一阶导数等值线平面图；E.重磁推断地质构造图；F.剩余重力异常图；G.航磁ΔT化极等值线平面图；1. 全新统风积、风成砂；2. 上更新统：马兰黄土、粉细砂、冲洪积砂砾石；3. 庙沟组：杂色碎屑岩、砂质泥岩等；4. 二叠纪花岗岩；5. 石炭纪辉长岩；6. 石炭纪闪长岩；7. 中元古代花岗岩；8. 正等值线及注记；9. 负等值线及注记；10. 零等值线及注记；11. 卡休他他铁矿；12. 推断三级断裂；13. 推断基性岩体；14. 推断中基性岩体

第二节　预测工作区研究

预测区范围为东经100°30′～102°00′，北纬39°00′～40°00′，属阿拉善盟阿右旗管辖。

一、区域地质矿产特征

预测区属天山-兴蒙造山系额济纳旗-北山弧盆系哈布其特岩浆弧，南侧与阿拉善陆块相邻。成矿区带属华北陆块成矿省（最西部）阿拉善（台隆）Cu-Ni-Pt-Fe-REE-P -石墨-芒硝-盐类成矿带（Pt、Pz、Kz）碱泉子-卡休他他 Au-Cu-Fe-Co 成矿亚带。

区内地层出露有中—新太古界、中元古界、古生界上石炭统、中二叠统、上二叠统、中生界侏罗系、白垩系、新生界第四系。中元古界墩子沟组（Pt_2d）（原划震旦系）与成矿关系密切，出露于库和乌拉一带，由于受后期岩体的破坏，常呈带状或断块分布，上部为千枚岩夹板岩建造；中部为大理岩建造；下部为变质砂岩-千枚状板岩建造。

预测区内侵入岩主要有古元古代、加里东期、海西中期和海西晚期。海西中期侵入作用最为强烈，岩性从酸性到基性均有出露。海西中期辉长岩、角闪辉长岩，呈小岩株产出，走向近东西。因受后期岩浆活动侵入的破坏，分布零星。卡休他他、上梭梭井辉长岩、角闪辉长岩岩体具一定的分异作用，并且与磁铁矿、钛磁铁矿有密切的关系。

预测区断裂构造十分发育，以走向东西的压扭兼扭性断裂为主，与之相伴的有走向北东和走向北西的扭性断层及走向南北的张性断层。东西向压性兼扭断裂分布得比较多。它们的特点是规模大，延伸在10km以上，最长者大于30km。北西向断裂大多是在改造东西断裂的基础上发展起来，以压扭性为特点。北东向断裂少于北西向断裂，断层性质为扭性断裂，北东向冲沟可能是这组断裂的表现。

区内相同类型矿床（点）有2个。

区域成矿模式：卡休他他矽卡岩的形成与辉长岩体的期后热液活动密切有关，当辉长岩侵入体的边部已经凝固，存在深部富含铁钙的铝硅酸盐残浆气水热液，在地质构造力的作用下，沿千枚岩与辉长岩的脆弱接触带注入，使围岩发生反应，冲破和交代了二者部分岩性，导致了矽卡岩的形成。对于未交代完全者形成了矽卡岩中的残留包体。由于热液成分和被交代物质的不同，以及同化交代作用的专属性与物质成分的相互交换，促使了不同矿物组合的矽卡岩出现（图18-4）。随着气水热液向两端的不断渗透，使辉长岩程度不同地发生了矽卡岩化和边部出现矽卡岩脉，热力作用亦使千枚岩产生了角岩和角岩化千枚岩两个热力变质晕圈。随着矽卡岩化作用的进行，SiO_2、Al_2O_3和 MgO 的大量消耗，热液中逐渐富含铁质，铁质对已形成的矽卡岩矿物进行交代，形成了铁矿。随着铁质的减少，热液中富含铜、钴的残余热液，在挥发组分 S、As 的参与活动下，重叠浸染于上述岩矿之中，交代溶蚀了磁铁矿和所有矽卡岩矿物，局部形成了铜、钴的富集和黄铁矿、磁黄铁矿等硫砷化物的大量出现。由于热液分泌的不均衡性和脉动式上升的结果，促使第二世代磁铁矿细脉的形成和多种矽卡岩脉的相继贯入，互相包裹，形成角砾。随着温度的降低，热液活动加强，铁、硫组分沿已形成的节理裂隙贯入。形成了互相交错的黄铁矿脉、磁黄铁矿脉和少量黄铜矿的出现。热液活动的最后阶段是以毒砂、方铅矿的浸染和碳酸盐脉的大量活动而告终。

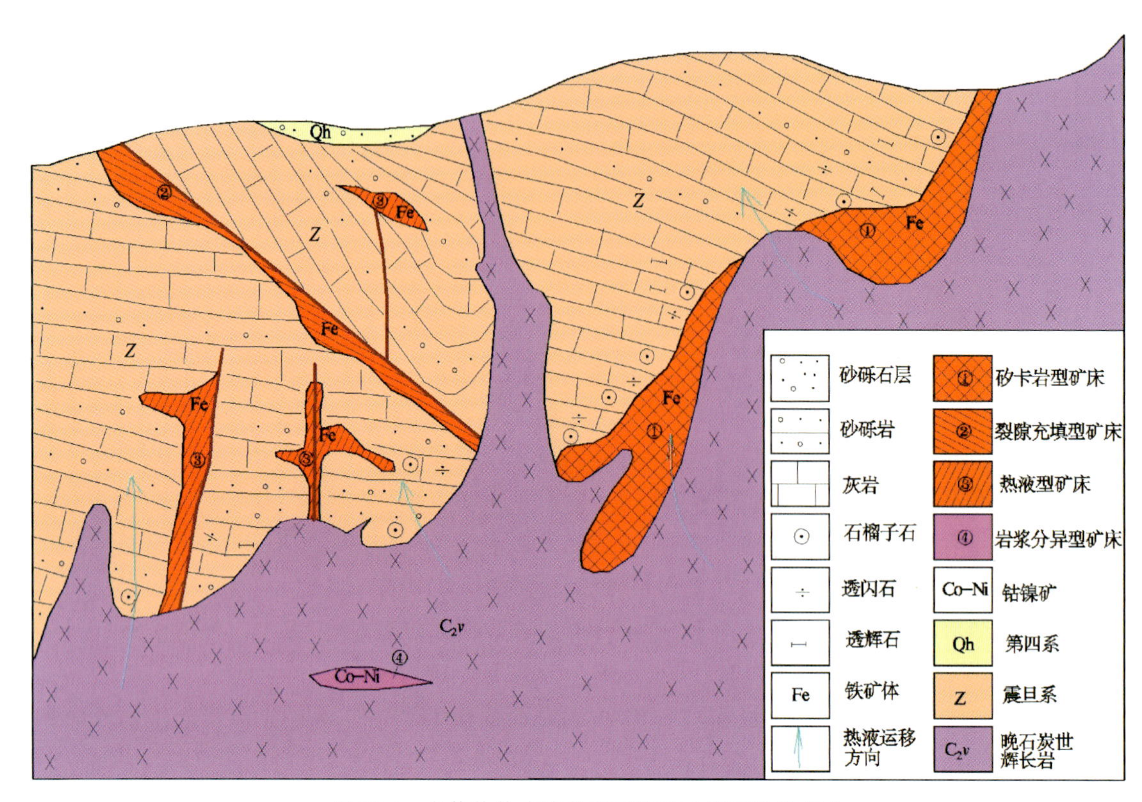

图 18-4　卡休他他式矽卡岩型铁矿区域成矿模式图

二、区域地球物理特征

1. 磁法

磁场以－100～100nT 的低缓磁场为背景。南部磁场较为平稳，中北部的区域性断裂 F2 两侧分布着形态各异的东西向带状正磁异常，磁场值变化范围在－500～800nT 之间。区域大断裂 F-0007 通过预测区。预测区内共有乙类航磁异常 1 个，丙类航磁异常 7 个，丁类航磁异常 77 个。异常多为宽缓、孤立或两翼对称异常。异常走向以东西向或北西向为主。

2. 重力

预测区只开展了 1∶50 万区域重力测量工作，区域布格重力异常图上卡休他他铁矿预测区位于高尔窑-阿拉善右旗重力低异常带上。剩余重力异常图上，预测区为正负异常相伴区域，形态呈椭圆状，个别呈条带状。北侧剩余重力正异常主要因前震旦纪基底隆起引起，南侧剩余重力正异常主要与古元古界(Pt_1)出露有关。北西侧的剩余重力正异常 G 蒙-834 则是因超基性岩引起。区内负异常主要因酸性侵入岩引起。

剩余重力正异常 G 蒙-811 为是元古界基底隆起区，在该区注意中深部铁矿的寻找。

三、区域遥感解译特征

本预测工作区内解译出 2 条大型断裂带，一条为阿拉善北缘断裂带，另一条为高家窑-乌拉特后旗-

化德-赤峰深大断裂带的西段部分，呈近东西向直线状延伸。断裂带地貌特征为一东西向平直沟谷或断崖，断层三角面发育。

预测区断裂构造极为发育，主要断层有323条，以北西向和北东向为主，近南北向和近东西向小型断裂为辅，其中北西向断裂多显张性特征，其他方向断裂多表现为压性特点。不同方向小型断裂交汇部位是铁、金成矿有利地段。

预测区环形构造不发育，圈出23个环形构造。它们在空间分布上有明显的规律，主要分布在不同方向断裂交汇部位。其成因类型为与隐伏岩体有关的环形构造。

预测区共解译出23处遥感带要素，均由变质岩组成，其中2处为乌拉山岩群角闪（黑云）斜长片麻岩、矽线石榴片麻岩、斜长角闪岩、石墨片麻岩、磁铁石英岩、大理岩、变粒岩组成；其余21处为墩子沟群各类片岩、大理岩、变粒岩，底部变质砾岩组成，该带与铁、金-多金属的关系密切。

四、区域预测要素

根据预测工作区区域成矿要素和航磁、重力及自然重砂等特征，建立了本预测区的区域预测要素，见表18-2。

表18-2　卡休他他式矽卡岩型铁矿预测工作区预测要素表

区域预测要素		描述内容	要素分级
地质环境	大地构造位置	天山-兴蒙造山系额济纳旗-北山弧盆系哈布其特岩浆弧，南侧与阿拉善陆块相邻	重要
	成矿区（带）	华北陆块成矿省（最西部）阿拉善（台隆）Cu-Ni-Pt-Fe-REE-P-石墨-芒硝-盐成矿带（Pt、Pz、Kz）碱泉子-卡休他他Au-Cu-Fe-Co成矿亚带	重要
	控矿构造	近东西向与北西向断裂交汇处	重要
	地层	墩子沟群大理岩、透闪透辉石英角岩、矽卡岩等	重要
	侵入岩	晚石炭世辉长岩、角闪辉长岩	重要
区域成矿类型及成矿期		区域成矿类型为矽卡岩型，成矿期为晚石炭世	重要
区内相同类型矿产		已知矿床（点）有2个	
物探遥感自然重砂特征	航磁	航磁ΔT化极异常强度起始值为200nT，但因地表覆盖物的增厚，地表异常值会降低	重要
	重力	剩余重力起始值在$(1\sim2)\times10^{-5}\,m/s^2$之间	重要
	自然重砂	局部有三级铁异常	重要

第三节　矿产预测

一、综合地质信息定位预测

预测区内有2个已知矿床（点），采用有预测模型工程进行定位预测及分级。本次用综合信息网格单元法进行预测区的圈定，即利用MRAS软件中的建模功能，通过成矿必要要素的叠加形成色块图，根据各要素边界圈定最小预测区，共圈定最小预测区15个（图18-5），其中A级区1个，面积1.85km^2；B

级区 2 个，面积 5.58km²；C 级区 12 个，面积 57.30km²。最小预测区综合信息见表 18-3。

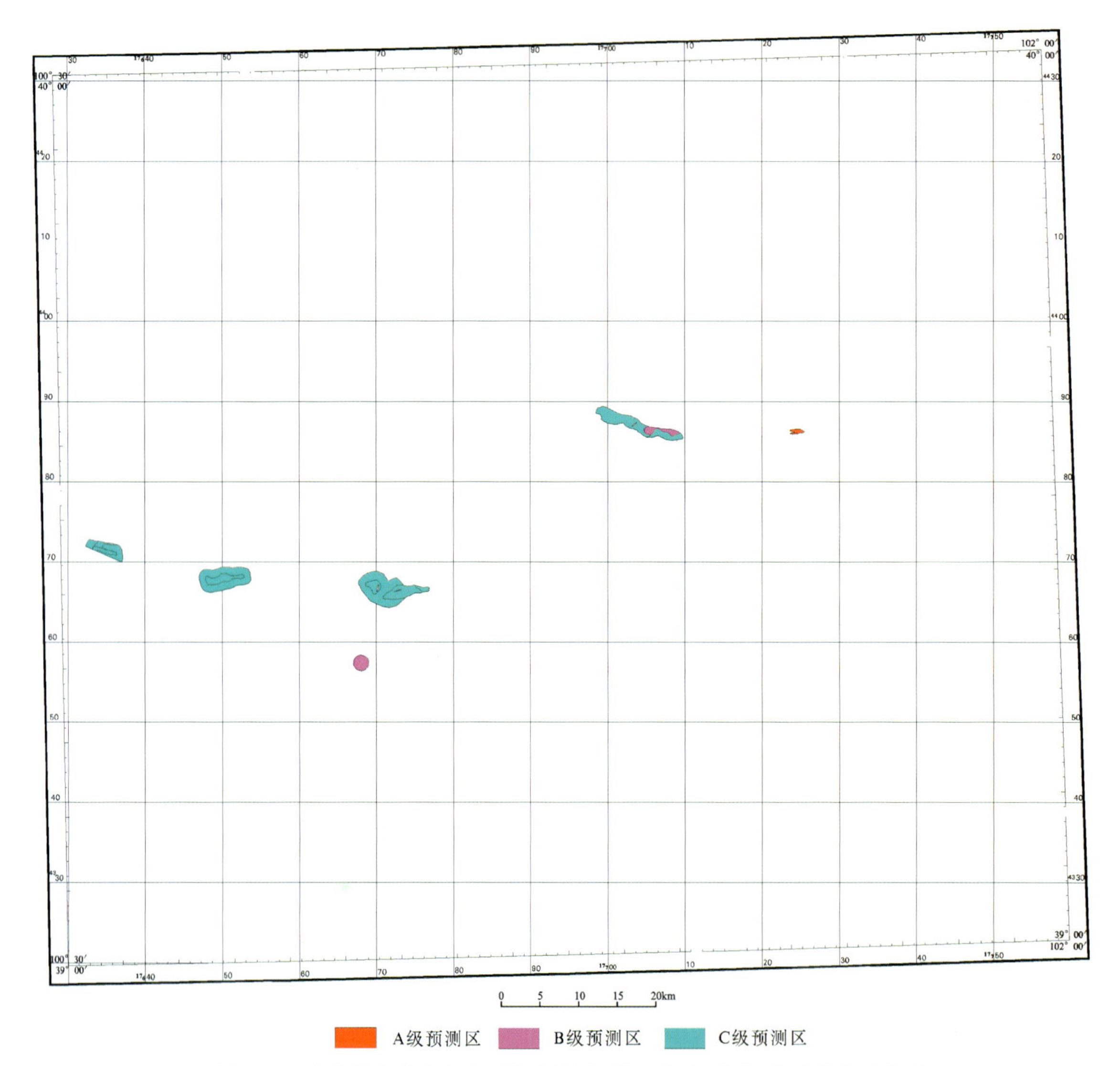

图 18-5　卡休他他式矽卡岩型铁矿预测工作区最小预测区优选分布示意图

表 18-3　卡休他他式矽卡岩型铁矿预测工作区最小预测区综合信息表

最小预测区编号	最小预测区名称	综合信息（航磁单位为 nT，重力单位为 $\times10^{-5}m/s^2$）
A1501207001	卡休他他	该最小预测区矿床主要赋存在墩子沟群灰岩与晚石炭世辉长岩、角闪辉长岩的外接触带，侵入体与围岩接触部位主要发生了矽卡岩化，其次是角岩化、绿泥石化等。该区内有中型矿产地 1 处。航磁化极等值线起始值在 200 以上；重力剩余异常起始值在 1 以上；预测区下游存在重砂三级铁异常。因此该最小预测区找矿潜力极大
B1501207001	扎木敖	该最小预测区地表全部被第四系覆盖，经矿点工作发现矿体赋存在墩子沟群矽卡岩化灰岩中。该区内有矿点 1 处，航磁化极等值线起始值在 0 以上；重力剩余异常起始值在 2 以上。因此该最小预测区有一定的找矿潜力
B1501207002	沙里井山东	该最小预测区矿床赋存在墩子沟群灰岩与晚石炭世角闪辉长岩的外接触带，分布于推断矿致异常区的边部。航磁化极等值线起始值在－200 以上；重力剩余异常起始值在－1 以上；预测区下游存在重砂三级铁异常。因此该最小预测区有一定的找矿潜力
C1501207001	沙里井山北	该最小预测区矿床主要赋存在墩子沟群中，地表未见侵入岩。可能有找矿潜力

续表 18-3

最小预测区编号	最小预测区名称	综合信息(航磁单位为nT,重力单位为$\times10^{-5}m/s^2$)
C1501207002	照壁山	该最小预测区矿床主要赋存在墩子沟群中,地表未见侵入岩。可能有找矿潜力
C1501207003	白山山西	该最小预测区矿床主要赋存在墩子沟群中,地表未见侵入岩。可能有找矿潜力
C1501207004	1654高程点的北部	该最小预测区矿床主要赋存在墩子沟群中,地表未见侵入岩。可能有找矿潜力
C1501207005	1654高程点的北部	最小预测区矿床主要赋存在推测墩子沟群中,地表未见侵入岩。可能有找矿潜力
C1501207006	照壁山	最小预测区矿床主要赋存在推测墩子沟群中,地表未见侵入岩。可能有找矿潜力
C1501207007	白山山西	最小预测区矿床主要赋存在推测墩子沟群中,地表未见侵入岩。可能有找矿潜力
C1501207008	白山山东	最小预测区矿床主要赋存在推测墩子沟群中,地表未见侵入岩。可能有找矿潜力
C1501207009	乌苏格呼都格北	最小预测区矿床主要赋存在推测墩子沟群中,地表未见侵入岩。可能有找矿潜力
C1501207010	1654高程点的西北部	最小预测区矿床主要赋存在推测墩子沟群中,地表未见侵入岩。可能有找矿潜力
C1501207011	1654高程点的东部	最小预测区矿床主要赋存在推测震旦系中,地表未见侵入岩。该最小预测区可能有找矿潜力,定为C级区,预测深度600m时资源储量334-3为157.58×10^4t
C1501207012	白山山	最小预测区矿床主要赋存在墩子沟群中,地表未见侵入岩。可能有找矿潜力

二、综合信息地质体积法估算资源量

1. 典型矿床深部及外围资源量估算

卡休他他铁矿查明资源量、体重、全铁品位、延深等均来源于《甘肃省阿拉善右旗卡休他他M51铁矿地质勘探报告》(甘肃省地质局第六地质队革命委员会,1972)。延深源于甘肃省地质局第六地质队1972年编写的《甘肃省阿拉善右旗卡休他他M51铁矿地质勘探报告》的附图0行、1行、3行、9行钻孔地质剖面图,其中9行控制最深,矿体到260m已经完全尖灭,采用最大延深为260m,由于是陡倾斜矿体,用垂深。

卡休他他铁矿典型矿床深部及外围资源量估算结果见表18-4 。

表18-4 卡休他他式矽卡岩型铁矿典型矿床深部及外围资源量估算一览表

典型矿床		深部及外围		
已查明资源量($\times10^4$t)	1 202.944	深部	面积(m^2)	98 300
面积(m^2)	380 275		深度(m)	600
深度(m)	600	外围	面积(m^2)	132 675
品位(%)	34.61(平均)		深度(m)	70
密度(t/m^3)	3.40	预测资源量($\times10^4$t)		2 116.28
体积含矿率(t/m^3)	0.310	典型矿床资源总量($\times10^4$t)		3 319.224

2. 模型区的确定、资源量及估算参数

卡休他他典型矿床位于卡休他他模型区内。模型区预测资源量,此处为典型矿床总资源量(查明资

源量＋预测资源量)，即 3 319.224×10^4t(矿石量)；模型区面积，为最小预测区加以人工修正后的面积，在 MapGIS 软件下读取、换算后求得，为 1.845 313km^2。延深，指典型矿床总延深(查明＋预测)，即 600m；含矿地质体面积，指模型区内含矿建造的面积，在 MapGIS 软件下读取、换算后求得，为 1.493 313km^2(表 18-5)。

表 18-5　卡休他他式矽卡岩型铁矿模型区预测资源量及其估算参数

编号	名称	模型区总资源量(×10^4t)	模型区面积(km^2)	延深(m)	含矿地质体面积(km^2)	含矿地质体面积参数 K_S	含矿地质体含矿系数 K
A1501207001	卡休他他	3 319.224	1.845 313	600	1.493 313	0.809	0.037

3. 最小预测区预测资源量

卡休他他式矽卡岩型铁矿预测工作区最小预测区资源量定量估算采用地质体积法进行估算。

1)估算参数的确定

延深的确定是在分析最小预测区含矿地质体地质特征、岩体的形成深度、矿化蚀变、矿化类型的基础上进行的，结合典型矿床深部资料，目前钻探工程已控制到 500m，在 490m 处已见到含矿地层与侵入体的界线，延倾向向下还有含矿岩系存在。经专家综合分析，确定含矿地质体的延深($H_预$)为 600m。

2)最小预测区预测资源量估算结果

本次预测资源总量为 8 964.89×10^4t，不包含已查明的资源量 1 814.6×10^4t。各最小预测区预测资源量见表 18-6。

表 18-6　卡休他他式矽卡岩型铁矿预测工作区最小预测区预测资源量表

最小预测区编号	最小预测区名称	$S_预$(km^2)	$H_预$(m)	K_S	K	α	$Z_预$(×10^4t)	资源量级别
A1501207001	卡休他他	1.845 3	600	0.809	0.037	1.00	2 116.28	334-1
							3 065.57	334-2
B1501207001	扎木敖	3.090 2	600	1	0.037	0.10	686.02	334-3
B1501207002	沙里井山东	2.489 5	600	1	0.037	0.10	552.67	334-2
C1501207001	沙里井山北	9.304 2	600	1	0.037	0.02	413.11	334-2
C1501207002	照壁山	3.679 9	600	1	0.037	0.02	163.39	334-3
C1501207003	白山山西	2.023 6	600	1	0.037	0.02	89.85	334-3
C1501207004	1654 高程点的北部	1.356 2	600	1	0.037	0.02	60.22	334-3
C1501207005	1654 高程点的北部	0.984 3	600	1	0.037	0.02	43.70	334-3
C1501207006	照壁山	12.643 9	600	1	0.037	0.02	561.39	334-3
C1501207007	白山山西	13.130 8	600	1	0.037	0.02	583.01	334-3
C1501207008	白山山东	0.824 2	600	1	0.037	0.02	36.59	334-3
C1501207009	乌苏格呼都格北	3.163 5	600	1	0.037	0.02	140.46	334-2
C1501207010	1654 高程点的西北部	1.140 4	600	1	0.037	0.02	50.63	334-3
C1501207011	1654 高程点的东部	3.549 0	600	1	0.037	0.02	157.58	334-3
C1501207012	白山山	5.505 0	600	1	0.037	0.02	244.42	334-3
合计							8 964.89	

4. 预测工作区资源总量成果汇总

卡休他他式侵入岩体型铁矿预测工作区按精度、预测深度、可利用性、可信度统计分析结果见表 18-7。

表 18-7　卡休他他式矽卡岩型铁矿预测工作区预测资源量统计分析表(×10⁴t)

精度	深度			可利用性		可信度			合计
	500m以浅	1 000m以浅	2 000m以浅	可利用	暂不可利用	$x \geqslant 0.75$	$0.75 > x \geqslant 0.5$	$0.5 > x \geqslant 0.25$	
334-1	1 779.80	2 116.28	2 116.28	2 116.28	—	2 116.28	—	—	2 116.28
334-2	3 500.02	4 171.81	4 171.81	4 171.81	—	3 065.57	552.67	553.57	4 171.81
334-3	2 230.67	2 676.80	2 676.80	2 676.80	—	—	686.02	1 990.78	2 676.80
合计									8 964.89

第十九章　乌珠尔嘎顺式矽卡岩型铁矿预测成果

第一节　典型矿床特征

一、典型矿床地质特征

乌珠尔嘎顺铁矿隶属阿拉善盟额济纳旗赛汉桃来苏木管辖。地理坐标为东经 99°55′40″～99°56′29″，北纬 42°17′58″～42°18′00″。

1. 矿区地质

出露地层主要有中上奥陶统咸水湖组，中下侏罗统煤系地层仅在矿区东南角冲沟或低洼处零星出露，第四系残坡积、砂砾石层及风成砂土分布较广。咸水湖组分 3 个岩段，第一岩段为火山岩组底部层位，也是矿体围岩，分布矿区中部及南部，据岩性分上下 2 部分，下部石榴石矽卡岩，该岩石铁质含量普遍高，有的形成铁矿体，岩石具不均匀的铜矿化，地层厚度 50m；上部英安岩及石榴石矽卡岩化英安岩，该岩层底部蚀变强烈，普遍石榴石矽卡岩化，铁质含量较高，铁矿体即产于该岩段下部与石榴石矽卡岩接触部位，岩段上部岩石蚀变较弱，岩石产生片理化及角岩化，石榴石渐少或到无，本层厚 100～150m。第二岩段为英安斑岩，分布于矿区南部，呈较缓的倾角整合于第一岩段上，该段厚度 50～100m。第三岩段为流纹质英安岩，出露于矿区的西南部，含铁锰质较高，并局部形成铁锰矿体，岩层倾角较缓整合于第二岩段之上，厚度 50m。

侵入岩主要是海西期二长花岗岩，英云闪长岩呈小岩株分布于 2 号矿体的北部；斜长花岗斑岩呈北北东向侵入于矿区中部；正长花岗岩分布于矿区东北及西部，呈大小不等的脉体。

构造主要以断裂为主，矿区可见 4 条断层，北东向构造破碎带是铁矿体的主要控矿构造，近东西向裂隙是次一级控矿构造。

2. 矿床特征

矿床主要矿体有 8 个，走向以北东向为主，北西向次之；倾向以南东向为主，南西向、北西向次之；倾角 60°～88°。矿体形态为脉状、透镜状(图 19-1)。

矿石工业类型为半自熔性矿石、炼铁用矿石；自然类型为致密块状磁铁矿矿石和花斑状磁铁矿矿石。主要金属矿物有磁铁矿、赤铁矿、褐铁矿，次要矿物有黄铁矿、黄铜矿、磁黄铁矿等，脉石矿物有石英、石榴石、透辉石、绿帘石等。

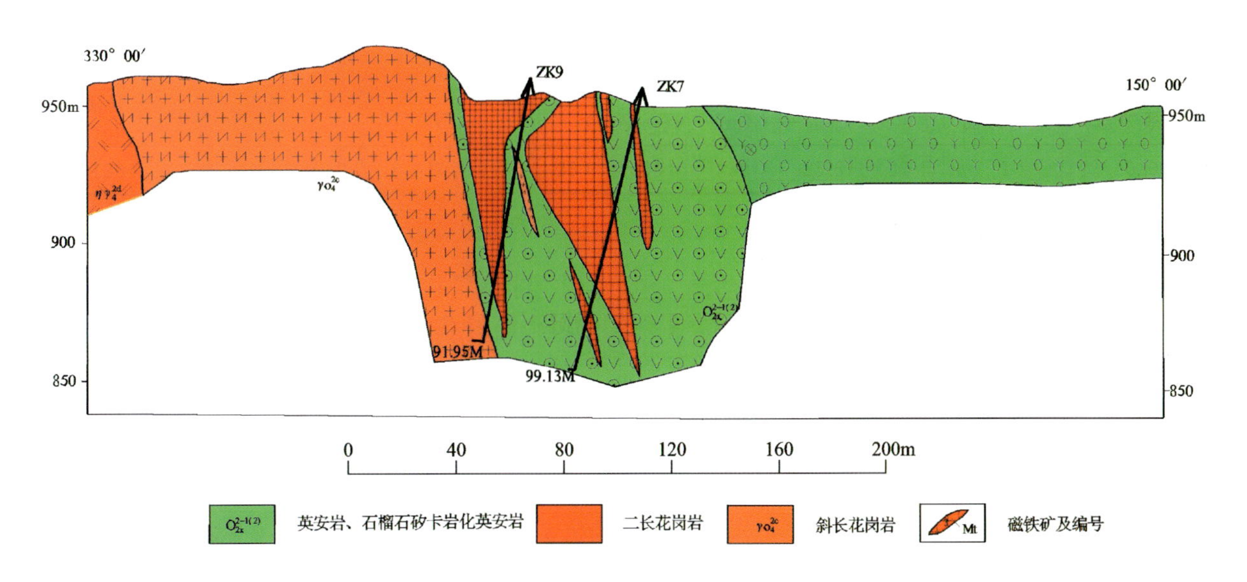

图 19-1 Ⅷ—Ⅷ′勘探线剖面图

矿石结构以粒状结构为主，交代残余结构、交代溶蚀结构次之。构造为致密块状构造、花斑状构造。

3. 矿床成因及成矿时代

矿床成因类型为矽卡岩型铁矿。成矿时代为海西期。

磁铁矿床为第一期成矿，裂隙充填假象赤铁矿为第二期成矿。

二、典型矿床地球物理特征

1. 矿床所在位置重磁特征

乌珠尔嘎顺铁矿区域重力场显示为重力异常过渡带或相对重力高，磁场为低缓负磁场背景上的正磁异常，异常走向近东西向，磁场特征显示有北东向和北西向断裂通过该区域(图 19-2)。

2. 矿床所在区域重力特征

乌珠尔嘎顺铁矿位于布格重力异常相对高值区，对应的剩余异常编号为 G 蒙-338，该异常呈北西向带状展布。乌珠尔嘎顺铁矿位于该异常北侧边部。在该剩余重力异常区主要分布有古生代奥陶纪地层和石炭纪酸性侵入岩体。

三、典型矿床预测要素

根据典型矿床成矿要素和地球物理、遥感、自然重砂特征，确定典型矿床预测要素(表 19-1)。

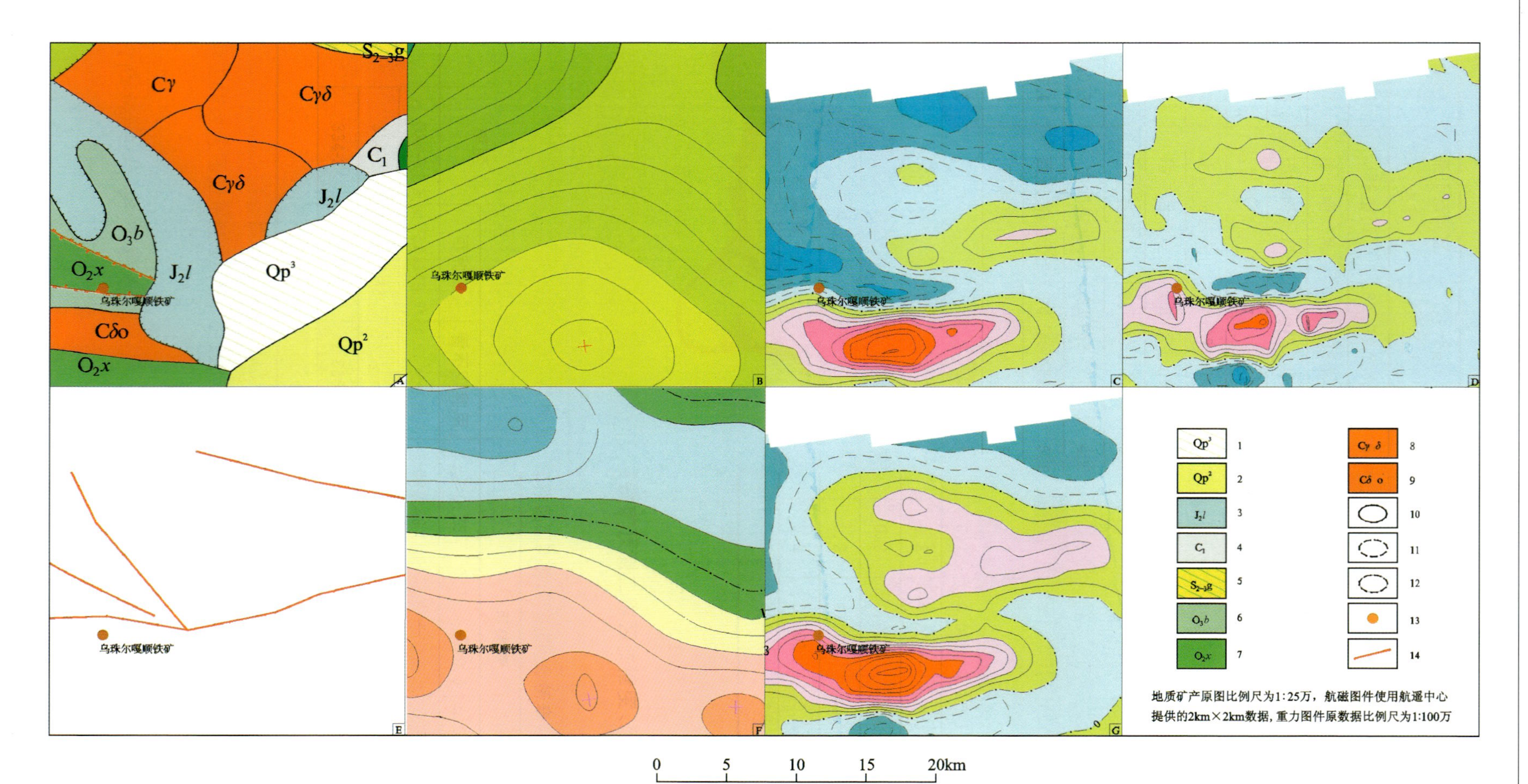

图 19-2 乌珠尔嘎顺铁矿1：25万地质及物探剖析图示意图

A.地质矿产图；B.布格重力异常图；C.航磁ΔT等值线平面图；D.航磁ΔT化极垂向一阶导数等值线平面图；E.重磁推断地质构造图；F.剩余重力异常图；G.航磁ΔT化极等值线平面图；1.上更新统：马兰黄土、粉细砂、冲洪积砂砾石；2.中更新统：黄土、冲洪积砂砾石；3.龙凤山组：灰白色砾岩、灰绿色砂岩；4.绿条山组：灰黄灰黑色砂岩、千枚岩；5.公婆泉组：安山岩、安山玄武岩、流纹岩等；6.白云山组：紫红色、深灰色粉砂岩、灰岩；7.咸水湖组：安山岩、安山玄武岩、流纹岩等；8.石炭纪花岗闪长岩；9.石炭纪石英闪长岩；10.正等值线及注记；11.负等值线及注记；12.零等值线及注记；13.乌珠尔嘎顺铁矿；14.推断三级断裂

表 19-1　乌珠尔嘎顺式矽卡岩型铁矿典型矿床预测要素表

预测要素		描述内容			成矿要素分级
储量		2 415 000t	平均品位	TFe 50.00%	
特征描述		矽卡岩型铁矿床			
地质环境	大地构造环境	Ⅰ天山-兴蒙造山系，Ⅰ-9 额济纳旗-北山弧盆系			重要
	岩石类型	奥陶系咸水湖组石榴石矽卡岩、石榴石矽卡岩化英安岩、英安斑岩、流文质英安岩等。侵入岩有二长花岗岩、斜长花岗岩、正长花岗岩和斜长花岗斑岩			重要
	岩石结构	火山岩为斑状结构和隐晶结构，侵入岩为细粒结构			次要
	成矿时代	海西中期			重要
	地质背景	古亚洲洋板块俯冲所形成火山弧			重要
矿床特征	矿物组合	金属矿物：磁铁矿、赤铁矿、褐铁矿，次为黄铁矿、黄铁矿磁黄铁矿等；脉石矿物主要为石英、石榴石、透辉石、绿帘石等			重要
	结构构造	结构：以粒状结构为主，交代残余结构、交代溶蚀结构次之；构造：致密块状构造、花斑状构造			次要
	围岩蚀变	矽卡岩化、高岭土化、碳酸盐化			重要
	控矿条件	北东向构造破碎带是铁矿体的主要控矿构造，近东西向裂隙是次一级控矿构造			重要
地球物理特征	航磁	航磁正异常			重要
	重力	重力梯度带			次要

第二节　预测工作区研究

预测区范围为东经 97°30′～100°30′，北纬 42°00′～43°00′。行政区划属阿拉善盟额济纳旗。

一、区域地质矿产特征

预测区大地构造属天山-兴蒙造山系额济纳旗-北山弧盆系圆包山岩浆弧，成矿区带属古亚洲成矿域准噶尔成矿省觉罗塔格-黑鹰山 Cu-Ni-Fe-Au-Ag-Mo-W -石膏-硅灰石-膨润土-煤成矿带黑鹰山-小狐狸山 Fe-Au-Cu-Mo-Cr 成矿亚带。

预测区内出露的地层有奥陶系、志留系、泥盆系、石炭系、二叠系、侏罗系、第四系等。而与成矿有关的为中上奥陶统咸水湖组（$O_{2-3}x$），为安山岩-安山质凝灰熔岩-流纹质凝灰熔岩夹玄武岩、安山岩建造。

侵入岩主要为海西中期，从基性到酸性均有广泛的分布。海西晚期花岗岩出露少且零星。海西中期英云闪长岩、花岗闪长岩、二长花岗岩与铁矿关系密切。

预测区内总体构造特征是：在测区的南部，从小黄滩—砾石滩——条山一带为近东西向构造带，构造线方向为 270°～290°；在测区的北部，乌兰布拉格构造线方向为近南北向，呼勒森布拉格构造线方向为北东向，额勒根乌兰乌拉构造线方向为北西向。

东西向或近东西向断裂以及近南北向断裂为压性断裂，而北西向和北东向断裂则为压扭性断裂。褶皱总体是以奥陶系为核心，其他新地层为两翼的复式背斜。背斜轴部在额勒根乌兰乌拉—乌珠尔嘎顺以南一带，背斜轴走向为北西向。

预测区内，在中上奥陶统咸水湖组火山岩组与晚石炭世似斑状花岗闪长岩、花岗闪长岩接触带形成的铁矿仅发现1处，为小型铁矿床。

二、区域地球物理特征

1. 磁法

本区磁场以0～100nT的低缓磁场为背景，磁场较为杂乱，其间主要分布着椭圆状、长条状正磁异常，磁异常轴以北西西向为主，其次为东西向，磁场值变化范围在－600～1 000nT之间。

预测区内共有甲类航磁异常3个，乙类航磁异常23个，丙类航磁异常59个，丁类航磁异常75个。异常多为尖峰、叠加异常，北侧伴有负值或孤立两翼对称异常。异常走向以东西向或北西向为主。

2. 重力

预测区西部开展了1∶20万重力测量工作，约占预测区总面积的1/2，其余地区只进行了1∶50万重力测量工作。

区域布格重力异常图上，预测区西部甜水井—哈珠一带为重力相对低异常区，东部则为呈面状分布的布格重力异常相对高值区，由东至西布格重力异常总体呈下降趋势。

剩余重力异常图上，预测区内剩余重力异常正负相间分布，剩余重力异常带总体走向呈北西向和近东西向，单个异常部分呈北东向展布。区内的剩余重力正异常主要为古生界基底隆起所致，只有西侧条带状正异常为元古宇基底隆起引起。剩余重力负异常呈条带状展布，等值线密集且分布相对较规则的异常多与中新生代盆地对应，形态不规则且等值线分散的负异常多与酸性侵入岩有关。

G蒙-874号异常是石炭纪(C_1)、泥盆纪(D_2)地层分布区，同时有中酸性侵入岩出露，可作为寻找铁矿的有利靶区。

三、区域遥感解译特征

预测区内共解译775条断裂，其中有2条脆韧性剪切带，773条线性构造。

解译出大型断裂带1条，为清河口-哈珠-路井断裂带，该断裂带自甘肃延入预测区内，经额济纳旗等地，向东延入蒙古境内。预测内延长120km，总体北西向展布。该断裂是北山中晚华力西地槽褶皱带分界，北侧为石炭纪形成的六驼山、雅干复背斜，南侧为二叠纪形成的哈珠-哈日苏亥复向斜，沿断裂有海西期辉长岩、超基性岩分布。

区内共解译出6条中型断裂带，呈北西西向、近东西向和北东向的断裂带构成了一个整体格架。这些断裂带有乌珠嘎顺构造带、楚伦呼都格-察哈日哈达音呼都格张扭性构造、清河口构造、若羌-敦煌断裂带和额济纳戈壁断陷盆地边缘构造。这些断裂带为各金属矿床的形成提供了运营通道。其内分布有碧玉山、黑鹰山铁矿，乌珠尔嘎顺铁矿以及流沙山钼矿。

小型断裂比较发育，并且以北东向和北西向为主，局部发育北北西向及近东西向小型断层，其中北西向小型断裂多为正断层，形成时间较晚，多错断其他方向的断裂构造，其分布规律较差，仅在平顶山—哈珠—小狐狸山一带有成带特点，为一较大的弧形构造带。北东向的小型断裂多为逆断层，形成时间明显早于北西向断裂，其分布略有规律性，这些断裂带与其他方向断裂交会处，多为金-多金属成矿的有利地段。

预测区内一共解译了33个环，按其成因可分为3类环，一种为构造穹隆引起的环形构造，另一种为该区域内中生代花岗岩引起的环形构造，还有就是性质不明环。中生代花岗岩引起的环形构造影像特征主要是影纹纹理边界清楚，花岗岩内植被发育，纹理光滑，构造隆起成山。构造穹隆引起的环形构造，影像上整个块体隆起，呈椭圆状，主要为环形沟谷及盆地边缘线构成，边界清晰，山脊和山沟以山顶为中心向四周呈放射状发散。

预测区内解译了 9 条带要素。

已知铁矿点与本预测区中羟基异常吻合的有黑鹰山铁矿、乌珠尔嘎顺铁矿。

四、区域预测要素

结合区域成矿要素、地球物理及遥感解译特征等，总结了预测区成矿要素(表 19-2)。

表 19-2　乌珠尔嘎顺式矽卡岩型铁矿预测工作区预测要素表

区域预测要素		描述内容	要素分级
地质环境	大地构造位置	天山-兴蒙造山系额济纳旗-北山弧盆系圆包山岩浆弧	重要
	成矿区(带)	古亚洲成矿域准噶尔成矿省觉罗塔格-黑鹰山 Cu-Ni-Fe-Au-Ag-Mo-W -石膏-硅灰石-膨润土-煤成矿带黑鹰山-小狐狸山 Fe-Au-Cu-Mo-Cr 成矿亚带	重要
	控矿构造	北东向构造破碎带是铁矿体的主要控矿构造，近东西向裂隙是次一级控矿构造	重要
	地层	咸水湖组	重要
	侵入岩	晚石炭世二长花岗岩、英云闪长岩、正长花岗岩和斜长花岗斑岩	重要
区域成矿类型及成矿期		区域成矿类型为矽卡岩型，成矿期为晚石炭世	重要
区内相同类型矿产		已知矿床(点)1 个	
物探遥感特征	航磁	航磁 ΔT 化极异常强度最低值－40nT，预测范围极值 200nT(－40～200nT)	重要
	重力	剩余重力起始值在(－2～0)×10^{-5}m/s^2 之间	次要
	遥感	羟基异常	次要

第三节　矿产预测

一、综合地质信息定位预测

根据典型矿床及预测工作区预测要素研究，本次选择规则网格方法作为预测单元。叠加各种要素，手工圈定最小预测区。根据预测要素将最小预测区分级划分为 A、B、C 三级：A 级为地表有奥陶系咸水湖组出露并有石炭纪二长花岗岩、斜长花岗岩、正长花岗岩和斜长花岗斑岩侵入，生成接触带，形成石榴石矽卡岩、石榴石矽卡岩化英安岩、英安斑岩、流文质英安岩，另有已知的小型矿床及矿点存在，存在北东向断层及剩余重力异常等值线起始值在(－1～2)×10^{-5}m/s^2 之间；B 级为地表有奥陶系咸水湖组出露并有石炭纪二长花岗岩、斜长花岗岩、正长花岗岩和斜长花岗斑岩侵入，生成接触带，形成石榴石矽卡岩、石榴石矽卡岩化英安岩、英安斑岩、流文质英安岩，存在北东向断层及剩余重力异常等值线起始值在(－1～2)×10^{-5}m/s^2 之间；C 级为地表有奥陶系咸水湖组出露并有石炭纪二长花岗岩、斜长花岗岩、正长花岗岩和斜长花岗斑岩侵入，生成接触带，形成石榴石矽卡岩、石榴石矽卡岩化英安岩、英安斑岩、流文质英安岩，存在北东向断层。

本次工作共圈定最小预测区 19 个，其中 A 级 4 个，B 级 7 个，C 级 8 个，总面积 123.94km²（图 19-3）。每个最小预测区进行综合地质评价见表 19-3。

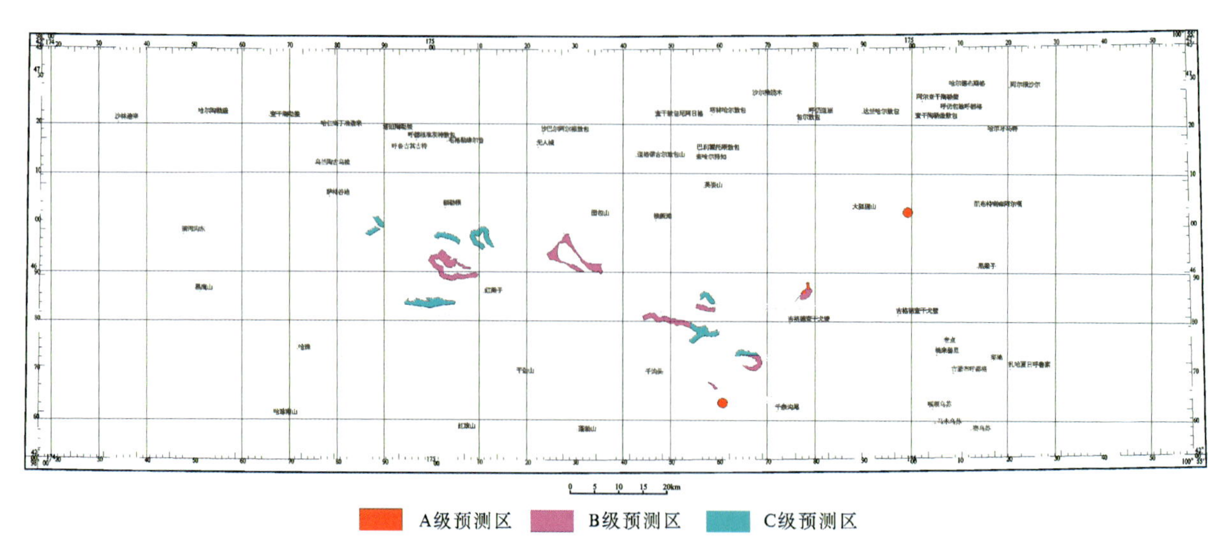

图 19-3　乌珠尔嘎顺式矽卡岩型铁矿预测工作区最小预测区优选分布示意图

表 19-3　乌珠尔嘎顺式矽卡岩型铁矿预测工作区最小预测区综合信息表

预测区编号	最小预测区名称	综合信息（航磁单位为 nT，重力单位为 $\times10^{-5}m/s^2$）
A1501207001	乌珠尔嘎顺 2	该最小预测区存在奥陶系咸水湖组出露并有石炭纪花岗闪长岩侵入，生成接触带，形成石榴石矽卡岩、石榴石矽卡岩化英安岩等，已知的小型矿床及矿点存在，存在北东向断层及剩余重力异常等值线起始值在－1～2 之间。具极大的找矿潜力
A1501207002	乌珠尔嘎顺 1	该最小预测区存在奥陶系咸水湖组出露并有石炭纪花岗闪长岩侵入，生成接触带，形成石榴石矽卡岩、石榴石矽卡岩化英安岩等，已知的小型矿床及矿点存在，存在北东向断层及剩余重力异常等值线起始值在－1～2 之间。具极大的找矿潜力
A1501207003	小狐狸山	该最小预测区存在奥陶系咸水湖组出露并有石炭纪闪长玢岩侵入，生成接触带，形成石榴石矽卡岩、石榴石矽卡岩化英安岩等，已知的小型矿床及矿点存在，存在北东向断层及剩余重力异常等值线起始值在－1～2 之间。具极大的找矿潜力
A1501207004	千条沟尾	该最小预测区存在奥陶系咸水湖组出露并有石炭纪英云闪长岩侵入，生成接触带，形成石榴石矽卡岩、石榴石矽卡岩化英安岩等，已知的小型矿床及矿点存在，存在北东向断层及剩余重力异常等值线起始值在－1～2 之间。具极大的找矿潜力
B1501207001	乌珠尔嘎顺 3	该最小预测区存在奥陶系咸水湖组出露并有石炭纪英云闪长岩侵入，生成推测接触带，形成石榴石矽卡岩、石榴石矽卡岩化英安岩等，存在北东向断层及剩余重力异常等值线起始值在－1～2 之间。具较好的找矿潜力
B1501207002	千条沟尾北西 2	该最小预测区存在奥陶系咸水湖组出露并有石炭纪英云闪长岩侵入，生成接触带，形成石榴石矽卡岩、石榴石矽卡岩化英安岩等，存在北东向断层及剩余重力异常等值线起始值在－1～2 之间。具较好的找矿潜力，该小区为 B 级区
B1501207003	英姿山南 2	该最小预测区存在奥陶系咸水湖组出露并有石炭纪英云闪长岩侵入，生成接触带，形成石榴石矽卡岩、石榴石矽卡岩化英安岩等，存在北东向断层及剩余重力异常等值线起始值在－1～2 之间。具较好的找矿潜力
B1501207004	千沟头	该最小预测区存在奥陶系咸水湖组出露并有石炭纪英云闪长岩和花岗斑岩侵入，生成接触带，形成石榴石矽卡岩、石榴石矽卡岩化英安岩等，存在北东向断层及剩余重力异常等值线起始值在－1～2 之间。具较好的找矿潜力
B1501207005	红梁子北西	该最小预测区存在奥陶系咸水湖组出露并有石炭纪英云闪长岩和花岗闪长岩侵入，生成接触带，形成石榴石矽卡岩、石榴石矽卡岩化英安岩等，存在北东向断层及剩余重力异常等值线起始值在－1～2 之间。具较好的找矿潜力

续表 19-3

预测区编号	最小预测区名称	综合信息(航磁单位为 nT,重力单位为$\times10^{-5}m/s^2$)
B1501207006	园包山	该最小预测区存在奥陶系咸水湖组出露并有石炭纪花岗闪长岩侵入,生成接触带,形成石榴石矽卡岩、石榴石矽卡岩化英安岩等,存在北东向断层及剩余重力异常等值线起始值在－1～2之间。具较好的找矿潜力
B1501207007	千沟头东	该最小预测区存在奥陶系咸水湖组出露并有石炭纪英云闪长岩侵入,生成接触带,形成石榴石矽卡岩、石榴石矽卡岩化英安岩等,存在东西向断层及剩余重力异常等值线起始值在－1～2之间。具较好的找矿潜力
C1501207001	千条沟尾北西 1	该最小预测区存在奥陶系咸水湖组出露并有石炭纪英云闪长岩侵入,生成接触带,形成石榴石矽卡岩、石榴石矽卡岩化英安岩等,存在北东向断航磁剩余异常。找矿潜力一般
C1501207002	英姿山南 1	该最小预测区存在奥陶系咸水湖组出露并有石炭纪花岗岩侵入,生成接触带,形成石榴石矽卡岩、石榴石矽卡岩化英安岩等,存在北东向断航磁剩余异常。找矿潜力一般
C1501207003	千沟头北东	该最小预测区存在奥陶系咸水湖组出露并有石炭纪闪长玢岩侵入,生成接触带,形成石榴石矽卡岩、石榴石矽卡岩化英安岩等,存在西东向断层及剩余重力异常等值线起始值在－1～2之间。找矿潜力一般
C1501207004	萨林谷地南东 1	该最小预测区存在奥陶系咸水湖组出露并有石炭纪花岗闪长岩侵入,生成接触带,形成石榴石矽卡岩、石榴石矽卡岩化英安岩等,存在重力异常等值线起始值在－1～2之间。找矿潜力一般
C1501207005	萨林谷地南东 2	该最小预测区存在奥陶系咸水湖组出露并有石炭纪花岗闪长岩侵入,生成接触带,形成石榴石矽卡岩、石榴石矽卡岩化英安岩等,存在重力异常等值线起始值在－1～2之间。找矿潜力一般
C1501207006	红梁子西	该最小预测区存在奥陶系咸水湖组出露并有石炭花岗闪长岩侵入,生成接触带,形成石榴石矽卡岩、石榴石矽卡岩化英安岩等,存在重力异常等值线起始值在－1～2之间。找矿潜力一般
C1501207007	额勒根南	该最小预测区存在奥陶系咸水湖组出露并有石炭花岗闪长岩侵入,生成接触带,形成石榴石矽卡岩、石榴石矽卡岩化英安岩等,存在重力异常等值线起始值在－1～2之间。找矿潜力一般
C1501207008	额勒根南东	该最小预测区存在奥陶系咸水湖组出露并有石炭花岗闪长岩侵入,生成接触带,形成石榴石矽卡岩、石榴石矽卡岩化英安岩等,存在重力异常等值线起始值在－1～2之间。找矿潜力一般

二、综合信息地质体积法估算资源量

1. 典型矿床深部及外围资源量估算

查明资源量、体重及全铁品位均来源于内蒙古第一物探院1994年10月提交的《内蒙古额济纳旗乌珠尔嘎顺铁矿详查地质报告》。矿床面积($S_{总}$)是根据1∶1万平面地质草图,在MapGIS软件下读取数据;依据Ⅷ—Ⅷ′勘探线剖面图得知矿体延深($L_{查}$)为110m。

根据乌珠尔嘎顺铁矿区Ⅷ—Ⅷ′勘探线剖面图,110m以下含矿地质体仍存在,取二分之一勘探线间距40m下推,计算深部预测资源量。典型矿床深部预测资源量＝面积($S_{总}$)×延深($L_{预}$)×典型矿床体积含矿率＝77 763×40×0.282 3＝878 100(t)。

根据矿区1∶1万磁测ΔZ等值线平面图、平面地质草图,典型矿床外围无含矿地质体,故未进行外围预测。

典型矿床深部及外围资源量估算见表19-4。

表 19-4　乌珠尔嘎顺矽卡岩型铁矿典型矿床深部及外围资源量估算一览表

典型矿床		深部及外围		
已查明资源量(t)	2 415 000	深部	面积(m^2)	77 763
面积(m^2)	77 763		深度(m)	40
深度(m)	110	外围	面积(m^2)	—
品位(%)	50.00		深度(m)	—
密度(t/m^3)	4.31	预测资源量(t)		878 100
体积含矿率(t/m^3)	0.282 3	典型矿床资源总量(t)		3 293 100

2. 模型区的确定、资源量及估算参数

乌珠尔嘎顺典型矿床位于乌珠尔嘎顺模型区内，该区没有其他矿床、矿(化)点，模型区总资源量=查明资源量+预测资源量=2 415 000t+878 100t=3 293 100t，模型区延深与典型矿床一致；模型区含矿地质体面积与模型区面积一致，经 MapGIS 软件下读取数据为 559 755m^2，见表 19-5。

表 19-5　乌珠尔嘎顺式矽卡岩型铁矿模型区资源量及其估算参数

编号	名称	模型区总资源量(t)	模型区面积(m^2)	延深(m)	含矿地质体面积(m^2)	含矿地质体面积参数 K_S	含矿地质体含矿系数 K
A1501208001	乌珠尔嘎顺 2	3 293 100	559 755	150	559 755	1	0.039 22

3. 最小预测区预测资源量

乌珠尔嘎顺矽卡岩型铁矿预测工作区最小预测区资源量采用地质体积法进行估算。

1)估算参数的确定

最小预测区面积是依据综合地质信息定位优选的结果；延深是指含矿地质体在倾向上的长度，有些产状不明确者，相当于垂直深度。本预测区工作程度较低，延深主要依据典型矿床特征、模型区含矿地质体产状、厚度(150m)、出露情况来确定。乌珠尔嘎顺铁矿预测工作区最小预测区相似系数的确定，主要依据最小预测区内含矿地质体本身出露的大小、地质构造发育程度不同、磁异常强度、矿化蚀变发育程度及矿(化)点的多少等因素，由专家确定。

2)最小预测区预测资源量估算

本次预测资源总量为 16 846.19×10^4t，不包括已查明的资源量 241.5×10^4t，详见表 19-6。

表 19-6　乌珠尔嘎顺式矽卡岩型铁矿预测工作区最小预测区预测资源量表

最小预测区编号	最小预测区名称	$S_{预}$(m^2)	$H_{预}$(m)	K_S	K(t/m^3)	α	$Z_{预}$(×10^4t)	资源量级别
A1501208001	乌珠尔嘎顺 2	559 755	150	1	0.039 22	1	87.81	334-1
A1501208002	乌珠尔嘎顺 1	810 044	150	1	0.039 22	0.6	285.93	334-3
A1501208003	小狐狸山	3 090 170	150	1	0.039 22	0.5	908.97	334-2
A1501208004	千条沟尾	3 090 170	150	1	0.039 22	0.5	908.97	334-2
B1501208001	乌珠尔嘎顺 3	3 263 261	150	1	0.039 22	0.35	671.92	334-3
B1501208002	千条沟尾北西 2	5 440 056	150	1	0.039 22	0.25	800.10	334-3

续表 19-6

最小预测区编号	最小预测区名称	$S_{预}$ (m^2)	$H_{预}$ (m)	K_S	K (t/m^3)	α	$Z_{预}$ ($\times 10^4 t$)	资源量级别
B1501208003	英姿山南 2	3 386 071	150	1	0.039 22	0.25	498.01	334-3
B1501208004	千沟头	10 824 423	150	0.98	0.039 22	0.22	1 372.94	334-3
B1501208005	红梁子北西	22 357 620	150	0.97	0.039 22	0.22	2 806.85	334-3
B1501208006	圆包山	17 842 492	150	0.98	0.039 22	0.22	2 263.10	334-3
B1501208007	千沟头东	786 343	150	1	0.039 22	0.25	115.65	334-3
C1501208001	千条沟尾北西 1	3 883 967	150	1	0.039 22	0.2	456.99	334-3
C1501208002	英姿山南 1	3 830 253	150	1	0.039 22	0.2	450.67	334-3
C1501208003	千沟头北东	10 133 854	150	0.98	0.039 22	0.2	1 168.50	334-3
C1501208004	萨林谷地南东 1	2 565 552	150	1	0.039 22	0.2	301.86	334-3
C1501208005	萨林谷地南东 2	2 471 717	150	1	0.039 22	0.2	290.82	334-3
C1501208006	红梁子西	13 239 171	150	1	0.039 22	0.2	1 557.72	334-3
C1501208007	额勒根南	5 555 531	150	0.96	0.039 22	0.2	627.52	334-3
C1501208008	额勒根南东	10 809 613	150	1	0.039 22	0.2	1 271.86	334-3
合计							16 846.19	

4. 预测工作区资源总量成果汇总

乌珠尔嘎顺矽卡岩型铁矿预测工作区按精度、预测深度、可利用性、可信度统计分析结果见表 19-7。

表 19-7　乌珠尔嘎顺式矽卡岩型铁矿预测工作区预测资源量统计分析表($\times 10^4 t$)

深度	精度	可利用性		可信度			合计
		可利用	暂不可利用	$x \geq 0.75$	$0.75 > x \geq 0.5$	$0.5 > x \geq 0.25$	
500m 以浅	334-1	87.81	—	87.81	—	—	87.81
	334-2	1 817.94	—	1 817.94	—	—	1 817.94
	334-3	957.85	13 982.59	—	957.85	13 982.59	14 940.44
合计							16 846.19

第二十章　索索井式矽卡岩型铁矿预测成果

第一节　典型矿床特征

一、典型矿床地质特征

索索井铁矿床位于内蒙古自治区阿拉善盟额济纳旗。地理坐标为东经 99°54′20.09″～99°59′18.81″，北纬 41°08′02.02″～41°10′46.67″。

1. 矿区地质

矿区仅出露青白口系圆藻山群上岩组第二岩段及第四系。圆藻山群上岩组第二岩段由下而上分 3 个岩层：第一岩层为钙质白云石大理岩，地层总体产状为倾向 340°～30°，倾角 42°～80°，主要分布在矿区北部靠近接触带附近的主背斜轴部，为矿体的近矿围岩。第二岩层为角砾状钙质白云石大理岩，该层常夹硅质条带及石英岩扁豆体，主要分布在第一岩层南侧及矿区东北角。第三岩层为白云石大理岩，分布在复背斜南翼二岩层南侧的向斜部位。

矿区主要侵入岩有燕山期肉红色中细粒花岗岩、印支期正长花岗岩、斑状花岗岩、英云闪长岩、花岗闪长岩、闪长岩、辉长岩及超基性岩等。其中印支期正长花岗岩、斑状花岗岩是与成矿有关的主要侵入岩。矿床主要赋存在印支期的正长花岗岩、斑状花岗岩与大理岩的外接触带。

2. 矿床地质

矽卡岩带对矿体的控制作用明显，矿区分为东、西两个矿段，即 2～50 线为西矿段，52～78 线为东矿段。铁矿体共 25 个，其中西矿段 13 个(1～13 号)，东矿段 12 个(14～25 号)。除 1 号矿体外，矿体形态均较简单，多呈扁豆状、似脉状，少数呈新月形。矿体长度一般为 100～200m，厚度 1～8m，延伸 30～80m。西矿段矿体走向近东西向，除 18～24 线矿体向南倾外，其余均向北倾，倾角 40°～70°。东段矿体走向 57°～80°，倾向变化较大，倾向北西及南东都有，倾角 40°～50°，少数为 20°左右。

其中 1 号矿体为矿区最大矿体，分布在 4～10 线之间，矿体长 350m，其形态复杂，平面上随接触面呈“S”形(图 20-1)。

矿体的主要围岩为钙质白云石大理岩及矽卡岩，大理岩中 CaO 32.17%，MgO 19.71%。

产在接触带中的矿体，上盘为大理岩，下盘为花岗岩或矽卡岩；如岩体超覆，则矿体上盘为花岗岩，下盘为大理岩；产在矽卡岩中的矿体，侧上下盘均为矽卡岩，矿体内夹层及包体多为矽卡岩，少数为钙质白云石大理岩，并且多在矿体边部出现。

由于钙质白云石大理岩富含 Ca、Mg，易受热液交代成各种蚀变岩石，区内除不同程度的矿化作用外，常见的有矽卡岩化、黑云母化、钾长石化、黄铁矿化、硅化、蛇纹石化、绿泥石化等，其中矽卡岩化与铁铜矿关系密切，黑云母化、钾长石化与铜、钼、铋矿关系密切，硅化、绿泥石化与铅矿关系密切。

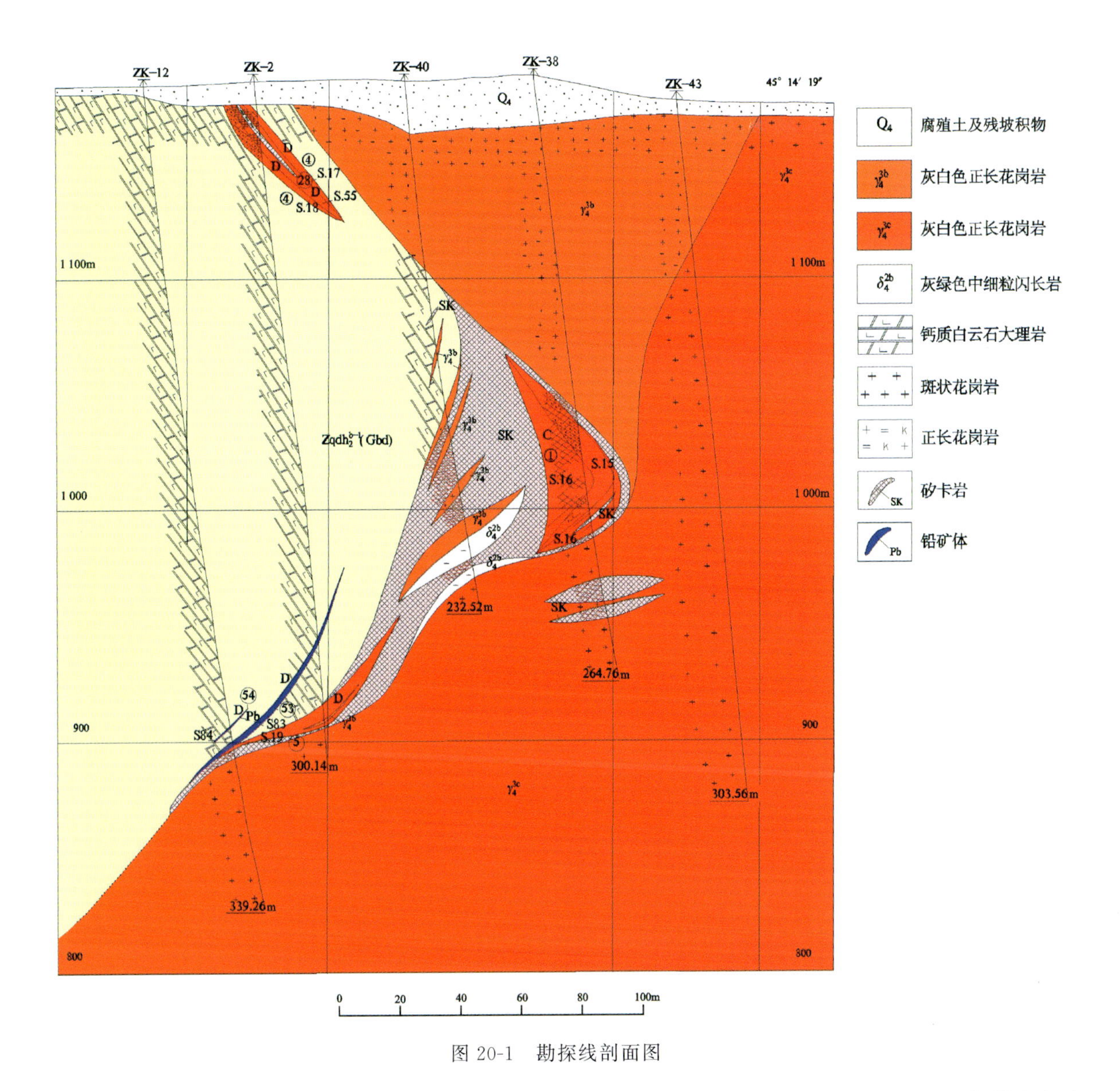

图 20-1　勘探线剖面图

矿石自然类型共有稠密浸染-块状磁铁矿石，浸染状-块状黄铜矿、磁铁矿石，浸染状-条带状辉铋矿、磁铁矿石，浸染状-条带状辉铋矿、黄铜矿、磁铁矿石，浸染状黄铜矿石，浸染状辉铋矿石，浸染状辉钼矿石，条带状-块状方铅矿石，浸染状辉银矿、闪锌矿、方铅矿矿石。

铁矿石平均密度 3.71t/m³，平均品位 TFe 32.64%。

3. 矿床成因及成矿时代

本矿床属高、中温热液交代矽卡岩型矿床，成矿时代为三叠纪。矿区的矿化作用过程可分为矽卡岩阶段、氧化物阶段、石英硫化物阶段及碳酸盐阶段。矽卡岩阶段：由于岩浆的侵入(主要是花岗岩)使接触带附近围岩发生交代，生成透辉石、透闪石、橄榄石等，形成矽卡岩带，此阶段矿化作用较弱。氧化物阶段：是矿区铁矿生成的主要阶段，随着双交代作用的进行，岩浆化学性质也不断变化，钠质和挥发分相对集中，促使含矿溶液沿空隙发育的矽卡岩带(或矽卡岩与大理岩接触裂隙发育处)渗透、充填交代矽卡岩(或大理岩)生成磁铁矿、石榴石、绿泥石，并且富集成磁铁矿体。石英硫化物阶段：是铜、钼、铋、铅矿生成阶段，初期生成了透闪石、金云母、石英等，同时矿液中金属硫化物开始交代矽卡岩或先生成的磁铁矿，生成了黄铁矿、辉钼矿、黄铜矿、辉铋矿，并富集成铜、钼、铋矿体及铁、铜、钼、铋综合矿石类型。碳酸盐阶段:主要沉淀了蛇纹石、方解石,呈细脉产出,不具矿化意义。

二、典型矿床地球物理特征

1. 矿床所在区域重力特征

索索井铁矿所在区域为布格重力异常北西向梯级带宽缓处,对应于剩余重力异常 G 蒙-846 东端零值线处。G 蒙-846 剩余重力异常呈近东西向条带状展布,有 3 个异常中心,为寒武纪、奥陶纪地层分布区,边部有基性—超基性岩出露。

2. 矿床所在区域遥感特征

含矿围岩为钙质白云石大理岩,岩石以含钙、镁高为特点,影像上反映出高亮值。

从影像图上看,以东西向挤压断裂及北西向两组扭性断裂最发育,分别控制了岩体和接触带成波状宛转折曲状形态,客观上形成了一个凹进岩体内的特殊形态,成为矿化富集的空间场所。

三、典型矿床预测要素

根据典型矿床成矿要素和航磁资料以及区域重力资料,建立典型矿床预测要素(表 20-1)。

表 20-1　索索井式矽卡岩型铁铜矿典型矿床预测要素表

<table>
<tr><td colspan="2">预测要素</td><td colspan="3">内容描述</td><td rowspan="3">要素类别</td></tr>
<tr><td colspan="2">储量</td><td>5 692 000t</td><td>平均品位</td><td>TFe 32.64%</td></tr>
<tr><td colspan="2">特征描述</td><td colspan="3">岩浆期后矽卡岩型铁矿床</td></tr>
<tr><td rowspan="4">地质环境</td><td>岩石类型</td><td colspan="3">由青白口系圆藻山群上岩组第二岩段钙质白云石大理岩角砾状钙质白云石大理岩、白云石大理岩组成。印支期斑状花岗岩及正长花岗岩与矿关系密切</td><td>重要</td></tr>
<tr><td>岩石结构</td><td colspan="3">沉积岩为碎屑结构和变晶结构,侵入岩为细粒结构</td><td>次要</td></tr>
<tr><td>成矿时代</td><td colspan="3">印支期</td><td>重要</td></tr>
<tr><td>构造环境</td><td colspan="3">天山-兴蒙造山系额济纳旗-北山弧盆系</td><td>重要</td></tr>
<tr><td rowspan="4">矿床特征</td><td>矿物组合</td><td colspan="3">金属矿物:磁铁矿、赤铁矿、褐铁矿、方铅矿、闪锌矿、黄铜矿斑铜矿、辉钼矿、辉铋矿等;
脉石矿物:主要为石英、绢云母、滑石、碳酸盐、透闪石、透辉石等</td><td>重要</td></tr>
<tr><td>结构构造</td><td colspan="3">结构:自形—半自形中粒状;
构造:条纹—条带状构造、块状构造、浸染状构造、细脉浸染状构造</td><td>次要</td></tr>
<tr><td>蚀变</td><td colspan="3">矽卡岩化、黑云母化、钾长石化、黄铁矿化、硅化</td><td>重要</td></tr>
<tr><td>控矿条件</td><td colspan="3">东西向挤压断裂及北东向、北西向两组扭性断裂</td><td>重要</td></tr>
<tr><td rowspan="2">物探特征</td><td>地磁特征</td><td colspan="3">ΔT>400nT</td><td>重要</td></tr>
<tr><td>重力特征</td><td colspan="3">重力梯度带</td><td>次要</td></tr>
</table>

第二节　预测工作区研究

预测区地处阿拉善盟额济纳旗北山地区,地理坐标为东经 98°30′～100°30′,北纬 40°30′～41°30′。

一、区域地质矿产特征

预测区以月牙山-洗肠井断裂构造带为界，南为塔里木陆块区敦煌陆块，北为天山-兴蒙造山系额济纳旗-北山弧盆系公婆泉岛弧。成矿区带属塔里木成矿省磁海-公婆泉 Fe-Cu-Au-Pb-Zn-Mn-W-Sn-Rb-V-U-P 成矿带。

预测区范围内出露的地层有中新元古界长城系古硐井群、青白口系圆藻山群；下古生界寒武系、奥陶系、志留系；上古生界二叠系；中生界侏罗系；新生界第三系、第四系。与矽卡岩型铁矿有关的地层为青白口系圆藻山群。

圆藻山群上部为砾状碎屑灰岩-硅质白云岩-结晶灰岩夹白云质灰岩硅质岩建造；中部为泥质粉砂岩-粉砂岩-石英砂岩建造；下部为灰岩-白云质灰岩建造。

预测区出露有志留纪、石炭纪、二叠纪、三叠纪、侏罗纪、白垩纪侵入岩，以石炭纪、二叠纪侵入作用最强烈，其中与本预测区铁矿有关的为三叠纪侵入岩。

三叠纪肉红色中粗粒似斑状花岗岩（T$\pi\gamma$），在预测区内出露于中部索索井—月牙山一带，呈岩基状、岩株状北西西向展布，出露总面积 150km^2。处于柳园侵入岩浆构造带与公婆泉侵入岩浆构造带的接触复合部位。岩性以肉红色中粗粒似斑状花岗岩为主体，之外尚有少量二长花岗岩、黑云母花岗岩等，黑云母花岗岩多分布于岩体的边部，规模小、断续、无规律。属壳源过铝质中、高钾钙碱性系列，大地构造属性为后造山环境。

预测工作区内断裂构造十分发育，主要有近东西向的逆断层和北东向、北西向的平移断层。东西向的逆断层一般规模巨大，为区域性断裂，常呈东西向带状展布，多发育在大的地层单元之间和层间，与区域地层展布方向一致，组成东西向主体区域构造格架，特点是具长期活动性，是区域大规模岩浆侵入的通道及成岩成矿的空间；北东向、北西向平移断裂在本预测区内不甚发育，生成时代晚于东西向断裂的生成时代，错断了东西向断裂及地层，规模相对小，为非区域性断裂。在本预测区内北西向断裂多为右旋平移，北东向断裂多为左旋平移，长度一般在 2～6km 之间，最长 10km 左右，断距多在 0.3～1km 之间。

区内相同类型小型矿床 1 处、矿点 7 处。

二、区域地球物理特征

1. 磁法

磁场以 0～100nT 的低缓正磁场为背景。磁场较为平稳，其间分布着形态各异的块状、带状正磁异常，磁异常轴以北西西向为主，磁场值变化范围在 －1 000～600nT 之间。

预测区内共有甲类航磁异常 3 个，乙类航磁异常 37 个，丙类航磁异常 84 个，丁类航磁异常 10 个。异常多为尖峰、北侧伴有负值或孤立两翼对称异常。异常走向以东西向为主。

2. 重力

预测区西北部开展了 1：20 万重力测量工作，约占预测区总面积的 1/3，其余地区只进行了 1：50 万重力测量工作。

预测区西部为布格重力异常相对低值区，东部边缘为布格重力异常相对高值区。剩余布格重力异常图上，预测区剩余重力异常总体呈北东向和近东西向展布，个别异常呈北西向展布，且正负异常相间分布，异常形态总体呈条带状，单个异常多呈椭圆状。剩余重力正异常中部多与古生代基底隆起有关，只北侧边部和东南角的正异常与元古宙基底隆起有关。剩余重力负异常中部多对应于中新生代坳陷盆地，预测区北部呈面状、南部呈带状展布的 2 处剩余重力负异常区与酸性侵入岩有关。

索索井铁铜矿位于布格重力异常梯级等值线宽缓处，剩余重力异常的边部，由典型矿床所在区域重力场特征一节可知重力场特征对索索井铁铜矿所处地质环境指示不明显。

该预测区内选择G蒙-844号剩余重力异常为找矿靶区，对应于奥陶纪地层及基性—超基性岩分布区。推断该异常中深部可能存在索索井式铁铜矿床。

三、区域遥感解译特征

遥感解译断层按断裂的规模、切割深度、断裂对地质体的控制程度，结合已知的地质资料，划分为大型、中型和小型等3类，共解译832条断裂，其中有7条脆韧性剪切带，825条线性构造。

预测区解译出大型断裂带1条，为清河口-哈珠-路井深断裂带。该断裂带自甘肃延入内蒙，经额济纳旗等地，向东延入蒙古境内。区内延长120km，总体北西向展布。该断裂是北山中、晚华力西地槽褶皱带分界，北侧为石炭纪形成的六驼山、雅干复背斜，南侧为二叠纪形成的哈珠-哈日苏亥复向斜，沿断裂有海西期辉长岩、超基性岩分布。

本幅内共解译出6条中型断裂带，呈北西西向、近东西向和北东向的断裂带构成了一个整体格架。这些断裂带有乌珠嘎顺构造带、楚伦呼都格-察哈日哈达音呼都格张扭性构造、清河口构造、若羌-敦煌断裂带和额济纳戈壁断陷盆地边缘构造。这些断裂带为金属矿床的形成提供了条件。

预测区内已知铁矿点与本预测区中羟基异常吻合的有黑鹰山铁矿。已知其他矿点与本预测区中羟基异常吻合的有鹰嘴红山钨矿、老洞沟金矿、索索井铁铜矿。已知矿点与本预测区中铁染异常吻合的有七一山萤石矿。

四、区域预测要素

根据预测工作区区域成矿要素和航磁、重力等特征，建立了本预测区的区域预测要素，见表20-2。

表20-2　索索井式矽卡岩型铁矿预测工作区预测要素表

区域预测要素		描述内容	成矿要素类别
地质环境	构造背景	天山-兴蒙造山系，额济纳旗-北山弧盆系	重要
	成矿环境	古亚洲成矿域，塔里木成矿省，磁海-公婆泉Fe-Cu-Au-Pb-Zn-W-Sn-Rb-V-U-P成矿带	重要
	成矿时代	三叠纪	重要
控矿地质条件	控矿构造	北东向、北西向、东西向断裂，以及北东向、北西向的褶皱构造	重要
	赋矿地层	青白口系圆藻山群	重要
	控矿侵入岩	三叠纪中粗粒似斑状花岗岩、花岗岩	重要
区域成矿类型及成矿期		矽卡岩型，三叠纪	重要
预测区矿点		小型矿床1处、矿点7处	重要
物探特征	航磁	航磁ΔT化极异常强度起始值为100～800nT	重要
	重力	剩余重力矿点分布区起始值在$(3.2\sim5)\times10^{-5}m/s^2$之间	次要
自然重砂		重砂异常有黄铁矿、钼铅矿、自然铅等重矿物异常存在	次要
遥感		遥感局部有一级铁染异常存在	次要

第三节　矿产预测

一、综合地质信息定位预测

预测区内有8个已知矿床（点），因此采用有预测模型工程进行定位预测及分级。

本次采用综合信息网格单元法进行预测区的圈定，即利用MRAS软件中的建模功能，通过成矿必要要素的叠加圈定预测区。叠加所有预测要素，根据各要素边界人工圈定最小预测区。依据预测区内地质综合信息等对每个最小预测区进行综合地质评价，按优劣分为A、B、C三级。

A级为地表有圆藻山群出露，已知的中型矿床及矿点存在，重砂异常有黄铁矿、钼铅矿、自然铅等重矿物异常存在，遥感局部有一级铁染异常存在，航磁化极异常等值线起始值绝大部分在100nT以上，剩余重力异常等值线起始值在$(3.2\sim5)\times10^{-5}m/s^2$之间。

B级为地表有圆藻山群出露，已知的小型矿床及矿点存在，重砂异常有黄铁矿、钼铅矿、自然铅等重矿物异常在局部地段存在，航磁化极异常等值线起始值绝大部分在100nT以上，剩余重力异常等值线起始值在$(3.2\sim5)\times10^{-5}m/s^2$之间。

C级为地表出露或推测有圆藻山群，航磁化极异常等值线起始值绝大部分在100nT以上，剩余重力异常等值线起始值在$(3.2\sim5)\times10^{-5}m/s^2$之间。

共圈定最小预测区30个，其中A级区6个，面积145.83km²；B级区9个，面积313.70km²；C级区15个，面积390.61km²（图20-2）。各最小预测区成矿条件及找矿潜力见表20-3。

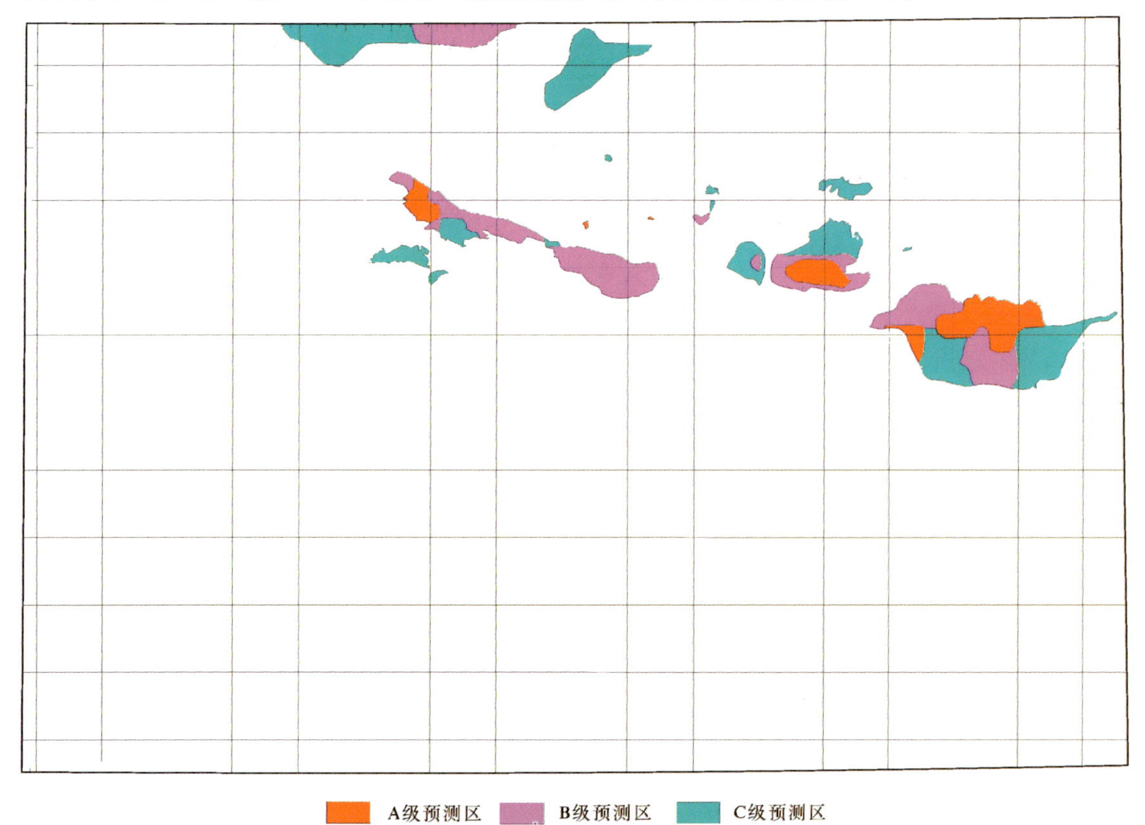

图20-2　索索井式矽卡岩型铁矿预测工作区最小预测区优选分布示意图

表 20-3　索索井式矽卡岩型铁矿预测工作区最小预测区综合信息表

最小预测区编号	最小预测区名称	综合信息(航磁单位为 nT,重力单位为$\times10^{-5}m/s^2$)
A1501209001	望京山南东东	该最小预测区主要赋存于青白口系圆藻山群中,有辉长岩侵入。东西向与北东向断裂构造交错发育。航磁化极异常值为 0～200,航磁异常明显。具有很大的找矿潜力
A1501209002	洗肠井	该最小预测区主要赋存于三叠纪斑状花岗岩、正长花岗岩中。北西向与北东向断裂构造交错发育。航磁化极异常值为 200～400,航磁异常明显。具有很大的找矿潜力
A1501209003	孟龙山	该最小预测区主要赋存于三叠纪斑状花岗岩、正长花岗岩。北西向与北东向断裂构造交错发育。航磁化极异常值为－100～200,航磁异常明显。具有很大的找矿潜力
A1501209004	索索井	该最小预测区主要赋存于三叠纪花岗岩、辉长岩侵入青白口系圆藻山群的接触部位,侵入体与围岩接触部位矽卡岩化、硅化、绿帘石化及高岭土化均比较发育。北西向与北东向断裂构造交错发育。航磁化极异常为 0～400,航磁异常明显。该最小预测区内有大型矿产地 1 处,具有很大的找矿潜力
A1501209005	青山头	地表零星出露及钻孔揭露第四系下覆盖为青白口系圆藻山群,航磁化极异常为 0～300,重力异常为 0～6,航磁异常及重力异常非常明显。北东向褶皱及北北东向断裂构造交错发育。具有很大的找矿潜力
A1501209006	宝石山南东	该最小预测区主要赋存于青白口系圆藻山群中,北西向与北东向断裂构造交错发育。航磁化极异常为－100～100,航磁异常明显。具有很大的找矿潜力
B1501209001	小黄山南	该最小预测区主要赋存于三叠纪正长花岗岩、斑状花岗岩侵入青白口系圆藻山群中,近东西向断裂构造发育,为成矿提供了有利空间。航磁化极异常为 0～300,重力异常为 1～5,航磁异常及重力异常非常明显。具有一定的找矿潜力
B1501209002	尖山子东	该最小预测区主要赋存于辉长岩侵入青白口系圆藻山群的接触部位,北西向断层发育。航磁化极异常为 0～200,重力异常值为 2～5,航磁异常及重力异常明显。具一定的找矿潜力
B1501209003	麻黄沟西	该最小预测区主要赋存于辉长岩侵入青白口系圆藻山群的接触部位,北西向与北东向断层发育。具有一定的找矿潜力
B1501209004	龙峰山北东	该最小预测区主要赋存于三叠纪斑状花岗岩、正长花岗岩中。航磁化极异常值为－400～700,航磁异常非常明显。具有很大的找矿潜力
B1501209005	望旭山	该最小预测区主要赋存于青白口系圆藻山群中,发育有辉长岩及花岗岩脉,北西向与北东向断层发育。具有一定的找矿潜力
B1501209006	小孤山预	该最小预测区主要赋存于花岗岩、辉绿岩侵入青白口系圆藻山群的接触部位,侵入体与围岩接触部位矽卡岩化、硅化、绿帘石化及高岭土化均比较发育。北西向与北东向断层发育。航磁化极异常值为－100～300,航磁异常比较明显。该最小预测区呈环形,内邻 A 级最小预测区,具有一定的找矿潜力
B1501209007	小孤山预	该最小预测区主要赋存于三叠纪花岗岩、推测青白口系圆藻山群的接触部位,地质情况复杂,见于硅化,航磁异常明显。具有一定的找矿潜力
B1501209008	宝石山	地表零星出露及钻孔揭露第四系下覆盖为青白口系圆藻山群,处于两个 A 级预测之间。航磁异常明显。具有一定的找矿潜力
B1501209009	狼心山北西	地表零星出露及钻孔揭露第四系下覆盖为青白口系圆藻山群,航磁异常明显。该最小预测区西邻预测区内有大型矿产地 1 处,具有一定的找矿潜力
C1501209001	望京山北	该最小预测区主要赋存于海西中晚期的正长花岗岩、斑状花岗岩侵入下寒武统西双鹰山组的接触带中,侵入体与围岩接触部位蛇纹石大理岩化、硅化,北西向断层发育,航磁异常明显。找矿潜力一般
C1501209002	东七一山北西	该最小预测区主要赋存于海西中期的石英闪长岩侵入上奥陶统白云山组细碎屑岩夹灰岩的接触部位,侵入体与围岩接触部位绿泥石化比较发育。北西向与北东向断层发育。航磁异常明显。找矿潜力一般
C1501209003	东七一山南预测区	该最小预测区主要赋存于三叠纪花岗岩及上奥陶统白云山组细碎屑岩夹灰岩中,航磁异常明显。具找矿潜力

续表 20-3

最小预测区编号	最小预测区名称	综合信息(航磁单位为 nT,重力单位为$\times10^{-5}m/s^2$)
C1501209004	狼头山东	该最小预测区主要赋存于三叠纪斑状花岗岩中,外围具硅化。航磁异常明显。具找矿潜力
C1501209005	黑山	该最小预测区主要赋存于青白口系圆藻山群中,其内脉岩较发育。北西向断裂发育,航磁异常明显。具有找矿潜力
C1501209006	洗肠井东	该最小预测区主要赋存于三叠纪斑状花岗岩中,外围见硅化、绢云母化,航磁异常明显。具有不错的找矿潜力
C1501209007	古硐井南	该最小预测区主要赋存于三叠纪斑状花岗岩中,航磁异常明显。具找矿潜力
C1501209008	炮台山西北	该最小预测区主要赋存于青白口系圆藻山群中,发育有辉长岩脉。北西向断层比较发育。航磁异常明显。具找矿潜力
C1501209009	麻黄沟南	该最小预测区主要赋存于青白口系圆藻山群中,位于两个B级预测区之间,北西向与北东向断层发育。航磁化极异常为 0~300,重力异常为 1~5,航磁异常及重力异常非常明显。具有一定的找矿潜力
C1501209010	龙峰山东	该最小预测区主要赋存于三叠纪花岗岩及零星出露的圆藻山群中,局部发育有硅化,航磁化极异常值为 0~200,航磁异常比较明显。该最小预测区东南邻最小预测区内有大型矿产地 1 处,具有找矿潜力
C1501209011	宝石山北	该最小预测区地表零星出露圆藻山群及三叠纪花岗岩。航磁异常明显。具找矿潜力
C1501209012	盘驼山北	该最小预测区出露青白口系圆藻山群,其内脉岩较发育,东西向与北东向断层发育,具有一定的找矿潜力
C1501209013	盘驼山北东	该最小预测区出露为青白口系圆藻山群,东西向与北东向断层构造在该最小预测区集中交汇。具有一定的找矿潜力
C1501209014	青山头东山	地表零星出露及钻孔揭露第四系下覆盖为青白口系圆藻山群,航磁及重力异常明显。北东向构造线影像清晰。具有找矿潜力
C1501209015	鱼齿山	该最小预测区主要赋存于三叠纪斑状花岗岩、正长花岗岩及辉绿岩侵入青白口系圆藻山群的接触部位,侵入体与围岩接触部位矽卡岩化、硅化、绿帘石化及高岭土化均比较发育。北西向与北东向断裂构造交错发育。航磁异常明显。具有找矿潜力

二、综合信息地质体积法估算资源量

1. 典型矿床深部及外围资源量估算

查明资源量、体重及全铁品位均来源于甘肃省地质局祁连山地质队 1979 年 12 月编写的《内蒙古额济纳旗索索井式矽卡岩型铁铜矿床地质详查报告》。矿床面积的确定是根据 1∶1 万索索井铁矿矿区地形地质图,各个矿体组成的包络面面积、矿体延深依据主矿体勘探剖面图。

由于其深部面积=查明资源储量矿床面积=27 270m^2;其预测部分矿床延深依据主矿体勘探线剖面自然延伸闭合及磁法反演深度确定其延深,延深深度为 100m。

典型矿床外围预测资源量面积 $S_{外}$,是根据典型矿床成矿预测图中,典型矿床所在的含矿地质体面积与磁异常范围重叠部分减去典型矿床总面积,如果没有磁异常资料,则为矿区大比例尺图含矿地质体面积减去已知矿床面积,为 69 702m^2。外围预测资源量延深深度为 400m。

索索井式侵入岩体型铁矿典型矿床深部及外围资源量估算结果见表 20-4。

表 20-4　索索井式矽卡岩型铁矿典型矿床深部及外围资源量估算一览表

<table>
<tr><td colspan="2">典型矿床</td><td colspan="3">深部及外围</td></tr>
<tr><td>已查明资源量(t)</td><td>5 692 000</td><td rowspan="2">深部</td><td>面积(m^2)</td><td>27 270</td></tr>
<tr><td>面积(m^2)</td><td>27 270</td><td>深度(m)</td><td>100</td></tr>
<tr><td>深度(m)</td><td>300</td><td rowspan="2">外围</td><td>面积(m^2)</td><td>69 702</td></tr>
<tr><td>TFe 品位(%)</td><td>32.64</td><td>深度(m)</td><td>400</td></tr>
<tr><td>密度(t/m^3)</td><td>3.71</td><td colspan="2">预测资源量(t)</td><td>21 303 028.8</td></tr>
<tr><td>体积含矿率(t/m^3)</td><td>0.696</td><td colspan="2">典型矿床资源总量(t)</td><td>26 995 028.8</td></tr>
</table>

2. 模型区的确定、资源量及估算参数

模型区为典型矿床所在位置的最小预测区。由于索索井铁矿位于索索井模型区内，因此，该模型区总资源量等于典型矿床资源总量，为 26 995 028.8t [本区除索索井铁矿，无铁矿(化)点]，模型区延深与典型矿床一致，见表 20-5。

表 20-5　模型区预测资源量及其估算参数

编号	名称	模型区总资源量(t)	模型区面积(m^2)	延深(m)	含矿地质体面积(m^2)	含矿地质体面积参数 K_S	含矿地质体含矿系数 K
A1501209001	索索井	26 995 028.8	96 972	400	27 270	1	0.000 369

3. 最小预测区预测资源量

索索井式热液型铁矿预测工作区最小预测区资源量定量估算采用地质体积法进行估算。

1)估算参数的确定

最小预测区面积是依据综合地质信息定位优选的结果；延深的确定是在研究最小预测区含矿地质体地质特征、岩体的形成深度、矿化蚀变、矿化类型的基础上，并对比典型矿床特征的基础上综合确定的，部分由成矿带模型类比或专家估计给出，另根据模型区索索井铁矿钻孔控制最大垂深为 38m，钻孔最大孔深为 51.30m，仍未穿透含矿地质体，其向下仍有分布的可能，同时根据含矿地质体的地表出露面积大小来确定其延深。索索井铁矿预测工作区最小预测区相似系数(α)的确定，主要依据最小预测区内含矿地质体本身出露的大小、地质构造发育程度不同、磁异常强度、矿化蚀变发育程度及矿(化)点的多少等因素，由专家确定。

2)最小预测区预测资源量估算结果

本次工作共预测资源量 15 086.2×10^4t，其中不包括已查明资源量 569.2×10^4t(表 20-6)。

表 20-6　索索井式矽卡岩型铁矿预测工作区最小预测预测资源量表

最小预测区编号	最小预测区名称	$S_{预}$(km^2)	$H_{预}$(m)	K_S	K(t/m^3)	α	$Z_{预}$(×10^4t)	资源量级别
A1501209001	望京山南东东	20.57	400	1	0.000 369	0.6	303.6	334-2
A1501209002	洗肠井	0.29	50	1	0.000 369	0.6	0.5	334-2
A1501209003	孟龙山	0.58	60	1	0.000 369	0.6	1.3	334-2
A1501209004	索索井	50.44	800	1	0.669	1	2 130.3	334-1

续表 20-6

最小预测区编号	最小预测区名称	$S_{预}$ (km²)	$H_{预}$ (m)	K_S	K (t/m³)	α	$Z_{预}$ (×10⁴ t)	资源量级别
A1501209005	青山头	81.16	600	1	0.000 369	0.7	1 796.9	334-1
A1501209006	宝石山南东	12.84	100	1	0.000 369	0.7	47.4	334-1
B1501209001	小黄山南	42.99	400	1	0.000 369	0.75	634.5	334-1
B1501209002	尖山子东	6.2	100	1	0.000 369	0.45	22.9	334-3
B1501209003	麻黄沟西	42.63	400	1	0.000 369	0.45	629.2	334-3
B1501209004	龙峰山北东	2.5	80	1	0.000 369	0.6	7.4	334-3
B1501209005	望旭山	74.45	500	1	0.000 369	0.4	1 373.6	334-2
B1501209006	小孤山	37.58	400	1	0.000 369	0.75	554.7	334-3
B1501209007	小孤山西	3.11	80	1	0.000 369	0.45	9.2	334-3
B1501209008	宝石山	54.31	400	1	0.000 369	0.45	801.6	334-3
B1501209009	狼心山北西	49.94	400	1	0.000 369	0.45	737.1	334-3
C1501209001	望京山北	76.01	500	1	0.000 369	0.2	1 402.4	334-3
C1501209002	东七一山北西	77.72	500	1	0.000 369	0.15	1 433.9	334-3
C1501209003	东七一山南	0.91	50	1	0.000 369	0.05	1.7	334-3
C1501209004	狼头山东	1.66	60	1	0.000 369	0.05	3.7	334-3
C1501209005	黑山	14.63	150	1	0.000 369	0.05	81.0	334-3
C1501209006	洗肠井东	0.79	50	1	0.000 369	0.05	1.5	334-3
C1501209007	古硐井南	37.95	400	1	0.000 369	0.1	560.1	334-3
C1501209008	炮台山西北	15.46	200	1	0.000 369	0.15	114.1	334-3
C1501209009	麻黄沟南	1.87	50	1	0.000 369	0.15	3.5	334-3
C1501209010	龙峰山东	21.3	300	1	0.000 369	0.25	235.8	334-3
C1501209011	宝石山北	0.52	50	1	0.000 369	0.05	1.0	334-3
C1501209012	盘驼山北	17.97	200	1	0.000 369	0.05	132.6	334-3
C1501209013	盘驼山北东	3	80	1	0.000 369	0.05	8.9	334-3
C1501209014	青山头东山	73.78	500	1	0.000 369	0.15	1 361.2	334-3
C1501209015	鱼齿山	47.06	400	1	0.000 369	0.15	694.6	334-3
合计							15 086.2	

4. 预测工作区资源总量成果汇总

根据矿产潜力评价预测资源量汇总标准，索索井热液型铁矿预测工作区按精度、预测深度、可利用性、可信度统计分析结果见表 20-7。

表 20-7　索索井式矽卡岩型铁矿预测工作区预测资源量统计分析表(×10^4t)

精度	深度			可利用性		可信度			合计
	500m以浅	1 000m以浅	2 000m以浅	可利用	暂不可利用	$x \geqslant 0.75$	$0.75 > x \geqslant 0.5$	$0.5 > x \geqslant 0.25$	
334-1	3 501.8	4 609.1	4 609.1	4 609.1	—	4 609.1	—	—	4 609.1
334-2	1 679.0	1 679.0	1 679.0	1 679.0	—	—	1 679.0	—	1 679.0
334-3	8 798.1	8 798.1	8 798.1	—	8 798.1	—	—	8 798.1	8 798.1
合计									15 086.2

第二十一章　神山式矽卡岩型铁矿预测成果

第一节　典型矿床特征

一、典型矿床地质特征

神山矽卡岩型铁矿床位于内蒙古自治区兴安盟扎赉特旗巴达尔湖公社。地理坐标为东经 112°19′36″，北纬46°59′32″。

1. 矿区地质

矿区地层由下而上为大理岩、粉砂细砂岩和安山玢岩，大理岩和细砂岩为中二叠统哲斯组，安山玢岩在前两者之上，似为不整合接触。这 3 套岩石组合构成矿区背斜构造的翼部，核部被燕山早期花岗闪长岩体侵入。地层总体走向北东。在花岗闪长岩与大理岩接触带断续分布着矽卡岩，其中有矽卡岩型含铜磁铁矿的小矿体。后来斑岩类沿构造裂隙广泛分布。

矽卡岩可分为两种：一种为成分较单纯的透辉石石榴石矽卡岩；另一种为成分较复杂的矽卡岩，除透辉石、石榴石外，尚含绿泥石、绿帘石、阳起石、石英、碳酸盐等矿物。主要分布在 1 号、3 号、6 号、8 号、9 号矿坑，是矿区含矿矽卡岩。

区内出露的侵入体为燕山早期，主要为花岗闪长岩，其次为黑云母花岗岩、斜长花岗岩等，并有燕山期的斑岩类。

矿区位于神山背斜的北翼及其西端的向南转折部位，其本身呈一弧形单斜构造，有不发育的次一级褶皱。

2. 矿床特征

铁矿体分布在 1 号、2 号、3 号、4 号坑及 9 号坑的深部，8 号坑地表有小的铜矿体，9 号、10 号、11 号矿坑有铜矿化。共见 11 个采坑。

1 号矿坑矿体(1 号、2 号、3 号、4 号矿体)倾向西、北西，倾角 30°～50°；2 号矿坑走向北西—南东，倾向北东，见小于 2m 的磁铁矿矿巢；3 号矿坑(5 号矿体)倾向北东或南西，倾角 55°～60°；4 号矿坑(6 号矿体)走向南西—北东，倾向南西，倾角 40°±。6 号矿坑(7 号矿体)，呈扁豆状，2—1 线矿体长 50m，走向近东西，倾向北，倾角 70°，5—7 线矿体长 70m，走向南北，倾向西，倾角 40°。7 号、8 号矿坑已全部采完，其中 8 号矿坑见铜矿体。9 号矿坑见铁铜矿体。10 号、11 号矿化规模较小(图 21-1)。

矿石结构为他形晶粒状结构、少见放射状束状结构；矿石构造为致密块状构造、浸染状构造。

金属矿物原生有赤铁矿、磁铁矿、黄铁矿、闪锌矿、方铅矿、黄铜矿、黝铜矿等，次生为辉铜矿、铜蓝和孔雀石。脉石矿物主要为透辉石、石榴石、绿帘石、绿泥石等。

主元素含量：1 号矿体 TFe 22.68%～47.00%；2 号矿体 TFe 18.73%～41.70%，Cu 1.22%，Mo 0.037%；3 号矿体 TFe 33.72%，Cu 0.83%～0.90%，Mo 0.38%；4 号矿体为铜钼，Cu 0.25%，Mo 0.085%～1.42%；5 号矿体 TFe 20.76%～49.52%，Cu 0.47%～1.19%；6 号矿体 TFe 29.91%～33.56%，Cu 0.43%，Zn 2.01%～4.30%；7 号矿体 TFe 35.34%，Zn 3.83%；伴生元素含量 Ag 最高可

达 32.50×10^{-6}，S 0.01%～0.05%，P 0.005%～0.055%，SiO_2 20%～30%。

3. 矿床成因及成矿时代

神山铁矿床矿体主要分布于中二叠世哲斯组碳酸盐岩与燕山期花岗闪长岩的外接触带矽卡岩中，其产状及规模严格受矽卡岩带控制，岩体一方面为成矿提供成矿流体和成矿物质，另一方面提供热动力而加速水岩反映，以从围岩中淬取、活化成矿物质而提高成矿流体中成矿元素的浓度而有利成矿物质的沉淀、富集而形成有经济价值的工业矿体，因此矿床成因为矽卡岩型，成矿时代为晚侏罗世。

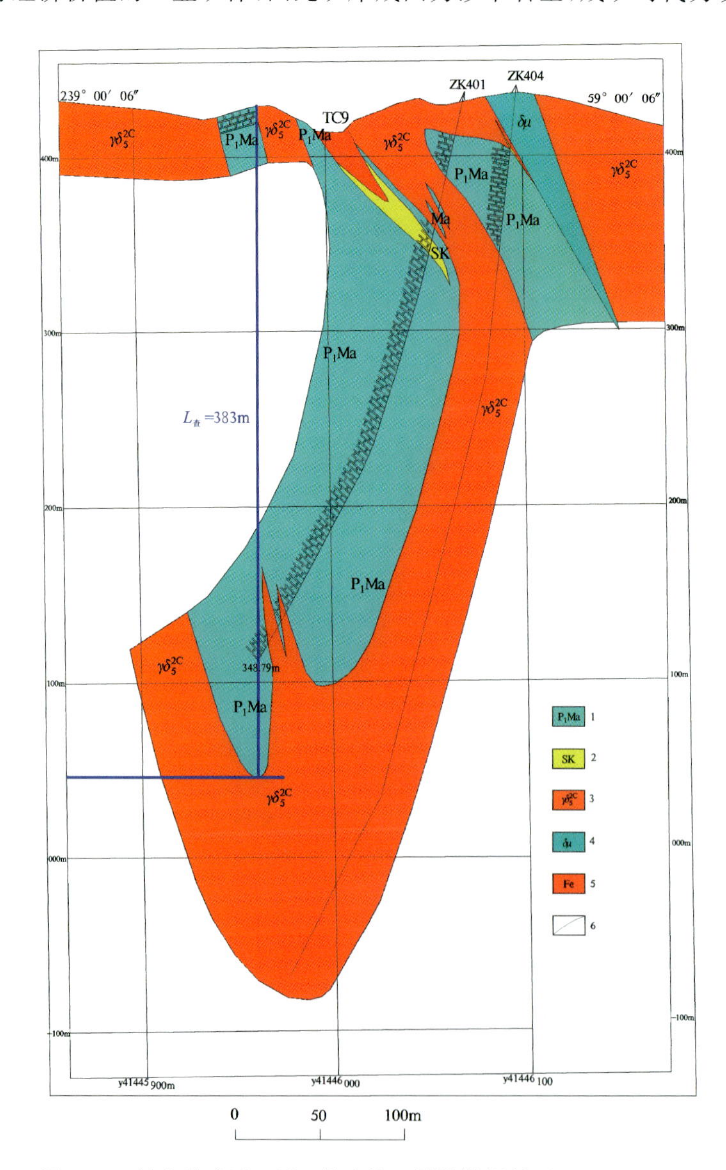

图 21-1　神山铁矿区一区 1 号矿坑 0 号段勘探剖面(ZK404、ZK401)

1. 大理岩；2. 绿帘石石榴石矽卡岩；3. 花岗闪长岩；4. 闪长玢岩；5. 铁铜矿体；6. 地质界线

二、典型矿床地球物理特征

神山铁矿所在区域处在巨型大兴安岭重力梯级带的东侧重力异常过渡区，剩余重力异常显示为相对剩余重力低异常，异常走向为北东向。磁场显示为低缓磁背景场中的正负磁场分界线上。负磁异常呈狭长带状，正磁异常在其东南侧，呈近长方形(图 21-2)。

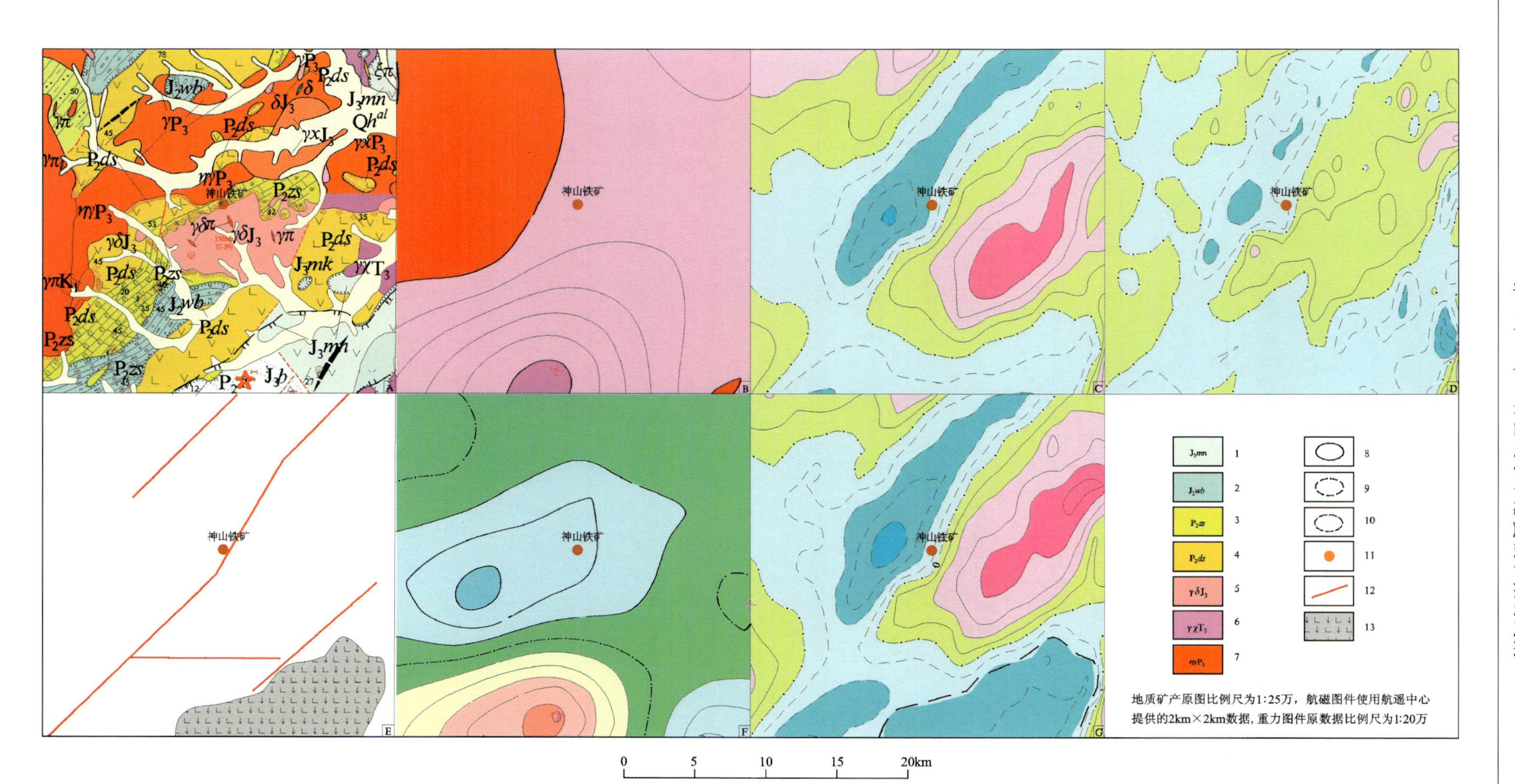

图 21-2　神山铁矿床1:25万地质及物探剖析图示意图

A.地质矿产图；B.布格重力异常图；C.航磁ΔT等值线平面图；D.航磁ΔT化极垂向一阶导数等值线平面图；E.重磁推断地质构造图；F.剩余重力异常图；G.航磁ΔT化极等值线平面图；1.玛尼吐组：安山岩，安山质凝灰岩；2.万宝组：砂砾岩、砂岩、泥质粉砂岩；3.哲斯组：粉砂岩、大理岩泥质灰岩、长石质硬砂岩；4.大石寨组：蚀变安山玢岩及凝灰岩；5.中粒花岗闪长岩；6.白岗岩；7.二长花岗岩；8.正等值线及注记；9.负等值线及注记；10.零等值线及化注记；11.神山铁矿；12.推断三级断裂；13.火山岩地层

三、典型矿床预测要素

根据典型矿床成矿要素和矿区地磁资料以及区域重力资料，确定典型矿床预测要素(表 21-1)。

表 21-1 神山式矽卡岩型铁矿典型矿床预测要素表

预测要素		描述内容				要素类别
		储量	1 005 000t	平均品位	TFe 34.97%	
		特征描述	矽卡岩型铁矿床			
地质环境	岩石类型	中二叠统哲斯组碳酸盐岩(大理岩)，燕山早期花岗闪长岩				重要
	岩石结构	大理岩为变晶结构，侵入岩为中细粒结构				重要
	成矿时代	燕山早期				重要
	地质背景	大兴安岭弧盆系，锡林浩特岩浆弧				重要
	构造环境	环太平洋火山岩带的内带				重要
矿产特征	矿物组合	金属矿物原生有赤铁矿、磁铁矿、黄铁矿、闪锌矿、方铅矿、黄铜矿、黝铜矿等，次生为辉铜矿、铜蓝和孔雀石；脉石矿物主要为透辉石、石榴石、绿帘石、绿泥石等				重要
	结构构造	矿石结构为他形晶粒状结构、少见放射状束状结构；矿石构造为致密块状构造、浸染状构造				次要
	蚀变	矽卡岩化				重要
	控矿条件	北东向的一组压性为主兼扭性断裂及其所形成的层间裂隙是控矿的有利部位				重要
物探特征	磁场特征	低缓磁背景场中的正负磁场分界线上				次要
	重力特征	相对剩余重力低异常				次要

第二节 预测工作区研究

预测工作区范围为东经 120°00′～123°00′，北纬 45°00′～48°00′。

一、区域地质矿产特征

工作预测区位于大地构造属天山兴蒙造山系大兴安岭弧盆系，锡林浩特岩浆弧北东端。成矿区带位于滨太平洋成矿域(Ⅰ-4)大兴安岭成矿省(Ⅱ-12)突泉-翁牛特旗 Pb-Zn-Ag-Cu-Fe-Sn-REE 成矿带(Ⅲ-8)神山-大井子 Cu-Pb-Zn-Ag-Fe-Mo-Sn-REE-Nb-Ta-萤石成矿亚带。

区域内地层有二叠系、侏罗系、白垩系和第四系。二叠系构成中生代火山沉积盆地的基底。与成矿有关的地层为中二叠统哲斯组、下二叠统大石寨组。哲斯组由下而上为大理岩、粉砂细砂岩，大石寨组为安山玢岩。二者构成矿区背斜构造的翼部，核部为燕山早期花岗闪长岩体侵入。地层总体走向北东。在花岗闪长岩与大理岩接触带断续分布着矽卡岩，其中有矽卡岩型含铜磁铁矿的小矿体。

区内出露的侵入体为燕山早期，主要为花岗闪长岩，其次为黑云母花岗岩、英云闪长岩等，并有燕山期的斑岩类。

区域构造方向为北北东—北东向。受滨太平洋构造体系影响,区内构造活动较强,断裂构造比较发育,成矿前断裂构造控制着成矿、形态、规模及产状,矿区位于神山背斜的北翼及其西端的向南转折部位,其本身呈一弧形单斜构造。

二、区域地球物理特征

1. 磁法

预测区范围磁场值总体处在正负磁场互现的负磁场背景上,磁场值变化范围在-2 400～2 400nT之间。磁异常轴向以北东东向和北东向为主,其次为东西向,磁异常形态各异,多以条带状分布。磁异常等值线也呈北东东向、北东向延伸。磁场特征反映出该预测区主要构造方向为北东东向和北东向。

本区磁异常都与北东东向和北东向断裂有关,区内各类侵入岩出露齐全,正磁异常多为各类侵入岩体引起。

预测区范围内有甲类航磁异常 5 个,乙类航磁异常 246 个,丙类航磁异常 50 个,丁类航磁异常 402 个。

甲类已知矿航磁异常走向为北东向、北东东向或北北东向,3 个异常形态较为规则,北侧伴有微弱负值,2 个异常形态为不规则多峰,异常多处在磁测推断的北东向断裂带上或其两侧,异常多处在中二叠统大石寨组、中侏罗世花岗闪长岩、上侏罗统满克头鄂博组与晚侏罗世花岗岩接触带上。

2. 重力

在区域布格重力异常图上,预测区位于布格重力相对较高异常区,布格重力异常呈北北东向展布,多处存在北北东向、北东向的梯级带,与区域构造线方向一致。区内推测的断裂构造以北北东向和北东向为主,其次是北西向。

剩余重力异常图上剩余重力异常较凌乱,形态复杂。剩余重力正异常由古生代基底隆起所致,负异常在预测区西部多与盆地有关,预测区东部及北部主要是因酸性侵入岩引起。预测区中部存在一近东西向的负异常带,由多个负异常组成,异常等值线较稀疏,地表主要出露侏罗系,同时在这一区域,侏罗纪、白垩纪酸性侵入岩在东部成片出露,在中西部零星分布,该剩余重力负异常带主要与酸性侵入岩有关。

神山铁矿的区域重力特征表现为布格重力异常相对平稳和较弱的剩余重力负异常。

预测区内 G 蒙-162 号、G 蒙-147 号异常为古生代地层隆起区,在其中及其外围有酸性岩侵入,推断中深部可能有铁矿存在。

三、区域遥感解译特征

在遥感断层要素解译中按断裂的规模、切割深度、断裂对地质体的控制程度,结合已知的地质资料,依次划分为大型、中型和小型等 3 类,共解译 556 条断裂,其中有 2 条脆韧性剪切带,554 条线性构造。

本预测区内解译出大型断裂带 2 条,查干敖包-阿荣旗深断裂带的东段,该断裂带方向北东,是早、晚华力西陆缘增生带的分界线,中生代以后控制二连盆地;二连-贺根山深断裂带方向北东,为西伯利亚和华北两个板块的对接带。

解译出 2 组中型断裂(带),分别为白音乌拉-乌兰哈达断裂带、塔日根敖包嘎查断裂带。白音乌拉-乌兰哈达断裂带:由 3 条主要断裂和数条与之平行的断裂组成,切割自太古宙至白垩纪地层及岩体,西南段晚侏罗世辉长岩岩株成群分布，该断裂带呈北东向斜穿本预测工作区中部。为金多金属矿产形成的有利部位。塔日根敖包嘎查断裂带：该断裂带与北西向断裂交汇部位为金矿成矿有利地段。该断裂带在本预测工作区西北部有所显示。

本预测工作区内的小型断裂比较发育，并且以北西向和北东向为主，次为近南北向断裂，局部见近东西向断裂。不同方向断裂交汇部位以及北西向弧形断裂是重要的铁、金成矿地段。

本预测工作区内的环形构造比较发育，共圈出 127 个环形构造。集中分布于预测区的中部并呈东北条带状分布。按其成因类型分为 4 类，其中与隐伏岩体有关的环形构造 65 个，古生代花岗岩类引起的环形构造 42 个，构造穹隆或构造盆地引起的环形构造 8 个，火山机构或通道引起的 12 个。区内的铁矿点多分布于环形构造内部或边部。

四、区域预测要素

根据预测工作区区域成矿要素和航磁资料建立了本预测区的区域预测要素（表 21-2）。

表 21-2 神山式矽卡岩型铁矿预测工作区预测要素表

区域预测要素		描述内容	要素类别
地质环境	构造背景	大兴安岭弧盆系，锡林浩特岩浆弧北东端	必要
	成矿环境	Ⅰ滨太平洋成矿域（叠加在古亚洲成矿域之上），Ⅱ大兴安岭成矿省，Ⅲ突泉-翁牛特旗 Pb-Zn-Ag-Cu-Fe-Sn-REE 成矿带（Vl、Il、Ym）；Ⅳ 神山-大井子 Cu-Pb-Zn-Ag- Fe-Mo-Sn-REE 成矿亚带（Y）	必要
	成矿时代	燕山早期	重要
控矿地质条件	控矿构造	北东向的一组压性为主兼扭性断裂及其所形成的层间裂隙是控矿的有利部位	重要
	赋矿地层	中二叠统哲斯组	重要
	控矿侵入岩	燕山期花岗闪长花岗岩及期后气水溶液交代了围岩中有益成分并在有利部位富集成矿	重要
区域成矿类型及成矿期		燕山晚期接触交代（矽卡岩）型	重要
预测区矿点		成矿区带内 1 个小型矿床	重要
物探特征	重力	布格重力异常相对平稳和较弱的剩余重力负异常，剩余重力值在（$-3.64\sim-1)\times10^{-5}\mathrm{m/s^2}$ 之间	重要

第三节 矿产预测

一、综合地质信息定位预测

由于预测区内有 1 个已知矿床，5 个矿化点，因此采用多预测模型工程进行定位预测及分级。根据典型矿床成矿要素及预测要素研究，以及预测区提取的要素特征，本次选择不规则地质单元法作为预测单元。预测区的圈定与优选采用特征分析法。

依据预测区内地质综合信息等对每个最小预测区进行综合地质评价，按优劣分为A、B、C三级。

A级为地表多有中二叠统哲斯组、燕山期花岗闪长岩出露，已知的小型矿床及矿点存在，少数有黄铁矿、钼铅矿、自然铅等重矿物异常存在，局部有一级铁染异常遥感存在，航磁化极异常等值线起始值绝大部分在-100nT以上，剩余重力异常等值线起始值多小于$-1\times10^{-5}m/s^2$。成矿地、物、化、遥条件有利，找矿潜力大。

B级为地表大多有二叠系哲斯组出露，出露或推测有燕山期花岗闪长岩，局部有一级铁染异常遥感存在，航磁化极异常等值线起始值绝大部分在-100nT以上，剩余重力异常等值线起始值在$(-3\sim-1)\times10^{-5}m/s^2$之间。多数成矿地、物、化、遥条件有利，具有找矿潜力。

C级为地表出露或推测有中二叠统哲斯组、燕山期花岗闪长岩存在，少数有黄铁矿、钼铅矿、自然铅等重矿物异常存在，航磁化极异常等值线起始值绝大部分在$-100\sim100$nT之间，剩余重力异常等值线起始值在$(-2\sim-1)\times10^{-5}m/s^2$之间，多数找矿潜力差。

本次工作共圈定最小预测区23个，其中A级7个、B级9个、C级7(图21-3)。最小预测区综合信息见表21-3。

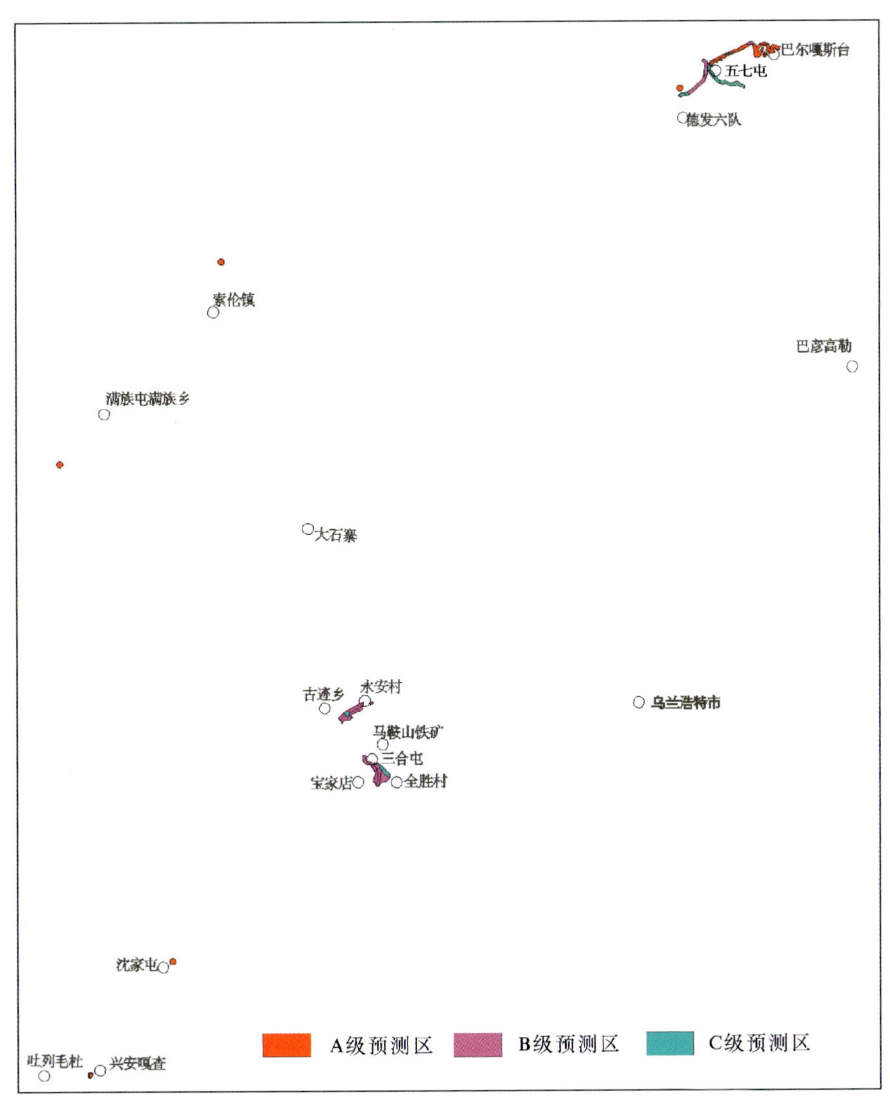

图21-3 神山式矽卡岩型铁矿预测工作区最小预测区优选分布示意图

表 21-3　神山式矽卡岩型铁矿预测工作区最小预测区综合信息表

最小预测区编号	最小预测区名称	综合信息及找矿潜力(航磁单位为 nT,重力单位为 $\times10^{-5}m/s^2$)
A1501223001	哈尔朝楚屯	该预测区北东向—北东东向条带状分布,哲斯组为与成矿有关的地层,主要为片理化粉砂岩、长石质硬砂岩泥质灰岩、大理岩等。晚侏罗世花岗闪长岩侵入该地层边部并发生接触变质和热力变质,由接触带向外产生矽卡岩,形成了含矿矽卡岩带。矿床赋存在外接触带中。矿床 1 处。北东向断裂构造密集分布。航磁化极起始值＜300;剩余重力异常等值线多在 1 以下。找矿潜力大
A1501223002	沈家屯	该预测区面积小,见一矿化点,无哲斯组、晚侏罗世花岗闪长岩出露,北东向构造较发育,航磁化极起始值多在 0～100 之间;剩余重力异常等值线起始值多在－3～－2 之间。具二、三级遥感异常。有一定的找矿前景
A1501223003	巴尔嘎斯台南	该预测区北东向—北东东向条带状分布,哲斯组为与成矿有关的地层,主要为片理化粉砂岩、长石质硬砂岩泥质灰岩、大理岩等。晚侏罗世花岗闪长岩侵入该地层边部并发生接触变质和热力变质,在接触带向外产生矽卡岩,组成了含矿矽卡岩带。航磁化极起始值在 200～300 之间;剩余重力异常等值线多在－2～－1 之间。找矿潜力大
A1501223004	兴安嘎查西	该预测区出露于哲斯组、晚侏罗世花岗闪长岩出露附近,该处北东向、北西向构造交汇处,航磁化极起始值在 0～200 之间;剩余重力异常等值线起始值多在 1～3 之间。有一定的找矿前景
A1501223005	德发六队西北	该预测区面积小,无哲斯组、晚侏罗世花岗闪长岩出露。小矿化点 1 处。航磁化极起始值在 200～300 之间;剩余重力异常等值线多在－2～－1 之间。找矿潜力大
A1501223006	索伦镇	该预测区面积小,见一矿化点,无哲斯组、晚侏罗世花岗闪长岩出露,出露于北东向、北西向构造交会处,航磁化极起始值多小于－400;剩余重力异常等值线起始值多在－3～－2 之间。有一定的找矿前景
A1501223007	满族屯满族乡	该预测区面积小,见一矿化点,无哲斯组、晚侏罗世花岗闪长岩出露,航磁化极起始值多在 100～200 之间;剩余重力异常等值线起始值多在 1～2 之间。找矿潜力差
B1501223001	心和屯西南	该预测区北东向—北东东向条带状分布,哲斯组为与成矿有关的地层,主要为片理化粉砂岩、长石质硬砂岩泥质灰岩、大理岩等。航磁化极起始值在 100～200 之间;剩余重力异常等值线多在－2～－1 之间。有一定的找矿前景
B1501223002	五七屯西北	该预测区北西向条带状分布,哲斯组为与成矿有关的地层,主要为片理化粉砂岩、长石质硬砂岩泥质灰岩、大理岩等。北东向断裂构造密集分布。航磁化极起始值小于－100;剩余重力异常等值线多在－2 以下。有一定的找矿前景
B1501223003	五七屯北	该预测区北东向—北东东向条带状分布,哲斯组为与成矿有关的地层,主要为片理化粉砂岩、长石质硬砂岩泥质灰岩、大理岩等。晚侏罗世花岗闪长岩侵入该地层,为北东向、北西向断裂构造交汇处。航磁化极起始值小于－200;剩余重力异常等值线多在－2 以下。有一定的找矿前景
B1501223004	五七屯西	该预测区不规则,哲斯组为与成矿有关的地层,主要为片理化粉砂岩、长石质硬砂岩泥质灰岩、大理岩等。为北东向、北西向断裂构造交汇处。航磁化极起始值在－100～0之间;剩余重力异常等值线多在－2 以下。有一定的找矿前景
B1501223005	五七屯西南	该预测区北东向条带状分布,哲斯组为与成矿有关的地层,主要为片理化粉砂岩、长石质硬砂岩泥质灰岩、大理岩等。航磁化极起始值在－100～0 之间;剩余重力异常等值线多在－2 以下。有一定的找矿前景
B1501223006	德发六队北	该预测区北东向条带状分布,哲斯组为与成矿有关的地层,主要为片理化粉砂岩、长石质硬砂岩泥质灰岩、大理岩等。晚侏罗世花岗闪长岩侵入该地层边部并发生接触变质和热力变质,航磁化极起始值大于 0;剩余重力异常等值线多在－2 以下。有一定的找矿前景
B1501223007	永安村西	该预测区北东向条带状分布,哲斯组为与成矿有关的地层,主要为片理化粉砂岩、长石质硬砂岩泥质灰岩、大理岩等。晚侏罗世花岗闪长岩未出露,航磁化极起始值 0～100 之间;剩余重力异常等值线多在－3～－2 之间。位于北东向、北西向断裂构造交会处附近,具一级遥感异常。有一定的找矿前景

续表 21-3

最小预测区编号	最小预测区名称	综合信息及找矿潜力(航磁单位为 nT,重力单位为 $\times 10^{-5} m/s^2$)
B1501223008	永安村	该预测区北东向条带状分布,哲斯组为与成矿有关的地层,主要为片理化粉砂岩、长石质硬砂岩泥质灰岩、大理岩等。晚侏罗世花岗闪长岩未出露,航磁化极起始值有0～100之间;剩余重力异常等值线多在－3～0之间。位于北东向、北西向断裂构造交会附近,具一级遥感异常。有一定的找矿前景
B1501223009	三合屯西北	该预测区北西向条带状分布,哲斯组为与成矿有关的地层,主要为片理化粉砂岩、长石质硬砂岩泥质灰岩、大理岩等。晚侏罗世花岗闪长岩侵入该地层边部并发生接触变质和热力变质,航磁化极起始值在0～100之间;剩余重力异常等值线多在－2～－1之间。位于北西向断裂构造附近。有一定的找矿前景
C1501223001	五七屯南	该区北西向条带状分布,哲斯组为与成矿有关的地层,主要为片理化粉砂岩、长石质硬砂岩泥质灰岩、大理岩等,位于北东向、北西向断裂构造交汇处。航磁化极起始值小于100;剩余重力异常等值线多在－1以下,具重砂异常。有一定的找矿前景
C1501223002	五七屯东南	该区北西向条带状分布,无哲斯组,侵入岩出露,为北东、北西向断裂构造交汇处。航磁化极起始值小于100;剩余重力异常等值线多在－1以下,具重砂异常。有一定的找矿前景
C1501223003	五七屯东	该区北西向条带状分布,哲斯组为与成矿有关的地层,主要为片理化粉砂岩、长石质硬砂岩泥质灰岩、大理岩等,晚侏罗世花岗闪长岩侵入该地层边部并发生接触变质和热力变质,位于北东向、北西向断裂构造交汇处。航磁化极起始值大于0;剩余重力异常等值线多在0以下,具重砂异常。有一定的找矿前景
C1501223004	德发六队东北	该区北东向条带状分布,哲斯组为与成矿有关的地层,无晚侏罗世花岗闪长岩出露,主要为片理化粉砂岩、长石质硬砂岩泥质灰岩、大理岩等,航磁化极起始值多小于0;剩余重力异常等值线多在－1以下,具重砂异常。找矿前景好
C1501223005	德发六队西	该区北东向条带状分布,哲斯组为与成矿有关的地层,无晚侏罗世花岗闪长岩出露,主要为片理化粉砂岩、长石质硬砂岩泥质灰岩、大理岩等,航磁化极起始值多大于0;剩余重力异常等值线多在0以下,具重砂异常。找矿前景好
C1501223006	古迹乡东	该预测区北东向条带状分布,无哲斯组、晚侏罗世花岗闪长岩出露,航磁化极起始值在0～100之间;剩余重力异常等值线多在－3～－1之间。位于北东向、北西向断裂构造交汇附近。有一定的找矿前景
C1501223007	全胜村西北	该预测区北西向条带状分布,未出露哲斯组、晚侏罗世花岗闪长岩,航磁化极起始值在0～100之间;剩余重力异常等值线多在－2～－1之间。位于北西向断裂构造附近。有一定的找矿前景

二、综合信息地质体积法估算资源量

1. 典型矿床深部及外围资源量估算

矿石体重及全铁品位来源于1972年3月黑龙江省地质局第四地质队编写的《黑龙江省扎来特旗神山铁矿普查勘探地质报告》,矿床资源量来源于内蒙古自治区国土资源厅2007年6月编写的《内蒙古自治区矿产资源储量表　第二册》。矿床面积($S_{总}$)是根据1∶2 000矿区地形地质图圈定,在MapGIS软件下读取数据;矿体延深($L_{查}$)依据神山矿区一区1号矿坑0号段勘探剖面确定,最大见矿深383m,最大勘探垂深495.4m。

根据神山铁矿区勘探线剖面图,其深部矿体均已控制,勘探深度达495.5m,约383m以下见岩体。根据矿区1∶2.5万磁测反演(475线),其延深($L_{预}$)约370m,二者相近,故认为矿区383m以下无矿体,典型矿床区内不进行深部预测。

根据1∶10万矿区区域地质图,结合矿区地形地质图含矿地质体分布范围。在神山矿区外圈定数块外围预测区,面积($S_{预}$)在MapGIS软件下读取数据为3 778 032.12m^2,外围预测资源量＝预测矿体面积($S_{预}$)×预测延深($L_{预}$)×体积含矿率＝3 778 032.12m^2×383m×0.001 46t/m^3＝2 112 600t,类别为 334-1(表 21-4)。

表 21-4　神山式矽卡岩型铁矿典型矿床深部及外围资源量估算一览表

典型矿床		深部及外围		
已查明资源量(t)	1 005 000	深部	面积(m^2)	—
面积(km^2)	1.39		深度(m)	—
深度(m)	495.5	外围	面积(m^2)	3 778 032.12
品位(%)	32.37		深度(m)	383
密度(t/m^3)	4.36	预测资源量(t)		2 112 600
体积含矿率(t/m^3)	0.001 46	典型矿床资源总量(t)		3 117 600

2. 模型区的确定、资源量及估算参数

神山典型矿床位于神山模型区内,查明资源量 1 005 000.00t,按本次预测技术要求该模型区总资源量 3 117 600t;模型区延深与典型矿床一致;模型区含矿地质体面积与模型区面积一致,含矿地质体面积参数为 1,见表 21-5。

表 21-5　神山式矽卡岩型铁矿模型区预测资源量及其估算参数

编号	名称	模型区总资源量(t)	模型区面积(km^2)	延深(m)	含矿地质体面积(km^2)	含矿地质体面积参数 K_S	含矿地质体含矿系数 K
A1501210001	神山铁矿	3 117 600	8 376 890.69	383	8 376 890.69	1	0.000 751

3. 最小预测区预测资源量

神山式矽卡岩型铁矿预测工作区最小预测区资源量定量估算采用地质体积法进行估算。本次预测资源总量为 737.96×10^{4}t,不包括已查明的 142.4×10^{4}t,结果见表 21-6。

表 21-6　神山式矽卡岩型铁矿神山测工作区最小预测区预测资源量表

最小预测区编号	最小预测区名称	$S_{预}$(km^2)	$H_{预}$(m)	K_S	K(t/m^3)	α	$Z_{总}$(×10^{4}t)	$Z_{查明}$(×10^{4}t)	$Z_{预}$(×10^{4}t)	资源量级别
A1501210001	哈尔朝楚屯	8.38	383	1	0.000 751	1.00	311.76	100.5	211.26	334-1
A1501210002	沈家屯	0.77	400	1	0.000 751	1.00	23.21		23.21	334-3
A1501210003	巴尔嘎斯台南	0.41	300	1	0.000 751	1.00	9.18		9.18	334-3
A1501210004	兴安嘎查西	0.88	350	1	0.000 751	1.00	23.19	10	13.19	334-3
A1501210005	德发六队西北	0.77	400	1	0.000 751	0.42	9.64		9.64	334-3
A1501210006	索伦镇	0.77	400	1	0.000 751	0.74	17.14		17.14	334-3
A1501210007	满族屯满族乡	1.83	400	1	0.000 751	1.00	55.11	31.9	23.21	334-3
B1501210001	心和屯西南	0.46	350	1	0.000 751	0.68	8.23		8.23	334-3
B1501210002	五七屯西北	0.61	400	1	0.000 751	0.57	10.40		10.40	334-3
B1501210003	五七屯北	0.10	300	1	0.000 751	0.57	1.32		1.32	334-3

续表 21-6

最小预测区编号	最小预测区名称	$S_{预}$ (km²)	$H_{预}$ (m)	K_S	K(t/m³)	α	$Z_{总}$ (×10⁴t)	$Z_{查明}$ (×10⁴t)	$Z_{预}$ (×10⁴t)	资源量级别
B1501210004	五七屯西	0.67	400	1	0.000 751	0.57	11.38		11.38	334-3
B1501210005	五七屯西南	0.17	300	1	0.000 751	0.42	1.57		1.57	334-3
B1501210006	德发六队北	1.84	600	1	0.000 751	0.42	34.45		34.45	334-3
B1501210007	永安村西	4.02	650	1	0.000 751	0.85	166.54		166.54	334-3
B1501210008	永安村	0.15	300	1	0.000 751	0.85	2.92		2.92	334-3
B1501210009	三合屯西北	6.18	650	1	0.000 751	0.42	125.33		125.33	334-3
C1501210001	五七屯南	1.21	550	1	0.000 751	0.24	12.13		12.13	334-3
C1501210002	五七屯东南	0.46	350	1	0.000 751	0.24	2.97		2.97	334-3
C1501210003	五七屯东	2.12	600	1	0.000 751	0.24	23.21		23.21	334-3
C1501210004	德发六队东北	0.31	300	1	0.000 751	0.24	1.71		1.71	334-3
C1501210005	德发六队西	0.46	350	1	0.000 751	0.24	2.92		2.92	334-3
C1501210006	古迹乡东	0.56	400	1	0.000 751	0.42	6.98		6.98	334-3
C1501210007	全胜村西北	1.22	500	1	0.000 751	0.42	19.07		19.07	334-3
合计								142.4	737.96	

4. 预测工作区资源总量成果汇总

根据矿产潜力评价预测资源量汇总标准，神山式矽卡岩型铁矿预测工作区按精度、预测深度、可利用性、可信度统计分析结果见表 21-7。

表 21-7　神山式矽卡岩型铁矿预测工作区预测资源量统计分析表(×10⁴t)

精度	深度			可利用性		可信度			合计
	500m以浅	1 000m以浅	2 000m以浅	可利用	暂不可利用	$x\geqslant0.75$	$0.75>x\geqslant0.5$	$0.5>x\geqslant0.25$	
334-1	211.26	211.26	211.26	211.26	—	211.26	—	—	211.26
334-2	—	—	—	—	—	—	—	—	—
334-3	488.63	526.70	526.70	145.97	380.73	—	485.25	41.45	526.70
合计									737.96

第二十二章　马鞍山式热液型铁矿预测成果

第一节　典型矿床特征

一、典型矿床地质特征

马鞍山铁矿位于内蒙古自治区兴安盟科尔沁右翼前旗。地理坐标为东经121°35′52″,北纬46°01′18″。

1. 矿区地质

地层主要出露中生界。下白垩统梅勒图组出露于矿区西北部,地层呈北北东向展布,倾向北西,岩性为角闪安山岩。上侏罗统玛尼吐组分布在矿区西南1km处,形态呈等轴状,面积约0.02km²,岩性为紫灰色安山岩、粗面安山岩、玻基珍珠状安山岩。

侵入岩十分发育,特别是燕山早期花岗闪长岩($\gamma\delta_{2(2)}^{5}$),分布面积几乎占据了整个矿区,为本矿区的近矿围岩,与铁矿的形成关系密切;闪长玢岩($\delta\mu_{3-1}^{5}$),呈小岩株状分布于矿区中部,侵入花岗闪长岩中,切断铁矿化带而又被长石斑岩所穿切,属成矿后形成;脉岩有长石斑岩脉($\xi\pi$)和闪长玢岩脉($\delta\mu$),均对矿体影响不大。

区内断裂构造比较发育,按构造性质分为下列几组:①北北东向压性断裂,发育在矿区的东南部,走向30°～45°,倾向北西或北西西,倾角65°～80°,断裂形态呈舒缓波状,多由正长斑岩所侵入,一般不含矿;②北北西向张扭性断裂带,断裂侧部围岩具有强烈蚀变,常形成明显的构造蚀变带,断裂产状为走向330°,倾向南西或北东,倾角75°～85°;③北西西向张性断裂,有时呈个体产出,有时密集成群构成张裂带,热液蚀变强烈,膨缩现象明显,此组断裂均有蚀变及矿化。北北西向张性断裂具有“S”形追踪特点,构造规模大,为主要的控矿构造,北西西向张性断裂多呈透镜状产出,为次要的控矿构造。

2. 矿床特征

铁矿赋存于石英脉中,呈脉状产出。在发现的25条含矿石英脉中,仅有4条属可采贫矿石英脉。其规模长50～400m,平均宽0.7～3m,延深30～600m。矿脉走向254°～325°,倾向南西—北西,倾角75°～85°。

矿石结构有粒状交代结构,环带状、叶片状、纤维状交代结构,少量胶状结构。矿石构造有浸染状构造、角砾状构造、致密块状构造、条带状构造、胶状构造。

金属矿物主要有磁铁矿、赤铁矿、褐铁矿、黄铁矿、黄铜矿;非金属矿物为石英、电气石、绿泥石、次闪石。

矿石工业类型按品位属需选磁铁矿石、按多元素属酸性矿石、按磁性占有率属弱磁性铁矿石。矿石自然类型按脉石矿物分含电气石铁矿石、石英电气石型铁矿石、绿泥石型铁矿;按矿石构造分致密块状矿石、浸染状矿石、角砾状矿石;按有用金属矿物含量及相伴生的脉石矿物可分绿泥石磁铁矿矿石、磁铁矿矿石、绿泥石黄铁矿磁铁矿矿石、镜铁矿矿石、黄铁矿磁铁矿石。

围岩蚀变见高岭土化、绢云母化和电气石化、硅化和绿泥石化。TFe 34.58％，S 1.35％，P＜0.25％，Cu 0.64％～0.935％。

3. 矿床成因及成矿时代

成矿时代为晚侏罗世，矿床成因为热液型。马鞍山铁矿构造位置处于大兴安岭北北东向构造带中，铁矿的成因与燕山早期花岗闪长岩有关。花岗质岩浆中的晚期含矿热液，沿着构造破碎带活动，形成含铁石英脉。

二、典型矿床地球物理特征

如图 22-1 所示，马鞍山铁矿所在区域处在布格重力异常大兴安岭梯级带上，位于梯级带由北东转为近东西的转弯处西侧边部。在剩余重力异常图上，位于剩余重力负异常区，该负异常是酸性侵入岩引起，在其北侧的正异常与古生代(二叠纪地层)基底隆起有关。可能是复合内生型铁矿引起负重力异常所致。马鞍山铁矿区域上磁场显示为北东向长条带状磁异常。重磁场特征显示有北东向、北北西向和北东东向断裂通过。

马鞍山铁矿所在地 1∶1 万地磁 ΔT 等值线平面图显示，马鞍山铁矿磁异常轴向为北西向，极值 1 300nT，处在北东向磁异常带中，磁场特征显示马鞍山铁矿处在北西向和北东向断裂交会处。

三、典型矿床预测要素

以典型矿床成矿要素图为基础，综合研究重力、航磁、化探、遥感、自然重砂等综合致矿信息，总结典型矿床预测要素(表 22-1)。

表 22-1　马鞍山式热液型铁矿典型矿床预测要素表

预测要素		描述内容	要素类别
储量		1 001 000t，平均品位 TFe32.37％	
特征描述		岩浆热液型铁矿床	
地质环境	岩石类型	花岗闪长岩	重要
	岩石结构	花岗结构	次要
	成矿时代	燕山早期	必要
	地质背景	大兴安岭弧盆系，锡林浩特岩浆弧	重要
矿床特征	矿物组合	矿石矿物有磁铁矿、赤铁矿、褐铁矿、黄铁矿、黄铜矿等；脉石矿物有石英、电气石、绿泥石、次闪石等	重要
	结构构造	矿石结构主要有交代结构，少量胶状结构；矿石构造主要为浸染状构造、条带状构造、块状构造、角砾状构造等	次要
	蚀变	高岭土化、绢云母化、电气石化、硅化、绿泥石化	重要
	控矿条件	北北西向和北西西向张性断裂	重要
物探特征	磁法特征	正磁异常	重要
	重力特征	重力异常过渡带或梯级带	次要

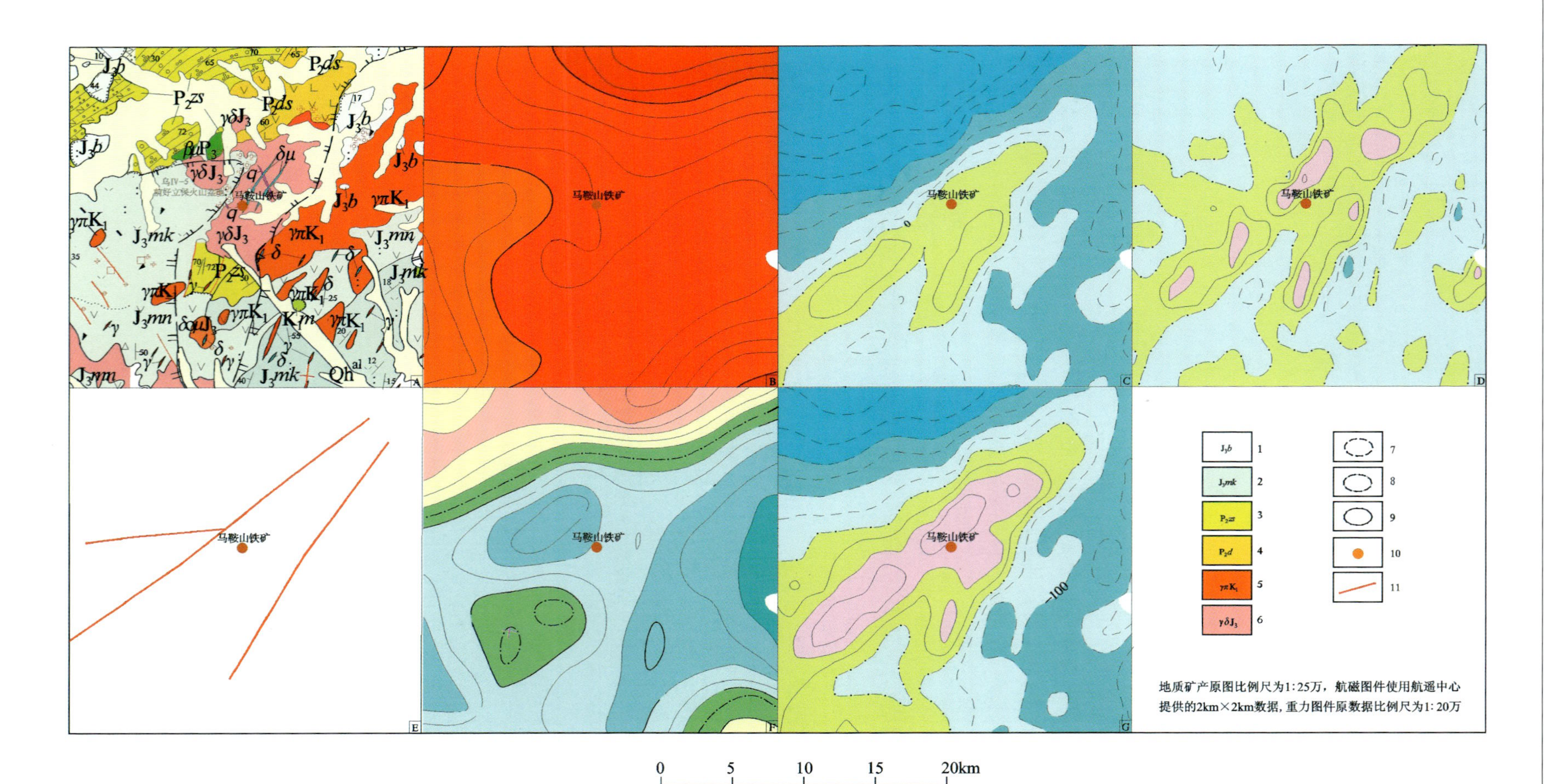

图 22-1 马鞍山铁矿1:25万地质及物探剖析图示意图

A.地质矿产图；B.布格重力异常图；C.航磁ΔT等值线平面图；D.航磁ΔT化极垂向一阶导数等值线平面图；E.重磁推断地质构造图；F.剩余重力异常图；G.航磁ΔT化极等值线平面图；1.白音高老组：流纹岩，流纹质凝灰岩；2.满克头鄂博组:流纹岩，流纹质，英安质凝灰岩；3.哲斯组：粉砂岩、大理岩、长石质硬砂岩、泥质灰岩；4.大石寨组：蚀变安山玢岩及其凝灰岩；5.花岗斑岩；6.中粒花岗闪长岩；7.负等值线及注记；8.零等值线及注记；9.正等值线及注记；10.马鞍山铁矿；11.推断三级断裂

第二节　预测工作区研究

预测工作区范围为东经 120°00′～123°00′，北纬 45°00′～48°00′。与神山式矽卡岩型铁矿的预测工作区范围一致。区域地球物理、遥感特征详见第二十一章第二节有关内容。

一、区域地质矿产特征

工作预测区位于大地构造属天山兴蒙造山系大兴安岭弧盆系，锡林浩特岩浆弧北东端。成矿区带位于滨太平洋成矿域（Ⅰ-4）大兴安岭成矿省（Ⅱ-12）突泉-翁牛特旗 Pb-Zn-Ag-Cu-Fe-Sn-REE 成矿带（Ⅲ-8）神山-大井子 Cu-Pb-Zn-Ag-Fe-Mo-Sn-REE-Nb-Ta -萤石成矿亚带。

区域内地层有二叠系、侏罗系、白垩系和第四系。二叠系构成中生代火山沉积盆地的基底。与成矿有关的地层为中二叠统哲斯组、下二叠统大石寨组。哲斯组由下而上为大理岩、粉砂细砂岩，大石寨组为安山玢岩。二者构成矿区背斜构造的翼部，核部为燕山早期花岗闪长岩体。地层总体走向北东。在花岗闪长岩与大理岩接触带断续分布着矽卡岩，其中有矽卡岩型含铜磁铁矿的小矿体。

区内出露的侵入体为燕山早期，主要为花岗闪长岩，其次为黑云母花岗岩、英云闪长岩等，并有燕山期的斑岩类。

区域构造方向为北北东—北东向。受滨太平洋构造体系影响，区内构造活动较强，断裂构造比较发育，成矿前断裂构造控制着成矿、形态、规模及产状，矿区位于神山背斜的北翼及其西端的向南转折部位，其本身呈一弧形单斜构造。

预测区内同类型矿床（点）共计 11 处。

二、区域预测要素

根据预测工作区区域成矿要素和航磁资料建立了本预测区的区域预测要素（表 22-2）。

表 22-2　马鞍山式热液型铁矿预测工作区预测要素表

预测要素		描述内容	要素类别
地质环境	构造背景	大兴安岭弧盆系，锡林浩特岩浆弧北东端	重要
	成矿环境	Ⅰ滨太平洋成矿域（叠加在古亚洲成矿域之上），Ⅱ大兴安岭成矿省，Ⅲ突泉-翁牛特旗 Pb-Zn-Ag-Cu-Fe-Sn-REE 成矿带（Vl、Il、Ym），Ⅳ神山-大井子 Cu-Pb-Zn-Ag- Fe-Mo-Sn-REE 成矿亚带（Y）	重要
	成矿时代	燕山期	重要

续表 22-2

<table>
<tr><th colspan="2">预测要素</th><th>描述内容</th><th>要素类别</th></tr>
<tr><td rowspan="3">控矿地质条件</td><td>控矿构造</td><td>北北西向和北西西向张性断裂为成矿前断裂，与铁矿成矿关系密切，是矿区主要的容矿构造</td><td>重要</td></tr>
<tr><td>赋矿岩体</td><td>燕山期花岗闪长岩</td><td>重要</td></tr>
<tr><td>围岩蚀变</td><td>高岭土化、绢云母化和电气化、硅化电气石化和绿泥石化</td><td>重要</td></tr>
<tr><td colspan="2">区域成矿类型及成矿期</td><td>燕山期热液型</td><td>重要</td></tr>
<tr><td colspan="2">预测区矿点</td><td>成矿区带内 11 个矿点、矿化点</td><td>重要</td></tr>
<tr><td rowspan="2">物化探特征</td><td>重力</td><td>重力低负异常，剩余重力起始值多在 $(-2\sim0)\times10^{-5}m/s^2$ 之间</td><td>次要</td></tr>
<tr><td>航磁</td><td>航磁 ΔT 化极异常强度起始值多数在 0～29nT 之间</td><td>次要</td></tr>
</table>

第三节　矿产预测

一、综合地质信息定位预测

由于预测区内有 1 个已知矿床，10 个矿化点，因此采用多预测模型工程进行定位预测及分级。预测区的圈定与优选采用特征分析法。本次选择地质单元法作为预测单元。

依据预测区内地质综合信息等对每个最小预测区进行综合地质评价，按优劣分为 A、B、C 三级（图 22-2）。

A 级为地表有燕山期花岗闪长岩出露，已知的矿床及矿点存在，围岩有蚀变存在，常有重矿物异常存在，有磁异常显示，磁异常的值大多大于 50nT。遥感局部有一级铁染异常存在，航磁化极异常等值线起始值多在 0nT 以上，剩余重力异常等值线起始值在 $(-2\sim0)\times10^{-5}m/s^2$ 之间。成矿地、物、化、遥条件有利，找矿潜力大。

B 级为地表局部有燕山期花岗闪长岩出露，围岩有蚀变存在，重砂异常在局部地段存在，遥感局部有二、三级铁染异常存在，航磁化极异常等值线起始值大部分在 －100nT 以上，剩余重力异常等值线起始值多数小于 $1\times10^{-5}m/s^2$。多数成矿地、物、化、遥条件有利，具有找矿潜力。

C 级为地表出露或推测有花岗闪长岩出露，航磁化极异常等值线起始值多在 100nT 以上，剩余重力异常等值线起始值多数大于 $-1\times10^{-5}m/s^2$。多数找矿潜力差。

本次工作共圈定最小预测区 60 个，其中 A 级 16 个、B 级 16 个、C 级 28 个（图 22-2）。最小预测区面积在 0.35～37.80km^2 之间。综合信息见表 22-3。

图 22-2　马鞍山式热液型铁矿预测工作区最小预测区分布示意图

表 22-3　马鞍山式热液型铁矿预测工作区最小预测区综合信息表

最小预测区编号	最小预测区名称	综合信息及找矿潜力(航磁单位为nT,重力单位为 $\times10^{-5}m/s^2$)	评价
A1501618001	永安村东	该预测区近北东向展布,地表有燕山期花岗闪长岩出露,该区有磁异常显示,航磁化极异常等值线起始值多在0以上,重力低,剩余重力异常等值线在-2~0之间	找矿潜力大
A1501618002	马鞍山铁矿	该预测区近北东向展布,地表有燕山期花岗闪长岩出露,围岩有蚀变,区内有一小型矿产地,预测区有磁异常显示,航磁化极异常等值线起始值多在100以上,重力低,剩余重力异常等值线在-3~-1之间	找矿潜力大

续表 22-3

最小预测区编号	最小预测区名称	综合信息及找矿潜力(航磁单位为nT,重力单位为$\times10^{-5}m/s^2$)	评价
A1501618003	马鞍山铁矿北	该预测区近北东向展布,地表有燕山期花岗闪长岩出露,围岩有蚀变,预测区有磁异常显示,航磁化极异常等值线起始值多在100以上,重力低,剩余重力异常等值线在−3～−1之间	找矿潜力大
A1501618004	白音高老	该区近北西向展布,地表有燕山期花岗闪长岩出露,围岩有蚀变,预测区有磁异常显示,航磁化极异常等值线起始值多在0以上,重力低,剩余重力异常等值线多在−3以下,具二、三级遥感异常	有一定的找矿前景
A1501618005	马家屯	该预测区近北西向展布,地表有燕山期花岗闪长岩出露,预测区有磁异常显示,航磁化极异常等值线起始值多在0～100之间,重力低,剩余重力异常等值线多在1左右,具遥感异常	有一定的找矿前景
A1501618006	玛尼图	该预测区近北西向展布,地表有燕山期花岗闪长岩出露,预测区有磁异常显示,航磁化极异常等值线起始值多在100以上,重力低,剩余重力异常等值线多在1以上,具二、三级遥感异常	有一定的找矿前景
A1501618007	巴雅尔图胡硕东	预测区近北西向展布,地表有燕山期花岗闪长岩出露,预测区有磁异常显示,航磁化极异常等值线起始值多在0以下,重力低,剩余重力异常等值线多在−3以下	有一定的找矿前景
A1501618008	胡勒斯台嘎查	预测区近北西向展布,区内有一矿化点,航磁化极异常等值线起始值多在200左右,重力低,剩余重力异常等值线多在−2～−1之间	有一定的找矿前景
A1501618009	赛罕达巴废墟南东	预测区内有一矿化点,有磁异常显示,预测区有航磁化极异常等值线起始值多在0～100之间,重力低,剩余重力异常等值线多在1附近	有一定的找矿前景
A1501618010	青山屯北	预测区近北西向展布,地表有燕山期花岗闪长岩出露,区内有一矿化点,航磁化极异常等值线起始值在100～200之间,重力低,剩余重力异常等值线多在−1～0之间,具二、三级遥感异常	有一定的找矿前景
A1501618011	大石寨北西	预测区内有一矿化点,处于北西—北东向断层交汇处,有磁异常显示,航磁化极异常等值线起始值在−200～−100之间,重力低,剩余重力异常等值线多小于−2,具二、三级遥感异常	有一定的找矿前景
A1501618012	大石寨北西	预测区内有一矿化点,处于北西—北东向断层交汇处,有磁异常显示,航磁化极异常等值线起始值在0～100之间,重力低,剩余重力异常等值线在1～2之间,具二、三级遥感异常	找矿潜力差
A1501618013	乌布林苏木北东	预测区内有一矿化点,处于北西—北东向断层交汇处,有磁异常显示,航磁化极异常等值线值在300以上,重力低,剩余重力异常等值线在0～1之间,具二、三级遥感异常	找矿潜力差
A1501618014	全胜村	预测区内有两矿化点,有磁异常显示,航磁化极异常等值线值在0左右,重力低,剩余重力异常等值线在−3～−1之间,具二、三级遥感异常	有一定的找矿前景
A1501618015	阿贵嘎查	预测区内有一矿化点,有磁异常显示,航磁化极异常等值线起始值在−100～0之间,重力低,剩余重力异常等值线在小于−1之间,具二、三级遥感异常	有一定的找矿前景
A1501618016	东发村	预测区内有一矿化点,处于北西—北东向断层交汇处,有磁异常显示,航磁化极异常等值线起始值多在−200～−100之间,重力低,剩余重力异常等值线在0～1之间,具二、三级遥感异常	有一定的找矿前景
B1501618001	心和屯	预测区近北东向展布,处于北西—北东向断层交汇处,航磁化极异常等值线起始值多大于0,重力低,剩余重力异常等值线在−3～−1之间,有重砂异常,具二、三级遥感异常	有一定的找矿前景

续表 22-3

最小预测区编号	最小预测区名称	综合信息及找矿潜力(航磁单位为 nT,重力单位为 $\times10^{-5}m/s^2$)	评价
B1501618002	哈尔朝楚屯	预测区近北东向展布,处于北西—北东向断层交汇处,有磁异常显示,航磁化极异常等值线起始值多在-200～-100之间,重力低,剩余重力异常等值线多小于-3,具二、三级遥感异常	有一定的找矿前景
B1501618003	特门嘎查西	该预测区近北西向展布,地表有燕山期花岗闪长岩出露,处于北西—北东向断层交汇处,航磁化极异常等值线起始值多在100～200之间,剩余重力异常等值线多小于-2,具二、三级遥感异常	有一定的找矿前景
B1501618004	水泉西	该预测区近北东向展布,出露于燕山期花岗闪长岩附近,围岩有蚀变,预测区有磁异常显示,航磁化极异常等值线起始值多在100以上,重力低,剩余重力异常等值线在-3～-1之间	有一定的找矿前景
B1501618005	三合屯	该预测区近北东向展布,出露于燕山期花岗闪长岩附近,围岩有蚀变,预测区有磁异常显示,航磁化极异常等值线起始值多在100以上,重力低,剩余重力异常等值线在-3～-1之间	有一定的找矿前景
B1501618006	金良	该预测区近北西向展布,地表出露于燕山期花岗闪长岩,处于北西—近东向断层交汇处,航磁化极异常等值线起始值多在200以上,重力低,剩余重力异常等值线在1～3之间,具二、三级遥感异常	找矿前景差
B1501618007	兴泉村南	预测区地表出露燕山期花岗闪长岩,处于北西—北西西向断层交汇处,航磁化极异常等值线起始值多小于-300,剩余重力异常等值线在-1～0之间,具二、三级遥感异常	有一定找矿前景
B1501618008	东平村南	预测区地表出露燕山期花岗闪长岩,处于北西—北西西向断层交汇处,航磁化极异常等值线起始值多小于-300,剩余重力异常等值线在0～3之间,具二、三级遥感异常	找矿前景差
B1501618009	达日罕嘎查	该预测区地表出露燕山期花岗闪长岩,航磁化极异常等值线起始值多小于-100,重力低,剩余重力异常等值线在-2～-1之间	有一定找矿前景
B1501618010	敖扎拉嘎嘎查	预测区地表出露燕山期花岗闪长岩,具航磁异常,航磁化极异常等值线起始值多在-100以上,重力低,剩余重力异常等值线在0～1之间,具二、三级遥感异常	有一定找矿前景
B1501618011	巴扎拉嘎苏木	预测区地表出露燕山期花岗闪长岩,处于北西—北东向断层交汇处,航磁化极异常等值线起始值多在100以上,重力低,剩余重力异常等值线在1～2之间。具一级遥感异常	有一定找矿前景
B1501618012	巴仁莫德格吐	该预测区地表出露燕山期花岗闪长岩,处于北西—北东向断层交汇处,航磁化极异常等值线起始值多在100以上,重力低,剩余重力异常等值线在0～1之间	找矿前景差
B1501618013	茫哈嘎查西	该预测区地表出露燕山期花岗闪长岩,地航磁异常,处于北西—北东向断层交汇处,航磁化极异常等值线起始值多在0～200之间,重力低,剩余重力异常等值线在-1～1之间,具二、三级遥感异常	有一定找矿前景
B1501618014	兴安敖包嘎查	该预测区出露于燕山期花岗闪长岩附近,处于北西—北东向断层交汇处,航磁化极异常等值线起始值多在100以上,重力低,剩余重力异常等值线在0～1之间,具三级遥感异常	找矿前景差
B1501618015	巴润毛盖吐北	该预测区地表出露燕山期花岗闪长岩,处于北西—北东向断层交汇处,航磁化极异常等值线起始值多在100以上,重力低,剩余重力异常等值线在0～1之间	找矿前景差
B1501618016	达日罕嘎查北	该预测区地表出露燕山期花岗闪长岩,航磁化极异常等值线起始值多在-1～0之间,重力低,剩余重力异常等值线在-1～0之间	有一定找矿前景
C1501618001	巴尔嘎斯台	预测区分布于燕山期花岗闪长岩附近,围岩有蚀变。航磁化极异常等值线起始值多大于100,剩余重力异常等值线值小于-1	找矿前景差

续表 22-3

最小预测区编号	最小预测区名称	综合信息及找矿潜力(航磁单位为 nT,重力单位为×10^{-5} m/s^2)	评价
C1501618002	五七屯	预测区分布于燕山期花岗闪长岩附近,航磁化极异常等值线起始值多在－200～－100 之间,剩余重力异常等值线值在－2～0 之间,有重砂异常	找矿前景差
C1501618003	依力特嘎查	预测区分布于燕山期花岗闪长岩附近,航磁化极异常等值线起始值多大于 0,剩余重力异常等值线值多小于－1,有重砂异常	找矿前景差
C1501618004	特门嘎查	该预测区近北西向展布,出露燕山期花岗闪长岩附近,处于北西—北东向断层交汇处,航磁化极异常等值线起始值多在 100～200 之间,剩余重力异常等值线多小于－2,具二、三级遥感异常	有一定的找矿前景
C1501618005	永安村南东	该预测区近北东向展布,出露于燕山期花岗闪长岩附近,围岩有蚀变,预测区有磁异常显示,航磁化极异常等值线起始值多在 100 以上,重力低,剩余重力异常等值线在－3～－1 之间	有一定的找矿前景
C1501618006	白辛乡	该区近北西向展布,地表有燕山期花岗闪长岩出露,围岩有蚀变,航磁化极异常等值线起始值多在 0 以上,重力低,剩余重力异常等值线多在－3 以下,具二、三级遥感异常	有一定的找矿前景
C1501618007	白辛乡	该预测区出露于燕山期花岗闪长岩附近,处于北西—近东向断层交汇处,航磁化极异常等值线起始值多小于－300,剩余重力异常等值线多在 0～2 之间,具二、三级遥感异常	有一定的找矿前景
C1501618008	茫哈嘎查	预测区出露于燕山期花岗闪长岩附近,航磁化极异常等值线起始值多在－100～0 之间,重力低,剩余重力异常等值线在 0～1 之间。具二、三级遥感异常	找矿前景差
C1501618009	毛盖吐嘎查	该预测区出露于燕山期花岗闪长岩附近,航磁化极异常等值线起始值多在 100 以上,重力低,剩余重力异常等值线在 0～1 之间,具三级遥感异常	找矿前景差
C1501618010	张旅窑	该预测区近北西向展布,地表出露于燕山期花岗闪长岩,处于北西—近东向断层交汇处,航磁化极异常等值线起始值多在 100 以上,重力低,剩余重力异常等值线在 0～2 之间,具二、三级遥感异常	找矿前景差
C1501618011	乌兰呼都格北西	该预测区近北西向展布,地表有燕山期花岗闪长岩出露,航磁化极异常等值线起始值多在 200～300 之间,剩余重力异常等值线多在 0～2之间,具二、三级遥感异常	找矿前景差
C1501618012	乌日图扎拉 A001 上屯南	该预测区出露于燕山期花岗闪长岩附近,处于北西—北东向断层交汇处,航磁化极异常等值线起始值多在－100～0 之间,重力低,剩余重力异常等值线在－1～1 之间,具二、三级遥感异常	找矿前景差
C1501618013	兴泉村	该预测区出露于燕山期花岗闪长岩附近,处于北西—近东向断层交汇处,航磁化极异常等值线起始值多小于－300,剩余重力异常等值线多在 0～2 之间,具二、三级遥感异常	有一定的找矿前景
C1501618014	乌兰呼都格北西	该预测区近北西向展布,地表有燕山期花岗闪长岩出露,航磁化极异常等值线起始值多在 200～300 之间,剩余重力异常等值线多在 0～2之间,具二、三级遥感异常	找矿前景差
C1501618015	麦罕查干	该预测区出露于燕山期花岗闪长岩附近,围岩具蚀变,航磁化极异常等值线值多在 0～100 之间,重力低,剩余重力异常等值线在－2～－1之间	找矿前景差
C1501618016	东平村	该预测区出露于燕山期花岗闪长岩附近,处于北西—近东向断层交汇处,航磁化极异常等值线起始值多小于－300,剩余重力异常等值线多在 0～2 之间,具二、三级遥感异常	有一定的找矿前景

续表 22-3

最小预测区编号	最小预测区名称	综合信息及找矿潜力（航磁单位为 nT，重力单位为 $\times10^{-5}m/s^2$）	评价
C1501618017	巴彦敖包嘎查	预测区地表出露燕山期花岗闪长岩，处于北西—北东向断层交汇处，航磁化极异常等值线起始值在 100～200 之间，重力低，剩余重力异常等值线在 0～2 之间，具一级遥感异常	找矿前景差
C1501618018	敖扎拉嘎嘎查西	预测区地表出露燕山期花岗闪长岩，具航磁异常，处于北西—北东向断层交汇处，航磁化极异常等值线起始值在 0～200 之间，重力低，剩余重力异常等值线在 0～1 之间，具一级遥感异常	有一定的找矿前景
C1501618019	八道	预测区出露于燕山期花岗闪长岩附近，航磁化极异常等值线起始值多在 100 以上，重力低，剩余重力异常等值线在 1～2 之间，具二、三级遥感异常	找矿前景差
C1501618020	兴安嘎查	预测区出露于燕山期花岗闪长岩附近，航磁化极异常等值线起始值多在 100 以上，重力低，剩余重力异常等值线在 1～2 之间，具二、三级遥感异常	找矿前景差
C1501618021	东马城	预测区出露于燕山期花岗闪长岩附近，航磁化极异常等值线起始值多在 100 以上，重力低，剩余重力异常等值线在 0～1 之间，具一级遥感异常	找矿前景差
C1501618022	黑山	该预测区近北西向展布，出露于燕山期花岗闪长岩附近，有磁异常显示，航磁化极异常等值线起始值多在 0～100 之间，重力低，剩余重力异常等值线多在 1 左右，具遥感异常	有一定的找矿前景
C1501618023	新发屯	该预测区近北西向展布，出露于燕山期花岗闪长岩附近，有磁异常显示，航磁化极异常等值线起始值多在 100 以上，重力低，剩余重力异常等值线多在 1 以上，具二、三级遥感异常	有一定的找矿前景
C1501618024	准巴扎拉 A001	该预测区近北西向展布，出露于燕山期花岗闪长岩附近，有磁异常显示，航磁化极异常等值线起始值多在 0～100 之间，重力低，剩余重力异常等值线多在 1 左右，具遥感异常	有一定的找矿前景
C1501618025	查干保好嘎查	预测区出露燕山期花岗闪长岩，具航磁异常，航磁化极异常等值线起始值多在 −100～200 之间，重力低，剩余重力异常等值线在 0～2 之间。具二、三级遥感异常	找矿前景差
C1501618026	巴彦呼舒嘎查	预测区出露于燕山期花岗闪长岩附近，航磁化极异常等值线起始值多在 0～200 之间，重力低，剩余重力异常等值线在 0～1 之间。具二、三级遥感异常	找矿前景差
C1501618027	准莫德格吐	该预测区出露于燕山期花岗闪长岩附近，航磁化极异常等值线起始值多在 100 以上，重力低，剩余重力异常等值线在 0～1 之间	找矿前景差
C1501618028	巴润毛盖吐	该预测区出露于燕山期花岗闪长岩附近，处于北西—北东向断层交汇处，航磁化极异常等值线起始值多在 0～200 之间，重力低，剩余重力异常等值线在 −1～1 之间，具二、三级遥感异常	有一定找矿前景

二、综合信息地质体积法估算资源量

1. 典型矿床深部及外围资源量估算

矿床小体重、最大延深、品位依据来源于内蒙古自治区兴安盟国土资源局 2005 年 9 月编写的《内蒙古自治区科尔沁右翼前旗马鞍山铁矿资源储量核实报告》。矿床资源量来源于内蒙古自治区国土资源厅 2007 年编写的《内蒙古自治区矿产资源储量表　第二册》。矿床矿床面积（$S_{总}$）是根据 1∶2 000 矿区地形地质图圈定，在 MapGIS 软件下读取数据。矿床最大延深(即勘探深度)依据 CK14 资料，具体数据见表 22-4。

由以上可知，该典型矿床体积含矿率＝查明资源储量/面积($S_{总}$)×延深($L_{查}$)＝1 001 000t/(2 410 122.25m^2×379.67m)＝0.001 093 93t/m^2。

表 22-4 马鞍山式热液型铁矿典型矿床深部及外围资源量估算一览表

典型矿床		深部及外围		
已查明资源量(×10^{4}t)	100.1	深部	面积(m^2)	2 410 122.25
面积(km^2)	2.41		深度(m)	600
深度(m)	379.67	外围	面积(m^2)	1 824 302.86
品位(%)	32.37		深度(m)	220.33
密度(t/m^3)	3.97	预测资源量(×10^{4}t)		177.82
体积含矿率(t/m^3)	0.001 093 93	典型矿床资源总量(t)		2 779 293.61

2. 模型区的确定、资源量及估算参数

马鞍山典型矿床位于马鞍山模型区内，查明资源量 1 001 000t，按本次预测技术要求模型区总资源量为 2 779 293.61t；模型区延深与典型矿床一致；模型区含矿地质体面积与模型区面积一致，含矿地质体面积参数为 1。模型区面积为 27 961 956.88m^2，见表 22-5。

表 22-5 马鞍山式热液型铁矿模型区预测资源量及其估算参数表

编号	名称	模型区总资源量(t)	模型区面积(m^2)	延深(m)	含矿地质体面积(m^2)	含矿地质体面积参数 K_S	含矿地质体含矿系数 K
A1501601002	马鞍山铁矿	2 779 293.61t	27 961 956.88	600	27 961 956.88	1	0.000 165 6

3. 最小预测区预测资源量

马鞍山式热液型铁矿预测工作区最小预测区资源量定量估算采用地质体积法进行估算。

1)估算参数的确定

延深的确定是在研究最小预测区含矿地质体地质特征、岩体的形成深度、矿化蚀变、矿化类型的基础上，并对比典型矿床特征的基础上综合确定的，主要由成矿带模型类比或专家估计给出。预测工作区内所有最小预测区品位、体重均采用马鞍山典型矿床资料，分别为 TFe 32.37%、3.97t/m^3。马鞍山铁矿预测工作区最小预测区相似系数的确定，主要依据最小预测区成矿概率与模型区的比值，以模型区为 1。

2)最小预测区预测资源量估算结果

本次预测资源总量为 2 229.92×10^{4}t，其中不包括已查明资源量 100.10×10^{4}t，详见表 22-6。

表 22-6 马鞍山式热液型铁矿预测工作区最小预测区预测资源量表

最小预测区编号	最小预测区名称	$S_{预}$(km^2)	$H_{预}$(m)	K_S	K	α	$Z_{预}$(×10^{4}t)	资源量级别
A1501601001	永安村东	1.182	500	1	0.000 166	0.74	7.25	334-3
A1501601002	马鞍山铁矿	27.962	600	1	0.000 166	1.00	177.83	334-1
A1501601003	马鞍山铁矿北	0.747	350	1	0.000 166	1.00	4.33	334-3

续表 22-6

最小预测区编号	最小预测区名称	$S_{预}$ (km^2)	$H_{预}$ (m)	K_S	K	α	$Z_{预}$ ($\times10^4$ t)	资源量级别
A1501601004	白音高老	37.795	1 200	1	0.000 166	0.74	556.71	334-3
A1501601005	马家屯	17.590	600	1	0.000 166	0.74	129.60	334-3
A1501601006	玛尼图	5.972	600	1	0.000 166	1.00	59.36	334-3
A1501601007	巴雅尔图胡硕东	0.754	350	1	0.000 166	0.74	3.24	334-3
A1501601008	胡勒斯台嘎查	3.090	600	1	0.000 166	0.03	1.00	334-3
A1501601009	赛罕达巴废墟南东	3.090	600	1	0.000 166	0.03	1.00	334-3
A1501601010	青山屯北	3.090	600	1	0.000 166	0.72	21.98	334-3
A1501601011	大石寨北西	3.090	600	1	0.000 166	0.74	22.76	334-3
A1501601012	大石寨北西	3.090	600	1	0.000 166	1.00	30.71	334-3
A1501601013	乌布林苏木北东	3.090	600	1	0.000 166	1.00	30.71	334-3
A1501601014	全胜村	3.934	600	1	0.000 166	1.00	23.19	334-3
A1501601015	阿贵嘎查	3.090	600	1	0.000 166	0.74	22.76	334-3
A1501601016	东发村	3.090	600	1	0.000 166	0.74	22.76	334-3
B1501601001	心和屯	37.450	1 200	1	0.000 166	0.17	130.10	334-3
B1501601002	哈尔朝楚屯	0.500	300	1	0.000 166	0.60	1.49	334-3
B1501601003	特门嘎查西	4.385	600	1	0.000 166	0.17	7.62	334-3
B1501601004	水泉西	9.250	600	1	0.000 166	0.74	68.13	334-3
B1501601005	三合屯	5.032	600	1	0.000 166	0.46	22.84	334-3
B1501601006	金良	3.132	600	1	0.000 166	0.46	14.22	334-3
B1501601007	兴泉村南	15.725	600	1	0.000 166	0.72	111.88	334-3
B1501601008	东平村南	3.614	600	1	0.000 166	0.46	16.41	334-3
B1501601009	达日罕嘎查	2.435	600	1	0.000 166	0.46	11.05	334-3
B1501601010	敖扎拉嘎嘎查	4.296	600	1	0.000 166	0.74	31.64	334-3
B1501601011	巴扎拉嘎苏木	1.317	500	1	0.000 166	0.46	4.98	334-3
B1501601012	巴仁莫德格吐	10.953	600	1	0.000 166	0.60	65.20	334-3
B1501601013	茫哈嘎查西	35.980	1 200	1	0.000 166	0.46	326.68	334-3
B1501601014	兴安敖包嘎查	5.977	600	1	0.000 166	0.60	35.58	334-3
B1501601015	巴润毛盖吐北	2.574	600	1	0.000 166	0.60	15.32	334-3
B1501601016	达日罕嘎查北	8.758	600	1	0.000 166	0.46	39.76	334-3
C1501601001	巴尔嘎斯台	1.160	500	1	0.000 166	0.03	0.31	334-3
C1501601002	五七屯	0.597	300	1	0.000 166	0.60	1.78	334-3
C1501601003	依力特嘎查	4.970	600	1	0.000 166	0.03	1.61	334-3
C1501601004	特门嘎查	3.342	600	1	0.000 166	0.17	5.80	334-3
C1501601005	永安村南东	0.353	200	1	0.000 166	0.03	0.04	334-3
C1501601006	白辛乡	5.959	600	1	0.000 166	0.03	1.93	334-3
C1501601007	白辛乡	1.261	500	1	0.000 166	0.03	0.34	334-3

续表 22-6

最小预测区编号	最小预测区名称	$S_{预}$ (km²)	$H_{预}$ (m)	K_S	K	α	$Z_{预}$ (×10⁴t)	资源量级别
C1501601008	茫哈嘎查	3.193	600	1	0.000 166	0.03	1.04	334-3
C1501601009	毛盖吐嘎查	5.584	600	1	0.000 166	0.60	33.24	334-3
C1501601010	张旅窑	17.100	600	1	0.000 166	0.03	5.55	334-3
C1501601011	乌兰呼都格北西	0.631	300	1	0.000 166	0.03	0.10	334-3
C1501601012	乌日图扎拉A001上屯南	6.161	600	1	0.000 166	0.03	2.00	334-3
C1501601013	兴泉村	0.570	300	1	0.000 166	0.46	1.29	334-3
C1501601014	乌兰呼都格北西	2.475	600	1	0.000 166	0.03	0.80	334-3
C1501601015	麦罕查干	2.326	600	1	0.000 166	0.03	1.22	334-3
C1501601016	东平村	1.130	500	1	0.000 166	0.46	4.27	334-3
C1501601017	巴彦敖包嘎查	14.835	600	1	0.000 166	0.03	4.81	334-3
C1501601018	敖扎拉嘎嘎查西	5.225	600	1	0.000 166	0.03	1.69	334-3
C1501601019	八道	12.912	600	1	0.000 166	0.03	4.19	334-3
C1501601020	兴安嘎查	1.800	600	1	0.000 166	0.03	0.58	334-3
C1501601021	东马城	1.252	500	1	0.000 166	0.03	0.34	334-3
C1501601022	黑山	2.104	600	1	0.000 166	0.03	0.68	334-3
C1501601023	新发屯	1.758	600	1	0.000 166	0.03	0.57	334-3
C1501601024	准巴扎拉A001	2.655	600	1	0.000 166	0.74	19.55	334-3
C1501601025	查干保好嘎查	4.220	600	1	0.000 166	1.00	41.94	334-3
C1501601026	巴彦呼舒嘎查	2.746	600	1	0.000 166	0.46	12.47	334-3
C1501601027	准莫德格吐	1.415	500	1	0.000 166	0.17	2.05	334-3
C1501601028	巴润毛盖吐	13.579	600	1	0.000 166	0.46	61.64	334-3
合计							2 229.92	

4. 预测工作区资源总量成果汇总

马鞍山式复合内生型铁矿预测工作区按精度、预测深度、可利用性、可信度统计分析结果见表22-7。

表22-7 马鞍山式热液型铁矿预测工作区预测资源量统计分析表(×10⁴t)

精度	深度			可利用性		可信度			合计
	500m以浅	1 000m以浅	2 000m以浅	可利用	暂不可利用	$x \geqslant 0.75$	$0.75 > x \geqslant 0.5$	$0.5 > x \geqslant 0.25$	
334-1	131.51	177.83	177.83	177.83	—	177.83	—	—	177.83
334-2	—	—	—	—	—	—	—	—	—
334-3	1 295.98	1 882.73	2 052.09	208.68	1 843.41	—	1 861.89	190.20	2 052.09
合计									2 229.92

第二十三章　地营子式热液型铁矿预测成果

第一节　典型矿床特征

一、典型矿床地质特征

地营子热液型铁矿隶属额尔古纳河市黑山头镇。

1. 矿区地质

地层出露有震旦系额尔古纳河组，石炭系红水泉组和莫尔根河组及白垩系伊列克得组。额尔古纳河组出露有第二岩段和第三岩段，前者为含碳质、砂质板岩和绢云母板岩，后者由绢云母千枚岩及厚层状铁质大理岩组成，为矿体的顶底板围岩。红水泉组以分选极差的砂砾岩为主，局部夹薄层石英粗砂岩。莫尔根河组为长石岩屑砂岩及互层状泥质粉砂岩。下白垩统伊列克得组为玄武岩和玄武安山岩。

矿区内岩浆活动反映微弱，仅在东北部山梁上，见一燕山期小侵入体，呈独立岩株状产出，岩性为细粒闪长岩，具轻微绿帘石化。

构造处于次级北西向断裂带和北东向断裂带交汇处。构造类型简单，以张扭性断裂破碎带发育为特征。区内地层显示单斜构造。

2. 矿床特征

矿体呈不规则脉状、透镜状，产于额尔古纳组大理岩断裂破碎带中。

Ⅰ号矿体规模较大，是该矿床的主矿体。矿体上盘(南盘)产状清晰，总体走向70°～80°，地表倾向北西，倾角80°～85°，局部直立，向下具有反倾趋势，总体倾向南东。矿体下盘(北盘)西侧与围岩呈渐变关系，东侧与围岩构造接触，走向30°～50°，倾向南东，倾角60°～85°。矿体具有中间富、南北两侧贫矿镶边的特点。

Ⅱ号矿体，呈不规则透镜状，总体走向285°，倾向北东，倾角70°～80°，矿体上盘与围岩呈渐变过渡，品位较低，多为角砾状及浸染状贫矿矿石；下盘大部分为块状—土状氧化富矿矿石。

矿石工业类型为低硫富矿矿石、低硫贫矿矿石；自然类型为氧化矿石、混合矿石，以前者为主，后者较少。按矿石结构构造分为致密块状、角砾状、土状、胶状、蜂窝状、浸染状矿石。矿石矿物以赤铁矿、褐铁矿为主；磁铁矿、镜铁矿、软锰矿次之；脉石矿物主要有粒状方解石、白云石及少量石英。

矿石结构多为板状、粒状、交代假象，构造主要有致密块状、角砾状、浸染状、土状、蜂巢状、胶状构造。岩石有硅化、碳酸盐化现象。

Ⅰ矿体富铁矿体平均品位48.84%，贫铁矿体平均品位33.08%；Ⅱ矿体富铁矿体平均品位49.26%，贫铁矿体平均品位35.17%；总平均品位39.62%。有害杂质平均含量：Cu 0.003%，Pb 0.009%，Zn 0.050%，Mn 1.26%，As 0.003%，Sn 0.002%，S 0.010%，P 0.034%。

成矿时代为海西晚期—燕山早期，矿床成因类型为中低温热液裂隙充填脉状铁矿。铁矿体产于额尔古纳组大理岩断裂破碎带中，后期热液沿破碎带或层间裂隙充填渗透，选择性交代了碎裂大理岩，形成了工业富矿，同时，热液也程度不同地浸染了破碎带周边近矿碎裂大理岩，使其形成具浸染状及角砾状构造的低品位镶边状贫矿体。贫、富矿体边界多为构造接触，局部渐变过渡。岩芯中见有蚀变细粒闪长岩，具粒状绿帘石化、绿泥石化及零星黄铁矿化等蚀变矿物组合，揭示了在碎裂铁质大理岩之下，隐伏着闪长岩体。

二、典型矿床地球物理特征

地营子铁矿区域重力场显示为近南北向重力梯度带或重力异常过渡带，剩余重力异常等值线图显示为相对重力低异常，异常走向为北东向；地营子铁矿位于北北东向展布的重力梯级带上，其西侧是布格重力异常相对高值区，对应于元古宙基底隆起区，东侧为低值区，对应于酸性岩体分布区。梯级带应是岩体与地层的分界线，可见矿体应处在岩体与地层的接触带上。

在剩余重力异常图上地营子铁矿位于正负剩余异常的交接带上。剩余重力正异常值对应于元古宇（震旦系）分布区。剩余重力负异常值对应于二叠纪黑云母花岗岩分布区。

由于其地处自治区边界，航磁图不完整，显示在正磁异常上。重磁场特征显示有北北东向和北东向断裂通过该区域，见图23-1。

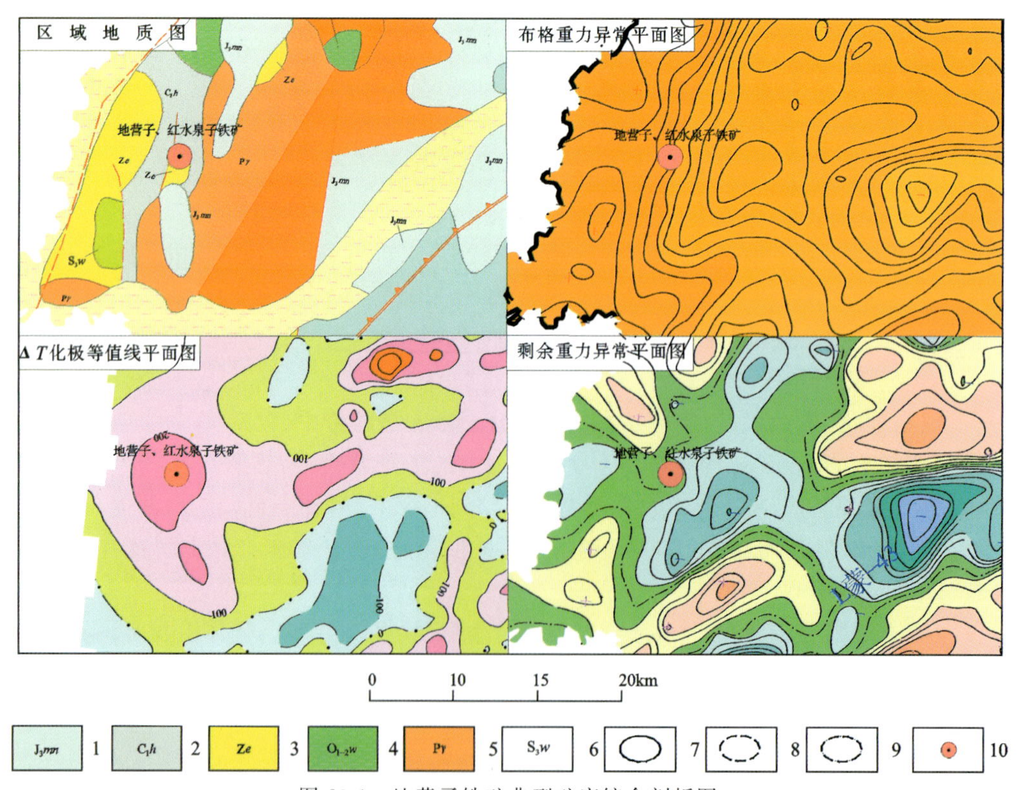

图23-1　地营子铁矿典型矿床综合剖析图

1.玛尼吐组：灰绿色、紫褐色中性火山熔岩、中酸性火山碎屑岩夹火山碎屑岩；2.红水泉组：生物碎屑灰岩、粉砂质泥岩、砾岩；3.额尔古纳河组：大理岩；4.乌宾敖包组：灰绿色、灰紫色板岩夹粉砂岩、灰岩；5.花岗岩；6.卧都河组碎屑岩；7.正等值线及注记；8.负等值线及注记；9.零等值线及注记；10.地营子铁矿

三、典型矿床预测要素

根据典型矿床成矿要素和矿区地磁资料以及区域重力资料，确定典型矿床预测要素(表23-1)。

表23-1　地营子式热液型铁矿典型矿床预测要素表

预测要素		描述内容			要素类别
储量		254 000t	平均品位	TFe 39.62%	
特征描述		热液充填交代型铁矿床			
地质环境	岩石类型	震旦系额尔古纳河组为一套海相陆屑-碳酸盐岩建造，有白云质、硅质大理岩，石英细砂岩，石英长石砂岩，绢云母板岩，碳质结晶灰岩，铁质大理岩等。燕山期岩体为闪长岩			重要
	岩石结构	沉积岩为碎屑结构和变晶结构，侵入岩为细粒结构			次要
	成矿时代	海西晚期、燕山早期			重要
	地质背景	天山-兴蒙造山系，大兴安岭弧盆系，额尔古纳岛弧			重要
	构造环境	环太平洋火山岩带的内带，古太平洋板块或鄂霍次克洋板块俯冲所形成火山弧			重要
矿床特征	矿物组合	金属矿物以赤铁矿、褐铁矿为主，磁铁矿、镜铁矿、软锰矿次之，脉石矿物主要为粒状方解石、白云石及少量石英			重要
	结构构造	致密块状，角砾状，土状，浸染状，胶状，蜂窝状			次要
	蚀变	硅化，碳酸盐化，赤铁矿化			重要
	控矿条件	北东向得尔布干和额尔古纳-呼伦深大断裂，次级北西向和北东向断裂带交汇处			重要
物探特征	地磁特征	$\Delta T>1\ 000$nT			重要
	重力特征	重力梯度带			次要

第二节　预测工作区研究

预测工作区范围为东经118°30′～121°30′，北纬49°00′～51°00′。

一、区域地质矿产特征

预测区大地构造位置位于大兴安岭弧盆系额尔古纳岛弧，得尔布干断裂带北西侧中段(内蒙古部分)。成矿区带属大兴安岭成矿省(Ⅱ)，新巴尔虎右旗-根河Cu-Mo-Pb-Zn-Ag-Au-萤石成矿带(Ⅲ)，莫尔道嘎Fe-Pb-Zn-Ag-Au成矿亚带(Ⅳ)。

预测区内出露的主要有南华系佳疙瘩组变质细砂岩、变质岩屑砂岩、石英砂岩；震旦系额尔古纳河组大理岩、石英岩、钠长石英片岩；中下奥陶统多宝山组、乌宾敖包组；上志留统卧都河组；石炭系红水泉组、莫尔根河组、新伊根河组；侏罗系万宝组、塔木兰沟组、满克头鄂博组、玛尼吐组、白音高老组；下白垩统梅勒图组以及更新统、全新统。其中与成矿关系密切的是震旦系额尔古纳河组。

震旦系额尔古纳组划分4个岩性段，受先期纬向构造带次级北西向压扭性断裂隆起带及断陷带控制。为一套巨厚的海相陆屑-碳酸盐岩建造，经历了区域低温变质作用。第一岩性段为白色厚层状白云质、硅质大理岩，局部夹变质钙质石英细砂岩透镜体；第二岩性段自下而上为灰白色变质细粒石英长石砂岩、灰白色绢云母板岩与碳质结晶灰岩互层、砂质板岩、绢云母石英千枚岩；第三岩性段为灰色结晶灰岩，白色、粉红色厚层状铁质大理岩；第四岩性段为灰褐色变质长石石英砂岩、变粒岩、浅粒岩、云母石英片岩夹白云岩、结晶灰岩透镜体。

侵入岩主要为海西期和燕山期。海西期为灰白色中细粒和中粗粒黑云母二长花岗岩，燕山期侵入岩展布方向受得尔布干深大断裂带控制，主要岩石类型为肉红色正长花岗岩、二长花岗岩、细粒闪长岩、闪长玢岩等。

预测区位于区域北东向额尔古纳—呼伦及得尔布干两大断裂带之间，区域构造线发育方向、岩浆活动以及地层空间分布及成矿作用，均明显受其控制。

区内有6个相同类型的铁矿(点)、矿化点。

二、区域地球物理特征

1. 航磁特征

预测区范围的北部和西部没有航磁数据，因此只在东部有航磁图。由航磁 ΔT 等值线平面图可知，磁场值总体处在负磁场背景上，磁场值变化范围在－1 800～1 400nT之间。该区磁场西部场值低于东部，东北部场值最高，磁异常轴向以北东东向和北东向为主，磁异常形态各异。磁异常等值线呈北东东向、北东向延伸。磁场特征反映出该预测区主要构造方向为北东东向和北东向。

由于预测区面积大，磁场变化复杂，现将预测区磁场特征由东南向西北分区叙述如下。

1)北纬50°00′以南

进一步划分为2个区。在F20-1以南磁场以－200～0nT的负磁场为背景，有2处由大于300nT圈闭的不规则形状磁异常，场值最高1 000nT以上，其中西侧磁异常的南缘异常形状为弧形，地表为大面积第四系，西侧的磁异常出露有中侏罗统塔木兰沟组安山岩、玄武岩和石英二长斑岩、黑云母花岗岩，东侧的磁异常出露有中侏罗统塔木兰沟组安山岩、玄武岩和中下奥陶统多宝山组安山岩、英安岩及凝灰岩，上述地层和岩体是引起磁异常的因素。而本区内出露的全新统、更新统覆盖、侏罗系的满克头鄂博组凝灰熔岩和石炭系的新依根河组砂岩粉砂岩，无磁性，磁场表现为较稳定的负磁场。

在F20－1以北磁场以－100～100nT的磁场为背景，在F20-1以北，F20-4以南，磁异常零星分布其中，异常形态杂乱无章，磁异常轴向以北东东向和北东向为主，地表出露以全新统、更新统覆盖、上侏罗统的满克头鄂博组凝灰熔岩为主，零星出露中侏罗统塔木兰沟组安山岩、玄武岩地层。在F20-4以北，区域构造F8以南、北纬50°00′以南地区有一较大面积的航磁异常团块，其内分多个峰值的分异常，幅值大于600nT，其异常北西部外侧形状为弧形，对应地表出露为白垩纪、晚石炭世黑云母花岗岩，晚侏罗世的花岗闪长岩、碱长花岗岩，异常受区域构造F8控制。

纵观北纬50°00′以南磁场特征，该地区中新生代地层无磁性，磁场主要表现为负磁场，磁异常多分布在北东向断裂上或其两侧，火山构造洼地的边缘，多为侵入岩或玄武岩引起，上述两片弧形磁异常就是火山构造洼地的边缘岩体引起。

2)北纬50°00′以北

可分为2个区。F20-7以西，区域构造F8以北，磁场以－100～100nT的磁场为背景，其间分布着许多形态各异带状磁异常，磁异常轴向以北东东向和北东向为主，它们相间排列，其形成与北东东向和北东向断裂有关，地表出露地层以中侏罗统塔木兰沟组安山岩、玄武岩和玄武质凝灰角砾岩为主，其次为上侏罗统满克头鄂博组凝灰熔岩和玛尼吐组英安岩及凝灰岩。西北部出露大面积的中二叠世粗粒黑云母二长花岗岩，该岩体磁场显示为负磁场。本区的南部出露晚侏罗世中粒花岗闪长岩和晚石炭世花岗闪长岩、黑云母花岗岩，沿北东向分布，该岩体磁场显示与本区背景场一致。

F20-7 以东，区域构造 F8 以南的范围内，磁场以 0～300nT 的正磁场为背景，其间分布着许多大于 300nT 所圈闭的形态各异带状磁异常，磁异常轴向以北东东向和北东向为主，它们相间排列，其形成与北东东向和北东向断裂有关，地表出露地层以上侏罗统满克头鄂博组凝灰熔岩和玛尼吐组英安岩及凝灰岩为主，其间有晚侏罗世满克头鄂博旋回流纹岩及粗粒正长花岗岩侵入。

纵观预测区磁场特征，上侏罗统地层磁性高于中侏罗统，其中英安岩相对磁性较高。花岗岩磁性较弱。本区磁异常都与北东东向和北东向断裂有关，火山构造的边缘多有磁异常显示。

预测区内有乙类航磁异常 21 个，丙类航磁异常 39 个，丁类航磁异常 33 个。

乙类已知矿航磁异常走向绝大多数为北东向，异常均处在较低磁异常背景上，相对异常形态较为规则，多数为孤立异常、两翼对称。异常极值大多数都不高，异常多处在磁测推断的北东向断裂带上或其两侧的次级断裂上。

预测区内有已知典型矿床内蒙古呼盟额尔古纳市地营子铁矿，位置在东经 119°26′08″～119°26′45″，北纬 50°31′08″～0°31′24″。航磁异常未编号，异常处在 0～100nT 的低缓正磁场背景上，200nT 以上圈闭异常，异常轴向北东向，形态似花生，异常处在岩体与地层的接触带，处在磁测推断北东向断裂上。

2. 重力特征

预测区西部开展了 1∶20 万重力测量工作，约占预测区总面积的 4/5，其余地区只进行了 1∶50 万重力测量工作。

区域布格重力异常图上，预测区位于额尔古纳重力高异常区。该区布格重力异常总体呈北东向展布，而且多处形成北东向展布的等值线密集的梯度带。预测区中部存在明显的北东向展布的布格异常高值带，在其两侧存在明显的梯级带。该区是中基性火山岩分布区，重力高值带由此引起。在其两侧布格重力异常总体走向仍为北东向，但展布形态较凌乱。

预测区剩余重力异常总体呈明显的正负相伴的北东向条带状展布。单个异常呈等轴状或椭圆状。预测区内中东部剩余异常分布较密集，西部剩余重力异常形态较凌乱。区内中东部的剩余重力正异常多由中基性火山岩引起，而西北部的剩余重力正异常多与元古宇基底隆起有关，条带状负异常多对应于中生代盆地，北部面状分布的负异常与酸性侵入岩有关。

预测区 G 蒙-26 号剩余异常是元古宇基底隆起区，在该异常区注意中深部大型铁矿的寻找。

三、区域遥感解译特征

该预测区共解译线要素 453 条，都为断裂构造。该预测区线性构造主要呈近南北向和北北东向，局部有北东向和北西向，形成了该预测区“两山夹一沟谷”地貌特征。额尔古纳断裂为北东向，形成于古元古代，呈压性断面西倾。额尔古纳中古生代岩石破碎，形成 2～5km 宽的破碎带及糜棱岩化带。影纹显示隆起山体较为破碎，由断裂破碎带显示断裂具有明显的多期活动，控制着得耳布尔多金属成矿带。额尔齐斯-得耳布尔断裂为额尔古纳新元古代地槽褶皱带与牙克石中华力西地槽褶皱带界线，向西与中蒙古断裂相接，总体上呈北北东向狭长形状，受北北东向构造控制，但从影像上可以看出，盆地局部北西向构造也较为发育，受到了北西向构造的干扰、叠加，使预测区内线性构造形成网格状。

预测区内共解译了14个环，大部分为性质不明环，其中巨型环3个，大型环4个，中型环7个。其中1个规模较大，为中生代岩体引起，椭圆，轴向北东，界线为环形沟谷，内外地貌有明显差异，内侧为霍山隆起山体，外围为沟谷或盆地组成。其他几个大环由于受到盆地复向斜的影响，归为褶皱引起的环形构造。

四、区域预测要素

根据预测工作区区域成矿要素和航磁、重力、遥感及自然重砂特征，建立了本预测区区域预测要素（表23-2）。

表23-2　地营子式热液型铁矿预测工作区预测要素表

区域预测要素		描述内容	要素分类
地质环境	大地构造位置	大兴安岭弧盆系额尔古纳岛弧，得尔布干断裂带北西侧中段	必要
	成矿区(带)	Ⅱ成矿区带属位于大兴安岭成矿省，Ⅲ新巴尔虎右旗-根河Cu-Mo-Pb-Zn-Ag-Au—萤石成矿带，Ⅳ莫尔道嘎Fe-Pb-Zn-Ag-Au成矿亚带	必要
	区域成矿类型及成矿期	热液型，海西晚期—燕山早期	必要
控矿地质条件	赋矿地质体	震旦系额尔古纳河组	重要
	控矿侵入岩	海西期及燕山期花岗岩均有侵入	重要
	主要控矿构造	受次级北西向断裂带与北东向断裂控制	重要
区内相同类型矿产		所属区带内有6个相同类型的铁矿点、矿化点	重要
航磁		航磁异常范围	重要
		大于-100nT	次要
遥感异常		遥感一级铁染区	次要
重力		重力起始值范围：东部$(-78\sim-62)\times10^{-5}\mathrm{m/s^2}$，西部$(-92\sim-84)\times10^{-5}\mathrm{m/s^2}$	次要

第三节　矿产预测

一、综合地质信息定位预测

由于预测区内只有1个已知矿床，因此采用有预测模型工程进行定位预测及分级。

本次选择网格单元法作为预测单元，在MRAS软件中采用证据权重法进行评价，再结合综合信息法进行分析，圈定最小预测区，并进行优选。

本次工作共圈定最小预测区21个，其中A级4个（含已知矿床或矿点），总面积109.61km^2；B级9个，总面积274.42km^2；C级8个，总面积317.72km^2（图23-2）。最小预测区综合信息见表23-3。

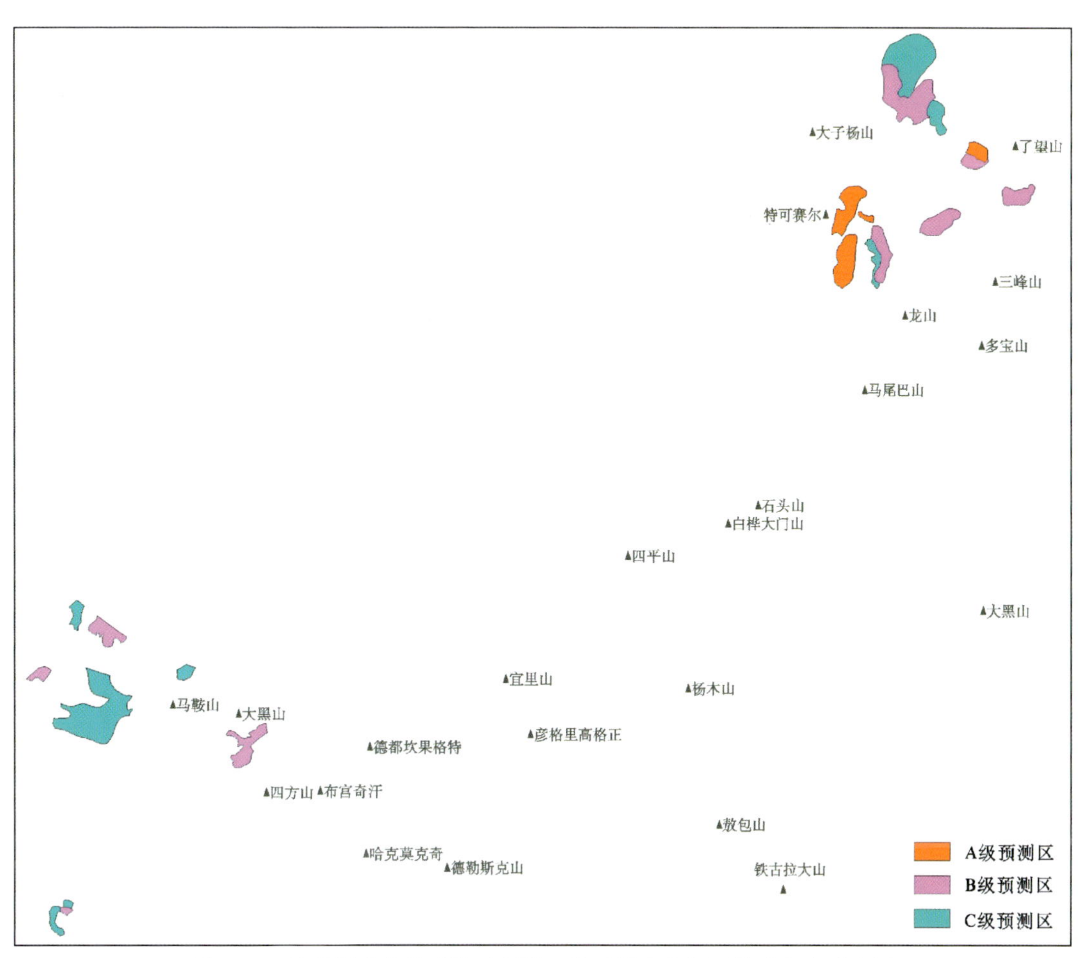

图 23-2　地营子式热液型铁矿预测工作区最小预测区优选分布示意图

表 23-3　地营子式热液型铁矿预测工作区最小预测区综合信息表

最小预测区编号	最小预测区名称	综合信息特征
A1501602001	特可赛尔东	该最小预测区出露的地层为震旦系额尔古纳河组;该预测区内有断层1条,航磁推断断裂1条,遥感解译断层1条,地营子铁矿位于该预测区内,航磁化极异常与重力异常套合较好
A1501602002	特可赛尔	该最小预测区出露的地层为震旦系额尔古纳河组;该预测区内有断层4条,遥感解译断层2条,剩余重力异常与已知区有很大的相似性,航磁化极异常与重力异常套合较好
A1501602003	特可赛尔南	该最小预测区出露的地层为震旦系额尔古纳河组,并有中二叠世粗粒黑云母二长花岗岩侵入;该预测区内有断层2条,遥感解译断层4条,剩余重力异常与已知区有很大的相似性,航磁化极异常与重力异常套合较好
A1501602004	了望山西	该最小预测区出露的地层为第四系、震旦系额尔古纳河组,并有晚侏罗世粗粒正长花岗岩侵入;该预测区内有航磁异常1处,遥感解译断层2条,一级铁染数处,红水泉子和黑山头屯北西铁矿点位于该预测区,剩余重力异常较低,航磁化极值高达1 000nT
B1501602001	大子杨山北东东	该最小预测区出露的地质体为第四系及中二叠世粗粒黑云母二长花岗岩中;该预测区内有航磁异常2处,遥感解译断层7条,剩余重力异常较低,航磁化极值较高;该最小预测区为B级区
B1501602002	了望山南	该最小预测区出露的地质体为第四系及晚侏罗世粗粒正长花岗岩;该预测区内有断层1条,遥感解译断层5条,剩余重力异常较低,航磁化极值较高

续表 23-3

最小预测区编号	最小预测区名称	综合信息特征
B1501602003	了望山南西	该最小预测区出露的地质体为第四系及晚侏罗世粗粒正长花岗岩；该预测区内有航磁异常 1 处，断层 1 条，遥感解译断层 3 条，剩余重力异常较低，航磁化极值较高
B1501602004	特可赛尔南东	该最小预测区出露的地质体为第四系及中二叠世粗粒黑云母二长花岗岩；该预测区内有遥感解译断层 3 条，剩余重力异常较低，航磁化极值较高
B1501602005	夹格力雅山南	该最小预测区出露的地质体为第四系及中二叠世粗粒黑云母花岗岩；该预测区内有遥感解译断层 1 条，一级铁染数处，边疆山矿点位于该预测区内，剩余重力异常较低，航磁化极值较高
B1501602006	马鞍山北西	该最小预测区出露的地质体为第四系及中二叠世粗粒黑云母花岗岩；该预测区内有遥感解译断层 1 条，剩余重力异常较低，航磁化极值较高
B1501602007	大黑山南	该最小预测区出露的地层为震旦系额尔古纳河组；该预测区内有断层 4 条，遥感解译断层 5 条，头道沟南矿点位于该预测区内；剩余重力异常较低，航磁化极值较高
B1501602008	希拉果格特北西	该最小预测区出露的地质体为第四系及晚侏罗世花岗岩；剩余重力异常较低，航磁化极值较高
B1501602009	了望山南西西	该最小预测区出露的地质体为第四系及晚侏罗世粗粒正长花岗岩；该预测区内有航磁异常 2 处，断层 1 条，遥感解译断层 2 条，一级铁染数处，剩余重力异常较低，航磁化极值高达 1 000nT
C1501602001	大子杨山北东	该最小预测区赋存中二叠世粗粒黑云母二长花岗岩中；该预测区内有断层 2 条，遥感解译断层 4 条，剩余重力异常较高，航磁化极值较低
C1501602002	大子杨山东	该最小预测区出露的地质体为第四系及中二叠世粗粒黑云母二长花岗岩；该预测区内有航磁推断断裂 1 条，遥感解译断层 3 条，地营子小型矿床位于该预测区内，剩余重力异常较高，航磁化极值较低
C1501602003	特可赛尔南南东	该最小预测区出露的地质体为第四系及中二叠世粗粒黑云母二长花岗岩；该预测区内剩余重力异常与已知区较相似，航磁化极值较低；该最小预测区为 C 级区
C1501602004	夹格力雅山南西	该最小预测区出露的地层为震旦系额尔古纳河组，并有中二叠世粗粒黑云母花岗岩侵入；该预测区内剩余重力异常较低，航磁化极值较高
C1501602005	马鞍山北	该最小预测区出露的地质体为中二叠世花岗岩；该预测区内剩余重力异常较低，航磁化极值较高
C1501602006	马鞍山西	该最小预测区出露的地层为震旦系额尔古纳河组，并有中二叠世粗粒黑云母花岗岩侵入；该预测区内有遥感解译断层 1 条，剩余重力异常较低，航磁化极值较高
C1501602007	希拉果格特西	该最小预测区出露的地质体为第四系及晚侏罗世粗粒正长花岗岩；该预测区内有遥感解译断层 1 条，剩余重力异常较低，航磁化极值较高
C1501602008	温库图南东	该最小预测区出露的地层为震旦系额尔古纳河组；剩余重力异常较低，航磁化极值较高

二、综合信息地质体积法估算资源量

1. 典型矿床深部及外围资源量估算

查明资源量、体重及全铁品位均来源于黑龙江有色地勘局 703 队 1995 年 11 月编写的《内蒙古呼盟额尔古纳市地营子铁矿床地质详查报告》。矿床面积的确定是根据 1∶1 000 地营子铁矿矿区地形地质图，各个矿体组成的包络面面积、矿体延深依据主矿体勘探剖面图。其预测部分矿床延深，依据主矿体勘探线剖面自然延伸闭合及磁法反演深度，确定其延深，延深深度为 10.7m。

地营子式复合内生型铁矿典型矿床深部及外围资源量估算结果见表 23-4。

表 23-4 地营子式热液型铁矿典型矿床深部及外围资源量估算一览表

典型矿床		深部及外围		
已查明资源量(t)	254 000	深部	面积(m^2)	9 961.21
面积(m^2)	9 961.21		深度(m)	10.7
深度(m)	34.93	外围	面积(m^2)	6 752.96
品位(%)	39.62		深度(m)	34.93
密度(t/m^3)	3.5	预测资源量(t)		288 051.37
体积含矿率(t/m^3)	0.73	典型矿床资源总量(t)		505 444.37

2. 模型区的确定、资源量及估算参数

由于地营子铁矿位于特可赛尔东模型区内，因此，该模型区总资源量等于典型矿床资源总量，为505 444.37t[本区除地营子铁矿，无铁矿(化)点]，模型区含矿地质体延深与典型矿床一致，依据钻孔资料和额尔古纳河组地层出露厚度，并结合模型区含矿地质体的剥蚀程度，确定其延深为456.3m(表23-5)。

表 23-5 地营子式热液型铁矿模型区预测资源量及其估算参数

编号	名称	模型区总资源量(t)	模型区面积(km^2)	延深(m)	含矿地质体面积(km^2)	含矿地质体面积参数 K_S	含矿地质体含矿系数 K
A1501602001	特可赛尔东	505 444.37	4.63	456.3	4.63	1	0.000 24

3. 最小预测区预测资源量

1)估算参数的确定

最小预测区面积根据MARS所形成的色块区与预测工作区底图重叠区域前，并结合含矿地质体、已知矿床、矿(化)点及磁异常范围进行圈定。由于地营子铁矿为热液型铁矿，预测方法类型为复合内生型，其形成与额尔古纳河组大理岩、中二叠世黑云母二长花岗岩、燕山期闪长岩(隐伏岩体)及北东—北西向断裂构造有关，圈定以包含上述含矿地质体全部或部分为主。

2)最小预测区预测资源量估算结果

地营子式热液型铁矿预测工作区最小预测区资源量定量估算采用地质体积法进行估算，共预测资源量990.96×10^4t，不包括已查明的25.4×10^4t(表23-6)。

表 23-6 地营子式热液型铁矿预测工作区最小预测区预测资源量表

最小预测区编号	最小预测区名称	$S_{预}$(km^2)	$H_{预}$(m)	K_S	K(t/m^3)	α	$Z_{总}$(×10^4t)	$Z_{查明}$(×10^4t)	$Z_{预}$(×10^4t)	资源量级别
A1501602001	特可赛尔东	4.63	453.6	1	0.000 24	1	50.4	25.4	25	334-1
A1501602002	特可赛尔	43.72	450	1	0.000 24	0.8	377.74		377.74	334-1
A1501602003	特可赛尔南	46.61	100	0.6	0.000 24	0.6	40.27		40.27	334-2
A1501602004	了望山西	14.65	50	0.1	0.000 24	0.3	0.53		0.53	334-3
B1501602001	大子杨山北东东	91.3	800	0.25	0.000 24	0.2	87.65		87.65	334-3
B1501602002	了望山南	25.52	50	0.023	0.000 24	0.3	0.22		0.22	334-3

续表 23-6

最小预测区编号	最小预测区名称	$S_{预}$ (km^2)	$H_{预}$ (m)	K_S	K (t/m^3)	α	$Z_{总}$ (×10^{4}t)	$Z_{查明}$ (×10^{4}t)	$Z_{预}$ (×10^{4}t)	资源量级别
B1501602003	了望山南西	33.3	200	0.01	0.000 24	0.2	0.32		0.32	334-3
B1501602004	特可赛尔南东	33.56	300	0.31	0.000 24	0.4	29.96		29.96	334-3
B1501602005	夹格力雅山南	27.62	300	1	0.000 24	0.45	89.49		89.49	334-3
B1501602006	马鞍山北西	10.79	50	0.38	0.000 24	0.4	1.97		1.97	334-3
B1501602007	大黑山南	35.15	200	0.9	0.000 24	0.6	91.11		91.11	334-2
B1501602008	希拉果格特北西	3.69	50	0.4	0.000 24	0.4	0.71		0.71	334-3
B1501602009	了望山南西西	13.49	100	0.05	0.000 24	0.1	0.16		0.16	334-3
C1501602001	大子杨山北东	101.0	1 200	0.2	0.000 24	0.1	58.18		58.18	334-3
C1501602002	大子杨山东	21.47	200	0.8	0.000 24	0.4	32.98		32.98	334-3
C1501602003	特可赛尔南南东	15.23	200	0.1	0.000 24	0.15	1.10		1.10	334-3
C1501602004	夹格力雅山南西	13.48	400	0.65	0.000 24	0.3	25.24		25.24	334-3
C1501602005	马鞍山北	10.44	200	0.1	0.000 24	0.1	0.5		0.5	334-3
C1501602006	马鞍山西	142.0	600	0.24	0.000 24	0.25	122.69		122.69	334-3
C1501602007	希拉果格特西	11.23	100	0.1	0.000 24	0.1	0.27		0.27	334-3
C1501602008	温库图南东	3.38	200	1	0.000 24	0.3	4.87		4.87	334-3
合计								24.4	990.96	

4. 预测工作区资源总量成果汇总

根据矿产潜力评价预测资源量汇总标准，地营子式复合内生型铁矿预测工作区按精度、预测深度、可利用性、可信度统计分析结果见表 23-7。

表 23-7　地营子式热液型铁矿预测工作区预测资源量统计分析表（×10^{4}t）

精度	深度			可利用性		可信度			合计
	500m以浅	1 000m以浅	2 000m以浅	可利用	暂不可利用	$x\geq0.75$	$0.75>x\geq0.5$	$0.5>x\geq0.25$	
334-1	402.74	402.74	402.74	—	—	25.00	377.74	—	402.74
334-2	131.38	131.38	131.38	—	—	—	91.11	40.27	131.38
334-3	369.58	447.14	456.84	—	—	—	89.49	367.35	456.84
合计									990.96

第二十四章　百灵庙式热液型铁矿预测成果

第一节　典型矿床特征

一、典型矿床地质特征

该矿床位于包头市达茂旗以北。

1. 矿区地质

矿区出露地层主要为中元古界白云鄂博群尖山组，岩性自下而上分为：一段深灰色粉砂质绢云母板岩、含碳质粉砂质绢云母板岩、粉砂质板岩夹变质中粒长石石英砂岩、微粒石英砂岩；二段暗灰色变质中粒长石石英砂岩、变质中细粒石英砂岩夹粉砂质绢云母板岩、粉砂岩、粉晶灰岩；三段深灰色含碳泥质板岩、粉砂质绢云母板岩夹粉砂岩、变质钙质中粒长石石英砂岩、泥晶灰岩。

矿区北部与西南部有大面积的花岗岩分布，矿区内有小规模的闪长岩产出，此外尚有少量的中酸性岩脉。

断裂构造较发育，褶皱不明显，系单斜构造；断层主要有 3 组：北东向、北北东向和北西西向。前两者为成矿后形成，破坏了含矿岩体与矿体；后者为成矿前形成，对矿化起促进作用。

2. 矿床特征

矿化主要发生在闪长岩体之中及闪长岩与灰岩的接触部位；断裂构造对矿化有严格的控制作用，矿化产生在北西西向断裂带中。在岩浆岩方面，初步认为闪长岩不仅与矿化有较密切的空间关系，而且有成因上的联系。

矿体近东西向延伸，倾向北，倾角一般达 80°左右，呈层状或脉状产出（图 24-1），矿体长 500m，宽 5～20m。

矿石矿物主要为褐铁矿、针铁矿及少量赤铁矿。褐铁矿呈现暗棕、棕黄色，呈不规则弯曲的条带状及同心圆构造，部分矿石疏松呈现绵状结核；针铁矿为铁黑色，多呈葡萄状、肾状、针状及放射状，产于褐铁矿石之空洞及裂隙壁上，约 1～5 层组成，厚度不一，每层约 0.2～4cm；赤铁矿石呈钢灰色、樱红色，多为致密块状，局部亦有呈现褐铁矿、针铁矿相同结构。脉石矿物为石英，与褐铁矿密切共生，并见少量方解石细脉。各种矿物的含量和分布情况极不均匀，纵横方向变化都很大。

在矿体内硅化现象极为显著，常成为白色及淡黄色硅质岩，多呈条带状及团块状，部分受挤压而成为石英角砾。硅质岩在矿体内分布无规律。

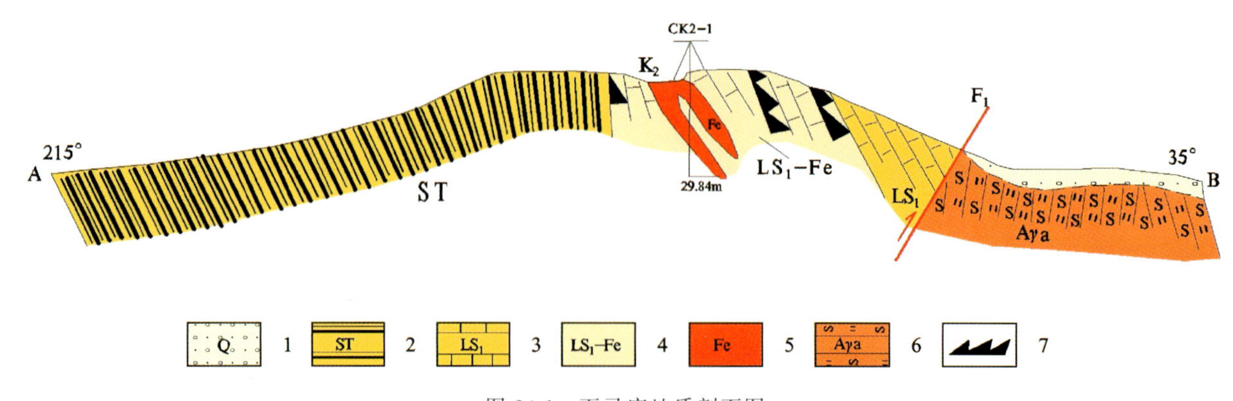

图 24-1　百灵庙地质剖面图

1. 主要为黄土、黑土坡积层、冲积层；2. 黑色板岩；3. 厚层状灰黄色硅化灰岩；
4. 硅化灰岩；5. 赤铁矿褐铁矿；6. 变斑状花岗片麻岩；7. 硅化

根据对该床所进行的地面地质工作，认为矿床由铁的氧化矿物褐铁矿及针铁矿构成，矿石一般比较致密，局部亦见极少晶洞及蜂窝状构造。在空洞中并有蓝、黄、红各种斑驳色晕，为铁帽。

矿床成矿时代为海西期，矿床成因类型为岩浆期后热液-风化淋滤型矿床。海西期岩浆沿断裂、层理侵入白云鄂博群尖山组中，在内、外接触带附近形成铁元素局部富集，后经后期断裂破坏，及风化淋滤作用，矿床受到改造，形成现在铁矿的赋存状态。

二、典型矿床地球物理特征

1. 重力

百灵庙铁矿在布格重力异常图上，位于近东西向展布的布格重力异常相对低值区，处在该区南侧的重力梯级带上。在剩余重力异常图上，百灵庙铁矿位于 G 蒙-638 正异常与 L 蒙-565 负异常的交接带上。G 蒙-638 的剩余重力异常对应于元古宇基底隆起区。L 蒙-565 负异常区对应于近东西向展布的酸性岩浆岩带分布区。正负异常的边界为岩体与地层的接触带位置，见图 24-2。

2. 磁法

区域磁场为低缓磁异常背景，其南侧分布圆团状正磁异常，重磁场特征显示该区域有东西向和北东向断裂通过，东西向重力低异常带是三叠纪黑云母花岗岩的反映。

三、典型矿床预测要素

综合研究地质重力、航磁、化探、遥感、自然重砂等综合致矿信息，总结典型矿床预测要素（表 24-1）。

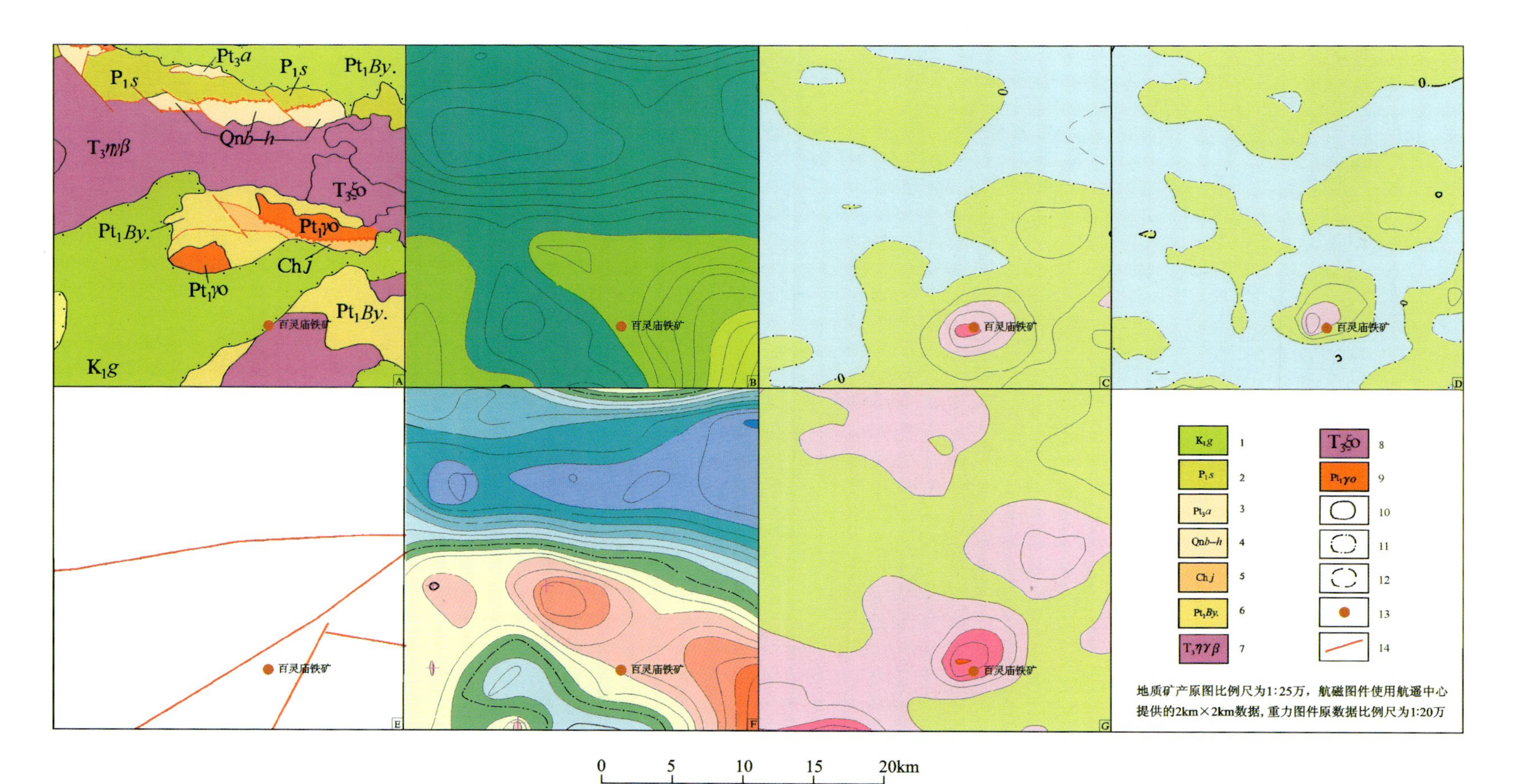

图 24-2　百灵庙铁矿1:25万地质及物探剖析图示意图

A.地质矿产图；B.布格重力异常图；C.航磁ΔT等值线平面图；D.航磁ΔT化极垂向一阶导数等值线平面图；E.重磁推断地质构造图；F.剩余重力异常图；G.航磁ΔT化极等值线平面图；1. 固阳组：页岩、泥岩、含砾粗砂岩、油页岩、煤层，黏土岩；2. 苏吉组：安山质集块岩、蚀变安山岩、安山质角砾熔岩、凝灰岩、流纹岩；3. 阿牙登组：粉晶、泥晶灰岩，粉晶白云质灰岩、角砾岩，夹粉砂质板岩；4. 比鲁特组、哈拉霍疙特组并层：长石石英砂岩、绢云母板岩、钙硅角岩、阳起石角岩、大理岩；5. 尖山组：含粉砂绢云母板岩、碳质泥板岩、变质中砾长石石英杂砂岩；6. 宝音图岩群：含石榴十字二云石英片岩、大理岩、阳起石片岩、斜长变砾岩等；7. 黑云二长花岗岩；8. 石英正长岩；9. 片麻状英云闪长岩；10. 正等值线及注记；11. 负等值线及注记；12. 零等值线及注记；13. 百灵庙铁矿；14. 推断三级断裂

表 24-1　百灵庙式岩浆期后热液-风化淋滤型铁矿典型矿床预测要素表

预测要素		描述内容			要素类别
储量		882 000t	平均品位	TFe 30%～40%	
特征描述		岩浆期后热液-风化淋滤型铁矿床			
地质环境	岩石类型	白云鄂博群尖山组泥质粉砂质板岩、绢云母板岩、结晶灰岩等，海西期闪长岩类			重要
	岩石结构	沉积岩为碎屑结构和变晶结构，侵入岩为细粒结构			次要
	成矿时代	海西期			重要
	地质背景	华北陆块区狼山-阴山陆块狼山-白云鄂博裂谷			重要
	构造环境	古生代活动大陆边缘			重要
矿床特征	矿物组合	金属矿物主要为褐铁矿、针铁矿、赤铁矿；脉石矿物主要为石英、方解石			重要
	结构构造	结构：他形—半自形粒状结构、他形晶粒状结构、细脉填充结构、交代残余结构、乳滴状结构、斑状角砾结构； 构造：块状构造、条带状构造、浸染状构造、细脉状构造、窝状构造、土状构造			次要
	蚀变	矽卡岩化			重要
	控矿条件	矿体受东西向裂隙控制			重要
物化探特征	地磁特征	ΔT>10nT			重要
	重力特征	重力梯度带			次要

第二节　预测工作区研究

根据典型矿床及区域成矿规律的研究，本次工作选择 1∶25 万白云鄂博幅作为预测工作区，位于内蒙古中部白云鄂博地区，东经 109°30′～111°00′，北纬 41°00′～42°00′。

一、区域地质矿产特征

预测区大地构造位置位于华北陆块北缘狼山-白云鄂博裂谷。成矿区带属滨太平洋成矿域，华北成矿省，华北地台北缘西段 Au-Fe-Nb-REE-Cu-Pb-Zn-Ag-Ni-Pt-W -石墨-白云母成矿带（Ⅲ-11），白云鄂博-商都 Au-Fe-Nb-REE-Cu-Ni 成矿亚带（Ⅲ-11-①）。

预测区内地层出露有中太古界乌拉山岩群、新太古界色尔腾山岩群、中新元古界白云鄂博群以及志留系、石炭系、侏罗系、第四系等。中新元古界白云鄂博群自下而上出露有都拉哈拉组、尖山组、哈拉霍疙特组、比鲁特组、白音宝拉格组和呼吉尔图组，各组地层普遍经受了低绿片岩相变质作用改造。尖山组与百灵庙式岩浆热液-风化淋滤型铁矿关系密切。

侵入岩较为发育，主要为元古宙—中生代中酸性侵入岩，在海西期侵入岩与白云鄂博群接触带附近形成矽卡岩型矿体。

预测区构造表现为复式背斜的褶皱形态，轴向近东西，次一级褶皱也极为发育。断裂以近东西和北东向两组为主，东西向断裂形成较早，为一组断层面北倾的逆断层，具有叠瓦式构造和多期活动的特点。

预测区内相同类型的现有百灵庙铁矿床、达嘎铁矿点和山坦铁矿化点 3 处。

二、区域地球物理及遥感特征

与白云鄂博式铁矿预测区相同，地球物理特征详见本书相应章节。

三、区域预测要素

根据预测工作区区域成矿要素和航磁、重力、遥感及自然重砂特征，建立了本预测区的区域预测要素（表 24-2）。

表 24-2　百灵庙式岩浆期后热液-风化淋滤型铁矿预测工作区预测要素表

区域预测要素		描述内容	要素类别
地质环境	大地构造位置	华北陆块区，狼山-阴山陆块，狼山-白云鄂博裂谷	必要
	成矿区（带）	华北地台北缘西段 Au-Fe-Nb-REE-Cu-Pb-Zn-Ag-Ni-Pt-W-石墨-白云母成矿带（Ⅲ-11），白云鄂博-商都 Au-Fe-Nb-REE-Cu-Ni 成矿亚带（Ⅲ-11-①）	必要
	区域成矿类型及成矿期	风化淋滤型，海西期	必要
控矿地质条件	赋矿地质体	白云鄂博群尖山组	必要
	控矿侵入岩	海西期闪长岩类侵入	重要
	主要控矿构造	矿体受北东东向裂隙控制	重要
区内相同类型矿产		所属区带内有 3 个相同类型的铁矿点、矿化点	重要
航磁		航磁异常范围	必要
		大于－100nT	次要
重砂异常		重砂异常区 12 个	次要
重力		重力起始值范围为（－6～15）$\times 10^{-5}$ m/s^2	次要

第三节　矿产预测

一、综合地质信息定位预测

根据典型矿床及预测工作区研究成果，进行综合信息预测要素提取，本次选择网格单元法作为预测单元，根据预测底图比例尺确定网格间距为 2km×2km，图面为 8mm×8mm。

采用有模型预测工程进行预测，预测过程中采用了证据权重法进行空间评价，形成色块图，叠加各预测要素，对色块图进行人工筛选，圈定最小预测区分布图（图 24-3）。

依据最小预测区综合信息划分为 A 级、B 级、C 级。预测区分级原则：A 级，地质体＋航磁异常分布范围＋剩余重力异常＋遥感Ⅰ级铁染异常＋断层；B 级，地质体＋航磁异常分布范围＋剩余重力异常；C 级，地质体＋航磁异常分布范围或地质体＋断层＋重力异常。

本次工作共圈定最小预测区 25 个，其中 A 级 6 个，总面积 10.08km²；B 级 9 个，总面积 8.56km²；C 级 10 个，总面积 19.34km²。最小预测区综合信息见表 24-3。

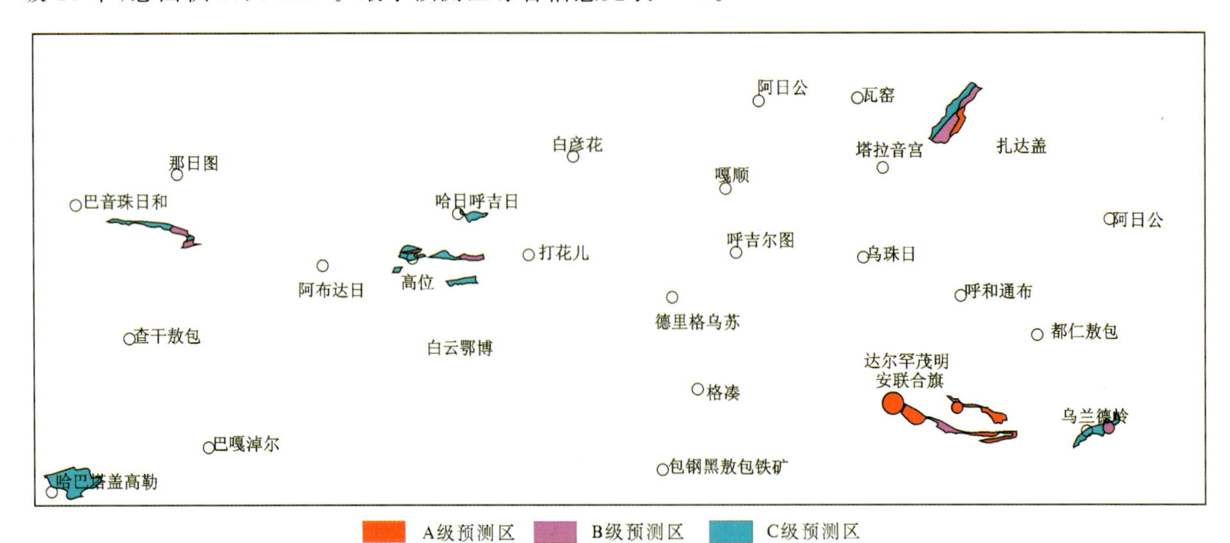

图 24-3 百灵庙式岩浆期后热液-风化淋滤型铁矿预测工作区最小预测区优选分布示意图

表 24-3 百灵庙式岩浆期后热液-风化淋滤型铁矿预测工作区最小预测区综合信息表

最小预测区编号	最小预测区名称	综合信息
A1501603001	百灵庙	矿体产于长城系尖山组第三段岩层中，为含碳质粉砂岩-泥岩建造；矿体受东西向裂隙控制，区内有航磁异常 1 处，有实测断层及航磁推断断裂由预测区内通过，已知矿床地区地磁异常达 4 000nT
A1501603002	达嘎西	矿体产于长城系尖山组第三段岩层中，为含碳质粉砂岩-泥岩建造；矿体受东西向裂隙控制；有实测断层及航磁推断断裂由预测区内通过；剩余重力异常与已知矿床地区有很大的相似性，航磁化极值较高，预测区内有 1 处已知矿点
A1501603003	达嘎东	该最小预测区主要赋存于长城系尖山组第三段岩层中，为含碳质粉砂岩-泥岩建造；区内有航磁异常 1 处；断层 1 条；剩余重力异常较低；航磁化极异常较高
A1501603004	扎达盖西	该最小预测区主要赋存于泥盆纪中粒石英闪长岩；区内有 2 条断层通过；剩余重力异常一般；航磁化极异常较高
A1501603005	蒙公所西	该最小预测区主要赋存于长城系尖山组第三段岩层中，为含碳质粉砂岩-泥岩建造；区内有断层 1 条；航磁推断断裂 1 条；剩余重力异常偏高
A1501603006	黄花滩北	该最小预测区主要赋存于长城系尖山组第三段岩层中，为含碳质粉砂岩-泥岩建造；区内有航磁异常 1 处，断层 3 条；航磁推断断裂 2 条；剩余重力异常偏高
B1501603001	达嘎北	该最小预测区主要赋存于长城系尖山组第三段岩层中，为含碳质粉砂岩-泥岩建造；区内有矿点 1 处，断层 1 条；剩余重力异常偏低；航磁化极异常较高
B1501603002	蒙公所东	该最小预测区主要赋存于长城系尖山组第三段岩层中，为含碳质粉砂岩-泥岩建造；区内有断层 2 条；剩余重力异常偏高；航磁化极异常较低
B1501603003	大乌兰东	该最小预测区主要赋存于泥盆纪中粒石英闪长岩；区内有 1 条断层通过；剩余重力异常偏高；航磁化极异常较高
B1501603004	和热北	该最小预测区主要赋存于泥盆纪中粒石英闪长岩；区内有 2 条断层通过；剩余重力异常偏高；航磁化极异常较高
B1501603005	打花儿	该最小预测区主要赋存于长城系尖山组第二段岩层中，为长石石英砂岩建造；区内有航磁异常 1 处，断层 1 条；剩余重力异常很高；航磁化极值高达 1 000nT
B1501603006	高位北	该最小预测区主要赋存于长城系尖山组第三段岩层中，为含碳质粉砂岩-泥岩建造；区内有航磁异常 1 处，航磁推断断裂 1 条；剩余重力异常很高

续表 24-3

最小预测区编号	最小预测区名称	综合信息
B1501603007	准查干呼图勒	该最小预测区主要赋存于长城系尖山组第一段岩层中，为含碳质粉砂岩-泥岩建造；区内有航磁异常1处，断层1条；剩余重力异常值较低
B1501603008	希日哈达	该最小预测区主要赋存于长城系尖山组第三段和第二段岩层中，为长石石英砂岩-含碳质粉砂岩-泥岩建造；区内有航磁异常1处，断层1条，航磁推断断裂1条；剩余重力异常值较高
B1501603009	乌兰德岭东	该最小预测区主要赋存于晚三叠世粗粒含霓辉钠闪正长岩；区内有矿点1处；剩余重力值较低；航磁化极异常较高
C1501603001	乌兰德岭	该最小预测区主要赋存于晚三叠世含霓辉钠闪正长岩；区内有航磁异常1处；剩余重力值较低；航磁化极异常较高
C1501603002	大乌兰	该最小预测区主要赋存于泥盆纪中粒石英闪长岩；区内有1条断层通过；剩余重力值较低；航磁化极异常较高
C1501603003	白云鄂博北	该最小预测区主要赋存于长城系尖山组第一段和第二段岩层中，为含碳质粉砂岩-泥岩-长石石英砂岩建造；区内有航磁异常1处；剩余重力异常值很高；航磁化极值高达4 800nT
C1501603004	哈日呼吉日	该最小预测区主要赋存于长城系尖山组第三段岩层中，为含碳质粉砂岩-泥岩建造；区内有航磁异常1处；剩余重力异常较高
C1501603005	高位东	该最小预测区主要赋存于长城系尖山组第一段和第二段岩层中，为含碳质粉砂岩-泥岩-长石石英砂岩建造；区内有航磁异常1处，航磁推断断裂1条；剩余重力异常值很高；航磁化极值高达800nT
C1501603006	高位	该最小预测区主要赋存于长城系尖山组岩层中，为碳质粉砂岩-泥岩-长石石英砂岩建造；区内有航磁异常1处，断层1条，航磁推断断裂1条；剩余重力异常值很高；航磁化极值高达800nT
C1501603007	高位南	该最小预测区主要赋存于长城系尖山组第二段岩层中，为长石石英砂岩建造；区内有航磁异常1处；剩余重力异常值很高；航磁化极值高达4 000nT
C1501603008	希日哈达南东	该最小预测区主要赋存于长城系尖山组第二段岩层中，为长石石英砂岩建造；区内有航磁异常1处，航磁推断断裂1处；剩余重力异常较低；航磁化极异常较高
C1501603009	赛日音呼都格	该最小预测区主要赋存于长城系尖山组第三段岩层中，为含碳质粉砂岩-泥岩建造；区内有断层1条；剩余重力异常较低；航磁化极异常较高
C1501603010	庆达玛尼	该最小预测区主要赋存于长城系尖山组第三段岩层中，为含碳质粉砂岩-泥岩建造；区内有航磁异常1处，断层1条；剩余重力异常值很高

二、综合信息地质体积法估算资源量

1. 典型矿床深部及外围资源量估算

百灵庙铁矿典型矿床已查明矿体资源量 $Q_{查}$=882 000t，数据来源于《内蒙古自治区铁矿资源储量核实表》中有关达茂联合旗百灵庙式风化淋滤型铁矿地质勘查报告，矿体聚集区边界范围 $S_{查}$=38 500m^2，延伸 $H_{查}$=30m，面积数据根据资源储量表及矿区1∶2 000地质平面图资料，矿体数为1，形态为透镜状矿体，长350m，宽110m，从而得出矿体聚集区边界范围，延伸 $H_{查}$ 数据根据地质剖面图及相关的地质剖面图所控制的最大深度。

综合分析1∶2 000《内蒙古达茂联合旗百灵庙式风化淋滤型铁矿典型矿床预测要素图》，矿体引起的物探特征及1∶50万《百灵庙铁矿重磁异常剖析图》，认为百灵庙铁式风化淋滤型铁矿矿体已经不具备外推条件，矿体外延部分面积 $S_{外}$=0m。

矿体深部面积 $S_{查}$=38 500m^2，仍为原来矿体聚集区边界范围；矿体深部部分延伸 $H_{深}$=20m，延伸

$H_{深}$ 数据源于磁性体反演深度及矿区勘查报告。因为该部分预测量是以典型矿床为模型而类比出的其深部资源量，固仍采用查明区体积含矿率进行预测，体积含矿率为 0.768t/m³。

百灵庙铁矿典型矿床深部及外围资源量估算结果见表 24-4。

表 24-4　百灵庙式岩浆期后热液-风化淋滤型铁矿典型矿床深部及外围资源量估算一览表

典型矿床		深部及外围		
已查明资源量(t)	882 000	深部	面积(m²)	38 500
面积(m²)	38 500		深度(m)	20
深度(m)	30	外围	面积	—
品位(%)	41		深度	—
密度(t/m³)	3.835	预测资源量(t)		591 360
体积含矿率(t/m³)	0.768	典型矿床总资源量(t)		1 473 360

2. 模型区的确定、资源量及估算参数

模型区内无其他已知矿点存在，则模型区总资源量＝典型矿床总资源量，延深根据典型矿床最大预测深度确定。模型区圈定时参照了含矿建造地质体，因此含矿地质体面积参数为 1。由此计算含矿地质体含矿系数(表 24-5)。

表 24-5　百灵庙式岩浆期后热液-风化淋滤型铁矿模型区预测资源量及其估算参数表

编号	名称	模型区总资源量(t)	模型区面积(m²)	延深(m)	含矿地质体面积(m²)	含矿地质体面积参数 K_S	含矿地质体含矿系数 K
A1501603001	百灵庙	1 473 360	2 710 000	2 000	2 710 000	1	0.000 3

3. 最小预测区预测资源量

百灵庙铁矿预测工作区最小预测区资源量定量估算采用地质体积法进行估算。

1)估算参数的确定

最小预测区面积是依据综合地质信息定位优选的结果；延深的确定是在研究最小预测区含矿地质体地质特征、含矿地质体的形成深度、断裂特征、矿化类型的基础上，并对比典型矿床特征的基础上综合确定的；相似系数的确定，主要依据 MRAS 生成的成矿概率及与模型区的比值，参照最小预测区地质体出露情况、化探及重砂异常规模及分布、物探解译隐伏岩体分布信息等进行修正。

2)最小预测区预测资源量估算结果

本次预测资源总量为 422.68×10^4 t，其中不包括预测工作区已查明资源总量 88.2×10^4 t，详见表 24-6。

表 24-6　百灵庙式岩浆期后热液-风化淋滤型铁矿预测工作区最小预测区预测资源量表

最小预测区编号	最小预测区名称	$S_{预}$ (km²)	$H_{预}$ (m)	K_S	K (t/m³)	α	$Z_{总}$ ($\times10^4$ t)	$Z_{查明}$ ($\times10^4$ t)	$Z_{预}$ ($\times10^4$ t)	资源量级别
A1501603001	百灵庙	2.46	2 000	1	0.000 3	1	147.34	88.2	59.14	334-1
A1501603002	达嘎东	1.41	700	1	0.000 3	0.60	17.77		17.77	334-2
A1501603003	扎达盖西	1.31	650	1	0.000 3	0.60	15.33		15.33	334-2

续表 24-6

最小预测区编号	最小预测区名称	$S_{预}$ (km^2)	$H_{预}$ (m)	K_S	K (t/m^3)	α	$Z_{总}$ ($\times10^4 t$)	$Z_{查明}$ ($\times10^4 t$)	$Z_{预}$ ($\times10^4 t$)	资源量级别
A1501603004	蒙公所西	2.12	1 300	1	0.000 3	0.60	49.61		49.61	334-2
A1501603005	黄花滩北	1.78	1 000	1	0.000 3	0.60	32.04		32.04	334-2
B1501603001	达嘎北	0.48	400	1	0.000 3	0.40	2.30		2.30	334-3
B1501603002	蒙公所东	1.25	600	1	0.000 3	0.40	9.00		9.00	334-3
B1501603003	大乌兰东	1.16	500	1	0.000 3	0.40	6.96		6.96	334-3
B1501603004	和热北	2.54	1 600	1	0.000 3	0.40	48.77		48.77	334-3
B1501603005	打花儿	0.78	750	1	0.000 3	0.40	7.02		7.02	334-3
B1501603006	高位北	0.31	200	1	0.000 3	0.40	0.74		0.74	334-3
B1501603007	准查干呼图勒	0.49	250	1	0.000 3	0.40	1.47		1.47	334-3
B1501603008	希日哈达	0.77	300	1	0.000 3	0.40	2.77		2.77	334-3
B1501603009	乌兰德岭东	0.78	300	1	0.000 3	0.40	2.81		2.81	334-1
C1501603001	乌兰德岭	2.31	1 200	1	0.000 3	0.20	16.63		16.63	334-2
C1501603002	大乌兰	3.06	1 400	1	0.000 3	0.20	25.70		25.70	334-3
C1501603003	百灵庙北	1.12	1 000	1	0.000 3	0.20	6.72		6.72	334-3
C1501603004	哈日呼吉日	1.02	900	1	0.000 3	0.20	5.51		5.51	334-3
C1501603005	高位东	0.95	800	1	0.000 3	0.20	4.56		4.56	334-3
C1501603006	高位	1.42	1 000	1	0.000 3	0.20	8.52		8.52	334-3
C1501603007	高位南	0.27	200	1	0.000 3	0.20	0.32		0.32	334-3
C1501603008	希日哈达南东	0.21	200	1	0.000 3	0.20	0.25		0.25	334-3
C1501603009	赛日音呼都格	1.67	1 100	1	0.000 3	0.20	11.02		11.02	334-3
C1501603010	庆达玛尼	7.31	2 000	1	0.000 3	0.20	87.72		87.72	334-3
合计								88.2	422.68	

4. 预测工作区资源总量成果汇总

根据矿产潜力评价预测资源量汇总标准，百灵庙铁矿预测工作区按精度、预测深度、可利用性、可信度统计分析结果见表 24-7。

表 24-7　百灵庙式风化淋滤型铁矿预测工作区预测资源量统计分析表($\times10^4 t$)

精度	深度			可利用性		可信度			合计
	500m以浅	1 000m以浅	2 000m以浅	可利用	暂不可利用	$x\geq0.75$	$0.75>x\geq0.5$	$0.5>x\geq0.25$	
334-1	58.50	61.95	61.95	61.95	—	59.14	2.81	—	61.95
334-2	66.51	117.16	131.38	114.75	16.63	17.77	113.61	—	131.38
334-3	91.88	158.86	229.35	11.30	218.05	—	79.03	150.32	229.35
合计									422.68

第二十五章　铁矿预测资源总量潜力分析

第一节　预测资源量与已探明资源储量对比

本次工作共圈定单矿种最小预测区 1 328 个，预测区面积 19 051.702km^2，本次工作除用地质体积法估算资源量外，还采用磁性体积法进行了估算(见磁法专题)。通过对比，认为磁性体积法对沉积变质型铁矿的预测较合理，地质体积法对其余类型铁矿的预测较客观。因此，变质型铁矿采用磁性体积法预测资源量，其余类型铁矿采用地质体积法预测资源量(表 25-1)。预测资源总量 556 737.59×10^{4}t，已探明储量 246 535.75×10^{4}t，预测资源量与已探明资源量比率为 2.26∶1，可利用预测资源量 396 062.91×10^{4}t，占预测资源量的 67%。各预测方法类型的已查明资源量、预测资源量及可利用性见表 25-2，侵入岩型铁矿的预测资源量最多，变质型铁矿可利用性最高。

表 25-1　内蒙古自治区铁矿预测资源量汇总表

预测工作区编号	预测工作区名称	总计((×10^{4}t))	采用预测方法
1501101001	白云鄂博式沉积型铁矿预测工作区	82 507.96	地质体积法
1501102001	霍各乞沉积型铁矿预测工作区	21 302	地质体积法
1501103001	雀儿沟式沉积型铁矿乌海预测工作区	628.89	地质体积法
1501103002	雀儿沟式沉积型铁矿清水河预测工作区	70.64	地质体积法
1501104001	温都尔庙式火山岩型铁矿二道井预测工作区	29 343.36	地质体积法
1501104002	温都尔庙式火山岩型铁矿脑木根预测工作区	24 981.5	地质体积法
1501104003	温都尔庙式火山岩型铁矿苏尼特左旗预测工作区	35 217.1	地质体积法
1501105001	黑鹰山式火山岩型铁矿预测工作区	37 728.69	地质体积法
1501106001	谢尔塔拉式火山岩型铁矿预测工作区	31 612.77	地质体积法
1501301001	壕赖沟式沉积变质型铁矿预测工作区	18 348.2	磁性体积法
1501302001	三合明式沉积变质型铁矿预测工作区	44 854.1	磁性体积法
1501303001	贾格尔其庙式沉积变质型铁矿贾格尔其庙预测工作区	5 942.7	磁性体积法
1501303002	贾格尔其庙式沉积变质型铁矿集宁-包头预测工作区	24 220.1	磁性体积法
1501303003	贾格尔其庙式沉积变质型铁矿迭布斯格预测工作区	698.46	磁性体积法
1501201001	梨子山式侵入岩型铁矿预测工作区	27 857.53	地质体积法
1501202001	朝不楞式侵入岩型铁矿预测工作区	74 546.98	地质体积法
1501203001	黄岗梁式侵入岩型铁矿预测工作区	30 816.53	地质体积法

续表 25-1

预测工作区编号	预测工作区名称	总计(($\times10^4$t))	采用预测方法
1501204001	额里图式侵入岩型铁矿预测工作区	8 229.42	地质体积法
1501205001	哈拉火烧式侵入岩型铁矿预测工作区	189.28	地质体积法
1501206001	克布勒式侵入岩型铁矿预测工作区	12 362.58	地质体积法
1501207001	卡休他他式侵入岩型铁矿预测工作区	8 964.89	地质体积法
1501208001	乌珠尔嘎顺式侵入岩型铁矿预测区	16 846.19	地质体积法
1501209001	索索井式侵入岩型铁矿预测工作区	15 086.2	地质体积法
1501210001	神山式侵入岩型铁矿预测工作区	737.96	地质体积法
1501601001	马鞍山式复合内生型铁矿预测工作区	2 229.92	地质体积法
1501602001	地营子式复合内生型铁矿预测工作区	990.96	地质体积法
1501603001	百灵庙式复合内生型铁矿预测工作区	422.68	地质体积法
内蒙古自治区铁矿预测资源量合计		55 6737.59	

表 25-2　铁矿预测资源量与资源现状统计表

预测类型/预测方法类型	已探明		预测资源量	预测可利用性	
	储量($\times10^4$t)	与预测资源量对比	($\times10^4$t)	资源量($\times10^4$t)	占预测资源量比重
沉积型/沉积型	168 130.5	1∶0.62	104 509.493	88 054.4	84%
海相火山岩型/火山岩型	19 528.54	1∶8.14	158 883.422	54 943.26	35%
变质型/变质型	42 144.59	1∶2.23	94 063.561	94 063.56	100%
矽卡岩型/侵入岩体型	16 521.68	1∶11.84	195 637.60	128 318.57	66%
热液型/复合内生型	210.44	1∶17.31	3 643.56	1 191.09	33%
合计	246 535.75	1∶2.26	556 737.39	366 570.9	66%

第二节　预测资源量潜力分析

一、按精度

此次预测工作共获得334-1级资源量122 806.76×10^4t,334-2级资源量172 792.65×10^4t，334-3级资源量261 138.18×10^4t。由此可知,334-1级预测资源量占总预测资源量的22%(表25-3,图25-1),但其勘查程度高,资源量预测依据可靠,今后可在已知矿区的外围及深部部署矿产详查工作。334-2级预测资源量,可为今后探求新增矿产地提供重要的参考数据。334-3级预测资源量占此次预测资源量总量的47%,因该区域勘查比例尺较小,有待加强研究程度,预测得到的成果可为今后圈定找矿远景区提供依据。

表 25-3　铁矿预测资源量统计表

<table>
<tr><td colspan="2" rowspan="2">深度(×10^{4}t)</td><td colspan="2" rowspan="2">精度(×10^{4}t)</td><td colspan="2">可利用性(×10^{4}t)</td><td colspan="3">可信度(×10^{4}t)</td></tr>
<tr><td>可利用</td><td>暂不可利用</td><td>$x\geq0.75$</td><td>$0.75>x\geq0.5$</td><td>$0.5>x\geq0.25$</td></tr>
<tr><td>500m 以浅</td><td>468 498.057</td><td>334-1</td><td>122 806.76</td><td rowspan="3">366 576.85</td><td rowspan="3">190 160.74</td><td rowspan="3">242 308.1</td><td rowspan="3">116 651.38</td><td rowspan="3">197 778.11</td></tr>
<tr><td>1 000m 以浅</td><td>546 934.873</td><td>334-2</td><td>172 792.65</td></tr>
<tr><td>2 000m 以浅</td><td>556 737.59</td><td>334-3</td><td>261 138.18</td></tr>
<tr><td>合计</td><td colspan="8">556 737.59</td></tr>
</table>

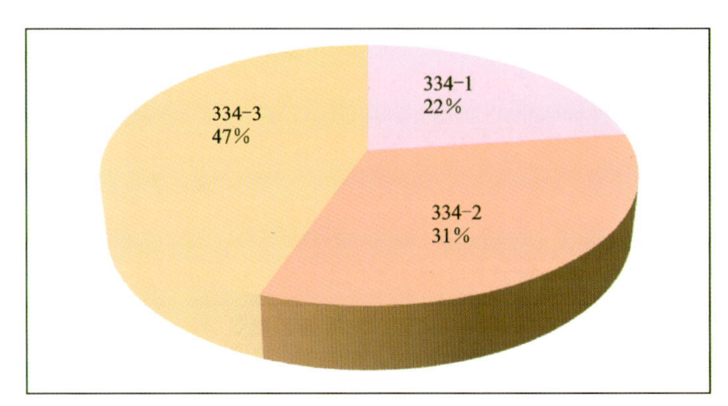

图 25-1　内蒙古自治区铁矿资源量按精度估算图

二、按深度

按预测工作区不同深度进行统计，500m 以浅各精度预测资源量 468 498.057×10^{4}t，1 000m 以浅预测资源量 546 934.873×10^{4}t，2 000m 以浅预测资源量 556 737.59×10^{4}t。由图 25-2 可知，500m 以浅铁矿各精度预测资源量数值均为最高，因此推测，铁矿赋矿层大多埋深小于 500m 且层位较稳定，小部分铁矿可能由于矿源较深或因后期构造运动导致赋矿层沉降而埋藏于 1 000～2 000m 之间。综上所述，500m 以浅是铁矿的主要富集深度。

三、按可利用性

根据深度、当前开采经济条件、矿石可选性、外部交通水电环境等条件的可利用性，内蒙古自治区铁矿预测资源量中可利用的约 366 576.85×10^{4}t，不可利用的约 190 160.74×10^{4}t。334-1 级预测资源量全部可利用(图 25-3)；334-2 级资源量预测所依据的数据精度介于 1∶5 万～1∶20 万之间，资料详细，且自治区完成的该比例尺范围内区调、矿调等图幅较多，当前开采经济条件、外部交通水电环境等条件较好，因此该级别可利用预测资源量最大；由于 334-3 级资源量预测所依据的资料精度小于1∶20 万，且自治区完成该范围比例尺的区调、矿调等图幅较多，所以该级别预测资源量较高，可利用性较好，但因为其埋深、外部交通水电环境等原因导致该级别预测资源量不可利用性最高。

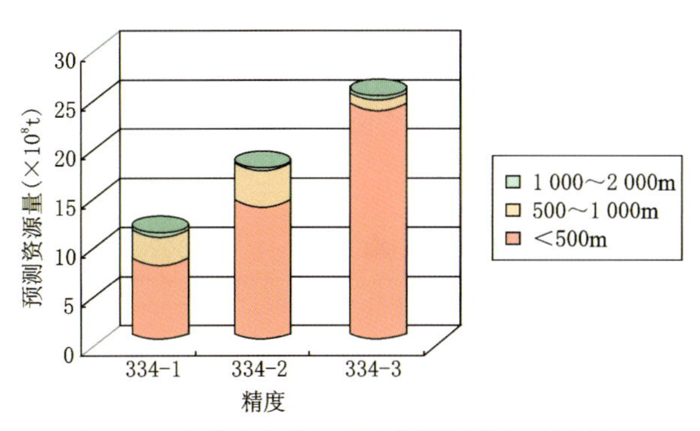

图 25-2　内蒙古自治区铁矿资源量按深度统计图

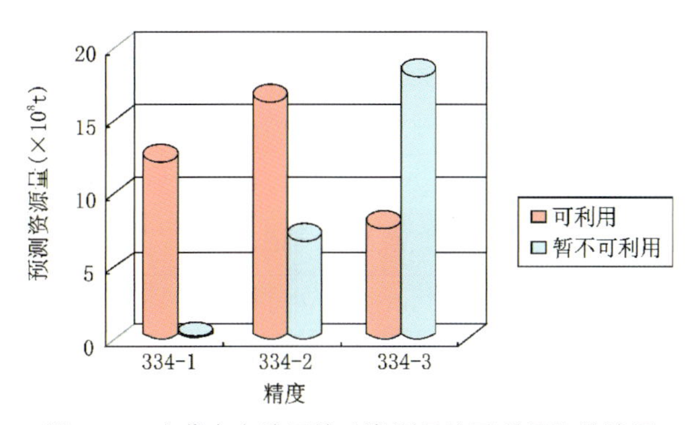

图 25-3　内蒙古自治区铁矿资源量按可利用性统计图

四、按最小预测区级别

本次工作共圈定最小预测区 1 328 个，其中 A 级最小预测区 226 个，预测资源量 26×10^8t；B 级最小预测区 385 个，预测资源量 17×10^8t；C 级最小预测区 717 个，预测资源量 16×10^8t。圈定 A 级最小预测区所依据的是成矿最有利条件，因此所得到的预测资源量最多(图 25-4)；圈定 B 级最小预测区所依据的成矿条件稍次于 A 级，C 级亦然。由图可知，500m 以浅各最小预测区级别预测资源量都很大，且相差无几，而在大于 500m 深度后，以 A 级最小预测区预测资源量最大。因此，综合成矿条件及开采经济条件等认为，A 级最小预测区所圈定的且埋深小于 500m 的区域是找矿的最有利地带。

五、按可信度

对内蒙古自治区各铁矿预测工作区进行统计分析(图 25-5)，可信度≥0.75 的各级别预测资源量为 23×10^8t，可信度在 0.5～0.75 之间的为 17×10^8t，可信度≤0.5 的为 37×10^8t。由图可知，精度为 334-1级中可信度≥0.75 的预测资源量最高。

综上所述，认为 334-1 级区域中 A 级最小预测区所圈定范围内埋深小于 500m 的区域，预测资源量可利用性最好、可信度最高，是找矿的最有利地带。

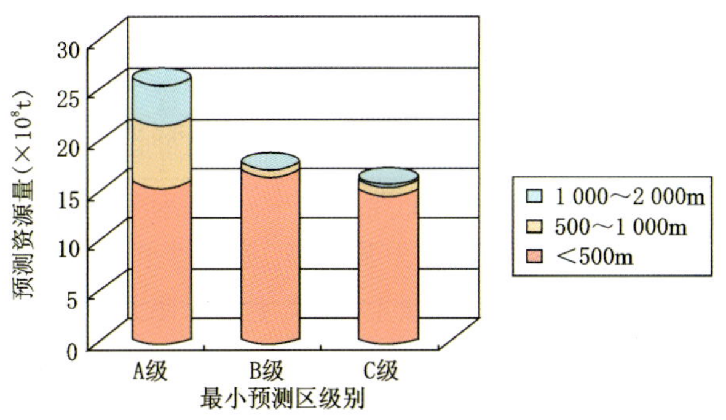

图 25-4　内蒙古自治区铁矿预测资源量级别分类统计图

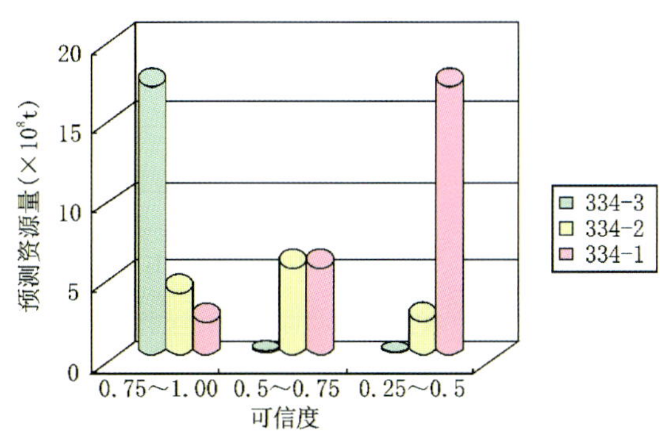

图 25-5　内蒙古自治区铁矿预测精度-可信度统计图

第二十六章　铁矿找矿远景区划

根据本次铁矿资源潜力评价成果，共圈定22个铁矿找矿远景区（图26-1），各远景区资源潜力预测成果见表26-1。

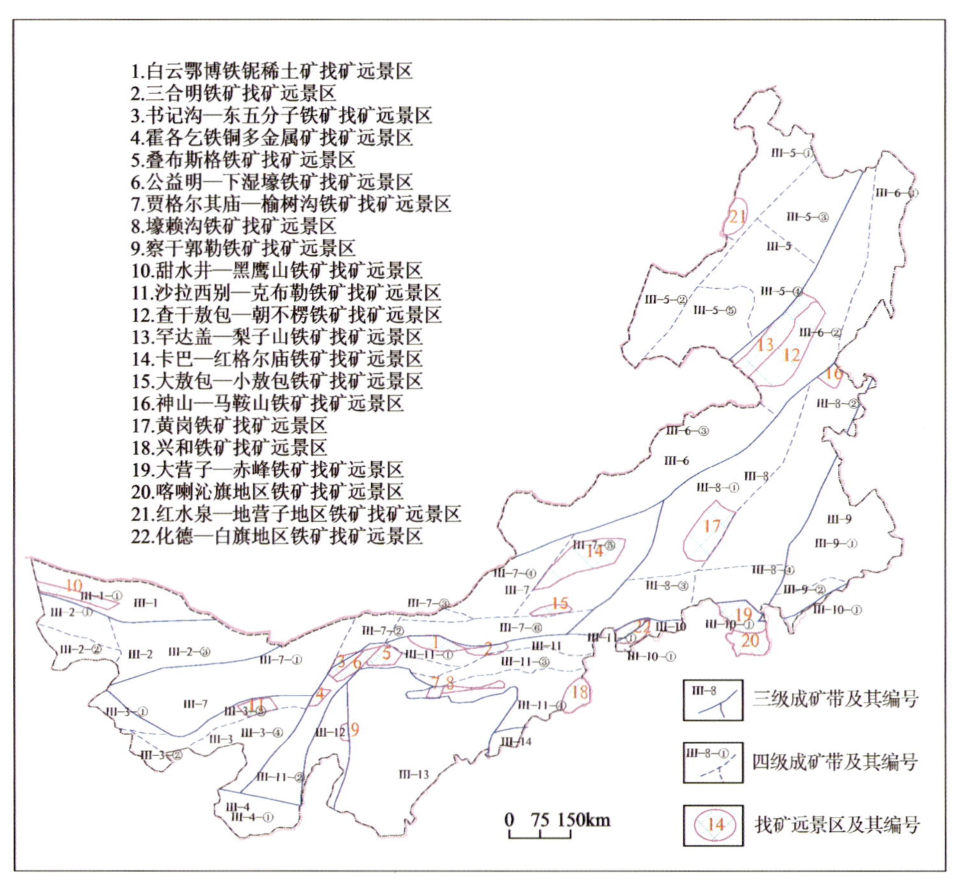

图26-1　内蒙古自治区铁矿找矿远景区示意图

1. 白云鄂博铁铌稀土矿找矿远景区

该区位于白云鄂博-狼山Fe-Nb-REE-Pb-Zn成矿亚带中段，白云鄂博—达茂旗一带。其大地构造位置属狼山-白云鄂博中元古代裂谷带。

乌拉特后旗-白云鄂博-化德台缘深大断裂为成矿远景区北界。远景区出露地层有新太古界色尔腾山岩群绿片岩建造及中新元古界白云鄂博群浅变质沉积岩系。区内古生代岩浆活动强烈，二叠纪花岗岩广泛分布，石炭纪侵入岩亦较发育。

该成矿远景区矿产丰富，白云鄂博群哈拉霍疙特组产有超大型铁-铌-稀土矿。

表 26-1 铁矿找矿远景区内资源潜力评价成果一览表

编号	远景区名称	已探明资源量（×10³ t）	预测资源量（×10³ t）				最小预测区个数			
			334-1	334-2	334-3	总计	A级	B级	C级	总计
1	白云鄂博铁铌稀土矿找矿远景区	1 687 340	405 385	81 804	414 976	902 165	9	19	57	85
2	三合明铁矿找矿远景区	168 850	21 676	8 013	24 991	54 680	10	1	7	18
3	书记沟—东五分子铁矿找矿远景区	101 455	20 902	121 384	3 184	145 470	26	21	17	64
4	霍各乞铁铜多金属矿找矿远景区	48 635	31 750	172 810	0	204 560	2	3	13	18
5	叠布斯格铁矿找矿远景区	29 766	0	1 345	177	1 521	6	8	3	17
6	公益明—下湿壕铁矿找矿远景区	51 577	36 271	86 905	0	123 176	27	11	58	96
7	贾格尔其庙—榆树沟铁矿找矿远景区	17 456	5 366	19 843	84 675	109 884	12	14	14	40
8	壕赖沟铁矿找矿远景区	15 054	15 106	5 524	0	20 631	2	4	4	10
9	察干郭勒铁矿找矿远景区	9460	0	0	167	167	0	0	3	3
10	甜水井—黑鹰山铁矿找矿远景区	50 716	128 159	77 834	36 147	242 140	7	9	11	27
11	沙拉西别—克布勒铁矿找矿远景区	4 980	879	80 919	26 291	108 089	4	7	13	24
12	查干敖包—朝不楞铁矿找矿远景区	33 427	480 382	493 639	77 429	1 051 450	5	10	12	27
13	罕达盖—梨子山铁矿找矿远景区	16 349	4 248	21 725	178 912	204 885	3	7	22	32
14	卡巴—红格尔庙铁矿找矿远景区	41 704	11 236	64 667	311 864	387 768	4	29	65	98
15	大敖包—小敖包铁矿找矿远景区	74 406	14 806	151 434	85 740	251 981	2	4	57	63
16	神山—马鞍山铁矿找矿远景区	3 355	3 891	0	23 950	27 840	16	22	31	69
17	黄岗铁矿找矿远景区	181 019	83 293	50 451	42 364	176 107	3	2	0	5
18	兴和铁矿找矿远景区	813	0	91 668	24 790	116 458	22	22	6	50
19	大营子—赤峰铁矿找矿远景区	1 085	0	493	21 336	21 829	0	8	16	24
20	喀喇沁旗地区铁矿找矿远景区	193 470	0	10 420	1 678	12 097	0	1	2	3
21	红水泉—地营子地区铁矿找矿远景区	254	4 027	403	2 111	6 541	4	5	3	12
22	化德—白旗地区铁矿找矿远景区	9 218	5 215	45 073	14 205	64 493	5	3	10	18

注：铁矿已探明资源量截止日期为 2009 年 12 月。

2. 三合明铁矿找矿远景区

该区位于白云鄂博-狼山 Fe-Nb-REE-Pb-Zn 成矿亚带中段，白云鄂博—达茂旗一带。其大地构造位置属狼山-白云鄂博中元古代裂谷带。

区内主要出露新太古宇色尔腾山岩群绿片岩建造。该区矿产丰富，有三合明大型铁矿、湾尔兔等一批小型铁矿和矿点。

3. 书记沟—东五分子铁矿找矿远景区

该区位于固阳-武川铁成矿亚带的西部。区内主要出露太古宇乌拉山岩群和色尔腾山岩群，前寒武纪变质侵入体广泛分布。变质型铁矿(点)分布较多，有书记沟、东五分子中型铁矿，大佘太等小型铁矿和矿点。

4. 霍各乞铁铜多金属矿找矿远景区

该区位于白云鄂博-狼山 Fe-Nb-REE-Pb-Zn 成矿亚带西段，乌拉特后旗霍各乞附近，其大地构造位置属狼山-白云鄂博中元古代裂谷带。

区内出露地层主要有新太古界色尔腾山岩群，古元古界宝音图岩群，中新元古界渣尔泰山群以及下白垩统固阳组。中新元古界渣尔泰山群由书记沟组、增隆昌组和阿古鲁沟组组成，是层控喷流沉积型铜铅锌硫矿床重要的含矿岩系。区内侵入岩极为发育，主要有古元古代斜长花岗岩、花岗闪长岩，中元古代花岗斑岩及石英闪长岩，奥陶纪石英闪长岩、花岗岩、辉长岩及辉绿岩，石炭纪二长花岗岩、石英闪长岩，二叠纪花岗闪长岩及闪长岩，三叠纪二长花岗岩等。总体构造方向呈东西向。

该区有著名的霍各乞大型喷流沉积型铜铅锌铁矿床。

5. 叠布斯格铁矿找矿远景区

该区位于华北地台北缘西段成矿带的西端。主要出露中太古界叠布斯格岩群、乌拉山岩群和雅不赖岩群，大面积分布新生界。铁矿资源比较丰富，有叠布斯格中型铁矿及一大批变质型小型铁矿及矿点。近年在该区的铁矿勘查有重大突破，在新生界覆盖区的下面勘探到储量 1×10^8 t 的大型角闪片麻岩型变质型铁矿，为该区的铁矿勘探提供了新思路。

6. 公益明—下湿壕铁矿找矿远景区

该区位于固阳-武川铁成矿亚带的中部。主要出露中太古界乌拉山岩群和色尔腾山岩群，前寒武纪变质侵入体广泛分布。变质型铁矿(点)分布较多，有公益明中型铁矿，下湿壕、头号、车铺渠等小型铁矿及铁矿点。

7. 贾格尔其庙—榆树沟铁矿找矿远景区

该区位于乌拉山—集宁铁成矿亚带的西端。出露古太古界兴和岩群和乌拉山岩群，前寒武纪变质侵入体分布广泛。分布有贾格尔其庙、榆树沟等十几处小型变质型铁矿。

8. 壕赖沟铁矿找矿远景区

该区位于乌拉山—集宁铁成矿亚带的西段。主要出露古太古界兴和岩群和古老变质侵入体。分布有壕赖沟中型铁矿和山河原沟小型铁矿。

9. 察干郭勒铁矿找矿远景区

该区位于鄂尔多斯西缘(台褶带)Fe-Pb-Zn-P-石膏-芒硝成矿带(Ⅲ-59)察干郭勒-棋盘井 Fe 成矿

亚带($Ⅳ_{59}^{1}$)。

出露太古宇乌拉山岩群和古生界。铁矿主要产在乌拉山岩群内的变质铁矿中，少量产在石炭系太原组的沉积铁矿中。分布有察干郭勒、千里沟等十几处铁矿(点)。

10. 甜水井—黑鹰山铁矿找矿远景区

该区位于额济纳旗北山地区。成矿带属于觉罗塔格-黑鹰山 Cu-Ni-Fe-Au-Ag-Mo-W -石膏成矿带(Ⅲ-8)黑鹰山-乌珠尔嘎顺 Fe-Cu-Mo 成矿亚带($Ⅳ_{8}^{1}$Vm)。

出露有泥盆系雀尔山群、石炭系白山组和绿条山组和二叠系金塔组，海西期侵入岩大面积分布。分布有黑鹰山、碧玉山等海相火山岩型富铁矿。

11. 沙拉西别—克布勒铁矿找矿远景区

该区位于阿拉善(台隆)Cu-Ni-Pt-Fe-REE-P -石墨-芒硝、盐成矿亚带(Ⅲ-18)阿拉腾敖包-沙拉西别 Fe 成矿亚带($Ⅳ_{18}^{2}$)。北部即为兴蒙造山系。

出露有太古宇乌拉山岩群和元古宇渣尔泰山群。海西期中酸性侵入岩大面积出露。分布有沙拉西别、克布勒等矽卡岩型铁铜矿。

12. 查干敖包—朝不楞铁矿找矿远景区

该区位于东乌旗-多宝山岛弧。成矿带属于东乌珠穆沁旗-嫩江(中强挤压区)Cu-Mo-Pb-Zn-Au-W-Sn-Cr 成矿带(Ⅲ-48)朝不楞-宝格达山林场 Fe 成矿亚带($Ⅳ_{48}^{1}$)。

主要出露古生界。志留系卧都河组、泥盆纪塔尔巴格特组、泥鳅河组、石炭系—二叠系宝力高庙组。中生界有下侏罗统红旗组、上侏罗统满克头鄂博组、玛尼吐组和白音高老组。古生代和中生代侵入岩发育。分布有朝不楞和查干敖包铁矿。

13. 罕达盖—梨子山铁矿找矿远景区

该区位于东乌旗-多宝山岛弧。成矿带属于东乌珠穆沁旗-嫩江(中强挤压区)Cu-Mo-Pb-Zn-Au-W-Sn-Cr 成矿带(Ⅲ-48)罕达盖-梨子山 Fe 成矿亚带($Ⅳ_{48}^{2}$)。

出露有震旦系额尔古纳河组，奥陶系多宝山组、裸河组，志留系卧都河组，泥盆系泥鳅河组、大民山组，中生界满克头鄂博组、玛尼吐组和白音高老组。海西期中酸性侵入岩发育，中生代侵入岩主要呈小岩株出露。分布有梨子山、中道山、罕达盖、苏呼河等矽卡岩型铁铜钼矿床(点)。

14. 卡巴—红格尔庙铁矿找矿远景区

该区位于锡林浩特岩浆弧。成矿带属于阿巴嘎-霍林河 Cr-Cu(Au)-Ge -煤-天然碱-芒硝成矿带(Ⅲ-49)温都尔庙-红格尔庙铁成矿亚带($Ⅳ_{49}^{1}$)。

出露中元古界温都尔庙群，泥盆系色日巴彦敖包组，石炭系本巴图组和阿木山组，二叠系哲斯组，侏罗系白音高老组。新生界大面积覆盖。古生代侵入岩发育。分布有卡巴铁矿(小型)、红格尔庙铁矿(小型)、包日干铁矿(小型)、白音敖包铁矿(中型)。

15. 大敖包—小敖包铁矿找矿远景区

该区位于锡林浩特岩浆弧。成矿带属于阿巴嘎-霍林河 Cr-Cu(Au)-Ge -煤-天然碱-芒硝成矿带(Ⅲ-49)温都尔庙-红格尔庙铁成矿亚带($Ⅳ_{49}^{1}$)。

出露中元古界温都尔庙群，志留系西别河组，石炭系阿木山组，二叠系三面井组，侏罗系满克头鄂博组，新生界大面积覆盖。前寒武纪变质侵入岩及古生代侵入岩较发育。分布有大敖包铁矿(中型)、小敖包铁矿(小型)。

16. 神山—马鞍山铁矿找矿远景区

该区位于锡林浩特岩浆弧，属林西-孙吴 Pb-Zn-Cu-Mo-Au 成矿带（Ⅲ-50）神山-黄岗 Fe(Sn)-Cu 成矿亚带（$Ⅳ_{50}^{1}$）。

出露地层以上古生界为主，有二叠系大石寨组、哲斯组和林西组，新生界广泛分布，主要为上侏罗统满克头鄂博组、玛尼吐组和白音高老组。古生代和中生代中酸性侵入岩发育。有神山铁铜矿、马鞍山铁矿及众多的矽卡岩型和热液型铁矿点。

17. 黄岗铁矿找矿远景区

该区位于锡林浩特岩浆弧，属林西-孙吴 Pb-Zn-Cu-Mo-Au 成矿带（Ⅲ-50）神山-黄岗 Fe(Sn)-Cu 成矿亚带（$Ⅳ_{50}^{1}$）。

出露地层以上古生界为主，有二叠系大石寨组、哲斯组和林西组，新生界广泛分布，主要为上侏罗统满克头鄂博组、玛尼吐组和白音高老组。古生代和中生代中酸性侵入岩发育。有矽卡岩型黄岗铁锡矿及众多的矿(化)点。

18. 兴和铁矿找矿远景区

该区位于固阳-兴和陆核。主要出露太古宇兴和岩群和集宁群，分布有少量前寒武纪变质侵入体。中新生界沿盆地和沟谷分布。有西村沟、北京沟等小型变质型铁矿。

19. 大营子—赤峰铁矿找矿远景区

该区位于恒山-承德-建平古岩浆弧。出露中太古界乌拉山岩群，白垩纪火山岩地层广泛分布。燕山期中酸性侵入岩分布较广。有塘水小型变质型铁矿、大营子小型矽卡岩型铁矿。

20. 喀喇沁旗地区铁矿找矿远景区

该区位于恒山-承德-建平古岩浆弧。出露中太古界乌拉山岩群，白垩纪火山岩地层广泛分布。海西期和燕山期中酸性侵入岩分布较广。有黄金梁、曲家梁、杀牛沟等小型变质型铁矿，此外还分布有热液型和岩浆型(超贫)小型铁矿，后者是今后铁矿勘查中应引起重视的类型。

21. 红水泉—地营子地区铁矿找矿远景区

该区位于额尔古纳岛弧。出露有元古宇兴华渡口群、震旦系额尔古纳河组，大面积分布中生代火山岩。海西期和燕山期侵入岩发育。有地营子等小型热液型铁矿。近年在该区发现有变质型铁矿，应充分重视该类型铁矿的勘查。

22. 化德—白旗地区铁矿找矿远景区

该区位于色尔腾山-太仆寺旗岩浆弧。出露有中太古界乌拉山岩群、色尔腾山岩群，中新元古界白云鄂博群，古生界三面井组、额里图组，还分布有大面积的中生代火山岩地层。古生代和中生代侵入岩发育。有额里图、北滩等小型矽卡岩型铁矿。

主要参考文献

曹荣龙,朱寿华,王俊文.白云鄂博铁-稀土矿床的物质来源及成因理论问题[J].中国科学(B辑),1994,24(12):1298-1307.

陈其平,陈建英,安国堡.内蒙古阿右旗卡休他他矽卡岩型铁金矿床地质特征及控矿因素探讨[J].地质找矿论丛,2009,24(4):286-291.

陈毓川,王登红,陈郑辉,等.重要矿产和区域成矿规律研究技术要求[M].北京:地质出版社,2010.

范宏瑞,胡芳芳,陈福坤,等.白云鄂博超大型REE-Nb-Fe矿区碳酸岩墙的侵位年龄——简答LeBas博士的质疑[J].岩石学报,2006,22(2):519-520.

费红彩,董普,安国英,等.内蒙古霍各乞铜多金属矿床的含矿建造及矿床成因分析[J].现代地质,2004,18(1),32-40.

侯宗林.白云鄂博铁-铌-稀土矿床基本地质特征、成矿作用、成矿模式[J].地质与勘探,1989,25(7):1-5.

刘利,张连昌,代堰锫,等.内蒙古固阳绿岩带三合明BIF型铁矿的形成时代,地球化学特征及地质意义[J].岩石学报,2012,28(11):3623-3637.

刘玉龙,陈江峰,李惠民,等.白云鄂博矿床白云石型矿石中独居石单颗粒U-Th-Pb-Sm-Nd定年[J].岩石学报,2005,21(3):881-888.

刘玉堂,李维杰.内蒙古霍各乞铜多金属矿床含矿建造及矿床成因[J].桂林工学院学报,2004,24(3):261-268.

孟贵祥,吕庆田,严加永,等.北山内蒙古地区铁矿成矿特征及其找矿前景[J],矿床地质,2009.28(6):815-829.

聂凤军,江思宏,刘妍,等.内蒙古黑鹰山富铁矿床磷灰石钐-钕同位素年龄及其地质意义[J],矿床地质,2005,24(2):134-140.

聂凤军,张万益,杜安道,等.内蒙古朝不楞矽卡岩型铁多金属矿床辉钼矿铼-锇同位素年龄及地质意义[J].地球学报,2007,28(4):315-323.

裴荣富.中国矿床模式[M].北京:地质出版社,1995.

裘愉卓,秦朝建,周国富,等.白云鄂博矿床年代学新资料[C]//第九届全国矿床会议论文集.北京:地质出版社,2009:477-479.

任英忱,张英臣,张宗清.白云鄂博稀土超大型矿床的成矿时代及其主要热事件[J].地球学报,1994(1-2):95-101.

肖克炎,张晓华,王四龙,等.矿产资源GIS评价系统[M].北京:地质出版社,2000.

肖克炎,叶天竺,李景朝,等.矿床模型综合地质信息预测资源量的估算方法[J].地质通报,2010,29(10):1404-1412.

许东青,江思宏,张建华,等,内蒙古阿右旗卡休他他铁(金,钴)矿床地质地球化学特征[J].矿床地质,2006,25(3):231-242.

许立权,陈志勇,陈郑辉,等.内蒙古东乌旗朝不楞铁矿区中粗粒花岗岩SHRIMP定年及其意义

[J]. 矿床地质,2010,29(2):317-322.

徐志刚,陈毓川,王登红,等. 中国成矿区带划分方案[M]. 北京:地质出版社,2008.

翟德高,刘家军,杨永强,等. 内蒙古黄岗梁铁锡矿床成岩,成矿时代与构造背景[J]. 岩石矿物学杂志,2012,31(4):513-523.

张梅,翟裕生,沈存利,等. 大兴安岭中南段铜多金属矿床成矿系统[J]. 现代地质,2011,25(5):819-831.

张宗清,唐索寒,王进辉,等. 白云鄂博稀土矿床形成年龄的新数据[J]. 地球学报,1994(Z1):85-94.

张宗清,唐索寒,王进辉,等. 白云鄂博矿床白云岩的 Sm-Nd、Rb-Sr 同位素体系[J]. 岩石学报,2001,17(4):637-642.

张宗清,袁忠信,唐索寒,等. 白云鄂博矿床年龄和地球化学[M]. 北京:地质出版社,2003.

张作伦,曾庆栋,屈文俊,等. 内蒙碾子沟钼矿床辉钼矿 Re-Os 同位素年龄及其地质意义[J]. 岩石学报,2009,25(1):212-218.

周振华,吕林素,冯佳睿,等. 内蒙古黄岗矽卡岩型锡铁矿床辉钼矿 Re-Os 年龄及其地质意义[J]. 岩石学报,2010,26(3):667-679.

朱群,王恩德,李之彤,等. 古利库金(银)矿床的稳定同位素地球化学特征[J]. 地质与资源,2004,13(1):8-14.

朱晓颖. 内蒙古北山地区成矿信息提取技术与成矿预测研究[D]. 北京:中国地质科学院,2007.

Yuan Z X, Bai G, Wu C Y. Geological features and genesis of the Bayan Obo REE ore deposit, Inner Mongolia, China[J]. Applied Geochemistry,1992(7):429-442.

主要内部资料

邵和明,张履桥. 内蒙古自治区主要成矿(区)带和成矿系列[R]. 内蒙古地质矿产局,2002.

甘肃省地质局第 6 地质队. 甘肃省阿拉善右旗卡休他他 M51 铁矿地质勘探报告[R]. 1972.

包头钢铁公司地质勘探公司第 2 队. 内蒙古白云鄂博东介勒格勒铁矿稀土矿床地质普查报告[R]. 1961.

地质部 105 地质队. 内蒙古白云鄂博铁矿稀有-稀土元素综合评价报告[R]. 1966.

地质部 241 地质队. 内蒙古白云鄂博铁矿主东矿地质勘探报告[R]. 1954.

冶金部西矿地质会战指挥部. 内蒙古包头市白云鄂博铁矿西矿地质勘探报告[R]. 1987.

内蒙古有色地勘局综合普查队. 内蒙古自治区苏尼特右旗白云敖包铁矿资源储量核实报告[R]. 2004.

内蒙古第五地质矿产勘查开发院. 内蒙古乌盟达茂旗三合明铁矿区地质勘探报告[R]. 2006.

内蒙古有色地质勘探公司七队. 内蒙古自治区达茂旗三合明铁矿(中区)资源储核实报告[R]. 1988.

内蒙古赤峰地质矿产勘查开发院. 内蒙古自治区克什克腾旗黄岗铁锡矿Ⅲ2 区锡矿Ⅰ号脉详查地质报告[R]. 1997.

内蒙古地质局第三地质队. 内蒙古克什克腾旗黄岗梁铁锡矿区详细普查地质报告[R]. 1983.

内蒙古自治区国土资源厅. 内蒙古自治区矿产资源储量表[R]. 2010.

有色内蒙古地勘局第 1 队. 内蒙古乌拉特后旗霍各乞铜多金属矿区 1 号矿床 3～16 线(1 630m 标高以上)勘探地质报告[R]. 1992.

华北冶金勘探公司 511 队. 内蒙古潮格旗霍各乞铜多金属矿区一号矿床地质勘探总结报告[R]. 1971.

华北冶金地质勘探公司 511 队. 内蒙古霍各乞多金属矿区一号矿床 1968 年度总结报告[R]. 1968.

北京西蒙矿产勘查有限责任公司.内蒙古自治区乌拉特后旗霍各乞矿区一号矿床深部铜多金属矿详查报告[R].2007.

内蒙古巴盟岭原地质矿产勘查有限责任公司.内蒙古自治区乌拉特后旗霍各乞铜多金属矿区一号矿床——1～19 线 1 834～1 400m 标高铜矿资源储量核实报告[R].2004.

内蒙古巴盟岭原地质矿产勘查有限责任公司.内蒙古自治区乌拉特后旗霍各乞及外围铜多金属矿普查地质报告[R].2002.

内蒙古自治区矿业开发总公司.内蒙古自治区额济纳旗黑鹰山矿区Ⅰ-Ⅴ矿段铁矿资源储量核实报告[R].2006.

甘肃省地质局祁连山地质队.内蒙古额济纳旗黑鹰山铁矿床地质勘查报告[R].1959.

内蒙古自治区地质局 208 地质队.内蒙古伊盟鄂托克旗雀尔沟、黑龙贵、棋盘井铁矿普查报告[R].1971.

黑龙江省地质局第六地质队.黑龙江省呼盟陈巴虎旗谢尔塔拉铁锌矿床储量报告[R].1977.

包钢集团勘察测绘研究院有限公司.内蒙古包头市俊峰工业集团有限责任公司壕赖沟铁矿矿产储量核实报告[R].2003.

内蒙古地质局一〇五地质队.内蒙古乌拉特前旗贾格尔其庙铁矿点普查检查报告[R].1978.

内蒙古有色地质勘探公司七队.内蒙古鄂温克旗梨子山铁矿床补充工作地质报告[R].1988.

内蒙古自治区内蒙古物华天宝矿物资源有限公司.内蒙古自治区东乌珠穆沁旗朝不楞矿区一矿带铁锌多金属矿补充详查报告[R].2005.

内蒙古自治区第九地质矿产勘查开发院.内蒙古自治区正镶白旗额里图矿区铁矿详查报告[R].2005.

吉林省地质局哲盟地区综合地质大队.吉林省哲里木盟库伦旗哈拉火烧铁矿普查评价报告[R].1970.

宁夏回族自治区地质局第一矿产地质调查队.内蒙古阿盟阿左旗沙拉西别—克布勒一带铁矿普查地质报告[R].1981.

内蒙古第一物探院.内蒙古额济纳旗乌珠尔嘎顺铁矿详查地质报告[R].1994.

甘肃省地质局祁连山地质队.内蒙古额济纳旗索索井式矽卡岩型铁铜矿床地质详查报告[R].1979.

黑龙江省地质局第四地质队.黑龙江省扎来特旗神山铁矿普查勘探地质报告[R].1972.

内蒙古自治区兴安盟国土资源局.内蒙古自治区科尔沁右翼前旗马鞍山铁矿资源储量核实报告[R].2005.

黑龙江有色地勘局 703 队.内蒙古呼盟额尔古纳市地营子铁矿床地质详查报告[R].1995.